Klaus Bosselmann ·

Klaus Bosselmann

Im Namen der Natur

Der Weg zum ökologischen Rechtsstaat

Scherz

Meinem Sohn Johannes,
den es noch nicht kümmert,
was wir Erwachsenen heute tun,
aber eines Tages fragen wird,
was wir getan haben.

Dieses Buch wurde auf
chlorfreies, voll recyclingfähiges
Werkdruckpapier gedruckt.

Erste Auflage 1992

Schutzumschlag von Gerhard Noltkämper.

Inhalt

Vorwort

«Wir stehen an einer Schwelle: Die politischen Ideologien verlieren ihren Glanz des scheinbar Wahren. Das Verhältnis zwischen Mensch und Natur rückt in den Vordergrund und mit ihm die Knappheit der verbleibenden Lebensressourcen.»

Diese Sätze stehen in der Paulskirchenerklärung vom 16. Juni 1991, mit der JuristInnen und BürgerInnen den Entwurf einer neuen deutschen Verfassung vorgelegt haben. In der Frankfurter Paulskirche wurde wieder einmal Geschichte gemacht.

Geschichte gemacht wurde auch in Rio de Janeiro/Brasilien, wo sich im Juni 1992 die führenden Vertreter der Staaten dieser Erde trafen, um erstmals in der Menschheitsgeschichte eine gemeinsame Strategie des Überlebens zu entwerfen. Die UN-Konferenz für Umwelt und Entwicklung (UNCED) setzte das Signal für eine globale Rettungspolitik. Und wieder steht das Verhältnis zwischen Mensch und Umwelt im Vordergrund. Die Regierungen und Staaten erkennen heute an, daß grundlegende Veränderungen in diesem Verhältnis nötig sind, um das Überleben der Menschheit zu sichern. Denn sie bekennen sich zum Leitgedanken der «nachhaltigen Entwicklung» *(sustainable development)*: Der damit geforderte Ausgleich von Ökonomie und Ökologie verlangt eine radikale Neuorganisation unserer Produktions- und Lebensweise.

Die beiden Konferenzen von Frankfurt und Rio, sowenig sie miteinander zu tun hatten, stehen für den dramatischen Wandel unserer Zeit. Überall auf der Welt wird heute völlig anders gedacht und gehandelt als noch vor kurzer Zeit: Ganze Gesellschaftssysteme und Staatengebilde verschwanden über Nacht, weichen neuen Formen gesellschaftlicher Selbstorganisation, die mit der Bildung neuer Nationalstaaten keineswegs abgeschlossen ist. Die Welt befindet sich auf der Suche nach sich selbst: Wie kann die Weltgesellschaft ihre kulturelle Vielfalt entwickeln und gleichzeitig zu einheitlichen Handlungsformen finden? Unsere ökologische Krise hat die Grenzen gegenwärtiger demokratischer Einwirkungsmöglichkeiten längst überschritten. Was also tun?

Wenn wir einen Ausweg aus der ökologischen Krise finden wollen, müssen wir zuerst danach fragen, wie wir dort hineingeraten sind. Die Antwort darauf wird uns unweigerlich zu Schlüssen führen, die an den Grundlagen westlichen Denkens rütteln, ja, bis tief in unsere Psyche reichen. Wir können nicht mehr umhin, die dualistische Gegenüberstellung von Mensch und Natur aufzugeben. Als Teil der Natur müssen wir anerkennen, daß der nichtmenschliche Teil der Natur seinen eigenen, vom Menschen unabhängigen Wert besitzt, den wir zu respektieren haben. Unser Handeln haben wir deshalb nicht nur vor uns selbst, sondern ebenso vor der Natur zu verantworten. Wir müssen es schaffen, *im Namen der Natur* zu handeln.

Dieses neue Verständnis, ein neues Selbst-Verständnis, steht am Anfang des Weges, der aus der ökologischen Krise herausführen kann. Das Verständnis drückt sich in einer ökologischen Ethik aus, die die Grundnormen der Gesellschaft verändert und damit den Charakter von Gesellschaft, Staat und Recht. Tatsächlich haben Staat und Recht bereits begonnen, ökologische Ethik in sich aufzunehmen. Wir befinden uns auf dem *Weg zum ökologischen Rechtsstaat.*

Klaus Bosselmann

Einleitung: Kollision zweier Weltbilder

Sooft eine neue überraschende Erkenntnis durch die Wissenschaft gewonnen wird, ist das erste Wort der Philister, es ist nicht wahr. Das zweite, es sei gegen die Religion. Und das dritte, so etwas habe jedermann schon lange gewußt.
WILHELM RAABE

Jeden Tag sind wir Zeugen eines dramatischen Vorganges: Wenn die Nacht in den Tag übergeht und dann wieder der Tag in die Nacht, gibt es einen kurzen Augenblick der Schwebe. Am Morgen ist das der Augenblick, in dem die Nacht vergangen ist und der Tag noch nicht begonnen hat. Die Zeit scheint für einen kurzen Moment stillzustehen, bevor sie dem Tag Raum gibt und damit alle Begriffe verändert, die für die Nacht gültig waren. Aus der Dunkelheit wird Helligkeit, aus dem Schlaf das Wachen, aus dem Gestern wird das Heute.

Wir erleben diesen Augenblick meist nicht bewußt. Und doch gibt es ihn. Er ist von allen anderen grundverschieden, weil er die Zeit nicht einfach fortsetzt, sondern mit einer neuen Qualität versieht. Daß wir diesen Augenblick normalerweise «verpassen», hat seinen Grund in der Trägheit unseres Geistes. Unsere Sinne mögen uns schon die Morgendämmerung vermitteln, aber wir verweilen gern noch im Nacht-Bewußtsein. Erst mit einer kleinen Verzögerung schaltet das Nacht-Bewußtsein in das Tag-Bewußtsein um. So bekommen wir erst in der Rückschau mit, daß sich etwas Einschneidendes ereignet haben muß. Ist der neue Zustand aber ins Bewußtsein getreten, erscheint er uns so selbstverständlich, als habe es nie einen anderen gegeben. Fortan orientieren sich all unsere Sinne und Vorstellungen an dem neuen Zustand.

Die Bewußtseinsforschung erklärt dieses Phänomen mit zwei Aspekten unseres Denkens. Der eine Aspekt ist die – oft intuitiv – gewonnene Erfahrung, der andere Aspekt die Absicherung dieser Erfahrung durch Bewußtmachen. Was einmal bewußt gemacht ist, sitzt fest im Gedächtnis – bis zur nächsten Erfahrung, die das Bewußtsein wieder erschüttern könnte. Wir können uns die Funktionsweise des Denkens auch durch zwei unterschiedliche Rollen klarmachen, die sich in unserem Kopf abspielen. Die erste Rolle heißt Intuition und Gefühl. Sie wird vom «Denker» gespielt. Die andere Rolle heißt Logik und Verstand. Sie wird vom «Beweisführer» übernommen. Während der Denker buchstäblich alles Mögliche denken kann, wird der Beweisführer das jeweils Gedachte beweismäßig absichern. Wenn der Denker meint, der Mittelpunkt des Universums sei die Erde, wird der Beweisführer das geozentrische Weltbild heranziehen und sorgsam alle Indizien so ordnen, daß sie in dieses Weltbild passen. Indizien, die sich nicht einordnen lassen, wird er nicht zur Kenntnis nehmen. Wenn der Denker auf die neue Idee kommt, daß nicht die Erde, sondern die Sonne im Mittelpunkt stehe, wird der Beweisführer ein heliozentrisches Weltbild entwerfen und alle Sinneseindrücke einbauen, die diesem Weltbild entsprechen. Was dem nicht entspricht, wird er ignorieren. Der Denker schreibt dem Beweisführer vor, was er zu tun hat. Aber beide stehen in einem Spannungsverhältnis zueinander. Der Denker will verändern, der Beweisführer bewahren. Letztlich «siegt» der Denker, aber immer mit zeitlicher Verzögerung. Im Leben der Menschen können die Verzögerungen sehr unterschiedlich sein. Wer dazu neigt durchzusetzen, was er oder sie sich «in den Kopf gesetzt» hat, wird länger brauchen, neuen Empfindungen nachzugeben. Wer dagegen dem Gefühl mehr vertraut, wird Bewußtseinsveränderungen gegenüber aufgeschlossener sein, möglicherweise aber weniger Klarheit und Ordnung im eigenen Leben schaffen. Im Idealfall sind beide Anteile gut aufeinander «eingespielt». Es gibt dann keine allzu großen Rivalitäten und Zeitverzögerungen. Einen gleichermaßen veränderungsfähigen und zuverlässigen Menschen empfinden wir als ausgeglichen.

Was sich im Denken Einzelner abspielt, geschieht genauso im Denken von Gesellschaften. Nur sind hier die Rivalitäten und zeitlichen Verwerfungen komplizierter. Eine Grunderfahrung gilt allerdings ebenso für das Individuum wie für eine Gesellschaft insgesamt: «Wer zu spät kommt, den bestraft das Leben.» Im Leben eines Menschen kann dies Resignation, Krankheit oder Tod bedeuten, im Leben einer Gesellschaft Stagnation, Verfall und Untergang.

Ein berühmtes Beispiel dafür, wie verhängnisvoll eine Idee wirken kann, wenn sie zu spät akzeptiert wird, ist die Entdeckung des Nikolaus Kopernikus. Seine Idee, daß nicht die Sonne um die Erde kreist, sondern die Erde um die Sonne, war an sich genommen normale wissenschaftliche Theorie und nicht einmal neu. Vor der Zeit des Ptolemäus (2. Jh. n. Chr.) und genauso danach hat es immer Astronomen gegeben, die eine Mittelpunktstellung der Erde ablehnten. Wenn die kopernikanische Idee zur großen Wende der Weltgeschichte wurde, so hat dies nur mit dem Umstand zu tun, daß sie nicht (mehr) ins Weltbild der Herrschenden paßte. Dadurch wurde sie gefährlich. Kopernikus rang sich daher erst auf seinem Sterbebett (1543) dazu durch, sein bereits seit 1507 abgeschlossenes Hauptwerk zu veröffentlichen. Er wollte dem politischen Konflikt aus dem Wege gehen, doch der Konflikt wurde in der Folgezeit unausweichlich, weil die alles beherrschende Kirche ihr eigenes Schicksal von der Gültigkeit der alten Idee abhängig gemacht hatte. Die katholische Kirche kam zu spät. Deshalb mußte sie nicht nur zu Ketzerprozessen greifen, sondern mit ansehen, daß sie selbst eine neue Kirche schuf: die Kirche der Wissenschaft. Die Wissenschaft kam ganz unverdient zu dieser Ehre. Aus sich heraus hätte sie nie die Bedeutung erlangen können, die sie bis heute hat. Wer sich aber damals zu Kopernikus bekannte, propagierte eine bis dahin ungeahnte Sonderstellung des Menschen im Universum. Plötzlich wurde eine wissenschaftliche Position zum Glaubensbekenntnis: Wenn die mechanistisch-mathematische Welterklärung nur gegen ein bestehendes Wahrheitsmonopol möglich war, dann mußte sie ein völlig neues Weltbild begründen. Der Mensch erschien nun willens und imstande, in seinem Bewußtsein das Weltall zusammenzufassen und dessen so lange verborgene Naturgesetzlichkeit exakt festzustellen. Mochte sich fortan die Erde drehen und bewegen, Zentrum des Weltbildes war jetzt der Mensch, der erkannt hatte, nach welchen Gesetzen sein Heimatplanet sich drehte und bewegte. Diese Erfahrung machte den Kern der kopernikanischen Revolution aus.

Wenn der menschliche Geist so glänzend über ein Glaubensdogma triumphiert wie bei der Ablösung des geozentrischen Weltbildes, dann besteht die Gefahr der Selbstüberschätzung. Denn was bedeutet es schon, daß der Mensch alleinige Instanz aller Erkenntnis ist? Ist damit der Konflikt zwischen Wissen und Glauben etwa erledigt? Der wissenschaftlich triumphierende Geist ist sich selbst gegenüber unkritisch geworden. Er verwechselt Wissen mit Dogmen und übersieht, daß auch er nur in einem Glaubensgebäude wohnt. Wieder einmal scheint sich zu bestätigen, daß der Beweisführer, der die ganze Welt nach einer Idee des Denkers geordnet hat, zu spät kommt. Zu der Idee des wissenschaftlichen Zeitalters gehört die Annahme, daß der Mensch Bezugs- und Endpunkt allen Denkens ist: Was nicht auf ihn zugeordnet ist, hat für ihn keine Bedeutung.

Dieses anthropozentrische Weltbild hat der wissenschaftliche Geist nicht erschaffen, sondern aus christlichen und vorchristlichen Traditionen nur übernommen. Er hat aber nicht darüber nachgedacht, welche Begrenzungen sich aus diesem Mittelpunktsdenken ergeben können. Solange die Folgen auf den zwischenmenschlichen Bereich beschränkt blieben, wirkten sie sich kaum nachteilig aus. Seit sie aber im Absterben der Natur zu erkennen sind und globales Ausmaß bekommen haben, besteht Anlaß zur gründlichen Selbstprüfung.

«Natur» ist ebensowenig objektiv vorgegeben wie «der Mensch». Beides sind Bezeichnungen für historisch wandelbare Vorstellungen. Solange deshalb apodiktische Feststellungen über «Natur» getroffen werden, ohne ihr Verhältnis zum Menschen zu klären, liegt der Verdacht nahe, daß nur überkommene anthropozentrische Bilder transportiert werden. Was lange unverdächtig schien, wird plötzlich zu einem schicksalhaften Problem. Denn seit kurzer Zeit ist ein allgemeines Bewußtsein darüber entstanden, wie tiefgreifend und folgenreich die anthropozentrische Perspektive ist.

Der Begriff «Anthropozentrik» tauchte erst Ende der siebziger Jahre in seiner heutigen Bedeutung auf. Bis dahin verzeichneten Philosophie-Wörterbücher den Terminus entweder gar nicht oder in der eingeschränkten Bedeutung, die er seit Mitte des 19. Jahrhunderts hatte. Er diente zur Abgrenzung von der theozentrischen Weltanschauung des Christentums oder auch zur Abgrenzung der christlichen Weltsicht von der altgriechischen Denkweise, die eine Mittelpunktstellung des Menschen im Universum noch nicht kannte. In beiden Varianten beschrieb «Anthropozentrik» die Sicht einer Welt, die auf den Menschen hin geordnet ist. Die Sicht entsprach ganz der naturwissenschaftlichen Auffassung von der Natur als bloße Umwelt des Menschen. Aus diesem Grunde blieb nahezu unbemerkt, welche verheerenden Folgen mit einer so definierten Sonderstellung des Menschen einhergingen.

Die schicksalhafte Bedeutung der Anthropozentrik dämmerte den Menschen erst, als sich die Grundlagen der Naturwissenschaften zu ändern begannen. Zwar hatten schon Leibniz, Schelling, Herder, Goethe und Hegel die Einheit von Geist und Natur betont: Sie lehnten ein vom Menschen abstrahierendes Denken über die Natur ab. Der Umbruch kam aber erst zu Beginn des 20. Jahrhunderts, als die mechanistische Interpretation der physikalischen Welt durch eine neue (Einstein, Planck, Bohr) abgelöst wurde. Die Naturphilosophie reagierte auf diesen Umbruch mit der Kritik am atomistisch-mechanistischen Denken des wissenschaftlichen Zeitalters. Bedeutende Naturphilosophen wie der Engländer Alfred N. Whitehead, der Franzose Pierre Teilhard de Chardin und der Deutsche Adolf Meyer-Abich entwickelten einen nicht-anthropozentrischen Naturbegriff.

Den Schlußpunkt der Entwicklung setzte die Umweltkrise. Die Erfolglosigkeit des «Umweltschutzes» deckte das Problem anthropozentrischen Denkens vollends auf: Es ist unfähig, über den Tellerrand unmittelbar menschlicher Interessenbefriedigung hinauszublicken. Wer im Angesicht ökosystemischer Wirkungszusammenhänge immer noch meint, dem Menschen käme eine Sonderstellung in der Natur zu, die eine Wertorientierung allein auf den Menschen hin erlaubt, hat nicht verstanden, um was es geht. Die Natureinbindung des Menschen läßt sich nicht durch ein Paradigma erfassen, das an der Mittelpunktstellung des Menschen festhält. Die Realität *ist* eine andere geworden, und nur Denkgewohnheiten hindern daran, sie zu erkennen.

Während noch überwiegend davon gesprochen wird, daß die Umweltkrise nur mit «Vernunft und Augenmaß» zu bewältigen ist, denken immer mehr Menschen «unvernünftig» und mit einem «anderen» Augenmaß. Sie betrachten die Welt aus einem anderen Blickwinkel als dem der Anthropozentrik. Wir stehen in einer «neuen kopernikanischen Revolution» (Willis Harman), in der sich das Selbstmodell des Menschen grundlegend verändert. Die Parallele bietet sich an: So wie einst das geozentrische Modell verschwand, löst sich heute das egozentrische Modell. Die Erde steht nicht in der Mitte des Universums und genausowenig der Mensch. Die Erde ist Teil des Universums und genauso der Mensch. Und wie die Wissenschaft damals das neue Weltbild aus der Taufe hob, so ist an dessen Ende auch wieder die Wissenschaft beteiligt. Allerdings nicht mehr die Wissenschaft der mechanistisch-mathematischen Welterklärung, sondern eine Wissenschaft der ganzheitlich-ökologischen Welterklärung. Dies deutet an, daß die wissenschaftliche Methode keine unveränderliche Größe ist, sondern selbst den Wandlungen der Zeit unterliegt. Heute kann sich kein Wissenschaftler mehr darauf verlassen, ohne Erklärung persönlicher Grundannahmen ernst genommen zu werden. Wertfreie Wissenschaft gibt es nicht mehr. Auch das ist ein Ausdruck gewandelter Zeiten.

Das neue Denken begann mit Einstein und seiner «Unvernunft», Raum und Zeit miteinander in Beziehung zu setzen. Viele Jahre hat er sich gegen die Quantentheorie gewehrt, die seine Relativitätstheorie erst «vernünftig» machte, und statt dessen versucht, die gewohnte Newtonsche Physik hinüberzuretten. Denker und Beweisführer in ihm lagen eine Weile miteinander im Streit. Ähnlich erging es vielen anderen, ob innerhalb oder außerhalb der Wissenschaft. Der Unterschied zwischen ökologischem «Gefühl» und wissenschaftlicher Rationalität ist überhaupt zum Thema unserer Zeit geworden. Statt nun diesem Gefühl, d. h. der neuen Idee des Denkens, aber nachzugeben, wird noch überwiegend dem Beweisführer der alten Idee vertraut. Es fällt eben leichter, die Welt, wie gewohnt, anthropozentrisch zu ordnen, als die Anthropozentrik selbst aufzugeben. Wer dennoch dazu bereit ist – und das sind mittlerweile viele –, befreit sich und andere von einer schweren Last.

Der Anthropozentrismus ist die tiefste Ursache der ökologischen Krise. Er ähnelt dem Sexismus. Die männliche Arroganz, die Welt nur nach eigenen Maßstäben einzurichten und zu bewerten, hat die Frau über Jahrtausende hinweg ins gesellschaftliche Abseits gerückt. Die menschliche Arroganz, die Welt nur nach eigenen Maßstäben einzurichten und zu bewerten, hat die Natur über Jahrtausende hinweg diskriminiert. Daß Feminismus und ökologische Bewegung zwei Seiten derselben Medaille sind, kann nicht überraschen. Beiden Bewegungen geht es um dasselbe, nämlich tiefer zu schürfen und die Schichten männlicher bzw. menschlicher Selbstüberschätzung zu durchstoßen. Das ist der Anfang einer tiefgreifenden Veränderung des Bewußtseins. Die Entfremdung läßt nach: Der Mann erkennt seine «weiblichen» Anteile, die ihn der Frau näherbringen. Die Wertschätzung der Frau basiert nicht mehr auf dem männlichen Chauvinismus. Der Mensch erkennt seine «natürlichen» Wurzeln, die ihn der Natur näherbringen. Die Wertschätzung der Natur basiert nicht mehr auf dem menschenbezogenen Chauvinismus.

Dieses Buch will zeigen, daß sich ein tiefgreifender Bewußtseinswandel nicht nur auf individueller Ebene vollzieht, sondern auch auf gesellschaftlicher Ebene. Was viele einzelne Menschen auf der Welt erfahren, erfährt die Welt jetzt selbst! Sie ist dabei, ihre Wertmaßstäbe völlig neu zu bestimmen. Natur ist nicht mehr das Andere, die bloße Lebensgrundlage des Menschen. Sie wird zur Natur aus eigenem Recht, zur eigenen Bestimmungsgröße, an der sich die Bedürfnisse des Menschen auszurichten haben. Ein Wandel mit weitreichenden Konsequenzen! Auf dem Höhepunkt der ökologischen Krise wird nun die Rettungsstrategie sichtbar: das ökozentrische Weltbild. Der anthropozentrische «Umweltschutz» wird durch ein ökozentrisches Gesamtkonzept ersetzt, das alle Bereiche der Gesellschaft umschließt.

Was aber bedeutet *Ökozentrik* im Gegensatz zur *Anthropozentrik*?

Der Begriff «Ökozentrik» ist gerade erst fünfzehn Jahre alt. Er hat sich aus der Kritik an der Anthropozentrik entwickelt und wird heute als Sammelbegriff für alle nicht-anthropozentrischen Wertmodelle verwendet. Worauf der Begriff hinweist, ist die Notwendigkeit, daß wir ökologische Zusammenhänge und Vernetzungen, von denen der Mensch nur *ein* Aspekt ist, zum Mittelpunkt unseres Denkens machen und nicht den Menschen. In diesem Sinne weist der Begriff «Ökozentrik» auf die Verlagerung des Denkzentrums vom Menschen auf das Beziehungsgefüge zwischen Mensch und Natur. Ob es sich dabei um eine Verlagerung handelt oder nicht eher um eine Auflösung zentrierten Denkens, mag allerdings zweifelhaft sein. Ökologische Ganzheitlichkeit läßt sich mit der Vorstellung von einem Zentrum in letzter Konsequenz nicht vereinbaren. Der Ausdruck «Ökozentrik» ist also nicht unproblematisch.

Wenn wir ihn hier dennoch verwenden, so deswegen, weil es (noch) keinen genaueren Ausdruck gibt. Bezeichnungen wie «Ökologie» und «ökologische Ethik» sind weniger konturenscharf, weil sie in der Umgangssprache häufig noch mit anthropozentrischen Vorstellungen verwechselt werden. Ähnlich verwaschen wäre auch der Ausdruck «ganzheitlich», unter dem sich zu viele zu Unterschiedliches vorstellen. Die Begrifflichkeit für unseren Bewußtseinswandel ist im Fluß und sicherlich nicht abgeschlossen.

Anders als in der kopernikanischen Revolution vollzieht sich der jetzige Bewußtseinswandel sehr viel rascher und dynamischer. Kaum zwanzig Jahre globaler Umweltkrise haben ausgereicht, um wesentliche Grundannahmen der abendländischen Kultur in Frage zu stellen. Offenbar ist auch der breiten Öffentlichkeit die Umweltkrise als «In-Weltkrise» – so der Untertitel von Rudolf Bahros Buch *Die Rückkehr* (1991)* – bewußt und die Bereitschaft, daraus zu lernen, enorm gewachsen. Dadurch werden die Zeiträume zwischen der Idee des Denkers und ihrer Absicherung durch den Beweisführer immer kürzer. Ist die Menschheit nun dabei, vom Nacht-Bewußtsein (der ökologischen Blindheit) zum Tag-Bewußtsein umzuschalten? Ich meine ja und werde das in dem Buch zu belegen versuchen. Die Kernthese ist, daß die Industriegesellschaften dazu übergehen, ihre eigenen ideologischen Fundamente zu untergraben. Dies wird sehr bald zu Erschütterungen größter

* Bibliographische Angaben zu den im Text genannten Werktiteln enthält das Literaturverzeichnis, Seite 426 ff.

Tragweite führen. Diesmal zum Guten der Menschheit. Um diese Dynamik zu erkennen, sind allerdings vielerlei Beobachtungen erforderlich. Der Blick auf einzelne Felder gesellschaftlicher Entwicklung und Auseinandersetzung genügt nicht. Worauf es ankommt, ist, die Vielzahl der Felder und Faktoren im Zusammenhang zu sehen. Dadurch entsteht das Mosaikbild der neuen Ordnung. Diese neue Ordnung existiert noch nicht. Sie liegt aber im Verlauf des augenblicklichen dynamischen Prozesses. Je mehr wir ihn uns bewußt machen, desto schneller wird er sich vollziehen.

Ich möchte zu Beginn der Darstellung erklären, wie ich selbst dem Paradigmawechsel begegnet bin. Als Umweltjurist beschäftige ich mich mit Umweltschutz und Ökologie, genauer mit dem, was sich der Staat darunter vorstellt. Die staatlichen Handlungsinstrumente, vor allem Gesetze, drücken bestimmte Wert- und Denkmuster aus. Vergleicht man diese Muster mit den eigenen Grundüberzeugungen, erscheinen sie entweder plausibel oder unverständlich. In meinem Fall erschienen sie mir als Jurist zunächst plausibel, als Ökologe dagegen unverständlich. Den Ökologen in mir mußte ich unterdrücken, wenn ich die Gesetze so verstehen und anwenden wollte, daß sie zu mehr Umweltschutz führen konnten. Denn nur dafür sind sie gemacht.

Ein Buch des amerikanischen Rechtswissenschaftlers Christopher Stone mit dem Titel *Should Trees Have Standing?* (dt. *Umwelt vor Gericht*), das ich Ende der siebziger Jahre in die Hand bekam, machte einen gewissen Eindruck auf mich. Stone schlug darin vor, Tieren, Pflanzen und Landschaften eigene Rechte zuzubilligen. Dies, so meinte er, sei nötig, damit die Natur sich gegenüber dem Menschen besser behaupten könne. Der Gedanke von Eigenrechten der Natur schien mir sympathisch, aber doch zu weit hergeholt und irgendwie unangemessen. Etwas später las ich in einer rechtstheoretischen Abhandlung des chilenischen Umweltjuristen Godofredo Stutzin den Satz: «Wer keine Rechte hat, wird verachtet, wer Rechte hat, wird geachtet.» Auch das schien mir im Hinblick auf die Natur bedenkenswert. Dennoch war ich damals und noch bis Mitte der achtziger Jahre der Meinung, daß die Verleihung von Rechten an die geschundene und gequälte Natur wenig ändern würde. Der Kampf gegen Umweltzerstörung war schließlich vor allem eine politische Auseinandersetzung und weniger eine juristische.

Als gesellschaftliches Überbauinstrument – so bis dahin meine Überzeugung – dient das Recht den gesellschaftlich vorherrschenden Interessen. Ändern sich diese, so wird sich das Recht mit ihnen verändern.

Der gedankliche und politische Aufwand, der nötig sein würde, um die Eigenrechte der Natur einzufordern, schien mir einfach zu groß.

In dieser Zeit wurde ich von der Redaktion der Zeitschrift *Kritische Justiz* gebeten, eine Abhandlung über Probleme des Rechtsschutzes im Umweltrecht zu schreiben. Das schien mir aus praktischen Gründen sinnvoll. Tatsächlich ist der Umweltschutz in hohem Maße verrechtlicht, und jede Auseinandersetzung um ein Atomkraftwerk, einen Flughafenausbau, das Waldsterben oder die Vergiftung von Wasser und Boden wird im Rechtsstaat eben nicht nur auf der Straße, sondern auch vor Gericht ausgetragen. Auf juristisch geschultes Expertenwissen ist gerade die Ökologiebewegung besonders angewiesen. Wie oft hatte ich nicht schon von Umweltschützern und Bürgerinitiativen den Stoßseufzer gehört, daß ihr Eintreten für einen verantwortlichen Umgang mit der Natur vor allem ein Gerangel um Paragraphen und Verfahrenstricks sei. In diesem Dschungel fühlten sie sich verloren und nicht nur von der Justiz, sondern oft auch von ihren Anwälten allein gelassen. Ich dachte also daran, so etwas wie einen Rechtsratgeber für Umweltschützer zu verfassen.

Im Frühsommer 1985 zog ich mich deshalb für ein paar Wochen zurück. Ein Freund hatte mir seine Ferienwohnung auf Mallorca zur Verfügung gestellt, wo ich die nötige Muße zum Schreiben zu finden hoffte. Ich fand sie dort auch. Sie führte mich jedoch zu ganz anderen Schlüssen als erwartet.

Statt eines juristischen Ratgebers floß mir eine Fundamentalkritik am Umweltrecht aus der Feder. Ich konnte einfach nicht umhin, das gesamte Konzept staatlich und gesellschaftlich betriebenen Umweltschutzes als völlig unangemessen und verfehlt darzustellen. Es schien mir sinnlos, auf den ausgetretenen Pfaden der Umweltpolitik und des Umweltrechts auch nur einen Schritt weiterzugehen. Was ich bis dahin vielleicht noch als nur ungenügende Politik peripherer Eingriffe oder schlechte Kunst des real Möglichen hätte akzeptieren können, erwies sich plötzlich als riesengroßer Irrtum.

Vielleicht bedurfte es einer winzigen Begebenheit, die mir den Umweltschutz in völlig verändertem Licht erscheinen ließ. Als ich am Abend meines ersten Tages auf Mallorca Fischern dabei zusah, wie sie ihre vollen Körbe über den Strand trugen und dabei hin und wieder ein kleiner Fisch in den Sand fiel, der dann unbeachtet liegenblieb, kam in mir die Frage hoch, wie denn so ein Fisch über unsere Werteordnung mitsamt ihren Grund- und Menschenrechten denken müßte. Wie anders könnte er über unseren hoch geschätzten Katalog der Menschenrechte denken als ein Sklave, der zufällig einen Blick in die Satzung eines Sklavenhaltervereins werfen kann? Was er dort und in allen Gesetzen zum Schutz der natürlichen Umwelt lesen müßte, unterscheidet sich im Prinzip in nichts von einer Vereinssatzung, in der Verhaltensmaßregeln und Fairneßgebote für den Handel mit Sklaven aufgeführt sind. Unsere menschliche Normordnung kam mir naturfeindlich und zutiefst menschenfeindlich vor. Das Erschreckende an diesem Gedanken war nicht einmal die Vorstellung, daß sogar unser Umweltschutzrecht nur ein Recht zur Regelung ordnungsgemäßer Ausplünderung der Natur sein könnte, sondern eher die Befürchtung, daß ich mit dieser Ansicht ziemlich allein bleiben würde.

In einer Welt, die sich schon seit fast zwei Jahrzehnten systematisch mit den Ursachen der Umweltkrise beschäftigte und staatlicherseits ein beachtliches Arsenal umweltpolitischer und umweltrechtlicher Handlungsinstrumente hervorgebracht hatte, das doch immerhin die übelsten Formen der Umweltzerstörung begrenzt und auch so etwas wie Umweltbewußtsein in die Wirtschaft und Gesellschaft transportiert, mutet der Gedanke, daß wir alles grundfalsch gemacht haben und sozusagen noch einmal von vorn beginnen müßten, reichlich kühn an. Andererseits: Hatten nicht schon die Vordenker der Ökologiebewegung wie Lewis Mumford (*Der Mythos der Maschine,* 1977) oder Ernst F. Schumacher (*Small is beautiful,* 1982) ein «radikales Umdenken» gefordert, das eben nicht «nur» unsere persönliche Einstellung im Umgang mit der Natur, sondern erst recht die gesellschaftliche Ebene mit ihren kulturellen, politischen, wirtschaftlichen und rechtlichen Institutionen einschließt? Ist das Konzept des Umweltschutzes, das national und international die Politik und Wirtschaft beherrscht, nur ein zu früh geborenes Kind, das bei genügender Pflege zu einem kräftigen Erdenbürger heranwachsen kann, oder ist es eine Fehlgeburt, ein in der pränatalen Phase mit falschem Bewußtsein genährter Fötus und daher totgeboren?

Daß die bisher praktizierten Formen der Umweltpolitik und des Umweltrechts insgesamt unzureichend sind, ist nur allzu bekannt. Kein Umweltpolitiker leugnet das. Die Resultate des fortwährenden Versagens im Umweltschutz stehen schließlich jeden Tag in der Zeitung. Und nur völlig betriebsblinde Pragmatiker können damit zufrieden sein, daß heute mehr Geld für den Umweltschutz ausgegeben wird als je zuvor, daß international der Schutz unseres Planeten ganz oben auf den Tagesordnungen steht und daß die neunziger Jahre zur grünen Dekade erklärt wurden. Nein, daß alles besser werden muß, gehört leider seit jeher zum Nachdenken über die Zukunft. Die Frage ist, ob das bisher Erreichte so positiv ist, daß wir darauf aufbauen können, oder ob wir das *Fundament* neu schaffen müssen, um überhaupt bauen zu können.

Das Fundament neu zu schaffen, schien mir unausweichlich. Und dies hieß zunächst den *Unrat beseitigen.* In meinem Fall bedeutete das, die reduzierte Sicht der Umweltpolitik so weit aufzudecken, daß nicht nur ihre «Kurzsichtigkeit» deutlich wurde – diese Feststellung entspricht ohnehin verbreiteter Ansicht –, sondern mehr noch ihre völlige Blindheit. Sie hat den Gegenstand, um den es geht, überhaupt nicht im Auge. Es geht nämlich nicht um die *Um*welt, sondern um die *Mit*welt – ein Unterschied, der nicht nur gradueller Art ist. Der Begriff «Umwelt», so nützlich und berechtigt er im Alltagsleben sein mag, reicht nicht aus, um das angemessene Verhältnis zur Natur zu beschreiben. Die nichtmenschliche Welt existiert nicht *um* uns herum, wie das Wort «Umwelt» suggeriert, sondern sie *mit* uns und wir mit ihr. Wir Menschen stehen nicht in der Mitte, um die sich alles andere gruppiert. «Mitwelt» bezeichnet den Gegenstand, um den es geht, ungleich treffender. Dem Naturphilosophen Klaus Michael Meyer-Abich ist es zu danken, diesen Unterschied benannt und den Begriff der natürlichen Mitwelt in den Sprachgebrauch eingeführt zu haben (1986). Umwelt kann inhaltlich nur noch als Mitwelt verstanden werden.

Schon Konfuzius wußte: «Wenn die Begriffe sich verwirren, ist die Welt in Unordnung.» Tatsächlich ist es nötig, bis in die Zeiten des Konfuzius (6. Jh. v. Chr.) zurückzublicken, um zu verstehen, welche lange Geschichte der geistige Unrat hat, den wir ausgedrückt durch die Bezeichnung «Umwelt» mit uns herumschleppen. Die Welt ist in Unordnung, weil unser Begriff, den wir von der Natur haben, in zweieinhalbtausendjähriger Geschichte europäischer Kultur verwirrt ist. Unsere philosophischen, religiösen und wissenschaftlichen Weltanschauungen haben in dieser langen Zeit – mit gewissen Entwicklungssprüngen – einen Begriff der Natur hervorgebracht, der uns heute wie ein Mühlstein am Hals hängt. Wir würden ihn gern loswerden, aber wir können es nicht, weil wir die Geschichte nicht einfach abstreifen können. Aber wir können aus ihr lernen. Wir können lernen, warum unser Begriff der Natur, der nichts anderes beschreibt als das Beziehungsgefüge Mensch-Gesellschaft-Natur, so eng gefaßt wurde, warum er für das naturwissenschaftliche Zeitalter so erfolgreich war, warum er gleichzeitig ein Rezept zur Zerstörung der natürlichen Lebensgrundlagen wurde und wie wir ihn neu zu definieren haben, um die ökologische Krise zu bestehen.

Im Mittelpunkt der ökologischen Kritik steht die Kritik am herrschenden Verhältnis zwischen Natur und menschlicher Gesellschaft. Die Industriegesellschaft hängt an einem Bild der Natur, das den ökologischen Raubbau fortwährend begünstigt und einer grundsätzlich veränderten Wirtschaftsweise nach wie vor entgegensteht. Kernpunkt ist ihre anthropozentrische, d. h. auf den Menschen zentrierte Weltsicht. Die Interessen der Menschen werden dadurch zum Angelpunkt des praktischen Umganges mit allem, was uns umgibt. Soweit diese Umgebung rein sozialer Art ist, also die gesellschaftliche und staatliche Sphäre als Ordnung menschlichen Zusammenlebens betrifft, mag darin nichts Verdächtiges liegen. Soweit aber die natürliche Mitwelt Teil unserer Umgebung ist, reicht die exklusiv menschenbezogene Interessenverfolgung nicht mehr aus. Sie verkennt, daß die natürliche Mitwelt eine eigenständige Bedeutung besitzt und nicht allein daran gemessen werden darf, welchen Wert sie für uns hat. Es gibt eigene Interessen *der* natürlichen Mitwelt und nicht nur unsere *an* ihr.

Nun ist, wer für einen verantwortungsvollen Umgang mit der Natur eintritt, nicht schon deswegen ein Kritiker des anthropozentrischen Weltbildes. Es gibt eine Vielzahl von Gründen, die dafür sprechen, unser ausbeuterisches Verhältnis zur Natur zu einem freundlichen zu entwickeln. Selbst der rüdeste menschliche Egoismus wird davor zurückschrecken, die Mutter, die ihn ernährt, zu töten. Und schon die Sorge um die nachfolgenden Generationen ist Grund genug, mit den Ressourcen in der Natur so schonend wie möglich umzugehen. Den Kritikern des anthropozentrischen Weltbildes wird daher entgegengehalten, daß wir keine neue Moral brauchen, sondern nur die konsequente Befolgung unserer herkömmlichen. Wenn z. B. menschliche Solidarität oder christliche Nächstenliebe praktiziert und auf unsere veränderten Umweltbedingungen angewendet wird, dann bedeutet die Verschmutzung der Meere, der Luft und des Bodens, die Zerstörung von Ökosystemen, der Raubbau an Ressourcen ganz entschieden ein Unrecht gegenüber den Mitmenschen. Insofern genügt die herkömmliche Moral, um gegen die Luft- und Wasserverschmutzer, die Ausbeuter natürlicher Ressourcen und die Zerstörer von Tierarten und Naturlandschaften vorzugehen. Doch die Moral ist nur *ein* Problem.

Wäre der Streit um die Anthropozentrik nur eine moralische Frage, in der es allein um Gründe für ökologisch verantwortliches Handeln geht, hätten die anthropozentrisch Denkenden recht. Es wäre in der Tat egal, mit welcher Motivation wir unsere Lebensweise verändern, Hauptsache wir tun es. Der Anthropozentrik-Streit weist aber auf ein weitaus fundamentaleres Problem hin. Es geht nur zum Teil um Fragen der Moral und Ethik. Zu einem größeren Teil, der wie ein unterhalb der Wasseroberfläche liegender Eisberg in der Diskussion meist nicht gesehen wird, geht es um ein Erkenntnisproblem, das mit den Kategorien traditioneller westlicher Ethik nicht erfaßt werden kann. Betroffen sind nicht nur Werte, sondern auch und vor allem Wahrnehmungen. Von den einen wird die Welt so wahrgenommen, von den anderen anders. Aus diesem Grunde reden Anthropozentriker und Nicht-Anthropozentriker häufig aneinander vorbei.

Ich hätte dieses Buch nicht geschrieben, wenn ich der Meinung gewesen wäre, die Beseitigung unserer ökologischen Probleme wäre nur eine Angelegenheit der rechten Ethik *oder* spiritueller Weisheit *oder* politischer Klugheit *oder* der Wissenschaft und Technologie. Der Buchmarkt ist seit langem überflutet mit ökologischen Ratgebern, die mal das eine, mal das andere und immer wieder scheinbar Neues propagieren. Die Vielschichtigkeit unserer ökologischen Krise legt es natürlich nahe, die verschiedenen Ebenen der Realität ebenso wie die persönlichen, gesellschaftlichen und politischen Aspekte ökologischen Bewußtseins im Zusammenhang zu sehen. Ein Patentrezept zur Rettung der Erde ist von daher nicht zu erwarten.

Was aber einen Schlüssel zum Verständnis der bisherigen Ohnmacht gegenüber Umweltproblemen und zu ihrer Überwindung liefert, ist der Blick auf die Normen, die wir uns geschaffen haben, um das gesellschaftliche Verhältnis zur Natur zu bestimmen. Nicht zufällig tauchen in politischen Diskussionen stets ethische Fragen auf, sobald vom Umgang des Menschen mit der Natur gesprochen wird. Wir wissen sofort, worum es geht, wenn gefragt wird, ob die Natur dazu da sei, dem Wohlergehen des Menschen zu dienen, oder ob sie ein eigenes «Recht» für sich beanspruchen kann. Unserem Gefühl folgend, neigen wir dazu, ein Recht der Tiere und Pflanzen auf Leben und Fortbestand als selbstverständlich vorauszusetzen. Gleichzeitig nehmen wir es aber hin, daß in Gesellschaft und Staat solche Rechte nicht anerkannt sind. Im Bereich gesellschaftlich verbindlicher Werte und Normen besitzt die Natur keine eigene Würde, keinen Wert aus sich heraus, sondern nur einen Wert als Lieferant von Rohstoffen, als Betätigungsfeld für unsere Freizeit und als Ort seelischer Erbauung. Mehr nicht.

Wie kommt diese Diskrepanz zwischen unserem ökologischen Gefühl («Wir sind Teil der Natur») und gesellschaftlicher Wirklichkeit zustande? Ist sie nur Ausdruck der dauernden Schwierigkeit, edle Werte auch tatsächlich umzusetzen, oder steckt mehr dahinter? Warum wird gerade in der letzten Zeit so viel von Umweltethik gesprochen? Immerhin bestreitet heute kein Politiker, Wissenschaftler, Jurist oder Volkswirtschaftler die politische Brisanz einer Umweltethik.

Grundsätzlich stehen nur zwei Formen einer Umweltethik zur Debatte, eine anthropozentrische und eine nicht-anthropozentrische. Innerhalb beider Formen gibt es zahlreiche Auffächerungen mit z. T. wichtigen Unterschieden. Im Kern geht es aber um eine einzige Festlegung: Können und sollen wir unser Verhältnis zur Natur anders verstehen als allein auf den Menschen bezogen?

Wir können dieser Festlegung nicht ausweichen. Nicht dadurch, daß wir darauf hinweisen, immer nur als Menschen denken und handeln zu können. Denn unsere Wertmaßstäbe sind wandelbar und können je nach Erkenntnisgrad und Bedarf beliebig verändert werden. Aber auch nicht dadurch, daß wir die Festlegung auf das eine oder andere als ethische Spielerei herunterzuschrauben versuchen. Die globale Bedingung menschlichen Lebens und unsere reale Gefährdung als Gattung sind neue Grunderfahrungen unserer Existenz, die keine frühere Ethik je zu berücksichtigen hatte. Der Rückzug zu gewohnten ethischen Kategorien ist uns ein für allemal versperrt. Schließlich können wir einer Festlegung auch nicht dadurch ausweichen, daß wir sie im Hinblick auf die praktisch-politischen Konsequenzen für unerheblich erachten. Wie ich im zweiten Teil des Buches zeigen werde, sind die Mißerfolge, ja das prinzipielle Versagen des Staates und des Rechts unmittelbar auf die anthropozentrischen Weichenstellungen der geltenden Wertordnung zurückzuführen. Die Alternative, die ökozentrische Wertordnung, würde zu ganz anderen Ergebnissen bei der Lösung politischer Konflikte führen. Grundbedingung ist jedoch, daß wir den engen Zusammenhang zwischen Werten und Wahrnehmungen erkennen.

Dieses Buch soll zunächst helfen, den «Unrat zu beseitigen», wie ich es zuvor schon einmal genannt habe. Mit dieser Formulierung spiele ich auf den Titel eines Aufsatzes und die Kapitelüberschrift in einem Buch an, die beide von dem australischen Philosophen John Passmore (1974) veröffentlicht wurden. Mit seiner Kritik an der «ökologischen Mode» und seinem Festhalten an der traditionellen westlichen Ethik, die üblicherweise entweder christlich oder utilitaristisch (d. h. auf gesellschaftlichen Nutzen bezogen) begründet wird, hat Passmore weltweite Beachtung gefunden. Sie entspricht der noch vorherrschenden Zugangsweise zur Lösung ökologischer Probleme. Passmore sieht es als seine Aufgabe, «den Unrat zu beseitigen, der auf dem Weg zum Wissen liegt» (er übernimmt hier eine Forderung des großen englischen Aufklärungsphilosophen John Locke), indem er die Ökologie von ihrem «essentiell mystischen und antiwissenschaftlichen» Gehalt befreit, den die politische Ökologiebewegung dort hineingetragen habe. Nüchterne Wissenschaft müsse von ökologischem Ganzheitsdenken mitsamt seinen ethischen Schlußfolgerungen getrennt bleiben: «Unwissenheit ist eines der stärksten Hindernisse für die Lösung unserer ökologischen Probleme, und diese Unwissenheit kann nur durch Wissenschaft beseitigt werden.»

Ich sehe das anders: Die Trennung von Wissen und Ethik ist *das* stärkste Hindernis für die Lösung unserer ökologischen Probleme. Sie verhindert, das grundlegende Wahrnehmungsproblem zu diskutieren. Unrat beseitigen heißt deshalb vor allem, die Wissenschaft von ihrer Selbsttäuschung zu befreien, sie handle nur von objektiven Fakten, und die Ethik von ihrer Selbsttäuschung, sie handle nur von subjektiven Werten. Beide Bereiche haben sich geschichtlich immer gegenseitig beeinflußt, und nur das Hinwegsehen über diese Tatsache erschwert die Verständigung im politischen Raum. Die ökologische Krise ist die Quittung für eine Denkweise, die sich aus einer spezifischen Form der Wissenschaft – also nicht aus der Wissenschaft schlechthin – und aus einer spezifischen Form der Ethik – nicht Ethik schlechthin – gespeist hat. Solange wir Wissenschaft und Ethik nicht in wechselseitiger Beziehung begreifen, werden wir keine Lösungen finden.

Die Analyse der Umweltpolitik und des Umweltrechts eignet sich in ganz besonderer Weise, um den Mißerfolg der herkömmlichen Denkweise zu belegen. Nirgendwo sonst kommen die gesellschaftlich verbindlichen Normen und Werte so klar zum Ausdruck wie in den Programmen und Gesetzen staatlicher Umweltpolitik. Und nirgendwo sonst spielen wissenschaftliche Erkenntnisse politisch eine so wichtige Rolle wie dort.

Unser gesamtes gesellschaftliches Verhalten – im Privaten, in der Öffentlichkeit und in der Wirtschaft – wird durch Politik und Recht gesteuert. In der heutigen Sozialwissenschaft gilt der Staat als politisches Subsystem der Gesellschaft und damit als zentrales Steuerungssystem von strategischem Handeln. Wie dieses Steuerungssystem in bezug auf den Umgang der Gesellschaft mit der Natur gestaltet ist, d. h. wie es wissenschaftliche Daten und allgemeine Wertvorstellungen aufnimmt und verarbeitet, ist deshalb von schicksalhafter Bedeutung für uns alle. Und da die Menschen überall auf der Welt unter dem Einfluß staatlicher Steuerungssysteme – national wie international – leben, ist die kritische Darstellung und mögliche Veränderung ihrer Funktionsweise herausragend wichtig, ja entscheidend für das Überleben der gesamten Menschheit.

Wenn wir uns die Funktionsbestimmung und Wirkungsweise dessen ansehen, was der Staat und damit die gesellschaftlich vorherrschenden Institutionen und Gruppen unter «Umweltschutz» verstehen, bekommen wir tiefe Einblicke in die Innenwelt des Umweltschutzes. Die verbreitete Ahnung, daß unser Umweltproblem im Grunde ein Inweltproblem ist, wird dadurch zur belegbaren Gewißheit. Das Inweltproblem liegt vor allem in einer einseitigen, anthropozentrisch verengten Auffassung der Natur. Sie wird ausschließlich als Ressource betrachtet, d. h. als Ansammlung von lebenden und nicht-lebenden Gütern, die uns Menschen dienlich sind. Daß diese «Güter» miteinander in Beziehung stehen und nicht einfach ausgetauscht oder ohne Auswirkungen auf andere Güter aufgebraucht werden können, wird nach dem heutigen Stand der Wissenschaft zwar gesehen, die zugrundeliegende Vorstellung ist aber noch immer die einer hochkomplizierten Mechanik mit im Prinzip kalkulierbaren Ursache-Wirkung-Beziehungen. Der kartesianische Naturbegriff schimmert noch allenthalben durch.

Der wesentliche Effekt dieser anthropozentrischen und mechanistischen Sicht ist, daß der bezweckte Umweltschutz unvermeidlich zu kurz greift. Und zwar in doppelter Hinsicht. Da aus anthropozentrischem Blickwinkel nur das interessiert, was negative Auswirkungen auf unsere Nutzungsmöglichkeiten hat, werden nur die unmittelbarsten und krassesten Formen der Umweltzerstörung aufgespürt. Langzeitwirkungen und kompliziertere Rückkoppelungsprozesse liegen außerhalb des Blickwinkels. So kommt es, daß Ökokatastrophen – Waldsterben, Grundwasservergiftung, Veränderungen der Biosphäre – *regelmäßig* zu spät erkannt werden. Aufgrund der im Kern noch mechanistischen Vorstellung von Ökosystem-Vorgängen besteht außerdem die Tendenz, Umwelteinwirkungen nur im Hinblick auf die einzelnen Teile, also ausgewählte Lebewesen, zu untersuchen und die vorhandenen biochemischen und energetischen Prozesse in Ökosystemen zu vernachlässigen. Deshalb wird der «Wald vor lauter Bäumen nicht gesehen».

Von einem «Umweltschutz» kann insofern bisher nur in gewisser

Hinsicht die Rede sein. Wir schützen sie nur, soweit wir Menschen *unmittelbar* betroffen sind. Es geht um «Menschenschutz» im Sinne des klassischen Gesundheitsschutzes. Er ist allenfalls räumlich und zeitlich ein wenig ausgedehnt.

Der amerikanische Rechtswissenschaftler Laurence H. Tribe (1974) hat als einer der ersten die ideologischen Grenzen erkannt: «Wenn man in der Umweltpolitik das individuelle menschliche Bedürfnis als letztlich entscheidende Bezugsgröße behandelt (...), fällt man damit ein Werturteil, das äußerst vielschichtig und von weittragender Bedeutung ist.» In seinem vorzüglichen Essay weist er nach, daß nach der gesamten Logik des herrschenden Umweltbewußtseins, der Umweltgesetzgebung und Umweltpolitik im Grunde nichts dagegen spricht, wenn unsere Bäume eines Tages durch Plastikbäume ersetzt würden – wenn sie nur den nötigen Sauerstoff und ausreichend ästhetische Anziehungskraft bieten.

Die ideologischen Barrieren der bis zum heutigen Tag betriebenen Form des Umweltschutzes sind es, die erkannt und beiseite geräumt werden müssen, wenn wir den Weg der ganzheitlichen Ökologie gehen wollen. Es geht darum, die alte Brille des anthropozentrischen Umweltschutzes abzunehmen und durch die neue Brille der Ökologie zu ersetzen. Sie läßt uns erkennen, daß wir nicht in einer außer uns liegenden Umwelt leben, sondern zusammen mit ihr in einer einzigen Welt. *Unsere Umwelt ist Mitwelt!*

Die achtziger Jahre haben den damit angesprochenen Paradigmawechsel ein entscheidendes Stück vorangetrieben. Wir erleben diesen dramatischen Wechsel zum ganzheitlich-ökologischen Weltbild auf gesellschaftlicher Ebene jedoch nicht als ein abruptes Ereignis, auch wenn die revolutionären Veränderungen in Osteuropa wie das plötzliche Aufblitzen einer neu entstehenden Welt wirkten. Es handelt sich vielmehr um einen *langfristigen Prozeß* des Zerfalls und der Erneuerung mit Widersprüchen und Rückschlägen, allerdings mit einer klar evolutionären Ausrichtung. Arnold Toynbees *Gang der Weltgeschichte* und – für unsere aktuelle Situation – Fritjof Capras *Wendezeit* (1982) beschreiben die Muster und Stadien dieses evolutionären Prozesses.

Das zu Anfang gebrauchte Bild der Morgendämmerung eines Tages zeigt aber, daß fließende Übergänge und plötzlicher Wechsel einander nicht ausschließen. Auf persönlicher Ebene werden paradigmatische Veränderungen offenbar viel dramatischer empfunden. Mitunter sind sie mit einem einzigen Erlebnis verbunden, in anderen Fällen als allmählich heraufziehendes Gefühl oder in der Rückschau auf eine Kette vergangener Ereignisse. In meinen Umweltrecht- und Ökologiekursen an deutschen, amerikanischen und neuseeländischen Universitäten habe ich von Studenten und Kollegen immer wieder erfahren, daß es ihnen ähnlich ging wie mir. Und oft kam die Rede darauf, wie unsere ganzheitlich geformten Denkweisen mit dem völlig parzellierten, alles zerstückelnden Betrieb umweltbezogener Wissenschaft und Politik zurechtkommen. Die Spannungen zwischen individuellem Ganzheitsbewußtsein und gesellschaftlicher Überspezialisierung werden von vielen Menschen überdeutlich erfahren – übrigens keineswegs nur schmerzhaft, sondern ebenso aktivierend und stimulierend. Es kommt nur darauf an, den Sprung vom Individuellen zum Kollektiven auch tatsächlich zu wagen.

Meine im Sommer 1985 verfaßte und wenig später in zwei Teilen erschienene Fundamentalkritik des Umweltrechts schloß den Versuch ein, den bereits zehn Jahre zuvor von Christopher Stone gemachten Vorschlag, «natürliche Objekte» mit eigenen Rechten auszustatten, mit der neueren Ökologie-Diskussion zu verbinden. Dabei zeigte sich, daß die These der Eigenrechte der Natur erst im Rahmen des sich vollziehenden Paradigmawechsels ihren Zweck erfüllt. Für den gesellschaftlichen Wertewandel spielt die Gleichzeitigkeit von Gewohntem («Rechte») und Ungewohntem («ganzheitliche Ökologie») eine entscheidende Rolle.

Die Forderung nach Eigenwürde und Eigenrechten der Natur wirkt provozierend auf alle, die in der Politik mit Umweltschutz zu tun haben. Vor allem provoziert sie die ideologischen Antipoden: auf der einen Seite die pragmatischen Umweltschützer – Politiker und Juristen – und auf der anderen die ökologischen Fundamentalisten. Den einen geht die Forderung viel zu weit, den anderen nicht weit genug. Beiden, so scheint es, steht jeweils eine bestimmte Denksperre im Wege.

Zunächst zu den Juristen: Die juristische Denkweise ist darin geübt, dem «Lebenssachverhalt», wie die Realität in der Fachsprache bezeichnet wird, nur genau das zu entnehmen, was auch als Rechtsfrage formuliert werden kann. Rechtsfragen sind solche Fragen, die sich nach bestimmten vorhandenen Rechtsprinzipien beantworten lassen. Und oberstes Rechtsprinzip ist der Schutz der individuellen Freiheit. Um die Freiheit des Menschen dreht sich juristisch alles. Seit Kants Vernunftslehre wird sie allein vom Recht und nicht mehr im Zusammenspiel von Moral und Recht ausgedrückt. Kants Definition, die er 1797 in der *Me-*

taphysik der Sitten gab, ist noch heute gültig: «Recht ist der Inbegriff der Bedingungen, unter denen die Willkür des einen mit der Willkür des anderen nach einem allgemeinen Gesetz der Freiheit zusammen vereinigt werden kann.» Die bürgerliche Gesellschaft hat den solchermaßen von Moralvorstellungen befreiten Freiheitsbegriff zur Blüte gebracht. Er garantiert die Freiheit eines freien Fuchses in einem freien Hühnerstall, wie der französische Sozialist und Philosoph Roger Garaudy (1959) treffend formulierte.

Wie wir heute sehen, haben die Füchse nicht nur die Hühner ordentlich gerupft, sondern zugleich den ganzen Hühnerstall verwüstet. Die soziale Ungerechtigkeit war von jeher auch eine ökologische. Während aber die sozial Schwachen der Gesellschaft – Arbeiter, Frauen, Kinder und Angehörige von Minderheitengruppen – immerhin noch das formale Recht auf ihrer Seite hatten und ihre Schutzräume erweitern konnten, blieben die natürlichen Mitbewohner – Tiere, Pflanzen, Landschaften – weiterhin rechtlos. Sie haben keinen moralischen, geschweige denn einen rechtlich durchsetzbaren Anspruch gegen uns erreicht. Die anthropozentrische und moralphilosophisch ungeschulte Denkweise der Juristen kann mit den Kategorien Eigenwürde und Eigenrechte der Natur nichts anfangen.

Auf der anderen Seite herrschte in ökologischen Kreisen lange Zeit eine Denkweise vor, die jeden Bezug auf Kategorien wie Staat und Recht als unökologisch ablehnte. Dem ganzheitlichen Denken fiel es offenbar zunächst schwer, Staat und Recht, diese durch Patriarchat und Dualismus hervorgebrachten Institutionen, als gesellschaftliche Realität zu akzeptieren. Die ökologische Ethik, der ökologische Feminismus und die amerikanische Deep-Ecology-Bewegung haben sich um diese Realität bisher zu wenig gekümmert. Oft wird vom Naturbezug des Menschen her argumentiert, der wesentlich eine persönlich-spirituelle Erfahrung sei. Die gesellschaftliche Erneuerung wird daher vor allem – wenn nicht gar ausschließlich – als Prozeß individueller Bewußtseinserweiterung gesehen.

So kommt es, daß lieber auf das erleuchtete Bewußtsein oder die rechte Gesinnung gesetzt wird als auf den gesellschaftlichen Diskurs. Politisch steckt darin nicht nur die Gefahr eines «Öko-Faschismus», wie er allzu überzogenen New-Age-Schwärmereien oft vorgehalten wird, sondern mehr noch die Gefahr politischer Bedeutungslosigkeit. Wenn ökologische Politik Erfolg haben soll, muß sie sich den Staats- und Rechtsideologien *konkret* stellen und Alternativen zu ihnen entwickeln. Erst dadurch wird ein gesellschaftlicher Transformationsprozeß möglich, um den es allen Teilen der Ökologiebewegung schließlich geht. Und nur dadurch kann überhaupt verhindert werden, daß mit der Politik der kleinen Schritte und der peripheren Eingriffe endlich Schluß gemacht wird.

Die Verknüpfung der Idee der Eigenrechte mit der allgemeinen Ökologie-Diskussion brachte bis dahin unverbundene Ebenen zueinander. Plötzlich diskutierten Politiker, Juristen, Philosophen, Theologen und Psychologen das gleiche Thema. Dies bedeutete einen wesentlichen Durchbruch. Solange Staatsbeamte, Juristen und Politiker unter sich waren, wenn es um staatlichen Umweltschutz ging, wurde das Anthropozentrik-Problem nicht aufgegriffen. Und solange ökozentrische Alternativen nur unter Psychologen und Ethikern diskutiert wurden, konnte sich politisch nichts bewegen. Seit Mitte der achtziger Jahre ist aber eine Dynamik in Gang gesetzt worden, von der ich überzeugt bin, daß sie das Verhältnis zwischen Gesellschaft und Natur auf eine neue Stufe heben wird. Wir werden noch in diesem Jahrzehnt den Wechsel von der «seichten» Ökologie (= Umweltschutz) zur «tiefen», ganzheitlichen Ökologie als gesellschaftliches Leitprinzip erleben.

Die Konturen dieses Umdenkens werden in den einzelnen Kapiteln des Buches nachgezeichnet. Es sind scharfe und unverwechselbare Konturen, aber sie liegen nicht so offen zutage, daß sie auf den ersten Blick und für jeden eindeutig erkennbar werden. Die Vorstellungen von Ökologie sind noch immer diffus. Und politische Parteien nutzen dies geschickt für ihre Zwecke aus. Letztlich hängt die Begriffsverwirrung aber damit zusammen, daß keine politische Gruppierung für sich in Anspruch nehmen kann, wirklich ökologische Politik zu betreiben. Auch die grünen Parteien nicht. Das geschlossene Konzept einer ökologischen Politik gibt es nämlich noch nicht. Es müßte sich konsequent aus einer ökologischen, d. h. ökozentrischen Ethik ableiten und Wertorientierungen vertreten, die den anthropozentrischen Reduktionismus, der in Wirtschaft, Staat und Recht regiert, konkret zu überwinden hilft. Hierzu sind bestimmte Akzente nötig, die bisher nur schemenhaft hervortreten. Interessanterweise werden diese Akzente aber nicht nur von Menschen gesetzt, die parteipolitisch den Grünen zuzurechnen wären. Sie sind ebenso im beratenden Umfeld vieler sozialistischer, sozialdemokratischer und konservativ-liberaler Parteien anzutreffen. Das neue politische Konzept unterscheidet sich grundlegend von dem des westlichen Ökonomen, des noch regierenden Weltherrschers, dessen Gestaltungsvermögen der norwegische Sozialwissenschaftler Johan Galtung so charakterisiert hat: Der westliche Ökonom versteht nichts von der Natur, nichts von der Geschichte, nichts vom Menschen und hat auch keine Idee davon, wie die Welt aussehen sollte.

Dieser Homo oeconomicus occidentalis ist auf dem Höhepunkt seiner politischen Macht plötzlich im Begriff auszusterben. An seine Stelle tritt ein Homo oecologicus universalis, der die Welt als einheitliches Ganzes begreift und politisch danach handelt. Natürlich geht es dabei nicht um einen neuen Menschen, sondern um die Fortentwicklung desselben Menschen, der eben noch ganz anders dachte. Um unser politisches Koordinatensystem aber neu ordnen zu können, ist es notwendig, die Diskontinuität in der Kontinuität zu erkennen und zu zeigen, wie radikal das «Umdenken», von dem so oft gesprochen wird, tatsächlich ist.

An den Anfang gehören deshalb einige Klarstellungen. Wer die zahllosen Bücher zum Thema «Ökologie» überblickt, bekommt leicht den Eindruck, es handle sich hier um eine Art Geheimwissenschaft für Erleuchtete. Sobald der enge Rahmen der klassisch naturwissenschaftlichen Ökologie verlassen wird – und dies tut heute der größte Teil der Literatur –, bekommt die Darstellung etwas Nebelhaftes. Begriffe wie ganzheitlich/holistisch, systemisch, evolutiv oder gar spirituell sind dem wissenschaftlich geschulten Geist fremd, wenn nicht suspekt. Ganzheitliche Ökologie wird deshalb schnell zur New-Age-Philosophie verniedlicht und der Paradigmenwechsel zur Glaubensfrage. So wird für den Wissenschaftler die *Sanfte Verschwörung* (Marilyn Ferguson, 1979) zur *Sanften Verblödung* (Hans A. Pestalozzi, 1985), und für Theologen bedeutet ökologisches Bewußtsein allenfalls eine Herausforderung für das Christentum. Abgesehen von den methodischen Schwierigkeiten, die Kritiker der ganzheitlichen Ökologie haben mögen, gibt es ein methodisches Problem der ganzheitlichen Ökologie selbst: Wenn sie noch immer mit realitätsferner Träumerei, privater Glückserwartung und dergleichen verwechselt werden kann, liegt darin auch ein Hinweis auf eigene Defizite. Allgemein – und das heißt auch politisch – nachvollziehbar wird Ökologie nur, wenn sie in den konkreten Zusammenhang von Wissenschaft und Politik gestellt wird. Dieser Zusammenhang wird im nachfolgenden Abschnitt geschildert. Der dort entwickelte Begriff der Politischen Ökologie steckt zugleich den methodischen Rahmen für die weiteren Teile des Buches ab.

Die ökologische Ethik und ihre Umsetzung in politische Handlungsstrategien stehen im Mittelpunkt des Buches. Seine Hauptthese ist aber, daß die ethischen Fragen nicht losgelöst vom allgemeinen Bewußtseinswandel diskutiert werden können. Es geht nicht nur um Werte, sondern auch um Wahrnehmungen. Die Forderung nach Anerkennung eines Eigenwertes der natürlichen Mitwelt ist daher nicht nur appellativ, wie die Ethik als Lehre vom sittlichen Wollen und Handeln für sich genommen nahelegt, sondern zwingend im Sinne angewandter Wissenschaft. Die völlige Trennung von Tatsachen und deren Deutung existiert nämlich nur in den Köpfen derer, die noch an die Wertneutralität wissenschaftlicher Erkenntnisse glauben. Wie vor allem in der anschließenden Darstellung der bisherigen Logik des Umweltschutzes ausgeführt wird, beruht wissenschaftliche Beweisführung jedoch auf einer Verbindung von Wahrheit und Konsens, deren Kern wiederum eine Wertentscheidung ist. Die Beschäftigungsgegenstände der Wissenschaft erscheinen deswegen stets im Licht von bestimmten Interessen. Wir haben also nur die Wahl zwischen Ignorieren oder Bewußtmachen solcher Interessen. In dem Maße, wie wir uns über die weltanschaulichen Grundlagen unserer Erkenntnis bewußt werden, erschließt sich die Möglichkeit, unser Verhältnis zur Natur neu zu definieren. Umweltethik ist damit keine isoliert «moralphilosophische» mehr.

Eine zweite, für eine ökologische Politik noch wichtigere Konsequenz des engen Zusammenhangs von Wahrnehmung und Wertorientierung ist die real bestehende Möglichkeit, die ökozentrische Ethik zur Leitlinie gesellschaftlicher Handlungsnormen zu machen. Die ökozentrische Ausrichtung von Politik und Recht läßt sich in konkrete Prinzipien und Rechtsnormen fassen, die ihrerseits weiter konkretisiert und auf alle Bereiche ausgedehnt werden können, die von Staat und Recht beeinflußbar sind. Betroffen sind deshalb nicht nur die Aktivitäten der bisherigen Umweltpolitik mit ihren rechtlich-administrativen Geboten und Verboten und marktorientierten Steuerungsinstrumenten, sondern die gesamte staatliche Planung, die Produktionsmethoden, die Forschung und Technologie-Entwicklung, letztlich die Art und Weise, wie die Gesellschaft mit der Natur umgeht. Und betroffen ist nicht nur der nationale Bereich, sondern ebenso die internationale Umweltpolitik mit ihren Abkommen und internationalen Organisationen. Das «grenzenlose» Versagen internationaler Umweltpolitik ist ja auf die gleichen Ursachen zurückzuführen wie das Versagen der nationalen Politik. Die anthropozentrische Wertsetzung auf innerstaatlicher Ebene setzt sich international im völkerrechtlichen Prinzip territorialer Souveränität fort, wie wir später sehen werden. Die ökozentrische Begründung würde die inter-nationale in eine über-nationale Schutzpolitik der Erde überführen, die nicht von den ressourcenökonomischen Egoismen der Staaten, sondern von gemeinsamer Verantwortung gegenüber der Erde und ihren Ökosystemen bestimmt ist.

Die ökozentrische Ausrichtung von Politik und Recht ist keine Zukunftsvision, sondern beginnende Realität! In verschiedenen Ländern und auf übernationaler Ebene gibt es viele Initiativen, die den Paradigmawechsel für sich vollzogen haben und in der Lage sind, den Charakter staatlicher Politik zu verändern: Gesetze werden ökozentrisch formuliert und erkennen die Eigenwürde der natürlichen Mitwelt an. Kläger treten vor Gericht im Namen von betroffenen Tieren und Ökosystemen auf. Umweltverbände verstehen sich als Anwälte der natürlichen Mitwelt. Das Prinzip der Treuhandschaft über Ökosysteme tritt in der internationalen Umweltpolitik immer stärker hervor.

Von alledem wird ausführlich die Rede sein und auch davon, wie sehr sich die vernetzte Welt vom nationalstaatlichen Denken bereits verabschiedet hat. In der gegenwärtigen Umbruchphase erleben wir die Dezentralisierung staatlicher Souveränität – nach außen und nach innen – und die Dezentralisierung gesellschaftlicher Organisationen. Die Menschheit entdeckt ihre Einheit in der Vielfalt. Sie hat begonnen, sich selbst als Teil einer lebendigen Erde («Gaia») zu begreifen.

Erster Teil

Die neue Sicht der Wirklichkeit

Dieses Buch, das hoffentlich eher als eine Reise durch Landschaften der Erkenntnis aufgenommen wird als eine abstrakt-wissenschaftliche Abhandlung, fährt da fort, wo Bücher zum Thema «Ökologie» bisher aufhörten, vielleicht aufhören mußten. Zwei Jahrzehnte politischer und wissenschaftlicher Auseinandersetzungen hat es gebraucht, um den fundamentalen Unterschied zwischen «Umweltschutz» und «Ökologie» herauszuarbeiten. Heute ist der Wandel im Denken und Handeln keine Exklusivforderung der Ökologiebewegung mehr, sondern gesellschaftliche Wirklichkeit. Unsere Wahrnehmung und Deutung des Zusammenhanges von Umwelt-Mensch-Gesellschaft ist bereits eine andere geworden. Während noch vor wenigen Jahren erbittert um die strategische Frage gerungen wurde, ob die Natur um ihrer selbst oder um des Menschen willen zu schätzen sei, geht es heute «nur noch» darum, wie die Erkenntnis der Ökosystem-Einbindung des Menschen in politische Entscheidungsprozesse umgesetzt werden kann.

In der letzten Dekade unseres Jahrhunderts, von vielen als entscheidend für die Überlebenschancen der Menschheit angesehen, befinden wir uns im kritischen Stadium des gesellschaftlichen Wandels. Sind die bisherigen, freilich noch nicht abgeschlossenen Phasen von neuen Mustern der Wahrnehmung geprägt worden, so kommt jetzt die Dimension der neuen Wertung hinzu. Die eher intuitiv gewonnene Erkenntnis, daß Ökosysteme sich in einem dynamischen Gleichgewicht halten und Schwankungen nur in begrenztem Umfang auffangen können, hat zu einer Verlagerung ökologischen Denkens auf das Gebiet der Philosophie und Ethik geführt. Vor allem im englischen Sprachraum, aber auch in Kontinentaleuropa ist das Interesse an den Normen, die das Verhältnis Umwelt-Mensch-Gesellschaft bestimmen, in den achtziger Jahren stark angestiegen. Die Literatur zur ökologischen Ethik ist kaum noch zu überblicken.

Bezeichnend ist die Vielfalt und Vehemenz, mit der dieses Thema von den unterschiedlichen Disziplinen angegangen wird. Zunächst unter dem Einfluß der Relativitätstheorie und Quantentheorie, dann verstärkt unter dem der biologischen Wissenschaften hat sich die Philosophie so sehr bewegt, daß die Entfremdung zwischen idealistischer Naturphilosophie und Naturwissenschaft des 19. Jahrhunderts heute schon fast überwunden scheint. Umgekehrt haben Naturwissenschaft und Wissenschaftstheorie ein derartiges Interesse an den Grundfragen des Naturverständnisses entwickelt, daß sie sich von der heutigen Philosophie nur noch in methodischer Hinsicht unterscheiden. Offensichtlich liegt diesem Zusammenwachsen die Verarbeitung eines neuen Musters oder Paradigmas (Thomas S. Kuhn) zugrunde. Daher verwundert es nicht, daß in der Theologie und den Religionswissenschaften ökologische Orientierungen heute tonangebend sind, ebenso im Bereich der Sozialwissenschaften. Es sind immer wieder die ethischen Perspektiven, die Absicht zu einem verantwortungsvollen Umgang mit der Natur, die das Interesse allgemein beflügeln.

Die vieldiskutierte Frage, ob sich die Ökologie zur Leitwissenschaft entwickelt, stellt sich im Grunde gar nicht. Die bewußtseinsverändernde Wirkung der Ökologie beruht nämlich weniger auf ihrem rationalen Erklärungsgehalt, die Wissenschaft bisher auszeichnete, als auf der Andersartigkeit ihrer Betrachtungsweise, die lineare und rationalistisch verkürzte Sichtweisen überwindet. Anders als traditionelle Wissenschaften, die scheinbar vorgefundene Fragen beantworten und Probleme lösen wollen, wirft die Ökologie zunächst Probleme auf und stellt uns vor neue Fragen, die tief in unser persönliches Leben dringen und vermeintlich feste Grundlagen in Wirtschaft, Technik, Politik und Recht erschüttern.

Eine abzusehende und für den Fortbestand menschlichen Lebens unter Umständen entscheidende Folge dieses ungeheuren Bedeutungszuwachses der Ökologie ist die Erscheinung, daß gewohnte Grenzen zwischen Sein und Sollen eingerissen werden. Erkenntnisorientierte Wissenschaft und normorientierte Politik, die beiden Grundpfeiler abendländischer Weltgestaltung, geraten ins Wanken. Neue Gestaltungsformen zeichnen sich ab.

Wahrnehmung und Bewertung sind die zentralen Begriffe, die jedes Kapitel dieses Buches durchziehen. Sie werden zeigen, daß die ökologisch inspirierten Wahrnehmungsformen der Wissenschaft und Philosophie von den gesellschaftlich vorzunehmenden Bewertungen letztlich nicht zu trennen sind, und weiter, daß die Gesellschaft mit ihren Handlungsinstrumenten – insbesondere der Politik und des Rechts – bereits dazu übergegangen ist, das neu gewonnene Paradigma in sich aufzunehmen. Die Utopie einer ökologischen Gesellschaft hat erste Formen angenommen.

Die Gesellschaft ist sich dessen allerdings viel zuwenig bewußt, müssen wir gleich hinzufügen. Sie konnte ökologisches Bewußtsein bisher nicht recht entwickeln, weil ihr die Begriffe fehlten und weil sie keinen allgemeinverbindlichen Rahmen zur Verfügung hatte, in dem das nötige Wissen dazu entstehen kann. Der Wissenschafts- und Technikbetrieb ist noch ganz auf die technisch-ökonomische Nutzung und das heißt «Zernutzung» der Natur eingestellt. Wissenschaft, Wirtschaft und Politik bilden eine Allianz der Zerstörung. Mit jedem Baum aber, der absichtlich – durch Flächeneinschlag – oder unabsichtlich – durch Vergiftung unserer Böden und Gewässer – dem Wohlstand geopfert wird, kommen wir dem Ende dieser unheilvollen Allianz ein Stück näher. Der Kollaps der Ökosysteme ist *das* Lehrstück der Menschen. Und viele haben schon gelernt. Immerhin reichte die Schubkraft, die die Ökologiebewegung besitzt, aus, um eine Alternative zur Allianz der Zerstörung hervorzubringen. Der neue wissenschaftliche Rahmen ist die *Politische Ökologie.* Ihre Entstehungsgeschichte und Zielperspektive sollen uns im folgenden beschäftigen.

1. Vom Umweltbewußtsein zum Ganzheitsdenken

Es ist gar nicht selbstverständlich, daß der Kranke gesund werden will. Etwas im Kranken steht im heimlichen Komplott mit der Krankheit.
WILHELM STÄHLIN

Doch an denen von uns, die den Mythos der Megamaschine abgeschüttelt haben, liegt es, den nächsten Schritt zu tun: Denn die Tore des technokratischen Gefängnisses werden sich trotz ihrer verrosteten alten Angeln automatisch öffnen, sobald wir uns entschließen, hinauszugehen.
LEWIS MUMFORD

Trotz ihrer Allgegenwart und Brisanz werden ökologische Probleme oftmals nur als Schlagwörter begriffen für etwas, was sich nicht recht fassen läßt. Daß Treibhauseffekt, Klimaveränderung und Verwüstung der Erde unser Überleben als Menschheit gefährden, ist zwar offensichtlich, die Zusammenhänge zwischen Ursache und Wirkung werden auch immer mehr erkannt. Von der Sprühdose im Regal zum Ozonloch im Himmel ist es schließlich nur ein kleiner Schritt. Und wer wüßte nicht, daß unser westliches Konsumverhalten die Lebensbedingungen in der Dritten Welt ständig verschlechtert. Solches «Wissen» von Problemvernetzung vermehrt sich von Tag zu Tag.

Ganz anders aber sieht es aus, wenn der politische Gehalt hinzukommt. Sobald uns vorgerechnet wird, wieviel Konsumverzicht und Umstellung unserer Lebensweise tatsächlich nötig wären, um die ökologische Wende herbeizuführen, hört unsere Vorstellungskraft auf. Dann setzt die Politisierung des Ökologieproblems ein und damit der Mechanismus, der es uns bisher unmöglich gemacht hat, ökologisch zu handeln. Der fast beliebige Gebrauch des Ökologiebegriffs – sichtbar vor allem im Streit darüber, wie sich Ökonomie und Ökologie zueinander verhalten sollen – zeigt an, daß es kein einheitliches ökologisches Bewußtsein gibt, ganz zu schweigen von einem gesellschaftlichen Konsens. Wer das Wort «Ökologie» im Munde führt, kann schon deswegen einer gewissen Zustimmung sicher sein. Als ob von Liebe gesprochen wird, die natürlich auch verständnisvolles Kopfnicken auslöst – und doch ganz unterschiedlich verstanden wird. Die vor rund zwei Jahrzehnten begonnene Politisierung der Ökologie hat Umweltbewußtsein erzeugt, aber keineswegs gesellschaftlich relevantes Ökologiebewußtsein. Sonst wäre es undenkbar, daß heute alle gesellschaftlichen Gruppierungen, vom Verband der chemischen Industrie bis hin zu esoterischen Zirkeln, einhellig die heilende Kraft der Ökologie betonen. Jedem recht und niemandem weh. Offenbar ist es den Fortschritts- und Wachstumsgläubigen gelungen, der Ökologie ihre Giftzähne zu ziehen, noch bevor sie die alles zerstörende «Megamaschine» (Mumford, Bahro) lähmen konnte. Die Schicksalsfrage der neunziger Jahre ist, ob dies tatsächlich so ist oder ob nicht doch schon Gift versprüht wurde, von dem wir ja wissen, daß es in der richtigen Dosierung heilend wirkt. Wie weit also ist die Politisierung der Ökologie, d. h. deren Vereinnahmung und Verharmlosung fortgeschritten, und wie weit ist die überlebensnotwendige Ökologisierung der Politik gediehen?

Hierzu eine kurze Standortbestimmung: Als Ende der sechziger Jahre das Umweltproblem politisiert wurde, waren es vor allem die Medien, die – zunächst in den USA und dann in der Bundesrepublik Deutschland wie auch im übrigen Westeuropa – den Zusammenhang zwischen Umweltzerstörung und Wirtschaftssystem aufzeigten. Ohne die aufmerksame Begleitung der Medien hätten die Anti-Atom- und Bürgerinitiativbewegungen reine Umweltschutzlobby bleiben müssen. Daß etwa Atomkraftwerke nicht nur lokale Gesundheits- und Umweltrisiken mit sich bringen, sondern als «harter Weg» der Energieversorgung und Wegbereiter des *Atom-Staates* (Robert Jungk, 1977) die Zukunftsprobleme nur verschärfen, konnte nur deshalb in das politische Bewußtsein eindringen, weil die Atomprotestbewegung zugleich als gesellschaftliche Protestbewegung betrachtet wurde.

Daran hatten die Medien, wie gesagt, entscheidenden Anteil. Im Zeichen von Wirtschaftskrisen und struktureller Arbeitslosigkeit haben Nachrichten über die gefährdete Umwelt ein ganz anderes Gewicht als zu Zeiten ungebrochener Wachstumszahlen. Die Welt nach dem Zweiten Weltkrieg war ja die des wirtschaftlichen Aufschwungs. Als nun eine der entscheidendsten Legitimationen politischer Herrschaft, die Garantie wachsenden materiellen Wohlstandes, brüchig und die «Grenzen des Wachstums» sichtbar wurden, warf plötzlich jede Nachricht über Umweltprobleme die Systemfrage auf. Indizien für diese Verkettung waren stets «big news». Können Wachstumsideologie und Umweltschutz zusammengehen? Die Antwort der Medien und der etablierten gesellschaftlichen Instanzen war eindeutig und ist es immer geblieben: Wirtschaftliches Wachstum und Umweltschutz müssen nicht nur zusammengehen – schließlich lebt die ganze Welt davon –, sie können es auch, weil kontinuierliches Wachstum nur durch vorsorgenden Umweltschutz möglich ist und weil intelligenter Umweltschutz die Innovationskraft der Wirtschaft braucht. Ohne Wachstum kein Fortschritt – auch und gerade für den Umweltschutz.

Wie sehr dieser ökologische Schwachsinn bis heute fortlebt, läßt sich vielfältig illustrieren. Nehmen wir ein Beispiel aus dem Medienbereich und eines aus der Politik.

In Nummer 41 des Jahrgangs 1970 brachte der *Spiegel* eine Titelgeschichte «Vergiftete Umwelt» mit einer Fülle von Informationen über den ökologischen Zustand der Bundesrepublik Deutschland. Die Story umfaßte nach Abrechnung der Randinserate sechs volle Textseiten. In der gleichen Ausgabe befanden sich insgesamt rund 60 Seiten mit Werbeanzeigen für Automarken, Fluggesellschaften, Tabakerzeugnisse etc., Informationen also über Produkte, deren Absatz die Umwelt noch mehr vergiftet und das Wachstum weiter ankurbelt. Ein Verhältnis von 1 zu 10 zuungunsten des Umweltschutzes. Zwanzig Jahre später analysiert der *Spiegel* in Nummer 2/1990 auf zwölf Seiten die «Giftküche DDR», den größten Umweltverschmutzer Europas. Berichte über eine Ölpest im Atlantik, Pestizid-Schwemmen in Europa und die Armut in der Dritten Welt runden die wöchentlichen Schadensmeldungen über den geschundenen Planeten ab. Insgesamt 20 Seiten Aufklärung. Auf 60 Reklameseiten wird aber wiederum die heile Welt von Wachstum und Wohlstand ausgebreitet. Immerhin: Das Verhältnis hat sich von 1 zu 10 auf 1 zu 3 gebessert. Und Herausgeber Rudolf Augstein sorgt sich im Rückblick auf das «tolle» Jahr 1989 (Nr. 1/1990) darum, daß Umwälzungen ganz anderen Ausmaßes bevorstehen: «Wenn nicht alle umdenken, wird der Planet menschenleer seine Bahn ziehen, nicht in tausend Jahren, sondern bald.» Die Prioritäten sind freilich immer noch die alten. Augsteins *Spiegel* und die Medien leben noch immer davon, daß sie den Wirtschafts- und Werbeteil von den ökologischen Katastrophenmeldungen sorgsam abschotten. Neu sind nur die grünen Farbtupfer, die das Produkt bunter und umweltfreundlicher erscheinen lassen. Schon optisch entsteht der Eindruck, als habe die ökonomische Wirklichkeit nur wenig mit Ökologie zu tun. Folgerichtig haben sich die gesellschaftlichen Institutionen auch nicht etwa ökologisiert, sondern auf

Umweltschutz spezialisiert. In den Redaktionen gibt es Fachressorts für Umweltschutz, in den Unternehmen Umweltbeauftragte, in den Universitäten Umweltstudiengänge und in den Regierungen Umweltminister. Ihnen allen ist Spezialistentum und das Schicksal gemein, den übermächtigen Wirtschaftsinteressen ziemlich hilflos ausgeliefert zu sein.

Ein jüngeres Beispiel der eigentümlichen «Versöhnung» von Ökonomie und Ökologie ist der Zusammenbruch der DDR. In den Wochen und Monaten nach dem November 1989 hatte es weder in der DDR noch in der Bundesrepublik die von so vielen geforderte Atempause und Phase der Selbstfindung gegeben. Die große Chance einer ökologisch-ökonomischen Neuorientierung *beider* Gesellschaftssysteme als Voraussetzung für eine Vereinigung war verpaßt, noch ehe über sie nachgedacht wurde. Statt dessen diktierten von Anfang an Währungseinheit, Investitionssicherheit und Wirtschaftswachstum das Rennen. Wirtschaftskraft als alleiniger Motor des Fortschritts – gerade auch für den Umweltschutz in den neuen Bundesländern. Die ökologische Misere konnte sich unter solchen Bedingungen natürlich nur verschlimmern. Wie kurzatmig und kopflos wir aber in Situationen reagieren, die wir uns nicht bewußt gemacht haben, hat der Philosoph Günther Anders scharfsinnig beobachtet. Entwicklungen, denen wir mit heraushängender Zunge hinterherlaufen, «setzen diesen Lauf selbst dann noch fort, wenn wir bereits ahnen, daß sie nicht nur unser Schicksal geworden sind, sondern dessen Ende sein werden»[1]*. Die Obsession, scheinbar objektiven wirtschaftlichen Faktoren zu gehorchen, treibt uns so weit, daß wir den Zusammenhang von Wirtschaftsexpansion und Umweltzerstörung übersehen, selbst wenn er mit Händen zu greifen ist. Welcher Staat hat der Steigerung der Produktivität jemals so viel gesunde Umwelt geopfert wie die DDR?

Der moderne Industriestaat hat das Ökologieproblem vereinnahmt und zum Umweltproblem verharmlost. Allem Gerede von der schicksalhaften Bedeutung ökologischer Vernunft zum Trotz geht es überall in den Industriestaaten heute wie vor zwanzig Jahren nur um «Umweltschutz». Er wurde definiert, abgegrenzt und in Schubladen gepackt. In der Umweltpolitik, im Umweltrecht und in der Umweltforschung darf sich ein Heer von Umwelt-«Fachleuten» austoben und Ratschläge er-

* Die hochgestellten Ziffern beziehen sich auf die entsprechenden Nummern im Verzeichnis der Anmerkungen und Quellen, Seite 415 ff.

teilen. Sie werden auch befolgt, aber immer nur, soweit sie durch das Raster «wirtschaftliche Vernunft» fallen. Was wirtschaftlich vernünftig ist, bestimmt sich mal betriebswirtschaftlich, mal weltwirtschaftlich, immer jedoch nach demselben Grundprinzip: Es muß etwas zuwachsen, um vernünftig genannt zu werden. Der Zuwachs muß sich nicht sofort einstellen und kann auch vorübergehend geringer ausfallen, wenn Ressourcenknappheiten oder Absatzschwierigkeiten dazu zwingen. Nur kommen muß er, sonst gilt wirtschaften als unvernünftig und damit unsinnig.

Das Dilemma moderner Wirtschaftslogik ist, daß ökonomisch ständig wachsen soll, was ökologisch auch wieder vergehen muß. Wachstum – dieser biologische Begriff sagt es schon – ist aber nur im Rahmen zyklischen Werdens und Vergehens möglich. Der alte alchemistische Traum immerwährender Neuschöpfung, an dem schon Goethes Faust zerbrochen ist, kehrt im Fortschritts- und Wachstumsglauben moderner Prägung wieder,[2] lebt selbst auf dem Höhepunkt der ökologischen Krise noch fort. Wenn heute sublimer von der Notwendigkeit eines «kontrollierten» oder «qualitativen» Wachstums gesprochen wird und Umweltzertifikate und Öko-Steuern als taugliche Mittel angesehen werden, den Tiger doch noch zu zähmen, oder wenn – gerade auch nach dem endgültigen Zusammenbruch zentral gelenkter Wirtschaftssysteme – Zuflucht in einer ökologischen Marktwirtschaft gesucht wird, so ist der archimedische Punkt, um den solche Vorstellungen kreisen, doch immer derselbe. Solange Wirtschaftstheorien um Wachstumsraten kreisen, schmoren sie im eigenen Saft und können die Entscheidungshilfen, die zur langfristigen Daseinsvorsorge von ihnen erwartet werden, niemals bereitstellen.

a. Der Aufstieg der Ökologie

Wenn daher die Ökonomie nicht aus sich selbst heraus genesen kann, muß sie es mit Hilfe der Ökologie tun, mit der sie immerhin den Wortstamm teilt (griechisch *oikos* = Haus, Haushalt bzw. haushalten). Und schließlich gehört es zu den Forderungen an jede Sozial- und Naturwissenschaft, das Wirkungsgefüge zwischen Gesellschaft und Natur zu erfassen. Diese Forderung ist ja nicht neu und vielleicht so alt wie die Frage nach der Wissenschaft als Methode rationaler Erkenntnis. Aber erst die Ökologie hat einen Weg eröffnet, die atomisierten, nur mit sich selbst beschäftigten Teildisziplinen sinnvoll und in völlig neuer Weise aufeinander zu beziehen.

Als Eugene P. Odum, einer der Wegbereiter der Politischen Ökologie, vor fünfzig Jahren an der Universität von Georgia die ersten Vorlesungen über Ökologie hielt und dabei zweifellos nicht nur an die Wechselbeziehungen zwischen Lebewesen und ihrer natürlichen Umwelt dachte, begann der *Aufbruch der Ökologie zu einer neuen integrierten Disziplin*[3].

Der Siegeszug der Ökologie vollzog sich aber anders als zunächst erwartet. Seit der deutsche Biologe Ernst Haeckel 1866 den Begriff «Ökologie» prägte und damit «die gesamte Wissenschaft von den Beziehungen des Organismus zur umgebenden Außenwelt» meinte, zielte sie aufs Ganze. In der wissenschaftlichen Tradition des Zergliederns und Sezierens konnte sie sich indessen nur als biologische Teildisziplin etablieren. Wie eng ihr Wirkungsfeld hier bis heute ist, zeigt sich in der Konkurrenz zu den noch jüngeren biologischen Disziplinen wie Genetik, Neurophysiologie oder Mikrobiologie, die sich bis zum kleinsten Baustein vorgeforscht haben. Wo Gen-Technologie und Pharmazie mit sündhaft teuren Forschungsprojekten die Spezialisten fürs Detail anlockt, bleibt den «Spezialisten fürs Ganze», den Ökologen, nicht mehr viel.

Die Stärke der Ökologie ist allerdings ihr unablässiger Fortschritt vom Kleinen zum Umfassenden. Beschäftigte sich die Ökologie zu Beginn des Jahrhunderts noch mit den Beziehungen von einzelnen Arten zu ihrer Umwelt, verlegte sich das Interesse in den zwanziger Jahren auf Artengemeinschaften und dann auf Nahrungsketten und Artenpyramiden, die als «Lebensgemeinschaften» und «Super-Organismen» aufgefaßt wurden.

Einen Einbruch in die klassische Biologie bedeutete der von dem britischen Ökologen Arthur G. Tansley 1935 eingeführte Begriff «Ökosystem»[4]. Organismen und ihre organische wie anorganische Umwelt begriff er als System. Damit war eine Anbindung an den Systembegriff der Physik hergestellt und zugleich ausgedrückt, daß ein Öko«system» nicht aus seinen Teilen heraus erklärt werden kann, sondern erst durch ihre Wechselwirkungen begründet wird, denn: «Ein System ist mehr als die Summe seiner Teile.» Die Wechselwirkungen wurden im weiteren Verlauf der Ökosystem-Forschung als Energieströme und Informationsflüsse gedeutet. Und mit dem Systemansatz ist die Ökologie unter den Einfluß der allgemeinen Systemtheorie geraten. Das heißt aber nicht, die Ökologie habe insgesamt den Bruch mit der reduktionistischen Sichtweise in der Wissenschaft vollzogen. Vielmehr kam es zur Aufspaltung in eine traditionelle wissenschaftliche Ökologie und eine «Neue Ökologie» (Odum) auf holistischer Grundlage.

Beide Richtungen der Ökologie haben den wissenschaftlichen Erkenntnisgewinn erheblich vorangetrieben, allerdings nicht in dem Sinne, daß sie sich zu Leitwissenschaften entwickelt hätten. Die biologische Ökologie in ihrer Beschränkung auf natürliche Umwelten konnte schon wegen ihrer überstarken Nachbardisziplinen (Genforschung, Molekularbiologie u. a.) nicht recht gedeihen. Wissenschaftler, die als Ökologen über Wirkungszusammenhänge in bestimmten Ökosystemen Auskunft geben können, werden höchstens dann zu Rate gezogen, wenn es auf präzise Daten über «zumutbare» Umweltbelastungen ankommt, etwa in Planungs-, Gesetzgebungs- und Gerichtsverfahren. Die ganzheitliche Ökologie hingegen konnte deswegen nicht im eigentlichen Sinne zur «Leitwissenschaft»[5] werden, weil sie sich von ihrem Ansatz her in das Wissenschaftsgefüge nicht einfügen ließ. Sie stellt nämlich keine «Wissenschaft», sondern deren Bezugsrahmen dar. So wie das Newtonsche Physikbild den mechanistisch-reduktionistischen Bezugsrahmen der Naturwissenschaften begründete, hat sich die ganzheitliche Ökologie als Hefesatz einer neuen Sichtweise erwiesen, mit der die Wissenschaft von außen angegangen wird. Sie glaubt z. B. nicht an die Trennung von Natur- und Sozialwissenschaften und hält Wertneutralität für einen Mythos.

Hinter den Bemühungen ganzheitlich orientierter Wissenschaftler steckt die Überzeugung, daß Wissenschaft und Technik wertgebunden sind und ihre Anwendungen keineswegs nur Sache «der» Gesellschaft oder «der» Politik. Diese Überzeugung ist an sich nicht neu. Sie rührt von der Erkenntnis her, daß Wissenschaft ein gesellschaftlicher Akt ist und somit nicht allein auf Wahrheit beruht, sondern immer auch auf Konsens. Wie Konsens und Wahrheit zueinanderstehen, ist seit langem ein beherrschendes Thema der Wissenschafts- und Erkenntnistheorie. Jürgen Habermas' Buch *Erkenntnis und Interesse* (1973) war hier wegweisend.

Ziemlich neu hingegen ist der ernstgemeinte Versuch, die Mauern zwischen «objektiven» Naturwissenschaften und «subjektiven» Geistes- und Sozialwissenschaften einzureißen. In einer Welt, die ihre Überlebensprobleme zunehmend als Folgen eines blindwuchernden Forschergeistes begreift, der Errungenschaften wie Kernspaltung und

Gentechnik nur als natürliche Ausflüsse wissenschaftlicher Neugier kennt, stellt sich die Frage nach der Ethik der Wissenschaft und mit ihr die Frage nach dem beide verbindenden Motiv. Was ist überhaupt wissenswert? Gibt es eine sinnvolle Unterscheidung zwischen Wissen, das der Zerstörung dient, und Wissen, das der Erhaltung dient?[6]

Derartige Fragen haben die großen Naturwissenschaftler seit jeher bewegt. Und selbst Francis Bacon und René Descartes, die Ziehväter des Szientismus, des seit dem 17. Jahrhundert regierenden Glaubens an die Allmacht der Wissenschaften, waren diesbezüglich keine skrupellosen Forscherhirne, zu denen sie später gern gemacht wurden. Ihr «Versagen» und das ihrer Nachfolger liegt eher darin, daß sie die ethischen Grenzen des Erkenntnisdranges als selbstverständlich unterstellt und damit der Entfesselung des nur noch quantitativ messenden Prometheus Vorschub geleistet haben. Der Physiker Max Born hat die Trennung von Tätigkeit und Wirkung einmal sarkastisch als Herausbildung des «Eichmann-Typs» kritisiert.[7]

Der «eindimensionale Mensch», den Herbert Marcuse als den Prototyp der Moderne ausgemacht hat, ist zugleich Täter und Opfer einer «Quantifizierung der Natur», durch welche die Wirklichkeit von allen immanenten Zwecken abgelöst und folglich das Wahre vom Guten und die Wissenschaft von der Ethik getrennt wurde.[8]

Das Problem ist also weniger die – meist gute – Absicht des Einzelnen als dessen fehlende Weitsicht und Umsicht.

Wenn aber das Erfassen von Wirklichkeit und die Verantwortung für daraus resultierendes Handeln im Grunde nicht zu trennen sind, ist es letztlich müßig, danach zu fragen, ob wir eine ökologische Ethik brauchen. Die entscheidende Frage ist, was wir darunter zu verstehen haben.

Der Streit hierüber hat die Gemüter in den letzten zehn Jahren ungeheuer erhitzt. Auf der einen Seite, nämlich bei der klassisch linken Wissenschafts- und Gesellschaftskritik, herrschte die Einschätzung vor, daß nur eine rationale Aufklärung über wissenschaftliche und gesellschaftliche Zusammenhänge die Umwälzungen bewirken könne, die ein Überleben der Menschheit möglich macht. Ökologie wird danach als emanzipatorische Naturwissenschaft betrachtet. Der historische Fortschritt könne allein von den antibürgerlichen, linken Kräften kommen, und der Ruf nach einer neuen Ethik vernebele nur die politische Auseinandersetzung. Auf der anderen Seite, bei der konservativ-bürgerlichen Naturwissenschaftskritik, erscheint der Fortschrittsglaube als die eigentliche Crux. Da das Umweltproblem in erster Linie ein Inweltproblem sei, müsse eine «Revolution der Herzen» stattfinden. Ökologie wird hier zur Heilslehre und Orientierungshilfe für eine neue Ethik, die Grundlage der Politik werden müsse.

In der «linken» Kritik wird auf die empirisch-diagnostischen Kräfte der Ökologie gesetzt, in der «rechten» Kritik auf deren normativ-therapeutische Dimension.

Nun ist es eine längst bekannte Tatsache, daß dieses Links-Rechts-Schema mit dem Erstarken der Grünen-Bewegung immer mehr verschwimmt. Die seit der bürgerlichen Epoche gewohnte Einteilung der politischen Parteien in linke, rechte und in der Mitte stehende ist im ökologischen Zeitalter gründlich durcheinandergeraten.[9]

Auffällig ist jedoch, wie wenig selbst die neue politische Avantgarde, die grünen Parteien («Wir sind nicht rechts, nicht links, sondern vorn»), diese Art von Paradigmawechsel bisher vollzogen hat. So ist die weltweit erfolgreichste Alternativpartei, die der deutschen Grünen, mehr durch Richtungsstreitigkeiten als durch genuin ökologische Positionen geprägt worden. Über die lähmenden Auseinandersetzungen zwischen «Fundis» und «Realos» ist viel geschrieben worden. Dahinter verbirgt sich im Grunde jedoch nichts anderes als noch unverdaute Ökologie. Wenn Realos in der Veränderung politischer Mehrheitsverhältnisse die einzig sinnvolle Perspektive erblickten und Fundis in der Bewahrung des Fundamentalcharakters als Anti-Partei, so zeigten sich darin eher Relikte der Vergangenheit als fortschrittliche Perspektiven.

Politikfähigkeit wurde lange Zeit daran gemessen, wieweit die Bereitschaft zum politischen Kompromiß reicht, nicht aber daran, wie überzeugend die politischen Grundpositionen sind. Während konservative Strömungen – von der Naturschutzbewegung bis zu öko-libertären Grünen – auf Bewußtseinsveränderung innerhalb der bürgerlichen Gesellschaft setzten, hat die traditionelle Linke bis hin zu öko-sozialistischen Grünen zwar die Machtfrage gestellt, eine ökologische Theorie und Wachstumskritik indessen für entbehrlich gehalten. Der Parlamentarismus, die bürgerliche Domestizierung von Politik, hat beide gezähmt. Die Vertreter der «reinen Lehre» der Ökologie verzichteten auf den parteipolitischen Wettstreit, die Realpolitiker wollten vor allem ihn und verzichteten deshalb darauf, die Wähler mit der vollen Wahrheit vom Ende des Wachstums samt seinen Konsequenzen zu verschrecken.

Es wäre dennoch ganz falsch, von solchen Selbstblockierungen auf einen Fehlschlag des grünen Experiments zu schließen. Zum einen löst sich die klassisch linke Position auf. Die Linke sucht nicht mehr das alte

Bündnis zwischen industriellem Fortschritt und Emanzipation. Deren Bündnispartner sind heute die grünen, alternativen Strömungen, und die eigene Motivation ist eine andere geworden. Das antreibende Moment der Linken ist nicht das Vertrauen in eine nur gerecht verteilte Produktivkraftentwicklung, sondern die Verteidigung sozialer Errungenschaften und die Bewahrung bedrohter Lebensbestände. Daß die Stalinisten und Berufskommunisten ständig genommen haben, dürfte jedenfalls die Hauptantriebskraft für die osteuropäischen Revolutionen gewesen sein. Die Kritik, daß der Industrialismus ständig nimmt, ist aber auch im Westen die Hauptmotivation für links-alternative Gesellschaftsveränderung. Links sein heißt daher heute ökologisch denken.

Zum anderen sind Bedarf und Chancen einer ökologischen Perspektive allgemein enorm gestiegen. Der völlige Zusammenbruch der Planwirtschaft hat nur vordergründig die Marktwirtschaft und ihre Vertreter bestätigt. Die Wachstums- und Fortschrittsparteien haben ihrerseits, dem Zug der Zeit folgend, Fragen aufgenommen, die noch vor wenigen Jahren höchstens in grünen Zirkeln diskutiert wurden. Aus so ambitiösen Programmen wie etwa dem «Ökologischen Umbau der Industriegesellschaft» der deutschen SPD läßt sich allerdings noch nicht ein Umdenken, geschweige denn eine Rettungsstrategie ablesen. Die Kernfragen – z. B. nach der Rolle des Wachstums, des Eigentums, der Technologie – werden beharrlich überdeckt. Rudolf Bahro hat recht, wenn er mit Blick auf Öko-Reformer von Biedenkopf bis Lafontaine feststellt, daß diejenigen, die von der Versöhnung zwischen Ökonomie und Ökologie im Sinne eines wie auch immer gearteten *Kompromisses* träumen, keine Ahnung haben, worum es überhaupt geht.[10]

Dennoch stehen wir am Beginn einer grünen Revolution. Spätestens mit den osteuropäischen Revolutionen sind die Karten derart durch die Luft gewirbelt worden, daß der Versuch unternommen werden kann, sie neu zu verteilen oder, besser, neue Karten ins Spiel zu bringen. Nachdem der ideologische Gegenspieler die Partie aufgegeben hat, stellt sich für den Westen die Frage, ob sie überhaupt noch fortgesetzt werden kann. In der Form des Wettbewerbs der Systeme sicher nicht mehr. Aber auch als Spiel mit sich selbst kann die marktwirtschaftliche Ökonomie nur dann noch auf Fortsetzung hoffen, wenn sie ihre Spielregeln ändert. Das Hinzufügen des Präfix «öko» wird dazu nicht reichen, sosehr die Weiterentwicklung der sozialen zur ökologischen Marktwirtschaft auch dem seichten Zeitgeist entspricht.

Jede ehrliche Analyse der globalen Krise kann nicht daran vorbei, daß der Industrialismus mitsamt seinen philosophisch-weltanschaulichen Grundlagen die Logik der menschlichen Selbstausrottung begründet hat. In Lewis Mumfords Lebenswerk über die Megamaschine kommt dies klar zum Ausdruck. Wer Mumfords *Mythos der Maschine* (1977) oder Bahros *Logik der Rettung* (1989) gelesen hat, kann nicht so tun, als ob ökologische «Korrekturen» des marktwirtschaftlichen Systems den Selbstvernichtungsprozeß aufhalten könnten. Marktwirtschaft und Demokratie, die beiden Endprodukte in der Entwicklungsgeschichte europäischer Kultur, stehen selbst zur Disposition. Das muß nicht heißen, sie abzuschaffen, wohl aber zu erkennen, wie sehr sie selbst in die Logik der kollektiven Selbstvernichtung verwickelt sind.

Die ideologischen und nationalstaatlichen Reinigungsprozesse, welche die neunziger Jahre so vehement eingeläutet haben, können den Blick freimachen auf das eigentliche Problem. Dreh- und Angelpunkt einer Überlebensstrategie der Menschheit ist nicht eine wie auch immer geartete Ökonomie, sondern die Ökologie, d. h. das Verhältnis Mensch-Gesellschaft-Natur.

Ein systematisch-theoretisches Werk über dieses Verhältnis ist bisher noch nicht erschienen. Und es ist zu bezweifeln, ob eine geschlossene Theorie, vergleichbar auch «nur» dem dialektischen Materialismus, überhaupt je möglich ist. Es müßte eine Theorie sein, die nicht nur die vielfältigen Ursachen der kontinuierlichen Zerstörung, sondern auch die vielfältigen Elemente einer Überlebensstrategie systematisch zusammenfaßt. Das übersteigt schon vom Umfang der Aufgabenstellung her das Fassungs- und Verarbeitungsvermögen eines einzelnen Menschen. Immerhin haben die Millionen Bücher und Theorien, die auf Erden produziert wurden, die Wissenszersplitterung und Spezialisierung ins Unüberschaubare vorangetrieben und die Ganzheitlichkeit ständig erschwert. Aber auch von der Qualität der Aufgabe her ist eine ökologische Theorie wohl utopisch. Wie ließen sich beispielsweise die Tiefenschichten ökologischer Erkenntnis, vor allem die Spiritualität, auch nur andeutungsweise zwischen Buchdeckeln darstellen? Sie müssen erfahren werden. Sowenig Liebe mit Hilfe von Büchern erlernt werden kann, sowenig können Öko-Ratgeber den Weg eigenen Erkennens ersetzen.

Natürlich ist die Aufgabe von Theorien immer nur die von Wegweisern. Im Fall der Ökologie sind Wegweisungen aber nur in eingeschränktem Maße denkbar. Gerade weil die Ökologie im Gegensatz zu allen bisher bekannten ökonomischen wie sozialwissenschaftlichen Theorien die spirituelle Dimension nicht ignorieren kann, muß sie grundlegend anders operieren als Konzepte, die der gewohnten Einteilung von Wissenschaft, Moral, Spiritualität etc. folgen. Beschreiben ließe sich allenfalls, wie sich ökologisches Bewußtsein entwickelt, in welchen Formen es sich nach außen zeigt und auf welche Weise es sich gesellschaftlich organisieren läßt.

Anders gesagt: Eine Annäherung an die Ökologie als Leitbild gesellschaftlicher Weiterentwicklung ist nur möglich, wenn ihr paradigmatischer Charakter erkannt wird.

Anknüpfend an Thomas S. Kuhns Werk über die *Struktur wissenschaftlicher Revolutionen* (1967) wollen wir ganzheitlich-ökologisches Denken als fundamental neue Perspektive für gesellschaftliches Handeln verstehen. Was Sozialwissenschaftler, Planungsstrategen und Umweltexperten traditionell als richtig, erstrebenswert und machbar empfunden haben, gilt nur innerhalb eines bestimmten Bezugsrahmens. Kuhn nennt den Bezugsrahmen, auf den sich die Vertreter einer Fachdisziplin beziehen, ein Paradigma, also etwa «Vorstellungsmuster». Der deutsche Philosoph Klaus Michael Meyer-Abich zieht den Begriff des Erkenntnisideals vor, um darauf hinzuweisen, daß es in erster Linie um die Ausrichtung des Erkenntniswillens an einem Ideal des Wissenswerten geht und nicht so sehr um den Gegenstand der Erkenntnis selbst.[11] Der amerikanische Erkenntnistheoretiker Jeremy Hayward übersetzt Paradigma mit «Überzeugungskontext», um die subjektive Seite des Erkennens zu betonen.[12]

Sieht man mit Habermas den Prozeß wissenschaftlicher Erkenntnis als gesellschaftlich bedingt, so befinden sich die Mitglieder jeder wissenschaftlichen Gemeinschaft in einem Konsens über gewisse Grundannahmen. Im Gegensatz zum bloßen Theoriestreit, bei dem jeder Einzelne die Gültigkeit von Aussagen bestreiten und verändern kann, verlangt der Konsens die Entscheidung der Gruppe. Je größer der Gruppenkonsens und je größer die Gruppe, desto schwieriger wird allerdings die Festlegung, worin eigentlich der Konsens besteht. In einer Gemeinschaft, die sich der Entstehung eines Konsenses gar nicht bewußt wurde oder aber nicht mehr bewußt ist, ist es naturgemäß besonders schwer, einen Konsens aufzukündigen. Grundbedingung ist daher, daß die Existenz dieses Konsenses überhaupt wahrgenommen wird. Weiter ist erforderlich, daß die in der Konsensgemeinschaft entstehende Alternativgruppe entweder ideen- oder zahlenmäßig so stark wird, daß sie als konsensgefährdend wahrgenommen wird.

Beide Bedingungen haben sich in den achtziger Jahren erfüllt. Die vor allem durch Fritjof Capras *Wendezeit* einer größeren Öffentlichkeit bekanntgewordene These vom Entstehen eines neuen ganzheitlich-ökologischen Weltbildes hat eine breite Diskussion darüber ausgelöst, ob dies tatsächlich so sei oder ob es sich bei den ganzheitlich inspirierten Denkmodellen seit Einstein und C. G. Jung um «normale» Theoriefortbildung handele. Allein schon das Ausmaß der Kontroverse, die inzwischen auf praktisch allen Gebieten der Wissenschaft, Philosophie und Theologie ausgetragen wird, weist auf ihre Bedeutung hin. Nachdem eine ganze Physikergeneration um Einstein, Bohr und Heisenberg geschlossen von der Vorstellung Abschied nehmen mußte, daß eine objektive physikalische Welt existiert, die sich nach unveränderlichen Gesetzen unabhängig vom Beobachter entfaltet, waren die Dämme zwischen Subjekt und Objekt, zwischen Innenwelt und Außenwelt endgültig gebrochen.[13] Wenn die Quantenphysik z. B. durch Niels Bohrs Begriff der Komplementarität so weitreichende Folgen für Naturwissenschaft und Erkenntnistheorie hatte, daß sie den Naturbegriff bis hinein in die Philosophie und Theologie grundlegend veränderte, dann lag darin mehr als kontinuierliche Theorieentwicklung.

Entscheidend für die Herausbildung eines neuen Konsenses war die Erfahrung der ökologischen Krise. Zum ersten Mal in ihrer Geschichte wird sich die Menschheit der realen Möglichkeit ihrer Selbstvernichtung bewußt. Wir sind nicht mehr nur Zeugen eines gigantischen Schauspiels, in dem es um Leben und Tod geht, sondern zugleich seine Mitspieler, ja Hauptakteure. Während es noch vor zehn, zwanzig Jahren möglich war, das Umweltproblem in eine Vielzahl von Problemen des Naturschutzes, der Ressourcenpflege und Technik zu zerlegen, für deren Lösung es Fachleute gibt, hat sich nun angesichts der globalen ökologischen Krise gezeigt, daß das Umweltproblem ein Innenweltproblem ist und daß alle katastrophalen Fehlentwicklungen letztlich nur Facetten ein und derselben Ursache sind. Mit einer Aufzählung von Einzelfaktoren wie Wachstumswahn, Überproduktion, Ungleichverteilung von Gütern usw. läßt sich die «systematische» Selbstvernichtung nicht erklären. Allerdings machen selbst die darunterliegenden tieferen «Ursachenebenen», zu denen Rudolf Bahro den industriellen Komplex, den kapitalistischen Antrieb, die eurozentrierte Weltsicht, das Patriarchat und die Conditio humana abendländischer Prägung rechnet,[14] noch nicht das «System» aus. Zu seiner Charakterisierung reicht es nicht, die Symptome und Ursachen in ihren unterschiedlichen Ebenen zu benennen, sondern es gilt, auch ihre innere Logik zu klären. Bahro hat diese «Logik der Selbstausrottung» als eine Geisteshaltung beschrieben, die sich ihre Megamaschine notwendig erschaffen mußte. Die Ursache ist demnach ein bestimmtes System von Wahrnehmungen und Werten und nicht etwa eine unüberschaubare Vielfalt singulärer Faktoren. Deshalb hätte es z. B. keinen Sinn, *das* Wirtschaftssystem, *den* Kapitalismus oder *die* westliche Kultur als hauptverantwortlich für unsere Krise herauszulösen.

Wenn aber ein bestimmtes Gesamtsystem von Wahrnehmungen und Werten die Ursache bildet, dann kann nichts mehr so bleiben, wie es bisher war. Hinter der Fülle der politischen Forderungen der Ökologiebewegung verbirgt sich denn auch das Bemühen um eine fundamentale Alternative. In seinem Zentrum steht nicht Systemverbesserung, sondern Systemüberschreitung. Die Natur, die bislang immer nur als Umwelt des Menschen und als Objekt menschlicher Erkenntnis- und Nutzungsinteressen aufgefaßt wurde, soll als Mitwelt erfahrbar werden. Uns Menschen als Teilaspekt der natürlichen Mitwelt zu erfahren und auch noch danach zu handeln, setzt jedoch ungeheure und in der Menschheitsgeschichte wohl beispiellose Bewußtseinsveränderungen voraus. Sie fallen nicht vom Himmel und können sicher nicht durch einzelne wissenschaftliche Theorien bewirkt werden, mögen sie auch noch so revolutionär sein.

Die Erklärung für das in der Wissenschaft und Philosophie so stark hervorbrechende Ganzheitsdenken liegt letztlich in der Gleichzeitigkeit oder Komplementarität der Ereignisse. Die Entwicklung der Quantenphysik korrelierte mit der Entwicklung der Atombombe, die Entstehung eines globalen Bewußtseins mit der Erfahrung globaler Weltzerstörung und der Zusammenbruch des kommunistischen Materialismus mit dem Umbruch im verbleibenden kapitalistischen Materialismus. Die Ereignisse stehen nicht in ursächlichem Zusammenhang zueinander – weder die jeweils korrelierenden noch die Ereignisse insgesamt –, sondern in enger Wechselbeziehung. Sie sind insgesamt Ausdruck eines jenseits wissenschaftlicher Diskurse liegenden Bewegungsmusters, das es zu identifizieren gilt.

Die Wissenschaft allein, jedenfalls in ihrer bisher dominierenden Form, ist dazu nicht in der Lage. Sie kann es nicht, weil sie selbst in den Strudel der aktuellen Auseinandersetzung zwischen Reduktionismus und Ganzheitsdenken geraten ist. Und auch die Philosophie, soweit sie sich im Bannkreis der exakten Logik und analytischen Methode der Naturwissenschaften aufhält, wird die Existenz eines übergreifenden

Paradigmawechsels leugnen müssen. Um sie zu belegen, müssen wir Wissenschaft und Philosophie als Ganzes betrachten.

b. Suche nach Ganzheitlichkeit

Die europäische Geistesgeschichte hat die Bestimmung des Verhältnisses zwischen Mensch und Natur, um die es beim Paradigmenstreit geht, seit jeher beschäftigt. Mechanistische und ganzheitliche Strömungen lagen im ständigen Widerstreit. Weil aber das kartesianisch vermessene Weltbild die Oberhand gewann und der Siegeszug der Naturwissenschaften im 19. Jahrhundert den Positivismus zum beherrschenden Dogma in Wissenschaft und Philosophie gemacht hat, galt das Erfassen des Ganzen als jenseits wissenschaftlicher Berechenbarkeit und mußte deshalb unterbleiben. Auf der anderen Seite steht mit der Dialektik seit Hegel das methodische Werkzeug zur Verfügung, um die unterschiedlichen Denkschulen fruchtbar aufeinander zu beziehen. So hat Friedrich Engels seine *Dialektik der Natur* als «Wissenschaft des Gesamtzusammenhanges» dargestellt und wie im Vorgriff auf die moderne Ökologie gemahnt: «In der Natur geschieht nichts vereinzelt. Jedes wirkt aufs andere und umgekehrt, und es ist meist das Vergessen dieser allzeitigen Bewegung und Wechselwirkung, das unsere Naturforscher verhindert, in den einfachsten Dingen klarzusehen.»[15]

Aus dialektischer Sicht muß die vollständige Trennung von Tatsachenforschung und Wertorientierung als Aufgabe der Suche nach Wahrheit erscheinen. Der Dialektik geht es ja gerade um die Vermittlung unterschiedlicher Ebenen, keineswegs um deren Auflösung. Zwischen dialektischer Methode und ganzheitlich-ökologischem Denken gibt es deshalb eine enge Verbindung, worauf z. B. Fritjof Capra aufmerksam macht.[16]

Die entscheidende Triebkraft zur Durchsetzung ganzheitlich-ökologischen Denkens kommt allerdings von den ins Unermeßliche gestiegenen Anomalien, mit denen sich die *Risikogesellschaft* (Ulrich Beck, 1986) herumschlägt. Die Widersprüche zwischen Wachstumswahn und Ausplünderung werden ständig größer, die Kluft zwischen Technologie und ihrer Beherrschbarkeit wird immer weiter. Wissenschaft, Wirtschaft und Politik geben keine Antwort auf Fragen, die zu Überlebensfragen geworden sind: Wie läßt sich die völlig außer Kontrolle geratene Technologie jemals mit dem Prinzip einer nachhaltigen, also ökologieverträglichen Entwicklung in Einklang bringen? Kann das Krebsgeschwür Wirtschaftswachstum noch ökologisch geheilt werden? Woher soll die Einsicht kommen, die knapper werdenden Güter zwischen Menschen und Völkern gerecht zu teilen?

Wir Betroffenen sind vollkommen auf uns selbst gestellt; denn die Hilfe von außen, von «Fachleuten» etwa, ist nicht zu erwarten. Überdies sind die Anomalien des Industriezeitalters längst zu unseren eigenen geworden. Wir bilden uns ein, umweltbewußt zu leben, und konsumieren in einer Marktwirtschaft, die nur von Profit und Wachstum lebt. Wir möchten sozial- und umweltverträgliche Arbeit verrichten und stützen doch nur das System. Anomalien, die nach Thomas S. Kuhn Grad und Umfang eines Paradigmawechsels anzeigen, sind zur täglichen Erfahrung geworden. Hier die private ökologische Nische, dort der ökologische Kollaps. Das dauernde Wechselbad von innerer Suche nach Ganzheit und gesellschaftlichem Funktionieren halten wir nur aus, solange wir unser Gefühl erfolgreich unterdrücken. Mehr noch. Die Kunst, auch die größten Absurditäten unserer Lebensweise rational zuzudecken, ist zur Überlebensstrategie schlechthin geworden. Schizophrenie und «zynische Vernunft» (Peter Sloterdijk, 1983) bestimmen unsere Lebenseinstellung.

Auf allen Ebenen der Wissenschaft, der Wirtschaft, der Politik und unseres Alltags stoßen wir fortwährend auf die stets gleiche Logik der Selbstzerstörung – Konsequenz unserer Erbkrankheit, den Menschen und seine Gesellschaft sorgsam von der Natur zu trennen.

Das Verhältnis von Gesellschaft und Natur umzudenken, ist daher eine Aufgabe, die sich auf allen Ebenen unserer Existenz stellt. Die Ausgangslage dieses Umdenkungsprozesses sollte allen Beteiligten, den Wissenschaftlern, Philosophen, Wirtschafts- und Gesellschaftsstrategen gleichermaßen klar sein: Es gibt keine totale Trennung von Natur und Gesellschaft. Gerade die im Industrialisierungsprozeß vollständig unterjochte Natur hat ihre Eigenständigkeit verloren. Sie ist weder vorgegeben noch zugewiesen, sondern geschichtliches Produkt geworden; sie gehört zur Innenausstattung der industriell veränderten Welt. Wie Natur aber nicht mehr ohne Gesellschaft begriffen werden kann, so kann auch Gesellschaft nicht mehr ohne Natur begriffen werden. Im übrigen besteht auch erkenntnistheoretisch betrachtet zwischen uns und der Natur eine dialektische Beziehung. Selbst eine von uns unterscheidbare Natur, der wir einen Eigenwert zugestehen können, ist keine Natur «an sich». Sie kann von uns immer nur in Beziehung zum Menschen gedacht werden.

Erkenntnisfortschritte müssen sich deshalb immer auf Gesellschaft und Natur zugleich beziehen. Natur- und Sozialwissenschaften können nicht mehr nebeneinander her betrieben werden. Eine Ethik etwa, die sich in völliger Distanz zur naturwissenschaftlichen Erkenntnis entwikkeln würde, wäre ebensowenig begründet wie ein Recht, das weiterhin ohne direkten ethischen Bezug auszukommen glaubt.

Unter den vielen Versuchen, den Partikularismus der Erkenntnis zu überwinden, ragen diejenigen, die sich einer Ökologisierung der Wissenschaften verschreiben, deutlich hervor. Der seit jeher bestehende Anspruch, die Überspezialisierung durch Interdisziplinarität zu überwinden, wurde erst unter dem Eindruck der Ökologieblindheit der Wissenschaften zu einem ernstgemeinten Anspruch. Interdisziplinäre Forschung bestand lange Zeit nur in der Addition von Einzelwissen. Die bezweckte Zusammenschau mußte Illusion bleiben, solange es an einer inhaltlichen Verknüpfung der unterschiedlichen Beiträge fehlte. Erst das übergreifende Thema macht interdisziplinäre Forschung zur ganzheitlichen Forschung. Die Ökologie als Wissenschaft von der Ganzheit der Lebenszusammenhänge hat sich – heute unbestritten – zu diesem verbindenden Thema gemausert.

Damit ist freilich nicht gesagt, daß sich die Institutionen wissenschaftlicher Forschung, allen voran die Universitäten, des Themas bereits angenommen hätten. Wirkliche Umbrüche, durch die Universitäten zu Stätten ganzheitlich-ökologischer Wissenschaft geworden wären, hat es bis heute nicht gegeben. Der Name «Universität» ist ein Hohn. Eigentlich müßte von «Spezifität» gesprochen werden, weil die Universität das Universale, das sie einmal auszeichnete, längst zugunsten des Speziellen aufgegeben und bis heute nicht zurückgewonnen hat.

Die Leitfunktion der Ökologie besteht in ihrer Rolle als *methodischer* Vorreiter. Im Gegensatz zur traditionell biologischen Ökologie hat sich die ganzheitliche Ökologie nicht als wissenschaftliche Disziplin, sondern als Gesamtrahmen und Bezugspunkt *für* die Wissenschaft herausgebildet. Sie beschreibt eine neue Sichtweise, der es auf den ständigen wechselseitigen Bezug empirischer und normativer Bemühungen ankommt. Tatsachen und Wertungen werden nicht mehr als völlig getrennt, sondern dialektisch miteinander verbunden betrachtet. Entscheidend ist nicht mehr die naturwissenschaftlich gewonnene Erkenntnis an sich, sondern die Bedeutung, die sie durch Anwendung im gesellschaftlichen Bereich gewinnt. Zum Erkenntnisgewinn reicht daher der bloße Zuwachs an Wissen nicht aus; erst die Reflexion darüber, ob Wissen der Zerstörung oder Erhaltung unserer Lebensgrundlagen dient, macht den Fortschritt aus.

Wie danach Zerstörungswissen von Erhaltungswissen unterschieden werden kann, ist Aufgabe einer Ethik für das Leben, der sich wissenschaftliche Forschung insgesamt zu unterziehen hat. Sie ist ihrerseits von gesellschaftlicher und ökologischer Verantwortung geprägt oder sollte zumindest von ihr geprägt sein.[17]

Dennoch ist Ethik von Ökologie zunächst verschieden. Ökologie als solche lehrt keine Moral, sie kann nur Wege zu ihr eröffnen.[18] Ihre Aufgabe liegt darin, das Erkenntnisinteresse weiter abzustecken und die Ebene der Wahrheitssuche näher an die Ebene der Bewertung heranzuführen.

Grundlage ganzheitlicher Ökologie bleibt ihr wissenschaftlicher Charakter, d. h. ihr Anspruch auf exakte Rationalität, Beweisbarkeit und Nachprüfbarkeit. Die Zusammengehörigkeit aller Vorgänge auf der Erde ist ihr zentraler Erkenntnisgegenstand. Sie darzustellen ist keine Glaubens- und Überzeugungsarbeit, sondern Wissensvermittlung. Und je mehr wir über die Vernetzungen auf der Erde, in der Biosphäre und im Kosmos Bescheid wissen, desto deutlicher wird das Bild einer einzigen universalen Vernetzung von Vorgängen. Dieses Bild ergibt sich zwingend und nicht nur, weil wir es uns herbeiwünschen. Das Bild wird beschrieben und bewiesen von Biologen, Anthropologen, Psychologen, Physikern, Systemtheoretikern. Es gibt praktisch keinen Bereich der Wissenschaft, der nicht zum Bild der Verkettung und Vernetzung aller Vorgänge beitragen würde.

In der Logik des sich abzeichnenden Systembildes der Wirklichkeit liegt es jedoch, daß es nicht auf die Gesetze des Seins, die Gesetze der Materie beschränkt bleibt, sondern auch auf das soziopolitische Beziehungsgefüge ausstrahlt. Der gesellschaftliche Bereich kann vom wissenschaftlichen Bereich nicht grundverschieden sein. Wenn sich die Erkenntnis einer einzigen vernetzten Welt vermittelt, in der der Mensch integrierter Bestandteil ist, dann hat dies Auswirkungen auf das Verhältnis von Natur und Gesellschaft. Menschliche Willensfreiheit wird dadurch nicht obsolet, aber sie kann sich nur noch in den Bahnen unseres ganzheitlichen Bewußtseins vollziehen. Wir würden sonst auf der Ebene sozialer Gefüge leugnen müssen, was wir auf der Ebene der wissenschaftlichen Zusammenhänge gelernt haben.

Die enge Verknüpfung von empirisch gewonnenen Erkenntnissen über Ökosystem-Zusammenhänge mit normativen Schlußfolgerungen für die Gesellschaft macht die Stärke des ökologischen Ansatzes aus. Wissenschaft und Politik werden so zur Einheit.

Ökologieorientierte Forschungsansätze entspringen letztlich politischer Motivation. Sie stehen vor allem hinter den Versuchen der Sozialwissenschaften, Ökologie für Gesellschaftsprobleme fruchtbar zu machen. Die Wissenschaftstheorie hat dafür Begriffe wie «Humanökologie» und «Sozialökologie» geprägt.

Bei der historisch älteren, schon seit den fünfziger Jahren betriebenen Humanökologie geht es im Grunde um Soziale Naturwissenschaft.[19]

Bekannte Humanökologen wie George Stapleton, Frederick Sargent II, Amos Hawley, Paul R. Ehrlich und in neuerer Zeit vor allem Anthony Giddens (1987) und Jonathan Turner (1987) haben sich Problemen wie der städtischen Verelendung, der Bevölkerungsexplosion, der Nahrungsknappheit und der Verwüstung der Erde gewidmet und dabei die Zusammenhänge von Umweltzerstörung und menschlichen Lebensbedingungen gezeigt. Aus systemischer Sicht schildert die Humanökologie die Komplexität natur- und sozialwissenschaftlicher Fragestellungen. Ihr Schwerpunkt liegt jedoch in biosystemischer Analyse, so daß ihr Profil noch stark naturwissenschaftlich geprägt ist. Ihr geht es wesentlich um ökologischen Sachverstand, den sich Sozialwissenschaftler und Politiker konkret zunutze machen sollen. Die amerikanische Society for Human Ecology mit ihrem Forschungsinstitut in San Francisco ist ein Beispiel für diese politikberatende Aufgabenstellung.

Je mehr sich die Humanökologie um einzelne Politikbereiche kümmert, desto stärker wird sie zur «sozialwissenschaftlichen Humanökologie». So greift z. B. die Umweltökonomie das Problem der Einbeziehung von Umweltkosten in Produktionskosten auf und entwickelt Modelle ökologischen Wirtschaftens. Das Institut für ökologische Wirtschaft in Berlin vertritt eine solche anwendungsbezogene Humanökologie. Insgesamt haftet dem Begriff «Humanökologie» ein wenig der Stallgeruch disziplinorientierten Denkens an. Der Nestor der amerikanischen Humanökologie, Amos Hawley, setzt sich in seinem letzten Buch *Human Ecology* (1986) selbstkritisch mit den Grenzen biologistischer Annahmen auseinander und beklagt naturwissenschaftlich verengte Sichtweisen. Andererseits schildert der ehemalige Präsident der Society for Human Ecology, Wolfgang F. Reiser, historisch rückblikkend die Humanökologie als Unterdisziplin der Soziologie, die sich vornehmlich mit Raumplanung und Stadtsoziologie befasse. Er rückt die Humanökologie in die Nähe der Sozialökologie.

In den siebziger Jahren ist der Begriff «Sozialökologie» aufgekommen, um den auf Gesellschaftstheorie hinweisenden Charakter angewandter Ökologie zu betonen. Der Sozialökologie geht es darum, den engen Rahmen der Sozialwissenschaften zu sprengen, die sich stets nur um die Wechselbeziehungen zwischen dem Individuum und seiner sozialen Umwelt gekümmert haben. Da der Mensch im Licht der Systemtheorie als integrierter Teil von sozialer *und* natürlicher Umwelt gesehen werden muß, kann nur eine komplexe, d. h. ökologische Sozialtheorie sinnvolle Aussagen über die Gesellschaft machen, wie sie ist und wie sie sein sollte. Obwohl die Begriffe «Sozialökologie» und «Humanökologie» oftmals synonym verwendet werden, geht es doch um verschiedene Perspektiven. Während bei der Humanökologie konzeptionell die biologische Einheit des Individuums im Vordergrund steht und die Gesellschaft-Umwelt-Beziehung von dort her entwickelt wird, stellt die Sozialökologie die soziale Einbindung des Menschen an den Beginn der Theorie. Dort geht es vorwiegend um eine *community* nach dem Modell des Organismus (Einzelmensch – Natur), hier eher um eine Gesellschaft, die sich ihrer Umwelteinbindung bewußt wird (Kollektiv – Natur).

Sozialwissenschaftler begannen vor rund zwanzig Jahren damit, die Natur als Hauptproblem der modernen Gesellschaft zu schildern. Nach der Phase der liberalen Reformen Ende des 19. Jahrhunderts und der anschließenden Epoche der sozialen Reformen soll mit dem ausgehenden 20. Jahrhundert der ökologische Umbau und damit die höchste Stufe gesellschaftlicher Evolution beginnen. Im Ökologieproblem kulminieren die Probleme, die mit der Entfesselung der Produktionskräfte durch den Wirtschaftsliberalismus und die Ungleichverteilung von Produktionsgütern entstanden sind. Der Blick weitet sich und nimmt die ökologischen Dimensionen kapitalistischer Expansion und Ausbeutung ins Visier. Der entscheidende Schritt zu sozialökologischen Betrachtungen ist jedoch erst getan, wenn der Zusammenhang zwischen Mensch-Gesellschaft-Umwelt als System begriffen wird. Denn dann wird es unmöglich, die bei der gesellschaftlichen Produktion beteiligten Umweltfaktoren als Nebeneffekte oder «externe» Kosten weiterhin zu verdrängen. Produktionskreisläufe schließen alle Ebenen individueller, sozialer und natürlicher Ressourcen ein.

Während die Vorläufer dieses Neuen Denkens – Klassiker wie Emile Durkheim und Max Weber – natürliche Ressourcen noch als passive Elemente in einer ausschließlich von Menschen gestalteten Gesellschaft ansahen[20], ermöglichte die Systemtheorie mit ihren Bezügen zur Biologie (Humberto Maturana, Francisco Varela u. a.) und Physik (Ilya Prigogine, Jeremy Rifkin, Fritjof Capra u. a.) eine umfassende Perspektive. In der allgemeinen Systemtheorie (Erich Jantsch, Ervin Laszlo) erscheinen soziale und ökologische Systeme nicht mehr als Gegensätze, allerdings auch nicht als identisch, sondern als aufeinander bezogen.

Begriffshistorisch ist die Sozialökologie lange Zeit nur auf klassisch soziologische Bereiche wie Stadt-, Industrie-, Arbeits- und Freizeitsoziologie bezogen worden,[21] weshalb dem Begriff noch einiger sozialwissenschaftlicher Ballast anhaftet. Inhaltlich aber ist sie in letzter Zeit enorm vorangekommen. Zu erwähnen sind die soziologisch motivierten jüngeren Untersuchungen von Niklas Luhmann (1986) oder Anthony Giddens und Jonathan Turner sowie die sozialphilosophischen Arbeiten des Franzosen André Gorz, des Norwegers Johan Galtung und der Deutschen Gotthard Günther und Johannes Heinrichs. In der heutigen Sozialökologie, soweit sie sich gleichermaßen aus natur- und sozialwissenschaftlichen wie kultur- und sozialphilosophischen Traditionen speist, und so, wie sie z. B. vom Institut für Sozialökologie in Hennef bei Bonn sowie vom Institut für Sozialökologie an der Berliner Humboldt-Universität betrieben wird, gibt es vielversprechende Perspektiven. Sie laufen allesamt darauf hinaus, das Verhältnis des Menschen zur Natur und die gesellschaftlichen Verhältnisse als untrennbar miteinander verbunden zu verstehen. Ganzheitlichkeit bekommt dadurch eine konkret sozialwissenschaftliche Bedeutung.

2. Das Leitbild der Politischen Ökologie

Was ist Originalität? Etwas sehen, das noch keinen Namen trägt, noch nicht genannt werden kann, ob es gleich vor aller Augen liegt. Wie die Menschen gewöhnlich sind, macht ihnen erst der Name ein Ding überhaupt sichtbar.

FRIEDRICH NIETZSCHE

Auf keine andere Weise wird der gesellschaftsverändernde Charakter wissenschaftlich betriebener Ökologie deutlicher als durch die Begriffsverbindung von Ökologie und Politik. Soweit damit die konkreten politischen Inhalte angesprochen sind, sprechen wir von *ökologischer Politik*. Ihr werden wir uns in den späteren Kapiteln zuwenden. Die einzelnen Aktionsfelder ökologischen Denkens in den normorientierten Disziplinen – Philosophie, Ethik, Rechtswissenschaft – und im gesellschaftlichen Raum zeigen insgesamt an, daß die Gesellschaft tatsächlich dabei ist, dem Profil einer völlig neuartigen Politik, der ökologischen Politik, zu folgen.

Soweit hier noch vom wissenschaftlichen Organisationsrahmen die Rede ist, sprechen wir von Politischer Ökologie. Die *Politische Ökologie* macht den Gesamtrahmen aus, in dem sich jede wissenschaftliche Forschung, wenn sie gesellschaftsbezogen sein will, vollzieht. Sie ist der Bezugspunkt, auf den sich jeder wissenschaftliche Erkenntnisfortschritt richtet. Die Politische Ökologie kann zwar nicht aus sich heraus die politischen Ziele und Wege festlegen – sie ist Methode und nicht Inhalt –, aber ihr Anliegen ist eindeutig. Sie ist auf die Planung und Sicherung eines menschenwürdigen (Über-)Lebens hin angelegt. Hierin unterscheidet sich die Politische Ökologie vom alten Wissenschaftsideal, das auf Wertneutralität setzte – und doch nur die Monopolisierung einer ganz bestimmten Werthaltung betrieb.

Politische Ökologie ist der Humanökologie und der Sozialökologie verwandt. Aber sie unterscheidet sich in zweierlei Hinsicht. Zum einen zieht sie den Rahmen ökologischer Wissenschaft weiter. Als Humanwissenschaft läßt sie die tradierten Vorstellungen von Ökologie als Naturwissenschaft, wie sie sich auch noch in der Humanökologie finden, hinter sich. Sie geht aber auch über die Sozialökologie hinaus, indem sie den wertsetzenden Charakter ökologischer Forschung betont. Wie wir im einzelnen noch sehen werden, ist ein Verständnis ökologischer Zusammenhänge ohne *gleichzeitige* Wertorientierung, die in der These der Zusammengehörigkeit sämtlicher Lebensvorgänge steckt, gar nicht möglich.

Zum anderen zeigen Präfixe wie «human» und «sozial» zwar den Gesellschaftsbezug der Ökologie an, sie wirken aber auch verengend, weil sie das mögliche Nebeneinander begrifflich gelten lassen. Um ein solches Nebeneinander ökologischer Einzeldisziplinen geht es bei dem Begriff «Politische Ökologie» gerade nicht. Sie ist auch nicht «Metadisziplin», als die vor allem die Sozialökologie vielfach angesehen wurde. Politische Ökologie ist überhaupt keine Disziplin, sondern das auf Wissenschaftsorganisation angewandte ganzheitlich-ökologische Paradigma. Ihr Wesen ist die systemische Sichtweise, die es von vornherein unmöglich oder doch erheblich schwerer machen soll, in den Reduktionismus vor-ökologischer Wissenschaft zurückzufallen. Sie sucht die Verbindung zwischen der *empirisch-analytischen* und der *normativ-ontologischen* Dimension wissenschaftlicher Erkenntnis, ist also janusköpfiger Art. Eine strikte Aufteilung beider Dimensionen in Naturwissenschaften und Geistes- oder Sozialwissenschaften ist im Lichte der Politischen Ökologie überholt.

Die Politische Ökologie hat seit den achtziger Jahren einen unaufhaltsamen Aufstieg erlebt. Erstmals tauchte der Begriff in den siebziger Jahren auf, als in der Reaktion auf die politische Ökologiebewegung die Forderung nach systematischer Erfassung des Ökologieproblems laut wurde. Hans Magnus Enzensberger trug ihn 1973 in Form einer Kritik der Politischen Ökologie vor.[22] Politikwissenschaftler entwickelten ihn als Konzept politikorientierter Sozialwissenschaft[23] und Erziehungswissenschaftler als aktionsorientierten Unterricht.[24] Im englischsprachigen Raum wurde der Begriff zuerst von dem australischen Philosophen John Passmore verwendet.[25]

Aber erst die in den achtziger Jahren vehement hereingebrochene Flut von Büchern, die sich mit dem Paradigmawechsel in Wissenschaft und Gesellschaft auseinandersetzten, machte die wissenschaftstheoretische Klärung des Begriffs «Politische Ökologie» möglich. Hatten sich vorher die einen eher mit dem Phänomen und den Ursachen der ökologischen Krise beschäftigt und die anderen eher mit möglichen Alternativen, so dämmerte mit der «Wendezeit» die Einsicht, daß *beide* Aspekte untrennbar zusammengehören: Jede Analyse wird von gewissen Wahrnehmungs- und Bewertungsmustern mitbestimmt, wie auch andererseits die Therapie von der zugrundeliegenden Analyse. Wird an die Analyse mit einem reduktionistisch-mechanistischen Vorverständnis herangegangen, müssen sowohl Analyse als auch Therapie Stückwerk bleiben. Der die Krise verursachende Reduktionismus wird gewissermaßen verinnerlicht. Bei ganzheitlich-ökologischer Betrachtungsweise ergibt sich dagegen – fast schlagartig! – der Blick auf ein bestimmtes Ursachenmuster, das durch ein Fehlverständnis des Verhältnisses von Mensch, Gesellschaft und Natur geprägt ist. Entsprechend müssen sich auch die Problemlösungsstrategien nach dem neuen Paradigma daran orientieren, daß es eine komplexe Einheit von Wahrnehmung und Verwertung gibt. Wenn wir z. B. die wechselseitigen Abhängigkeiten globaler Probleme erkennen – etwa den Zusammenhang von Wirtschaftswachstum und Verschlechterung der Lebensbedingungen – und nach dem bestimmenden Ursachenmuster fragen, wird uns deutlich, wie sehr die bisherige Umweltpolitik Stückwerk und Kurieren von Symptomen bleiben mußte. Unser Nachdenken über Alternativen muß am Ganzen ansetzen, nämlich da, wo über die Methoden von Analyse und Therapie entschieden wird: in der Wissenschafts- und Erkenntnistheorie einerseits und im gesellschaftlichen Bewußtsein andererseits.

Die Politische Ökologie macht Ernst mit der ganzheitlichen Betrachtungsweise. Sie bemüht sich um Zusammenschau von analysierender und normativer Betrachtung. Beide Aspekte sind dialektisch aufeinander bezogen. Immer bestimmt die Frage die Antwort mit. Fragen wir daher ohne Selbstreflexion immer nur nach den Dingen «an sich», werden wir nur die Bestätigung unserer vorgefaßten Ansicht erhalten.

a. Einheit der Wissenschaften

Im ganzheitlich-ökologischen Denken erscheint die Frage nach den Fakten von vornherein als Bestandteil eines Reflexionsprozesses, sie kommt nicht von ungefähr, etwa «aus reiner wissenschaftlicher Neugier». Ontologische, auch ideologische Grundannahmen sind in jeder Frage bereits mitenthalten, so daß uns nur die Wahl bleibt, sie bewußtzumachen oder zu ignorieren. Wenn daher nach den kleinsten Dingen, die die Welt im Innersten zusammenhalten, geforscht wird, tut sich nicht nur das technische Problem auf, vom Kleinen zum noch Kleineren vorzustoßen, sondern auch die Frage, welchen Zielen die Suche dienen soll. Dabei geht es nicht nur um gesellschaftliche oder wirtschaftliche Interessen, sondern um sublimere Wertvorstellungen, die unsere Gesellschaft prägen und dennoch kaum je reflektiert werden. Im Patriarchat wird z. B. die analytisch-sezierende Methode gegenüber der integrierenden Sicht bevorzugt, weil sie der männlichen Wahrnehmungsweise besser entspricht. Naturwissenschaft erscheint daher realitätsnäher als Philosophie und Dichtung. Eine männlich geprägte Wirtschaftsordnung setzt mehr auf Wettbewerb als auf Kooperation, sie begünstigt daher auch die Vorstellung, in der Gesellschaft wie in der Natur herrsche Rivalität und nicht Zusammenwirken vor. Solche historisch gewachsenen Konditionierungen müssen berücksichtigt und verarbeitet werden, wenn nach den Gegenständen wissenschaftlichen Interesses gesucht wird.

Im Denken der Politischen Ökologie ist die Wahrnehmungsebene von der Ebene der Bewertung nicht völlig zu trennen. Wissenschaftstheoretisch gibt es grundsätzlich mehrere Ansätze, um die Wirklichkeit zu erfassen. Verbreitet sind Unterscheidungen wie empirisch-analytisch, normativ-ontologisch und historisch-dialektisch. Die Politische Ökologie erstrebt eine Verbindung mehrerer Theorieansätze, wobei die empirisch-analytische Bestandsaufnahme an den Anfang gehört.

Die Politische Ökologie hat aber nicht die Bedeutung einer hermetisch abgeschlossenen Wissenschaftsburg. Dies unterscheidet sie von der Empirie und Analytik, welche die Naturwissenschaften und Sozialwissenschaften bisher so dominiert haben. Sie verbreiten den Mythos der Unbestechlichkeit, der absoluten Wertneutralität der Wissenschaft.

Dieser Mythos ist aber schon durch den Methodenstreit der sechziger Jahre und erst recht durch die Kritik an der kartesianischen Weltanschauung erschüttert worden. In der heutigen Rückschau auf die Idee der Wissenschaft seit der griechischen Klassik ist vollends deutlich geworden, daß sie nicht auf einem einzigen Erkenntnisideal beruht, sondern stets geschichtlichen Veränderungen unterworfen war. Was als wissenswert gilt und welche Art von Fragen gestellt werden, hängt vom jeweils gültigen «Paradigma» (Kuhn), «Erkenntnisideal» (Meyer-Abich) oder «Überzeugungskontext» (Hayward) ab. Im anthropozentrischen Paradigma etwa ist unser Denken und Handeln so sehr auf die Sonderstellung des Menschen bezogen, daß die Natur nur noch als *Um*welt erfahren wird. Entsprechend sind die naturwissenschaftlichen Fragen von den Nutzungs- und Ressourceninteressen an der Umwelt/Natur bestimmt und nicht von Interessen am Gesamtökosystem

«Mensch – Natur». Das anthropozentrische Weltbild ist in höchstem Maße wertsetzend, da jeder Eigenwert der Natur geleugnet wird. Gleichwohl wird die spezifische Wertorientierung *innerhalb* des anthropozentrischen Paradigmas geleugnet, weil die Anthropozentrik des Erkenntnisinteresses nicht wahrgenommen wird. Erst im ganzheitlichen Weltbild erscheint sie als eine erkenntnistheoretische Besonderheit – mit all den verheerenden Folgen für die rücksichtslose Ausbeutung der Natur.

Auch noch so wissensgesteuerte Vorgänge sind geschichtlich bedingt. Unsere kognitiven Fähigkeiten, sagt der chilenische Professor für kognitive Wissenschaft Francisco J. Varela, sind untrennbar verknüpft mit einer gelebten Geschichte, ähnlich wie ein Weg nicht existiert, sondern erst beim Wandern eingeschlagen wird.[26]

Unser naturwissenschaftliches Wissen, so empirisch-analytisch wir unsere Methode auch immer wählen, hat unausweichlich etwas von Abbildung individueller Wirklichkeit, wie der deutsche Physiker Hans-Peter Dürr feststellt: «Die naturwissenschaftliche Wirklichkeit bleibt immer eine Projektion der Wirklichkeit. Das durch die Naturwissenschaft vermittelte Wissen ist deshalb nicht voraussetzungslos, es ist nicht wertfrei, da es ja aufgrund von bestimmten Verwertungskriterien zustande kommt.»[27]

Ein methodischer Ansatz also, der die normativen Aspekte jeder Erkenntnis außer acht läßt, wäre unrealistisch. In der Politischen Ökologie bekommt die stets vorhandene Wertorientierung allerdings noch eine zusätzliche Komponente: Die Politische Ökologie ist in erster Linie der Sicherung des Überlebens verpflichtet. Daher sind auch die empirisch-analytischen Methoden der Naturwissenschaften dem Erkenntnisziel des Überlebenswissens verpflichtet. Unter dem Vorzeichen der Existenzkrise der Menschheit haben deshalb Methoden und Ziele den Vorrang, die eine stärkere Einbindung des menschlichen Handelns in den Wechselrhythmus der Natur verfolgen. Es ist also durchaus möglich, schon bei der Auswahl von Methoden und Zielen Wissenswertes von nicht Wissenswertem zu unterscheiden.

Da die Politische Ökologie aber nicht nur *ökologisch*, sondern auch *politisch* ist, geht es ihr zugleich um die Auswertung naturwissenschaftlicher Befunde. Die zunächst im naturwissenschaftlichen Raum gefundenen Aussagen und Zusammenhänge müssen in den gesellschaftlichen Raum hinein weiterverfolgt werden. Dies war bisher Aufgabe der Geistes- und Sozialwissenschaftler. Es gibt jedoch keinen vernünftigen

Grund, weshalb nicht schon die Naturwissenschaftler selbst die gesellschaftlichen Auswirkungen in ihre Überlegungen einbeziehen sollten. So wie z. B. in der Genforschung die gesellschaftlichen Auswirkungen offensichtlich sind, ja die Möglichkeiten praktischer Nutzung sogar den Hauptantrieb für diesen Zweig der Molekularbiologie bildete, so sind praktisch alle Bereiche, in denen heute geforscht wird, automatisch eine öffentliche Angelegenheit. Kein(e) Wissenschaftler(in) wird ehrlicherweise sagen können, daß seine/ihre Arbeit «rein» sei und gesellschaftspolitisch neutral. Die Orientierung an der Politischen Ökologie verpflichtet zwar zu keiner Parteinahme – außer der für das (Über-)Leben –, sie zwingt aber dazu, die gesellschaftlichen Anwendungsmöglichkeiten schon bei der empirisch-analytischen Arbeit stets mitzubedenken.

Neben der so verstandenen empirisch-diagnostischen Dimension der Politischen Ökologie gibt es die zweite, die *normativ-therapeutische.*[28]

Hier geht es darum, aus den empirisch-diagnostischen Erkenntnissen eine Lehre zu ziehen. Während die natur- und sozialwissenschaftliche Diagnose die Ursachen und Symptome der sozio-ökologischen Krise beschreibt, setzt die vorzugsweise geistes- und sozialwissenschaftliche Therapie bei den gesellschaftlichen Mechanismen an, in denen sich Erkenntnisse umsetzen. Sie hat daher vor allem die Wirtschaft und Technologie, die Ethik, die Politik und das Recht im Auge.

Die schon im Begriff «Politische Ökologie» liegende Wertorientierung der Wissenschaft wirkt sich hier natürlich besonders aus. In dem Maße, wie die Ökologie im Bereich der Diagnose das Bild einer vernetzten Welt entwirft, in der sich der Mensch nicht losgelöst von der Natur denken läßt, legt sie im Bereich der Therapie bestimmte Wege nahe. Sie bestimmt diese Wege nicht – das können nur Gesellschaft und Politik –, aber sie fördert die Sehschärfe, um Auswege, Irrwege und Sackgassen frühzeitig erkennen zu können. In den normativ-therapeutischen Disziplinen der Politischen Ökologie werden Markierungen für Wege gesetzt, auf denen das Ziel eines menschenwürdigen Überlebens mit einiger Aussicht auf Erfolg erreicht werden kann.

Grundsätzlich sind alle Geistes- und Sozialwissenschaften an dieser Aufgabe beteiligt, und jede Einzeldisziplin – Philosophie, Theologie, Anthropologie, Soziologie, Ökonomie, Politik- und Rechtswissenschaft – hat ihre besonderen Fragestellungen. Sie alle sind aber demselben Ziel verpflichtet, d. h. ihre geistige Mitte ist eine Ethik des Überlebens. Die Ökologie führt an diese Ethik in der Weise heran, daß sie auf die sog. Interdependenzen zwischen Individuen, Gesellschaft und natürlicher Mitwelt hinweist.

Wie diese Interdependenzen im Sinne einer ökologischen Ethik zu verstehen und sozio-politisch auszudrücken sind, ergibt sich aus der Zusammenschau, die die Politische Ökologie verlangt.

In den verschiedenen Epochen der europäischen Geistesgeschichte hat es stets bestimmte Leitdisziplinen oder -wissenschaften gegeben, die eine besondere Integrationskraft besaßen und daher den jeweiligen «Zeitgeist» am wirkungsvollsten ausdrückten. Solche Leitwissenschaften waren die Philosophie in der Antike, die Theologie im Mittelalter, die Naturwissenschaften in der Neuzeit und der aufklärerische Szientismus der Moderne. Wenn nicht alle Zeichen trügen, wird die Politische Ökologie zur Leitmaxime der nachindustriellen Gesellschaft. Sie besitzt die nötige Integrationskraft, um den gegenwärtigen Bewußtseinswandel, der rationale und spirituelle Wurzeln hat, am wirkungsvollsten zur Geltung zu bringen.

Nachdem das ganzheitlich-ökologische Paradigma die Grundlagen wissenschaftlicher Erkenntnis verändert hat und weiter verändern wird, läßt sich mit Hilfe der Politischen Ökologie das Wissenschaftsgebäude insgesamt neu errichten. Die Einheit der Wissenschaften wird zur realen Möglichkeit, wenn die Politische Ökologie, wie hier vorgeschlagen, als verbindende Klammer empirischer Diagnose und normativer Therapie verstanden wird. Mit dieser Verklammerung jetzt noch nebeneinander liegender Wissenschaftsbereiche werden die einzelnen Erkenntnisbereiche ökologischen Denkens näher zusammenrücken. Philosophie und Ethik, in denen sich tiefgreifende Veränderungen entwickeln, stehen dann nicht mehr auf sich selbst gestellt an der Peripherie wissenschaftlicher Aufmerksamkeit. Die Physik kann sich bei den Sozialwissenschaften Gehör verschaffen und die Rechtswissenschaft, die sich um gesellschaftlich durchsetzungsfähige Normen bemüht, wird durchlässiger gegenüber einer ökologischen Ethik, die ihrerseits wissenschaftlich und spirituell begründet wird.

b. Relativität der Erkenntnis

Der Politischen Ökologie geht es nicht um einen platten Relativismus, nicht darum, wissenschaftliche Wahrheit als wertbestimmt und damit als nicht objektiv zu disqualifizieren. Der Kern der Wissenschaft liegt letztlich darin, Wahrheit als eine Gewißheit so erfahrbar zu machen, daß sie verallgemeinerungsfähig ist, und zwar mehr, als die Kunst oder die Religion dazu je in der Lage wären. Wissenschaftliche Wahrheit als konsensfähige Gewißheit gehört zu den kostbarsten Gütern der Kulturgeschichte. Es lohnt sich z. B. nicht, den Satz des Pythagoras zu bestreiten. Daß geometrische Sätze und bestimmte andere wissenschaftliche Wahrheiten außerhalb des Streits liegen, ist vielleicht die größte Errungenschaft in der Geschichte der Zivilisation. Aber wissenschaftliche Wahrheit ist nicht identisch mit Wahrheit schlechthin. Die Wahrheit über die Natur ist eben *nicht* mit Hilfe der (Natur-)Wissenschaft zu bekommen. Ihre Vertreter haben dies womöglich auch nie behauptet. Unser Verhängnis wurde aber, daß wir die jeweils wissenschaftlich gefundene Wahrheit unversehens als Annäherung an die Wahrheit schlechthin gefeiert haben. Wir haben den anerkannten Vertretern der Wissenschaften geglaubt wie unmündige Kinder ihren Eltern.

Wie kommt es dann aber, daß wir heute eine ganz neue Wahrheit entdeckt haben, die ebenfalls vorgibt, eine wissenschaftliche zu sein? Haben die Eltern dazugelernt, oder sind die Kinder mündig geworden und klüger als ihre Eltern? Ist das entstehende ganzheitliche Bild der Natur nur die logische Erweiterung des früheren Bildes, in dem die Natur ein mechanisches Räderwerk mit festen Kausalketten war? Wie kam der Erkenntnisfortschritt zustande?

Der «Papst» der herrschenden Wissenschaftsphilosophie, Karl R. Popper, sieht ihn als Frucht der Abfolge von Verifikation und Falsifikation. Eine Theorie wird entwickelt, erweitert und verändert, solange es keine bessere gibt, die das betreffende Phänomen treffender beschreibt. Vermutung und Widerlegung lösen sich nach den Gesetzen der Objektivität und Logik ab. Und eines Tages entsteht dann eine ganzheitliche Sicht der Welt. Auf dem vielbeachteten internationalen Kongreß *Geist und Natur*, der im Mai 1988 in Hannover stattfand, feierte Popper die Errungenschaft der ganzheitlichen Weltsicht als ungeheure Befreiung für die Wissenschaft und die Wissenschaftler, aber er feierte sie als Errungenschaft der Wissenschaft und wehrte sich gegen einen «verantwortungslosen Angriff auf die Naturwissenschaften und die Vernunft»[29].

Für ihn sind das «Objektive» und die «Logik der Erkenntnis»[30] die fortschrittsauslösenden Momente. Die versteckte Seite des «Subjektiven» und der «Psychologie der Erkenntnis» klammert er vom Prozeß der wissenschaftlichen Wahrheitsfindung aus. Dieser Seite wendet sich Poppers Kritiker, der Wissenschaftshistoriker Thomas S. Kuhn, zu. Erst die Hinzunahme psychologischer Antriebe mache es möglich, von einer wie auch immer gearteten Logik der Erkenntnis zu sprechen. Kuhn zeigt dies mit Hinweis auf den historisch engen Zusammenhang zwischen gesamtgesellschaftlichen Entwicklungen und wissenschaftlichem Fortschritt. Es gäbe zwar allgemeinverbindliche Kriterien für die Entscheidung zugunsten der einen oder anderen Theorie. Ohne solche Kriterien, wie etwa Konformität der Tatsachen, Reichweite der Aussagen oder Brauchbarkeit der Ergebnisse, sei wissenschaftliche Verständigung unmöglich. Den Entscheidungskriterien lägen jedoch Werte und Muster zugrunde, die sich ihrerseits einer dauernden Festlegung entzögen. Sie seien persönlicher und gesellschaftlicher Natur und daher ständigem Wandel ausgesetzt. Was unter bestimmten geschichtlichen Bedingungen noch gemeinsame Grundüberzeugung sein mag, z. B. die Bindung an die Autorität der Kirche, könne schon kurz darauf verschwunden sein. Unmerklich werde der zunächst streng «wissenschaftliche» Streit deshalb zum «Glaubensstreit».

Die Geschichte kennt viele berühmte Beispiele solcher Verständigungsschwierigkeiten, bei denen sich die Kontrahenten an verschiedenen, oft unbewußt wirkenden Wertmustern orientieren und daher aneinander vorbeireden. Beim Zusammenstoß zwischen Galilei und der Kirche ging es vordergründig um eine astronomische Frage. Die Behauptung Galileis, daß die kopernikanische Lehre nicht nur astronomisch richtig sei, sondern überhaupt «wahr», stellte aus der Sicht der Kirche allerdings den Wahrheitsanspruch der Bibel in Frage. Die biblische Wahrheit sah sich unversehens einer zweiten Wahrheit, der naturwissenschaftlichen, gegenüber. Die Möglichkeit zweier Wahrheiten wurde von beiden Kontrahenten geleugnet, und so mußte der Disput als Machtstreit mit Siegern und Besiegten enden. Erst in der historischen Rückschau zeigt sich die ganze Bedeutung dieses exemplarischen Paradigmenstreits. Erkenntnistheoretisch wäre es durchaus möglich gewesen, die Richtigkeit beider Wahrheiten bestehen zu lassen. Die biblische Wahrheit, wonach die Sonne auf- und untergeht, also um die Erde kreist, entspricht immerhin unserer bis heute gültigen alltäglichen Wahrnehmung und die gegenteilige Auffassung dem Stand mathematisch betriebener Wissenschaft. Politisch hat jedoch Galileis naturwissenschaftliche Wahrheit gesiegt, und zwar so gründlich, daß alle nicht mathematisch gemessenen und quantifizierten Eigenschaften der Natur aus dem Forschungsbereich der Wissenschaft ausgeschlossen wurden. Daß dennoch das Universum heute mehr und mehr als ein einheitliches Ganzes begriffen wird, hätte nach der inneren Logik klassischer Naturwissenschaft eigentlich nicht passieren dürfen. Die festgesetzten Entscheidungskriterien hätten es nicht zulassen dürfen, den mechanistischen Ansatz zum Verständnis der Natur aufzugeben. Offenbar ist es also zu paradigmatischen Verschiebungen *innerhalb* rationaler Entscheidungskriterien gekommen.

Derartigen Phänomenen war eine ganze Physikergeneration unterworfen, die, ausgelöst durch Einsteins Relativitätstheorie, ihre Grundbegriffe von Raum, Zeit, Materie, Ursache und Wirkung verschwinden sahen. Ihr wurde, laut Heisenberg, «der Boden, auf dem die Wissenschaft steht, unter den Füßen weggezogen».[31]

Und während sich Heisenberg, Schrödinger, Bohr und andere auf dem Boden der Quantentheorie wiederfanden, «deren Geist sie in sich aufnehmen», wie Heisenberg es ausdrückte, blieb Einstein diese Sicherheit versagt. Er konnte seinen festen Glauben an eine äußerliche Wirklichkeit, die aus unabhängigen, räumlich getrennten Elementen besteht, nicht völlig aufgeben und mußte deshalb im Zwiespalt zweier wissenschaftlicher Wahrheiten verharren. Die bekannte Debatte zwischen Bohr und Einstein zeigt, wie schwer die Verständigung ist, wenn der wissenschaftliche Disput die subjektiven Bewertungsmuster aussparen muß.

Interessanterweise scheute Heisenberg, der doch von einer größeren Ordnung der Wirklichkeit überzeugt war, bei einem anderen berühmten Streit der Wissenschaftsgeschichte zunächst vor einer eindeutigen Stellungnahme zurück. In einem Essay über *Die Goethesche und die Newtonsche Farbenlehre im Lichte der modernen Physik* zeigte er sich fasziniert von der Möglichkeit, daß sowohl Newton mit seiner These, das Wesen des Lichts sei die Zusammensetzung von Farben, als auch Goethe mit seiner These, das Wesen des Lichts sei das Zusammenspiel von Farben und Helligkeit, recht hätten. Beide Thesen seien richtig, gingen aber von unterschiedlichen physikalischen Theorien aus, die Heisenberg «geschlossene Systeme» nannte. Der jeweils zugrundeliegende Naturbegriff sei verschieden, folglich werde der gleiche Gegenstand innerhalb verschiedener «Ordnungen der Wirklichkeit» beschrieben.

Heisenberg meinte: «Die naturwissenschaftliche Methode Newtons trägt an den wenigen Stellen, an denen ein wirklicher Widerspruch vorliegt, wohl den Sieg über die intuitive Kraft Goethes davon.»[32]

Die größte Wertschätzung aber galt Goethe, und am Ende seiner Abhandlung *Ordnung der Wirklichkeit*, dem wohl großartigsten Text Heisenbergs über den Zusammenhang von Naturwissenschaften, Geisteswissenschaften und Kunst, heißt es: «Der Forscher ist, wenn auch gegen seinen Willen, für das Volk der Magier, dem die Kräfte der Natur gehorchen. Aber seine Macht kann nur dann zum Guten ausschlagen, wenn er gleichzeitig Priester ist und nur im Auftrag der Gottheit oder des Schicksals handelt. Daher ist es wohl auch kein Zufall, daß gerade in der Wissenschaft die Verwandlung der Wirklichkeit klarer in Erscheinung getreten ist als in irgendeinem anderen Bereich. Hier zeigt uns das Schicksal selber den Weg, der von der Welt beschritten wird, nicht erst auf dem Umweg über die Erfahrungen und Leiden, die der Menschheit in ihrer Geschichte gesetzt sind, sondern unmittelbar bei dem Versuche, die Wahrheit zu finden. Daher bedeutet auch die Erkenntnis von der Grenze der Objektivierbarkeit wohl mehr als nur eine neue wissenschaftliche Erfahrung nach vielen anderen; sie bedeutet, daß wir uns mit *der* Seite der Wirklichkeit auseinandersetzen müssen, bei deren Erkenntnis vom Erkenntnisprozeß nicht mehr abgesehen werden kann.»[33]

Damit hat Heisenberg die Enge der klassischen Naturwissenschaft, aber auch die Möglichkeit einer erweiterten Sicht wissenschaftlicher Wirklichkeit klar beschrieben. Zweifellos ist Goethes Naturbegriff in unserer Zeit zunehmend bestätigt worden.

Erst durch die psychologischen und soziologischen Komponenten, wie besonders Thomas S. Kuhn herausfand, läßt sich der Fortschritt der Erkenntnis ermessen. Wäre diese von der klassischen Naturwissenschaft stets verdeckte Seite des Erkenntnisprozesses den Galileis, Newtons und Einsteins bewußt gewesen, hätte die Wissenschaft womöglich früher darauf kommen können, daß ihre Sicht der Natur nur sehr begrenzt etwas mit der Wirklichkeit der Natur zu tun hat. Und Technik und Wirtschaft hätten andere Wege beschreiten können. Erkenntnis wird eben nicht von abstrakten Theorien, sondern von konkreten Menschen geschaffen. Denn Objektivität und Subjektivität sind tief miteinander verbunden.

Die von Popper propagierte Logik der Erkenntnis und die von Kuhn aufgedeckte Psychologie der Erkenntnis verhalten sich wie zwei Seiten derselben Medaille. Ist die eine sichtbar, ist die andere verdeckt. Wird die Geschichte wissenschaftlicher Erkenntnis allein von persönlichen und historisch bedingten Wertüberzeugungen betrachtet, erscheint der objektive Gehalt der Wissenschaft und damit ihre Eigenständigkeit als Illusion. Wird sie dagegen aus der Sicht einer objektiven, allgemeinen Logik der Erkenntnis betrachtet, geht die Bedeutung subjektiver und gesellschaftlich bedingter Faktoren verloren. Es wird so getan, als vollziehe sich der wissenschaftliche Erkenntnisprozeß gleichsam ohne konkret beteiligte Menschen.

Ein ganz wesentlicher Faktor ist die Motivation, die Wissenschaftler antreibt. Thomas S. Kuhn zeigt in seinen historischen Untersuchungen, daß sich Wissenschaftler bei der Frage, was sie als positiv und wichtig für ihre Forschung ansehen, durchaus nicht nur an hohe Ideale halten. Viel hängt von dem erhofften Erfolg ab. Und dieser Erfolg wird vor allem und nicht selten sogar ausschließlich in der Anerkennung durch die Kollegen desselben Fachs gesucht. In zweiter Linie interessiert die praktische Brauchbarkeit der gefundenen Lösung innerhalb des Fachs. Dagegen ist die Anerkennung durch Menschen außerhalb des Fachs kein wichtiger oder sogar ein negativer Wert.[34]

Es gibt so etwas wie einen unausgesprochenen Kodex, der den Mitgliedern einer wissenschaftlichen Gemeinschaft zubilligt, egoistische Erkenntnisideale zu pflegen, ohne daß das offiziell gültige Wissenschaftsideal als verletzt gilt. Kuhn nennt den typischen Wissenschaftler einen «Löser von Rätselaufgaben». Jemand, der als Löser von Rätselaufgaben ausgebildet ist, wird möglichst viele der von seiner Gruppe verfolgten Lösungswege bewahren wollen. Gewohnte Pfade werden nur verlassen, soweit die Einmütigkeit der Gruppe es zuläßt. Ist der neue Pfad zu ungewohnt, wird entweder eine neue Gruppenabstimmung über die Akzeptanz herbeigeführt oder ein neues Spezialgebiet erfunden. Als letzte Möglichkeit bleibt der Ausschluß eines bisher produktiven Mitglieds.[35]

Entsprechend dem hohen Gruppenkonsens werden umgekehrt neue Mitglieder nur aufgenommen, wenn und soweit sie sich an den Kodex halten. Das stillschweigende Übergehen unliebsamer Lehrmeinungen ist denn auch eine wohl in allen Wissenschaftsbereichen gebräuchliche Praxis, um die eigene Zunft von Störern freizuhalten.

Diese «dunkle» Seite des wissenschaftlichen Erkenntnisprozesses verdient nicht nur aus Gründen der Ehrlichkeit aufgedeckt zu werden. Sie ist von grundsätzlicher Bedeutung, und zwar nicht allein für die wissenschaftliche Erkenntnis, sondern für jede Form von Erkenntnis. Zunächst sollten wir uns darüber klarwerden, wie es zu qualitativen Sprüngen oder Paradigmenwechseln kommt. Einzelne Personen erfahren, daß sie den bestehenden Konsens ihrer Fachkollegen nicht mehr mittragen können, weil er im Widerspruch zur selbst gefundenen Wirklichkeit steht. Weist die betreffende Person auf diesen Widerspruch offen hin, indem sie z. B. ethische, politische oder weltanschauliche Differenzen geltend macht, gibt es zwei Möglichkeiten: Entweder übergeht die Gruppe den Widerspruch und beschränkt sich auf die gruppenkonformen Teile der Argumentation. Oder sie übergeht den Widersprechenden und tut ihn als Außenseiter ab. Im ersten Fall vollzieht sich der weitere denkbare Erkenntnisfortschritt innerhalb des akzeptierten Gruppenkonsens, bleibt also paradigma-immanent. Im zweiten Fall *kann* es zur Entwicklung eines neuen Paradigmas kommen, wenn nämlich der Widerspruch und die neu gefundene Wirklichkeit von einer genügenden Anzahl von Anhängern des Außenseiters gestützt wird. Von den gesamtgesellschaftlichen Bedingungen hängt es dann ab, ob das neue Paradigma sich allgemein durchsetzt.

Für den ganzheitlichen Erkenntnisbegriff ist die «dunkle», d. h. psychosoziale und intuitive Seite des Erkennens von fundamentaler Wichtigkeit. Wer sich der Politischen Ökologie verpflichtet fühlt, wird die rationalen *und* nicht-rationalen Aspekte der Erkenntnis gleichermaßen wichtig finden. Mit einer rational-empirischen Betrachtung lassen sich Objekte und Vorgänge messen, quantifizieren und definieren, mit Intuition und Gefühl aber komplexe Zusammenhänge *erfassen.* Nichts steht der Entschlüsselung ökologischer Zusammenhänge so sehr entgegen wie die Überbetonung linear rationalen Denkens. Ökologisches Bewußtsein entsteht geradezu aus der intuitiven Erkenntnis nicht-linearer Systeme, und die Bedeutung der Intuition wird heute von Wissenschaftlern auch viel höher eingeschätzt als im vor-ökologischen Zeitalter.[36] Dennoch scheuen sich Wissenschaftler im allgemeinen davor, intuitive Erkenntnisse in «rationale» Diskussionen einzubringen. Wenn sie es dennoch tun, ist der Erfolg allerdings oft verblüffend: Bei einer Expertenanhörung zur Änderung des deutschen Bundesnaturschutzgesetzes diskutierte ich einmal einen ganzen Tag lang mit Wissenschaftlern verschiedener Fachrichtungen die Frage, ob die Natur unseretwegen oder um ihrer selbst willen oder aus welchen anderen Gründen geschützt werden müsse. Es wurden philosophische und erkenntnistheoretische Argumente auf hohem intellektuellem Niveau vorgetragen. Niemand traf aber den Punkt, um den es ging, so genau wie der Landschaftsökologe Lothar Finke mit folgender kurzer Bemerkung: «Wenn heute einer kommt und den Mut hat, irgendwo, etwa im Anhörungsverfahren bei der Planfeststellung für eine Straße, zu sagen ‹Warum wir das schützen wollen? Einfach so!›, würde man doch im stillen denken: Der hat sie nicht alle ... Wir müssen dahin kommen, daß es möglich ist, die Natur ‹einfach so› zu schützen, einfach so, ohne Begründung, weil es politischer Wille ist.»[37]

Nachdem diese simple und doch tief empfundene Wahrheit ausgesprochen war, verlief die weitere Diskussion viel gehaltvoller. Es war als sei den Teilnehmern nun erlaubt zu sagen, was sie *wirklich* dachten.

Aus der «Not» intuitiv erkannter Wirklichkeit macht der ganzheitliche Erkenntnisbegriff eine Tugend. Im Paradigma der Politischen Ökologie kommt es darauf an, lineare Rationalität mit nicht-linearem Gefühl so gut wie möglich zu verbinden. Wenn dies gelingt, wird es zu einer ganz neuen Dynamik in der Umweltdiskussion kommen. Bisher wurde die praktische Umweltpolitik ausschließlich nach dem Muster technisch-ökonomischer Rationalität betrieben, und die «Gegenkultur» der Ökologiebewegung agierte aus einer eigenen ganzheitlichen Sicht. Die gegenseitige Skepsis verhinderte einen *direkten* Einfluß der Ökologiebewegung auf staatliche Entscheidungsträger. Bei einer gemeinsamen Verständigung auf Methoden und Ziele, wie sie die Politische Ökologie bereithält, wäre die Diskussion ungleich fruchtbarer. Es müßte nicht mehr um Weltanschauungen gestritten werden, sondern nur noch um die bestmöglichen praktischen Wege der Umsetzung.

Eine ökologische Politik, die ihren Namen verdient, hat sicherlich nur Chancen, wenn sich der Gesamtrahmen politischer Entscheidungsfindung ändert. Diesen Rahmen bietet die Politische Ökologie. Sie legt die in Wissenschaft, Technik und Wirtschaft tätigen Menschen auf ein *integrierendes* Wissen fest. Sie häuft also nicht einfach Fachwissen auf, wie dies bei interdisziplinärem Arbeiten oftmals geschieht. Ihr geht es um die inhaltliche Verbindung der verschiedenen Einzelaspekte der Wissenschaft.

Die entscheidenden *Merkmale der Politischen Ökologie* seien hier noch einmal zusammengestellt:

- Die Politische Ökologie bietet erstmals einen wissenschaftstheoretischen Rahmen, auf den sich die zersplitterten Bereiche menschlicher Erkenntnis gleichermaßen beziehen können.
- Sie beruht auf einem ganzheitlichen Verständnis der Wirklichkeit,

das bedeutet: Wahrnehmung/Beobachtung und Schlußfolgerung/Bewertung werden als wechselseitig voneinander abhängig gesehen.

- Dementsprechend sind die empirisch-analytischen Methoden der (natur- und sozialwissenschaftlichen) Erkenntnis und die normativ-ontologischen Methoden der (sozial-, wirtschafts- und rechtswissenschaftlichen) Erkenntnis im Zusammenhang zu sehen.
- Rational analytische und nicht-rational intuitive Aspekte des Erkennens stehen gleichberechtigt nebeneinander; beide tragen zur Formulierung vermittelbarer Gedanken bei.
- Erkenntnisziel ist die Zusammenschau dieser Methoden und Aspekte, um daraus Handlungsformen zu entwickeln, die ein menschenwürdiges Leben und Überleben ermöglichen.

Auf eine kurze Formel gebracht, baut die Politische Ökologie die Brücke zwischen jenen Welten, die im Zeitalter des Szientismus stets getrennt waren. Sie kann von zwei Seiten, von der Welt wissenschaftlicher Rationalität und von der Welt spiritueller Erfahrung her, betreten werden. In der Begegnung auf der Brücke werden sich beide Welten in der jeweils anderen wiedererkennen. Obwohl ihr Ziel seit geraumer Zeit in die gleiche Richtung wies, nämlich die Beziehung des Menschen zur Natur zu verstehen und zu verändern, werden sie erst auf dieser Brücke erkennen, wie sehr sie dazu aufeinander angewiesen sind. Ohne spirituelle Ganzheitserfahrung verfehlt der rationale Geist beharrlich sein Ziel. Und ohne rationale Gestaltungskraft verliert sich die spirituelle Seele im gesellschaftlichen Niemandsland. Geist und Seele müssen sich zusammentun, wenn die Welt wieder eins werden soll.

Der Überblick über Entstehungsgeschichte und Aufgabe der Politischen Ökologie hat gezeigt, daß ihre Bedeutung in ihrer gesellschaftlichen Funktion liegt. Sie kann sich zunächst als Leitwissenschaft der Postmoderne verstehen. In ihr kommt das ganzheitlich-ökologische Paradigma vielleicht stärker zum Ausdruck als in Wissenschaftszweigen mit ähnlichem Integrationsvermögen wie z. B. der Sozialökologie oder den Systemwissenschaften der Physik und Biologie. Ihre wissenschaftstheoretisch herausragende Bedeutung ist aber nicht das Entscheidende. Was der Politischen Ökologie ihren wegweisenden Charakter verleiht, ist ihre soziale Bedeutung als Überlebens-Wissenschaft. Sie zeigt den Weg, den alle am Überleben der Menschheit Interessierten gehen müssen, um die selbstkonstruierten Denkschablonen abzulegen.

Wir können es uns nicht leisten, noch länger darauf zu warten, daß die Naturwissenschaftler uns irgendwann bestätigen, was wir intuitiv schon längst wissen: daß die Erde als lebendiger Organismus begriffen werden muß. Und wir können nicht warten, bis auch die letzten wissenschaftlichen und ethischen Zweifel daran ausgeräumt sind, daß wir unsere Grundeinstellung zur Natur ändern müssen; auch dies «wissen» wir schon seit längerem. Was uns fehlt, ist die Fähigkeit, die Entwicklungen in der Wissenschaft und der Spiritualität im Zusammenhang zu sehen. Sie weisen in dieselbe Richtung, aber wir erkennen dies zuwenig, weil die Barrieren zwischen beiden Bereichen noch immer zu hoch sind. Auch innerhalb der Wissenschaft sind die Barrieren zwischen den Disziplinen derart hoch gezogen worden, daß den so voneinander Abgeschotteten der «Durchblick» oft schon auf benachbarte Disziplinen und erst recht auf das Gesamte verstellt ist. Die Politische Ökologie zeigt, wie diese Barrieren zu durchbrechen sind. Sie stellt die bohrenden Fragen nach den Bedingungen menschlichen Überlebens. Mit dieser Fragestellung verläßt sie die subjektiv-individualistische Vorstellung von Freiheit zugunsten eines ganzheitlichen Freiheitsverständnisses. Und darin ist sie hochpolitisch.

Wie revolutionierend die Politische Ökologie ist, wird sich im Verlauf der folgenden Abschnitte erweisen. Wir fragen zunächst danach, inwieweit der Staat mit dem von ihm verfolgten Konzept des Umweltschutzes dem Anspruch menschlicher Daseinsvorsorge gerecht wird und ob er ihr überhaupt gerecht werden kann. Aus der Bestandsaufnahme ergibt sich dann die Frage nach der Alternative. Die Alternative kann sich nach allem schon Gesagten nicht in Appellen für eine «bessere» Politik, eine neue Ethik oder ganzheitliche Formen des Denkens erschöpfen. Die Alternative ist der wissenschaftlich, genauer öko-logisch geführte Nachweis, daß eine ökozentrisch ausgerichtete Politik unabdingbar ist. Auch wenn dieser Nachweis letztlich einer Idee folgt. Ideen erwachsen immer in einer ganz bestimmten historischen Situation. Es kommt auf den Zeitpunkt an, ob sie auch revolutionär sind. Wenn sie dem Bewußtseinsstand in der Gesellschaft so entsprechen, daß die «kritische Masse» erreicht ist, dann zünden sie. Oder nach den Worten Hegels: «Wenn das Reich der Vorstellungen erst revolutioniert ist, kann auch die Wirklichkeit nicht mehr lange standhalten.»[38]

Zweiter Teil

Das Ende des Industriesystems

3. Aufstieg des Menschen – Abstieg der Natur

Wahrlich, es hat den Anschein, als wolle die Natur das Menschengeschlecht ausrotten, wie etwas Unnützes auf der Welt, das alles Geschaffene nur vernichtet!

LEONARDO DA VINCI

Der Mensch bringt sogar die Wüsten zum Blühen. Die einzige Wüste, die ihm noch Widerstand bereitet, befindet sich in seinem Kopf.

EPHRAIM KISHON

Die Umweltkrise hat eine lange Geschichte. Ihre Wurzeln sind so alt wie die Geschichte der Zivilisation. Umweltprobleme hat es schließlich für den Menschen ständig gegeben. Und doch ist die Krise nur eine Existenzkrise des Menschen. Die Evolution selbst ist davon kaum betroffen. Ein kurzer Rückblick auf die Evolutionsgeschichte unserer Erde kann indessen helfen, unser Umweltproblem genauer einzuordnen. Um die zeitlichen Proportionen des Umweltproblems begreiflicher zu machen, lassen wir die Lebensspanne der Erde von ihren Anfängen bis heute Revue passieren, und zwar so, daß sie verkürzt über einen Kalender ablaufen. Der planetarische Jahreskalender[1] zeigt, daß die Natur immer wieder schwere, zum Teil «selbstverschuldete» Umweltkrisen durchzustehen hatte. Krisen – das ist ganz wörtlich zu nehmen: In jeder Krise steckt Wandlung, der Übergang von einem Stadium der Evolution in das nächste. Die Chinesen verwenden für «Krise» den Begriff *weiji*, der sich aus den Schriftzeichen für «Gefahr» und «gute Gelegenheit/Chance» zusammensetzt. Diese Bedeutung hat auch die Krise, in der sich der Mensch jetzt befindet. Sie ist Gefahr und Chance zugleich.

a. Der planetarische Jahreskalender

1. Januar: Die Erde entsteht – vor 4,6 Milliarden Jahren.
16. Januar: Ur-Ozean und Ur-Atmosphäre formen sich, vermutlich aus Gasen, die von Vulkanen ausgehaucht werden – vor 4,4 Milliarden Jahren.
1. Februar: Blitze in der Ur-Atmosphäre lösen chemische Reaktionen aus, bei denen sich organische Moleküle bilden, die als Bausteine (und Nahrung) für das entstehende Leben dienen. Die ersten komplizierten Riesenmoleküle, Vorläufer lebender Organismen, bilden sich im Meer – vor 4,2 Milliarden Jahren.
Mitte Februar: Auf noch nicht genau verstandene Weise schließen sich Riesenmoleküle zu fortpflanzungsfähigen, einen Stoffwechsel aufrechterhaltenden Gebilden zusammen: Die Urzelle, Vorfahr aller Lebewesen, entsteht vor vermutlich mehr als vier Milliarden Jahren – also erstaunlich schnell nach der Geburt der Erde.
5. März: Die «primitiven» Einzeller, heutigen Bakterien ähnlich, hinterlassen mikroskopische Versteinerungsspuren im heute ältesten Gestein der Erde – vor 3,8 Milliarden Jahren.
Ende April: Die auf nicht biologische Weise erzeugten «Nahrungsmoleküle» sind weitgehend aufgebraucht. Dem noch jungen Leben droht der Hungertod – vor 3 Milliarden Jahren.
Anfang Mai: Bestimmte Einzeller, die Vorfahren der heutigen Algen und Pflanzen, «erfinden» die Fotosynthese. Diese direkte Nutzung der Sonnenenergie löst die Energiefrage für alle Lebewesen bis heute.
Ab Juli: Die Lösung des Nahrungsproblems beschwört die bis heute wahrscheinlich schwerste Umweltkatastrophe in der Geschichte des Lebens herauf: Bei der Fotosynthese wird Sauerstoff frei, ein für alle damaligen Lebewesen tödliches Gift. Das chemisch aggressive Gas bedroht nicht nur Organismen. Es läßt zunächst in den Ozeanen das im Meerwasser gelöste Eisen «rosten» und, nachdem sich immer mehr Sauerstoff in der Luft anreichert, dann auch das eisenhaltige Gestein des Festlandes – vor mindestens 2 Milliarden Jahren.
Mitte/Ende Juli: Das Leben findet einen Ausweg aus der Umweltkrise: Der per Fotosynthese freigesetzte Sauerstoff wird von bestimmten Einzellern mit Hilfe einer neuen biochemischen Reaktion genutzt. Diese Reaktion ist vierzehnmal ergiebiger als die ältere Gärung – wir nennen sie heute «Atmung».
1. September: Die ersten Zellen mit Zellkern entstehen, vermutlich

durch den Zusammenschluß spezialisierter kernloser Zellen – vor 1,5 Milliarden Jahren.
Mitte September: Einzeller beginnen, sich nicht mehr nur durch einfache Zellteilung fortzupflanzen, sondern auch durch die Vereinigung ihres Erbmaterials mit dem eines Artgenossen. Die «Erfindung» der sexuellen Fortpflanzung ermöglicht die schnellere Anpassung einer Art an neue Umweltbedingungen – erstmals vor 1,3 Milliarden Jahren.
Ende Oktober: Noch können Lebewesen nur im Wasser existieren. Dort überwindet die Evolution vor 800 Millionen Jahren eine Barriere, die bis zu diesem Zeitpunkt Lebewesen auf mikroskopisch kleine Einzeller beschränkt: Viele Einzeller schließen sich zu Lebensgemeinschaften und später zu vielzelligen Organismen zusammen.
13. November: Die Vielzeller sind sehr erfolgreich. Der Konkurrenzdruck unter ihnen nimmt zu und beschleunigt die Evolution. Die Artenvielfalt wächst explosionsartig an, neue Lebensräume werden besiedelt. Diese «kambrische Revolution» fand vor 600 Millionen Jahren statt.
25. November: Die ersten Wirbeltiere (Panzerfische) entwickeln sich – vor 450 Millionen Jahren.
29. November: Das Leben «erobert» das bis dahin unberührte Festland: Erste Landpflanzen und Lurche wagen sich aus dem schützenden Naß. Der Schritt aus dem Wasser ist erfolgreich, weil die Luft inzwischen einen so hohen Anteil an dem «Abfallprodukt» Sauerstoff hat, daß Atmung auch außerhalb der Gewässer möglich wird. Ferner hat sich aus dem Sauerstoff die schützende «Ozonschicht» in der oberen Atmosphäre gebildet. Sie hält nun die tödliche Ultraviolettstrahlung der Sonne von der Erdoberfläche fern.
5. Dezember: Lurche haben auf dem Land Fuß gefaßt, erste Insekten erheben sich in die Luft. Das Leben «lernt fliegen» – vor 330 Millionen Jahren.
7. Dezember: Die Landpflanzen beginnen die Oberfläche des Festlandes gründlich zu verändern. Die «Überschußproduktion» der Sumpfwälder des Karbon-Zeitalters wird teilweise in tiefe Erdschichten eingelagert, wo sich mit der Zeit die heutigen Steinkohlenflöze bilden. Zu dieser Zeit entwickeln sich die ersten Reptilien – vor 300 Millionen Jahren.
13. Dezember: Dinosaurier beherrschen die Erde. Aus Reptilien entwickeln sich die ersten Säugetiere – vor 225 Millionen Jahren.
20. Dezember: Gefiederte Reptilien, die «Ur-Vögel», erheben sich in die Lüfte – vor 140 Millionen Jahren.

22. Dezember: Blütenpflanzen beginnen ältere Pflanzenarten zu verdrängen – vor 100 Millionen Jahren.
26. Dezember: Eine Umweltkatastrophe globalen Ausmaßes, möglicherweise ausgelöst durch den Zusammenstoß der Erde mit einem Asteroiden, vernichtet die Dinosaurier und zwei Drittel aller anderen Arten von Lebewesen. Das Aussterben der Dinosaurier vor 65 Millionen Jahren markiert den Beginn der Erdneuzeit und den Aufstieg der Säugetiere.
30. Dezember, 10 Uhr: Aus der erfolgreichen Tierordnung der Primaten haben sich viele Affenarten entwickelt. Der gemeinsame Vorfahr von Menschenaffen und Menschen, Dryopithecus genannt, taucht auf – vor 20 Millionen Jahren.
30. Dezember, 19 Uhr 30: Der älteste bekannte Ahn der Menschenfamilie (Ramapithecus) zeigt sich – vor 15 Millionen Jahren.

31. Dezember – der letzte Tag des kosmischen Umwelt-Jahres
16 Uhr 23: Der älteste bekannte Vertreter der Menschenfamilie (Australopithecus) lebt vor 4 Millionen Jahren in Ostafrika.
20 Uhr 10: Frühmenschen beginnen, erste primitive Steinwerkzeuge zu benutzen – vor 2 Millionen Jahren.
20 Uhr 34: Der erste «echte» Mensch (Homo erectus) geht aufrecht über die Savannen Ostafrikas – vor 1,8 Millionen Jahren.
21 Uhr 43: Klimakatastrophe: Die erste Phase der Eiszeit (die Mindel-Eiszeit) beginnt – vor 1,2 Millionen Jahren.
23 Uhr 03: Der Peking-Mensch nutzt das Feuer – vor 600 000 Jahren.
23 Uhr 48: In der letzten großen, warmen Zwischeneiszeit kommt der Neandertaler hinzu, ein naher Verwandter des modernen Menschen – vor 100 000 Jahren.
23 Uhr 55 und 20 Sekunden: Der erste moderne Mensch (Homo sapiens sapiens) beginnt Zeugnisse hoher Kultur zu hinterlassen: Grabbeigaben, Höhlenmalereien, aber auch massenhaft Knochen von Jagdwild – vor 38 000 Jahren.
23 Uhr 56 und 45 Sekunden: Homo sapiens sapiens, der einzige Überlebende der Menschenfamilie, besiedelt Australien und Amerika und damit die letzten noch menschenfreien Kontinente – vor 33 000 Jahren.
23 Uhr 58 und 44 Sekunden: Menschen im Vorderen Orient halten die ersten Haustiere und entdecken den Ackerbau – vor 11 000 Jahren.
23 Uhr 58 und 51 Sekunden: Ende der Eiszeit. Viele Tier- und Pflanzenarten sterben aus, wobei der steinzeitliche Mensch wahrscheinlich kräftig nachhilft – vor 10 000 Jahren.

Die letzte Minute vor Mitternacht

noch 45 Sekunden: Die landwirtschaftliche Revolution läßt die Zahl der Menschen in wenigen Jahrtausenden von zehn auf über hundert Millionen Köpfe anwachsen. Die «kritische Masse» für die Entwicklung von Hochkulturen sammelt sich in Flußtälern des Mittleren Ostens und Chinas an. Die Entdeckung der Metallverarbeitung vor 6500 Jahren läßt den Holzverbrauch für die Erzverhüttung hochschnellen.

noch 38 Sekunden: Sumerer erfinden das Rad – vor 5500 Jahren.

noch 32 Sekunden: Schriften, Kalender, Wasserbauwerke und Steinmonumente im Niltal (Ägypten) und Zweistromland (Sumer). Der Bau der Pyramiden von Sakkara markiert die «Erfindung» des Staates – vor 4650 Jahren.

noch 23 Sekunden: Beginn der Eisenzeit vor 3400 Jahren. Die Eisenverhüttung verbraucht viel Holzkohle; im Mittelmeerraum und Mittleren Osten werden Wälder kahlgeschlagen. Handel und Krieg nehmen zu.

noch 14 Sekunden: Christi Geburt. Rom ist Weltmacht. Landwirtschaft, Bergbau und Handel über die gesamte bekannte Welt verbreitet. Große Verkehrs- und Bewässerungsbauwerke. Überall Umweltschäden durch Waldvernichtung.

noch 7 Sekunden: In Mittelamerika führen Überbevölkerug und Umweltschäden zum Kollaps der Maya-Hochkultur – um 1000 n. Chr.

noch 5 Sekunden: Das «gotische Wirtschaftswunder» in Mitteleuropa: Wälder werden gerodet, neue Städte gegründet – um 1200 n. Chr.

noch 3,5 Sekunden: Entwaldung, übermäßige Bodennutzung und mangelnde Hygiene in den dichtbesiedelten Städten und Dörfern lassen das Wirtschaftswunder der Gotik zusammenbrechen. Ein Drittel der Bevölkerung Europas fällt der Pest zum Opfer – im 14. Jahrhundert.

noch 3 Sekunden: Beginn der Neuzeit; Entdeckungsfahrten verbreiten europäische Technik und Kultur, dazu Krankheiten, Pflanzen und Tiere über die ganze Erde. Neue Tier- und Pflanzenarten werden in Europa eingeführt (z. B. Kartoffeln und Tomaten aus Amerika). Viele Tierarten werden ausgerottet.

noch 2 Sekunden: Der Aufschwung der modernen Naturwissenschaften im 17. Jahrhundert (Galilei, Newton u. a.) legt den Grundstein für die bis heute anhaltende technisch-wissenschaftliche Revolution.

noch 1,5 Sekunden: Die erste industrielle Revolution mit Dampfmaschine und Fabriken in England schafft neuen Reichtum, aber auch Massenverelendung, Überbevölkerung sowie die erste großtechnische Luft- und Wasserverschmutzung.

noch 1 Sekunde: Justus von Liebig entdeckt die künstliche Düngung und löst damit die moderne landwirtschaftliche Revolution aus (um 1840).

Die letzte Sekunde des kosmischen Jahres: Explosionsartige Ausbreitung neuer Techniken; Motorisierung, Elektrifizierung, Automatisierung; Mechanisierung und Chemisierung der Landwirtschaft; industrielle Massenproduktion, Raubbau an Rohstoffen; Bevölkerungsexplosion (1850: 1 Milliarde, 1930: 2 Milliarden, 1975: 4 Milliarden, 1988 5 Milliarden Menschen); weltweite Boden-, Wasser- und Luftverschmutzung («Wegwerfgesellschaft»); massenhaftes Aussterben von Tier- und Pflanzenarten, erschöpfte Rohstoffquellen; Gefahr von atomaren, chemischen Katastrophen; Waldsterben, Treibhauseffekt, Ozonloch; rasche Klimaveränderung; weltweite Ökologiebewegung.

Im planetarischen Jahreskalender ist unser aktuelles Umweltproblem etwa eine Minute alt. Die Historiker sind sich einig, daß der Übergang des Menschen vom Jäger und Sammler zum Ackerbauern den Wendepunkt markierte. Das war vor rund 11 000 Jahren. In den 2 Millionen Jahren davor hatte sich der Mensch von seiner natürlichen Umgebung, in die er integriert war, ernährt. In der landwirtschaftlichen Revolution ging der Mensch dazu über, seine Umwelt systematisch zu verändern. Er mußte nun Geräte entwickeln, Zäune errichten, Häuser bauen, Wälder roden und seinen Besitz verteidigen. Umwelt begann zu einem knappen Gut zu werden.

Vor 1,5 Sekunden kam es dann zum zweiten, entscheidenden Entwicklungsprozeß. Die industrielle Revolution ermöglichte die Intensivnutzung von Agrarflächen und fossilen Energien (Kohle, Erdöl, Erdgas). In allen materiellen Bereichen wurde so eine Wachstums*explosion* ausgelöst. Die Weltbevölkerung konnte sich bis heute verzehnfachen und dabei den durchschnittlichen Pro-Kopf-Verbrauch an Energie noch um das Zwanzigfache steigern. Innerhalb allerkürzester Zeit werden auf diese Weise die Vorräte der Erde verbraucht. Das knappe Gut «Umwelt» verschwindet *schlagartig* überall auf der Welt.

Noch innerhalb dieser letzten Sekunde werden wir das Ende der Wachstumsexplosion erleben. Wir brauchen nur ein paar Zehntel Sekunden weiterzudenken, um herauszufinden, was passiert: Entweder brechen wir so radikal mit der Wachstumsdynamik, daß plötzlich wieder Energie- und Stoffkreisläufe entstehen. Oder wir brechen nicht ganz so radikal mit der bisherigen Dynamik, dann werden wir als Menschheit um so radikaler dezimiert.

Diese zweite Alternative ist realistischer. Daran kann kein vernünftiger Zweifel bestehen. Das Szenarium der nächsten ein, zwei, vielleicht drei Zehntel Sekunden liegt in seinen Grundzügen schon fest. Wir wissen, daß wir ein globales Problem haben, und können sogar davon ausgehen, daß den Regierungsverantwortlichen die Brisanz dieses Problems allmählich bewußt wird. Wir brauchen uns nur noch auszumalen, wie sich das Ende der achtziger Jahre begonnene Konzept des globalen Katastrophenmanagements in den Jahren bis 2000 und danach fortsetzen wird.

Blicken wir also «zurück» auf den möglichen Ablauf der Endkatastrophe:

Anfang der neunziger Jahre hatten die Vereinten Nationen eine Reihe von Ständigen Konferenzen und Weltkommissionen eingerichtet, beginnend mit dem Umweltgipfel 1992 in Brasilien. Die Ständige Konferenz zur Rettung der Wälder stellte in ihrem Jahresbericht von 1995 fest, daß die inzwischen von allen Mitglieder-Nationen ratifizierten Abkommen noch Hoffnung auf die Rettung der tropischen Regenwälder zuließen. Streitig sei nur noch, in welchem Umfang die Industriestaaten ihre Beiträge zum Umweltfonds erhöhen müßten. Die hauptbetroffenen Länder Südamerikas, Südostasiens und Afrikas erklärten, daß die jährlich bereitgestellte Summe von 100 Milliarden US-Dollar bei weitem nicht ausreiche, um auf die immer noch profitable Abholzung völlig verzichten zu können. Die vereinigte Lobby der Holzverarbeitung und der Agrar- und Viehwirtschaft wies auf die weltwirtschaftliche Bedeutung «kontrollierter» Holzeinschläge hin, hielt aber eine Aufstockung finanzieller Hilfen für Länder mit tropischen Regenwäldern für dringend geboten.

Im Abschnitt über das schadstoffbedingte Waldsterben vor allem in Europa und Nordamerika hob der Jahresbericht die jüngsten internationalen Vereinbarungen zur Reduzierung von CO_2-Emissionen besonders hervor. Auf der Konferenz stellten die Vertreter der Weltautomobilindustrie noch einmal die enormen Erfolge bei der Entwicklung abgasarmer Motoren dar. Die Lobby der Energieversorgungsunternehmen führte aus, daß bei einem maßvollen Ausbau der Kernenergie für eine Übergangszeit und zugleich verstärktem Einsatz von modernster Filtertechnologie bei Kohlekraftwerken schon in zehn Jahren der Schadstoffausstoß um weltweit 50% gesenkt werden könne.

Auf die vor allem von den Ländern der Dritten Welt dringend erhobene Forderung, die Industriegüterproduktion drastisch zu drosseln, erklärten sich die USA und die Europäische Gemeinschaft bereit, besondere Kommissionen einzusetzen, die den Zusammenhang zwischen Güterproduktion und Umweltverschmutzung genau untersuchen sollten. Die Konferenz endete mit dem insgesamt erfreulichen Ergebnis, daß die Bereitschaft zur Zusammenarbeit deutlich zugenommen habe und berechtigte Hoffnung bestehe, daß das Waldsterben nicht weiter zunehme.

Der Bericht der Weltkonferenz zur Rettung des Waldes im Jahr 2000 ergab, daß die optimistischen Vorhersagen der Konferenz von 1995 sich schon nach einem Jahr als absolut trügerisch erwiesen hätten. Entgegen den Schätzungen der Konferenz waren die tropischen Regenwälder Südamerikas, Südostasiens und Afrikas schon damals auf 60% des Standes von 1990 zurückgegangen und inzwischen auf 10% gefallen. In ganz Europa sei nichts mehr vorhanden, was als Wald bezeichnet werden könne. Lediglich in einigen Regionen Nordskandinaviens seien noch Reste zusammenhängender Waldflächen – allerdings nur wenige Hektar – festgestellt worden.

Die 1992 abgehaltene UN-Konferenz hatte noch von «genereller Verschlechterung der Atemluft» berichtet, ohne gezielte Maßnahmen dagegen zu beschließen. Die Weltkonferenz mußte dann aber im Jahr 2000 feststellen, daß die ursprünglichen Annahmen verstärkt auftretender Erkrankungen der Atmungsorgane zu optimistisch waren. Da mehr als die Hälfte der Weltbevölkerung an akuten Atemwegserkrankungen litt, jedoch zur Bekämpfung keine Soforthilfen verfügbar waren, wurde ein Notprogramm beschlossen: In besonders stark betroffenen Ländern sollten «Atmungszentralen» mit kleinen, transportablen Beatmungsgeräten eingerichtet werden. Die Atmungsgeräte wurden an körpereigene zentrale Energieversorgungssysteme angeschlossen, die auch die Energie für Herzschrittmacher, künstliche Nieren und weitere Zusatzorgane, ohne die viele Menschen schon gar nicht mehr leben konnten, lieferten.

Die Weltklimakommission stellte fest, daß der Abschmelzprozeß an den Polen sich in den letzten fünf Jahren gegenüber den Jahren 1990 bis 1995 drastisch beschleunigt habe. Dies hat unter anderem dazu geführt, daß bestimmte Teile der Küstengebiete immer häufiger von Sturmfluten heimgesucht wurden. Trotz riesiger Investitionsprogramme, durch die Deichanlagen bis zu vier Meter Höhe ausgebaut wurden, kam es zweimal jährlich zu katastrophalen Überschwemmungen. Als Hauptproblem hatte sich erwiesen, daß sich die vorherrschenden Windrichtungen infolge der globalen Klimaveränderungen von Ost-West nach Nord-Süd verschoben. Ein Großteil der Schutzanlagen wurde damit wertlos.

Die in den letzten Jahren immer schärfer geführte Diskussion um die Produktionsdrosselung in den Industriestaaten erreichte auf der Weltklimakonferenz 2000 und ebenso auf der Weltausstellung «Mensch-Natur-Technik» in Hannover neue Höhepunkte. Es kam zu gewalttätigen Auseinandersetzungen zwischen Demonstranten und Teilnehmern einerseits und polizeilichen Ordnungskräften andererseits. Ein Eklat der Klimakonferenz konnte allerdings verhindert werden, nachdem die Vereinigten Staaten von Europa, die USA und Japan ein Investitionsprogramm in Billionenhöhe ankündigten, mit dessen Hilfe es möglich sein werde, durch großtechnische Bewetterungsanlagen das Weltklima positiv zu beeinflussen. Kleinere Anlagen waren in einigen Regionen Mitteleuropas bereits erprobt worden.

Im Jahresbericht 2015 der Weltkatastrophenorganisation wurde eindringlich vor einem bevorstehenden Zusammenbruch des Klimas gewarnt, wenn nicht unverzüglich gehandelt werde. Mit den Stimmen aller Industriestaaten verabschiedete der Weltkatastrophengipfel 2016 dann eine Konvention, in der ein schnellstmöglicher Abbau der Industriekapazitäten, eine dramatische Reduzierung der chemischen Produktion, die völlige Umstellung der Landwirtschaft auf biologische Anbauweise und die sofortige Stillegung aller Kernkraftwerke beschlossen wurde.

Im Jahr 2020 wurde die Stadt Boston von einer Sturmflut völlig zerstört: die gerade neu errichteten Deichanlagen hielten einer riesigen Woge nicht mehr stand. Bei Evakuierungen der verschont gebliebenen Außenbezirke kam es zu Plünderungen und Panikreaktionen, die bald auch auf New York übergriffen. Über die gesamte Ostküste der USA wurde daraufhin der Ausnahmezustand verhängt.

In den Jahren bis 2030 wurden die Deiche in vielen Küstenregionen der Erde um teilweise mehrere hundert Kilometer landeinwärts versetzt. Dabei verschwanden die meisten der großen Ballungszentren, wie New York, London, Hamburg, Holland und viele andere Gebiete. Inselstaaten wie Japan und Neuseeland errichteten neue Siedlungsräume auf den höchstgelegenen Flächen.

Ein Bericht der Weltkatastrophenorganisation aus dem Jahr 2035 kam zu dem Ergebnis, daß die Vollversorgung mit Kunststoffmasken gegen ultraviolette Sonneneinstrahlung und mit computergesteuerten Beatmungsgeräten überall auf der Welt gewährleistet sei. Die Trinkwasserversorgung über große zentrale Ringleitungen und die Energieversorgung über die fünf Kernfusionsreaktoren sei in den meisten Regionen der Erde jetzt gesichert. Damit werde es auch möglich, die Hungersnöte und Naturkatastrophen in der Dritten Welt, denen jährlich mehrere hundert Millionen Menschen zum Opfer fielen, bald einzudämmen. Der Bericht schloß mit der Voraussage, daß bis zum Jahr 2040 die Welt «katastrophenfähig» sein werde.

Schon drei Jahre später mußte auf Druck der Weltbürgerinitiative, die einen Generalstreik in den großen Industriezentren der Erde organisiert hatte, eine außerordentliche Sitzung der Weltkatastrophenorganisation abgehalten werden. Einziger Tagesordnungspunkt war die Bestrafung der korrupten Katastropheneinsatzleiter, die bei den letzten Überschwemmungen in Nordamerika und Europa Hunderttausende von Menschen nicht mehr rechtzeitig evakuierten, weil sie gegen Geld bestimmten Privilegierten sämtliche Hilfen gaben. Noch während der Sitzung traf dann die Meldung über den Reaktorunfall ein.

So kam das Ende doch früher als viele – und selbst die Weltbürgerinitiative – erwartet hatten. Und es war fast trivial. Denn obwohl in dem zentraleuropäischen Kernfusionsreaktor alle denkbaren Störungsfälle durchgespielt worden waren, entwickelte sich folgende Kettenreaktion: Im vorgeschalteten Atomreaktor, der die Betriebsenergie für den Fusionsreaktor erzeugte, war ein Mikrochip ausgefallen. Der Reaktor schaltete sich ab. Um den Mikrochip auszuwechseln, mußte eine Versorgungsklappe geöffnet werden. Der passende Schraubenzieher war nicht zur Hand. Der Versuch der Bedienungsmannschaft, die Schraube mit einem anderen Schraubenzieher herauszudrehen, schlug fehl, weil die Schraube abbrach. Auch der Versuch, die Klappe mit der Brechstange zu öffnen, blieb erfolglos. Weil dadurch wertvolle Zeit verrann, schaltete der Reaktor auf ein Ersatzprogramm. Aufgrund des fehlenden Mikrochips kam es jedoch zu Fehlschaltungen, in deren Folge die Brennstäbe herausgefahren wurden. Die folgende Kettenreaktion löste einen relativ leichten Kernkraftunfall aus, der lediglich das Reaktorgebäude zur Explosion brachte, ein Vorgang, der routinemäßig zu bewältigen gewesen wäre. Da aber der Sicherheitsabstand des Betriebsreaktors zum Kernfusionsreaktor zu gering bemessen war, legte die Explosion die Schaltzentrale des Kernfusionsreaktors lahm. Der Kernfusionsreaktor schmolz innerhalb einer Stunde durch. Die unkontrollierte Kernfusion führte zur Freisetzung einer bis dahin nie gekannten Energiemenge. Die dadurch ausgelösten Wetterbewegungen in Zentraleuropa führten zu einer Springflut, die sich auf die Weltmeere ausbreitete und durch ihre Frequenzen verschiedene Erdbeben auslöste. In vielen Regionen der Erde kam es infolgedessen zu Dammbrüchen, Überschwemmungen und Verwüstungen. Zentrale Wasserversorgungsleitungen brachen zusammen, was wiederum zum Zusammenbruch älterer Kühlwasser-Atomreaktoren führte. Die Explosion zerstörte die Auffangbecken der zentralen Deponien für Chemieabfälle, wodurch riesige Giftgaswolken freigesetzt wurden. In den Stunden, Tagen und Wochen nach der Katastrophe müssen drei bis vier Milliarden Menschen getötet worden sein. Viele starben an den Folgen radioaktiver oder giftiger Verseuchungen. Es ist nicht bekannt, ob Reste der Menschheit irgendwo überlebt haben.

Damit wäre das planetarische Jahr für den Menschen beendet. Einen Tag, den 31. Dezember, hat er im Erdgeschehen miterlebt. Die letzte Minute verbrachte er damit, seinen Acker zu bestellen, davon die letzte Sekunde mit der Anwendung einer Technik, die alle Ressourcen aufbrauchte und unvorhergesehene Risiken schuf. In den letzten paar Zehntelsekunden wurde ihm plötzlich bewußt, daß er ökologisch denken und handeln muß, um sich selbst zu retten. Aber zum Handeln ist er dann doch nicht mehr gekommen.

b. Die Logik der Selbstausrottung

Das geschilderte Untergangsszenarium, das allenfalls in seinen Einzelheiten und Zeitangaben spekulativ ist, sollte erschrecken, aber keineswegs abstoßen, sondern *an*stoßen. Es beruht allein auf der Annahme, daß mit der bisherigen Logik der Selbstzerstörung *nicht* gebrochen wird. Die Frage ist, ob wir mit ihr brechen können, bevor die Weltsekunde, in der wir uns noch befinden, zu Ende geht. Wie wir sahen, haben Lebensformen immer wieder vor der Aufgabe gestanden, mit einer bis dahin bewährten Logik zu brechen, um sich unter veränderten Bedingungen behaupten zu können. Voraussetzung ist allerdings stets, daß die Logik als solche erkannt wird. Nach welchem Muster also haben Menschen auf die verschiedenen Stadien des Umweltproblems bisher reagiert? Welche Rolle spielten Staaten und Regierungen?

Das Verhalten der Regierungen und Katastrophenstäbe im geschilderten Szenarium ist uns nur allzu bekannt: Nach den Katastrophen von Harrisburg, Bhopal, Tschernobyl und vielen anderen wurden jeweils Konferenzen abgehalten, es wurde getagt, diskutiert und vertagt. Und immer wieder stellte sich heraus, daß die Ursachen nicht technisches, sondern menschliches Versagen waren. Letztlich beruht jeder technische Fehler auf der menschlichen Unzulänglichkeit, fehlerlose Technik entwickeln zu können. Lewis Mumford erklärte die gesamte Zivilisationsgeschichte der Menschheit als Geschichte fortschreitender Technologie, aber er betonte, daß der technologische Fortschritt immer exakt den Wünschen und Werten seiner Schöpfer entsprach. Hinter der Atombombe steht der Traum absoluter Macht, hinter der Rakete der Traum absoluter Geschwindigkeit, hinter der Gentechnologie der Traum absoluter Kontrolle über die Natur. Die Wissenschaft und ihr nachfolgend die Politik übersieht die tiefe Irrationalität, die hinter der Erschaffung immer neuer Technologien steht. Sie werden als objektive Entwicklungsfortschritte hingenommen. Und erst wenn eine neue Technologie – denken wir an die Gentechnik – schon existiert, machen sich Regierungen daran, über ihre moralische Akzeptanz und ihre Beherrschbarkeit nachzudenken. Die Neugier ist stärker als der Wunsch, sich zu bescheiden.

Dabei geht es nicht um ein Auf-der-Stelle-Treten. Im Gegenteil. Der unaufhaltsame Wandel ist die Quintessenz allen Lebens. Ohne steten Wandel und Anpassung hätte sich Leben auf der Erde nicht entwickeln können. In diesem Sinne ist der Mensch keine «Naturkatastrophe», wie manche Apokalyptiker meinen, sondern ein höchst anpassungsfähiges, innovatives Wesen. Er hat nur (noch?) nicht gelernt, eine einigermaßen stabile Beziehung mit seiner natürlichen Mitwelt einzugehen.

Eine zehntausendjährige Geschichte massiver Umweltveränderung – nur eine Minute im planetarischen Kalender – liegt hinter uns. Und es lohnt sich, einen kurzen Blick auf sie zu werfen. In der heutigen Rückschau wird ihre ungeheure Dynamik sichtbar, auf deren Höhepunkt wir nun stehen. Immer waren es Versuche, die Natur nutzbringender und effektiver für den Menschen einzusetzen, und immer wieder waren es Versuche, die negativen Folgen zu begrenzen. Zwischen fortschreitender Naturzerstörung und den angewendeten Konzepten zu ihrer Eindämmung besteht ein innerer Zusammenhang, den wir erkennen müssen.

Wenden wir uns also den Ergebnissen der heutigen Forschung zur

Zivilisationsgeschichte zu. Die *umwelthistorische Forschung* ist zu einem der wichtigsten Zweige der Geschichtsforschung herangewachsen. In den allgemeinen Gegenwartstrend, jedes neu auftauchende Problem alsbald auch in historischer Beleuchtung vorzuführen, fällt die Umweltgeschichtsforschung zunächst nicht sonderlich auf. Was sie aber so interessant werden läßt, ist die Tatsache, daß sie ihrerseits einen paradigmatischen Wandel vollzogen hat.

Die akademische Geschichtsforschung reagierte mit den üblichen Verzögerungen auf den heutigen gesellschaftlichen Bewußtseinswandel. Ihre Themen und Methoden bezog sie lange Zeit aus den Ereignissen der «großen Politik». Das waren im 20. Jahrhundert vor allem die Kriege mit ihren staatspolitischen Zusammenhängen. Militärgeschichte hatte einen hohen Stellenwert, und als Akteure erschienen hauptsächlich Staatsoberhäupter und Feldherren. Überhaupt scheint Geschichte, wenn wir unsere Schulbücher betrachten, vorwiegend eine Angelegenheit zwischen Staaten gewesen zu sein. Sie erscheinen als die handelnden Subjekte. In den sechziger Jahren wuchs dann allerdings das Interesse an den dahinterliegenden gesellschaftlichen Prozessen. Die Sozialgeschichte nahm einen größeren Raum in der Forschung ein, ebenso die Wirtschaftsgeschichte. Auch die Umweltdiskussion wurde zunächst nur unter diesem Blickwinkel betrachtet. Wichtige Arbeiten zum Umgang des Menschen und der Gesellschaft mit der Natur erschienen als sozial-, wirtschafts-, technologie- oder kulturhistorische Beiträge. Ihr wesentliches Merkmal war, kurz gesagt, die Vorstellung, die Umwelt sei der Rahmen, innerhalb dessen autonome soziale Prozesse vonstatten gehen. Eine anthropozentrische Sicht also.

Diese Selbstbeschränkungen verschwanden nicht von heute auf morgen. Umwelthistorische Bibliographien weisen noch immer ein Schwergewicht bei den «ordnungspolitischen» Erklärungsansätzen auf. So interessiert sich die Wirtschaftsgeschichte oder Industriearchäologie für die Effizienz bestimmter Wirtschaftsformen und Techniken oder die Rechtsgeschichte für Handlungsinstrumente und Rechtsprinzipien, die als Vorbilder für das moderne Umweltrecht ausgemacht werden können. Systemische Zusammenhänge bleiben dadurch verborgen. Insgesamt hat sich aber doch die Fragestellung in dramatischer Weise verlagert. In den USA kam es in den siebziger Jahren zu einem Boom an Literatur, die unter dem Eindruck der bedrohten Umwelt danach fragte, wieweit *sie* – nicht der Mensch – durch Technisierung verändert wurde. Als Beiträge zur «historischen Ökologie» oder «ökologischen Anthropologie» erschienen Untersuchungen, die auf die Wechselwirkungen zwischen Kultur und Technik einerseits und Natur andererseits eingingen. Bekannte Veröffentlichungen sind etwa die von J. W. Bennett (1976), L. J. Bilsky (1980), R. Detweiler (1973), A. Gouldie (1982), D. L. Hardesty (1977) und L. Mumford (1977).

Der systemtheoretische Ansatz verhalf der ökologiehistorischen Forschung zu neuen, tieferen Einsichten. Plötzlich wurde die Geschichte nicht mehr als Abfolge von sozialen Prozessen einerseits und ökologischen Entwicklungen andererseits begriffen. Die strikte Trennung zwischen sozialgeschichtlichen und naturgeschichtlichen Betrachtungen (wie z. B. zur Evolutionstheorie) machte keinen rechten Sinn mehr. Sie war Ausdruck eines Anthropozentrismus, der für evolutionsgeschichtliche Aspekte nur Begriffe aus Wirtschaft, Technik und Recht zur Verfügung hatte. Die Wirklichkeit der Mensch-Umwelt-Beziehung ließ sich mit solch starren Begriffsschablonen nicht mehr erfassen. Die Aufnahme des Ökosystem-Konzepts verlangte neue Begriffe oder wenigstens eine neue Erklärung der gewohnten. Namen wie P. R. Ehrlich, E. P. Odum und R. Margalef stehen für den erfolgreichen Versuch, den Ökosystem-Begriff für die Geschichtsbetrachtung nutzbar gemacht zu haben.[2]

Nach Odum gehört die Organisationsform des Ökosystems an den Anfang und nicht an das Ende der historischen Aufarbeitung. Ein Ökosystem bildet einen ganz bestimmten Ordnungszusammenhang, der durch die Leistungen seiner einzelnen Elemente aufrechterhalten wird. Wie jedes Lebewesen steht auch der Mensch in einem solchen Ordnungszusammenhang. Er kann das darin bestehende ökologische Gleichgewicht bis zu einem gewissen Grad «stören», ohne daß der Ordnungszusammenhang selbst zerstört wird. Die negative Rückkopplung sorgt dafür, daß innerhalb bestimmter Toleranzen wieder ein Gleichgewichtszustand eintritt. Im Prinzip ist die Mensch-Umwelt-Beziehung dem Verhältnis von Jäger und Beute vergleichbar: Steigt die Beutepopulation, so steigen die Nahrungschancen der Jägerpopulation, die sich so stark vermehrt, daß sie die Beutepopulation wieder reduziert. Wenn dies geschieht, verhält sich auch die Jägerpopulation entsprechend. Die Klugheit des Jägers «Mensch» besteht darin herauszufinden, wieweit er die Beute «natürlicher Ressourcen» dezimieren kann, ohne das Ökosystem, von dem er abhängt, selbst zu zerstören. Er muß also ein Minimum an Kooperation und Integrationsbereitschaft mitbringen.

Evolutionsgeschichtlich kann das Auftreten des Menschen als ein

Prozeß gedeutet werden, bei dem es zu einem besonders raschen Anwachsen an Informationen kam. In der Entwicklung des Menschen erschlossen sich in schneller Folge vielartige Informationsträger: Nervenzellen, Bewußtsein, Sprache, Bild, Schrift, elektronische Medien. Informationen können so in hoher Geschwindigkeit gewonnen, verarbeitet und weitergegeben werden, was wiederum die Möglichkeit, Überlebensstrategien besonders effektiv und variantenreich zu gestalten, außerordentlich erhöht. Der Mensch wurde zu einem virtuosen «Evolutionskünstler», weil er innerhalb (evolutionsgeschichtlich) kürzester Zeit zahlreiche ökologische Nischen besetzen konnte. Er setzte damit neue Maßstäbe für die allgemeine Evolution. Der Umwelthistoriker Rolf Sieferle nennt den durch Menschen hervorgerufenen Effekt «kulturelle Evolutionsbeschleunigung»[3]. Es kommt also zu einem Spannungsverhältnis zwischen «kultureller» und «natürlicher» Evolutionsgeschwindigkeit.[4]

Vorgänge, die ohne den Menschen nur innerhalb recht langer Zeiträume und lokal begrenzt auftreten, werden durch den Beitrag des Menschen enorm beschleunigt und treten, wie wir heute sehen, global auf.

Für die Gesamtevolution bedeutet die kulturelle Evolutionsbeschleunigung keinen Einbruch, sie vollzieht sich – ob mit oder ohne Menschen – als unaufhaltsamer dynamischer Prozeß. Für den Menschen hingegen ist der Effekt prekär. Die rasch erlangten Vorteile erkauft er sich unter Umständen damit, sich in das Ökosystem, in dem er lebt, nicht mehr integrieren zu können. Damit wäre seine anfangs so erfolgreiche Überlebensstrategie letztlich gescheitert.

Die menschliche Überlebensfrage hängt davon ab, ob die «Kultur» den Anforderungen gerecht wird, die das «Ökosystem» als Minimum an Integrationsfähigkeit stellt.

Obwohl die Wirkungszusammenhänge in Ökosystemen, zuma im Ökosystem «Erde», derart kompliziert sind, daß wir noch weit davon entfernt sind, sie zu verstehen, besteht doch Einigkeit darüber, daß ihr elementares Charakteristikum Energieflüsse und Stoffkreisläufe sin. Wenn die natürlichen Kreisläufe nicht mehr aufrechterhalten werden, kommt es zum Zusammenbruch oder Tod eines der Ökosysteme, von denen der individuelle Mensch ein Beispiel ist, ein ihn unmittelbar umgebendes Ökosystem ein zweites und das Ökosystem «Erde» ein drittes. Grundsätzlich ist der Lebensraum des Menschen heute die ganze Erde. Schon die grobe Bilanz der wichtigsten Kreisläufe unserer Erde sollten uns Respekt einflößen: Alle 300 Jahre wälzt die lebende Natur das in der Atmosphäre enthaltene Kohlendioxid um, alle 2000 Jahre wird die gesamte Sauerstoffmenge der Luft mit Hilfe von Pflanzen und Algen vollständig erneuert, alle zwei Millionen Jahre durchläuft das Wasser der Erde einmal vollständig die Biosphäre. James Lovelock nennt solche Kreisläufe «Fließbänder für Rohstoffe und Abfallprodukte», die zugleich ein kostenloser Service zur Verwertung und Beseitigung des vom Menschen produzierten Abfalls sind.

Diese Funktion können die Kreisläufe aber nicht mehr in vollem Umfang erfüllen. Der Mensch hat massiv in sie eingegriffen. In zwei Etappen hat er den *Energiefluß* und den *Stoffkreislauf* in empfindlicher Weise gestört. Die erste war die Herausbildung der Landwirtschaft vor 11 000 Jahren, die zweite die Industrialisierung der letzten 200 Jahre.

Solange sich die Überlebensstrategie auf *Jagen und Sammeln* beschränkte, ist der natürliche Energiefluß der Biosphäre nicht wesentlich beeinflußt worden. Wie andere Jäger und Sammler auch hatte der Mensch die Sonnenenergie in ziemlich direkter Form genutzt. In Pflanzen fotosynthetisch fixiert und in der Biomasse von Tieren chemisch gebunden, war es nur diese Konversion (d. h. Umwandlung) von Sonnenenergie, die der Mensch benötigte. Die Stoffkreisläufe blieben im wesentlichen geschlossen. Durch die Erschließung immer neuer ökologischer Räume – vom Polarkreis bis hin zur Wüste – wurden zwar andere Populationen in Mitleidenschaft gezogen. Dies reichte bis zur Ausrottung bestimmter Tierarten durch Jagd oder Veränderung von Pflanzengesellschaften durch den Gebrauch von Feuer. Die dadurch eintretenden Modifizierungen blieben jedoch insgesamt gering.[5]

Einen Einbruch bedeutete es demgegenüber, als der Mensch damit begann, Pflanzen zu «kultivieren». Der *Ackerbau* stellt den Beginn der bis heute andauernden Entwicklung zur energieintensiven Technik dar. In dem Maße, wie Pflanzen- und Tierzucht zur Haupternährungsform wurde, mußten Folgeeinrichtungen (Behausung, Lagerhaltung, Besitzsicherung, Handel) geschaffen werden, die zusätzliche Energien erforderten. Konversion von Biomasse (durch menschliche Muskelkraft oder Arbeitstiere) reichte nicht mehr aus; ortsabhängige Energiequellen (Wind, Wasser, Holzverbrennung) kamen hinzu. Auch diese Energieträger befanden sich noch im natürlichen Energiefluß der Sonne, aber die starke Bündelung von Energieträgern löste eine erhebliche Dynamik aus. Unmittelbare Folge war die höhere Bevölkerungsdichte, die ihrerseits soziale Differenzierung und Arbeitsteilung mit sich brachte. Die Entbindung ganzer Bevölkerungsgruppen von körperlicher Arbeit erlaubte eine Konzentration auf Wissen und kulturelle «Innenausstattung», also Handel, Gewerbe, Architektur.

Unter dem Gesichtspunkt von Stoffkreisläufen bedeutete das Abernten und Neubestellen von Feldern eine tendenzielle Verarmung des Bodens. Die entnommenen Stoffe wurden dem Boden nur unvollständig (durch Düngung) wieder zugeführt. Als ein besonders schwerwiegender Eingriff stellte sich die künstliche Bewässerung vor allem in heißen Klimazonen dar. Flußwasser enthält gelöste Salze, die aus Böden stammen und ins Meer transportiert werden. Wird mit ihm ein Feld bewässert, so nehmen die Pflanzen das Wasser auf und lassen es verdunsten, während das Salz im Boden bleibt und sich dort akkumuliert. Durch Versalzung konnten Felder daher unfruchtbar werden. Ganze Regionen, in denen Landwirtschaft betrieben wurde, sind der Bodenversalzung, Wüstenbildung, Erosion und Verkarstung anheimgefallen. Manches weist darauf hin, daß die sumerische Hochkultur auf diese Weise zugrunde ging.

In den hochkulturellen Agrargesellschaften mit ihren gewerblichen Bereichen vollzog sich die Stoffumwandlung komplizierter. Technologien wie die Metallverarbeitung zur Herstellung landwirtschaftlicher Geräte erforderten nicht nur erhöhten Energieaufwand, sondern brachten die typischen Folgeprobleme für die Entsorgung. Ein verrosteter Pflug ließ sich nicht mehr «recyclen». Die Produktion selbst war mit Umweltverschmutzung verbunden, die von Dampf und Rauch bei der Verhüttung, über Verseuchung von Gewässern durch Gewerbeabfälle bis zum Gestank in den Kanälen und Straßen der Städte reichte. Der Stadtstaat Rom brauchte für die Eroberungsfeldzüge Schiffe und Metall für die Waffen. Für beides war Holz notwendig, und zwar in großen Mengen. Großteile flacher Ebenen und des hügeligen Apennin wurden deshalb abgeholzt. Nach 400 Jahren römischer Herrschaft im Mittelmeerraum war der größte Teil der Bewaldung verschwunden. Der Akkerboden wurde abgeschwemmt, und in den Bergen blieb der nackte Fels übrig. Mit dem Rückgang des Waldes änderten sich allmählich das Klima und die Vegetation der mediterranen Zone. Weite Gebiete verkarsteten. Wie im Äußeren, so zerfiel Rom auch im Inneren. Die Stadt Rom wurde zum Zentrum steigenden, schmarotzerhaften Energieverbrauchs. Die verarmten Bauern mußten ihre verbrauchten Äcker verlassen und vergrößerten so das Stadtproletariat. Versorgungs- und Entsorgungsprobleme führten immer häufiger zu Teilzusammenbrüchen der Verwaltung. Am Ende hatte ein ausgebranntes Römisches Reich den von Norden einfallenden Völkern nicht mehr viel entgegenzusetzen.

Trotz solcher Effekte gestörter Stoffkreisläufe, die mit der Entwicklung der Agrargesellschaften verbunden waren, bedeutete die *Industrialisierung* den eigentlichen Bruch. Das industrielle System beruht auf der Nutzung fossiler Energieträger. Im Unterschied zu nachwachsenden Energieträgern brauchte die in Kohle, Erdöl und Erdgas gesammelte Energie ungleich längere Zeiträume für ihre Entstehung. Im Industriezeitalter wird pro Jahr soviel fossile Energie umgesetzt, wie in 100 000 Jahren fotosynthetisch gebunden worden ist. 90% der heute von uns verbrauchten Energie stammt aus der Produktion der Pflanzenwelt in vergangenen Jahrmillionen. Selbst wenn der Nutzungsgrad ständig verbessert wird, steht doch fest, daß die stoffgebundenen Energievorräte innerhalb weniger Jahrzehnte vollständig aufgebraucht sein werden. Der mit der Nutzung fossiler Brennstoffe anfangs verbundene explosionsartige Energiezuwachs erlaubte die Bevölkerungsexplosion, und trotz der Verzehnfachung der Weltbevölkerung in den letzten 300 Jahren konnte der durchschnittliche Pro-Kopf-Verbrauch noch auf das Zwanzigfache steigen. Das bedeutet aber um so sicherer das rapide Ende des Zeitalters fossiler Brennstoffe. Für die Möglichkeit, zu den vorindustriellen Energieflüssen zurückzukehren, ist entscheidend, wie schnell auf vollständig erneuerbare Sonnenenergie umgeschaltet werden kann.

Noch dramatischer wirkt sich die durch Industrialisierung vollzogene Zerstörung des Stoffkreislaufs aus. Das Industriesystem hat sich praktisch unüberbrückbar von den Möglichkeiten ökologischen Recyclens entfernt. Die produzierten Mengen sind einfach zu groß, um vom Selbstregulierungspotential natürlicher Ökosysteme noch verkraftet werden zu können. Hinzu kommt, daß die Synthese neuartiger Stoffe, die unter natürlichen Bedingungen nur in verschwindend geringem Umfang vorkommt, unlösbare Entsorgungsprobleme aufwirft. Das lebenserhaltende Prinzip des natürlichen Stoffkreislaufs verlangt nicht nur, daß Stoffe überhaupt zirkulieren, sondern daß *alle* Stoffe zirkulieren. In der industriellen Landwirtschaft wird die ohnehin bei Monokultivierung vorhandene Tendenz, Stoffkreisläufe zu durchbrechen, ins Extreme verstärkt. Zum einen führen Intensivierung und Ausweitung der Bodennutzung zur Erosionsanfälligkeit weiter Gebiete. Die Verwüstung schreitet voran und kann nur für begrenzte Zeit durch Nährstoffanreicherungen des Bodens aufgehalten werden. Zum anderen werden zur Düngung fossile Energieträger (Mineraldünger) und zur Schädlingsbekämpfung Pestizide verwendet, die den Gehalt des Bodens irreversibel verändern. Dies zieht auch die Nutztiere in Mitleidenschaft, und deren Gülle fügt dem Boden wiederum hohe Nitratmengen zu, die nicht abgebaut werden können. Die Chemisierung der Pflanzen und des Bodens gelangt über die Nahrungskette zum Menschen – direkt und auch indirekt, indem das Grundwasser verseucht wird. An die Stelle ökosystemischer Stoffkreisläufe tritt somit ein Materialfluß, bei dem die vorhandenen Bestände aufgezehrt werden und gleichzeitig stoffliche «Sackgassen» entstehen.

Wenn wir zusammenfassen, worin der zerstörerische Mechanismus der landwirtschaftlichen und – verstärkt – der industriellen Produktionsweise besteht, können wir zwei Merkmale festhalten. Das eine ist die Tendenz zur *Linearität.* Das andere die Tendenz zur *Punktualität.* Die Zuspitzung der beiden ist die Ursache dafür, daß der Energiefluß und der Stoffkreislauf des Ökosystems «Erde» auf für den Menschen verhängnisvolle Weise unterbrochen wurde.

In der Evolution haben sich die natürlichen Stoffkreisläufe so aufgebaut, daß die Ausscheidungen der einen zur Nahrungsgrundlage der anderen Lebewesen werden. An dem Austauschprozeß von organischen (pflanzlichen, tierischen) und chemischen Stoffen (z. B. Sauerstoff, Kohlendioxid) beteiligt sich jede Spezies; sie ist Geber und Nehmer zugleich. Aus der Perspektive des einzelnen Lebewesens geschehen diese stofflichen Wirkungen linear und punktuell, aus der Perspektive des Ökosystems zyklisch und vernetzt. Dennoch gibt es einen Zusammenhang zwischen beiden. Eine ausschließlich linear und punktuell ausgerichtete Überlebensstrategie würde das Ende einer Spezies bedeuten. Sie muß um des eigenen Überlebens willen ein Interesse daran haben, die «Beute» oder «Ressource», von der sie lebt, nicht völlig aufzubrauchen. Je ausschließlicher sie auf eine bestimmte Ernährungsart spezialisiert ist, desto größer ist notwendigerweise dieses Interesse. Aufgrund seiner ungleich höheren Flexibilität und Anpassungsfähigkeit ist dieses Interesse beim Menschen zunächst nicht so virulent wie für viele Tier- und Pflanzenarten. Trotzdem gilt auch für ihn dieselbe Grundregel. Heute ist offensichtlich, daß die Linearität der Ressourcennutzung überzogen wurde. Der Biosphäre wurden zu viele Stoffe entzogen, ohne daß sie die Chance gehabt hätte, die notwendigen Zyklen aufrechtzuerhalten. Solange immer neue ökologische Nischen zu finden waren und neue Lebensräume erschlossen werden konnten, bedeutete die Linearität keine existentielle Gefahr. Aber spätestens mit der Ausdehnung des Lebensraumes auf die gesamte Erde hätte der Mensch den zirkulierenden Stoffwechsel in seine Strategie der Ressourcennutzung einplanen müssen.

Während die Linearität den Versorgungs- oder Ressourcenaspekt betrifft, geht es bei der Punktualität um den Entsorgungs- oder «Verschmutzungs»-Aspekt. Der erste ist das Aufnehmen der «Nahrung», der zweite die «Ausscheidung». Was bei der gewerblichen und erst recht bei der industriellen Produktionsweise ausgeschieden wird, ist für Ökosysteme und deren Elemente größtenteils nicht verwertbar. Die Produktion zielt auf die Herstellung eines bestimmten Produkts und ist an den unerwünschten «Neben»produkten nicht weiter interessiert. Die Betrachtung ist also auf einen einzigen Punkt verengt. Sie vernachlässigt die Vielfalt der Wirkungen, die bei jeder Umwandlung von Stoffen auftritt. Dies ist der systematische Grund für die Entstehung anthropogener (menschlich bedingter) Umweltschäden. Wiederum konnte die Punktualität des Wirtschaftens zunächst vernachlässigt werden, solange die Umweltschäden begrenzt und lokal auftraten. Mit der Industrialisierung und Globalisierung punktuellen Wirtschaftens stehen aber keine Frei- und Fluchträume mehr zur Verfügung: Wir sind überall von unseren unverwerteten Ausscheidungen umgeben.

Die einseitig lineare und punktuelle Art des Zugriffs auf die natürliche Mitwelt ist ein sehr deutlicher Hinweis, daß wir nicht etwa die Natur zu beherrschen gelernt haben, wie die moderne industrielle Technik glauben machen könnte, sondern, ganz im Gegenteil, die Natur noch nicht einmal verstanden haben. Eine «Beherrschung» der Natur würde nämlich voraussetzen, daß die Prinzipien der Zirkularität und Vernetzung, die in der Natur bestehen, erkannt und genutzt werden. Das industrielle System mit seiner aberwitzigen Beschleunigung linear-punktuellen Produzierens ist die dümmste Überlebensstrategie, die sich der Mensch jemals hat ausdenken können.

Wir werden im folgenden sehen, daß die «ökosystem-historische» Seite ihre Entsprechung in der sozialgeschichtlichen Seite hat. Was sich aus der Sicht der Ökosystem-Forschung über linear-punktuelle Verengungen sagen läßt, wird durch die sozialgeschichtliche Betrachtung bestätigt.

c. Die Weisheit des Homo faber

Die sozial- und rechtsgeschichtliche Umweltforschung interessiert sich dafür, wie einzelne Gesellschaften und Kulturen ihr Verhältnis zur Umwelt gestaltet haben. Dabei geht es um die jeweils bestehenden Werthaltungen, Normen und politischen Instrumente. Für unseren Zusammenhang greifen wir auf den Teil der historischen Forschung zurück, der die Normen des Umweltschutzes im europäischen Raum zum Gegenstand hat. Denn sie veranschaulichen den Fortschrittsglauben des Homo faber. Zugleich bilden sie den Erfahrungshintergrund für das moderne Konzept des staatlichen Umweltschutzes, wie es heute national und international betrieben wird.

Die Geschichte der Umweltzerstörung ist älter als die Geschichte des Umweltschutzes. Der Prozeß der Naturzerstörung beginnt mit dem Seßhaftwerden des Menschen, wie wir gesehen haben. Jeder Eingriff in die Natur durch Landnutzungen mit Rodungen bedeutet bereits eine Veränderung vieler Parameter eines Ökosystems. Solange aber die Regenerationskraft der genutzten Ressourcen (Pflanzendecke, Wasservorkommen, Böden u. a.) erhalten blieb, bestand kein Anlaß zur Sorge. Ökosysteme sind gegenüber anthropogenen Eingriffen indessen unterschiedlich empfindlich. Und so traten die ersten schwerwiegenden Umweltprobleme dort auf, wo es klimatisch bedingt zu starken Schwankungen in der Wasserversorgung kam, nämlich in der sumerischen Hochkultur an Euphrat und Tigris (ca. 3200 v. Chr.). Schon die ältesten Zeugnisse der Schrift enthalten Hinweise auf Wasserprobleme und Anweisungen zur Bewässerung von Feldern nach einem Stufenplan.[6]

In babylonischen Texten und in den Gesetzen der Hethiter finden wir dezidierte Regelungen über Bewässerung, Begrenzung von Bodenerosion und Hygiene. Auffallend ist dabei, daß die Rechtsnormen stets den Schutz der Landeigentümer bezweckten. Wer Felder verwildern oder vertrocknen ließ, mußte den Eigentümer entschädigen. Ein Interesse am «Umweltschutz» bestand nur, soweit menschliche Nutzungsinteressen betroffen waren. Da die Wirtschaft der damaligen Zeit stark von Tieren abhängig war, enthielten die Gesetzeswerke vielfach Bestimmungen über den Tierschutz. Dabei ging es allem Anschein nach jedoch nicht um Mitleid mit der Kreatur, sondern um deren wirtschaftlichen Nutzen. Die Gesetze Hammurabis (1750 v. Chr.) und das Buch Mose (2. Buch 20, 10; 5. Buch 22, 6, 7 und 22, 10), die zeitlich und geographisch miteinander in Verbindung stehen, enthalten Vorschriften über den Schutz der Tiere, damit sie dem Menschen als Nutztiere erhalten bleiben. In diesen Kontext paßt sicher auch das berühmte Wort im 1. Buch Mose, wonach sich der Mensch die Erde untertan machen soll und über die Fische im Meer, über die Vögel unter dem Himmel, über das Vieh und alles Getier, das auf Erden kriecht, herrschen soll. Die hethitischen Gesetze (1400 v. Chr.) staffeln die Entschädigungssummen für das Töten von Tieren sehr genau nach ihrem Nutzwert: 20 Sekel Silber für einen Hirtenhund, 12 Sekel Silber für einen Jagdhund, 6 Sekel Silber für ein Schwein und 1 Sekel Silber für einen Wachhund.

Schon in der griechischen und römischen Antike hatten es die Gesetzgeber dann mit ähnlichen Schwierigkeiten der Zivilisation zu tun wie wir heute. Der Mediziner Hippokrates (400 v. Chr.) forderte Maßnahmen gegen Gestank und Emissionen kleingewerblicher Betriebe, und der Geograph Strabon (50 v. Chr.) schlug hohe Schornsteine vor, um die Abgase aus Silberschmelzöfen weiträumig zu verteilen. Das römische Stadtrecht enthielt Verordnungen, die die emittierenden Betriebe der Gerber, Färber und Wäscher auf die andere Seite des Tibers verbannten, wo keine Wohnsiedlungen standen. Umfangreiche Bestimmungen über den Hausbau, die Abwasserbeseitigung und Luft- und Lärmbelastung zeigen, daß der Schutz vor Immissionen (lat. *immissio* = Eindringen) zu den vorrangigen staatlichen Aufgaben gehörte.

Es gab eine Schule innerhalb des griechischen und später des römischen Rechts, die sich auf die Philosophie der Stoa gründete. Die Stoiker gingen von einem einheitlichen Naturgesetz der Welt aus, an dem auch der Mensch teilhat. Oberstes moralisches Gebot ist, nach der Natur zu leben. Einem unabhängig vom Staat bestehenden Naturrecht folgten in Rom Seneca, Marc Aurel und besonders Ulpian, der im 2. Jahrhundert n. Chr. ein für Menschen und Tiere gleichermaßen gültiges Naturrecht forderte und ein entschiedener Gegner der Sklaverei war. Durchgesetzt hat sich aber die auf Platon und Aristoteles zurückgehende Auffassung, daß allein der Staat entscheidet, was als Recht gilt, und damit auch festlegt, nach welchen Kriterien die Güter verteilt werden. Im Rom der Patrizier bedeutete dies natürlich die Absegnung der auf Privateigentum und Sklavenhaltung beruhenden Gesellschaftsordnung. Eigentum und Vertrag bildeten die beiden Säulen des römischen Rechts. Der Eigentumsbegriff der Römer ist individualistisch, egoistisch und unsozial. Noch heute heißt es in § 903 des deutschen Bürgerlichen Gesetzbuches (BGB): «Der Eigentümer einer Sache kann, soweit nicht das Gesetz oder die Rechte Dritter entgegenstehen, mit der Sache nach Belieben verfahren und andere von jeder Einwirkung ausschließen.»

Alles, was verfügbar ist, sind «Sachen», die damit angeeignet und besessen werden: Gegenstände, Boden, Wasser, Tiere und Pflanzen. In Rom gehörten auch noch Menschen dazu. In einem Gesetz über Sachbeschädigungen aus dem 3. Jahrhundert, der Lex Aquilia, hieß es: «Wer einen fremden Sklaven oder eine fremde Sklavin oder vierfüßiges Herdenvieh widerrechtlich tötet, muß dem Eigentümer den Höchstwert des letzten Jahres ersetzen.» Um den Schutz des Eigentums *(dominium)* und Besitzes *(possessio)* kreisten alle rechtlichen Beziehungen. Folglich wurde auch der Umweltschutz als Eigentumsschutz aufgefaßt. Eingriffe in die Natur galten als Verletzung von Eigentumsrechten, und wo keine Eigentumsrechte verletzt wurden, gab es auch keinen Schutz der Natur. Niemand konnte sich darauf berufen, daß die Lebensinteressen der Menschen betroffen sind, wenn Landschaften zu Raubkulturen wurden und Flüsse zu stinkenden Kloaken. Nur wer in seinem Eigentum direkt oder als Nachbar «gestört» wurde, konnte die Hilfe des Rechts und des Staates in Anspruch nehmen. Die Vorstellungen über Umweltschutz waren also von einem bestimmten Bild geprägt: Der Mensch auf seiner Scholle betrachtet den Niedergang der Natur als potentielle Gefahr für seinen Besitz. Wer oder was ihn in diesem Besitz stört, wird abgewehrt, ansonsten: «Mag die Welt doch untergehen.»

Wir werden später sehen, wie fest dieses Bild in den Köpfen der Politiker und Juristen steckte, als sie die Prinzipien des modernen Umweltschutzes entwarfen. Es gibt eine deutliche Traditionslinie zwischen altrömischen Staats- und Rechtsideen und der heutigen Rolle des Staates im Kampf gegen Umweltzerstörung.

Verfolgen wir die Entwicklung des umweltbezogenen Rechts über die Jahrhunderte weiter, so lassen sich eine Reihe modern klingender Handlungsinstrumente ausmachen. Sie alle dienten aber stets dazu, die spezifischen Nutzungsinteressen am Land und seinen Gütern abzusichern. Nach dem Untergang des Römischen Reiches gingen zunächst viele Errungenschaften des Umweltschutzes der antiken Welt verloren. Stadthygiene, geregelte Wasserversorgung und Abfallbeseitigung verwahrlosten in den mittelalterlichen Metropolen zusehends. 1420 beschloß die Stadt Basel, die zu kostspielige Säuberung von Latrinen vorläufig einzustellen. Abortanlagen wurden fortan nur noch im Abstand von 10 bis 40 Jahren geräumt. Viele Städte wurden so zu Brutstätten für Ratten und Seuchen. Folgerichtig kam um 1450 ein bedeutender Planer, Leon Battista Alberti, auf die Idee, Abfälle ins Meer oder in einen Fluß zu leiten. Wo das nicht möglich sei, müsse bis auf das Grundwasser gegraben werden, das den Dreck schon wegschwemmen würde. Der Leib der Erde, so Alberti, könne das Abwasser verzehren und verdauen, ohne daß sich Dünste und Gestank entwickeln. Schon der Staufenkaiser Friedrich II., der sich im übrigen große Verdienste beim Aufbau des Studium generale in den Universitäten erwarb, hatte in der Konstitution von Melphi angeordnet, allen Unrat durch Einbringen in Flüsse zu beseitigen. Zur gleichen Zeit (im 13. Jahrhundert) sah sich der König von England, Eduard I., genötigt, den Steinkohleabbau zeitweilig zu verbieten, weil die Gesundheitsbelastungen zu groß geworden waren. Allgemein stand das Mittelalter den Umweltproblemen gleichgültig gegenüber. Eingriffe der Naturgewalten erschienen eher als endlose Reihe gottgesandter Strafgerichte. Nur unmittelbare Notstände wie Seuchen und Flächenbrände lösten gewisse Schutzvorkehrungen aus.

Eine bemerkenswerte Ausnahme von dieser Gleichgültigkeit stellte der Schutz der Wälder dar. Das hatte seinen Grund zum einen in der ständig wichtiger werdenden Holzwirtschaft und zum anderen in den Landbesitzrechten. Die Feudalherren wachten eifersüchtig darüber, daß sie die Kontrolle über die abzuschlagenden Baumbestände behielten. Holzfrevel führte zu drakonischen Strafen. Mittelalterliche Scharfrichter griffen dabei gern auf Bestrafungen zurück, die eine lange germanische Tradition hatten. Dem Frevler wurde der Kopf abgeschlagen und die Gedärme herausgerissen, die zur Wundheilung auf die entrindeten Stellen des Baumes gelegt wurden. Im altgermanischen Kult hatten solche Strafen freilich einen völlig anderen Kontext. Sie dienten der Aufrechterhaltung einer allgemein empfundenen tiefen Naturverehrung. Der Ethnologe James George Frazer schrieb hierzu:

> Heilige Haine waren bei den Germanen allgemein ... Wie ernst man es in früherer Zeit mit dieser Verehrung nahm, kann man aus der barbarischen Strafe schließen, welche die alten deutschen Gesetze denen auferlegten, die es wagten, die Rinde von einem lebenden Baum abzuschälen. Der Nabel des Verbrechers mußte herausgeschnitten und an den Teil des Baumes genagelt werden, den er abgeschält hatte, und er mußte immer wieder um den Baum herumgejagt werden, bis alle Eingeweide sich um den Baum geschlungen hatten. Der Zweck der Strafe war augenscheinlich der, die tote Rinde durch etwas Lebendiges vom Körper des Verbrechers zu ersetzen. Man forderte ein

Leben für ein anderes, das Leben eines Menschen für das Leben eines Baumes.[7]

Mit derartigen Sakralstrafen, die von der Existenz einer Baumseele ausgingen, hatte die mittelalterliche Variante nichts mehr zu tun. Hier ging es nur noch um den Respekt vor landesherrlichen Privilegien. Die Strafandrohungen hielten vielleicht Kleinbauern und Tagelöhner, aber natürlich nicht die Waldbesitzer davon ab, kräftig abzuholzen. Für sie ging es um handfeste wirtschaftliche Interessen. Am Ende des Mittelalters hatten Holzverarbeitung, Metallverhüttung und Salzgewinnung so viele Opfer gefordert, daß in großen Gebieten Deutschlands kein Baum mehr stand. Die Wiederaufforstungen und Rekultivierungen sind heute als Monokulturen und Heidelandschaften zu besichtigen (soweit sie der weitere Landschaftsverbrauch und der inzwischen herabgegangene «saure Regen» noch übriggelassen haben). Im akuten Holznotstand des 16. Jahrhunderts machten lokale Verordnungen den Nutznießern von Baumbeständen zur Pflicht, für jeden beseitigten Baum eine Vielzahl neuer Bäume zu pflanzen.[8]

Das Prinzip der Nachhaltigkeit *(sustainability)*, wie es erst in allerjüngster Zeit in internationalen Erklärungen lautstark gefordert wird, hat es also schon vor 400 Jahren gegeben. Dem Druck der wirtschaftlichen Verhältnisse nachgebend, hat es in der Praxis aber nie eine Rolle gespielt.

Trotz eines immer ausgefeilteren rechtlichen Systems der Forstbewirtschaftung wehte dann zu Beginn des 19. Jahrhunderts ein anderer Wind. Der Wirtschaftsliberalismus fegte alle zaghaften Bemühungen um Wald- und Naturschutz hinweg. Eine Verordnung von 1834 verpflichtete die Bauern, zur Holzgewinnung und Landschaftsplanung «jeden Baum und Strauch mit Stumpf und Stiel auszurotten».

Im ersten halben Jahrhundert der Industrialisierung war so etwas wie Umweltschutz gänzlich außer Kraft gesetzt. Die Gesetze dienten allesamt dazu, maschinell betriebenes Gewerbe, den Handel und das Transportwesen kräftig anzukurbeln. Erst als in Mitteleuropa und England die Resultate der Industrialisierungswelle sichtbar wurden, nämlich großräumige Staub- und Abgasimmissionen, Gewässerverschmutzung und Raubbau größten Stils, wurde nach Abhilfen gesucht. Im Immissionsschutz fand man – wie schon 1900 Jahre zuvor der Grieche Strabon – die Antwort in der «Politik der hohen Schornsteine». Der Pflanzenchemiker Stückhardt warnte 1850 zwar, «daß schädliche

Stoffe selbst bei einer sehr bedeutenden Verdünnung schließlich eine verderbliche Wirkung auszuüben vermögen, wenn die Einwirkung einen langhaltende oder massenhafte ist». Aber Technikgläubigkeit und auch die Befürchtung, daß juristische Maßnahmen zum Umweltschutz den technischen Fortschritt behindern könnten, ließen industriefördernde Gewerbeordnungen und Wirtschaftsgesetze entstehen, die für den Immissionsschutz kaum mehr übrig hatten als Mindesthöhen für Schornsteine. Notfalls mußten dann schon mal Hinweise helfen wie der des Oberlandesgerichts Breslau (1913), daß «das Öffnen der Fenster in diesem Arbeiterviertel nicht üblich ist», oder der Vorschlag des Siedlungsverbandes Ruhrkohlenbezirk (1928), säurefeste Bäume zu pflanzen, verbunden mit der Frage: «Muß man unbedingt Fichten pflanzen?»[9]

Die Sorge um die wirtschaftliche Ertragsfähigkeit ergriff auch die anderen Gebiete des Umweltschutzes wie Wasserwirtschaft, Forstwirtschaft, Landespflege und Denkmalpflege. Kurz nach der Jahrhundertwende war in England und Deutschland, den damals höchstindustrialisierten Ländern, ein ziemlich dichtes Gesetzes- und Regelwerk herangewachsen. Seine Aufgabe bestand darin, den technischen Fortschritt gegen einen vorzeitigen Ressourcenverbrauch abzusichern. Diese Aufgabe hatten Gesetze mit «umweltschützenden» Merkmalen seit jeher. Im Gegensatz zur vorindustriellen Zeit, in der gezielte Einzel- und Notstandsmaßnahmen ausreichten, erforderte der Großeinsatz von rohstoff- und energieintensiver Technologie allerdings umfassenderes Vorgehen. Die neue Art des Vorgehens läßt sich mit dem Begriff «Bewirtschaftung» umschreiben.

Als Beispiel für ein System der staatlich betriebenen Bewirtschaftung ist vor allem das Wasserrecht zu nennen. Die gegen Ende des 19. Jahrhunderts stark einsetzende und in Deutschland mit dem preußischen Wasserrecht von 1913 vorläufig abgeschlossene Kodifizierung des Gewässerschutzes orientierte sich exakt an den ökonomisch vorgegebenen Nutzungsformen der fließenden Gewässer. Als Verkehrs- und Transportweg, als Wasserlieferant für Landwirtschafts- und Siedlungsgebiete, als Entsorger für Abfälle und Abwässer, zur Industrieansiedlung und für Erholungszwecke mußten die Flüsse Funktionen übernehmen, die sich teilweise gegenseitig behinderten, so daß nur ein gesetzlich geregeltes Bewirtschaftungssystem die Nutzung «für alle» sicherstellen konnte. Dabei wurden auch die modernen Grundsätze der Umweltpolitik wie Vorsorge und Verursacherprinzip schon verwendet. Ausdruck des Vorsorgegesichtspunktes ist z. B. Artikel 37, Absatz 4, des Königlich Bayerischen Wassergesetzes von 1907. Es verpflichtet den Unternehmer, die erforderlichen Maßnahmen zu treffen, um schädliche Einwirkungen durch welche Nutzungsform auch immer möglichst auszuschließen. Dem folgenden Absatz 5 liegt dann das Verursacherprinzip zugrunde. Laut dieser Vorschrift mußte der Unternehmer den Schaden ersetzen, den er anderen Berechtigten durch Verunreinigungen des Gewässers zugefügt hatte. Bis heute behandelt das Wasserrecht alle Gewässer, ob natürlich oder künstlich, ob fließend oder stehend, einheitlich nur nach ihrer ökonomischen Bedeutung. Als «Vorfluter» – so der bezeichnende Fachausdruck – werden sie für Transport, Versorgung oder Entsorgung «genutzt», eine andere Bedeutung haben Flüsse rechtlich gesehen nicht.

Die staats- und rechtsgeschichtlichen Traditionen zeigen, daß es eine enge Verknüpfung zwischen den fortschreitenden Eingriffen in die Natur und ihrer Absicherung durch den Staat gab. Gesellschaft und Staat verhinderten nicht etwa Raubbau und Plünderung der Natur – das haben sie nie als ihre Aufgabe betrachtet –, sondern sie regelten den ordnungsgemäßen Ablauf dieser Plünderungen. Es durfte nicht zuviel auf einmal genommen werden, sondern nach Möglichkeit nur so viel, daß es für alle reichte. Wer zu diesen «allen» gehört, bestimmte sich nach den jeweiligen gesellschaftlichen Machtverhältnissen. Im antiken Rom waren es die Patrizier, im Mittelalter Adel und Klerus, danach die Landbesitzerklasse und seit dem industriellen Kapitalismus das Besitzbürgertum, zu dem mittlerweile auch die «Kleinbürger» und «Kleinbauern» gehören. Aber immer ging es allen bloß um die Aufteilung des Kuchens.

Der Zweck umweltschützender Maßnahmen war stets, «vorausgegangene Fehlentwicklungen im Hinblick auf die Erhaltung bzw. Nutzung der Ressourcen zu korrigieren», so resümiert der Rechtshistoriker Günter Heine.[10] «Der Schutz der Umwelt als eigenständiger Faktor spielte offensichtlich keine Rolle. Zur Debatte standen regelmäßig wirtschaftliche Interessen.» Zu einem ähnlichen Schluß kommt Horst Mensching, wenn er für die «Ökosystemzerstörung in vorindustrieller Zeit» feststellt, «daß die Schutzmaßnahmen in erster Linie einer besseren oder längeren Ausbeutung der Ressourcen dienen und nicht einem ökologisch motivierten ‹Naturschutz›-Gedanken entspringen»[11].

Eine Unterscheidung zwischen umweltzerstörenden und umwelterhaltenden Maßnahmen läßt sich im Grunde kaum treffen. Beide unterscheiden sich nur in einem einzigen Punkt, nämlich in der Verlagerung des Zeithorizonts: Der unmittelbare Zugriff auf die Natur wird durch korrigierende Maßnahmen geringfügig verlangsamt. Der Zugriff selbst ist zu keinem Zeitpunkt in Frage gestellt worden. Er ist von einer Wachstumsdynamik getrieben, die jeden Versuch, sie zu brechen, im Keime erstickte.

Die Strategie umweltschützender Maßnahmen ist die gleiche, die wir beim Verhältnis der verschiedenen Nutzungsstrategien in bezug auf Ökosysteme kennengelernt haben. Sie ist linear und punktuell. An Verbesserung, gar Zirkulieren von Stoffkreisläufen wurde nie gedacht. Für den Staat und das Recht ging es nur darum, das Tempo linearen Wirtschaftens zu beeinflussen. Sie verfügten zeitweilige Begrenzungen des Holzeinschlags oder Wasserverbrauchs, aber sie sahen nichts vor, was den Ökosystemen zu Ruhepausen hätte verhelfen können. Sie regulierten die stofflichen Ströme der Erzeugung, der Verarbeitung, des Transportes und des Handels nur in Richtung auf Verteilung, nicht auch in Richtung auf Zurückführung. Und alle Maßnahmen blieben punktuell auf das einzelne Symptom beschränkt. Stinkende Gewerbebetriebe wurden an den Stadtrand verlagert, Rauch und Abgase weiter nach oben gepustet und Abfälle in die Flüsse geleitet. Das Unvermögen, die vielen Formen fortschreitender Ökosystem-Zerstörung als zusammenhängendes Geschehen zu sehen, mußte notwendig dazu führen, daß korrigierende Normen immer nur am Symptom ansetzten. Den Fehlentwicklungen lief man auf diese Weise zwangsläufig ständig hinterher.

Mit dem heutigen ökologischen Wissen ist es natürlich leicht, die Naivität früherer Bemühungen um Umweltschutz zu kritisieren. Aber darum geht es nicht. Wir müssen deren Charakter erkennen, um zu verstehen, daß wir noch immer nicht über ein Kurieren an Symptomen hinausgelangt sind.

Eine wesentliche Schlußfolgerung der ökologisch motivierten Geschichtsbetrachtung ist, daß es einen tiefen inneren Zusammenhang zwischen dem Prozeß der globalen Zerstörung unserer Lebensgrundlagen und der Entwicklung der westlich-europäischen Zivilisation gibt. Diese Feststellung wirkt auf den ersten Blick keineswegs neu. Unser herrschendes Naturverständnis und seine Bedeutung für die Umweltkrise ist schließlich *das* Thema der Ökologiediskussion. Was es aber zu erkennen gilt, ist die Tiefe dieses Zusammenhangs. Wenn wir uns vor Augen führen, mit welcher Folgerichtigkeit sich agrarische Früh- und Hochkulturen, Antike, Neuzeit und moderner Industrialismus stets der gleichen expansiven Überlebensstrategie von Linearität und Punktualität bedient haben, dann fällt es schwer, an einzelne Ereignisse zu glauben, die die Weichen in die eine oder andere Richtung gestellt haben könnten. Aus diesem Grunde würde es nicht weiterhelfen, weniger Wachstum *oder* bessere Energieausnutzung *oder* eine andere Moral zu fordern. All dies sind Einzelaspekte, die den Gesamtkomplex, um den es geht, zuwenig berücksichtigen.

Unsere herkömmliche Geschichtsdeutung neigt dazu, die Geschichte in Abschnitte einzuteilen und nach den großen Daten zu suchen, die die Weltgeschichte verändert haben. Das prozeßhafte Geschehen geht hinter solchen Segmentierungen allzusehr verloren. Und dies gilt nicht nur in zeitlicher Hinsicht. Genausowenig wie es «die» Antike und «die» Neuzeit real gegeben hat, gibt es eine Trennung zwischen Naturgeschichte und Wirtschafts- oder Sozialgeschichte. Solche Einteilungen sind einzig Ausdruck jeweiliger kultureller Tradition. Solange sie von einem anthropozentrisch-mechanistischen Weltbild bestimmt wird, erscheinen die Evolution der Natur, die Evolution des Menschen und die Evolution der Kulturen als jeweils getrennte Prozesse. Von Ökosystem-Entwicklungen auf kulturelle zu schließen und umgekehrt erscheint spekulativ, eben «welt(bild)fremd». Im Kontext des ganzheitlich-ökologischen Weltbildes rücken diese Sphären dagegen wesentlich näher aneinander. Damit ist nicht einem platten «Biologismus» das Wort geredet, der jeden Unterschied zwischen naturwissenschaftlich gewonnener Erkenntnis und philosophisch-politischer Bewertung leugnet. Vielmehr werden die Parallelen und Entsprechungen zwischen der Erklärung der Natur und der Deutung des Menschen schärfer gesehen. Eine Naturwissenschaft etwa, die den Systemzusammenhang zwischen Beobachter (Subjekt) und seinem Gegenstand (Objekt) entdeckt hat und daran ständig weitere Schlüsse zieht, revolutioniert notwendig auch den geisteswissenschaftlichen Erkenntnisprozeß. Ebenso wirkt die im Bereich der Geistes- und Sozialwissenschaften sich vollziehende ganzheitlichere Deutung auf die Naturwissenschaft zurück.

Wenn wir also die Verbindungslinien sehen, die zwischen der Dynamik der objektiven Veränderung des globalen Ökosystems und der Dynamik der europäischen Kulturgeschichte bestehen, dann verbietet sich ein Herauspicken des einen oder anderen geschichtlichen Ereignisses, das wir für die Fehlentwicklung «verantwortlich» machen können. An den Rand des Abgrundes geraten sind wir nicht, *weil* jüdisch-christliche Lehren verlangt hätten, sich die Erde untertan zu machen, und auch nicht, *weil* die kartesianische Wissenschaft die Industrierevolution ausgelöst hat. Keiner solcher einzelnen Aspekte reicht, für sich genommen, aus, um die Zerstörungsdynamik zu erklären. Sie sind eher als – unter Umständen verstärkende – Begleiterscheinungen eines umfassenderen Prozesses zu verstehen.

Wir werden im weiteren sehen, daß die anthropozentrische Weltsicht durch verschiedene kulturhistorische Entwicklungen begünstigt wurde und in einen extremen Egoismus mündete, daß es aber letztlich unmöglich ist, eine bestimmte Ursache für sie auszumachen. Ich bin überhaupt davon überzeugt, daß es eine historisch schlüssige Begründung dafür, *warum* es so kam, wie es gekommen ist, letztlich nicht gibt. Wir könnten z. B. fragen: «Was trieb den Menschen eigentlich dazu, das Sammeln und Jagen aufzugeben bzw. die immer noch relativ effektive Gartenbaukultur durch die aufwendigere Ackerbaukultur zu ersetzen?»

Die in der Zivilisationsforschung vorherrschende Meinung geht davon aus, daß es sich bei dieser Entwicklung um einen technologischen Fortschritt gehandelt habe. Das würde einen durch die Entwicklung der Produktivkräfte notwendig bedingten Prozeß unterstellen. Diese Annahme läßt sich jedoch leicht auf ein theoretisches Modell zurückführen, das nicht zufällig im Zeitalter des *industriellen* Fortschritts entstanden ist. Immerhin haben Archäologen und Anthropologen in jüngerer Zeit – sowohl durch Beobachtung zeitgenössischer als auch durch Erforschung vergangener «Steinzeitkulturen» – herausgefunden, daß das Leben der Urzeit-Menschen durchaus angenehm gewesen sein muß. Gerade vor dem Hintergrund des gegenwärtigen Wertewandels erscheinen Vorstellungen vom «wilden» Leben in der Natur, auch wenn sie gelegentlich bedrohlich wird, zu attraktiv, um mit Hinweis auf den notwendigen technologischen Fortschritt einfach aufgegeben zu werden. Andere Theorien gehen von Klimaveränderungen aus, auf die unsere Vorfahren hätten reagieren müssen.

Aber auch die Klimatheorien sind oft widerlegt worden. Der Amerikaner Robert J. Braidwood kam z. B. nach zweijähriger empirischer Forschungsarbeit über früheste Ackerbaukulturen in Persien zu dem Schluß, daß es weder klimatische noch sonstige Bequemlichkeitsgründe für die Entwicklung des Ackerbaus gegeben hat. Gleichwohl meinte auch Braidwood, daß es zwingende Gründe gegeben haben müsse.[12] So ist auch die Neugier des Homo faber, der nur wissen will, um machen, um verändern, um ausbeuten zu können, sicher nicht rational begründbar. Die Natur läßt sich ganzheitlich oder nach ihrer konkreten Verwertbarkeit erfahren, und nur mit der Zeit wird sich das eine oder andere stärker behaupten. Was allerdings unsere Epoche gegenüber jeder vorausgegangenen so einmalig macht, ist die Tatsache, daß uns der fundamentale Unterschied zwischen beiden *bewußt* wird. Wohl nie zuvor ist es möglich gewesen, das parasitäre Verhalten des Menschen zu erkennen, der seine ökologische Nische so lange ausbeutet, bis sie zerstört ist. Wir haben erst heute den endgültigen Beweis in Händen, daß anthropozentrisches Nützlichkeitsdenken die falsche Überlebensstrategie war. Es verletzt die für jede Spezies geltende Regel, ein Ökosystem nicht so weit zu verändern, daß es die lebensnotwendigen Ressourcen nicht mehr bereitstellen kann.

Das anthropozentrisch-reduktionistische Weltbild ist ein Erbe der kulturellen Evolution des Menschen, nicht das alleinige, aber das dominierende. Daß es selbst auf dem Höhepunkt der Überlebenskrise noch dominiert und all unsere politischen Handlungskonzepte bestimmt, bedeutet den eigentlichen Skandal.

4. Die unheilige Allianz von Ökonomie und Staatlichkeit

Staat ist ein Verhältnis, ist eine Beziehung zwischen Menschen, ist eine Art, wie die Menschen sich zueinander verhalten.
GUSTAV LANDAUER

Das Ei tanzt nicht mit einem Stein zusammen.
Sprichwort aus Obervolta

In keinem Bereich der gesellschaftlichen Wirklichkeit zeigt sich unsere Blindheit gegenüber der Natur so kraß wie in der Wirtschaft. Die Fixierung auf wirtschaftliches Wachstum und seine zugrundeliegenden Wertvorstellungen hat den ökologischen Suizid derart beschleunigt, daß selbst ein sofortiges «Nullwachstum» und das Umschalten auf eine ökologisch ausgerichtete Wirtschaftsentwicklung die bereits eingetretenen Zerstörungsprozesse kaum stoppen könnten. Die seit fast zwei Jahrzehnten bekannten «Grenzen des Wachstums» sind zwar in das Bewußtsein vieler Politiker, Ökonomen und Wissenschaftler gedrungen, die Wirtschaftspraxis verhält sich aber noch ganz so, als ob es die berühmte Club-of-Rome-Studie von 1972 nicht gegeben hätte. Ihr Autor, Dennis Meadows, hält sie heute für vergebliche Liebesmüh. In einem *Spiegel*-Interview sagte er kürzlich: «Ich habe mich lange genug als globaler Evangelist versucht und dabei gelernt, daß ich die Welt nicht verändern kann. Außerdem verhält sich die Menschheit wie ein Selbstmörder, und es hat keinen Sinn mehr, mit einem Selbstmörder zu argumentieren, wenn er bereits aus dem Fenster gesprungen ist.»

Die verheerenden Folgen des Wirtschaftswachstums für die natürliche Mitwelt springen unmittelbar ins Auge. Die Zuwachskurven der Verschmutzung von Luft, Wasser und Boden und des Artenschwundes verlaufen exponentiell. Das gleiche gilt für den Rohstoffabbau, den Energieverbrauch aus nicht regenerierenden Quellen und den allgemeinen Landverbrauch. Ebenso nehmen aber die Risiken für Menschen stetig zu. Das Wort von der Risikogesellschaft trifft die Situation genau. In allen Lebensbereichen und überall auf der Welt werden die Folgen der wachstumsbeschleunigten Umweltzerstörung unmittelbar erfahren: Vergiftungs-, Atemwegserkrankungen, Krebs, genetische Veränderungen, Seuchen; Nahrungsmittelknappheit; materielle Verelendung; soziale Ungleichheit. Die kurzlebigen Erfolge des Wirtschaftswachstums werden von den negativen «Begleiterscheinungen» um ein Vielfaches übertroffen. Wo ist der Fortschritt, wenn punktuelle Verbesserungen (z. B. Einkommen) durch immer größere Einbußen an Lebens- und Umweltqualität erkauft werden? Was die anhaltende Wachstumsdynamik geradezu ungeheuerlich macht, ist die Art, wie sie ihre eigene Schattenseite verdrängt. Die Folgekosten der Naturausbeutung und Umweltdegradierung tauchen in den ökonomischen Kostenrechnungen noch immer nicht auf.

Schon 1912 wies A. C. Pigou in seinem Buch *Wealth and Welfare* darauf hin, daß die Gesellschaft als Ganzes mit Kosten belastet wird, die «eigentlich» von den Produzenten (Verursachern) getragen werden müßten, nämlich Kosten für «freie Güter» wie Luft und sauberes Wasser. Umweltgüter werden im Prinzip noch heute als «freie Güter» behandelt, obwohl sie mittlerweile zu knappen Gütern geworden sind.

Die Kosten für die Nutzung der natürlichen Mitwelt, die bei der Produktionskalkulation «vergessen» werden und doch real anfallen, wenn Schäden eintreten, sind enorm. Selbst wenn eine Wiederherstellung gesunder Umwelt möglich wäre, was nur teilweise – bei Luft und Wasser, kaum noch bei Böden, erst recht nicht bei Ökosystemen oder ausgestorbenen Arten – denkbar ist, wären die Kosten dafür erschreckend hoch. Allein für die bisher in der alten Bundesrepublik Deutschland aufgetretenen Waldschäden errechnete das Institut für Volkswirtschaftslehre an der Technischen Universität Berlin eine Summe von 1,4 Billionen DM. Um auch nur die schlimmsten Verseuchungen des Bodens durch Düngemittel, Schwermetalle etc. einzudämmen, sind allein in der alten Bundesrepublik mindestens 70 Milliarden DM nötig (Altlastensanierung).[13] Pro Jahr wäre rund ein Drittel des Bruttosozialprodukts (100 Milliarden DM) zur Reparatur der Umweltschäden aufzuwenden. Theoretisch wären solche Kosten mit Hilfe des Verursacherprinzips einzutreiben. Praktisch (und rechtlich) scheitert dies – von allem anderen abgesehen – schon an den erforderlichen Kausalitätsnachweisen.

Wir BürgerInnen müssen in jedem Fall zahlen. Wir werden als Steuerzahler und Konsumenten zur Kasse gebeten. Und was nicht mehr repariert werden kann, bezahlen wir mit unserer Gesundheit und dem Verlust an Lebensqualität. Die Wirtschaftspolitik nimmt von den Kosten der Umweltzerstörung, den «heimlichen Kosten des Fortschritts», keinerlei Notiz. Die volkswirtschaftlichen Rechnungen führen nur auf, was den materiellen Wohlstand steigert, der Rest fällt unter den Tisch. Je größer das Bruttosozialprodukt, desto «reicher» die Volkswirtschaft. Die Milliardensummen der Umweltzerstörung werden deshalb nicht etwa vom jährlichen Bruttosozialprodukt abgezogen, sondern tatsächlich aufgewendete «Reparatursummen» werden auf dem Pluskonto verbucht. So erscheint jede Rechnung für die Beseitigung der Folgen von Beeinträchtigungen der Umwelt – von der Säuberung ölverpesteter Strände bis zur ärztlichen Behandlung von Atemwegserkrankungen – volkswirtschaftlich als eine erfreuliche Tatsache. Verbraucheranwalt Ralph Nader: «Nach jedem Autounfall steigt das Bruttosozialprodukt.»

Die Wirtschaft lebt von der Umweltzerstörung. Sie ist nicht nur die notwendige Folge andauernden Wirtschaftswachstums, sondern trägt auch erheblich zum Wachstum bei. Der Volkswirtschaftler Christian Leipert hat am Beispiel der alten Bundesrepublik Deutschland vorgerechnet, wie sehr der stetig wachsende materielle Wohlstand durch die Zerstörung der Lebensgrundlagen ermöglicht wurde. Danach stiegen zwischen 1970 und 1988 die Kosten für die Behebung und Verringerung von Umweltschäden von knapp 7% auf fast 12% des Bruttosozialprodukts. Das ist ein Anstieg um mehr als das Doppelte oder von 79,2 Milliarden auf 196,3 Milliarden DM. Ihrer Art nach sind diese Summen vergleichbar mit den militärischen Verteidigungsausgaben. Leipert bezeichnet die Kosten zur Verteidigung gegen den «Umweltfeind» denn auch treffend als Defensivausgaben. Im Sinne der ökonomischen Erfolgsrechnung sind sie als Ersatzinvestitionen zur Wiederherstellung des im Produktionsprozeß zerschlissenen Produktivkapitals zu verstehen. Darunter fallen die Kosten für Umweltschutztechniken, für die Folgen von Umwelterkrankungen, Verkehrsunfällen, Arbeitsunfällen und Berufskrankheiten sowie solche Mehrkosten, die in privaten Haushalten wegen der zunehmenden Besiedelung von Naturflächen anfallen. Nicht enthalten sind natürlich die Verluste an Umwelt- und Lebensqualität, die sich in Geld nicht ausdrücken lassen und letztlich irreparabel sind.

Leipert kommt zu dem interessanten Ergebnis, daß die Wachstumsraten bei Defensivausgaben wesentlich höher liegen als in den Sektoren, die der ökonomischen Wertschöpfung dienen.[14]

Die Wirtschaft verdient also mehr daran, daß sie die Umwelt zerstört, als durch die direkte konsumentenbezogene Produktion. Der ökologische Wahnsinn hat Methode. Würde man demgegenüber das Bruttosozialprodukt bereinigen, indem die Defensivkosten abgezogen werden, stünde Deutschland im internationalen Vergleich längst nicht mehr so glänzend da wie heute. Dies wäre übrigens selbst dann der Fall, wenn alle Industriestaaten ihr Bruttosozialprodukt entsprechend bereinigt ausweisen würden. Als hochindustrialisierter Wohlstandsstaat ist Deutschland zugleich ein Spitzenreiter der Umweltzerstörung.

Richtigerweise müßten die entwickelten Industriestaaten als (ökologische) Entwicklungsländer gelten und diejenigen unter den Ländern der Dritten Welt, deren Wirtschaftsstruktur noch halbwegs ortsangepaßt und umweltverträglich ist, als höher entwickelte Länder.

Die Fixierung der Wirtschaftspolitik auf die Steigerungsraten des materiellen Fortschritts steht natürlich längst im Kreuzfeuer der Kritik. Unter den politischen Parteien sind die Grünen weltweit jedoch die einzigen, die eine dezidiert wachstumskritische Wirtschaftspolitik verfolgen. Immerhin hat der Wirtschaftsausschuß des Deutschen Bundestages 1988 dem Antrag der Grünen zugestimmt, eine Expertenanhörung zu der Frage durchzuführen, ob in den Jahreswirtschaftsberichten auch die ökologischen und sozialen Folgekosten des Wirtschaftens aufgenommen werden sollten. Die ökonomischen Experten machen sich in der Tat Gedanken.[15]

Kurt Biedenkopf, seit 1990 Ministerpräsident in Sachsen, hat sich als wachstumskritischer Denker einen gewissen Namen gemacht. Sein 1985 erschienenes Buch *Die neue Sicht der Dinge* ist ein Versuch, Ökonomie im ökologischen Zusammenhang zu sehen, und in einem Memorandum «Zu Perspektiven der Wirtschaftspolitik» (1988) schreibt er: «Eine Neuorientierung der Wirtschaftspolitik ist ... erforderlich. Sie verlangt eine Korrektur der geltenden Politikvorstellungen und Bewußtseinslagen. Sie erfordert einen *Paradigmawechsel.* Notwendig ist eine neue Sicht der Ziele und Prioritäten unserer Politik ... Es kommt ... darauf an zu erkennen: Die vorwiegend auf quantitativen Zuwachs ausgerichtete Bewertung aller gesellschaftlichen Vorgänge und die Beschränkung wirtschaftspolitischer Analysen auf meßbare wirtschaftliche Sachverhalte muß überwunden werden.» Und weiter: «Es müssen entsprechende Maßstäbe für wirtschaftlichen Fortschritt entwickelt werden: Nicht der Zuwachs an ‹Umsatz› (Bruttosozialprodukt), sondern an ‹Gewinn› (Qualität) – einschließlich des ‹immateriellen Gewinns› – ist entscheidend. Weniger Fehlentwicklungen (Krankheit, Umweltzerstörung, Verkehrsunfälle, Drogensüchtigkeit etc.) bedeuten weniger Umsatz aus den Folgebewältigungen, aber mehr Gewinn für die Gesellschaft ... Die Erforschung und politische Gestaltung der Elemente eines Paradigmawechsels sind die wichtigste politische und wissenschaftliche Aufgabe der Wirtschafts-, Finanz- und Sozialpolitik. Ihre Bewältigung entscheidet über die Zukunftsfähigkeit unserer Gesellschaft.»[16]

So weit ist es aber noch lange nicht. Wirtschaftspolitiker glauben anscheinend, die Umweltkrise mit einer «Augen-zu-und-durch»-Haltung zu überstehen, im Blindflug ohne Instrumente. Die Ökonomie-Kritikerin Hazel Henderson brachte es in einem Gespräch auf den Punkt: «Der Versuch, ein Wirtschaftssystem allein nach ökonomischen Indikatoren auszurichten, gleicht dem Versuch, eine Boeing 747 mit Hilfe eines einzigen Öldruckmessers fliegen zu wollen. Was wir tun müssen, ist die Instrumententafel aufzufüllen.»

Die fehlenden Instrumente müssen nicht erst erfunden werden. Sie sind bisher nur zu sehr auf verschiedene Bereiche der Politik verstreut, z. B. auf die Umweltpolitik, die Gesundheits- und Sozialpolitik. Dort können sie allerdings nicht wirksam genutzt werden, und darin liegt das Problem. Was nützen besorgniserregende Statistiken über Raubbau und Artentod, wenn sie nur unter Umweltfachleuten zirkulieren? Das unkoordinierte Nebeneinander von Politikbereichen führt unweigerlich zu Selbstblockaden und damit zur Funktionslosigkeit der Politik insgesamt.

Eine volle Instrumentierung bedeutet also den Zusammenschluß aller Indikatoren, die «Wohlstand» und «gesellschaftlichen Fortschritt» ausmachen. Die ökonomischen Indikatoren erhalten erst dann Sinn, wenn sie zu den sozialen und den Umweltindikatoren in Beziehung treten. Wohlstandsbarometer zeigen nicht mehr das Bruttosozialprodukt an, sondern das «Ökosozialprodukt».

Vor einigen Jahren sind Regierungen verschiedener Länder dazu übergegangen, dieses Ökosozialprodukt für sich näher zu bestimmen. So rief Venezuelas Präsident Carlos Andrès Pérez eine Initiative der South Commission ins Leben, in der Regierungsvertreter aus Ländern Lateinamerikas, Asiens und Afrikas verbindliche Indikatoren für ein «angepaßtes Sozialprodukt» ausarbeiten. Auf Konferenzen im Juli/August 1989 und April 1990 wurden Indikatoren aus verschiedenen Bereichen gesellschaftlicher Leistungen vorgeschlagen, die über langfristige ökonomische Perspektiven Auskunft geben:

- Bereich Arbeit, Produktivität und Einkommen:
  Beschäftigungsquote, Kaufkraft des Arbeitslohns, Produktivität bezahlter und nichtbezahlter Arbeit, Einkommensverteilung.

- Bereich Gesundheit:
  Frühgeburtenrate, Kindersterblichkeit, Entwicklung der Kinder bis zum 5. Lebensjahr.
- Bereich Umweltqualität:
  Allgemeine Umweltbelastungen, Landverbrauch, Zerstörung von Wäldern, Artensterben, Freisetzung von Treibhausgasen.
- Weitere Bereiche betreffen die Mitsprache sozialer Gruppen bei politischen Entscheidungen, die Wohnungsversorgung, Dienstleistungen, Nahrungsmittelkosten und -qualität, Erziehung sowie die Zeit, die für Familie und soziale Betätigungen zur Verfügung steht.[17]

Solche Methoden, das Prinzip der Nachhaltigkeit *(sustainability)* in die Mitte der Entwicklungsplanung zu stellen, können allerdings nur Erfolg haben, wenn sich die Leitvorstellungen entsprechend ändern. Schlagworte wie «qualitatives Wachstum» und «Einbeziehung sozialer und ökologischer Faktoren» haben zwar schon lange Konjunktur, die staatlich formulierten Ziele der Wirtschaftspolitik sind indessen überall auf der Welt noch auf kurzfristig ökonomische Gesichtspunkte beschränkt. Sie werden nicht immer gesetzlich so klar festgelegt wie etwa im deutschen «Gesetz zur Förderung der Stabilität und des Wachstums der Wirtschaft» aus dem Jahre 1967. Oftmals fehlt es an dezidiert geschriebenen Wirtschaftsverfassungen. Jede ökonomische Betätigung und damit auch die staatliche Wirtschaftspolitik ist aber durch eine bestimmte Wertordnung geprägt, die sich in allen modernen Staatsverfassungen gleichermaßen wiederfindet. Es würde deshalb nicht genügen, neue wirtschaftspolitische Ziele zu formulieren, ohne den Verfassungsrahmen, in dem sie stehen, mit zu verändern.

Dieser Rahmen ist jedoch so sehr mit der Industriegesellschaft verwachsen, daß es vielen schwerfällt, ihn überhaupt noch als eine Besonderheit zu bemerken. Ausdruck dieser Kurzsichtigkeit ist z. B. die gängige These, wonach es Alternativen *in* der Industriegesellschaft gebe, aber keine *zu* ihr.[18] In neuen Varianten wird sie gerade in letzter Zeit wieder verbreitet. Forderungen nach einer «ökologischen Marktwirtschaft» und einem «ökologischen Umbau der Industriegesellschaft» klingen avantgardistisch, gehen nichtsdestoweniger über die Rahmenbedingungen elegant hinweg.

Jede Inanspruchnahme von Staat und Recht, über die allein sich ökologische Neuorientierungen durchsetzen lassen, bedeutet die Übernahme einer historischen Erblast. Nach heutiger Auffassung der Sozialwissenschaften sind Staat und Gesellschaft nicht entgegengesetzt: Unter «Staat» wird überwiegend ein politisches Subsystem der Gesellschaft verstanden, das als Institution im Rechtssystem und Verfassungsstaat sichtbar wird. Aber damit ist das Problem der Werteordnung keineswegs gelöst. Rechtssystem und Verfassungsstaat stehen in einer eigenen Tradition mit bestimmten Prägungen, die nicht einfach dadurch beseitigt werden, daß die Gesellschaft sich auf neue Leitziele besinnt. Mit neuen Gesetzen ist es nicht getan.

Wir müssen schon bis zur Entstehung der modernen Staatsidee im 15./16. Jahrhundert zurückgehen, um zu ermessen, wie machtvoll der staatlich-wirtschaftliche Komplex tatsächlich ist. Die Ablösung des mittelalterlichen *Feudalstaates* durch den *Territorialstaat* moderner Prägung war nämlich mit dem Übergang von der Agrar- zur Geldwirtschaft verbunden. Aus dieser Verbindung sind zwei Merkmale hervorgegangen, die bis heute den Verfassungsrahmen wesentlich mitbestimmen. Das eine Merkmal ist die institutionelle Gleichsetzung von individuellen und ökonomischen Freiheiten. Das andere ist das staatliche Monopol, diese Freiheiten zu garantieren und durchzusetzen.

Die Durchsetzung der Geldwirtschaft in der Renaissance brachte nicht nur den Kapitalismus in Schwung, sondern setzte auch gesellschaftlich neue Maßstäbe. Geld wurde Bezugspunkt aller menschlichen und sozialen Leistungen. In seiner Darstellung der Mechanisierung sozialer Strukturen weist Mumford auf die besondere Rolle des Geldes hin, die jedes Gefühl von Begrenzung überwinde: «Die Eigenart des Geldes besteht darin, daß es keine biologischen Grenzen und keine ökologischen Einschränkungen kennt.»[19] Das Geld eröffnete die Chance, aus sozialen Kreisläufen gewissermaßen auszubrechen; «grenzenlose Freiheit» schien möglich. Die Dynamik der Geldwirtschaft legte den Grund für die Zentralisierung ökonomischer und politischer Macht. Vom Handel bis zur Steuereintreibung bildeten sich einheitliche bürokratische Organisationen. Sie formten den Stil der Handelsfirma genauso wie den der Staatsverwaltung. Der zentrale Territorialstaat hatte daher vor allem die Aufgabe, Handelsbarrieren abzubauen und die öffentliche Kasse zu verwalten. Die politische Macht hat sich der «Dritte Stand», das Bürgertum, in den Staaten mit ständischer und parlamentarischer Vertretung dadurch sichern können, daß Adel und Klerus auf dessen Geld angewiesen waren und daher die Mitsprache bei der Budgetplanung zulassen mußten. Wenn daher der Staat heute ganz selbstverständlich als interessierter und engagierter Kostgänger wirtschaftlicher Prosperität akzeptiert wird, dann hat das nicht nur damit zu tun, daß dem Staat das Wohl seiner Bürger angelegen sein muß. Der moderne Staat ist von Beginn an als ökonomischer Apparat konzipiert worden. Der liberalistische «Nachtwächterstaat» war eine unwesentliche Zwischenepisode im Prozeß einer vollständigen Verflechtung von gesellschaftlich-ökonomischen und staatlichen Interessen.

Der staatliche Organisationsrahmen ist also keineswegs «neutral». Er begünstigt eine Denkweise, die eine funktionierende Ökonomie als Grundbedingung menschlicher Existenz ansieht. Er teilt daher die ökologische Blindheit, die auch die traditionelle Ökonomie auszeichnet. In dem Freiheitsverständnis, das den Menschen- und Grundrechten zugrunde liegt, kommt diese Affinität besonders stark zum Ausdruck.

So sehr die Menschenrechte als größte Errungenschaft der Aufklärung und als Grundbedingung freiheitlicher Demokratie gefeiert werden, sie sind mit dem Erbe des Individualismus belastet. Die Idee der Menschenrechte, das Prinzip des Rechtsstaates und die Gewaltenteilung sollen die Macht des Staates begrenzen. Sie tun dies aber nicht vorrangig deswegen, weil sonst das Recht des Stärkeren herrschen würde, sondern um die Freiheit des Einzelnen vor staatlichen Übergriffen zu schützen. Nach den Bedingungen dieser Freiheit wird nicht gefragt. Im immer noch vorherrschenden liberalen Freiheitsverständnis geht es um die Freiheit *von* etwas, nicht um Verantwortung und nicht um soziale Gleichheit. Daß die Grundrechte als Meinungs-, Glaubens- und Eigentumsfreiheit fast überall auf der Welt den höchsten Ruf genießen, hat viel mit ihrem materiellen Kern zu tun. Dieser Kern ist individualistisch und materialistisch. Zur abendländischen Conditio humana gehört der Ich-Kult, also die Ab- und Ausgrenzung des sozialen und ökologischen Zusammenhangs, in dem der Mensch steht. Und seine Blüte erreicht das unabhängige Individuum nicht zufällig im kapitalistischen Zeitalter. Die Institution des Geldes drückt den individuellen Freiheitsdrang am wirkungsvollsten aus. Je mehr Geld, desto zahlreicher die Möglichkeiten der Freiheitsverwirklichung.

Der innere Zusammenhang zwischen dem bürgerlichen Kampf um die Menschenrechte und der Absicherung ökonomischer Freiheit ist daher viel stärker, als die traditionelle Kapitalismuskritik glauben machte. Es ging und geht um Tieferes als Privateigentum, das für sich genommen durchaus «sozial gebunden» werden kann, wie in vielen westlichen Verfassungen heute vorgeschrieben. Es geht um den *An-*

trieb, der zum Eigentum führt. Bahro betont mit Recht: «Das Geld erst ermöglicht den Rechtsstaat, die Gleichheit vor dem Gesetz, ja die Erklärung der Menschenrechte selbst.»[20]

Aus diesem Grunde wäre es reine Illusion zu meinen, daß es nur einiger neuer Leitziele der Wirtschaftspolitik und einer stärkeren Begrenzung von Eigentumsrechten bedürfe, um das Ruder herumzureißen. Der gesamte staatliche Verfassungsrahmen ist ökonomisch «aufgeladen». Dies macht eine Ökologisierung der Wirtschaftspolitik zwar nicht unmöglich, jedoch müssen wir einen weiteren Weg zurücklegen, um an die Wurzeln zu gelangen. Eine ökologische Politik, die die Realität von Staat, Verfassung und Recht nicht leugnen darf, muß sich um die weltanschaulichen Grundlagen dieser Institutionen mit kümmern. Sie drükken bestimmte Wertorientierungen aus. Freilich sind sie auch kein statisches Gebilde. Als gesellschaftliche Institution unterliegen sie demselben Wandel wie die Gesellschaft selbst.

Worauf es somit ankommt, ist, das Wertmuster bloßzulegen, von dem die Wirtschaft, der Staat und das Recht gleichermaßen geprägt sind. Wenn die Kategorien nicht stimmen, mit deren Hilfe die Wirtschaftspolitik grundlegend verändert werden soll, kann auch keine veränderte Wirtschaftsweise zustande kommen.

Die Suche nach den fehlenden Instrumenten und Hebeln, die wir brauchen, um den Sturzflug doch noch auffangen zu können, brechen wir an dieser Stelle vorläufig ab. Wir sahen, daß die wachstumsneurotische Wirtschaft nicht aus sich heraus die ökologische Dimension erschließen wird.

Ihrer eigenen Logik folgend, ist sie nur an rein ökonomischen Daten interessiert. Hilfe muß also von gesellschaftlicher und staatlicher Seite kommen. Die Ziele der Wirtschaftspolitik müssen revidiert und erweitert werden. Wir sahen aber auch, daß selbst dies nicht ausreicht. Die Wertordnung, wie sie der Verfassungsstaat in seiner bisherigen Form repräsentiert, wirkt der ökologischen Erweiterung entgegen. Dies wird im einzelnen noch zu zeigen sein.

Wenden wir uns zuvor dem Bereich jener Politik zu, dessen selbstgestellte Aufgabe es ist, die Umwelt vor irreparablen Schädigungen zu bewahren, also der Umweltpolitik. Während die Politikbereiche zur Gestaltung wirtschaftlicher Prozesse (von der Wirtschafts- und Finanzpolitik bis zur Arbeits- und Sozialpolitik) bei ökonomischen Grunddaten ansetzen und von dorther kontrollierend eingreifen, setzt die Umweltpolitik mit ihren Instrumenten bei ökologischen Grunddaten an. Ihr

Thema ist primär die Sicherung der natürlichen Lebensgrundlagen. Über die Wirtschafts- und Umweltpolitik hinaus gibt es verschiedene Politikbereiche, die von vornherein sowohl wirtschaftliche als auch umwelterhebliche Gesichtspunkte erfassen. Hierzu gehören die Bereiche, die zunehmend in die gesellschaftliche Auseinandersetzung geraten sind: die Agrarpolitik, die Technologiepolitik, die Energiepolitik, die Verkehrspolitik, die Verteidigungspolitik und die Außenpolitik. Im weitesten Sinne aber lassen sich zwei Hauptbereiche auseinanderhalten: Im wirtschaftsorientierten Bereich geht es um eine ökologisch ausgerichtete Steuerung des ökonomischen Systems; im umweltorientierten Bereich geht es um die Erhaltung des Ökosystems. Im Idealfall verzahnen sich die beiden Bereiche derart ineinander, daß unkontrollierte Freiräume ausgeschlossen sind.

Was jedoch Umweltpolitik und Umweltrecht vor allen anderen Bereichen so interessant macht, ist ihre natürliche «Sachnähe» zur Ökologie. In den Prinzipien und Normen, die sie zum Schutz der Umwelt entwickelt hat, drückt sich die Industriegesellschaft am nachhaltigsten aus. Die umweltpolitischen Konzeptionen sind sozusagen die Handschrift, die den Charakter verrät. Wenn wir diesen Charakter aufgedeckt haben, können wir darangehen, die notwendige Alternative zu beschreiben.

a. Vom grenzen-losen Versagen der Internationalen Umweltpolitik

Der Begriff des Umweltschutzes ist gerade zwei Jahrzehnte alt. Er wurde nicht eigentlich erfunden, setzte sich aber schnell durch, als Ende der sechziger Jahre die Grenzen des Wachstums sichtbar wurden. Den Anstoß hatte Rachel Carson gegeben, die in ihrem Buch *Der stumme Frühling* (1962) die systematische Vergiftung unserer Lebensumwelt eindringlich schilderte. Ihr Fazit: «Neben der Möglichkeit, die Menschheit in einem Atomkrieg auszurotten, ist das Kernproblem unseres Zeitalters die Verunreinigung der gesamten Umwelt des Menschen geworden.» Der amerikanische Ökologe Barry Commoner sagte 1966 in *The Closing Circle* voraus: «In 25 bis 30 Jahren werden wir die Schwelle der Unumkehrbarkeit auf unserem selbstmörderischen Kurs der Umweltzerstörung erreicht haben, wenn nicht sofort einschneidende Maßnahmen zum Schutz der Umwelt ergriffen werden.»

Die einschneidenden Maßnahmen kamen weder «sofort» noch irgendwann später. Haben wir die Schwelle der Unumkehrbarkeit also heute erreicht? Ob Commoner recht behält, hängt davon ab, wie man die «kleine» Umweltpolitik, die national wie international seit Anfang der siebziger Jahre betrieben wurde, bewertet.

Messen wir sie an ihren *konkreten* Erfolgen, ist so gut wie nichts besser geworden. Im Gegenteil, die Lage hat sich erheblich verschlimmert. Das Wachstumstempo beschleunigte sich auf praktisch allen Gebieten. Gewachsen ist die *Weltbevölkerung* von seinerzeit 3,7 Milliarden Menschen auf 5,4 Milliarden. Gewachsen ist die *Armut:* 1964 verzeichnete die offizielle UNO-Liste der am wenigsten entwickelten Länder 26 Staaten; heute sind es mehr als 40. Vier Fünftel der Menschheit müssen sich ein Fünftel des Weltbruttosozialprodukts teilen; ihre Verschuldung gegenüber dem reichen Fünftel ist auf 1200 Milliarden US-Dollar angewachsen. Der *Energieverbrauch* ist seit 1970 trotz Verbesserung des Nutzungsgrades um 30% in den sogenannten entwickelten Ländern auf das Dreifache gestiegen. Beschleunigt hat sich das *Artensterben*, der *Landschaftsverbrauch* und die *Vernichtung der Wälder.* Heute verschwinden jeden Tag etwa 140 Tier- und Pflanzenarten auf Nimmerwiedersehen von dieser Erde. William Conway, Zoodirektor in New York und Präsident von Wildlife Conservation International, meint dazu, die Vernichtungskraft der zahlreichen Kälteperioden der letzten Eiszeit, die in zweieinhalb Millionen Jahren die Arten dezimierten, sei «ein Nichts im Vergleich zu dem, was wir uns allein in den letzten zwei Jahrzehnten angetan haben».

Zum rasant steigenden Tempo des Artenschwundes trägt ein ganzes Bündel von «Maßnahmen» bei: Jedes Jahr werden tropische Regenwälder von der Größe der Niederlande und Belgiens gerodet, eine Fläche von der Größe Luxemburgs mit Beton versiegelt und Böden, Flüsse und Meere mit Chemikalien und Pestiziden geradezu vollgepumpt. Alles, was wir der Erde antun und wo immer wir es tun, hat *globale Auswirkungen.* Dies war zwar auch früher schon so, aber durch Treibhauseffekt, Ozonloch und Klimaveränderung ist es uns inzwischen unmittelbar erfahrbar geworden. In den vergangenen zwei Jahrzehnten hat die ökologische Krise neue Dimensionen bekommen. Und alle großen und kleinen Katastrophen entwickelten sich, als habe es eine Umweltpolitik niemals gegeben.

Die Bewertung sieht jedoch völlig anders aus, wenn wir nicht die Umweltpolitik als solche, sondern ihre *gesellschaftlichen Bedingungen* zum Maßstab nehmen. Jede Politik – auch die erfolgloseste – *muß* sich über kurz ober lang verändern, wenn sich ihre Rahmenbedingungen verändern – und sie haben sich gewaltig verändert. Wir leben heute in einer völlig vernetzten Welt, sie ist zu unserer Heimat geworden. Als die Politik des Umweltschutzes ins Leben gerufen wurde, hatte der erste Mensch gerade seinen Fuß auf den Mond gesetzt. Neil Armstrong sagte damals: «Ein kleiner Schritt für einen Menschen, ein gewaltiger Sprung für die Menschheit.» Wir konnten nicht ahnen, wie recht er damit haben sollte. Seither ist die Menschheit nämlich nicht mehr auf Eroberung ständig neuer Räume aus. Von den Eroberungszügen antiker Völker bis zur Eroberung des Weltalls zieht sich eine direkte Linie. In dem Augenblick aber, als die Menschen gleichsam einen Blick zurück warfen und ihre Erde zum ersten Mal als blaue Kugel sahen, entdeckten sie ihr wahres Zuhause. Raumfahrer zeigten sich davon fasziniert, wie in sich geschlossen die Erde ist – ein Ganzes, ohne (Staats-)Grenzen, kostbar und verwundbar. Die Weltraumforschung konzentriert sich heute im wesentlichen auf unseren Planeten. Das beweisen die Satelliten zur Beobachtung des Wetters und Klimas, zur Erforschung des Meeres und des Landes und zur Kommunikation zwischen den Menschen.

Die neue Botschaft der Jahre nach 1970 war: Die Erde ist endlich. Sie ist nicht mehr der offene Raum, der nach Belieben geplündert werden kann. Die Metapher vom «Raumschiff Erde», die Kenneth Boulding prägte,[21] machte das neue Umweltproblem plastisch: Um in unserem Raumschiff mit begrenztem Platzangebot überleben zu können, müssen die Bordvorräte an Wasser, Sauerstoff, Mineralien, Energie etc. sorgsam eingeteilt werden, weil ein Auffüllen der Vorräte nicht möglich ist. 1972 traf sich die Welt in Stockholm zur ersten Umweltkonferenz der Vereinten Nationen. Thema: «Nur eine Erde». Damals begann eine Flut internationaler Konferenzen, die 1992 mit der zweiten UN-Umweltkonferenz in Brasilien einen vorläufigen Höhepunkt erreichte. Alle Konferenzen konnten nur immer wieder die Versäumnisse und die neuesten Erkenntnisse über die Krankheit des Patienten «Erde» beklagen. Aber sie veränderten auch das Klima, in dem über die Probleme geredet wurde. Weil alle Staaten und Völker von der globalen Katastrophe gleichermaßen bedroht sind, interessieren sich die Menschen nicht mehr nur für sich selbst, sondern auch füreinander. So bringt die Tatsache, daß Umweltschäden häufig in einem Land auftreten, ihre Ursachen aber in einem anderen Land liegen, den heilenden Zwang zur Zusammenarbeit mit sich. Bewußtseinsprägend wurde der *Global 2000*-Report der amerikanischen Regierung (1980), der ein düsteres, aber realistisches Bild der Welt im Jahr 2000 gab, und *nicht* die von Julian Simon als *Antwort auf Global 2000* verfaßte optimistische Studie *The Resourceful Earth* von 1984. An den dort vertretenen Unsinn, der Ursachen mit Wirkungen verwechselt (Zitat: «Die Beschränkungen des Wachstums durch Umweltbelastungen, Rohstoffverknappung und Bevölkerungsdruck werden immer weniger.»), glaubt heute niemand mehr.

«Global denken» ist längst kein Schlagwort der Alternativ- und Ökologiebewegung mehr, sondern gelebte Wirklichkeit. Die Perestroika und das Ende des kalten Krieges haben eine neue Weltperspektive eröffnet, in der Systemgegensätze und nationalstaatliche Egoismen schwinden. Zukunftsforscher wie Ervin Laszlo können heute eine bestehende Realität kommentieren, die sie in den vergangenen Jahrzehnten nur als Vision beschrieben haben: Die Weltgesellschaft arbeitet auf den wichtigsten Gebieten – Wirtschaft, Verteidigung, Umweltschutz – endlich *zusammen.*[22] Globales Denken sprengt geographische und politische Grenzen, aber genauso auch die persönlichen. Das «hautverkapselte Ich» (Alan Watts) ist dabei, sich zum Selbst zu entwickeln. Bewußtseinsforschung und Ethik haben gezeigt, daß der Mensch seine anthropozentrischen Reduktionen hinter sich läßt.

Vor diesem Hintergrund fällt es nicht mehr so leicht zu glauben, daß die Schwelle der Unumkehrbarkeit auf unserem selbstmörderischen Kurs tatsächlich erreicht sein soll. So paradox es klingt: Das völlige Versagen der Umweltpolitik ist die beste Voraussetzung dafür, daß wir den Sprung vom anthropozentrischen ins ökozentrische Paradigma schaffen. Gerade *weil* der Systemfehler der bisherigen Politik des Umweltschutzes erst in dem rückblickenden Vergleich zwischen Anspruch und Wirklichkeit so überdeutlich wird, kann auch die Alternative erst jetzt sichtbar werden. Die Anomalien im anthropozentrischen Umweltschutz mußten sich erst zu einer kritischen Masse aufhäufen, bevor die ökozentrische Alternative sich gesellschaftlich durchsetzen konnte.

Es ist aber schicksalsentscheidend, daß wir uns der Andersartigkeit der neuen Ökologie gegenüber dem alten Umweltschutzdenken in voller Schärfe bewußt sind; denn sie bedeutet eine Zäsur und keine bloße Weiterentwicklung. Nirgendwo wird das deutlicher als in den Grundprinzipien der Umweltpolitik und des Umweltrechts.

Ausgerechnet dasjenige Instrumentarium, das speziell geschaffen wurde, um den Prozeß der Umweltzerstörung zu stoppen oder wenigstens zu verlangsamen, offenbart das Dilemma. Statt dem zerstörerischen Prozeß, wie im vorangegangenen Abschnitt beschrieben wurde, etwas prinzipiell Gegenläufiges entgegenzusetzen, führten die Umweltpolitik und das Umweltrecht nämlich den alten Fehler fort. Man hängte sich an die Logik des zerstörenden Industrialismus an, statt eine neue zu begründen.

Noch sitzt das Vorurteil, der Umweltschutz habe immerhin «einiges» erreicht und müsse nur weiter «verbessert» werden, in den Köpfen der politischen Planer zu fest, um dieses Konzept *vollständig* aufzugeben. Doch nicht Reform, sondern nur eine «Revolution in der Umweltpolitik» könnte eine Katastrophe noch verhindern – so das eindeutige Ergebnis, zu dem das Washingtoner Worldwatch Institute in seinem Bericht *Zur Lage der Welt 1992* gelangt ist. Revolution bedeutet deshalb zunächst, den Fehler im bestehenden System zu erkennen.

Der Systemfehler begegnet uns in unterschiedlichen Formen – in der nationalen wie in der internationalen Umweltpolitik, im nationalen wie im internationalen Recht –, aber er ist stets derselbe. Er tritt nur in verschiedenen Gestalten auf.

Über Appelle und Aufrufe zur Rettung der Erde können wir täglich in der Zeitung lesen. Das öffentliche Lamento ist indessen längst zur Routine geworden. Und Routine ist auch die Form, in der die ökologische Krise international «bewältigt» wird. Sie hat den Namen «Internationale Umweltpolitik». Konkret und verbindlich ist freilich nur solche Politik, auf die sich die Staaten rechtlich verständigt haben. Was erreicht wurde, ist vor allem an der Zahl und Qualität rechtlicher Vereinbarungen abzulesen.

Die Zahl internationaler Vereinbarungen, die zwischen benachbarten Staaten, Staatsgruppen oder allen Staaten insgesamt beschlossen wurden, ist beeindruckend. Die Dokumenten-Sammlung zur Internationalen Umweltpolitik von Bernd Rüster und Bruno Simma umfaßt mehr als 30 Bände mit über 1000 Verträgen, Abkommen und Deklarationen.[23]

Dieses Volumen steht jedoch im krassen Gegensatz zur Wirkkraft dieser Dokumente. Bei genauem Hinsehen entpuppen sie sich zum größten Teil als bloße Grundsatz- und Absichtserklärungen. Rechtlich-politisch realisierbar ist nur ein geringer Teil von ihnen. Für das allgemeine Völkerrecht ist typisch, daß es nur relativ wenige Prinzipien und Regelungen enthält, die auch konkret durchsetzbar sind. Der größere Teil, sogenanntes *soft law*, besteht aus Verhaltensregeln (*guidelines, codes of conduct* etc.), an die sich die Staaten je nach politischer Opportunität halten oder nicht. Für den engeren Bereich des Umweltschutzes gilt dies ganz besonders. Denn auch Verträge, die rechtlich verbindlich sind, enthalten so viele allgemeine Klauseln (sog. unbestimmte Rechtsbegriffe), daß ihre Umsetzung praktisch nicht nachprüfbar ist. Wo eine nationale Verpflichtung zur Durchführung internationaler Umweltschutzmaßnahmen an Begriffe wie «Stand der Technik», «Stand der Wissenschaft» oder «wirtschaftliche Vertretbarkeit» gebunden ist, öffnen sich große Spielräume. In den USA mag z. B. die Festsetzung bestimmter Grenzwerte für Schadstoffe dem Stand der Technik entsprechen, das muß aber noch lange nicht für europäische Staaten und erst recht nicht für weniger technisierte Länder gelten. Was in Deutschland noch als «wirtschaftlich vertretbar» bezeichnet werden mag, überschreitet in den USA nach Meinung der Unternehmer und ihrer Lobbyisten jede Vertretbarkeit. Die Experten, die internationale Abkommen auszuarbeiten haben, reagieren auf die politischen und wirtschaftlichen Schwierigkeiten, die mit *jeder* Vereinbarung drohen, daher meist recht menschlich, nämlich mit Angst und Furcht. Von umweltpolitischen Insidern werden die unbestimmten Rechtsbegriffe deshalb treffend «Angstklauseln» genannt. Je brisanter die Materie, desto unverbindlicher die Formulierungen.

Die Kraftlosigkeit der Internationalen Umweltpolitik spiegelt sich in der Kraftlosigkeit des Internationalen Umweltrechts. Es gibt aber noch einen besonderen juristischen Umstand, der das Internationale Umweltrecht so schwach sein läßt. Es leidet nämlich unter einem ererbten Geburtsfehler. Herausgewachsen aus dem allgemeinen Völkerrecht, teilt es dessen definitionsmäßige Beschränkung. Das Völkerrecht regelt die Rechtsbeziehungen zwischen den Staaten und nur zwischen ihnen; die betroffenen Menschen («Völker») sind nicht unmittelbar beteiligt und können auch nur über ihren jeweiligen Staat auf die völkerrechtliche Entwicklung Einfluß nehmen. Aus der exklusiven Rolle der Staaten ergeben sich schwerwiegende Konsequenzen, die einer internationalen ökologischen Politik von vornherein im Wege stehen.

b. Die Erblast staatlicher Souveränität

Oberstes Prinzip des Völkerrechts ist die Anerkennung der staatlichen Souveränität. Die nationalstaatliche Souveränität setzt allen völkerrechtlichen Initiativen bestimmte Grenzen. Da die Staaten alleinige Akteure sind und nicht Völker, Volksgruppen oder Interessenverbände, bestimmen sie allein die Interessenlage. Und wichtigstes Interesse der Staaten ist bis heute gewesen, vor Zugriffen fremder Staaten geschützt zu sein. Aus diesem Schutzinteresse ist das Völkerrecht entstanden. Es hat zwar nicht Kriege verhindern, aber doch eine Reihe zwischenstaatlicher Konflikte schlichten helfen können. Das Konfliktmodell, auf dem das Völkerrecht historisch wie systematisch beruht, paßt jedoch in keiner Weise zum Problem der Erhaltung der natürlichen Lebensgrundlagen. Hier sollte es im Prinzip überhaupt keinen Konflikt geben. Auch ohne demoskopische Umfragen kann unterstellt werden, daß jeder Mensch auf Erden das gleiche Interesse an der Erhaltung der natürlichen Lebensgrundlagen hat. Für den Schutz kollektiver und ökologischer Interessen ist das Völkerrecht aber nicht «gemacht». Um welche Interessenlagen es auch immer geht, sie müssen durch das Nadelöhr der einzelnen Staaten. Und diese haben auf die globale Umweltkrise ganz so reagiert, wie sie es durch das völkerrechtliche Konfliktmodell gewohnt sind.

Konkret bedeutet dies, daß Umweltprobleme erst interessierten, als und soweit sie das eigene Land betrafen. Die Massierung von Atomkraftwerken und anderen ökologischen Zeitbomben (Atommüll-, Chemieabfallager) an den jeweiligen Staatsgrenzen ist sinnfälliger Ausdruck dieses nationalstaatlichen Egoismus. Je näher solche Gefahrenherde an die Grenze zum Nachbarstaat geschoben werden können, desto größer die Chance, daß der Dreck größtenteils nicht im eigenen Land bleibt, sondern «exportiert» wird. Ein Staat ist nun mal so konzipiert, daß er seinen eigenen BürgerInnen nützt; für ausländische BürgerInnen trägt er im Prinzip keine Verantwortung. Nur freiwillige Einsicht und völkerrechtliche Verpflichtungen können hieran etwas ändern.

Wegen dieser auf nationalstaatlichen Egoismus reduzierten Interessenlage hat sich das umweltbezogene internationale Recht um den Grundpfeiler des *völkerrechtlichen Nachbarrechts* herumgebildet. Das völkerrechtliche Nachbarrecht erkennt die volle Nutzung des innerstaatlichen Territoriums an und verlangt lediglich, daß jeder Staat sein Territorium so nutzt, daß keine Verletzung der Rechte anderer Staaten von ihm ausgeht. Als Grundsatz der «guten Nachbarschaft» ist diese Regel in der Präambel der Charta der Vereinten Nationen verankert, und sie steht auch im Mittelpunkt der UN-Deklaration, die 1972 auf der Stockholmer Konferenz über die menschliche Umwelt verabschiedet wurde. Darin heißt es unter Ziffer 21: «Die Staaten haben nach

Maßgabe der Charta der Vereinten Nationen und der Grundsätze des Völkerrechts das souveräne Recht zur Ausbeutung ihrer eigenen Hilfsquellen nach Maßgabe ihrer eigenen Umweltpolitik sowie die Pflicht, dafür zu sorgen, daß durch Tätigkeiten innerhalb ihres Hoheits- oder Kontrollbereichs der Umwelt in anderen Staaten oder Gebieten außerhalb ihres nationalen Hoheitsbereichs kein Schaden zugeführt wird.»

Bei diesem Kernsatz der Stockholmer Konferenz handelt es sich, wie gesagt, nur um eine Deklaration, die als solche rechtlich nicht verbindlich ist. Umstritten ist auch, ob er als Ausdruck des Völkergewohnheitsrechts gilt. 1982 wurde er durch den Grundsatz 21d der UN-Weltcharta für die Natur bestätigt. Aber auch die Weltcharta für die Natur ist nur eine Resolution, sie hat rein empfehlenden Charakter. Selbst dies veranlaßte die USA und einige südamerikanische Staaten aber noch, sie abzulehnen. Und was die Europäische Gemeinschaft betrifft, so ist sie über die Stockholmer Deklaration bis heute nicht hinausgelangt. Trotz gewisser umweltpolitischer und umweltrechtlicher Kompetenzen, die sich die EG im Verlauf ihrer Entwicklung zugelegt hat – vor allem durch die «Einheitliche Europäische Akte» von 1986 –, ist sie eine Wirtschaftsgemeinschaft geblieben, die keine besondere Verantwortung für den Umweltschutz anerkennt. Sie überläßt sie im Prinzip den einzelnen Mitgliedsstaaten und operiert weitgehend nach dem Grundsatz (bloßer) «guter Nachbarschaft». Ein in dieser Form noch heute gültiger Beschluß des EG-Ministerrats vom 22. November 1973 verlangt lediglich, «dafür Sorge zu tragen, daß die in einem Staat durchgeführten Tätigkeiten keine Umweltschäden in einem anderen Staat verursachen».

Die Gerichte haben den Grundsatz der «guten Nachbarschaft» schon in der ersten Hälfte des Jahrhunderts auf die Regelung von Umweltschäden angewendet. Die wegweisenden Entscheidungen wurden von internationalen Schiedsgerichten getroffen, von denen die bekanntesten der Oder-Fall (1929), der Trail-Smelter-Fall (1941), der Korfu-Kanal-Fall (1949) und der Lac-Lanoux-Fall (1957) sind. In diesen Entscheidungen wurden unbeabsichtigte Schadstoff-Exporte, wenn sie erheblich waren, als Verstoß gegen das Gebot der wechselseitigen Rücksichtnahme gewertet. Für die angerichteten Schäden mußte dann gehaftet werden. Zwar sind in neuerer Zeit Verfeinerungen bei der Feststellung von Verantwortlichkeiten und von Schadensumfängen hinzugekommen, für Umweltbeeinträchtigungen gilt aber nach wie vor nur das Gebot gegenseitiger Rücksichtnahme.

Dieses Gebot wie das völkerrechtliche Nachbarrecht insgesamt entspricht der Konstruktion eines Vertrages zwischen souveränen Rechtsträgern. Die zugrundeliegende Idee ist eine alte Volksweisheit: «Was Du nicht willst, das man Dir tu', das füg auch keinem anderen zu.» Oder römisch-rechtlich ausgedrückt: «Do, ut des» («Ich gebe, damit du gibst»). Die unumschränkte Macht des Rechtsträgers Staat wird also einzig davon begrenzt, daß die gleichen Übergriffe vom anderen Staat zu befürchten sind. Damit läßt sich wohl eine friedliche, gutnachbarliche Beziehung aufrechterhalten, wenn aber stillschweigendes Einvernehmen darüber besteht, daß gewisse Formen von Übergriffen nicht schwerwiegend sind oder – schlimmer noch – die Schwere gegenseitiger Übergriffe sich gegenseitig aufhebt, dann gibt es keinen Grund zur Klage. Der nachbarliche Frieden ist nicht gestört. Und genau das geschieht im internationalen «Umweltschutz»! Da fast alle Staaten die Völkerrechtsgemeinschaft in mehr oder weniger großem Umfang mit ihren Giften belasten, ist es noch zu keinem einzigen gerichtlich ausgetragenen Streitfall wegen großräumiger Umweltschädigung gekommen. Der Kläger selbst könnte sich ja unversehens auf der Anklagebank wiederfinden.

Hier zeigt sich das Grunddilemma des traditionellen internationalen Umweltrechts. Es muß mit Handlungsinstrumenten auskommen, die für einen ganz anderen Fall entwickelt wurden. Solange sich Staaten argwöhnisch gegenseitig kontrollierten, weil der Nachbar Böses im Schilde führen und das Kriegsbeil ausgraben konnte, erfüllte das Konfliktmodell des Völkerrechts seinen Sinn. Und diesen Sinn behält es auch, soweit es um wirtschaftliche Interessen geht. Hier gibt es wachsende Verteilungskämpfe – gerade im Zeitalter knapper Ressourcen! –, die auf der Ebene der internationalen Politik und des Völkerrechts mit Vehemenz ausgetragen werden. Bei Umweltschutzinteressen hingegen geht es gemächlich zu. Hier besteht kein Konkurrenzkampf, sondern eher das Einvernehmen von Ganoven. Man weiß von den gegenseitigen «Umweltsauereien», die über die Grenzen hin- und hergehen, und einigt sich im Negativen. Solange keine massiven Wirtschaftsinteressen auf dem Spiel stehen, gibt es keinen wirklichen Handlungszwang. Und umgekehrt: Sobald es um Geld und Wettbewerb geht, hat die natürliche Umwelt zurückzustehen.

Die praktischen Probleme dieses Desinteresses an *wirklichem* Umweltschutz sind Legion. Kein Gericht hat es bisher gewagt, die kollektive Nachlässigkeit der Staatengemeinschaft anzuprangern. Man kann freilich wenig tun. Denn wo kein Kläger ist, ist auch kein Richter. Aber selbst in den bisher entschiedenen Fällen lassen es internationale Schiedsgerichte mit allgemeinen Feststellungen bewenden. In der erwähnten Trail-Smelter-Entscheidung ging es z. B. um Schwefeldioxidgase, die sich von einer Zink- und Bleischmelze im kanadischen Grenzstädtchen Trail auch über das benachbarte Gebiet der USA ausbreiteten. Das Schiedsgericht bestand aus Vertretern beider betroffener Länder. Man einigte sich auf wohlabgewogene Formeln. Es komme darauf an, ob die Immissionen «erhebliche Folgen» *(serious consequences)* für das Eigentum oder die Gesundheit von Menschen hätten und ob «die Schädigung klar und überzeugend nachgewiesen» sei *(the injury is established by clear and convincing evidence)*.[24]

Wie sich «erhebliche» von «gewöhnlichen» Schäden unterscheiden lassen, hat das Schiedsgericht oder irgendein anderes Gericht, das mit grenzüberschreitenden Immissionen befaßt war, nicht genauer bestimmt. Wenn überhaupt, dann werden Kriterien dafür aus nationalen Rechtsnormen herangezogen. Die Erheblichkeit von Umweltschäden spielt in vielen gerichtlichen Auseinandersetzungen natürlich eine große Rolle. Doch auch wenn nationale Gerichtsentscheidungen und technische Vorschriften im Laufe der Zeit gewisse Anhaltspunkte zusammengetragen haben – eines steht wie ein ehernes Gesetz bis heute fest: Als erheblich gelten Schäden nur, wenn sie für die Nutzung des Eigentums oder die Gesundheit der Menschen eine Gefahr bedeuten. Gefährdungen für Tiere, Pflanzen, Landschaften und Ökosysteme spielen keine Rolle. Sie sind als solche niemals «erheblich»; das können sie nur werden, wenn und soweit wir Menschen sie in direkter Weise zu spüren bekommen. So kommt der Umweltschutz regelmäßig zu spät, bleibt zwangsläufig ein Kurieren am Symptom.

Ein anderes Rechtsschutzproblem ist die Schwierigkeit, Schädigungen kausal nachzuweisen. Das erscheint gerade bei Schadstoffen, die sich naturgemäß diffus ausbreiten und oft synergetisch wirken (d. h. im Zusammenwirken mit anderen Stoffen veränderte oder potenzierende Einflüsse ausüben), so gut wie unmöglich. Ein kausaler Schädiger mag in der Praxis noch auszumachen sein. Wie groß aber gerade *sein* Schadensbeitrag ist, auf den es für die Frage von Schadensersatzleistungen ankommt, läßt sich in unserer generell schadstoffbelasteten Umwelt kaum feststellen. Hier könnten nur Plausibilität und grobe Schätzungen weiterhelfen. Sie reichen den Gerichten aber in der Regel nicht aus. Schließlich geht es um viel Geld, und nur ein klar geführter Beweis kann den Täter, für den ja im Rechtsstaat die Unschuldsvermutung gilt, überführen. Wir werden später noch sehen, daß die dringend nötige Gefährdungshaftung und Umkehr der Beweislast auf prinzipielle Grenzen stößt, die von der anthropozentrischen Rechtsordnung gezogen sind.

Im internationalen Bereich können Rechtsverstöße, wenn sie überhaupt vorliegen, nur ausnahmsweise gerichtlich verfolgt werden. Die Staaten haben daran, wie dargestellt, grundsätzlich kein Interesse. Andere dürfen aber nicht klagen, weil das Völkerrecht nur die Rechtsbeziehungen zwischen Staaten regelt. Nur ausnahmsweise können *einzelne* völkerrechtliche Verträge Berechtigungen von Individuen begründen, die in einem völkerrechtlichen Verfahren auch gegenüber Staaten einklagbar sind. Wichtigstes Beispiel ist die sog. Individualbeschwerde bei der Europäischen Kommission für Menschenrechte gemäß der Europäischen Menschenrechtskonvention. Die Möglichkeit, gegen grenzüberschreitende Umweltbeeinträchtigungen vorzugehen, ist für betroffene BürgerInnen natürlich virulent, besonders im engen europäischen Raum, wo die «grenzenlose» Schadstoffausbreitung über Luft und Wasser fast die Regel ist. Die dabei auftretenden verfahrensrechtlichen Fragen sind überaus kompliziert.[25]

Grundsätzlich ist zwischen Klagen gegen ausländische Staaten und solche gegen die tatsächlichen Verursacher zu unterscheiden. Der völkerrechtliche Grundsatz der Staatenimmunität verbietet im Grunde jede Einmischung von ausländischen BürgerInnen in «innere Angelegenheiten» eines anderen Staates. Im eigenen Land könnten BürgerInnen deshalb allenfalls Gewährung «diplomatischen Schutzes» geltend machen, um den Staat, von dem die Immissionen ausgehen, zur Beachtung des Völkerrechts anzuhalten. Praktisch bedeutet dies eine Art Protestnote ohne Folgen. Mit dieser Möglichkeit mußten sich die Millionen Opfer der Tschernobyl-Wolke bescheiden, um gegen die haarsträubende Atomsicherheitspolitik der Sowjetunion vorzugehen. Eine andere Möglichkeit wäre, im Immissionsstaat selbst zu klagen. Allerdings gibt es keine völkerrechtliche Verpflichtung für einen Staat, Ausländer an den Rechtsschutzverfahren für eigene BürgerInnen zu beteiligen. Bisher haben sich nur die skandinavischen Staaten untereinander darüber verständigt. Die Gleichstellung ausländischer Grenznachbarn in umweltrechtlichen Verfahren ist allgemein noch Utopie. Ein gewisses Entgegenkommen bedeutete es, daß das deutsche Bundesverwaltungsgericht in einer Entscheidung von 1986 – ohne eine ausländische Klagebefugnis anzuerkennen – wohl unter dem frischen Eindruck von Tschernobyl immerhin meinte, daß das Atomgesetz auch den Schutz ausländischer Betroffener bezwecke.[26]

Wer sich gegen ausländische Umweltverschmutzer *unmittelbar* mit rechtlicher Hilfe wehren möchte, also gegen Unternehmen klagt, sieht sich zunächst der schwierigen Frage gegenüber, welches Gericht zuständig ist. Dies richtet sich nach den Regeln des Internationalen Privatrechts. Für die besonderen Fälle einer Haftung bei Atomunglücken und bei Ölverschmutzungen bestehen völkerrechtliche Abmachungen, die Regelungen über Haftungssummen und Gerichtszuständigkeiten enthalten. Sonst muß im Einzelfall geklärt werden, an welches Gericht sich Rechtssuchende wenden können. In jedem Fall aber entscheidet nationales Recht über den Klagegegenstand.

Aus den Hinweisen zur gerichtlichen Praxis und den verfahrensrechtlichen Regelungen dürfte schon klargeworden sein, daß die Durchsetzung internationaler Umweltschutzbestimmungen auf schier unüberwindliche Hindernisse stößt. Sie alle lassen sich auf eine einzige Ursache zurückführen, nämlich auf *nationalstaatlichen Egoismus*. Er besteht praktisch, weil die vielen Einsichten über die ökologische Vernetzung von Umweltproblemen noch nicht die Einsicht der *gemeinsamen* Interessen gefördert haben. Und er besteht in prinzipieller Hinsicht, weil Staaten an einem historisch überlieferten Souveränitätskonzept kleben, das ökonomisch egoistischen Zwecken dient.

Was die nationalstaatlichen Egoismen anbelangt, so schlagen sie immer durch, wenn Umweltschutz mit wirtschaftlichem Expansionsdrang kollidiert. Und das ist so gut wie immer der Fall, wenn es um konkrete Umweltschutzmaßnahmen geht. Schon auf der ersten internationalen Konferenz über Naturschutz, die im November 1913 in Bern stattfand, spielte dies eine gewaltige Rolle. Der Konferenzverlauf war typisch. Einige Tage lang tauschten die anwesenden Vertreter von siebzehn Staaten ihre Meinungen über den Zustand der natürlichen Lebensbedingungen in der Welt aus und erachteten den Naturschutz als dringend notwendig. Die Konferenz nahm eine Entschließung über die Bildung einer Beratenden Kommission für internationalen Umweltschutz an, die die Aufgabe haben sollte, sämtliche Daten über den Zustand der Natur in der Welt zu ermitteln und den internationalen Umweltschutz zu propagieren.

Damals, im Jahre 1913, gab es noch keine sozialistischen Länder, und so hätte erwartet werden können, daß über den Wesensgegensatz von Kapitalismus und Umweltschutz noch relativ unbefangen geredet werden konnte. Als aber der Schweizer Wissenschaftler Paul Sarasin das Hauptreferat der Konferenz hielt, kam es zum Eklat. Die Staatenvertreter waren entrüstet über die «ideologische Verblendung» des Redners. Sarasin schilderte in beeindruckenden Worten die Zerstörung der Natur auf der Erde durch die kapitalistischen Monopole und lenkte die Aufmerksamkeit der Delegationen insbesondere auf die Ausrottung von im Meer lebenden Säugetieren (Walen, Seehunden und anderen) sowie einer Reihe auf dem Land lebender Tiere. Er hob beispielsweise hervor, daß die Ausrottung des nordamerikanischen Bisons besonders dramatische Form angenommen habe, seit Aktiengesellschaften zur Verwertung getöteter Tiere gebildet worden seien. Paul Sarasin schloß mit dem Hinweis, daß nur ein zusammenhängendes System von Maßnahmen zum Naturschutz auf nationaler und internationaler Ebene im Sinne einer überstaatlichen Organisation Abhilfe schaffen könne. Sonst werde der staatlich organisierte Kapitalismus über kurz oder lang die Erde zerstören. Natürlich stießen solche Bemerkungen auf helles Entsetzen. Ein französischer Unternehmer, der modische Hüte aus Vogelfedern herstellte, ließ eine Stellungnahme zirkulieren, in der die Konferenzteilnehmer vor übereilten Beschlüssen gewarnt wurden, die «den großen Wirtschaftszweig» zugrunde richten könnten. Die Konferenz endete in der Beschlußfassung über einige Unverbindlichkeiten[27] – «Öko-Lyrik», wie wir heute sagen würden.

In einem fundamentalen Sinne waren sich die Staaten bisher einig, daß die «Grundlagen der Entwicklung und des Wohlstandes» nicht einem «überzogenen» Umweltschutz geopfert werden dürfen. Daran hat auch der inzwischen zur Geschichte gewordene Wettbewerb der Systeme nichts ändern können, weil die privat- und staatskapitalistischen Systeme nur Varianten desselben kapitalistischen Prinzips sind, dem alle Staaten stets gehorchten. Es gibt aber dennoch Interessengegensätze. Sie richten sich nach den spezifischen Wirtschaftsinteressen. Bestimmte Staaten sind für ihre besonderen «Empfindlichkeiten» bekannt, etwa Frankreich mit seiner atomaren Autonomie, das alle wichtigen Atomteststopp-Abkommen blockierte, Japan mit seiner Fischereiindustrie, die Walfangverbote ständig unterläuft, oder die Verbindung Japan-USA-Deutschland mit ihrer Autoindustrie, die fortwährend dafür sorgt, daß Auto fahren für eine der höchsten Formen individueller Freiheit gehalten wird. In einer Untersuchung über Konkurrenzlagen bei der Luftverschmutzung in Europa gelangte Volker Prittwitz zu dem Schluß, daß letztlich immer der langsamste Waggon das Tempo des internationalen Umweltschutz-Zuges bestimmt. Wer wirtschaftlich die größten Einbußen befürchtet, wird am heftigsten den

Versuchen widerstehen, den internationalen Immissionsschutz zu verbessern. Auch gibt es nach Prittwitz einen Interessengegensatz zwischen solchen Staaten, die von der Verschmutzung ihrer Nachbarländer wirtschaftlichen Gewinn zu erwarten haben, und solchen, die in erster Linie die Nachteile derartiger ökologischer Grenzverletzungen zu tragen haben. Vor allem die Länder mit einer «aktiven» Emissionsbilanz (wie Großbritannien und die USA) oder auch nur einer «ausgeglichenen» Emissions- und Immissionsbilanz (wie Deutschland und Frankreich) haben bislang dem Drängen der Länder mit «passiver» Emissionsbilanz (wie Kanada, Norwegen oder Schweden) auf eine wirksame internationale Emissionskontrolle hartnäckig widerstanden.[28]

Daß solches Sankt-Florians-Denken sich nicht auszahlt, weil es ökologische Unkenntnis offenbart, dämmert den Bremser-Staaten erst mit zeitlicher Verzögerung. Da aber viele Folgen der ökologischen Vernetzung erst zeitversetzt spürbar sind, ist das Spekulieren auf Zeitgewinn ein verbreitetes Spiel. Die Rechnung kommt gewiß und wird – mit Zinsaufschlag – von kommenden Generationen zu zahlen sein – falls es sie noch gibt.

c. Die Erblast ökonomischer Herrschaft

Daß die Logik der Staaten und ihrer Akteure so sehr der kurzatmigen ökonomischen Selbstbehauptung verhaftet ist, liegt natürlich am scharfen internationalen Wettbewerb. Die aktive oder ausgeglichene Handelsbilanz ist Credo und Motiv für sämtliche Aktivitäten. Alles andere wird ihr untergeordnet. Denn die Staaten sind keineswegs so frei in ihren umweltpolitischen Zielen, wie ihre Repräsentanten gern vorgeben. Sie können es letztlich auch nicht sein, weil ihre Rolle historisch festgelegt ist. Sie sind im industriellen Zeitalter geschaffen worden und teilen notwendig die Charakterzüge des Industriesystems.

Damit nehmen wir die Frage nach dem geschichtlichen Zusammenhang zwischen souveräner Staatlichkeit und ökonomischer Freiheit wieder auf, die wir zuvor aufgeworfen haben.[29] Wir haben festgestellt, daß der moderne Territorialstaat sich nicht zufällig im Übergang zur geldwirtschaftlichen Gesellschaftsordnung gebildet hat. Eine objektive Notwendigkeit, gesellschaftliches Zusammenleben in zentraler, staatlicher Form zu organisieren, hat es in der Geschichte nie gegeben. Jede Staatlichkeit ist also historisch bedingt, und so verwundert es nicht, daß die Idee des modernen Staates, weil sie so eng mit der Ökonomisierung der Gesellschaft verbunden ist, aus ökologischer Perspektive fundamental kritisiert wird. Diese Kritik knüpft in gewisser Hinsicht an die Tradition des Anarchismus an, zu dessen bekanntesten Vertretern Pierre Joseph Proudhon (1809–1865), Peter Kropotkin (1842–1921) und Erich Mühsam (1878–1934) gehörten. Anarchistische Theorien verwerfen die Vorstellung, wonach der Fortschritt allein in der ökonomischen Entwicklung verursacht wird. Damit wenden sie sich gegen den «Ökonomismus» und Industrialismus, wie er sowohl vom Liberalismus als auch vom Staatssozialismus propagiert wurde. Diesen Ansatz teilen ökologische Gesellschaftstheoretiker wie zum Beispiel Murray Bookchin und Rudolf Bahro. Im Gegensatz zur vollständigen Ablehnung des Staates durch viele (längst nicht alle) Anarchisten geht es ihnen jedoch im wesentlichen um eine «Vergesellschaftung» des Staates. Der Staat wird dabei nicht als anonymer bürokratischer Apparat begriffen, sondern, wie es schon der Theoretiker der Genossenschaftsbewegung Gustav Landauer (1870–1919) formulierte, «als eine Beziehung zwischen Menschen»[30] oder im Sinne Max Webers als «politischer Anstaltsbetrieb». Nach diesem Verständnis bedeutet Vergesellschaftung des Staates, seine Institutionen so zu verändern, daß eine ökologische Gesellschaftsordnung entstehen kann. Im Mittelpunkt steht demnach der Versuch, den Staat aus seiner «ökonomistischen» Verklammerung herauszulösen.

Dieses nur kurz angedeutete ökologische Staatsverständnis wird uns später noch ausführlicher beschäftigen. Hier dient es nur als Ausgangspunkt für die Kritik am historisch gewachsenen Staatsbegriff. Er beruht auf dem Prinzip der staatlichen Souveränität. Und dieses bis heute so hochgehaltene Prinzip, das den Staatsvertretern nach außen und nach innen gestattet, so zu tun, als ob der Staat eine neutrale Instanz sei, ist durch die Wirklichkeit längst ausgehöhlt worden. Der souveräne Staat ist ein Mythos, der keine reale Grundlage mehr hat, sofern er überhaupt je eine besaß. Wir müssen diesen Mythos aufdecken, damit er nicht ständig der Verwirklichung ökologischer Ziele entgegensteht.

Die theoretischen Schöpfer des Prinzips der staatlichen Souveränität standen unter dem prägenden Eindruck ihrer Zeit. Nehmen wir z. B. Hugo Grotius (1583–1645), der als Hauptbegründer des Völkerrechts gilt. Als junger Advokat in Den Haag hatte er sich mit Rechtsfragen der Handelsschiffahrt zu befassen. Die Niederlande hatten sich gerade von der spanischen Krone losgesagt und setzten alles daran, ihre ohnehin schon mächtige Handelsflotte so auszubauen, daß sie sich gegen Spanien, Portugal und England auf Dauer behaupten konnte. Grotius sollte prüfen, ob es ein natürliches Recht auf freie Schiffahrt im Meer gebe. Das bejahte er in seiner Schrift *Mare liberum* (1609). Weiter ging es ihm darum, möglichen kriegerischen Auseinandersetzungen mit den konkurrierenden Ländern durch die Annahme zuvorzukommen, daß es Rechtsbeziehungen zwischen Staaten gebe. Diese Annahme gründete er auf die Vorstellung eines Naturrechts. Zur Natur des Menschen gehöre, so legt er in der Vorrede seines Hauptwerkes *De jure belli ac pacis* (1625) dar, «der gesellige Trieb zu einer friedlichen und einsichtig geordneten Gemeinschaft mit seinesgleichen». Daher sei es eine von der Natur selbst vorgegebene Pflicht, «daß man fremdes Gut respektiert und es zurückerstattet, wenn man es besetzt oder genommen hat, ferner die Pflicht, gegebene Versprechungen zu erfüllen, ferner die Wiedergutmachung eines schuldhaft verursachten Schadens und die Vergeltung durch Strafe». Den Staat sah er als Garanten dieser naturgegebenen Pflichten und Rechte an, somit als Souverän, und zwar nach innen wie nach außen. Die Seemächte Holland und England konnten von solchermaßen geregelten Rechtsbeziehungen nur profitieren. Ihre Kolonialeroberungen in Übersee ließen sich mit der Idee eines Völkerrechts, das die Souveränität von Staaten anerkennt, vorzüglich legitimieren.

Auch die wichtigsten Staatsphilosophen für die Begründung der staatlichen Souveränität nach innen – Jean Bodin (1530–1576) und Thomas Hobbes (1588–1679) – schrieben aus politischen Zwängen heraus. Bodin veranlaßten die Hugenottenkriege einerseits und die Absicherung des wirtschaftlich erstarkten französischen Königtums gegen Kaiser und Papst andererseits, eine «souveräne» Staatsgewalt gegenüber allen gesellschaftlichen Kräften zu begründen. In seinen *Sechs Büchern über den Staat* (1596) legte er die Notwendigkeit dar, alle politische Macht in einem Souverän – in seinem Fall dem absoluten Monarchen – zu vereinigen. Für Hobbes bildeten die kriegerischen Auseinandersetzungen zwischen dem englischen Parlament und der englischen Krone den Erfahrungshintergrund. Besonders fasziniert war er von Francis Bacons Naturwissenschaftslehre. Deren Mechanik-Interpretation wendete er direkt auf Staat und Recht an:

> Denn aus Elementen, aus denen eine Sache sich bildet, wird sie auch am besten erkannt. Schon bei einer Uhr, die sich selbst bewegt, und bei jeder etwas verwickelten Maschine kann man die Wirksamkeit der

einzelnen Teile und Räder nicht verstehen, wenn sie nicht auseinandergenommen werden und die Materie, die Gestalt und die Bewegung jedes Teiles für sich betrachtet wird. Ebenso muß bei der Ermittlung des Rechtes des Staates und der Pflichten der Bürger der Staat zwar nicht aufgelöst, aber doch gleichsam als aufgelöst betrachtet werden, d. h. es muß richtig erkannt werden, wie die menschliche Natur geartet ist, wie weit sie zur Bildung des Staates geeignet ist oder nicht, und wie die Menschen sich zusammentun müssen, wenn sie eine Einheit werden wollen. (*De cive*, 1642, Vorwort)

Von der Natur der in dieser Zeit überall in Krieg miteinander liegenden Menschen hielt Hobbes nicht viel («Homo homini lupus» - «Der Mensch ist des Menschen Wolf»), und so mußte der leviathanische Staat von oben für die nötige Ordnung sorgen. Die absolutistischen Souveränitätsvorstellungen von Bodin und Hobbes wurden durch spätere Staatsphilosophen von John Locke (1632–1704) bis Jean-Jacques Rousseau (1712–1778) um den Begriff der Volkssouveränität erweitert. Der Staat behielt freilich auch damit noch seine ideelle Erhabenheit. Sie erreichte mit der Hegelschen Gegenüberstellung von gesellschaftlichem «System der Bedürfnisse» und staatlicher «Wirklichkeit der sittlichen Idee» (*Rechtsphilosophie*, 1821) schließlich ihren Höhepunkt.

Wie diese Wirklichkeit der sittlichen Idee gesellschaftlich zu vermitteln war, bildete das Hauptproblem derer, die von einem solchen Staat den Nutzen hatten. Nutznießer waren die wirtschaftlich und politisch Mächtigen. Aber sie waren zur Aufrechterhaltung ihrer Macht auf die Zustimmung möglichst vieler angewiesen. Der moderne Industrialismus brauchte die Massengesellschaft. Hatte sich der Staat als politischer Transmissionsriemen für die herrschenden Kräfte erwiesen, so mußte er nun, im Zeitalter drängender Volksmassen, demokratisch legitimiert werden. Dies gelang dadurch, daß die Idee des souveränen Staates unangetastet blieb und gleichzeitig Verfahren eingeführt wurden, die dem Volk Mitwirkung bei den «Staatsgeschäften» zusicherten. Der Staat als solcher erscheint nach wie vor neutral und über den gesellschaftlichen Auseinandersetzungen stehend.

Tatsächlich aber hat das Industriesystem den Staat seit jeher fest im Griff. Längst zum Kostgänger der Wirtschaft geworden, muß der Staat derselben Wachstumslogik folgen. Die Wirtschaft ist hoch organisiert, auf unternehmerischer wie auf gewerkschaftlicher Seite, und bestimmt das Tempo für jeden Fortschritt, den der Staat zu machen gedenkt.

Ohne das Geld, das Unternehmer und Arbeiter durch Steuern zur Verfügung stellen, läuft schließlich nichts. Und solange es in punkto Wirtschaftswachstum und technischer Fortschritt zwischen Arbeitgebern und Arbeitnehmern keinen ernsthafteren Interessenkonflikt gibt, müssen ökologische Kreislaufkonzepte, falls der Staat sie verfolgen wollte, Blütenträume bleiben.[31]

Die dem Industriesystem innewohnende Dynamik von Rationalisierung und Spezialisierung, Massenproduktion und -konsum, Wachstum und Kapitalsucht ist nicht auf den Bereich der Wirtschaft beschränkt. Wenn dies so wäre, müßte es Bereiche geben, die einer anderen Dynamik folgen. Zu denken wäre an Familien, Nachbarschaftsgruppen oder dorfähnliche Gemeinschaften, die sich weitgehend selbst organisieren und versorgen. Und natürlich gibt es solche Nischen, in denen gewisse Kreisläufe aufrechterhalten werden: Die Alternativbewegung mit ihren dezentralen Strukturen, mit ihrem Anspruch auf Selbstversorgung und Überschaubarkeit, *ist* ein gesellschaftlicher Faktor. Auf sie richten sich viele Hoffnungen. Aber erstens ist sie «alternativ», d. h. Subkultur, unterhalb der «offiziellen»; und zweitens ist sie längst zu einem interessanten Markt geworden. Health-Food-Läden und Öko-Produkte folgen nicht der Dynamik der Alternativbewegung, sondern der Dynamik des Industriesystems. Ökologisches Konsumverhalten hat nur neue Nachfragen geschaffen. Das Industriesystem – die Betonung liegt auf «System» – ist also der alles beherrschende Modus, nach dem sich privates und öffentliches Leben richten. Wie soll da ausgerechnet der Staat die fast vollständig auf wirtschaftliches Wachstum und technischen Fortschritt eingeschworenen gesellschaftlichen Kräfte bändigen? Die Vorstellung von einem «souverän» regierenden Staat mit entgegenwirkenden Absichten wäre reine Selbsttäuschung.

Noch absurder als im nationalen Raum erscheint der Souveränitätsgedanke im internationalen Raum der Staatlichkeit. Die Welt ist technologisch und ökonomisch zu einer transnationalen Gesellschaft zusammengewachsen, und weltweit regiert die kapitalistische Marktwirtschaft. Die Landgrenzen, die zur Staatsidee gehören wie die Haut zum Körper, existieren faktisch nicht mehr. Ökologisch gab es sie ohnehin nie, wirtschaftlich sind sie größtenteils verschwunden, und nun sind auch die letzten militärischen und ideologischen Grenzen gefallen. Mit dem Wandel zur globalen Wirtschaftsgemeinschaft haben die Staaten nicht Schritt halten können. Sie laufen der Entwicklung hinterher. Nirgendwo wird der Anachronismus staatlicher Souveränität jedoch deutlicher als in der Umweltpolitik. Hier tun Staaten so, als hätten sie über die Integrität ihres Territoriums zu wachen. Das Prinzip der territorialen Integrität, der Abwehr von schädlichen Außeneinflüssen also, ist Bestandteil und Kernstück der nationalstaatlichen Souveränitätsidee. Gerade dieses Prinzip wird durch den internationalen Schadstoffverkehr jedoch beständig verletzt. Umweltgifte wehen, strömen und sickern, wohin sie wollen. Die Invasionsschäden, die sie dabei anrichten, sind so groß, daß zu anderen Zeiten blutige Kriege daraus entstanden wären. Da der «Feind» aber heute überall sitzt – draußen wie drinnen, oben wie unten –, kann er von keinem Staat besiegt werden. Auf der gegenwärtigen Entwicklungsstufe unseres Industriezeitalters ist der Staat nicht mehr in der Lage, seine elementarste Aufgabe zu erfüllen, nämlich das Land seiner BürgerInnen gegen Übergriffe von außen zu schützen.

Die tatsächliche Ohnmacht des Staates steht also in keinem Verhältnis zum aufrechterhaltenen Souveränitätsanspruch. Der Staat war nie so eigenständig und unabhängig, wie die juristische Konstruktion der Souveränität vorgibt. Sie diente schon historisch nur der politischen Absicherung ökonomisch gewonnener Macht. Um wieviel mehr dies im Industriezeitalter gilt, wissen wir spätestens seit der ökologischen Krise. Nicht der Staat regiert, sondern die Wirtschaft. Die Allianz der multinationalen Konzerne besitzt weit mehr politische Macht als jeder noch so demokratisch gewählte Staat. Ihm bleibt nur, aus der Not eine Tugend zu machen, indem er die Sorge um ökonomische Sicherheit ständig in den Vordergrund seiner Politik rückt. Aus der Ökologie muß er daher *notwendig* «Umweltschutz» machen, die Politik des peripheren Eingriffs. Und selbstverständlich sind alle vom Staat – national wie international – vorgetragenen Konzepte zur «Versöhnung» von Ökonomie und Ökologie nur Varianten ein und desselben Ökonomismus, von dem er gefangengehalten wird.

In dieser schier ausweglosen Situation noch auf den Staat zu setzen, scheint abwegig. Und *doch*: Wir haben keine andere Wahl, als mit der Realität des Staates zu leben. Gerade weil staatliche Gebilde Erseinungsformen des Industriesystems sind, lassen sie sich nicht wegdiskutieren. Sie sind ein Bestandteil des Industriesystems ebenso wie wir alle, ob uns das paßt oder nicht. Aus diesem Grunde wäre es auch völlig naiv, den Staatsapparat zerschlagen zu wollen. Nicht nur historisch hat sich erwiesen, daß Revolutionen höchstens zu einem Wechsel der Machthaber führen. Es liegt im Wesen des Industriesystems, sich immer wieder von neuem herrschaftlich-staatlich zu organisieren. Selbst wenn also dem System der Kopf abgeschlagen werden könnte, bliebe es doch die Hydra, der sogleich neue Köpfe nachwachsen. Uns bleibt nichts anderes, als das Industriesystem selbst zu verändern.

Im Rahmen des beschriebenen Veränderungsprozesses, in dessen Mittelpunkt wir selbst, d. h. jeder Einzelne, stehen, spielt der Staat eine wichtige Rolle. Sie muß ihm allerdings zugewiesen werden. Bisher hatte er sie nicht. Die Wertmaßstäbe, nach denen er handelte, waren die der Verwertungslogik des Industriesystems: die Logik linear-punktueller Ressourcennutzung. Und sie beruht auf anthropozentrischer Reduktion. Nach *diesen* Wertmaßstäben kann und darf sich der Staat nicht mehr richten, wenn er nicht weiterhin am Prozeß kollektiver Selbstvernichtung mitwirken will. Die neuen Wertmaßstäbe sind die der ökozentrischen Ganzheit. Sie müssen zum Glück nicht erst erfunden werden. Sie *sind da* und bedürfen nur noch der Umsetzung in staatlich-rechtliche Handlungsnormen. Wenn diese – natürlich sehr komplexe – Umsetzung gelingt, gewinnt der Staat seine Legitimität zurück, die er durch seine Überantwortung an den Ökonomismus verloren hat. Dann macht es Sinn, von einer Souveränität zu sprechen, die ihm Handlungsfähigkeit vermittelt. Mit einer Souveränität, die sich auf Verantwortung für das Überleben der Menschen gründet, kann der Staat dem Druck nationaler und transnationaler Wirtschaftsinteressen erstmals etwas entgegensetzen. Nach innen durch eine ökozentrische Steuerung der Wirtschafts- und Umweltpolitik, nach außen durch die Entwicklung einer globalen Rettungspolitik

Wir haben in diesem Abschnitt gesehen, warum die Staaten nicht in der Lage sind, die ökologischen Probleme auf internationaler Ebene zu lösen. Sie sind mit veralteten Instrumenten ausgerüstet:

- mit einem Völkerrecht, das auf staatlicher Souveränität beruht;
- mit einer staatlichen Souveränität, die faktisch nicht besteht;
- mit einer ökonomistischen Sicht, die ökologisch blind ist.

Wir werden im folgenden Abschnitt näher begründen, worin diese ökologische Blindheit besteht. Sie zeigt sich in den Normen, nach denen Umweltschutz betrieben wird.

5. Die Fehlkonstruktion des Umweltschutzes

Eine Katze, die einen Kanarienvogel gefressen hat, kann darum noch nicht singen.
Sprichwort

Umweltpolitik als eigenständiger Bereich staatlicher Politik ist ein Phänomen, das in allen Industriestaaten zu gleicher Zeit und mit fast identischen Merkmalen entstanden ist. Dies hat Gründe. Vor allem sorgt der Charakter des Industriesystems für die Gleichartigkeit auftretender Probleme. Die Erscheinungsformen der Umweltbelastung sind trotz aller regionaler Unterschiede (in geographischer, klimatologischer und technologischer Hinsicht) in sämtlichen Industriestaaten die gleichen. Und ebenso sind die auslösenden Ursachen, die alle mit dem Industriesystem zusammenhängen, im wesentlichen identisch. Schon von daher läßt sich eine national betriebene Umweltpolitik sachlich kaum rechtfertigen. Daß sie dennoch in erster Linie nationale Angelegenheit ist, liegt allein daran, daß die Erde in Staaten aufgeteilt ist. Deshalb stellen Staaten die einzige Möglichkeit dar, umweltpolitische Maßnahmen verbindlich vorzuschreiben und durchzusetzen. Sie allein haben den bürokratischen und rechtlichen Apparat zur Verfügung, der dazu nötig ist. Die Prinzipien und Strukturen der Umweltpolitik können darum in jedem der Industriestaaten gleichermaßen wiedergefunden werden.

Ein weiterer Grund für die relative Homogenität zwischen den Industriestaaten ist ihre Zusammenarbeit auf internationaler Ebene. Seit der UN-Umweltkonferenz 1972 in Stockholm sind zu diesem Zweck viele Institutionen entstanden, von denen die bekannteste das Umweltprogramm der Vereinten Nationen (United Nations Environment Programme, UNEP) ist. UNEP bemüht sich um internationale Umweltpolitik. Im 1981 verabschiedeten «Umweltprogramm von Montevideo» wurden globale Aufgabenbereiche festgelegt (Meeresschutz, atmosphärischer Schutz, Abfall-Management) und Aufgabenbereiche im Zusammenhang mit grenzüberschreitenden Umweltbelastungen (z. B. Luftverschmutzungen oder internationaler Handel mit Chemikalien). Die

UN-Konferenz 1992 in Rio geht einen wichtigen Schritt weiter, indem sie Umweltschutz als integrierten Teil aller Politikbereiche definiert. Umwelt und Entwicklung sollen eine Einheit bilden. Bei solchen internationalen Aufgaben handelt es sich aber immer auch um nationale Aufgaben, weil sie im einzelstaatlichen Raum politisch und rechtlich umgesetzt werden müssen. Entsprechendes gilt für die Umweltaktivitäten, die von anderen UN-Sonderorganisationen ausgehen wie z. B. der Welternährungsorganisation (Food and Agriculture Organization, FAO), der Weltgesundheitsorganisation (World Health Organization, WHO) oder der Internationalen Meteorologischen Organisation (World Meteorological Organization, WMO). Genauso nehmen aber auch solche Organisationen Koordinierungsfunktionen für den Umweltschutz wahr, deren eigentliches Tätigkeitsgebiet Wirtschaft und Handel ist. Hierzu gehört GATT (General Agreement on Tariffs and Trade) und vor allem die Organisation für wirtschaftliche Zusammenarbeit und Entwicklung (Organization for Economic Cooperation and Development, OECD). Die OECD ist eine Art Dachverband der westlichen (und zunehmend auch ehemals sozialistischen) Industriestaaten, der die nationale Wirtschafts- und Umweltpolitik erheblich beeinflußt. Eines dieser Hauptziele ist die Harmonisierung nationaler Prinzipien und Regelungen. Dies gilt natürlich noch mehr für die Europäische Gemeinschaft, deren Funktionieren überhaupt davon abhängt, daß ihre Mitgliedstaaten keine Alleingänge unternehmen. Die ständige Zusammenarbeit im Rahmen dieser inter- und supranationalen Einrichtungen hat die einzelstaatliche Politik wesentlich mitgeprägt. Hinzu kommt schließlich noch der Umstand, daß der Umweltschutz ein relativ junger Teilbereich von Politik und Recht ist. Er ist schnell gewachsen und in hohem Maße mit Ideen und Instrumenten versehen, die überall in der Welt erst während der letzten zwanzig Jahre entwickelt wurden.

Aus den genannten Gründen können wir die Darstellung im Grunde auf einen Staat beschränken. Die vergleichende Politik- und Rechtswissenschaft hat zwar eine Reihe bemerkenswerter Unterschiede zwischen den Staaten herausgearbeitet, die Strukturen, Inhalte und Qualitäten der Umweltschutzkonzepte betreffen. So haben z. B. die USA eine Vorreiterrolle gespielt, weil sie in mehrfacher Hinsicht an der Entwicklungsspitze in der Welt stehen. Die erste Umweltbehörde entstand dort (Environmental Protection Agency, 1970), das erste allgemeine Umweltgesetz (National Environmental Policy Act, 1969) und der erste gesetzlich vorgeschriebene Umweltverträglichkeitsbericht (Environmental Impact Statement). Die USA haben vor allem im angelsächsischen Raum viele Maßstäbe gesetzt, wobei sich besonders Kanada und Neuseeland als «Musterschüler» hervorgetan haben. Neuseeland als bisher einziges Land mit Anti-Atom-Gesetzgebung hat auch in der Umweltpolitik eine führende Stellung. Beachtlich ist Japans relativ erfolgreiche Politik der Umweltschutzvereinbarungen mit der Industrie. Und traditionell besonders engagiert sind die Regierungen der skandinavischen Länder und der Niederlande.[32]

Trotz gewisser Unterschiede, die natürlich ihre Bedeutung haben und wichtig sind, wenn es darum geht, nach existierenden Vorbildern für die Lösung einzelner Probleme zu suchen, fällt doch das Gemeinsame weit mehr ins Gewicht. Im wesentlichen folgen alle Industriestaaten der gleichen Philosophie und den gleichen Regelungsstrukturen. Es lohnt sich daher, ein typisches Beispiel herauszugreifen, an dem sich die Grundlagen, um die es uns geht, besonders plastisch darstellen lassen.

Deutschland liefert ein solches typisches Beispiel. Dort kommen mehrere Gesichtspunkte zusammen, die wir in den meisten anderen Staaten nicht in dieser klaren Ausprägung finden. Zum einen ist Deutschland eine ökonomische Supermacht vergleichbar nur mit den USA und Japan. Wie in Japan treffen hier die Faktoren hoher Industrialisierungsgrad und Engräumigkeit bei gleichzeitiger hoher Bevölkerungsdichte hart aufeinander. Daraus ergeben sich die typischen politischen Konfliktfelder. Zum anderen steht der hochmotivierten und hochgerüsteten deutschen Industrie eine ökologische Opposition gegenüber, die den Ruf der «bestorganisierten» und politisch erfolgreichsten der Welt hat. Die seit 1980 bestehende parlamentarische Präsenz der Grünen macht die Debatten um politische Alternativen lebhafter als anderswo. Die Gegensätze treten oft scharf hervor. Anthropozentrik und Ökozentrik stehen sich in Parlamentsdebatten und Expertenanhörungen deutlich sichtbar gegenüber.

Auch die geopolitische Lage macht Deutschland besonders interessant. In der Mitte Europas muß sich die deutsche Umweltpolitik nach allen Seiten arrangieren – geographisch wegen des intensiven Schadstoffaustausches mit den Nachbarn ringsum und politisch wegen der besonderen Rolle bei der Integration Osteuropas in die Europäische Gemeinschaft. Schon innerhalb der EG war die Bundesrepublik oft tonangebend. Über den neuen deutschen Staat kommt es nun auch zu einem starken «Export» umweltpolitischer und umweltrechtlicher Konzepte in die ehemals sozialistischen Staaten.

Schließlich eignet sich das Beispiel Deutschland deshalb gut, weil die Leitideen und Prinzipien des Umweltschutzes dort in sehr hohem Maße ausformuliert sind. Der Umweltschutz ist ohnehin überall fast vollständig verrechtlicht, also an Rechtsnormen und Gerichtsentscheidungen direkt abzulesen. Dies gilt aber noch mehr als etwa für die anglo-amerikanischen Länder für die deutsche Praxis. Nicht daß die leitenden Umweltschutzprinzipien in anderen Staaten weniger vorhanden wären, aber sie sind dort nicht immer in solcher Klarheit ausgedrückt, wie dies im deutschen Recht der Fall ist.

Die deutsche Rechtstradition hat von jeher eine Vorliebe für Klarheit und Ausführlichkeit gehabt, was viele Länder auch außerhalb Europas – vor allem in Asien einschließlich Japans – zur Übernahme deutscher Rechtskonzeptionen bewogen hat. Der internationale Rechtsvergleich wird durch solche Strukturierung und Systematisierung erheblich erleichtert. Das deutsche Grundgesetz z. B. drückt sehr plastisch aus, welchen Stellenwert der Umweltschutz in Gesellschaft und Politik hat und in welchem Verhältnis menschliche Grundfreiheiten zur Natur stehen. Außerdem ist schon die schiere Menge an Regelungen zum Umweltschutz beeindruckend: Die Gesetzessammlung von Wolfgang Burhenne füllt derzeit sechs dicke Bände. Dazu kommen unzählige Verordnungen, Verwaltungsvorschriften und sogenannte Technische Anleitungen. In dem wildwuchernden Paragraphendschungel finden sich selbst Umweltjuristen kaum noch zurecht. Die Menge sagt natürlich nichts über die Qualität der Inhalte aus. Aber das Material, das Politiker, Juristen und Umweltexperten in zwei, drei Jahrzehnten aufgehäuft haben, vermittelt einen Eindruck von der Dynamik der umweltrechtlichen Entwicklung. Die meisten Industriestaaten stehen in den neunziger Jahren vor der Aufgabe, die unüberschaubaren Rechtsmassen so zu ordnen, daß Umweltschutz überhaupt praktikabel wird. Bis zum Jahr 2000 wird es in Deutschland wohl dauern, bis ein allgemeines Umweltgesetz in Kraft treten kann, das die wesentlichen Ziele und Regelungsbereiche praktizierter Umweltpolitik ordnet und zusammenfaßt.[33]

a. Die sogenannte realistische Umweltpolitik

Eine auf alle Industriestaaten anwendbare Standarddefinition des staatlichen Umweltschutzes enthält das Umweltprogramm der deutschen Bundesregierung von 1971:

Umweltpolitik ist die Gesamtheit aller Maßnahmen, die notwendig sind,

- um dem Menschen eine Umwelt zu sichern, wie er sie für seine Gesundheit und für ein menschenwürdiges Dasein braucht;
- um Boden, Luft und Wasser, Pflanzen- und Tierwelt vor nachteiligen Wirkungen menschlicher Eingriffe zu schützen und
- um Schäden oder Nachteile aus menschlichen Eingriffen zu beseitigen.

Umweltschutz hat demnach mehrere Funktionen: Er soll künftigen Umweltbelastungen vorbeugen (präventive Funktion), gegenwärtige Umweltbelastungen begrenzen (repressive Funktion) und bereits eingetretene Umweltschäden beseitigen (reparativ-wiederherstellende Funktion).[34] Diese letzte Funktion kann jede noch so gutgemeinte Politik nur in sehr eingeschränkter Form leisten. Wenn die Milch vergossen ist, lassen sich meist nur noch die Gründe nennen: gestolpert und hingefallen. Mehr nicht. Nur ausnahmsweise können «Schäden beseitigt» werden – durch Neupflanzungen, Nachzucht reduzierter Tierbestände, Bodenaustausch –, und selbst dann bleiben mehr als nur Narben zurück. In lebendigen Systemen gibt es keine Rückkehr zu früheren Zuständen, sondern höchstens Linderung und Stärkung der Immunkräfte gegen künftige negative Einwirkungen. Auch die zweite Funktion der Begrenzung oder Abwehr von Belastungen ist wenig realistisch. Denn im eigentlichen Sinne begrenzen oder abwehren lassen sich nur mechanisch quantifizierbare Erscheinungen wie Gegenstände, Individuen oder Gruppen. Die im Umweltrecht mitunter noch gebräuchlichen Begriffe «Gefahrenabwehr» und «Störungsbeseitigung» stammen aus dem überkommenen Polizei- und Ordnungsrecht, wo man es noch mit echten «Störern» zu tun hat. Es besteht heute Einigkeit darüber, daß es im Umweltschutz nicht mehr um eine Abwehr gegen bestimmte «Eingriffe» gehen kann, sondern vor allem um Vorsorge gegen mögliche Gefahren. In der Sache wird Umweltschutz daher als präventiv gestaltendes und förderndes Handeln verstanden.

Die Sprache – zumal die juristische Terminologie – tut sich mit treffenden Bezeichnungen schwer. Es gab immer wieder Versuche, die defensiv klingende Bezeichnung «Umweltschutz» (engl.: *environmental protection*; franz.: *protection/défense de l'environnement*) durch Bezeichnungen wie «Umweltpflege», «Umweltvorsorge» oder «Umweltmanagement» zu ersetzen.

Durchgesetzt hat sich keine von diesen. Was schwerer wiegt, ist die Tatsache, daß der Umweltbegriff selbst in der Rechtssprache noch durchgängig unreflektiert verwendet wird. Dem allgemeinen Sprachgebrauch folgend, ist politisch und juristisch auch dann noch von Umwelt die Rede, wenn inhaltlich die natürliche *Mit*welt gemeint ist. Änderungen von Sprachgewohnheiten lassen sich zwar nicht verordnen, aber inhaltlich ist der Ausdruck «Umwelt» schlicht falsch, wenn wir damit die Vorstellung einer von uns getrennten Welt verbinden. Für die Unterscheidung zwischen anthropozentrischem und nicht-anthropozentrischem Paradigma hat es sich jedenfalls als hilfreich erwiesen, den Begriff der natürlichen Mitwelt einzuführen. Klaus Michael Meyer-Abich definiert ihn als «alles, was von Natur aus mit uns in der Welt ist».[35]

Abgesehen von den Begriffen: Entscheidend sind natürlich die Konzepte hinter den Begriffen. Wie also sieht das Konzept des Umweltschutzes aus? Eine aufschlußreiche Informationsquelle ist das Werk *Umweltpolitik. Grundlagen, Analysen und Perspektiven*, das Günther Hartkopf und Eberhard Bohne im Rückblick auf die Zeit von 1971 bis 1983 verfaßt haben. Hartkopf war als zuständiger Staatssekretär wesentlich an der Grundlegung der deutschen Umweltpolitik beteiligt. Er vertrat einen pragmatischen Standpunkt, den er «realistisch» nannte. Noch kurz vor seinem Tode schrieb er in einem Aufsatz über die Grundsätze der Umweltpolitik in den neunziger Jahren: «Es wäre derzeit eine Überforderung von Politik und Bürgern, auf den gewohnten Wohlstandskonsum zu verzichten, solange die Umweltprobleme nicht von der Mehrheit hautnah als besonders bedrückend und darum dringend lösungsreif empfunden werden.» Der Belastbarkeit der Industrie, «die ja die Grundlage unseres Lebensstandards miterarbeitet», galt Hartkopfs größte Sorge. Sie setzt jeder Politik der Vorsorge die Grenze: «Wir müssen also unter den Vorgaben des Vorsorgeprinzips die Schadensverhinderung so weit wie vertretbar vorantreiben, allerdings mit einem Augenmaß, das keine Erdrosselungsgefahr für unsere Industrie heraufbeschwört. Bei diesem Satz scheiden sich natürlich die Geister. Es gibt unter dem Mantel des Umweltschutzes auch Personen, die mit dem Stichwort ‹ökologische Umgestaltung der Wirtschaft› deren Zerstörung betreiben. Mit diesen Kräften – und das lassen Sie mich ganz klar sagen – haben wirkliche Umweltschützer auch gar nichts gemeinsam. Den Systemveränderern gebührt eine eindeutige politische Absage.»[36]

Könnte der Sozialdemokrat Hartkopf den Christdemokraten Klaus

Töpfer, derzeit Bundesumweltminister, gemeint haben, als er vor den Systemveränderern warnte? Fast sieht es so aus, denn Töpfer und mit ihm führende Vertreter der CDU und der SPD setzen auf die ökologische Umgestaltung der Marktwirtschaft. Sie ist zum Lieblingsthema der Umweltpolitiker geworden. So stellte der Minister im Editorial seiner hauseigenen Zeitschrift *Umwelt* fest: «Der ökologische Strukturwandel unserer Wirtschaft ist auf breiter Front in Gang gekommen. Er muß jetzt weiter vorangetrieben werden.» Was da weiter vorangetrieben werden soll, wird allerdings sofort klar, wenn Töpfer sein «geschlossenes Konzept zur ökologischen Orientierung unserer sozialen Marktwirtschaft» präsentiert. Es ruht auf zwei Säulen, dem «ökologischen Ordnungsrahmen» durch rechtliche Vorgaben und dem Einsatz «marktwirtschaftlicher Instrumente». Voranzutreiben ist demnach Altbewährtes: «Verbesserung» und «Verschärfung» der Umweltgesetze verbunden mit wirtschaftlichen Anreizen (durch Umweltabgaben und Verschmutzungslizenzen). Stolz vermerkt der Minister, daß dieses Konzept durch das – von ihm bestellte – Gutachten «Zur Fortentwicklung der Umweltpolitik unter marktsteuernden Aspekten» von Prof. Dr. Hans-Karl Schneider und Prof. Dr. Karl Heinrich Hansmeyer, «zwei der renommiertesten Wirtschaftswissenschaftler», ausdrücklich bestätigt wurde.

Darum geht es: Die Wirtschaft und ihre Theoretiker schreiben vor, was «vertretbar» ist, und die Umweltpolitik richtet sich danach. Das erwähnte Standardwerk von Hartkopf und Bohne ist eine Dokumentation dieser Abhängigkeit. Die Notwendigkeit einer Umweltpolitik wird nicht etwa von der bedrohten natürlichen Mitwelt her begründet und auch nicht vom bedrohten Überleben der Menschheit her, sondern allein aus der Sicht einer «bedrohten» Wirtschaft. Um deren Existenzsicherung geht es in erster Linie, auch wenn dies nicht immer deutlich gesagt wird. Die Konzeption der Umweltpolitik ist durchzogen von dem Bemühen um Ressourcensicherung. In der – bis heute maßgebenden – Fortschreibung des Umweltprogramms von 1971 formulierte die Bundesregierung im Jahr 1976: «Erstes Ziel der Umweltpolitik ist die Sicherung elementarer Lebensgrundlagen. Im weiteren Sinne gilt es, für den Menschen eine Umwelt zu erhalten und auszugestalten, die als Standort von Wohnsiedlungen und Arbeitsstätten, Lieferant von Grundstoffen, Produzent von Nahrungsmitteln und zur Erholung geeignet ist.» Alle Instrumente, die der Umweltpolitik zur Verfügung stehen, sind dementsprechend darauf ausgerichet, die Nutzbarkeit der natürlichen Ressourcen zu sichern. Adressat der Politik ist somit die Wirtschaft. Hartkopf und Bohne beschreiben diese «Instrumente der Umweltpolitik» (S. 172-257):

- Vereinbarungen auf freiwilliger Basis;
- wirtschaftliche Anreize und Belastungen (indirekte Verhaltenssteuerung);
- rechtlich-administrative Gebote und Verbote (direkte Verhaltenssteuerung).

Bei «Vereinbarungen auf freiwilliger Basis» geht es um Überzeugungsarbeit, die sogenannte «Seelenmassage» *(moral suasion).* Hierzu zählen Informationen über nachteilige Umweltfolgen und Appelle an Produzenten und Konsumenten, sich «umweltethisch» zu verhalten. Zu den «wirtschaftlichen Anreizen und Belastungen» gehören Subventionen und Steuererleichterungen für «umweltfreundliches» Verhalten und Schadstoffabgaben und Besteuerungen für «umweltschädliches» Verhalten. In den letzten Jahren kreiste die Diskussion zunehmend um sogenannte Zertifikate und Kompensationen, deren Vorbilder die sogenannte Emissions Trading Policy in den USA ist. Man könnte derartige Praktiken als eine Form von Ablaßhandel auffassen: Eine staatliche Behörde legt die Gesamtbelastungsfähigkeit eines Ökosystems – etwa eines Flusses – fest und teilt die Gesamtmenge möglicher Umweltbelastungen in Teilmengen auf. Für diese Teilmengen werden übertragbare Belastungszertifikate ausgegeben, die an einer Börse gehandelt werden und deren Preis sich dort nach Angebot und Nachfrage richtet. Die Grundvorstellung ist dabei, daß sich im Zuge zunehmender Knappheit ein regelrechter Wettbewerb um Verschmutzungszertifikate ergibt, der Umweltschutzinvestitionen wirtschaftlich lohnend macht. Bilder von Umweltbörsen, Umweltmaklern, Umweltkartellbehörden und einer Umweltbank, vergleichbar der Bundesbank, tauchen dabei auf. Dies schien selbst der Bundesregierung denn doch ein bißchen unheimlich. Und so hat man 1986 eine gemäßigte Variante, die Kompensationslösung, in die Luftreinhaltepolitik eingeführt. Hierbei wird es Unternehmen erlaubt, innerhalb ihres Betriebsverbunds an einer Stelle mehr Dreck in die Luft zu blasen, wenn dafür an anderer Stelle weniger emittiert wird. Man stellt sich also einen abgegrenzten Luftraum vor, eine sogannnte «Glocke» (engl.: *bubble*), innerhalb derer bis zu einem bestimmten Gesamtbelastungswert frei emittiert werden darf.

Gegenüber den indirekt wirkenden Instrumenten steht die «direkte Verhaltenssteuerung» durch Umwelt- und Planungsgesetze im Mittelpunkt staatlicher Umweltpolitik. Mit Geboten, Verboten, Überwachungs- und Anzeigepflichten soll erreicht werden, daß umweltbelastende Aktivitäten nur innerhalb bestimmter Freiräume stattfinden. Die Grenzen solcher Freiräume werden durch «Grenzwerte» oder Umweltstandards und weitere technische und wissenschaftliche Standards festgelegt. Grundprinzip ist, die Nutzung natürlicher Ressourcen und die Einwirkung auf Ökosysteme freizuhalten und (grund-)rechtlich zu sichern, solange nicht wissenschaftlich ermittelte Daten dagegen sprechen. Erst in dem Maße, wie sich wissenschaftliche Erkenntnisse ergeben, sollen der Umweltbelastung bestimmte Grenzen gesetzt werden. In diesem Grundprinzip steckt eine Reihe von Annahmen, die im Licht der Ökosystemforschung allesamt fragwürdig sind, aber eben ganz dem überkommenen anthropozentrisch-mechanistischen Weltbild entsprechen.

Zum einen gilt die freie *Nutzung der Natur als Regel* und die Begrenzung als *Ausnahme.* Dies entspricht der Logik unserer freiheitlichen Rechtsordnung. Die ökonomische Betätigungsfreiheit mit ihrem Recht auf kostenlose Nutzung der Natur bedarf keiner weiteren Rechtfertigung, wohl aber die jeweils erwogene Maßnahme zum Umweltschutz. Rechtfertigen muß sich also nicht der individuelle, umweltverändernde Zugriff, sondern der für die Allgemeinheit angestrebte Schutz. Die Beweislast liegt bei der Allgemeinheit, d. h. beim Staat: im Zweifel zu Lasten der Natur. Derlei Regel-Ausnahme-Mechanik paßt natürlich in keiner Weise für die tatsächlich ablaufenden Prozesse in Ökosystemen. Deren Funktionsfähigkeit richtet sich nach Gleichgewichten, Zyklen und Rückkopplungen.

Zum anderen verrät die Vorstellung von Grenzen eine triviale Sichtweise, die mit der Realität nur wenig zu tun hat. Wenn Grenzwerte, Maximaldosen oder Umweltstandards festgesetzt werden, die nicht überschritten werden dürfen, bedeutet dies zugleich die *Absegnung und positive Sanktionierung eines bestimmten Maßes an Umweltverschmutzung.* Um eine unschädliche Maximaldosis *(no effect level)* angeben zu können, muß unterstellt werden, daß zwischen Eintrags- oder Immissionsmenge und der von ihr verursachten Umweltbelastung ein erkennbarer und stabiler funktionaler Zusammenhang besteht. Erkennbarer Zusammenhang heißt, daß einer bestimmten Verunreinigungsmenge, isoliert betrachtet, eine bestimmte Umweltschädigung zuzuordnen ist. Stabiler Zusammenhang heißt erstens, daß diese Zuordnung unabhängig von raumzeitlichen Bedingungen Gültigkeit hat, und zweitens, daß er bei Aufgabe der isolierten Betrachtung in eine Gesamtanalyse der Umweltveränderung eingebaut werden kann.

Der Realität des Verhältnisses von wirtschaftlicher Aktivität und Umwelt wird die umweltpolitische Setzung von Grenzwerten in keiner Weise gerecht. Dazu muß man sich die Verknüpfung von ökonomischen und ökologischen Kreisläufen vor Augen führen. Im Verlauf von Produktion und Konsum kommt es zu mehreren Erscheinungsformen oder Funktionen von Umweltbelastungen. Wir können sie als Emissionsfunktion, Transformationsfunktion und Immissionsfunktion bezeichnen. Die *Emissionsfunktion* tritt auf, wenn die bei Produktion und Konsum anfallenden «Abfallstoffe» (das sind alle ungenutzten Stoffe einschließlich Strahlung oder Lärm) in die Umwelt gelangen. Durch den Kontakt mit der Umwelt treten aber Diffusions- oder Transformationseffekte auf. So können zunächst harmlose Stoffe im Zusammengehen mit anderen in der Umwelt befindlichen Stoffen zu ganz unvorhersehbaren Kombinationswirkungen führen. Deren Berechnung ist praktisch nicht möglich, aber dennoch äußerst real, wie das Beispiel des Waldsterbens zeigt.

Die vorhandene *Transformationsfunktion* von emittierenden Abfallstoffen fällt regelmäßig durch die Maschen des Grenzwerte-Netzes. Der Wald – wie alle Ökosysteme – bricht nicht zusammen, weil die isoliert festgelegten Grenzwerte für Industrie- und Autoabgase überschritten werden, sondern weil die Abgase – ob unter- oder oberhalb von Grenzwerten! – im Zusammenwirken untereinander und mit anderen Stoffen so gefährliche Verbindungen eingehen.

Für die betroffenen Tiere, Pflanzen und Ökosysteme ist entscheidend, was sie konkret zu verdauen haben. Diese Einwirkung betrifft die *Immissionsfunktion* von Stoffen. Um herauszufinden, ob und inwieweit die anfallenden Abfallstoffe auf Lebewesen und letztlich auf die gesamte Biosphäre tatsächlich wirken, müßten ihre Emissions- und Transformationsfunktion im Zusammenhang gesehen und auf ihre Immissionsfunktion bezogen werden. Nur so ließen sich verläßliche Aussagen über ökonomisch-ökologische Regelkreise machen. Gegenwärtig ist das nicht möglich. Grenzwerte werden zwar gesetzlich nicht nur als Emissionswerte, sondern auch als Immissionswerte festgelegt. Aber dazu stehen nur zwei naturwissenschaftliche Wege zur Verfügung. Der eine ist die *Toxikologie*, bei der durch isolierte Betrachtung im Experiment gemessen wird. Der andere Weg ist die *epidemiologische Forschung*, bei der Schadstoffwirkungen anhand ihres Auftretens am Menschen ermittelt werden. Beide wissenschaftlichen Methoden bringen ihrerseits enorme Schwierigkeiten mit sich, die den Umfang und die Qualität der möglichen Testaussagen betreffen. Vor allem aber tragen sie ein Wesensmerkmal in sich, das die Vorstellung (halbwegs) verläßlicher Grenzwerte zur Illusion werden läßt. Sie sind allein auf die *menschliche* Gesundheit bezogen. Mit anderen Worten: Die Grenzwerte-Ideologie im Umweltschutz gibt vor, einen Ausgleich zwischen umweltbelastenden und -schützenden Aktivitäten herbeiführen zu können, aber sie interessiert sich allein für Belastungen des Menschen.

Die Existenz von Ökosystemen wird damit weitgehend geleugnet. Die Naturwissenschaft ist zwar dabei, die Toxikologie zur Ökotoxikologie weiterzuentwickeln und epidemiologische Forschung auf Faktoren der natürlichen Mitwelt auszudehnen. Rechtswissenschaft und Politik nehmen dies aber nicht oder nur in stark eingeschränkter Form zur Kenntnis. Sie ignorieren den Ökosystem-Zusammenhang, in dem der Mensch steht, fast vollständig. Und sie müssen dies tun, solange sie Gefangene des anthropozentrischen Paradigmas sind, das die (Rechts-)Normen der Gesellschaft geprägt hat. Es wird später noch davon zu reden sein, welche praktischen Konsequenzen die Grenzwerte-Ideologie für den Umweltschutz hat.

Der wesentliche Zweck dieser Ideologie wird deutlich, wenn wir nachlesen, mit welcher Begründung der Gesetzgeber 1978 Vorschläge ablehnte, Immissionsgrenzwerte auch zum Schutz von Tieren und Pflanzen einzuführen. Damals ging es um die Novellierung des Bundes-Immissionsschutzgesetzes, dessen Aufgabe es ist, vor schädlichen Umwelteinwirkungen zu schützen. Die Begründung des Bundesrates ist aufschlußreich: «Ein wichtiges Ziel der Novellierung des Bundes-Immissionsschutzgesetzes ist die Einführung einer gesetzlichen Vermutung für die Unschädlichkeit der (...) Immissionsgrenzwerte, um damit die bestehende Rechtsunsicherheit zu beseitigen und den eingetretenen Investitionsstau abzubauen.»

Trotz noch so vieler negativer Erfahrungen, die wir mit dem Grenzwert-Denken im Umweltschutz gemacht haben – sie bieten zwei entscheidende Vorzüge: Sie gaukeln Verläßlichkeit in einer nicht berechenbaren Umwelt vor, und sie schaffen rechtlich gesicherte Freiräume, innerhalb derer die Wirtschaft schalten und walten kann, wie sie will.

Das Grenzwerte-Phänomen steht für eine Reihe von Reduktionsmechanismen, auf denen das Konzept des staatlichen Umweltschutzes beruht. Die Diskrepanz zwischen anthropozentrischer Selbstbeschränkung und ökologischer Wirklichkeit wurde im Verlauf der vergangenen zwanzig Jahre zunehmend sichtbar und hat längst einen Punkt erreicht, an dem «eigentlich» die Selbsterkenntnis stehen müßte, daß mit anthropozentrischer Verengung keine ökologische Politik zu machen ist. Mit einem solchen Eingeständnis ist – abgesehen von ökonomischen Fixierungen – schon aus menschlichen Gründen freilich nicht ohne weiteres zu rechnen. Unsere persönliche Trägheit neigt dazu, eigene Widersprüche lange zu ignorieren und die Kontinuität des Denkens zu betonen. Und wenn es dann zur Klärung eines Widerspruchs kommt, fällt es schwer zuzugeben, daß man jemals anders dachte. Die Konstrukteure der Umweltpolitik unterscheiden sich hierin nicht von allen übrigen Menschen, die den Paradigmawechsel an sich und in ihrer Umgebung erleben. Für Umweltpolitiker kommt allerdings noch hinzu, daß sie um ihrer Selbstbehauptung willen panische Angst davor haben, als Extremisten zu erscheinen. Als Knecht der Industrie in einem Extrem oder ökologischer Spinner im anderen Extrem mag niemand dastehen, dem es um durchsetzbare Politik geht. Sie soll mehrheitsfähig sein, und dieses Ziel verlangt Mäßigung, sprich Mittelmaß. Der Kampf um die politische Mitte, den Platz der «realistischen Ausgewogenheit», ist mehr noch als in anderen Politikbereichen das Signum der Umweltpolitik. Schließlich mußte sich dieser neue Bereich erst gegen die klassischen Bereiche der Wirtschafts-, Finanz- und Sozialpolitik durchsetzen, um sich behaupten zu können. Und manche in der Ökologiebewegung haben dabei eine Menge Federn lassen müssen.

Für die Selbstdarstellung der Umweltpolitik ist das Bemühen um Ausgewogenheit geradezu neurotisch. Hartkopf und Bohne geben hierfür das beste Beispiel. In ihrem Buch – eine offiziöse Darstellung der Umweltpolitik, wie gesagt – legen sie großen Wert auf die Mitte. Auf vielen Seiten grenzen sie sich ab: von den «Unheilspropheten» (Meadows, Gruhl) und «Umweltschützern», von den Beschwichtigern, denen die heutige «Umwelthysterie» schon viel zu weit gehe, von den Biologisten (welche die Natur zum Vorbild nehmen), den ökologischen Moralisten (welche die Überheblichkeit des Menschen kritisieren), den Sozialisten, den Rationalisten und den Kapitalisten.[37]

Nach so vielen Abgrenzungen fällt ihnen die Position der «Realisten» wie eine reife Frucht in den Schoß. Umweltpolitik habe realistisch zu sein, denn «Umweltpolitik muß – will sie auf Dauer erfolgreich sein

– ihre Entscheidungen unter nüchterner Einschätzung der bestehenden politischen Kräfteverhältnisse treffen»[38]. Hieraus leiten sie denn auch ihre Überzeugung ab, daß die alleingültige Wertsetzung die anthropozentrische sei: «Die Pflicht zur Erhaltung der natürlichen Lebensgrundlagen ergibt sich aus unserer Verantwortung für das Wohl der lebenden und künftigen Menschen. Umweltschutz ist also kein Selbstzweck, sondern vom menschlichen Wohl abgeleitet.» Zu verwirklichen sei schließlich nur das «ethische Minimum, das in der Gegenwart mehrheitsfähig ist und gleichwohl unsere Zukunft sichert»[39].

In diesen harmlos klingenden Sätzen liegt der Schlüssel für die gesamte Mechanik, nach der Umweltpolitik und Umweltrecht funktionieren. Beide sind in doppelter Hinsicht auf Reduktion angelegt. Zum einen sind sie *in sich* so konzipiert, daß der ökologische Zusammenhang des Menschen, d. h. die natürliche Mitwelt, systematisch ausgeblendet wird. Zum anderen sind sie als bloßes *Anhängsel* einer Wert- und Rechtsordnung gestaltet, die insgesamt nur den anthropozentrischen Eigennutz fördert. Vor dem Hintergrund der Ökosystem-Wirklichkeit muß deshalb der Schutz der natürlichen Lebensgrundlagen, um den es angeblich doch geht, reine Illusion bleiben.

b. Die Anthropozentrik im Umweltrecht

Wie sieht die Anthropozentrik im Umweltrecht aus? Sehen wir uns dieses Recht im einzelnen an. Zu seinem Regelungsbereich gehören vor allem die folgenden Gebiete:

- Immissionsschutz (Luftreinhaltung, Lärmbekämpfung)
- Gewässerschutz
- Bodenschutz
- Abfallvermeidung und -entsorgung
- Kontrolle von gefährlichen Stoffen
- Naturschutz und Landschaftspflege.

Diese Einteilung ist nicht zwingend, sie läßt sich auch nach anderen Gesichtspunkten treffen. Entsprechend dem heutigen Trend zu medienübergreifenden Betrachtungen, die Luft, Wasser und Boden gleichermaßen einbeziehen, könnte z. B. die Umweltverträglichkeitsprüfung *(environmental impact assessment)* in den Vordergrund gestellt werden. Ihr Konzept bezieht sich meist auf bestimmte Projektplanungen (bauliche und sonstige Anlagen), könnte aber ebenso auf die Herstellung von Produkten erweitert werden und insgesamt alle Aktivitäten (einschließlich Politik und Gesetzgebung) umfassen, die Auswirkungen auf die Umwelt haben. Ein anderer Gesichtspunkt wäre, an der Quelle anzusetzen und das Entstehen potentiell umweltgefährdender Stoffe (im weitesten Sinne) in den Vordergrund zu rücken. Danach wäre das Recht der Gefahrstoffe – von Chemikalien und radioaktiven Stoffen über andere gefährliche Produkte bis zu gentechnischen Erzeugnissen – ein Hauptanliegen des Umweltrechts, zumal dann, wenn produktbezogene Umweltverträglichkeitsprüfungen gefordert würden. Schließlich gehört nicht viel Phantasie dazu, Gebiete wie die Gentechnologie und den Klimaschutz als vorrangige Aufgaben des heutigen Umweltrechts zu begreifen.[40]

Die erwähnte Aufzählung entspricht den klassischen Umweltgesetzen, die das Gerüst des gesamten Umweltrechts bilden. Die Einteilung des Umweltrechts, wie immer sie vorgenommen wird, ändert aber nichts daran, daß die grundlegenden Prinzipien und Regelungsstrukturen die gleichen bleiben.

Die älteren Umweltgesetze, die noch vor der eigentlichen Herausbildung von Umweltpolitik und Umweltrecht in den sechziger Jahren und zum Teil noch davor erlassen wurden, beschränken sich schon in ihrem Wortlaut auf den Schutz menschlicher Gesundheit, die Energieversorgung und die wirtschaftliche Nutzung. So ist das Atomgesetz von 1957 erlassen worden, um die Erforschung, Entwicklung und Nutzung der Kernenergie zu fördern. Der Schutz von «Leben, Gesundheit und Sachgütern» (§1, Nr. 2) wird mitbezweckt, steht aber eindeutig nicht im Vordergrund des Gesetzes. Die Rechtsprechung mußte im Verlauf der Errichtung und des Betriebs von Atomkraftwerken erst auf die tatsächlich auftauchenden Sicherheitsprobleme reagieren. Sie hat das stets in der Weise getan, daß sie mögliche Risiken für Menschen berücksichtigte, aber nicht generelle Umweltrisiken. Rechtlich erheblich sind jedoch nur unmittelbare Gesundheitsgefahren. Mit Hilfe von juristischen Konstruktionen wie «Situationsgebundenheit der Grundrechte», «allgemeines Lebensrisiko» oder «Restrisiko» und mehreren Urteilen des Bundesverfassungsgerichts, die die Verfassungsgemäßheit der «friedlichen Nutzung der Kernenergie» feststellten, wurde es schließlich unmöglich, den Ausbau der Atomenergie unter Hinweis auf die Gesundheitsrisiken gerichtlich zu stoppen. Der im Gesetz schon vorgesehenen und von Behörden wie Gerichten sanktionierten Förderung der Atomenergie stand zu keinem Zeitpunkt die Chance gegenüber, den Gesundheitsschutz erfolgreich einzuklagen.[41] Nur der allgemeine politische Protest hat etwas bewirken können: Seit Ende der achtziger Jahre gibt es – vorläufig jedenfalls – den weltweiten Trend zum Ausstieg aus der Atomenergie.

Umweltgesetze im eigentlichen Sinne sind solche, die den Schutz der natürlichen Umwelt zumindest mitbezwecken. Diese gegenüber bloßem Gesundheitsschutz erweiterte Zweckrichtung fand seit Anfang der siebziger Jahre immer mehr Eingang in die Umweltschutzgesetzgebung. Viele Kommentatoren haben darin bereits eine Auflockerung der streng anthropozentrischen Sicht erblickt. Eckard Rehbinder (1976) sprach von einer «Aufgabenerweiterung» und «Akzentverschiebung» der Rechtspolitik als Folge einer stärkeren Betonung ökologischer Zusammenhänge. Rüdiger Breuer (1985) stellte dem klassischen «anthropozentrischen Interessenschutz», wie er sich im Gesundheitsschutzrecht ausdrücke, die «moderne Ausprägung des Umweltschutzes» gegenüber, die sich als «ressourcen-ökonomischer und ökologischer Interessenschutz» präsentiere. Heinfried Steiger (1982) sah in den modernen Umweltgesetzen gar das Hinzutreten einer «ökozentrischen Komponente». Und Peter-Christoph Storm (1988) wollte eine allgemeine «Tendenz einer ökologischen Fortentwicklung des Umweltrechts» erkennen, die sich beispielhaft klar im Chemikaliengesetz von 1980 zeige.

Alle solche Äußerungen basieren auf einer festen anthropozentrischen Grundlage, von der aus betrachtet schon die bloße Erwähnung des Wortes «Umwelt» wie eine Lockerung vom anthropozentrischen Prinzip anmutet. Dem flüchtigen Leser mag es bemerkenswert erscheinen, wenn etwa das Chemikaliengesetz in § 1 seinen Zweck dahin beschreibt, «den Menschen und die Umwelt vor schädlichen Einwirkungen gefährlicher Stoffe zu schützen». Jede genauere juristische Analyse muß aber zu dem Ergebnis kommen, daß nicht ein einziges der vielen sogenannten Umweltgesetze etwas anderes verfolgt als anthropozentrischen Interessenschutz.

Gerade im Fall des *Chemikaliengesetzes* wie auch beim *Bundes-Immissionsschutzgesetz* von 1974 läßt sich die ausschließlich auf menschlichen Egoismus bezogene Wertung leicht belegen. Die Begriffsdefinitionen sind eindeutig: Nach § 3, Absatz 1 BImSchG sind schädliche Umwelteinwirkungen Immissionen, die nach Art, Ausmaß und Dauer geeignet sind, Gefahren, erhebliche Nachteile oder erhebliche Belästigungen *für die Allgemeinheit oder die Nachbarschaft* herbeizuführen; § 3, Ziffer 3 ChemG in der bis 1990 gültigen Fassung listet einen Katalog von Merkmalen auf, die einen Stoff zu einem gefährlichen machen. Die aufgeführten dreizehn Merkmale – z. B. giftig, reizend, krebserzeugend, erbgutverändernd – sind sämtlich auf Gesundheitsrisiken für den Menschen bezogen. Andere, nicht in diese Kategorien fallende Eigenschaften von Stoffen gelten dann als gefährlich, wenn sie geeignet sind, «die natürliche Beschaffenheit von Wasser, Boden oder Luft, von Pflanzen, Tieren oder Mikroorganismen sowie des Naturhaushaltes derart zu verändern, daß dadurch *erhebliche* Gefahren oder *erhebliche* Nachteile *für die Allgemeinheit* herbeigeführt werden». Auf die erheblichen Gefahren für die Allgemeinheit kommt es also an! 1990 wurde das Chemikaliengesetz geändert. Drei weitere Gefährlichkeitsmerkmale kamen hinzu, und bei der Definition der Umweltgefährlichkeit wird jetzt nicht mehr auf die Erheblichkeit von Gefahren oder Nachteilen für die Allgemeinheit abgestellt (§ 3a, Absatz 2 ChemG von 1990). In der Sache hat sich dadurch aber nicht viel verändert. Es fehlt an Kriterien, nach denen Umweltschutz in ähnlich konkreter Weise betrieben werden könnte wie Gesundheitsschutz. Rechtsordnung und Gerichte reagieren nur auf letzteres: Es müssen schon deutliche Hinweise dafür vorliegen, daß Menschen durch DDT, Asbest oder Formaldehyd Krebs bekommen, bevor solche Stoffe als gefährlich gelten und eventuell aus dem Verkehr gezogen werden. Welches Unheil Chemikalien, Pestizide, Insektizide, Herbizide usw. in der Natur anrichten, spielt für das Chemikalienrecht kaum eine Rolle, solange nicht Menschen *unmittelbaren* Schaden erleiden.

Eine Untersuchung für das Umweltbundesamt, die ich 1989 in Zusammenarbeit mit dem Katalyse-Institut für angewandte Umweltforschung in Köln durchführte, hat ergeben, daß von den rund 15 Gesetzen, die die Herstellung von und den Umgang mit chemischen Produkten (wie Lebensmittel, Arzneimittel, Düngemittel, Futtermittel, Waschmittel, Treibstoffe, wasser-, luftbelastende Stoffe) regeln, nicht ein einziges mehr verfolgt als den unmittelbaren Schutz der menschlichen Gesundheit – trotz der häufigen Verwendung von Begriffen wie Umwelt, Naturhaushalt und Vorsorge. Die gesetzlich geforderten Prüfungen und Angaben beziehen sich zu einem Teil zwar auch auf umwelterhebliche Eigenschaften wie Bioakkumulation, biologische Abbaubarkeit und ähnliches, doch Tests bleiben folgenlos, solange nicht akute Gesundheitsgefahren drohen. Dementsprechend sind auch die vom Produkthersteller geforderten Stoffprüfungen äußerst lückenhaft. Ökotoxikologische und chronische Effekte – Kernstück der chemischen Zeitbombe! – bleiben wegen der Kurzzeitigkeit der Tests, die noch dazu in geschlossenen Labors durchgeführt werden, fast vollständig unerkannt.[42]

Von den über 100 000 verschiedenen Stoffen, die sich derzeit auf dem Markt befinden, sind 99 % überhaupt noch nicht auf ihre umweltgefährdenden Auswirkungen untersucht worden. Und bei den wenigen Stoffen, für die das Chemikaliengesetz solche Untersuchungen fordert (sogenannte neue Stoffe), wurde bisher nur dann eine Gefährlichkeit angenommen, wenn sie für Menschen «erheblich» war. Die gleiche Einschränkung besteht nach dem Bundes-Immissionsschutzgesetz für alle Stoffe, die in die Luft und Atmosphäre gelangen. Nicht übertrieben ist daher die Feststellung, daß die schleichende Vergiftung unseres Lebensraumes juristisch völlig ohne Belang ist. Eingeschritten wird nur, wenn es uns *direkt* an den Kragen geht. Der riesige tägliche Ausstoß an Schadstoffen wird erst dann um ein paar besonders gefährliche Rationen gemindert, wenn sich das Drama unmittelbar vor unseren Augen abspielt: Der Wald mußte erst auf dem Sterbebett liegen, bevor Auspuff- und Industrieanlagen mit Filtern versehen wurden; das Ozonloch mußte erst eine gewisse Größe erreichen, bevor die Produktion von Fluor-Chlor-Kohlenwasserstoff (FCKW) gesetzlich eingeschränkt wurde.

Die *Gesetze zum Schutz der Gewässer* gehen von einem Leitbild aus, das in Flüssen, Seen und Meeren Ressourcen sieht, die im Prinzip frei genutzt werden können. Ihre Funktion wird allein in den vielen Formen ökonomischer Nutzbarkeit gesehen. Dementsprechend werden die Begriffe Gewässerschutz und Wasserbewirtschaftung einheitlich verstanden als «Bewirtschaftung des in der Natur vorhandenen Wassers nach Menge und Güte», wie das Bundesverfassungsgericht einmal (BVerfGE 15,1 [15]) feststellte. Anknüpfungspunkt der einschlägigen Gesetze sind ökonomisch bedingte Aktivitäten: Einleitung von Abwässern und Abfällen, Entnahme von Wasser einschließlich Grundwasser, Begradigung von Flußläufen, Kanalisierungen, Verbrennung und Versenkung von Abfällen im Meer und andere Schadstoffeinleitungen vom Lande aus. Auf all diese Aktivitäten besteht ein prinzipieller Anspruch; sie sind entweder ganz erlaubnisfrei oder behördlichen Genehmigungsverfahren unterworfen. Genehmigungen werden erteilt, wenn bestimmte Höchstmengen und Höchstkonzentrationen an Schadstoffen nicht überschritten werden. In der Praxis wirkt sich diese Form der «Bewirtschaftung» als legalisierte Verseuchung der Gewässer aus.

Eine ihrer Erscheinungsformen ist der biologische Tod der Nordsee. Die vom Deutschen Hydrographischen Institut erteilten Genehmigungen zur Verklappung bzw. Verbrennung von jährlich vielen hunderttausend Tonnen giftiger Industrieabfälle beruhten auf Artikel 2 des Hohe-See-Einbringungsgesetzes, wonach die Erlaubnis erteilt werden darf, «wenn ... durch das Einbringen oder Einleiten keine nachteilige Veränderung der Beschaffenheit des Meerwassers zu besorgen ist, die die Tier- und Pflanzenwelt des Meeres schädigt».

Dieser Artikel 2 ist an sich bemerkenswert, weil er die einzige Vorschrift im deutschen Umweltrecht ist, die apodiktisch vor Schädigungen der Tier- und Pflanzenwelt in ihrem Lebensraum schützen will. Dennoch stellt sie eine Leerformel dar, weil die Parameter, die zur Feststellung einer «nachteiligen Veränderung» führen sollen, ganz den menschlichen Nutzungsinteressen entnommen sind. Rechtliche Kriterien wie «wirtschaftliche Vertretbarkeit» oder «Verhältnismäßigkeit» sorgen dafür, keine allzu einschneidenden Begrenzungen der generellen Verschmutzungsfreiheit zu verlangen. Die *direkte* Meeresverschmutzung macht im übrigen nur einen kleineren Teil aus, der größere Teil gelangt von Land aus und über die Flüsse ins Meer. Was legal in die Flüsse eingeleitet und abgelassen werden darf, bestimmt sich nach besonderen Kriterien. Nach § 7a, Absatz 1 des Wasserhaushaltsgesetzes von 1976 kommt es auf die «allgemein anerkannten Regeln der Technik» an. Wenn es technisch nicht anders geht, darf also verschmutzt werden. Durch eine Novellierung im Jahr 1986 ist zwar die Möglichkeit geschaffen worden, über Verwaltungsvorschriften weitere Anforderungen – z. B. für bestimmte gefährliche Stoffe – zu stellen. Zu streng dürfen sie jedoch nicht sein, weil ein genereller Rechtsgrundsatz besagt, daß untergesetzliche Normen nicht strenger ausfallen dürfen als nach dem Gesetz vorhersehbar. Das Wasserhaushaltsgesetz kann also nur eine ordnungsgemäße Bewirtschaftung gewährleisten und keineswegs die Reinheit und Regenerationsfähigkeit der Gewässer. Der Grundsatz in § 1a ist eindeutig: «Die Gewässer sind als Bestandteil des Naturhaushalts so zu bewirtschaften, daß sie dem *Wohl der Allgemeinheit* und im Einklang mit ihm auch dem *Nutzen* einzelner dienen und daß jede *vermeidbare* Beeinträchtigung unterbleibt.» Den Nutzen sollen die Menschen haben, und die Beeinträchtigungen sind im Industriesystem eben wesentlich weniger vermeidbar als zu früheren Zeiten. Statt vor industrieller Gewässerverseuchung zu schützen, segnen die Gesetze zum Gewässer«schutz» den Status quo ab. Die gesamte Regelungsstruktur mit ihrer linearen und punktuellen Vorgehensweise macht es daher unmöglich, Gewässerschutz als Ökosystemschutz zu betreiben.

Ähnlich «trübe» sieht es im *Abfallrecht* aus. Das Abfallgesetz von 1986 hat gegenüber seinem Vorgänger, dem Abfallbeseitigungsgesetz von 1972, den wichtigen Gedanken eingeführt, daß der beste Abfall der ist, der gar nicht erst entsteht. § 1a enthält das Gebot, Abfall möglichst zu vermeiden oder einer Wiederverwertung zuzuführen. Allerdings unternimmt das Gesetz nichts, daß es dazu auch wirklich kommt. Dies wird der allgemeinen technischen und wirtschaftlichen Entwicklung überlassen. Die Regelungen des früheren Gesetzes behält es im großen und ganzen bei. Nur spricht es jetzt nicht mehr von Beseitigung, sondern zeitgemäßer von «Entsorgung», um die Abfallverwertung besser einschließen zu können. In der Sache geht es nach wie vor darum, Abfall so loszuwerden, daß er uns nicht unmittelbar stört. Die Betonung liegt auf «uns», denn den Schutz der betroffenen natürlichen Mitwelt hat das Abfallgesetz nur nebenbei im Auge. Die Grundpflicht der Abfallentsorger beschreibt § 2, Absatz 1 folgendermaßen:

> Abfälle ... sind so zu entsorgen, daß das Wohl der Allgemeinheit nicht beeinträchtigt wird, insbesondere nicht dadurch, daß
> 1. die Gesundheit des Menschen gefährdet und sein Wohlbefinden beeinträchtigt,
> 2. Nutztiere, Vögel, Wild und Fische gefährdet,
> 3. Gewässer, Boden und Nutzpflanzen schädlich beeinflußt,
> 4. schädliche Umwelteinwirkungen durch Luftverunreinigungen oder Lärm herbeigeführt,
> 5. die Belange des Naturschutzes und der Landschaftspflege sowie des Stadtbaus nicht gewahrt oder
> 6. sonst die öffentliche Sicherheit und Ordnung gefährdet oder gestört werden.

Die unter 2 erwähnten Tiere und unter 3 erwähnten Gewässer, Boden und Nutzpflanzen werden nicht absolut geschützt, sondern nur nach Maßgabe dessen, was das «Wohl der Allgemeinheit» fordert. Nach ausdrücklicher Vorstellung des Gesetzgebers soll die Vorschrift kein generelles Gefährdungsverbot für die Pflanzen- und Tierwelt enthalten.[43]

Nur im Fall einer Gesundheitsgefährdung des Menschen (Punkt 1) wird unterstellt, daß damit zugleich das «Wohl der Allgemeinheit» beeinträchtigt ist. In dieser Logik liegt es auch, daß in § 2 nicht etwa allgemein von Tieren und Pflanzen gesprochen wird, sondern nur von einer bestimmten Auswahl, nämlich dem direkt nutzbaren, d. h. als Nahrungsgrundlage in Betracht kommenden Teil. Die Maßstäbe der Abfallentsorgung sind also strikt an die Gefahreneinschätzung für die Gesundheit des Menschen gebunden.

Die Natur wird vergiftet, ob schleichend oder durch Chemie- und Atomunfälle – das Recht segnet dies alles ab. Wenn es zu dieser Sorglosigkeit noch eine Steigerung gibt, dann die, daß seit neuestem auch der technischen Reproduktion der Natur[44] die juristische Absolution erteilt wird. Überall da, wo die großen Chemie- und Pharmakonzerne ihren Sitz haben – in den USA, in Japan, England, Deutschland und den Niederlanden –, werden zur Zeit *Gentechnikgesetze* verabschiedet. Die Industrie hatte zunächst keine Eile mit ihnen. Dies war schon bei der Entwicklung der Atomenergie und der Großchemie nicht anders. Erst als sie in der Öffentlichkeit ins Gerede kam und einzelne Gerichte nach Rechtsgrundlagen fragten, hatte die Industrie ein Interesse an Atomgesetzen und Chemikaliengesetzen. Die wurden dann auch mit aktivem Einsatz der Industrielobby sehr schnell verabschiedet; sie tragen deutlich ihre Handschrift. Die Entstehungsgeschichte des deutschen Gentechnikgesetzes ist ein weiteres Musterbeispiel dafür, wer im Staat das Sagen hat.

Das neue gentechnische Zeitalter wurde schon in den vierziger und fünfziger Jahren eingeläutet, als es gelang, den genetischen Code zu entschlüsseln. Die industriell gefährdete Grundlagenforschung versuchte, gezielt in die Träger von Erbinformationen einzugreifen, um bestimmte Stoffwechselfunktionen oder Körpermerkmale von Lebewesen zu verändern. Als dies erstmals Anfang der siebziger Jahre bei Bakterien gelang, begann das Rennen um kommerzielle Nutzung. Die Pharmakonzerne entwickelten Insuline, Impfstoffe, Wachstumshormone usw., die als großer Durchbruch gegen die modernen Seuchen wie Krebs und gegen die Nahrungsmittelknappheit hingestellt wurden. Der technische Fortschritt fand indessen lange Zeit in abgeschlossenen Laboren statt. Erst als Freilandversuche nötig wurden, erhob sich Protest. Plötzlich wurde auch der breiten Öffentlichkeit klar, welches Kuckucksei da ausgebrütet wurde. Der grundsätzliche Unterschied zwischen den bisherigen technischen Schöpfungen und der Genmanipulation besteht darin, daß sich nicht mehr rückgängig machen läßt, was Gentechniker einmal geschaffen haben. Plutonium und Dioxin sind eine schwere Hypothek des technischen Fortschritts, doch diese Substanzen sind noch meßbar, lokalisierbar, und sie vermehren sich nicht selbständig. Für Mikroorganismen gilt dies nicht, sie breiten sich aus, wie es die Naturgesetze vorschreiben. Sobald sie die hermetisch abgeschlossenen Räume des Labors verlassen haben, sind sie unserer Kontrolle entzogen.

Nachdem die ersten Freilandversuche in den USA noch mit gerichtlicher Hilfe gestoppt werden konnten, wichen die Betreiber zunächst in die Dritte Welt aus, z. B. auf Versuchsfarmen in Südamerika. In Deutschland waren es ein paar Petunien in Köln, die im Freiversuch manipuliert werden sollten und deshalb die Öffentlichkeit aufrüttelten. Den Versuch zu verbieten war rechtlich jedoch nicht möglich, schließlich verbürgt das Grundgesetz das Recht auf grundsätzlich freie Nutzung der Natur. Erst als im Herbst 1989 der Hessische Verwaltungsgerichtshof auf die Idee kam, eine gentechnische Insulinanlage der Firma Hoechst ohne gesetzliche Grundlage nicht zu genehmigen, entstand «Handlungsbedarf». Ein Genehmigungsgesetz mußte her. Und plötzlich ging alles ganz schnell. Ohne viel Aufhebens wurde am 29. März 1990 das erwünschte Gentechnikgesetz erlassen. Nach dem Vorbild des Atomgesetzes enthält es beides, die Gefahrenabwehr und die Förderung der Gentechnik. Damit ist juristisch abgesichert, daß die Gentechnologie im Prinzip gesundheits- und umweltverträglich ist. Nur den Auswüchsen soll begegnet werden. Nach § 15 des Gentechnikgesetzes dürfen gentechnisch veränderte Organismen in die Umwelt freigesetzt werden, wenn «im Verhältnis zum Zweck der Freisetzung unvertretbare schädliche Einwirkungen» auf Leben, Gesundheit oder Umwelt nicht zu erwarten sind. Was aber ist eine vertretbare Schädigung? Welcher Zweck legitimiert sie? Nach welchen Kriterien wird abgewogen? Das Gesetz regelt dies nach dem bekannten Mechanismus: Die Kontrollbehörden tragen die Beweislast dafür, daß die Schädigung unvertretbar ist. Da aber Schädigungen, wenn sie erst mal auftreten, irreparabel sind und überdies noch mit den ökonomischen Vorteilen gerechtfertigt werden können, bleibt die Natur immer der Verlierer. Sie hat nicht die geringste Chance, sich gegen ihre Neuschöpfung durch den Menschen zur Wehr zu setzen.

In der kurzen Debatte, die es im Bundestag zu diesem Gentechnik-Absegnungsgesetz gab, stellten einige Frauen der SPD und der Grünen besorgte Fragen: Wie können wir mit Risiken umgehen, die wir ga nicht kennen? Darf eine Mehrheitsentscheidung darüber befinden nach welchen Gesetzen sich Leben entwickelt? Vergehen wir uns nich an etwas, das über allen Prinzipien der Demokratie steht? Offene Fra gen. Die Debatte wurde vom CDU-Abgeordneten Hoffacker dami beendet, daß nun endlich ein «Schlußstrich» unter die Gentechnikdis kussion gezogen sei, und das sei auch «höchste Zeit» gewesen. Länge wollte die Industrie offenbar nicht mehr warten.

Ausgerechnet der Bereich, der dem Schutz von Natur, Landschaf Tieren und Pflanzen gewidmet ist, das *Naturschutzrecht*, trägt die Züg der Anthropozentrik in besonders markanter Weise. Das Bundesnatur schutzgesetz von 1976 ist deswegen auch seit langem umstritten. Un wegen des seit Jahren geführten heftigen Streits um die Prinzipien un Ziele des Naturschutzes ist es trotz mehrerer Anläufe auch noch nich zu einer umfassenden Neuregelung gekommen. Im Mittelpunkt steh § 1, Absatz 1 des Bundesnaturschutzgesetzes, der die «Ziele des Natur schutzes und der Landschaftspflege» so beschreibt:

> Natur und Landschaft sind im besiedelten und unbesiedelten Be reich so zu schützen, zu pflegen und zu entwickeln, daß
> 1. die Leistungsfähigkeit des Naturhaushalts,
> 2. die Nutzungsfähigkeit der Naturgüter,
> 3. die Pflanzen- und Tierwelt sowie
> 4. die Vielfalt, Eigenart und Schönheit von Natur und Landschaft al Lebensgrundlagen und als Voraussetzung für Erholung in Natu und Landschaft nachhaltig gesichert sind.

Das Leitbild einer dienenden und nutzbringenden Natur schimmert i jeder dieser Formulierungen durch. Die einseitig instrumentelle Wert setzung bestimmt deshalb auch die Anwendung der gesetzlichen Rege lungen. Schon der zweite Absatz des § 1 zeigt, auf welch niedrigem Ni veau die Zielkonflikte ausgetragen werden sollen. Nach dieser Vor schrift sind nämlich die ohnehin schon auf Nutzung reduzierten Interessen am Naturschutz noch «gegen die sonstigen Anforderungen der Allgemeinheit an Natur und Landschaft abzuwägen». Die Verwer tungslogik wird damit komplett: Es stehen sich nur noch die kurzfristi gen und die längerfristigen Ausbeutungsinteressen gegenüber. Wie im mer sich die Rechtsanwender in einem konkreten Fall entscheiden, si können gar nicht auf die Idee kommen, daß es noch irgend etwas ande res auf der Welt gibt als den Menschen. Dessen «Rücksicht» gegenüber dem systemischen Ganzen besteht ausschließlich darin, nicht sofort alles auf einmal aufzubrauchen, sondern auch für morgen noch ein wenig übrigzulassen. Von einer «Vorsorge», die ein wesentliches Anliegen des Umweltschutzkonzepts ist, kann unter diesen Umständen natürlich keine Rede sein. Sie ist nur die Vorsorge eines hungrigen Menschen, der sich zwingt, seine Vorratskammer nicht sofort, sondern in Etappen zu plündern. Wie aber soll sich die Vorratskammer denn jemals wieder auffüllen?

Das Naturschutzgesetz sieht Eingriffe in den Naturhaushalt von vornherein als gerechtfertigt an und unterstellt nur die Modalität der Eingriffe staatlicher Kontrolle. Im Fall der landwirtschaftlichen Nutzung geht es sogar noch einen Schritt weiter. Nach § 1, Absatz 3 dient die «ordnungsgemäße Land- und Forstwirtschaft» sogar den Zielen des Gesetzes. Und § 7, Absatz 8 stellt schlicht fest, daß die ordnungsgemäße land-, forst- und fischereiwirtschaftliche Bodennutzung nicht als Eingriff in Natur und Landschaft anzusehen ist. Wer also Intensivnutzung nach den Diktaten der Agrarchemie betreibt, gilt als honoriger Naturschützer!

Von Eingriffen spricht das Gesetz überhaupt nur, wenn die «Leistungsfähigkeit» des Naturhaushaltes «erheblich oder nachhaltig» beeinträchtigt ist (§ 8, Absatz 1). Und selbst dann sind Eingriffe noch gerechtfertigt, wenn sie «nicht zu vermeiden» sind (§ 8, Absatz 3). Ob sie zu vermeiden sind, hängt vom jeweiligen Stand von Wissenschaft und Technik ab sowie schließlich auch noch davon, ob ein Verzicht auf den Eingriff finanziell vertretbar wäre. Spätestens hier beißt sich die Katze in den Schwanz: Ob und inwieweit wir mit der Natur behutsam umgehen, richtet sich ganz nach der Opportunität. Dies ist die eigentliche Botschaft des Bundesnaturschutzgesetzes. Mit anderen Worten: Es hat keine Botschaft, oder höchstens die, daß es gut für unsere Selbstberuhigung ist, wenn wir ein Gesetz haben, das sich Naturschutzgesetz nennt, aber niemanden daran hindert, mit der Natur zu verfahren, wie es gerade beliebt.[45]

Ein anderes Gesetz, das zum Naturschutz gerechnet wird, ist das *Bundeswaldgesetz* von 1975. Seinen Zweck läßt es ehrlicherweise aber schon in seinem vollen Titel anklingen: Gesetz zur Erhaltung des Waldes und zur Förderung der Forstwirtschaft. In wünschenswerter Deutlichkeit stellt § 1 fest, daß der Wald wegen seines wirtschaftlichen Nutzens (Nutzfunktion) und wegen seiner Bedeutung für die Umwelt und

Erholung (Schutz- und Erholungsfunktion) ordnungsgemäß zu bewirtschaften ist. Er soll für die verschiedenen Nutzungen verfügbar gehalten werden. Sonstigen Wert besitzt er scheinbar nicht.

Was dem Menschen nicht dient, hat für ihn keinen Wert. Tiere, Pflanzen und Landschaften sind recht- und schutzlos. Deswegen wird im Naturschutzrecht nicht die «Natur» geschützt, sondern deren Leistungs- und Nutzungsfähigkeit, also nicht um ihrer selbst willen, sondern «als Lebensgrundlage des Menschen und als Voraussetzung für seine Erholung». Im *Pflanzenschutzrecht* werden nicht etwa, wie der Name vermuten läßt, die Pflanzen geschützt, sondern deren Ertragfähigkeit für den Menschen. Das Pflanzenschutzgesetz von 1986 schützt Pflanzen vor «Schadorganismen und nichtparasitären Beeinträchtigungen» sowie unerwünschten Folgen von Pflanzenschutzmitteln, damit die Gesundheit des Menschen nicht gefährdet wird. Der rechtliche Schutz von Pflanzen ist also die direkte Folge ihrer von uns selbst betriebenen Vergiftung. Im *Tierschutzrecht* wird keineswegs das Tier geschützt, sondern unser Nutzungsinteresse an ihm. Das Tierschutzrecht gliedert Tiere in ihre Funktionen auf, die sie für uns haben. Sie dienen uns als Transportmittel, als Kleidungs- und Nahrungslieferanten, als Versuchsobjekte und als Hausgenossen. Ausschließlich in diesen Funktionen sind Tiere von den Tierschutzgesetzen berücksichtigt.

In § 1 des Tierschutzgesetzes von 1986 ist pathetisch von der Verantwortung des Menschen für das Tier als Mitgeschöpf die Rede. Deswegen dürfe «niemand einem Tier ohne vernünftigen Grund Schmerzen, Leiden oder Schäden zufügen». Alles was im Gesetz danach folgt, regelt aber ausschließlich die Modalitäten der Tierhaltung, des Tötens und der Tierversuche. Nirgendwo ist auch nur ansatzweise von einer eigenen Würde des Tieres die Rede. Nach Geist und Buchstaben setzt das Gesetz die volle Verfügbarkeit des Tieres durch den Menschen voraus.

Bezeichnenderweise war es Descartes, der die Wesensverschiedenheit von Mensch und Tier betonte und das Tier metaphysisch den Sachen zuordnete. Diese über Spinoza und Kant dann auch juristisch vollzogene Sachzuordnung dauert bis heute nahezu unverändert an.

Bei der Skrupellosigkeit, mit der Tiere im Recht und in der industriellen Verwertungspraxis jeglicher Würde beraubt wurden, verwundert es nicht, daß sich die Ökologiebewegung besonders im Tierschutz um grundlegende ethische Veränderungen bemühte. Die Animal-Rights-Bewegung der siebziger Jahre hat weltweit Tierschützer nicht nur auf die Straße, sondern ebenso in die Tierfabriken und Versuchslabore getrieben, um Befreiungsaktionen durchzuführen. Dies hat auch Bewegung in die Diskussion um eine juristische «Aufwertung» des Tieres gebracht. So konstatiert der Kommentator zum Tierschutzgesetz, daß das Tier zwar «nicht irgendwie zur Rechtspersönlichkeit erhoben» sei, aber doch «auf der Schwelle zwischen dem auf den Menschen bezogenen Schutz der Gefühlswerte und einem verabsolutierten Schutz der Kreatur als solcher»[46] steht. Der Trend zu einem «ethischen Tierschutz» hat jedoch nicht etwa zu einer Durchbrechung des anthropozentrischen Tierschutzes geführt, sondern in gewisser Weise sogar zu dessen Verstärkung, weil er den Grundwiderspruch zwischen dem Menschen als alleiniges Rechtssubjekt und dem Tier als reines Objekt bemäntelt. Die Massenproduktion von Tieren unter wahrhaft unwürdigen Bedingungen für Tier *und* Mensch spricht eine deutliche Sprache. Im Sinne einer allgemeinen Verantwortungsethik gehört nämlich das Mitgefühl für Tiere seit jeher zur anthropozentrisch christlich-abendländischen Ethik. Neuland wäre erst betreten, wenn dem Tier ein rechtlich faßbarer «Eigenwert» zugemessen wird. Es macht auch praktisch einen fundamentalen Unterschied, ob Tierversuche, Massentierhaltung und -produktion als vorgesetzliche Prämisse gedacht werden, oder ob ihre grundsätzliche Berechtigung erst im Rahmen eines speziellen Gesetzes nachgewiesen werden muß. Im ersten Fall kann allenfalls noch über Modalitäten verhandelt werden, im zweiten Fall hätte eine echte Interessenabwägung stattzufinden. Die Betreiber von Eier- und Geflügelfabriken, von Fleischproduktionsanlagen und Massentierschlachtung hätten einen wesentlich schwereren Stand, wenn der Eigenwert der Tiere juristisch verankert wäre.

Im Naturschutzrecht wie insgesamt in den Umweltgesetzen kommt überdeutlich zum Ausdruck, wie rigoros sich der Mensch von seinem Naturzusammenhang abgekoppelt hat. Die *Selbstausgrenzung* funktioniert perfekt. Worin dieser Mechanismus *im Detail* besteht, läßt sich am besten für den Bereich des Immissions- und Gefahrstoffrechts zeigen. Dieser Bereich regelt den Grad der Umweltbelastung, der beim Betrieb von Industrieanlagen und bei der Herstellung von Produkten als rechtlich zulässig gilt. Er ist damit derjenige Bereich, in dem in besonderem Maße wirtschaftliche und umweltschützende Interessen gegeneinander stehen. Die selbstgestellte Aufgabe des Staates besteht darin, wirtschaftliche Tätigkeiten nicht zu behindern, aber gleichzeitig dafür zu sorgen, daß von ihnen keine Gefahren für Mensch und Umwelt ausgehen. Für diese Aufgabe braucht er eine Reihe von Entscheidungsgrundlagen. Bei der Feststellung, wie hoch Immissionen oder Schadstoffbelastungen sein dürfen, kommt es also zu einem Zusammenspiel ökonomischer, politischer und wissenschaftlicher Kräfte. Am Ende ist zu entscheiden, welche Grenzwerte einzuhalten sind und welche weitergehenden Vorsorgemaßnahmen gegebenenfalls unbedingt getroffen werden müssen.

Nach welchen Kriterien richtet sich diese Entscheidung? Ausgangspunkt ist das Gesetz. Das schon erwähnte Bundes-Immissionsschutzgesetz untersagt Immissionen, die ein bestimmtes Niveau überschreiten. Es hat nach § 1 den Zweck, «Menschen sowie Tiere, Pflanzen und andere Sachen vor schädlichen Umwelteinwirkungen zu schützen». Bei jeder industriellen Neuansiedlung ist eine Genehmigung einzuholen. Unter welchen Bedingungen sie erteilt wird, regelt § 5. Danach sind «genehmigungsbedürftige Anlagen ... so zu errichten und zu betreiben, daß

1. schädliche Umwelteinwirkungen und sonstige Gefahren, erhebliche Nachteile und erhebliche Belästigungen für die Allgemeinheit und die Nachbarschaft nicht hervorgerufen werden können;
2. Vorsorge gegen schädliche Umwelteinwirkungen getroffen wird, insbesondere durch die dem Stand der Technik entsprechenden Maßnahmen zur Emissionsbegrenzung».

Was unter schädlichen Umwelteinwirkungen zu verstehen ist, beschreibt § 3, Absatz 1 etwas näher: «Immissionen, die nach Art, Ausmaß oder Dauer geeignet sind, Gefahren, erhebliche Nachteile oder erhebliche Belästigungen für die Allgemeinheit oder die Nachbarschaft herbeizuführen.» Mit dieser Definition ist zwar immer noch keine völlige Klarheit zu gewinnen, aber doch die wichtige Erkenntnis, daß es für die Schädlichkeit der Umwelteinwirkungen allein auf die Erheblichkeit für den Menschen ankommt. Wie immer die (vorhersehbaren) Immissionen sich auf Tiere und Pflanzen auswirken, spielt für die Erteilung der Bau- und Betriebsgenehmigungen also keine Rolle, solange nicht zumindest erhebliche Nachteile oder Belästigungen für die Allgemeinheit oder Nachbarschaft entstehen. Weitere Kriterien zur Konkretisierung nennt das Gesetz nicht.

Bewußt verzichten Umweltgesetze auf genauere Festlegungen. Sie setzen keine festen Maßstäbe, um der Verwaltung und damit den politischen Machtverhältnissen «ausreichende Flexibilität» einzuräumen. Dies hat den theoretischen Vorteil, daß die Standards schneller den jeweils möglichen wissenschaftlichen Erkenntnissen und politischen Bedürfnissen angepaßt werden können. Der dadurch eingehandelte Nachteil ist allerdings gravierender. Weil die Gesetze oft nur die – anthropozentrische – Richtung angeben, findet der wesentliche Teil des Entscheidungsprozesses im verborgenen statt. Unter Ausschluß der Öffentlichkeit werden die Immissionsgrenzwerte von anonymen Sachverständigengremien und Expertengruppen festgelegt.

Das Verfahren zur Grenzwertsetzung folgt idealtypisch diesen drei Stufen:

1. Das Recht verbietet Belastungen, die die Gesundheit oder Umwelt schädigen.
2. Die Naturwissenschaft gibt an, von welcher Dosis an Krankheitssymptome oder Umweltschäden auftreten.
3. Die Dosis wird zum Grenzwert gemacht.

Die Realität der Grenzwertsetzung ist vollkommen anders. Vermutungen, Annahmen, sozio-ökonomische Aussagen und Wertungen durchziehen den naturwissenschaftlichen Erkenntnisprozeß. Dies wird von den beteiligten Medizinern, Biochemikern, Toxikologen oder Ingenieurwissenschaftlern in der Regel auch gar nicht bestritten. Wissenschaftliche Aussagen werden häufig mit Relativierungen, Unschärfen und Hinweisen auf die Unzuverlässigkeit der Berechnung von Dosis-Wirkung-Beziehungen versehen. Die rechtlich-administrativen Vorgaben zwingen die Wissenschaftler aber dazu, die Unsicherheiten der von ihnen bearbeiteten Fragestellungen zu übergehen. Herauskommen müssen mathematisch formulierte Grenzwerte, weil nur so gemessen werden kann, welche Schadstoffkonzentrationen einer emittierenden Anlage noch zulässig sind. Ein Ausweg aus diesem Dilemma wäre, das ganze Verfahren transparenter zu gestalten und etwa die Sachverständigengremien pluralistisch zu besetzen. Die in Staat und Industrie herrschende Wissenschaftsgläubigkeit hat das indessen – trotz langjähriger Kritik und gelegentlich positiven Beispielen im Ausland – bis jetzt erfolgreich verhindert. Die Gremien setzen sich durchweg aus Wissenschaftlern zusammen, die bei den Betreibern und Behörden angestellt sind oder als Hochschullehrer stark an Forschungsaufträgen und Drittmittelförderung interessiert sind, was sie sogar noch abhängiger machen kann als die Betreibervertreter selber.[47] So verwundert es nicht, daß der in der Naturwissenschaft sich vollziehende Paradigmawechsel zu ökosystemischen Modellen und Methoden auf die Sachverständigengremien nicht durchgeschlagen hat. Dort wird noch ganz nach dem Newtonschen Weltbild in linearen und kausalen Wirkungsbeziehungen gedacht.[48]

Der Staat gibt die anthropozentrische Wertsetzung per Gesetz vor und verfeinert sie durch eine Vielzahl von Verordnungen, Verwaltungsvorschriften und technische Regelwerke, die das mechanistische Konzept zur Grenzwertfestsetzung genauer bestimmen. Im Fall des Bundes-Immissionsschutzgesetzes spielt die Technische Anleitung Luft (TA Luft) eine wichtige Rolle. Sie ist selbst ein Produkt des Zusammenwirkens von Behördenvertretern und Sachverständigengremien. Die Gerichte attestieren ihr die Qualität eines sogenannten «antizipierten Sachverständigengutachtens» und legen sie ihren Entscheidungen regelmäßig zugrunde. Die in der TA Luft festgelegten Immissionswerte folgen der mechanistischen Konstruktion von simplen Ursache(Dosis)-Wirkung-Beziehungen. Sie sind räumliche und zeitliche Mittelwerte, die für bestimmte standardisierte Beurteilungsflächen (ein Quadratkilometer) gelten und nur bestimmte standardisierte Langzeit- und Kurzzeitwerte berücksichtigen. Die Schädlichkeitscharakteristik von Stoffen kann auf solche Weise natürlich nicht abgebildet werden; die Wirklichkeit ist wesentlich komplizierter. So werden z. B. besonders gefährliche Immissionslagen wie kurzzeitige Spitzenkonzentration oder Inversionswetterlagen nicht erfaßt. Und auf unterschiedliche Verträglichkeiten bei Menschen (Alter, Disposition u. a.) wird keine Rücksicht genommen. Das Bild, das die TA Luft vor Augen hat, ist vollkommen realitätsfremd: der «Jahresmittelmensch im Planquadrat»[49].

Die Immissionswerte sind auf den Menschen bezogen. Rudolf Elsner meint dazu: «Eine Ausrichtung dieser Werte an den jeweils empfindlichsten Pflanzen oder Tieren war unmöglich. Fast überall in der Bundesrepublik Deutschland sind nämlich bereits Belastungen durch Luftschadstoffe vorhanden, die die Schädlichkeitsgrenzen für bestimmte, besonders empfindliche Pflanzen und Tiere bereits überschreiten, aber noch meist unterhalb der für den Menschen schädlichen Grenzen liegen.»[50] Die Annahme, der Mensch sei ein empfindlicher Bioindikator, der allein ausreiche, um Umweltbelastungen messen zu können, ist nur mit anthropozentrischer Naivität zu erklären. Sachlich gerechtfertigt ist sie nicht. Die Rechtskonstruktion ist aber so angelegt, daß selbst dann, wenn der Wald durch zu dichten Schadstoffverkehr in der Luft vor sich hin stirbt und nebenan eine Industrieanlage errichtet werden soll, allein ausschlaggebend ist, ob die Gesundheit der in der Nachbarschaft lebenden Menschen unmittelbar gefährdet ist. Die TA Luft geht davon aus, daß bei Einhaltung der normalen, auf den menschlichen Gesundheitsschutz bezogenen Immissionswerte keine Gefährdung für «Sachgüter» (d. h. Tiere, Pflanzen und Bauwerke) gegeben ist. Nur bei «besonders empfindlichen Sachgütern», zu denen u. a. bestimmte Nadelhölzer gerechnet werden, können ausnahmsweise strengere Immissionswerte angenommen werden. Dies führt aber bloß dazu, daß jetzt geprüft wird, ob in der Schädigung auch eine Beeinträchtigung des «Gemeinwohls» liegt. Und die kann durch Vorteile, die sich aus der immittierenden Anlage ziehen lassen (Steuereinnahmen, Arbeitsplätze), leicht wieder wettgemacht werden. Immer ist es also der einseitig ökonomisch denkende und nur um seine individuelle Gesundheit besorgte Mensch, um den es geht. Von Ökosystem-Zusammenhängen keine Spur.

Der Gesetzgeber hat zwar im Laufe der Zeit dazugelernt und verläßt sich nicht völlig auf Grenzwerte, das daher vorgesehene Gebot der Vorsorge (vgl. §5, Absatz 1, Nr. 2 des Bundes-Immissionsschutzgesetzes) wird aber überhaupt nicht genutzt. Die TA Luft erhielt 1986 den Zusatz, daß unabhängig von Immissionswerten für Schwefeldioxid und Fluorwasserstoff bestimmte Emissionsgrenzwerte gelten. Selbst diese geringfügige Vorverlagerung der sonst nur betriebenen direkten Gefahrenabwehr (§5, Absatz 1, Nr. 1) kann jedoch durch andere planerische Überlegungen wieder fallengelassen werden. Vorsorge wird nämlich als allgemeines Planungsgebot verstanden. Die Verwaltungen müssen dabei keineswegs mehr für den Umweltschutz tun, sondern können ebensogut weitere industrielle Aufrüstung als Vorsorge deklarieren. Dafür, daß der Wirtschaft nicht über den Vorsorgegrundsatz Daumenschrauben angelegt werden, sorgt im übrigen die Verfassung. Ein wesentliches Verfassungsprinzip ist nämlich der Grundsatz der Verhältnismäßigkeit, der allzu ambitionierten staatlichen Umweltschützern die grundrechtlich geschützten Persönlichkeits-, sprich Unternehmerfreiheiten entgegenhält.

Das Beispiel des Immissionsschutzrechts steht für die völlige Ohnmacht, mit der sich der Staat durch das Verlassen auf anthropozentrische Reduktion selbst gefangenhält. Die umweltrechtlichen Handlungsinstrumente können der Wirtschaft nicht weh tun. Sie setzt sich auf allen Ebenen gegen ökologische Gesamtkonzepte durch: bei der Formulierung umweltpolitischer Ziele, bei der Abfassung anthropozentrischer Gesetze, bei der Festsetzung anthropozentrisch-mechanistischer Grenzwerte und bei der daraus folgenden Wirkungslosigkeit der Vorsorge. Durch das Umweltrecht – das Recht, das doch dem übermächtigen Recht industrieller Freiheitssicherung entgegenwirken sollte – bekommt die ökologische Blindheit der Ökonomie ihre eigentliche Weihe. Wenn selbst das Umweltrecht nichts dagegen hat, Umweltschutz als bloßen Gesundheitsschutz zu praktizieren, kann es keine staatliche Instanz mehr geben, die der industriellen Naturausbeutung entgegentreten könnte.

Auch die *Gerichte* sind hierzu nicht in der Lage. Sie sind – trotz ihrer verfassungsmäßigen Unabhängigkeit – schon traditionell nicht gerade engagierte Institutionen des Umweltschutzes. Die Erfahrung zeigt, daß die Gerichte zumindest in den höheren Instanzen den wirtschaftlichen Interessen nachgegeben haben. Den Gerichten sind darüber hinaus aus prinzipiellen Gründen die Hände gebunden. Sie haben sich an ein Recht zu halten, welches dauerhaft verhindert, das industriell-staatliche Komplott der Umweltzerstörung anzuklagen. Es gibt keinen Rechtsschutz für die Umwelt! Der Grund dafür ist nicht einmal so sehr eine zu rigide Gerichtsbarkeit, sondern die strukturelle Natur des Rechts, die auf subjektiven individuellen Rechten beruht – allen voran die Grund- und Menschenrechte – und den Rechtsschutz von dort ableitet.

In allen Rechtskulturen europäischen Ursprungs gibt es dieses System des Individualrechtsschutzes. Sein Grundgedanke ist, allein dem individuellen Träger von Rechten zur Durchsetzung seiner geschützten Interessen zu verhelfen und nicht ganzen Gruppen oder allen, die um die Rechtmäßigkeit bestimmter Verhaltensweisen – des Staates, der Industrie oder sonstiger Gruppen und Personen – besorgt sind. Rechtsschutz ist also an subjektive Rechtsinhaberschaft geknüpft. In angelsächsischen Ländern – vor allem in den USA – ist diese Verknüpfung nicht ganz so eng. Dort müssen Kläger gegen industrielle Großvorhaben oder Projekte der Landschafts- und Naturzerstörung zum Nachweis ihrer Klagebefugnis ein «berechtigtes Interesse» am Ausgang eines Falles nachweisen, was dazu führen kann, daß Umweltschutzgruppen ein Klagerecht eingeräumt wird. Im Grundsatz kommt es aber auch dort auf subjektiv geschützte Rechtspositionen an; die bloße Verletzung objektiven (Umwelt-)Rechts kann keine Einzelperson oder Gruppe rügen. Im europäisch-kontinentalen Rechtskreis, insbesondere in Deutschland, besteht die Anbindung an subjektive Rechtsinhaberschaft rigoros. Nach Artikel 19, Absatz 4 des Grundgesetzes steht (nur) demjenigen, der durch die öffentliche Gewalt in *seinen* Rechten verletzt wird, der Rechtsweg offen. Die Klagebefugnis wird deshalb immer zu einem Problem, wenn jemand nicht selbst «Adressat eines Verwaltungsaktes», d. h. unmittelbar Beteiligter in einem Verfahren, ist. Er wird deshalb Drittbetroffener genannt. Nur ganz ausnahmsweise hat dieser Drittbetroffene ein Klagerecht, das ihm erlauben würde, sich in die Kumpanei zwischen Industrie und Staat einzumischen.

Im staatlichen Umweltschutz besteht nämlich regelmäßig diese Konstellation: Ein Unternehmer will emittierende Anlagen errichten, potentiell umweltbelastende Stoffe oder Produkte herstellen oder in anderer Weise natürliche Ressourcen nutzen (Bergbau, Ölförderung, Wassernutzung etc.) und braucht dazu bestimmte behördliche Genehmigungen. «Unternehmer» kann natürlich auch der Staat selbst sein: als öffentliches Unternehmen (z. B. Energieproduzent) oder Städteplaner, Landschaftsplaner (z. B. durch Bebauungs- und Flächennutzungspläne) oder Verkehrsplaner (z. B. Straßenbau). Wo immer es um industriell bzw. staatlich betriebene Umwelteingriffe geht, haben wir es mit Rechtsverhältnissen zwischen Unternehmern und Staat zu tun, denen gegenüber besorgte Umweltschützer stets Drittbetroffene sind. Diese Konstellation besteht genauso, wenn Eigentümer ihr Eigentum nach Belieben nutzen: der Bauer, der sein Land oder Vieh mit Chemikalien bearbeitet, der Waldbesitzer, der kräftig abholzt, der Autofahrer, der mit noch so vorschriftsmäßigem Katalysator die Umwelt belastet, oder der Konsument, der schadstoffhaltige Produkte verwendet – von Lacken und Farben bis zum Toilettenreiniger –, und damit Luft, Boden und (Grund-)Wasser belastet.

Wer immer sich gegen die vielfältigen Formen der Umweltüberlastung gerichtlich wehren will, ist Drittbetroffener. Klagen kann er nur, wenn er in eigenen Rechten betroffen ist, praktisch also nur als Gesundheitsbetroffener oder als Grundbesitzer (soweit ihm also die Natur «gehört»). In allen anderen Fällen gilt das Verbot, sich um «fremde» Angelegenheiten zu kümmern. Den Rechtsuchenden gehen deshalb das Waldsterben, das Krepieren der Fluß- und Meeresbewohner, die Verseuchung des Bodens und der Nahrung, das Ozonloch, praktisch alle Umweltprobleme, nichts an. Er ist nicht in «seinen» Rechten verletzt. Da wir dennoch alle in unserer Gesundheit – zumindest latent – betroffen sind, wäre theoretisch zwar denkbar, Klagerechte auch gegenüber entlegeneren Umweltschädigungen zu konstruieren, etwa die Betroffenheit eines Bayern gegenüber Atomkraftwerken an der Elbe oder die Betroffenheit unserer Kinder gegenüber Raubbau und zunehmender Vergiftung der Umwelt. Das Individualrechtsschutzsystem macht da aber nicht mehr mit. Nach dem Motto «Da könnte ja jeder kommen» achten Gesetzgeber und Gerichte streng darauf, daß nur direkt Krankgewordene oder unmittelbare Nachbarn umweltbelastender Objekte klagen dürfen. Diese Einschränkung ist direkte Folge der Dogmatik subjektiver Rechte – der sogenannten Schutznormtheorie – und indirekte Folge des anthropozentrischen (Rechts-)Paradigmas mit seiner Vorstellung, individuelle Gesundheit sei fundamental verschieden von der Gesundheit der uns umgebenden lebendigen Systeme.

Vom Erfordernis individueller Rechtsbetroffenheit gibt es nur eine einzige Ausnahme: die Verbandsklage. Sie erlaubt anerkannten Umweltverbänden ein Klagerecht, wird aber gemeinhin als systemwidrig empfunden, als Ausnahme der unbedingt aufrechtzuerhaltenden Regel. Deswegen fristet sie ein Mauerblümchendasein. Zugelassen ist sie nur im ohnehin harmlosen Naturschutzrecht und auch da bisher nur in fünf Bundesländern (Berlin, Bremen, Hamburg, Hessen, Saarland). Justiz und Rechtsdogmatik sind seit jeher von der Sorge umgetrieben, daß das Umweltthema in den Gerichtssälen verhandelt werden könnte. Typisch ist die Äußerung von Michael Kloepfer in seinem Standardwerk des Umweltrechts: «In der aktuellen Diskussion stehen Klagen über eine Rechtsschutzhypertrophie im Umweltschutz, die sich an Wucherungserscheinungen einer quantitativen und qualitativen Rechtsschutzexpansion vor allem bei umweltrelevanten Großvorhaben entzünden ... Nicht nur die Umwelt, sondern auch der Rechtsschutz erscheint ... als ‹knappe Ressource›.»[51]

In der Praxis wirkt sich der Individualrechtsschutz, der auf dem uralten Modell sich streitender Grundstücksnachbarn beruht, völlig absurd aus. Es wird so getan, als sei das Interesse am Umweltschutz reines Privatanliegen. Daß das private Interesse zugleich das Allgemeininteresse betrifft, muß beharrlich geleugnet werden. Sonst bricht die Konstruktion des Individualrechtsschutzes in sich zusammen. So wird dem Kläger jeder Argumentationszusammenhang mit der Gefährdung der Allgemeinheit, den Risiken der Bevölkerung, der völlig wehrlosen Kinder oder der uns nachfolgenden Generationen strikt abgeschnitten. Je größer die Umweltprobleme und je fundamentaler deswegen die Argumentation, desto unwahrscheinlicher ist es, daß eine Klagebefugnis anerkannt wird (geschweige denn die Klage auch materiell Erfolg hat). In dieser Logik liegt es z. B., daß selbst der unmittelbare Grundstücksnachbar am Bauzaun eines Atomkraftwerkgeländes noch lange kein Recht zur Klage hat. Gerade im politisch so brisanten Atomrecht haben die staatlichen Behörden im Zusammenwirken mit der Industrie derart absurde Strahlendosiswerte und Unfallrisikoberechnungen in die Rechtsvorschriften gepackt, daß der (Grund-)Rechtsschutz gegen Atomkraftwerke weitgehend aufgehoben wurde.[52]

c. Gefangene im eigenen Netz

Zu den Gründen für die – freilich schon systembedingte – fortschreitende Rechtsschutzverweigerung im Umweltrecht gehört die – wiederum systembedingte – Zusammenarbeit von Wirtschaft und Staat. Die wechselseitigen Verflechtungen sind derart eng, daß echte Interessengegensätze gar nicht auftreten können. Wirtschafts- und Staatsvertreter sitzen in schöner Eintracht in den Unternehmens-Aufsichtsräten, dominieren die Expertenanhörungen bei Gesetzgebungsverfahren und bestimmen auch sonst das «öffentliche Leben». Das symbiotische Verhältnis von Wirtschaft und Staat ist, wie wir gesehen haben, historisch gewachsen. Aus diesem Grunde sind die Antrags- und Genehmigungsverfahren im Umweltrecht nur allzuoft reine Farce. Je mehr Geld und volkswirtschaftliche Daten auf dem Spiel stehen, desto unwahrscheinlicher wird eine erfolgreiche Intervention der Öffentlichkeit. Anhörungen in Genehmigungsverfahren gleichen oftmals einem Theaterstück, in dem Vertreter der Betreiberfirmen und Beamte auf der Bühne agieren und das Publikum mit Zahlenwerken und Statistiken unterhalten, die mit den tatsächlichen Problemen – soziale und ökologische Akzeptanz – so gut wie nichts zu tun haben. Und da auch vor den Gerichten die Rettung der natürlichen Mitwelt nicht eingeklagt werden kann, ist jegliche Interessenvertretung der Natur aus dem Verwaltungs- und Rechtssystem schlicht ausgesperrt.

Die Versuche der Ökologiebewegung, Staat und Wirtschaft mit Hilfe und innerhalb der staatlichen Institutionen zur ökologischen Räson zu bringen, sind gescheitert. Sie mußten scheitern, weil die Institutionen nicht neutral sind, sondern zweckbestimmt. Sie sind von vornherein darauf angelegt, die seit Jahrtausenden bestehende lineare, punktuelle Wirtschaftsweise abzusichern – auch und gerade gegen die anstürmende Ökologiebewegung, die dem Industrialismus den Boden unter den Füßen wegziehen will. Wir müssen deshalb wohl oder übel zur Kenntnis nehmen, daß die Umweltgesetze der gleichen Logik des Industrialismus folgen. Das Versagen der Umweltpolitik und des Umweltrechts besteht *nicht* in einem «Vollzugsdefizit». Es ist systembedingt. Rufe nach schärferen Gesetzen und effektiverem Vollzug gehen daher am Kern des Problems vorbei. Solange die anthropozentrische Mechanik die Gesetze bestimmt, *kann* es keine wirkliche Verbesserung geben.

Wir dürfen auch nicht vergessen, daß selbst das fortschrittlichste Umweltrecht hoffnungslos von einem Recht überlagert wird, das die wirtschaftliche Expansion begünstigt. Das Umweltrecht ist historisch aus dem Wirtschafts- und Gewerberecht hervorgegangen, dessen Aufgabe darin besteht, die Wirtschaftsbeziehungen innerhalb der Gesellschaft und im Verhältnis zum Staat zu regeln. Für die Entfaltung ökonomischer Kräfte ist der Teil besonders wichtig, der die Rolle des Staates im Wirtschaftsgeschehen definiert. Dieser Teil ist das Wirtschaftsverwaltungsrecht. Er widmet sich den Normen und Maßnahmen, die der Staat einsetzt, um das wirtschaftliche Geschehen zu fördern und zu lenken. Am Wirtschaftsverwaltungsrecht läßt sich deshalb ablesen, nach welchen Prinzipien ein Wirtschaftssystem funktionieren soll. Und dieses System ist heute nur noch das der Marktwirtschaft, nachdem die planwirtschaftliche Variante des Kapitalismus bis auf verstreute Restbestände weggefallen ist.

Die Marktwirtschaft ist Dreh- und Angelpunkt aller Rechtsbeziehungen. Von daher beschränkt sich die Rolle des Staates auf einzelne Interventionen gegenüber der prinzipiell freien Marktwirtschaft. Je nach Art und Umfang solcher Interventionen kann der Marktwirtschaft das Attribut «sozial» beigelegt werden, wie das in der Bundesrepublik Deutschland üblich ist, oder das Attribut «ökologisch», wie das neuerdings so oft und nicht nur in Deutschland geschieht. Am Primat des freien Unternehmertums ändern solche Attribute freilich nichts. Weder ist eine soziale Marktwirtschaft der «Dritte Weg» zwischen Liberalismus und Sozialismus, noch ist eine ökologische Marktwirtschaft der «Dritte Weg» zwischen Umweltschutz und Ökologie. In der Marktwirtschaft bleibt das Recht auf freie Nutzung der Natur die Regel und die Verpflichtung zur Rücksichtnahme die Ausnahme.

Der Wirtschaftsjurist Rolf Stober stellt in seinem *Handbuch des Wirtschaftsverwaltungs- und Umweltrechts* (1988) diese Verhältnisse so ehrlich dar, wie sie sind:

> Ökologisch-soziale Marktwirtschaft heißt, daß der Staat nicht immer und nicht überall aus Gründen des Umweltschutzes in den Wirtschaftsprozeß eingreifen darf und muß. Die Einführung des Umweltschutzgedankens in die Marktwirtschaft soll vielmehr gerade dazu beitragen, daß zahlreiche Reglementierungen durch eine Steuerung über den Markt entfallen. Denn auch hier gilt, daß staatliche Stellen nicht für sich in Anspruch nehmen können, im Umweltschutz alles besser zu wissen. Vielmehr soll sich der Staat darauf beschränken, Zielwerte und Rahmenbedingungen vorzugeben, aus denen sich entnehmen läßt, wie die Umwelt möglichst kostengünstig geschützt werden kann.[53]

Stober drückt es korrekt aus: «Die Einführung des Umweltschutzgedankens in die Marktwirtschaft . . .» So ist es historisch gelaufen, und so drückt es sich im Recht aus. Das Neue wurde dem Gewohnten angepaßt. Das Umweltrecht ist nicht mehr als der Wurmfortsatz des Wirtschaftsverwaltungsrechts. Äußerlich sichtbar ist dies an den Proportionen, in denen beide Rechtsgebiete zueinander stehen. In den Lehrbüchern wird das Umweltrecht entweder als ein Unterabschnitt des übermächtigen Wirtschaftsverwaltungsrechts behandelt oder als Ansammlung von Spezialgesetzen ohne jeden Bezug zum Kontext, in dem sie stehen.[54] In der Juristenausbildung wird den Studenten die kapitalistische Binnenstruktur des Rechts in allen seinen Verästelungen – von den Grundrechten bis zum Wirtschaftsrecht – genauestens vorgeführt, das Umweltrecht – ganz zu schweigen von Ökologie – spielt eine untergeordnete Rolle. Mit Ausnahme der Bundesländer Hamburg und Schleswig-Holstein kann man in Deutschland Volljurist werden, ohne ein einziges Mal vom Umweltschutz gehört zu haben.

Wie wenig wirkungsvoll das in sich schon so bescheidene Umweltrecht bleiben muß, wird vollends aus seinem gesamtrechtlichen Zusammenhang klar. Die gesamte Rechtsordnung dient der Freiheitsverwirklichung des Homo oeconomicus occidentalis. Er hat sich das Recht schließlich selbst erschaffen. Der Triumph der liberalen Freiheitsideologie ist so vollständig, daß er nicht nur die zivilisierte Welt beherrscht, sondern auch die natürliche Mitwelt. Die Natur kommt in den Gesetzen nur in Form von Besitz- und Eigentumsrechten vor. Sie kann in Besitz genommen und zum Gegenstand des Tauschhandels gemacht werden, soweit das physikalisch möglich ist. Frei ist nur der Himmel und das Meer, und selbst sie werden von unseren Exkrementen noch erreicht.

Selbstverständlich ist die Rechtsordnung für Menschen gemacht, weil nur Menschen sie brauchen. Die Natur kümmert es nicht, welche Rechtsordnung sich Menschen geben. Aber sie ist betroffen von den Folgen dieser Ordnung. Sie leidet darunter, wie wir mit uns und mit ihr umgehen. Und wenn sie leidet, leiden wir mit. Wir reißen uns den Boden unter den Füßen selber weg, wenn wir diesen Zusammenhang nicht erkennen. Deswegen ist der Unterschied zwischen einer Rechtsordnung, welche die Natur nur als Objekt unserer Begierde kennt, und einer Rechtsordnung, welche die Natur aufgrund ihres Eigenwerts anerkennt, so fundamental. Nach der geltenden Rechtslogik sind wir durch nichts in unserer Lust an der Zerstörung gehindert als durch das gleichgelagerte Recht unserer Mitmenschen. Wir teilen den Kuchen nur untereinander auf. Solange die Stücke halbwegs gerecht verteilt werden, ist dem Recht voll Genüge getan. Daß der Kuchen bald aufgegessen ist, schert das Recht nicht. Dafür hat es keine Vorsorge getroffen. In bezug auf die Chance, unser Überleben zu gewährleisten, ist die anthropozentrische Rechtsordnung ein Faß ohne Boden. Was immer wir an Umweltrecht hineinschütten, es versickert, löst sich folgenlos auf.

In den Verfassungen, den rechtlichen Fundamenten der Industriegesellschaft, steht nichts von einer Verantwortung gegenüber der natürlichen Mitwelt. Im deutschen Grundgesetz wird die Natur nirgendwo erwähnt. Es gibt sie dort nur in Form von wirtschaftlichen Aktivitäten, die mit ihr zu tun haben: land- und forstwirtschaftliche Erzeugung, Hochsee- und Küstenfischerei und einiges mehr (Artikel 74 des Grundgesetzes). Offenbar ist uns die Natur ein so selbstverständliches «Gut», daß sie keiner Erwähnung im Grundgesetz bedarf. Sie ist gewissermaßen Luft für uns, wie die Luft zum Atmen, die allgegenwärtig, aber ohne Bedeutung für die Organisation gesellschaftlichen Zusammenlebens scheint. Alle im Grundgesetz formulierten Prinzipien und Wertentscheidungen sind auf die Industriegesellschaft hin orientiert, deren Ideal der freie Ökonom ist. Nicht zufällig kreist die verfassungsrechtlich garantierte Unternehmensfreiheit um drei der höchstangesehenen Menschenrechte: das allgemeine Persönlichkeitsrecht (Artikel 2, Absatz 1), die Berufsfreiheit (Artikel 12) und die Eigentumsgarantie (Artikel 14). Und über allem schwebt das «Bewußtsein der Verantwortung vor Gott und den Menschen» (Präambel).

Die ökologische Bewußtlosigkeit, die sich in den Verfassungen symbolträchtig widerspiegelt, schlägt auf alle Bereiche gesellschaftlicher Organisation durch. An ihrer Spitze steht der Staat mit seinem verfehlten Konzept des Umweltschutzes. Dies hat ihm mittlerweile den Vorwurf eingebracht, in einer zentralen Aufgabe versagt zu haben. Das Wort vom Staatsversagen macht die Runde.[55] Aber Staatsversagen bedeutet auch Gesellschaftsversagen. Die Industriegesellschaft scheint sich mit der Schizophrenie, Konsumismus zu leben und Ökologie zu wollen, abgefunden zu haben. In der Spätphase ihrer Entwicklung ruft sie wieder einmal nach Reparaturen, *nicht* nach Transformation und Neuorganisation. Wie schon früher, als die drängende «soziale Frage» des 19. Jahrhunderts die Industriegesellschaft dazu veranlaßte, den «Sozialstaat» auszurufen, soll die heutige «Umweltfrage» vom «Naturstaat» (SPD-Vorsitzender Hans-Jochen Vogel) oder «Umweltstaat»[56] beantwortet werden. Wieder also der Ruf nach Reparaturen durch die Fachwerkstatt.

Der Staat wird auch diesen Reparaturauftrag mit bewährter Routine ausführen. Er ist schon dabei, den Umweltschutz mit Verfassungsrang auszustatten. Ob durch den Einbau eines Grundrechtes auf gesunde Umwelt, wie früher von SPD und FDP und jetzt nur noch von den Grünen/Bündnis 90 vorgeschlagen, oder durch eine Staatszielbestimmung – d. h. eine Verpflichtung zum Schutz der natürlichen Lebensgrundlagen –, ist dabei nebensächlich. Der alte, moralisch angeschlagene Wachstumsmotor bekommt ein «tune-up». Mehr nicht. Sowenig wie der Sozialstaat den Grundcharakter des Industriesystems verändert hat, sowenig wird dies der Umweltstaat tun. Wollte er es wirklich, müßten die zentralen Fragen aufgegriffen – und beantwortet! – werden.

Die in diesem Buch vertretene These ist allerdings, daß die zentralen Fragen tatsächlich gestellt und immer breiter diskutiert werden. Nur dürfen wir uns nicht der Einsicht verschließen, daß der Wandel sich anders und weit tiefer vollzieht, als sich die Reparateure des Industriesystems vorstellen mögen. Es geht *nicht* um einen «Gesinnungswandel», der sich mit ein paar (auch nicht mehr so) neuen Kategorien wie Umweltgrundrecht, Staatszielbestimmung «Umweltschutz» oder Verantwortung für die Schöpfung beschreiben ließe. Der Gegensatz zwischen Anthropozentrik und Ökozentrik geht tiefer, er ist paradigmatisch und daher nicht mit herkömmlicher Gesinnungs-Arithmetik zu begreifen. Die verfassungspolitische Diskussion tritt genau hier auf der Stelle. Wenn Bundesumweltminister Töpfer meint, «um die Frage der Anthropozentrik ... gibt es eine schier endlose Auseinandersetzung», die «allenfalls für eine theoretische Diskussion tauglich ist, nicht jedoch für eine Grundgesetzänderung mit ihren nicht unerheblichen Auswirkungen auf die praktische Politik»,[57] dann deutet sich das Dilemma an, in dem sich der Industrie- bzw. Umweltstaat befindet. Er fühlt sich für die «theoretische Diskussion» nicht zuständig, gibt aber vor, die Lösungen schon gefunden zu haben. Es ist nicht zu erwarten, daß sich das Industriesystem «von oben» reformiert. Es wird von innen ausgehöhlt, weil die eigenen anthropozentrisch-mechanistischen Grundlagen, auf denen es beruht, in unüberbrückbarem Gegensatz zur ganzheitlichen Ökologie stehen. Dieser Gegensatz löst sich nicht durch Austausch oder Dehnung der Begriffe, sondern so, wie sich ein Paradigmawechsel vollzieht, der die tiefsten Ebenen menschlichen Bewußtseins einschließt. Der englische Physiker und Psychologe Peter Russell[58] gibt die fünf Stadien dieses Paradigmawechsels an, wie sie von Wissenschaftshistorikern beobachtet wurden:

> *1. Stadium:* Entdeckung von Anomalien, die sich mit dem gängigen Paradigma nicht erklären lassen; anfänglich werden sie als irrig oder nur vorgetäuscht abgetan, ober aber man «dehnt» das Modell, so daß sie darin eingebaut werden können.
> *2. Stadium:* Zahlenmäßige Zunahme solcher Anomalien, bis sie sich nicht mehr einfach in Abrede stellen oder einpassen lassen und erkannt wird, daß eher das Paradigma falsch sein kann als die gemachten Beobachtungen.
> *3. Stadium:* Formulierung eines neuen Paradigmas, das die Beobachtungen erklärt.
> *4. Stadium:* Übergangsperiode, in der das neue Paradigma vom Establishment noch abgewehrt und von jenen, die dem alten Modell verhaftet sind, aufs heftigste bekämpft wird.
> *5. Stadium:* Annahme des neuen Paradigmas, das unterdessen weitere Beobachtungen erklärt und neue Entdeckungen prognostiziert.

Wir befinden uns im vierten Stadium, der Übergangsperiode, in dem politisch darum gerungen wird, ob die Anthropozentrik – in welchen Variationen auch immer – tatsächlich noch Grundlage einer Überlebensstrategie sein kann. Das neue Paradigma ist eine ganzheitlich-ökologische Ethik, die sich *fundamental* von jeder anthropozentrischen Umweltethik unterscheidet. Fundamental ist sie deswegen, weil sie nicht einfach neue Werte setzt – vor allem den Eigenwert der Natur –, sondern weil sie auf einer anderen Wahrnehmung der Natur beruht. Dies zu erkennen bleibt dem anthropozentrischen Bewußtseinsmodus verschlossen. Er «weiß» zwar, daß wir von der übrigen Welt nicht getrennt sind, aber er kann mit diesem rein intellektuellen Wissen nichts weiter anfangen. Er ist gezwungen, immer neue moralische Appelle an den Homo oeconomicus zu richten, ohne ihn selbst von seinem natur- und damit selbstzerstörenden Handlungsmodus befreien zu können. Die ökologische Ethik ist aber *kein* intellektuelles Kunstprodukt, sondern (ethisch-politische) Reflexion einer gewandelten Wahrnehmung des Verhältnisses von Mensch und Natur. Nur so können die vielfältigen ganzheitlichen Konzepte, die in der Physik, Biologie, Psychologie, Philosophie, Theologie und Ethik entstehen, verstanden werden. Sie sind Ausdruck eines Selbst-Bewußtseins, das den Dualismus «ich hier drinnen» und «alles andere dort draußen» hinter sich gelassen hat. Die Welt wird als lebendiger Organismus erfahren, von dem wir so wenig isoliert sind wie eine Körperzelle vom Körper. Diese Erfahrung ist nur zu einem Teil das Ergebnis moderner ganzheitlicher Wissenschaft. Zu einem größeren Teil ist sie die Er-innerung unseres Selbst, das im vorherrschenden Rationalismus der Wissenschaft verschüttet war, aber nie aufgehört hat zu existieren. Das Bewußtsein der Verbundenheit mit allem, was lebt, muß nicht erst erfunden, sondern nur wiederentdeckt werden.

Die ökologische Politik kann aus diesem reichen Schatz an Erfahrung schöpfen. Ihre Aufgabe liegt darin, die vielen Erkenntnisse neuerer Wissenschaft und Philosophie aufzunehmen und in durchsetzungsfähige Politik zu übertragen. Diese Aufgabe ist noch nicht gelöst. Wir stehen – trotz der vorhandenen Tradition grüner Politik – erst an ihrem Anfang. Aber sie ist lohnend und brennend aktuell. Wir werden noch vor Ende unseres Jahrzehnts – diese Prognose sei gewagt – die ökologische Ethik zur gesellschaftlichen Grundlage gemacht haben.

Dritter Teil

Das System schlägt um

Alles Neue entsteht aus der Erfahrung des Alten. Die Betonung liegt auf «Erfahrung». Nur was wir bewußt erfahren haben, hat für unser künftiges Handeln Bedeutung. Und nur in dem Maße, wie wir uns einer Gewohnheit bewußt sind, können wir sie verändern. Diagnose und Therapie stehen in engem Verhältnis zueinander. Dia-Gnosis (griech.: *dia* = durch; *gnosis* = Wissen, Erkenntnis) ist durchdringende Erkenntnis. Je durchdringender unsere Erkenntnis, desto leichter die nachfolgende Heilung. Aus unserem persönlichen Leben wissen wir, wie sehr Heilung von Krankheit und Leid davon abhängt, daß wir uns ihrer Ursachen bewußt sind.

Die Politische Ökologie ist die ins Kollektive ausgedehnte Erfahrung, daß Heilung durch Diagnose bestimmt wird. Je umfassender sich die Gesellschaft über die Ursachen ihrer Krankheit bewußt wird, desto größer sind ihre Heilungschancen. Wie wir gesehen haben, genügt es nicht, Umweltpolitik und Umweltrecht zu «verbessern». Sie sind nur Symptome einer tiefersitzenden Krankheit, deren Ursachen in anthropozentrisch verkürzten Wahrnehmungsmustern liegen. Die Normen, nach denen die Gesellschaft ihre Handlungsstrategien richtet, zeigen nur den gesellschaftlichen Gesundheitszustand an. Nicht mehr, aber auch nicht weniger. Als äußerlich sichtbarste Form decken Umweltpolitik und Umweltrecht besonders scharf auf, wie die Gesellschaft ihr Verhältnis zur Natur sieht. Aus diesem Grunde ist auch der Wandel, der sich in diesem Bereich gesellschaftlicher Wirklichkeit vollzieht, besonders aufschlußreich.

Was in Form von ethischen und rechtlichen Ideen an die politische Oberfläche gedrungen ist, verrät auf eindrucksvolle Weise etwas von dem neuen gesellschaftlichen Bewußtsein. Vor zehn Jahren noch, als Vorstellungen von einem Eigenrecht der Natur lediglich in Fachkreisen zirkulierten, ließ sich eine Verbindung von Ökologie und Gesellschaft kaum behaupten. Inzwischen aber haben Philosophie, Naturwissenschaft, Psychologie und gesellschaftliches Bewußtsein eine dermaßen rasante Entwicklung genommen, daß das Umfeld der umweltethischen Diskussion erheblich ausgeweitet wurde. Wer sich heute für die Anerkennung einer Eigenwürde der Natur ausspricht, handelt hochpolitisch. Der Zusammenhang von individuell erfahrener Spiritualität, philosophisch konstruierter Umweltethik und politisch geforderten Eigenrechten der Natur ist deutlich zutage getreten und steht in schroffem Gegensatz zum rationalistisch-anthropozentrischen Gesellschaftsentwurf. Heute dreht sich jede umweltethische Diskussion nicht mehr nur um persönliche Einstellungen, sondern zugleich um politische Alternativen. Bis in die Regierungsetagen hinein findet eine Auseinandersetzung um den ökologischen Paradigmawechsel statt, in dessen Mittelpunkt die Neubestimmung des Verhältnisses von Mensch und Natur steht. Ökozentrisches Denken hat politische Formen angenommen; die Anthropozentrik ist unversehens in die Defensive geraten. Je stärker die zunächst ethische Debatte in die Öffentlichkeit getragen wurde, desto schärfer haben sich die Konturen entwickelt. Hier das Konzept einer ganzheitlich-ökologischen Politik, die den Menschen vom Naturzusammenhang her sieht, dort ein politischer Reformismus, der an der Mittelpunktstellung des Menschen festhält. Der Riß geht quer durch die Gesellschaft.

Der Fisch stinkt gewöhnlich vom Kopf her. Und so entzündete sich die öffentliche Ökozentrik-Debatte genau an der Stelle, aus der sich der moderne Verfassungsstaat legitimiert, nämlich am Schutz der Freiheit des einzelnen. Wenn höchstes Gut die Freiheit des einzelnen ist, die ihre alleinige Grenze in der Freiheit der anderen (Menschen) findet, dann ist eben diese Freiheit aufs höchste gefährdet, wenn sie nicht auch eine Verantwortung für die nichtmenschliche Natur einschließt. Im anthropozentrischen Paradigma – so lautet der Vorwurf – gibt es Freiheit und Verantwortung nur im zwischenmenschlichen Bereich, so daß die Umweltkrise zwar als lebensbedrohlich empfunden werden mag, aber nicht als Folge eines verkürzten Freiheitsbegriffs gesehen wird. Eine Freiheit ohne Verantwortung auch für die nichtmenschliche Natur muß sich angesichts der ökologischen Realität selbst auflösen. So zerrinnt des Menschen höchstes Gut gleichsam unter seinen Händen.

Die Rechtsordnung offenbart eine empfindliche Lücke. Diese Lücke zu benennen und nach praktischen Lösungen zu suchen, beschäftigt eine wachsende Zahl von Juristen. Mit dem Ruf nach den Eigenrechten der Natur haben Umweltverbände, Rechtsanswälte und Rechstheoretiker die Öffentlichkeit alarmiert. Die Eigenrechte-Diskussion steht deshalb am Anfang des ökologischen Rettungsweges.

6. Rechtsordnung oder Rechtschaos?

Die Rechtswissenschaft ist die dem Zentrum des Geistes entlegene Provinz, die dem Fortschritt nur langsam nachzuhumpeln pflegt.

HANS KELSEN

Die Rechte der Natur öffnen den Blick zu einem ökozentrischen Rechtsdenken und können auch ein Beitrag zu einer weniger ökonomischen, dafür aber um so ökologischeren gesellschaftlichen Ordnung sein.

JÖRG LEIMBACHER

a. Die Robbenklage

Am 19. September 1988 ging beim Verwaltungsgericht Hamburg ein Antrag auf Gewährung einstweiligen Rechtsschutzes ein. Das Merkwürdige daran stand gleich am Anfang: «Antrag ... der Seehunde in der Nordsee – Antragsteller –, vertreten durch ..., gegen die Bundesrepublik Deutschland – Antragsgegnerin –, vertreten durch ...»

Seehunde als Kläger! Zum ersten Mal in der deutschen Rechtsgeschichte wehren sich Tiere gegen die Zerstörung ihrer Umwelt.

Zur Vorgeschichte: Die Nordsee ist über mehr als zwanzig Jahre hinweg in eine gefährliche Giftmülldeponie verwandelt worden. Mit staatlicher Genehmigung hatten die verschiedensten Firmen täglich tonnenweise ungereinigte Abwässer und Chemiemüll in Rhein und Elbe und damit in die Nordsee geleitet. Giftmülltanker kippten Dünnsäure ins Meer – zwischen 1969 und 1988 rund 15 Millionen Tonnen –, und Spezialschiffe verbrannten gefährlichen Sondermüll auf hoher See.

Solange die Giftbrühe fernab von Küstenregionen ins Meer ging, blieb das langsame Sterben der Nordsee fast unbemerkt. Nur die Fischer sorgten sich um ihre Fanggründe. Berühmt wurde das Schicksal des Hamburger Fischers Heinz Oestmann, der seit 1965 mit seinem Kutter in der See um Helgoland fischte. Seit Mitte der siebziger Jahre konnte er seinem Beruf kaum noch nachgehen, weil er in seinen Netzen immer mehr Fische mit Tumorschäden, Geschwüren und Flossenfäule hochholte. Als Ursache sah Fischer Oestmann die Dünnsäure-Verklappung. Deshalb verklagte er das Deutsche Hydrographische Institut in Hamburg, den Firmen die Genehmigungen für Verklappung zu entziehen. Jahrelang unterstützte ihn Greenpeace dabei. In allen Instanzen mußte er aber von den Richtern erfahren, daß er im Grunde gar nicht betroffen sei. Zwar verbietet das «Hohe-See-Einbringungsgesetz», Stoffe ins Meer zu leiten, wenn «eine nachteilige Veränderung des Meerwassers zu besorgen ist, ... die die lebenden Bestände sowie die Tier- und Pflanzenwelt» schädigt. Rechtlich einfordern kann dieses Verbot aber nur jemand, der geltend machen kann, «in seinen Rechten verletzt zu sein» (§ 42, Absatz 2 der Verwaltungsgerichtsordnung). Wer nicht in eigenen Rechten verletzt ist, wird von den Gerichten nicht als Kläger akzeptiert. Nun sind Rechtsverletzungen als Folge fortschreitender Umweltverschmutzung und Naturzerstörung zuhauf denkbar (Eigentum, Beruf, Gesundheit, Leben). Die Rechtsordnung verlangt aber für die Klagebefugnis eine besondere Rechtsbetroffenheit, die sich von der Rechtsbetroffenheit vieler bzw. der Allgemeinheit unterscheiden muß. Auch dies wäre im Fall des Fischers Oestmann sicherlich nachzuweisen gewesen; schließlich war seine berufliche Existenz unmittelbar gefährdet. Die Richter verwiesen aber auf das allgemeine Berufsrisiko, das ihn nicht vor Fangverlusten schütze, und befanden, er könne auch anderswo seine Netze füllen. Oestmanns Nordseekutter war jedoch nicht dafür gebaut, in den Weiten des Atlantiks nach noch intakten Fischbeständen Ausschau zu halten.

Was den umweltbewußten Bürger Oestmann noch schwerer treffen mußte, ist die verquere Logik, mit der ihm das Recht des Umweltschutzes begegnete. Während die Verklappungsfirmen mit Hinweis auf ihre Gewerbefreiheit einklagbare Rechte auf Einleitungsgenehmigungen besitzen, stehen die Opfer der legalen Vergiftung mit leeren Händen da. Sie können sich an der Lektüre schön klingender Umweltschutzgesetze freuen, müssen aber feststellen, daß sie nicht durchzusetzen sind. Abgesehen von einigen eklatanten Fällen, in denen jemand unmittelbar durch Umweltvergiftungen erkrankt oder Hab und Gut verliert (z. B. bei einem Chemieunfall), gibt es keinen Rechtsschutz. Wer als besorgter Mensch, der um den engen Zusammenhang von Umwelt- und Gesundheitsgefährdung weiß, Umweltschutzrecht einklagen will, müßte seine ökologische Grundüberzeugung leugnen, um Klagebefugnis zu erlangen. Er müßte sich implizit gegen die Schutzinteressen seiner Mitmenschen und Mitwelt aussprechen, um seine besondere Rechtsbetroffenheit belegen zu können. Daß sich Umweltschützer und Umweltverbände gewissermaßen selbst verleugnen, wenn sie vor Gericht ziehen, ist eine vielfach gemachte Erfahrung. Rechtsanwälte finden sich auch selbst oft in psychischen Zwangslagen: Sie wissen um die Unzulänglichkeiten des staatlich betriebenen Umweltschutzes, der auf eine kollektive Selbstvernichtung hinausläuft, und müssen doch so tun, als ginge es nur um das individuelle Schicksal ihres Mandanten. Notwendige Argumentationszusammenhänge werden dadurch abgeschnitten. Die Regel ist eben nicht der Fall eines Tanklasterunglücks, bei dem sich das Benzin in den Vorgarten eines Hausbesitzers ergießt, sondern eher der Fall des Fischers Oestmann, in dem sich einer von unüberschaubar vielen Betroffenen wehrt. Je umfassender und nachhaltiger die Bevölkerung von Umweltzerstörungen betroffen ist, desto unwahrscheinlicher ist der Erfolg einer Klage.

Wenn aber nicht einmal ein so direkt Betroffener wie Fischer Oestmann die Hürde der Klagebefugnis überwinden konnte, um wieviel schwerer hätte es da der vergiftete Nordseefisch? Die Überlegung, die Seehunde im Wattenmeer als Kläger auftreten zu lassen, war mehr als abenteuerlich! Wohl bot es sich an, angesichts einer empörten Nation, die im Sommer 1988 Tausende von knopfäugigen Jungseehunden verrecken sah, gerade die Sache dieser possierlichen Meeresbewohner zu vertreten. Die Sympathie-Unterstützung einer breiten Öffentlichkeit schien gewiß. Aber wie naiv mochten die acht größten deutschen Umweltverbände, die als juristische Vertreter der Seehunde auftraten, und ihre Anwälte sein, daß sie sehenden Auges eine juristische Blamage riskierten? Die Gefahr, daß sich so seriöse Organisationen wie Greenpeace, der World Wide Fund for Nature (WWF), der Bundesverband der Bürgerinitiativen Umweltschutz (BBU), der Bund für Umwelt- und Naturschutz (BUND) und der Deutsche Naturschutzring (DNR) durch eine Klage im Namen von Tieren selbst diskreditieren könnten, war durchaus nicht von der Hand zu weisen. Das galt besonders für das Institut für Umweltrecht in Bremen, das sich gerade erst als unabhängige Forschungs- und Beratungseinrichtung etabliert hatte und Hauptinitiator der Robbenklage war. Wenn sich anerkannte Verbände und dazu eine große Zahl von praxiserfahrenen Juristen, Sozial- und Rechtswissenschaftlern im Umfeld des Instituts für Umweltrecht derart engagierten, mußte mehr dahinterstecken als pure Sensationslust.

Die Strategie war, die juristische Logik derart auf die Spitze zu treiben, daß sie der breiten Öffentlichkeit als ökologiefeindlich und damit letztlich als inhuman ins Auge sprang! Eine Eulenspiegelei, die im Gewand juristischer Narren auftrat und dadurch die Tollheit der Juristenzunft entlarvte.

«Es gibt Torheiten, die nur ein Weiser begehen kann», sagt das Sprichwort, und so zeugten die insgesamt 107 Seiten langen Anträge der Rechtsanwälte von allerlei rechtlichen Wagnissen, die sich bei genauerem Hinsehen als ökologische Weisheit offenbarten.

Hauptakteur war Rechtsanwalt Hanfried Blume, der sich in jeder Phase des Prozesses der Gratwanderung zwischen Verfahrensregeln und ökologischer Vernunft bewußt war. In seiner Antragsschrift vom 16. 8. 1988 stellte er zunächst fest:

> Dieses Antragsverfahren sieht sich als einen Versuch, in einer dramatisch zugespitzten Situation, in der andere Möglichkeiten nicht zur Verfügung stehen, mit einem ungewöhnlichen, juristisch noch nicht erprobten Schritt rechtswidrigem Verwaltungshandeln Einhalt zu gebieten. Dabei ist es den auf seiten der Antragsteller beteiligten Umweltschutzverbänden durchaus bewußt, daß die hier gewählte Vorgangsweise spektakulären Charakter hat. Bei der Anrufung des Gerichts ist der Seite der Antragsteller deutlich, daß dies in der vorgefundenen exponierten Situation auch erhebliche Risiken in sich birgt. Jedoch: Um wieviel lieber würden die beteiligten Verbände im vorliegenden Fall auf ein juristisch erprobtes Instrumentarium zurückgreifen, um eine gerichtliche Kontrolle des Verwaltungshandelns der Beklagten zu veranlassen!

In den Mittelpunkt seiner Argumentation stellte Hanfried Blume den Nachweis, daß auch Tiere Rechtsträger und damit Beteiligte in Gerichtsverfahren sein können. Seine Ausführungen waren mit vielen Literaturangaben zur Philosophie, Rechtsgeschichte und Rechtsdogmatik gespickt. Die Konturen einer ökologischen Rechtsauffassung zeichnete er klar und eindrucksvoll nach.

Den fundierten Ausführungen der Umweltverbände und ihrer Anwälte setzte das Verwaltungsgericht Hamburg ausschließlich Altbackenes und längst Bekanntes entgegen. Daß der Antrag auf vorläufigen Rechtsschutz abgelehnt wurde, konnte nicht überraschen – trotz der zum Himmel stinkenden fortlaufenden Vergiftung allen Lebens in der Nordsee. Jede realistische Einschätzung der Erfolgschancen mußte von vornherein daran zweifeln, daß gleich drei Richter den an Zivilcourage grenzenden Mut aufbringen würden, die bisherige Rechtsprechung völlig über den Haufen zu werfen. Was aber dennoch die vielen Mitglieder der beteiligten Umweltverbände, die in ganz Deutschland gespannt auf den Tag der Beschlußverkündung warteten, überraschte, war die spröde Art, mit der das Gericht den Antrag abschmetterte. Seehunde sind nun mal keine Menschen, so der Kern des Beschlusses[1], und hätten somit kein rechtlich geschütztes Interesse.

Mit keinem Wort gingen die Richter auf die vorgetragenen Argumente ein. Statt dessen wiederholten sie, was seit Jahr und Tag in juristischen Standardkommentaren zu lesen ist:

> Natürliche Personen sind nach geltendem deutschen Recht die Menschen. Dies entspricht dem Verständnis des Gemeinen Rechts, das die Begriffe rechtsfähig oder Rechtssubjekt oder Person gleichsetzt und als (natürliche) Person – nur – den Menschen ansieht. (. . .) Tragender Grund dafür, daß die Rechtsordnung die Rechtsfähigkeit und damit insbesondere die Befähigung, Träger von Rechten zu sein, nur dem Menschen zuordnet, liegt in der Erkenntnis, daß nur ihm die besondere Personenwürde zu eigen ist, kraft seines Geistes, die ihn aus eigener Entscheidung dazu befähigt, seiner selbst bewußt zu werden, sich selbst zu bestimmen und sich und die Umwelt zu gestalten, die ihn von allen anderen Lebewesen der Natur abhebt. (. . .) Dem entspricht, daß es der deutschen Rechtsordnung auch sonst fremd ist, die Personen-Eigenart, und damit die Fähigkeit, Rechte und Pflichten zu haben, auf Tiere zu übertragen. Tiere werden vielmehr – im rechtlichen Gegensatz zu Personen – als Sache behandelt.

Auch das Tierschutzgesetz gebe den Tieren keinen irgendwie gearteten Schutzanspruch, befanden die Richter:

> Auch hier ist der Schutz des Tieres als eines Mitgeschöpfes nur als sittliche Pflicht des Menschen, nicht aber als Recht dieses Geschöpfes selbst ausgeformt. Das Tier ist danach unverändert Sache im Sinne des Bürgerlichen und des Verwaltungsrechts, es ist nicht irgendwie zur Rechtspersönlichkeit erhoben, dem Rechte gegenüber dem Menschen gegeben sein könnten. Der Einführung eines Eigenrechts der Tiere hat sich der Gesetzgeber eben verschlossen.

Damit hielt das Gericht die Sache für erledigt. Fast scheint es allerdings, als seien sich die Richter der Überzeugungskraft ihrer Begründung selbst nicht ganz sicher gewesen: Obwohl für den Begründungszusammenhang überflüssig, fügten sie noch einige Bemerkungen hinzu, die erkennen lassen, daß ihnen die ganze Richtung nicht paßte. Die staunenden Robbenschützer wurden darüber belehrt, daß der Zusammenhang von «sogenannter» Nordseeverschmutzung und Robbensterben eine «leere Behauptung» sei, die sich «als bloße Mutmaßung kritischer Nachprüfung entzieht». Es sei tiermedizinisch nicht erwiesen, «welche Krankheitserreger das zum Tode führende Krankheitsbild» bei den Seehunden erzeugten. Es sei nicht zu erkennen, «daß eine auch nur annähernd lückenlose und überzeugende ursächliche Verbindung» zwischen Verklappung und Giftmüllverbrennung einerseits und Robbensterben andererseits bestehe.

Die «Robbenklage» ist sicher ein Lehrbeispiel dafür, wie mühselig es ist, bestehende Verhältnisse zu ändern. Aber ebenso ist sie ein Beispiel dafür, welche Wirkung eine Aktion haben kann, wenn sie nur am richtigen Ort zur richtigen Zeit geschieht. Ort und Zeitpunkt dieser ersten ökozentrisch konzipierten Klage waren günstig gewählt.

Seit 1986 hatte es in Deutschland eine verstärkte öffentliche Diskussion um die ethischen Grundlagen des Umweltschutzes und insbesondere des Umweltrechts gegeben. Inspiriert durch die immer umfangreicher werdende philosophische und theologische Literatur zur Umweltethik, griffen auch juristische Abhandlungen das Thema auf. Sie formulierten die Fragestellungen, mit denen sich die Rechtswissenschaft zu befassen hatte. Und wie ein Ruck ging es durch die Fachöffentlichkeit: In der Rechtsliteratur, in juristischen Seminaren, in besonderen Arbeitskreisen, auf Konferenzen und bei Parlamentsanhörungen wurde plötzlich der Streit um die Anthropozentrik im Umweltrecht zum vieldiskutierten Thema. Kaum jemand, der nicht eine engagierte Meinung dazu hatte. 1987 erschien Christopher Stones vielbeachtetes Buch *Should Trees Have Standing?* in deutscher Übersetzung *(Umwelt vor Gericht)*, was die Diskussion zusätzlich stimulierte. Und 1988 wurde der «Verein für Umweltrecht» gegründet, ein Zusammenschluß von rund 150 Juristen und Sozialwissenschaftlern, die sich dem ökologischen Rechtsdenken verpflichtet fühlen.

Im selben Jahr kam es zur Gründung des ersten unabhängigen Instituts für Umweltrecht in Bremen, nachdem sich Rechtswissenschaftler jahrelang vergeblich bemüht hatten, dem Umweltrecht einen breiteren Raum an den juristischen Fakultäten zu verschaffen. Immer wieder hatte sich herausgestellt, daß Neuansätze im etablierten Wissenschaftsbetrieb der Universitäten nicht zu verwirklichen waren. Welche Rechtsfakultät hätte jemals ihre Türen zu Nachbardisziplinen geöffnet, um fächerübergreifende oder gar ökologische Forschung zu betreiben?

In der Initiative zum freien juristischen Öko-Institut fanden sich neben Praktikern HochschullehrerInnen und RechtswissenschaftlerInnen zusammen, die allesamt enttäuscht waren von der ökologischen Blindheit, die in den staatlichen Schulen des Rechts herrschte. Das Institut bot endlich den Rahmen, um praktisch und theoretisch am Konzept des ökologischen Rechts zu arbeiten. Finanzielle Unterstützung kam von Umweltverbänden, allen voran Greenpeace und Robin Wood. Eigene Publikationen wurden herausgegeben, darunter eine Schriftenreihe, ein Informationsdienst und die *Zeitschrift für Umweltrecht*. Die Beratung von Umweltschutzinitiativen, Gemeinden und Verbänden wurde schon bald durch umfangreiche Seminarangebote erweitert. Größere Forschungsprojekte wurden z. B. für das deutsche Umweltbundesamt und für das Umweltprogramm der Vereinten Nationen (UNEP) durchgeführt. Und auch der Anstoß zur Robbenklage kam vom Institut für Umweltrecht, genauer, vom Geschäftsführer Hubertus Baumeister, der nicht nur bewundernswertes Organisationstalent, sondern dazu noch ein feines Gespür für politische Aktionen besitzt. Ihm war klar, daß im Sommer 1988 die Zeit reif war für eine großangelegte «strategische Symbolklage», wie er die Robbenklage nannte. Einerseits hatte kaum je ein Umweltthema die öffentlichen Gemüter so sehr bewegt wie das plötzliche Massensterben der Seehunde im Wattenmeer. Andererseits ließ der Diskussionsstand zur Ökozentrik nun eine breitere öffentliche und politische Debatte darüber zu, aufgrund welchen Grundverständnisses vom Verhältnis Mensch-Natur die Menschheit überhaupt noch Überlebenschancen hat.

Die Medien reagierten auf die Robbenklage wie erhofft: Die gesamte deutsche Presse berichtete. Der *Spiegel* widmete dem «Prozeß von rechtshistorischer Bedeutung» breiten Raum.[2] Die *Zeit* hielt die Nachricht von der bevorstehenden Klage «zugunsten der Robben und letztlich der Menschheit» für eine der ganz seltenen «Wendungen zum Besseren in Sachen Umwelt», die jedem Kind einleuchtete: «Die Gerichte müssen nun herausfinden, wes Geistes Kind wir sind.»[3] Den Beschluß des Verwaltungsgerichts Hamburg kritisierte Reinhard Merkel in der *Zeit* dann mit den Worten Shakespeares: «Ist dies schon Tollheit, hat es doch Methode.» Das Verdienst der Klage sah er darin, die völlige Unzulänglichkeit des anthropozentrischen Rechts mit dem Lösungsweg einer ökozentrischen Ethik konfrontiert zu haben. Merkels Wertung:

«Es ist zweifelhaft, ob die notwendige praktische Härte der juristischen Argumentation auf dem Flugsand metaphysischer Prämissen hinreichend Halt findet. Gleichwohl ist die Frage nach eigenen Rechten der Natur in der deutschen Jurisprudenz mit dem nötigen Nachdruck erst gestellt. (...) Bei Strafe des eigenen Untergangs ist die Menschheit zu einer radikal neu definierten Fürsorge aufgerufen.»[4]

In der Fachliteratur fand die Robbenklage mit Aufsätzen, Büchern und Dissertationen ebenfalls ein breites Echo. So sprach sich der Präsident des Umweltbundesamtes, Heinrich von Lersner, dafür aus, der Natur und insbesondere den Tieren eigene Rechte zuzuerkennen.[5] Kurze Zeit nach der Robbenklage wurde eine demoskopische Umfrage durchgeführt. Die erste Frage lautete: «Viele fordern jetzt eine ‹tierfreundlichere› Rechtsprechung. Ihrer Ansicht nach sollten Tiere, da sie Schmerz empfinden und Gefühle haben, einen besonderen Schutz genießen. Glauben Sie, daß – wie viele sagen – Tiere eine Seele haben?» 75,9% antworteten mit Ja. Die zweite Frage, ob für Tiere das gleiche Recht gelten solle wie für Menschen, bejahten 51,8%.[6]

Kein Zweifel, die juristische Aktion der deutschen Umweltverbände erbrachte den sichtbaren Beweis, wie sehr das neue Bewußtsein in politische und rechtliche Ausdrucksformen drängt und wie kraftlos ein Rechtssystem sein muß, das ökologischen (Rechts-)Argumenten nur die Floskeln überlebter Dogmatik entgegenzusetzen hat.

Auch der Staat reagierte – auf seine Weise. Den Robben versuchte er mit einer Reihe von Reparaturmaßnahmen zu helfen. In Verhandlungen mit der Industrie erreichte die Bundesregierung, daß die Verklappung von Dünnsäure Ende 1989 gestoppt wurde. Im November 1989 vereinbarten die Umweltminister der drei Nordsee-Anrainerstaaten – Niederlande, Deutschland und Dänemark – ein gemeinsames «Abkommen zum Schutz der Seehunde im Wattenmeer», das ein Jahr später unterzeichnet wurde. Umwelt-Staatssekretär Clemens Stroetmann erkannte, daß Gesundheitszustand und Bestand der Robben wichtige Indikatoren für die Qualität ihrer Umwelt seien, weil sie am Ende der Nahrungskette stünden und gegenüber Störungen ihres Lebensraumes sehr empfindlich seien. Konkret geschehen ist freilich nicht viel. Im Rahmen des Abkommens wurde die Überwachung der Robben verstärkt, ihr Wanderverhalten untersucht und ein Erhaltungs-, Hege- und Nutzungsplan ausgearbeitet. An die Ursachen ist man bisher jedoch nicht gelangt. Heute wird zwar nicht mehr Dünnsäure verklappt, aber Giftmüll wird weiterhin auf See verbrannt, und noch immer dient die

Nordsee als Mülleimer Europas. Würde der Abfall, der jedes Jahr in die Nordsee gespült wird, in Frankfurt am Main abgelagert werden, würde die Stadt unter einer 40 Meter hohen Müllschicht verschwinden.

Den Robben hat der Staat noch eine andere Aufwertung zuteil werden lassen. Tiere gelten nach heutigem Recht nicht mehr als Sachen. Im August 1990 verabschiedete der Bundestag ein «Gesetz zur Verbesserung der Rechtsstellung des Tieres im bürgerlichen Recht». Dem §90 des Bürgerlichen Gesetzbuches ist ein §90a angehängt worden: «Tiere sind keine Sachen. Sie werden durch besondere Gesetze geschützt. Auf sie sind die für Sachen geltenden Vorschriften entsprechend anzuwenden, soweit nicht etwas anderes bestimmt ist.» Praktisch bleibt damit das Tier zwar wie eine Sache der Verfügungsgewalt des Eigentümers unterworfen, auch wenn es nun im Vergleich zu einem Fernsehapparat ein paar Privilegien (im Schadensersatzrecht, Gewerberecht und Pfandrecht) hinzugewonnen hat. Theoretisch aber zeigt die Abschaffung der Sacheigenschaft an, daß der Gesetzgeber dabei ist, die riesige Kluft zwischen Rechtlosigkeit der Natur, zumindest der Tiere, und ökologischer Ethik allmählich zu schließen.

b. Erste Schritte zur ökologischen Verfassung

Mit den Schlagworten «Naturstaat» und «Umweltstaat» wird seit einiger Zeit die Forderung verbunden, den modernen Rechts- und Sozialstaat auf eine neue Ebene zu heben. Der Staat hat demnach nicht mehr nur die Aufgabe, das soziale Miteinander der Menschen zu organisieren, sondern auch die Verantwortung des Menschen gegenüber der Natur. Die soziale Dimension soll um die ökologische erweitert werden.

Philosophen (wie Klaus Michael Meyer-Abich), Staatsrechtler (wie Michael Kloepfer) und Politiker (wie Hans-Jochen Vogel) benutzen damit Begriffe, die es vor fünf Jahren noch gar nicht gab. Mit dem «Naturstaat» oder «Umweltstaat» ist ein neuer Begriff in die Umgangssprache eingeführt worden, der zu einem neuen Selbstverständnis staatlicher Aufgabenstellung anregen soll. Die damit verbundenen konkreten Vorstellungen nehmen sich bisher allerdings recht bescheiden aus. Michael Kloepfer z. B. versteht unter dem Umweltstaat einen Staat, der den Umweltschutz zu einem wichtigen Anliegen macht. Die Verfassung soll den Umweltschutz als Staatszielbestimmung festschreiben und damit den Stellenwert des Umweltschutzes in der Gesetzgebung und beim Gesetzesvollzug verbessern. Auf welche Weise dies im einzelnen geschehen soll, darüber schweigen sich Staatstheoretiker weitgehend aus. Mehr als das Standardbekenntnis zur Staatszielbestimmung Umweltschutz oder (seltener) zu einem Grundrecht auf Umweltschutz ist in der Literatur kaum zu finden. Es ist auch nicht übertrieben, daß es heute keinen Verfassungsjuristen oder -politiker mehr gibt, der nicht wenigstens dafür ist, dem Umweltschutz hohen Verfassungsrang zu geben. Auf das Wie kommt es jedoch an, und damit ist mehr gemeint als das rechtstechnische Problem einer Grundgesetzänderung. Meyer-Abich definiert den «Naturstaat» als Ausdruck eines grundsätzlich gewandelten Bewußtseins. Nicht der Verfassungstext ist entscheidend, sondern die allgemeine Überzeugung, daß Gesellschaft und Staat einer nicht-anthropozentrischen Ethik folgen. Erst daraus können verfassungsrechtliche Konsequenzen gezogen werden.[7]

Unbestritten ist die Verfassungsebene das zentrale Feld der Auseinandersetzung um gesellschaftliche Wertorientierungen. Nirgendwo sonst bietet sich eine vergleichbare Ebene, auf der sich Werte und Leitprinzipien einer Gesellschaftsordnung so deutlich zeigen wie auf der Ebene der Verfassung. Dies liegt vor allem daran, daß die Verfassung den größtmöglichen Konsens einer pluralistischen Gesellschaft verkörpern soll. Gewisse Grundprinzipien müssen außerhalb des politischen Streits stehen, um ein Gemeinwesen organisieren zu können. Eine andere Frage ist natürlich, ob die Verfassung das geeignete Instrument ist, um den Paradigmawechsel voranzutreiben. Was nützen eindrucksvoll formulierte Verfassungstexte, wenn sie die gesellschaftliche Wirklichkeit nicht reflektieren und deshalb Hohlformeln bleiben? Ist mit Hilfe von Verfassungen – ob geschriebenen oder ungeschriebenen wie in manchen angelsächsischen Ländern – überhaupt mehr zu erreichen als die Festlegung eines Minimalkonsenses nach dem Motto: «Wir sind für Gerechtigkeit und Freiheit, was das bedeutet, bleibt der gesellschaftlichen Realität überlassen»?

Solchen Fragen widmet sich die Verfassungstheorie. Ihre Aufgabe ist, den Sinn einer Verfassung zu klären und danach zu fragen, ob es einen einheitlichen Verfassungsbegriff gibt, der allen organisierten Gesellschaften zugrunde liegt. Wie bei allen Grundfragen gesellschaftlicher Theorie gibt es auch in der Verfassungstheorie keine einheitlichen Antworten. Auf einen kurzen Nenner gebracht, stehen sich zwei Lager gegenüber: Die (ältere) Schule des Rechtspositivismus versucht, aus den unterschiedlichen Vorstellungen über Freiheit und Gerechtigkeit einen Grundkonsens zu destillieren, der als Verfassung verbindliche Gesellschaftsnorm wird. Verfassung gilt dann als Verfassungsgesetz, das Veränderungen in der Gesellschaft überdauern soll. Carl Schmitt und Ernst Forsthoff waren die führenden Vertreter dieser rechtspositivistischen Schule. Die eher auf Sozialwissenschaft beruhende moderne Verfassungstheorie lehnt dagegen ein solchermaßen statisches Verfassungsgebilde ab. Sie geht davon aus, daß die Verfassung eines Staates nicht die ganze Lebenswirklichkeit erfassen kann, sondern nur einen Teilaspekt davon. Im wesentlichen die Begrenzung politischer Macht. Da dieser Teilaspekt jedoch von Gesamtgefügen sozialer Beziehungen abhängt, kann die Verfassung nicht völlig autonom sein. Ihre Eigenständigkeit beschränkt sich darauf, Programmaussagen zu machen und auf Integration hinzuwirken. Dieser moderne verfassungstheoretische Ansatz wird deshalb auch Integrationslehre genannt.

Eine wichtige Konsequenz dieser Lehre ist das Bild einer dynamischen Verfassung, die teilweise von (statischen) Textformulierungen und teilweise von (variablen) gesellschaftlichen Vorstellungen bestimmt wird. Es gibt daher keinen wirklichen Unterschied zwischen Verfassungsänderung und Verfassungswandel. Was im Verfassungstext steht oder nicht, ist für sich genommen unerheblich. Ihren Sinn bekommen Verfassungsnormen erst in dem Maße, wie sie gesellschaftlich verstanden und akzeptiert werden. Erst die Einheit von Text und Interpretation macht also den Gehalt einer Verfassung aus. Und nicht nur Juristen haben die Aufgabe der Verfassungsinterpretation: Wir leben in einer «offenen Gesellschaft der Verfassungsinterpreten»[8].

Den meisten westlichen Staaten liegt heute mehr oder weniger das Bild einer Verfassung als offenes, dynamisches System zugrunde. Es wäre von daher ganz unangebracht, auf die Weisheit der Juristen und allein darauf zu hoffen, daß eines Tages auch das Thema «Ökologie» Einzug in das Verfassungsleben hält. Dies ist längst geschehen. Die Frage kann nur lauten, ob und wie sich gesellschaftliche Vorstellungen in konkreten Textformulierungen niederschlagen und wie diese allgemein verstanden werden. Was sich daher als Grundlage aller staatlichen Macht darstellt, ist nichts anderes als das ständige Zusammenwirken von Verfassungsnormen und öffentlicher Meinung. Im Extremfall kann eine Verfassung, um sich zu «ökologisieren», sogar ganz ohne Textänderungen auskommen, falls sich das gesellschaftliche Bewußtsein entsprechend geändert hat. Und umgekehrt nützt die reichliche Verwendung ökozentrisch klingender Terminologie gar nichts, wenn das gesellschaftlich vorherrschende Bewußtsein weiterhin anthropozentrisch ausgerichtet ist.

Dieses hier nur skizzierte verfassungstheoretische Verständnis ist grundwichtig, um die Veränderungen zu verstehen, die sich auf der Ebene von Verfassungen gegenwärtig vollziehen. In vielen neueren Verfassungen der Welt wird der Umweltschutz ausdrücklich angesprochen. Als erster europäischer Staat hat die *Schweiz* 1971 einen Artikel 24 in ihre Bundesverfassung eingefügt, der «den Schutz des Menschen und seiner natürlichen Umwelt gegen schädliche oder lästige Einwirkungen» als Kompetenz des Bundes nominiert. Allerdings ist damit noch keine Verpflichtung im Sinne einer Staatszielbestimmung verbunden. Die Schweiz strebt jedoch eine Totalrevision ihrer Verfassung an, zu deren Vorbereitung auch eine breit geführte Diskussion um Grundrechte der Natur, um die Grundpflichten des Menschen gegenüber der Natur und die Verantwortung des Staates für die Natur gehört. Bedeutende Verfassungsrechtler wie Peter Saladin und Jörg Paul Müller haben sich hierfür besonders eingesetzt. Der Schweizer Jurist Jörg Leimbacher zeigt in seinem Buch *Die Rechte der Natur* (1988) die verzweigten rechtsdogmatischen Probleme auf, die bei einer Verankerung des Existenzrechts der Natur in Verfassung, Gesetzen und Verfahren zu bewältigen sind. Er kommt zu dem Schluß, daß all diese Probleme ohne zu großen intellektuellen und organisatorischen Aufwand lösbar sind. Die Rechtsordnung hat sich im Laufe der Geschichte ständig an veränderte gesellschaftliche Realitäten anpassen müssen, sie ist dabei stets pragmatisch und flexibel verfahren. Auch im Fall der Rechte der Natur scheint dies möglich, weil sie auf ein sich bereits änderndes Verständnis vom Verhältnis des Menschen zur Natur stoßen. Schwierigkeiten vermutet Leimbacher eher in Form von politischen Widerständen. Immerhin geht es um nicht weniger als um die (Selbst-)Bindung einer Gesellschaft, deren Antriebskräfte naturausbeutend sind. Auch diese Widerstände sind aber nicht unüberwindbar, weil sie sich aus den bestimmenden gesellschaftlichen Verhältnissen ergeben.

Wie gesellschaftliche Verhältnisse verändert werden, dafür bietet das 20. Jahrhundert mit seiner wechselvollen Entwicklung kapitalistischer und sozialistischer Herrschaftsformen anschauliche Beispiele. Der Kampf um die Menschenrechte hat dabei eine große Rolle gespielt. Leimbacher sieht daher den Kampf für die Rechte der Natur und den Kampf für die Rechte des Menschen eng verklammert: «Beide, Mensch und Natur, unterliegen grundsätzlich den gleichen Zwängen; es sind dieselben Mechanismen, die zur Unterdrückung von Mensch und Natur – Ressource der eine wie die andere – führen. Der Einsatz für die Rechte (...) der Natur bietet insofern eine doppelte Chance: Zum einen könnten die Menschen, könnte die Gesellschaft die Natur – auch zu ihrem eigenen Vorteil – besser vor sich selber schützen, und zum anderen würden wir mit dem Kampf gegen die Zwänge, denen die Natur zum Opfer fällt, gleichzeitig an unserer eigenen Befreiung arbeiten.»[9] Der hier anklingende Gedanke, daß es bei der Befreiung der Natur gleichzeitig um die Befreiung des Menschen geht, wird uns im weiteren Verlauf unserer Betrachtung noch mehrfach begegnen. Er ist typisch für ökozentrisches Denken. Nicht Natur *oder* Mensch macht den Unterschied zwischen Ökozentrik und Anthropozentrik aus, sondern Natur-Mensch-Dialektik im Unterschied zur Natur-Mensch-Trennung. Vorwürfe des anthropozentrischen Denkens, die ökozentrische Alternative ziele auf einen «Vorrang der Natur», gehen deshalb ins Leere.

Während in der Schweiz die Diskussion über eine ökologische Fundierung der Verfassung – gerade wegen der bescheidenen Aussagen in der geltenden Fassung – im Vordergrund steht, ist die Situation in etlichen europäischen Ländern anders. Beispielsweise hat *Österreich* 13 Jahre nach der Schweiz eine Verfassungsänderung vorgenommen, die inhaltlich weiter reicht. In § 1, Absatz 1 des Bundesverfassungsgesetzes vom 27. 11. 1984 ist der Umweltschutz als Staatszielbestimmung aufgenommen worden: «Die Republik Österreich (...) bekennt sich zum umfassenden Umweltschutz.» Die Erhaltung der natürlichen Lebensgrundlagen ist danach eine der zentralen Aufgaben des Staates. Die rechtlichen und praktischen Folgewirkungen werden aber als nicht sehr durchschlagend eingeschätzt. Kritische Beobachter meinen, daß die Regelung und der Vollzug des Umweltschutzes in Österreich durch die Verfassungsänderung von 1984 kaum berührt wurden. Der Staat hätte auch ohne besondere Festlegung auf ein Staatsziel «Umweltschutz» die Gesetzgebung so betrieben, wie er es getan hat. Offenbar ein weiterer Beleg dafür, daß Verfassungstexte nur einen – unter Umständen sogar geringen – Teil der Verfassungsrealität ausmachen.

Andere Verfassungen sehen den Umweltschutz teils als Staatsziel, teils als Grundrecht und Grundpflicht vor. Beispiele sind die Verfassungen *Griechenlands* vom 9. 6. 1975 (Artikel 24), *Portugals* vom 2. 4. 1976 (Artikel 9 und 66), *Spaniens* vom 29. 12. 1978 (Artikel 45), der *Türkei* vom 7. 11. 1982 (Artikel 56) und der *Niederlande* vom 17. 2. 1983 (Artikel 21). Selbst wenn Festlegungen auf eine Verantwortung für die Natur im Grundrechtsteil einer Verfassung getroffen werden, wie das im Fall Spaniens geschehen ist, lassen sich daraus nicht notwendigerweise einklagbare subjektive Rechte ableiten. Gerade südeuropäische Verfassungsnormen haben eher programmatischen Charakter als den von verbindlichen Rechtsnormen. Das gilt erst recht für die Verfassungstradition in sozialistischen Ländern. Der Staat läßt sich durch selbstgesetzte Verfassungsartikel nicht in irgendeiner Weise binden. Entsprechende Aussagen über die Bedeutung des Umweltschutzes in den Verfassungen der *DDR* von 1968, *Polens* von 1977 und der *Sowjetunion* von 1977 blieben daher Rechtsprosa ohne verbindlichen Gehalt. Einer der führenden sowjetischen Rechtsgelehrten, Oleg Kolbassow, verfaßte z. B. schon 1976 ein Lehrbuch für Umweltrecht[10], in dem er die fundamentale Bedeutung der Ökologie für die sozialistische Gesellschaft in der UdSSR immer wieder betont. Unkritisch gelesen, mutet seine Darstellung des Verfassungs- und Umweltrechts wie die Beschreibung eines ökologischen Gesellschaftsrahmens an. Die Wirklichkeit sah anders aus, wie die Menschen in den vielen ökologischen Notstandsgebieten Osteuropas bezeugen können. Als Kolbassow sein emphatisches Buch veröffentlichte, hatte die Sowjetunion bis dahin nicht einmal annähernd soviel Geld für Umweltschutz ausgegeben wie allein für die Beseitigung der Folgen des Reaktorunfalls von Tschernobyl.

Erst ab 1985 wurde im Zeichen der Perestroika etwas erkennbar, das man die «Herausbildung eines neuen ökonomischen und ökologischen Denkens» nennen könnte.[11] Eine Vorreiterrolle für konkret ökologische Programme übernahm die Republik *Litauen*. Dort wurde Ende der achtziger Jahre ein komplexes Schema zum ökologischen Umbau Litauens bis zum Jahr 2000 erarbeitet. Das Schema ist als ein «Zielbaum» dargestellt, in dem jedes Ziel, das wie ein Ast Bestandteil des Baumes ist, und dessen Teilziele, die kleineren Zweige, mit dem Stamm und dessen Wurzelwerk verbunden sind. Das ökologische Konzept der Nachhaltigkeit und der Verantwortung gegenüber der Natur bildet den Boden, aus dem der Zielbaum seine Nahrung zieht.[12]

In *Deutschland* hat mehr als die Hälfte der heute 16 Bundesländer den Umweltschutz in ihre Verfassungen aufgenommen. Die einschlägigen Artikel sind meist als staatliche Aufgaben oder Zielbestimmungen formuliert. Im Grundgesetz des Bundes fehlt dagegen jede Bezugnahme auf Umwelt oder Ökologie. Verfassungsrang hat bisher eher das Gegenteil. Dem Staat ist nach Artikel 109 des Grundgesetzes die Erhaltung des gesamtwirtschaftlichen Gleichgewichts aufgetragen, wozu nach herrschender Meinung die Verpflichtung zur wirtschaftlichen Wachstumsvorsorge gehört. Die ökologische Abstinenz des Grundgesetzes kann aber ebensowenig als Beweis völliger Ökologieblindheit der Verfassung genommen werden, wie umgekehrt die Erwähnung von Umweltschutzbestimmungen kein sicherer Hinweis auf eine ökologische Färbung der Verfassung ist. Entscheidend ist stets und ausschließlich das oben beschriebene Verfassungs*system*, also das Beziehungsgeflecht von Verfassungsnormen und ihrer Interpretation.

Vor diesem Hintergrund lohnt es, gerade die neuere deutsche Verfassungsentwicklung näher zu betrachten. Die schier endlosen Debatten um Grundrechte, Grundpflichten und Staatszielbestimmungen haben bisher zwar zu keiner Grundgesetzänderung geführt, wohl aber zu einer Akzentverschiebung von der Anthropozentrik zur Ökozentrik, die auf lange Sicht die Entscheidungsgrundlagen aller staatlichen Tätigkeit radikal verändern wird.

Das «Trojanische Pferd» der Ökozentrik ist 1987 in die Debatte gekommen. Bis dahin gab es nur ein Hin und Her zwischen Versuchen, ein «verfassungsmäßig abzusicherndes Recht auf eine menschenwürdige Umwelt» zu schaffen, wie es Bundeskanzler Willy Brandt schon 1973 in seiner Regierungserklärung angekündigt hatte, und Versuchen, den Staat auf eine Verpflichtung zum Umweltschutz festzulegen.

In der ersten Phase ist zunächst das Grundrecht auf eine gesunde Umwelt gründlich zerredet worden. Danach sprach im Bundestag außer den Grünen niemand mehr davon. Die Übermacht industrie- und wachstumshöriger Politiker und Juristen beendete die Diskussion, nachdem sie erkannt hatte, wie gefährlich ein direkt einklagbares Recht auf gesunde Umwelt für das System werden könnte. Der Kölner Staatsrechtler Klaus Stern nannte in seiner Stellungnahme zur Anhörung im Rechtsausschuß des Bundestages am 14.10.1987 noch einmal die Hauptargumente gegen das grüne Umweltgrundrecht: «Umfassender Gerichtsschutz für jedermann durch mehrere Instanzen bis zum Bundesverfassungsgericht; Konflikte mit Freiheitsrechten; zu langwierige Prozesse. Ein Umweltgrundrecht wäre seiner Struktur nach neben abwehrrechtlichen Gehalten vor allem ein umfassendes Leistungsrecht, das strukturell nur schwer in das Grundrechtssystem eingepaßt werden könnte. Es würde unerfüllbare Hoffnungen wecken; (...) ihm fehlte die Vollzugsreife. Von einer Grundrechtslösung ist daher dringend abzuraten.»[13] In der Tat ging und geht es den Grünen (bzw. dem Bündnis 90) darum, den (umwelt-)zerstörerischen Charakter des Industriestaates in

Verwaltungs- und Gerichtsverfahren zum Thema zu machen. Ein Umweltgrundrecht könnte dazu gute Dienste leisten. Dennoch ist Klaus Stern – freilich aus ganz anderen Gründen – zuzustimmen: Ein Grundrecht paßt nicht in das Grundrechtssystem und würde unerfüllbare Hoffnungen wecken. Es paßt deshalb nicht, weil es als Individualrecht den anthropozentrischen Duktus noch verstärken würde, und weckt unerfüllbare Hoffnungen, weil ökologische Ganzheit mit anthropozentrischer Reduktion nicht zu erreichen ist.

Die zweite, noch andauernde Phase ist die Idee der Staatszielbestimmung. Der 1987 dazu vorgelegte Gesetzesentwurf des Bundesrates sieht vor, nach Artikel 20 den folgenden Artikel 20a ins Grundgesetz einzufügen:

> *Artikel 20a, Absatz 1:* Die natürlichen Lebensgrundlagen des Menschen stehen unter dem Schutz des Staates.
> *Absatz 2:* Bund und Länder regeln das Nähere in Gesetzen unter Abwägung mit anderen Rechtsgütern und Staatsaufgaben.

Die Aussage dieser Sätze gleicht der Weisheit: «Wenn der Hahn kräht auf dem Mist, ändert sich das Wetter, oder es bleibt, wie es ist.» Rechtlicher Gehalt steckt in ihnen nicht. Und so wurde der Entwurf nicht nur von den Oppositionsparteien, sondern auch von der großen Mehrzahl der deutschen Verfassungsjuristen von Anfang an als nichtssagende Leerformel kritisiert, die höchstens Alibifunktion hat. Stellvertretend für viele drückte der Göttinger Staatsrechtler Dietrich Murswiek aus, worin das Dilemma besteht: Entweder will man dem Umweltschutz den Stellenwert geben, den er angesichts der ökologischen Krise braucht, dann ist eine wesentliche Verfassungsrevision nötig, die auch vor der Überwindung der anthropozentrischen Perspektive nicht zurückschreckt, oder man will es nicht, dann kann man sich die Mühe von Grundgesetzänderungen sparen. «Alle bislang vorgelegten Entwürfe», so mit Recht Murswiek, «lassen die entscheidende umweltpolitische Frage, nämlich die Lösung des Konfliktes mit anderen Allgemeininteressen, offen.»[14]

Die SPD stellte dem von der CDU/FDP-Koalition mitgetragenen Bundesratsentwurf einen Vorschlag entgegen, der wesentlich gehaltvoller ist. Er ist Ergebnis einer innerparteilichen Neuorientierung der Jahre 1986/87, an der der SPD-Politiker und Naturphilosoph Klaus Michael Meyer-Abich großen Anteil hatte und die sich im Anschluß an einen rechtspolitischen Kongreß der SPD vollzog.[15]

Der Formulierungsvorschlag der SPD lautete: «Die natürlichen Lebensgrundlagen stehen unter dem besonderen Schutz des Staates.» Die eine Stoßrichtung ist die einer herausgehobenen Staatsaufgabe («besonderer Schutz»), wodurch Umweltbelangen eine gewisse Vorrangstellung gegenüber anderen allgemeinen Belangen eingeräumt wird. Auch der Verzicht auf den Gesetzgebungsvorbehalt des Absatzes 2 im Bundesratsentwurf soll zu dieser Vorrangstellung beitragen. Die andere Stoßrichtung wird, wenn auch zunächst kaum sichtbar, durch das Weglassen des Zusatzes «des Menschen» signalisiert. Hinter dem Weglassen dieser beiden harmlosen Worte verbirgt sich der Paradigmawechsel! Ob die Natur einen eigenen Wert hat oder nur einen Wert für den Menschen, war Streitpunkt der gesamten vorausgegangenen ethisch-theologischen Diskussion. Der Vorschlag vom 18.2.1987 zielte darauf ab, den Schutz der natürlichen Lebensgrundlagen auch unabhängig vom Nutzungsinteresse des Menschen zu betreiben. Ein halbes Jahr später fügte dann die Bundestagsfraktion der Grünen ihrer Umweltgrundrechtsidee einen Gesetzesentwurf hinzu, der den Artikel 20, Absatz 1 um folgende Sätze erweitern soll:

> Die natürliche Umwelt steht als Lebensgrundlage des Menschen und um ihrer selbst willen unter dem besonderen Schutz des Staates. Bei Konflikten zwischen ökologischer Belastbarkeit und ökonomischen Erfordernissen ist den ökologischen Belangen der Vorrang einzuräumen, wenn andernfalls eine erhebliche Beeinträchtigung der natürlichen Umwelt droht.

Zur Diskussion standen damit ein anthropozentrisch und zwei ökozentrisch konzipierte Gesetzesentwürfe. Als es am 14. 10. 1987 zur öffentlichen Anhörung im Rechtsausschuß des Bundestages kam, prallten zum ersten Mal in der deutschen Verfassungsgeschichte zwei unterschiedliche Paradigmen aufeinander.[16]

Den beteiligten Sachverständigen dürfte dies allerdings kaum bewußt gewesen sein. Mehr noch: Sie waren der Schwierigkeit ihrer Aufgabe nicht gewachsen, wie einige Teilnehmer im Verlauf der Diskussion unumwunden zugaben. Eingeladen waren nämlich – mit einer einzigen Ausnahme – nur Juristen, darunter 14 Rechtsprofessoren, mehrere Anwälte und die Vertreter juristischer Fach- und Standesorganisationen. Kritik an derartiger Einseitigkeit wurde von vielen gesellschaftlichen Gruppen geübt, darunter den beiden großen christlichen Kirchen. Der

Ausschuß verteidigte sich damit, daß es primär um rechtliche Fragen im Zusammenhang mit der neuen Staatszielbestimmung gehen solle und daher nur Juristen eingeladen worden seien.

Im Mittelpunkt der Anhörung stand die Frage, ob die Natur einen Eigenwert habe und ob sie um ihrer selbst willen zu schützen sei. Die Äußerungen der meisten Teilnehmer zeigten, wie schwer sich Juristen mit Begriffen tun, die ihnen nicht vertraut sind. So befürchtete der Münsteraner Rechtsprofessor Werner Hoppe, daß bei einem Schutz der Natur um ihrer selbst willen «anderweitige zentrale Existenzvoraussetzungen des Menschen» zurücktreten müßten. Sein Berliner Kollege Albrecht Randelshofer meinte, man dürfe nicht die Natur schonen, wenn dies den Interessen des Menschen widerspreche. Der Heidelberger Professor Hans Schneider erboste sich: «Sollen wirklich die natürlichen Lebensgrundlagen von Brennesseln, Quecken und anderen Unkräutern, von Maden, Raupen und anderen Schädlingen einen Schutz im Grundgesetz finden? Ja, gewiß: Die Flöhe und Wanzen gehören auch zum Ganzen. Da lobe ich mir doch die vom Bundesrat benutzte Fassung: ‹ . . .die natürlichen Lebensgrundlagen des Menschen›.» Der Erlanger Professor Walter Leisner sorgte sich um die Errungenschaften des aufgeklärten Rechtsstaates. Ob man denn zum Thing in den germanischen Wäldern zurückwolle oder zur Versammlung teutscher Jünglinge in den Auen der Romantik, fragte er. Einen Schutz der Natur an sich hielt er schlicht für verfassungswidrig, weil nach der Grundsatzentscheidung des Artikels 1, Absatz 1 die Würde des Menschen höchstes Rechtsgut sei und daher der Mensch «keine anderen Götter neben sich» dulde. Was Leisner politisch befürchtete, sagte er gleich dazu: «Umweltschutz ist kein willkommener Anlaß für Sozialpolitik gegen das Eigentum, kein Hebel der Umverteilung.»

Immer wieder wiesen die Anhänger der Anthropozentrik auf den «Aberwitz» hin, das Leben der Lurche auf eine Stufe mit dem Leben der Menschen zu stellen. Und wie es denn mit Pocken, Cholera und der Pest stünde, wollte der Göttinger Professor Dietrich Rauschning wissen. Bei einem Gebot, die Natur um ihrer selbst willen zu schützen, bestünden doch wohl verfassungsrechtliche Zweifel, ob man solche Seuchen noch bekämpfen dürfe.

Eine andere Gruppe von Sachverständigen argumentierte moderater. Im Sinne einer «gemäßigten» Anthropozentrik plädierte sie dafür, nicht die gesamte Biosphäre zu schützen, sondern nur «die auf den Menschen bezogene» (Klaus Stern), oder unter natürlichen Lebensgrundlagen des Menschen die gesamte Erde als «Schöpfung» (Erhard Denninger) zu verstehen. Andere meinten, es gäbe eigentlich gar keinen Unterschied zwischen Anthropozentrik und Ökozentrik, weil letztlich der Mensch allein entscheide. Wieder andere hielten es für völlig egal, aus welchen Gründen die Umwelt geschützt werde, Hauptsache, sie wird geschützt.

All solchen Argumenten konnten die Vertreter des ökozentrischen Ansatzes nur ihre völlig andere Sicht entgegenhalten. Der Oldenburger Professor Götz Frank stellte dazu fest, daß der anwesende staatsrechtliche Sachverstand offenbar eingesetzt werde, um politische Absichten zu verschleiern. Tatsächlich blieb das, worum es eigentlich ging, unausgesprochen. Hinter dem vordergründigen Gerangel um Rechtsbegriffe schimmerte die wahre Dimension der Auseinandersetzung nur durch. Immerhin aber war nun die ethisch-theologisch-weltanschauliche Debatte, auf die sich Juristen traditionell nicht einlassen, unvermeidbar geworden. Daß Staats- und Rechtswissenschaft ungeheuer viel aufzuarbeiten hatten, zeigte sich nicht nur an der Verständnislosigkeit, mit der die «Sachverständigen» der ökozentrischen Alternative begegneten. Die Alternative wurde von vielen noch nicht einmal bemerkt, so sehr waren sie von der eigenen Position überzeugt.

Die Anhörung beeinträchtigte eine ganze Kette von Begriffsverwirrungen. Mal wurde ein Anthropozentrik-Begriff gebraucht, der Menschsein schlechthin mit Anthropozentrik gleichsetzte. Danach kann es natürlich keine Alternative zu ihr geben. Mal wurde nur der blindwütige Naturzerstörer als anthropozentrisch empfunden. Vor diesem Hintergrund erscheint schon die Tatsache, daß Umweltschutz überhaupt betrieben wird, als Überwindung des anthropozentrischen Denkens. Und schließlich wurde auch ein dazwischenliegender Anthropozentrik-Begriff vertreten, dem es egal ist, ob die Natur einen Eigenwert hat oder nicht. Gerade diese Variante, die oft als «gemäßigte» oder «aufgeklärte» Anthropozentrik bezeichnet wird, verwischt die Grenzen, die zwischen dem anthropozentrischen und dem ökozentrischen Paradigma bestehen. Solange der vorherrschende Bewußtseinsmodus die Zugehörigkeit zur Natur nicht integriert hat, ist die Anerkennung einer Eigenwertigkeit nichtmenschlicher Natur unabdingbar. Dies ist der Kern des ökozentrischen Paradigmas, denn nur aus der Überwindung rein instrumenteller Wertsetzung kann sich eine Partnerschaft mit der Natur ergeben. Erst hieraus kann das integrierende Bewußtsein entstehen, um das es auch der «aufgeklärten» Anthropozentrik vermutlich geht. Der zweite Schritt kann auch hier nicht vor dem ersten getan werden.

In den nachfolgenden Kapiteln werden die einzelnen Aspekte des ökozentrischen Paradigmas entwickelt, weil nur so die Konturen des ökologischen Rechtsstaates deutlich werden. Durchaus verständlich ist in diesem Zusammenhang, daß Juristen mit den Tiefenschichten der Eigenwert-These wenig vertraut sind. Das gleiche gilt nämlich für Philosophen, Theologen oder Psychologen, solange sie sich nur mit ihrer Fachdisziplin beschäftigen. Ein politischer Skandal dagegen ist es, wenn bei Grundfragen gesellschaftlicher und staatlicher Verantwortung so einseitig auf juristischen Sachverstand gesetzt wird wie im Fall der Anhörung zur Verfassungsreform.

Von den gesellschaftlichen Gruppen haben besonders die Kirchen immer vernehmlicher an die Tür der Verfassungspolitik geklopft. In einer gemeinsamen Erklärung riefen die evangelische und die katholische Kirche schon 1985 dazu auf, «das Verhältnis von Mensch und Natur von Grund auf zu überdenken». «Bloße Kurskorrekturen reichen längst nicht mehr aus. Wir müssen einsehen lernen, daß hinter der Umweltkrise letztlich unsere eigene Krise und unsere Unfähigkeit steht, in rechter Weise Verantwortung zu übernehmen.» In einer schriftlichen Stellungnahme zur Bundestags-Anhörung unterstützte die evangelische Kirche «alle Bemühungen, die eine anthropozentrische Engführung vermeiden wollen. Es kann nicht genügen, beim Umweltschutz lediglich die Lebensgrundlagen des Menschen im Blick zu haben. (. . .) Natur und Umwelt haben einen Eigenwert, den es für den Menschen zu respektieren gilt.» Ähnlich formulierte das Kommissariat der deutschen Bischöfe: «Die natürliche Umwelt ist mehr als die Lebensgrundlage des Menschen, sie besitzt in ihrer natürlichen Vielfalt als ein dem Menschen anvertrautes Gut einen Eigenwert jenseits aller Nützlichkeit und Funktion für den Menschen.»

In einer Gemeinsamen Erklärung von 1989 bekräftigten beide Kirchen noch einmal ihren Standpunkt: «Die evangelische und die katholische Kirche haben sich dafür ausgesprochen, in der Formulierung eines Staatsziels Umweltschutz nicht auf die natürlichen Lebensgrundlagen *des Menschen* abzustellen, sondern aus Verantwortung für die Schöpfung umfassender vom Schutz der natürlichen Grundlagen des Lebens oder vom Schutz der Natur und Umwelt zu sprechen. Die Kirchen erneuern und unterstreichen ihr Votum an dieser Stelle. Denn jede den Eigenwert des außermenschlichen Lebens nicht berücksichtigende

Formulierung des Staatsziels würde in der Zukunft geradezu als Vorwand dienen können, Eingriffe zu legitimieren, die im Interesse des Menschen und der Wahrung seiner Rechte jeweils für erforderlich gehalten werden, die Schöpfungswelt als Ganzes in ihrer lebensnotwendigen Vielfalt aber bedrohen (...). Bei jeder umweltpolitisch relevanten Entscheidung ist abzuwägen zwischen dem Nutzungsinteresse des Menschen und dem Eigenwert des betroffenen außermenschlichen Lebens; gerade auf die Nötigung zu dieser Abwägung kommt es an.»[17]

Die Jahre 1990/91 waren verfassungspolitisch von der Organisation der deutschen Einheit beherrscht. Die nun anstehende Verfassungsreform hat jedoch offenbar auch die Phantasie ökozentrisch denkender Köpfe beflügelt. Die neuen Vorstöße deuten an, daß der Bewußtseinswandel weitergeht: SPD und Bündnis 90/Grüne bekennen sich zu einer «Ökologisierung des Rechts», wie der Bremer Justizsenator Volker Kröning die Aufgabe der Verfassungsreform nennt. Das «Kuratorium für einen demokratisch verfaßten Bund Deutscher Länder» stellte 1991 einen Verfassungsentwurf vor, in dem der Staat auf eine ökozentrische Verpflichtung festgelegt wird. Artikel 20, der die Grundlagen staatlicher Ordnung regelt, soll lauten: «Der Bund deutscher Länder ist ein republikanischer *und ökologischer* Bundesstaat.» Und als Artikel 20a soll das Grundprinzip eines ökologisch verpflichteten Staates festgeschrieben werden: «Die natürlichen Lebensgrundlagen gegenwärtiger und künftiger Generationen stehen ebenso wie die Natur um ihrer selbst willen unter dem besonderen Schutz des Staates.» Das Bundesland Bremen brachte, ebenfalls 1991, einen ähnlichen Vorschlag in den Verfassungsrat des Bundesrates ein. Der 1. Absatz des Artikels 20 soll lauten: «Die Bundesrepublik Deutschland ist ein demokratischer und sozialer Bundesstaat. Die natürlichen Lebensgrundlagen stehen unter dem besonderen Schutz des Staates. Sein Handeln achtet die natürliche Mitwelt und schützt sie um ihrer selbst willen vor den Folgen freier Entfaltung des Menschen.» Die Bremer Verfassungsinitiative ist unter zwei Gesichtspunkten bemerkenswert. Sie geht zunächst über eine Staatszielbestimmung hinaus. Richtig erkennt sie, daß die gegenwärtige Rechtsordnung eine «höchst legale Grundlage ist, die den Menschen befugt, die Umwelt zu zerstören». Deshalb sei eine grundsätzliche Grenze für die Entfaltungsfreiheit des Menschen zu ziehen, die z. B. in Artikel 2, dem allgemeinen Persönlichkeitsrecht, ihren Ausdruck finden müsse. Bemerkenswert ist auch, auf welch positive Resonanz die umfassende Lösung mit Staatszielbestimmung und Grundrechtsschranken im Verfassungsrat stieß: Zehn Bundesländer stimmten für sie, sechs enthielten sich.

Solche Entwicklungen deuten auf eine neue Dynamik. Um so wichtiger wird es nun, eine breite gesellschaftliche Diskussion um eine ökozentrische Verfassung zu führen. Mit bloßer Verfassungsprosa ist das sicher nicht zu schaffen. Die Geschichte hat sogar gezeigt, daß einzelne Programmsätze und Staatsziele wegen ihrer Unverbindlichkeit eher der Selbstdarstellung von Regierungen dienen als wirklicher Rechtsverbesserung. Verfassungen mancher sozialistischer Staaten sind Beispiele dafür. Und schon der Weimarer Staat versprach in seiner Verfassung z. B. ein Recht auf Arbeit, hat aber Millionen von Arbeitslosen nicht verhindert. Der Berliner Rechtshistoriker Uwe Wesel hält deshalb nichts von reiner Verfassungslyrik: «Der Konstruktionsfehler des Umweltschutzes wird dadurch nicht beseitigt. Es ist ein Ablenkungsmanöver (...). Man wird noch einige Zeit darüber im Bundestag reden, sich um einzelne Formulierungen streiten, es dann beschließen und stolz verkünden, was man alles für den Umweltschutz getan hat.»

Die Ökologisierung der Verfassung vollzieht sich wesentlich umfassender. Genauso hat sich die Humanisierung der Verfassung umfassender vollzogen als durch Aufnahme einzelner Grundrechte. Im 18. und 19. Jahrhundert sind zahllose Menschen- und Bürgerrechtserklärungen abgefaßt worden – ohne Verfassungsrang und ohne Rechtsverbindlichkeit. Und doch würde niemand deren hohen Stellenwert für die Verfassungsentwicklung bestreiten. Der gleiche radikale Wandel wie hinter der Humanisierung der Verfassung muß bei der Ökologisierung der Verfassung gesehen werden. Daran sind alle Reformüberlegungen zu messen.

c. Menschenrechte – Mitweltrechte

Im Laufe der Polarisierung von Anthropozentrik und Ökozentrik hat sich herausgestellt, daß die gesamte Fassung des Grundgesetzes revisionsbedürftig ist. Dazu sind viele Schritte nötig.

Eine prinzipielle Möglichkeit besteht zunächst darin, dem Grundrecht des Menschen an der Nutzung der Natur, wie es sich in vielen Einzelgrundrechten (auf freie Entfaltung der Persönlichkeit, auf Eigentum, auf Gewerbefreiheit usw.) ausdrückt, eine *Grundpflicht gegenüber der Natur* an die Seite zu stellen. Grundpflichten sind dem Grundgesetz nicht unbekannt. Sie bestehen bisher aber nur im Verhältnis zwischen den einzelnen und der Allgemeinheit bzw. dem Staat. Beispiele sind die Erziehungspflicht, die Steuerpflicht, die Wehrpflicht. Noch allgemeiner postuliert das Grundgesetz eine generelle Pflicht zum Rechtsgehorsam sowie eine sogenannte Friedenspflicht, d. h. die Anerkennung des staatlichen Gewaltmonopols. Grundpflichten werden als Ausdruck einer elementaren Rechtspflicht der BürgerInnen gesehen, ohne die ein staatliches Gemeinwesen nicht funktionieren kann. Genauso ließe sich nun eine elementare Rechtspflicht gegenüber der Natur denken, ohne die ein «ökologisches Gemeinwesen» nicht funktionieren kann. Eine solche Grundpflicht setzt dem tendenziell naturausbeutenden Charakter bisheriger Grundrechtsfreiheit bestimmte Schranken. Genauer gesagt, sie konkretisiert die prinzipielle Freiheit, füllt sie mit Inhalt, indem sie die Einbindung des Menschen in natürliche Kreisläufe verdeutlicht. Denn erst aus dieser Einbindung kann sich menschliche Freiheit überhaupt entfalten.

Der Gedanke einer tiefen Verwurzelung menschlicher Existenz im Gesamtzusammenhang der Natur entspricht beobachtbarer Realität. Wir sind Teil einer lebendigen Welt. Was uns bisher allerdings fehlte, war das Bewußtsein einer «Einheit der Biosphäre und der Menschheit», wie es etwa Gregory Bateson so großartig beschreibt.[18] Der junge Karl Marx hatte in seinen Pariser Manuskripten darauf noch großen Wert gelegt: «Der Mensch lebt aus der Natur, dies bedeutet, daß die Natur sein Leib ist, mit dem er in ständigem Zwiegespräch bleiben muß, wenn er nicht sterben soll. Daß des Menschen physisches und spirituelles Leben mit der Natur verbunden ist, bedeutet einfach, daß die Natur mit sich selbst verbunden ist, denn der Mensch ist Teil der Natur.» Marx zog daraus den Schluß, daß Menschenrechte nicht länger als «das Recht des beschränkten, auf sich beschränkten Individuums»[19] verstanden werden dürfen.

Vor allem Ernst Bloch hat in seinem Hauptwerk, *Das Prinzip Hoffnung,* den utopischen, Zukunft vorwegnehmenden Gehalt der Marxschen Naturphilosophie nutzbar gemacht. Ein anderer Neo-Marxist, Herbert Marcuse, hat eine fundamentale Verpflichtung des Menschen gegenüber der Natur ausdrücklich damit begründet, daß «die Befreiung des Menschen für seine humanen Fähigkeiten untrennbar verknüpft ist mit der Befreiung der Natur»[20].

Aus der dialektischen Verbindung der Befreiung des Menschen und der Befreiung der Natur leiten sich sowohl das Existenzrecht der Natur als auch die menschliche Grundpflicht gegenüber der Natur ab. Beides wird in aktuellen Diskussionen vertreten. Der Schweizer Verfassungsjurist Peter Saladin z. B. stellt sich eine spezielle Grundpflicht zum «schonenden, bewahrenden Umgang mit der natürlichen Umwelt»[21] vor. Sein jüngerer Kollege Jörg Leimbacher verbindet Rechte der Natur mit entsprechenden Pflichten des Menschen. Er schlägt zunächst folgendes Existenzgrundrecht der Natur als Verfassungsnorm vor: «Das Recht der Natur auf ihre Existenz, auf ihr Da-Sein und So-Sein sowie auf ihre Entwicklungsmöglichkeiten, ist gewährleistet.»[22] Für die Grundpflicht entwickelt er eine allgemeine «Ökologiegrundpflicht», die er in verschiedenen Ausformungen einzelner Grundrechte konkretisiert. Politisch besonders brisant sind dabei die Konkretisierungen im Zusammenhang mit dem Eigentum und der Berufs- bzw. Handels- und Gewerbefreiheit.[23]

Wenn z. B. Eigentum nicht nur durch dessen Sozialpflichtigkeit, sondern zusätzlich durch eine Ökologiepflichtigkeit verfassungsrechtlich neu definiert wird, ist ein entscheidender Grundstein für eine ökologische Wirtschaftsordnung gelegt.

Dem Grundpflichten-Ansatz verwandt ist der Gedanke, der *Menschenwürde* (Artikel 1 des Grundgesetzes) als dem Zentrum aller Grundrechte eine umfassendere Bedeutung zu geben. Historisch ist das Prinzip «Menschenwürde» aus dem Kampf gegen soziale Diskriminierung und staatliche Allmacht entstanden. Es hat von daher Defensivcharakter. Die klassische Bedeutung der Menschenwürde und der Grundrechte insgesamt liegt auch heute noch darin, individuelle Abwehrrechte zu bilden. Nach heutiger Grundrechtstheorie besitzen einzelne Grundrechte zwar auch positiven Gehalt, etwa den Anspruch auf soziale und politische Teilhabe, im Vordergrund steht aber noch immer das Bild des autonomen Menschen, der sich zur Verwirklichung seiner Freiheit gegenüber seinen Mitmenschen – in Gesellschaft und Staat – «zur Wehr» setzen muß. Eine derart statische Vorstellung widerspricht indessen nicht nur unserer Alltagserfahrung, sondern auch der modernen Gesellschaftstheorie. Realitätsnäher ist sicher die Vorstellung vom bewegten, offenen, wandelbaren und sozialen Menschen.[24]

Nimmt man die ökologische Dimension hinzu, von der gerade die Gesellschaftstheorie heute so sehr bestimmt ist[25], so eröffnet sich die Chance nicht nur des Mitseins mit anderen Menschen, sondern ebenso mit der natürlichen Mitwelt zur Bestimmung des Menschen in der Welt zu rechnen. Danach ist es durchaus eine Frage der Würde des Menschen, wie wir mit Tieren, Pflanzen und der natürlichen Mitwelt umgehen. Meyer-Abich schlägt deshalb vor, dem Gebot der Unantastbarkeit der Würde des Menschen in Artikel 1, Absatz 1 folgendes anzufügen: «Die Würde des Menschen gebietet, die natürlichen Lebensgrundlagen zu pflegen und zu bewahren und den Eigenwert der natürlichen Mitwelt im Ganzen der Natur zu achten.»[26]

Entsprechend wäre ein umfassenderes Menschenbild dem allgemeinen *Persönlichkeitsrecht* in Artikel 2 zugrunde zu legen. Zum Recht auf freie Entfaltung der Persönlichkeit gehört die Rücksichtnahme auf die Rechte anderer, die verfassungsmäßige Ordnung und das Sittengesetz (Absatz 1). Da alle nachfolgenden Grundrechte im Lichte dieser Freiheitsbegrenzung zu verstehen sind, wäre die zusätzliche Rücksichtnahme auf den Eigenwert der Natur eine wichtige Direktive. Rechtstechnisch ließe sich denken, dem allgemeinen Persönlichkeitsrecht ein Eigenrecht der Natur zur Seite zu stellen. Die freie Entfaltung der Persönlichkeit wäre danach nur im Rahmen der vom Existenzrecht der Natur gezogenen Grenzen möglich.

Wie aber sind diese Grenzen zu ziehen? Stünden sich künftig Rechte von Menschen und Rechte von Tieren, Pflanzen und Ökosystemen gegenüber? Lebensrecht des Menschen gegen Lebensrecht der Mikrobe? Eine verbreitete Gewohnheit in der Eigenrechtsdiskussion besteht darin, Rechte der Natur als bloße Fortschreibung der Liste subjektiver Rechte mißzuverstehen. Nach den Sklaven, Frauen, Kindern und anderen diskriminierten Personengruppen sollen nun auch Tiere und Pflanzen mit Rechten ausgestattet werden? Der Politiker Otto Schily z. B. wehrte sich gegen solchen «kompletten Unsinn» mit juristischen Horrorvorstellungen wie dem Beispiel von der Mikrobe, die vor dem Pinneberger Amtsgericht nun wohl ihr Recht auf freie Entfaltung der Persönlichkeit einklage.[27]

Schily hält nichts von Eigenrechten der Natur, weil zwischen Mensch und Natur kein Rechtsverhältnis bestehen könne. Die Natur könne in einem Rechtsverhältnis nur indirekt vorkommen, insofern ein Mensch gegenüber einem anderen den Anspruch auf Erhaltung der Natur geltend macht. Als tieferen Grund dafür macht Schily geltend, daß der Mensch «in der Natur einen besonderen Rang einnimmt» und «gewissermaßen vom Prinzip her immer Vorrang gegenüber der Natur hat».

Dem Rechtshistoriker sind Beweisführungen solcher Art wohlvertraut. Im Kampf um Menschenrechte standen sich seit jeher Mächtige und Machtlose gegenüber. Und immer behaupteten die Mächtigen die

Unterschiedlichkeit der Menschen. Im alten Rom bestimmte der *pater familias.* Das heißt, in der Familie war nur der Vater Rechtsinhaber. Er entschied nach Belieben über seine Kinder, seine Frau und seine Sklaven. Sie waren machtlos und damit rechtlos. Im England des Mittelalters wurde den Juden Rechtspersönlichkeit abgesprochen, weil sie eine «gesonderte Ordnung» bildeten. Und noch in den demokratischen Vereinigten Staaten schien es «wesensfremd», Sklaven, Schwarzen, Frauen und Ausländern normale Menschen- und Bürgerrechte zuzubilligen. Christopher Stone gibt dafür eindrucksvolle Beispiele. Der Oberste Gerichtshof der USA sprach noch 1856 den Schwarzen «als einer untergeordneten und niederen Klasse von Lebewesen, die von der dominierenden Rasse unterworfen sind», jedes Bürgerrecht ab. 1854 führte das höchste Gericht von Kalifornien aus, daß Chinesen kein Recht hätten, in Strafverfahren gegen Weiße als Zeugen auszusagen, «weil sie einer Menschenrasse angehören, die die Natur als untergeordnet gekennzeichnet hat und die zu Fortschritt und intellektueller Entwicklung über einen bestimmten Punkt hinaus unfähig ist und zwischen die und uns die Natur einen unüberwindlichen Unterschied gestellt hat». Und 1874 wies ein Gericht im US-Bundesstaat Wisconsin eine Frau, die sich ihr Recht auf Ausübung eines juristischen Berufs erstreiten wollte, mit folgender Begründung ab: «Das Naturgesetz bestimmt und qualifiziert das weibliche Geschlecht dazu, die Kinder unserer Rasse auszutragen und zu nähren sowie das Heim zu versorgen. (...) Alle lebenslangen Berufe von Frauen, die mit diesen grundlegenden und heiligen Pflichten ihres Geschlechts nicht übereinstimmen, wie der Beruf des Juristen, sind Abweichungen von der natürlichen Ordnung. (...) Die besonderen Eigenschaften des Frauseins, die sanfte Anmut und die eilfertige Gefühlstätigkeit, die leichte Beeinflußbarkeit, Reinheit, Zartheit, die emotionalen Impulse, die Unterordnung des scharfen Verstandes unter das teilnehmende Empfinden, sind sicherlich nicht Qualifikationen für den gerichtlichen Streit. Die Natur hat die Frau ebensowenig für die rechtlichen Konflikte im Gerichtssaal gehärtet wie für die physischen Konflikte auf dem Schlachtfeld.»[28]

Stets wurde die Andersartigkeit der jeweilig diskriminierten Gruppe hervorgehoben, ein Bild gehegt, das sich vom Selbstbild der Mächtigen grundsätzlich unterschied. So konnte der Ruf nach Gleichstellung und Rechtsanerkennung beharrlich als abwegig, lächerlich oder unvorstellbar abgewiesen werden. Die zugrundeliegenden Denk- und Wertvorstellungen waren zu festgefügt, um eine Gleich-Berechtigung anzuerkennen. Wenn nun trotzdem der Kreis der Rechtsträger im Lauf der Geschichte mehr und mehr erweitert wurde, hat dies mit sozialem Wandel zu tun. Die Anerkennung von subjektiven Rechten spielt dabei allerdings eine wichtige Rolle. Sie ist im Prozeß gesellschaftlichen Wandels Anstoß und Ergebnis zugleich. Die amerikanische Rechtsprofessorin Elizabeth Schneider wies am Beispiel der Frauenemanzipation in ihrer Untersuchung zur *Dialektik von Rechten und Politik* (1986) nach, wie eng der politische Befreiungskampf mit dem rechtlichen verknüpft ist. Sie sieht den Einbruch in die Männerbastion «Recht» als einen der wichtigsten Erfolge der gesellschaftlichen Befreiung der Frau. «Der Kampf um Rechte kann sowohl Vehikel der Politik sein als auch eigene Versicherung darüber, wer wir sind und was wir wollen. Rechte können das sein, was wir aus ihnen machen und wie wir sie nutzen.»[29]

Nun würde gerade ein Otto Schily die Durchsetzung der Menschenrechte als wesentliche Errungenschaft und Aufgabe westlicher Aufklärung feiern. Gerade er hat sich als Rechtsanwalt und Politiker für die «Humanisierung» von Gesellschaft und Rechtsstaat besonders eingesetzt. Eine ökologische Perspektive kann dabei aber nicht stehenbleiben. Sie weiß, daß zur Befreiung des Menschen nicht nur die Befreiung der Frau, der Kinder, der Arbeitslosen und Andersdenkenden gehört, sondern ebenso die Befreiung der Natur. *Die Befreiung der Natur ist zum Schlüssel für die Befreiung des Menschen geworden.* Ohne sie bleibt der Mensch nicht nur weiterhin unfrei, sondern wird schon bald überhaupt nicht mehr sein. Die anthropozentrische Wertsetzung gegenüber der Natur, wie sie Schily und mit ihm die Mehrzahl von Politikern und Juristen noch vertritt, folgt dagegen dem gleichen Muster, das dem Entwicklungsprozeß der Menschenrechtsidee entgegenstand. Das Ungewohnte erschien als das Unvorstellbare. Eigene Denkbarrieren wurden auch dann noch aufrechterhalten, als die gesellschaftliche Realität schon eine andere war.

Aber ist nicht doch die Natur etwas ganz anderes als der Mensch? Es hat zwar – aus heutiger Sicht – erstaunlicher Bewußtseinsveränderungen bedurft, um den Kreis der Rechtsträger so zu erweitern, daß er alle Menschen gleichermaßen einschließt. Dennoch macht es keine größeren Schwierigkeiten mehr, sich eine Rechtsträgerschaft auch für die noch nicht geborenen Menschen vorzustellen. Der Fötus besitzt (bis zu einem gewissen Grade) das Recht, geboren zu werden. Sogar noch nicht gezeugtes menschliches Leben kann Träger von (Erb-)Rechten sein. Und für künftige Generationen wird heute vielerorts ein Recht auf Erhaltung der natürlichen Lebensgrundlagen erwogen. Im sozialen Gefüge sind umfassende subjektive Rechtsträgerschaften, selbst über Generationen hinweg, ohne weiteres vorstellbar. Kann dies aber auch für das ökologische Gefüge gelten, in dem der Mensch steht? Der Sprung zum nichtmenschlichen Teil der Natur scheint in der Tat gewaltig. Der Mensch *ist* von der Natur verschieden, daran besteht kein Zweifel. Und alle bisherigen Ausdehnungen von Rechtsträgerschaften auf andere Objekte als Menschen sind auf den Sozialbereich des Menschen beschränkt geblieben. Der Staat, die Kirche, Unternehmen, Vereine, Stiftungen sind zwar nicht natürliche, aber doch juristische «Personen», die eigene Rechte haben. Nur scheinbar sprengen sie den Rahmen strikt auf den Menschen beschränkter Rechtssubjektivität. Die Rechtsordnung hat sich bisher geweigert, die Ebene reiner zwischenmenschlicher Beziehungen zu verlassen und Rechtssubjektivität für andere als individuelle oder kollektive Gebilde gelten zu lassen.

Indessen ist die entscheidende Frage nicht, *ob* der Mensch von der Natur verschieden ist, sondern ob er von ihr *so sehr* unterschieden ist, daß die Vorstellung von ihrer Rechtssubjektivität absurd erscheint. Immerhin sind juristische Konstruktionen nie etwas anderes als Abbildungsversuche menschlicher Erfahrung. Solange die Erfahrung auf zwischenmenschliche Konfliktverhältnisse und die Notwendigkeit ihrer Steuerung beschränkt blieb, hatte die Selbstbeschränkung auf anthropozentrische Konstruktionen ihren guten Sinn. Seit aber klargeworden ist, daß Menschen sich nicht nur untereinander im Wege stehen können, sondern als Menschheit insgesamt sich sozusagen im Wege stehen, wird die Erfahrung eine andere. Der soziale Interessenausgleich wird zunehmend illusorisch, weil er auf dem Boden gigantischer Naturausbeutung ausgetragen wird. Was nützt der Ausgleich sozialer Interessen, der Versuch einer gerechten Aufteilung (noch) vorhandener Güter, wenn eben diese Güter unter der Hand verrinnen? Es gibt in der geltenden politischen und rechtlichen Philosophie keine Vorkehrung dafür, den Menschen vor sich selber zu schützen. Wir erkennen aber heute, daß unsere sozialen Interessen eine ökologische Komponente haben. Wenn wir weiterhin leugnen, daß die Rücksichtnahme auf die eigenen Interessen der Wälder, Flüsse, Ozeane, ja der natürlichen Umwelt insgesamt, für uns lebenswichtig ist, bleibt nichts mehr übrig, was noch Gegenstand rechtlichen Interessenausgleichs sein könnte. Die Realität ist nicht nur angesichts des dahinsiechenden Planeten eine andere geworden, sondern auch das Verhältnis zwischen Mensch und Natur wird heute anders gesehen als zu den Zeiten, in denen die Fundamente des Rechts gelegt wurden.

Die Rechte der Natur stellen keine bloße Erweiterung des Kreises subjektiver Rechte dar, sondern deren Neuordnung. Sie setzen das Recht der freien Entfaltung der Persönlichkeit – und damit die Grundrechte insgesamt – in einen neuen Kontext. Der neue Kontext ist der schon bei der Menschenwürde anklingende Gedanke, daß der Mensch sich erst im Bewußtsein seiner Zugehörigkeit zur Natur frei entfalten kann.

Vor diesem Hintergrund wäre es ganz abwegig, die Aufnahme des Existenzrechtes der Natur als eine Einladung an die Stechmücke oder den AIDS-Virus aufzufassen, nunmehr ihre Lebensrechte gegenüber dem Menschen einzuklagen. Weder soll der Stechmücke ihr Recht auf Menschenblut noch dem AIDS-Virus sein Recht auf freie Entfaltung seiner Persönlichkeit gesichert werden. Die Natur braucht keine Rechtstitel, weil nicht *ihr* Verhalten, sondern das des Menschen gesteuert werden soll. Allein dazu dienen die Rechte der Natur. Sie sind aus diesem Grunde auch nicht dazu da, gegen die Rechte der Menschen durchgesetzt zu werden. Die natürliche Umwelt verhält sich zum Menschen eben nicht wie die Ware zum Gewicht in den Schalen einer alten Kaufmannswaage. Eine solche Vorstellung könnte nur im anthropozentrisch-dualistischen Bewußtseinsmodus herumgeistern. «Die Forderung, der Natur Rechte einzuräumen, bringt demgegenüber zum Ausdruck, daß Natur im Sinne der natürlichen Umwelt des Menschen von einer Randbedingung zu einer inneren Bedingung menschlichen Zusammenlebens und seiner normativen Gestaltung geworden ist», schreibt der Rechtsphilosoph Helmut Holzhey.[30]

Das Existenzrecht der Natur hebt das Bewußtsein dieser «inneren Bedingung» in die Kategorien des Rechts. Zugleich wird damit das Verhältnis Mensch/Gesellschaft–Natur auf eine neue Stufe gehoben. Denn erstmals erkennt die Gesellschaft an, daß menschliches Dasein sich nur in seinem Naturzusammenhang entfalten kann.

Inhalte und einzelne Wirkungen der verfassungsmäßigen Rechte der Natur werden uns im abschließenden Teil des Buches noch beschäftigen. Hier kommt es nur darauf an, ihre prinzipielle Bedeutung für das neue Grundrechtsverständnis festzuhalten. Das Problem unkontrollierter Grundrechtsausübung zu Lasten der natürlichen Umwelt tritt in aller Schärfe auf, wenn der Mensch wirtschaftlich aktiv wird. In seiner Freiheit auf ungestörtes Handeln kann er sich auf die *Berufs- und Ge-*

werbefreiheit (Artikel 12) und die *Eigentumsgarantie* (Artikel 14) berufen. In allgemeinerer Form beschreiben die Artikel 2, Absatz 1, 12 und 14 die Garantie privater Unternehmensfreiheit und sind damit das Herzstück der kapitalistischen Wirtschaftsverfassung. Nach bisheriger Grundrechtslogik gilt die unbegrenzte Wirtschaftsfreiheit als Regel und staatliche Intervention als Ausnahme. Ökonomie und Ökologie sind streng getrennt, wobei der Ökonomie der volle Schutz individueller Grundrechtsfreiheiten zukommt und der Ökologie ein nicht weiter definiertes Allgemeininteresse. Umweltschutzmaßnahmen werden deshalb als – besonders zu rechtfertigende – Freiheitsbegrenzung des Individuums begriffen und nicht etwa als Voraussetzung zur Freiheitsverwirklichung. So kommt es, daß ein durchsetzbarer Anspruch auf Genehmigung technischer Produktionsanlagen selbst dann noch besteht, wenn erhebliche Umweltrisiken auf dem Spiel stehen. Es macht genehmigungsrechtlich im Prinzip keinen Unterschied, ob jemand eine gentechnologische Fabrik oder einen Bauchladen zum Schnürsenkelverkauf betreiben will. Stets gilt die wirtschaftliche Aktivität als grundsätzlich geschützt, und nur in dem Maße, wie konkrete Umweltgefahren nachgewiesen werden können, sind Bedingungen, Auflagen oder Verbote möglich. Die Beweislast hierfür trägt die Allgemeinheit, d. h. staatliche Genehmigungsbehörden, und nicht etwa derjenige, der Umweltrisiken hervorruft. Die Logik der Verfassung will es so.

Wenn wir an die weitreichenden Folgen denken, die aus dem verfassungsmäßigen Freibrief zur Nutzung der Natur entstehen, dann wird deutlich, daß hier der entscheidende Hebel angesetzt werden muß. Jede noch so hoch entwickelte Umweltethik entbehrt ihren Sinn, wenn es nicht gelingt, den menschlichen Tiger an dieser Stelle zu bändigen. Die Verfassung muß sich entscheiden: Will sie wie bisher Gewerbefreiheit und Eigentum mit ein paar Sozialpflichten garnieren, oder will sie beide in eine ökologische (und damit zugleich auch soziale) Grundpflicht nehmen?

Bisher gibt es noch nicht einmal eine – wesentlich niedriger angesiedelte – Umweltpflichtigkeit der Grundrechte, die etwa darin bestehen würde, den Grundrechtsschutz für umweltzerstörendes Handeln von vornherein abzulehnen. Zu erreichen wäre mit einer solchen Umweltpflichtigkeit, daß wenigstens die augenblicklichen Umweltschutzaktivitäten des Staates effektiver durchgesetzt werden könnten. So dürfte sich z. B. der Betreiber einer gentechnischen Anlage nicht, wie bisher noch, darauf berufen, er sei im Besitz einer Betriebs- und Produktionsgenehmigung, wenn sich herausstellt, daß freigesetzte genmanipulierte Organismen die gesamte Natur durcheinanderbringen. Statt dessen müßte er fortlaufend den Nachweis erbringen, daß keine unkontrollierbaren Risiken mit seiner Bio-Produktion verbunden sind. Er wäre nicht im Besitz dessen, was der Jurist Bestandsschutz nennt, also einer grundrechtlich geschützten Eigentumsposition, mit der er nachträgliche, schärfere staatliche Umweltschutzmaßnahmen verhindern kann.

Die generelle Umweltpflichtigkeit der Grundrechte ist noch Zukunftsmusik. Nach dem herrschenden Verfassungsverständnis würde sie nämlich gegen das sogenannte Übermaßverbot verstoßen.[31] Nach diesem Übermaßverbot, das aus allgemeinen rechtsstaatlichen Überlegungen folgt und höchsten Verfassungsrang genießt, darf niemand «unverhältnismäßig», d. h. über Gebühr, in seiner Grundrechtsfreiheit eingeengt werden. Selbst noch so wichtige Risikokontrollen – etwa im Bereich der Gentechnologie – dürfen nicht verlangt werden, wenn eine Grundrechtsposition, sprich Eigentum, dadurch zu einschneidend beschränkt würde. Umweltschutz darf nicht zu teuer werden; er muß «wirtschaftlich vertretbar» sein. Was scheren die in Geld gar nicht mehr auszudrückenden Umweltzerstörungen – der Wälder, der Böden, der Flüsse, der Meere, der Biosphäre –, wenn doch die Millionen des Unternehmers und die abhängigen Arbeitsplätze auf dem Spiel stehen! Das Übermaßverbot schützt individuelles Eigentum gegen allzu forsche Umweltschützer. Denn auf der Waagschale der Menschen stehen Gewerbefreiheit und Eigentum, auf der Waagschale der natürlichen Umwelt steht – nichts. Sie fällt buchstäblich nicht weiter ins Gewicht, muß darauf hoffen, daß sich die Eigentümer die Umweltnutzung künftig vielleicht doch etwas mehr kosten lassen als in der Vergangenheit.

Wenn schon eine generelle Umweltpflichtigkeit auf schier unüberwindliche Hindernisse zu stoßen scheint, um wieviel schwerer hätte es dann eine anspruchsvollere Ökologiepflichtigkeit? Der materialistische Kern der Grundrechte, um den das Übermaßverbot kreist, läßt sich nicht so einfach knacken wie z. B. die eher idealistischen Grundrechte der Asylgewährung oder auch der freien Entfaltung der Persönlichkeit. Gewerbefreiheit und Eigentum sind nun einmal Herz und Motor der Industriegesellschaft.

Die Umweltpflichtigkeit des Eigentums – nicht der Grundrechte insgesamt – wird von vielen immerhin für möglich gehalten. Denn «Eigentum verpflichtet. Sein Gebrauch soll zugleich dem Wohle der Allgemeinheit dienen», so heißt es im Artikel 14, Absatz 2. Darin drückt sich die Sozialbindung des Eigentums aus. Umweltschützende Eingriffe in das Eigentum gelten deshalb nach der Rechtsprechung als Konkretisierung der Sozialbindung des Eigentums. Wenn dem Bauern aufgrund eines Naturschutzgesetzes verboten wird, Grünland in Acker zu verwandeln, Moorflächen trockenzulegen oder bestimmte Bäume zu fällen, dann drückt sich darin die Sozialbindung des Eigentums aus. Sein Landeigentum unterliegt sogenannter Situationsgebundenheit, die im Einzelfall durchaus schon mal dazu führen kann, daß er das Land unberührt lassen muß. Berühmt wurde die Entscheidung des Bundesverfassungsgerichts aus dem Jahr 1982 («Naßauskiesungs-Entscheidung»), in der einem Gewerbetreibenden verboten wurde, sein Grundstück zum Kiesabbau zu nutzen. Es bestand nämlich die Gefahr, daß der Grundwasserspiegel zu sehr abgesenkt würde. Das Wasserhaushaltsgesetz ist vom Gericht so interpretiert worden, daß es dem Grundstückseigentümer die freie Benutzung von Grundwasser grundsätzlich untersagt. Der darin anklingende Gedanke, daß Eigentum nicht zur freien Nutzung natürlicher Ressourcen berechtigt, läßt sich vom Grundwasser ohne weiteres auf Oberflächenwasser, auf Seen, Flüsse und Küstengewässer übertragen und im Prinzip sogar auf Boden, Pflanzen und Tiere. Mit gewissem Recht wurde daher die Entscheidung des Bundesverfassungsgerichts damals als «Eigentumswende» gefeiert.[32]

Es gibt aber eine fixe Grenze, welche die «Eigentumswende» nicht durchstoßen kann. Da die Umweltpflichtigkeit als Sozialpflichtigkeit gilt, kann sie immer nur für die Interessen der Mitbenutzer natürlicher Ressourcen eingesetzt werden. Nur das Interesse der Allgemeinheit, zumal der Grundstücksnachbarn, daß ihnen nicht «das Wasser abgegraben» wird, läßt sich durch die so verstandene Umweltpflichtigkeit schützen. Es geht also um gerechte Aufteilung der jeweils noch vorhandenen Ressourcen, aber nicht um deren dauernden Erhalt und erst recht nicht um einen Ausgleich von Interessen des Menschen und Interessen der natürlichen Umwelt. Solange zum Eigentumsbegriff prinzipiell unumschränktes Verfügungs- und Nutzungsrecht gehört, muß die Natur «zweiter Sieger» bleiben. Sie kann sich nicht gegenüber einem Konsens behaupten, der den langsamen Abbau natürlicher Ressourcen für legitim und legal hält.

Wie eng gesteckt die ideologischen Grenzen der Umweltpflichtigkeit sind, läßt sich an den Gerichtsurteilen ablesen, die seit der «Naßauskiesungs-Entscheidung» des Bundesverfassungsgerichts ergangen sind.

Als echte Eigentums*eingriffe* gelten z. B. eine Beschränkung des Einsatzes von Düngemitteln, ein Verbot für das Aufbringen von Herbiziden oder Pestiziden, eine Verringerung der erlaubten Anbauflächen, eine Beschränkung des Viehbesatzes in einer Fläche oder ein Verbot der Käfighaltung von Legehennen.[33]

Wer in der Ausnutzung seines Eigentums der Natur Schäden zufügt, muß keineswegs der geschädigten Natur wieder auf die Beine helfen. Er ist nur «zum Ersatz des daraus einem *anderen* entstehenden Schadens verpflichtet», wie es z. B. in § 22 des Wasserhaushaltsgesetzes heißt. «Andere» sind nur Menschen, nicht Tiere oder Pflanzen oder gar ein Fluß. Deshalb brauchte die Firma Sandoz nach der Chemiekatastrophe von 1986 im wesentlichen nur den Anglervereinen den Wert neu ausgesetzter Fische zu ersetzen. Der verseuchte Rhein mit seinen Fischen und Kleinstlebewesen und den angrenzenden Biosystemen konnte keinen Schadensersatz geltend machen. Er ist kein «anderer», und die «anderen» Menschen konnten keine direkte Eigentumsbeeinträchtigung nachweisen. Der Wert der Natur wird stets nach dem wirtschaftlichen Nutzungswert bestimmt. Wer daher unberechtigterweise einen Wald abbrennt, ersetzt den Wert des verbrannten Holzes und nicht den Wert des vernichteten Ökosystems. Das Interesse am Schutz der natürlichen Umwelt ist also rechtlich nichts anderes als das Interesse am Schutz individuellen Eigentums.

Um die Umweltpflichtigkeit – soweit sie denn überhaupt existiert – aus der Umklammerung übermächtiger Eigentumsinteressen zu lösen, ist eine Radikalkur nötig. Eigentum darf nicht mehr das Recht auf den Zugriff zur natürlichen Umwelt einschließen. «Eigentlich gehört uns gar nichts», stellt Meyer-Abich in diesem Zusammenhang fest. «Die Welt gehört nicht uns, sondern wir gehören zur Welt, sind hier allzumal nur zur Miete und haben in ihr eine Aufgabe zu erfüllen.»[34]

Meyer-Abich plädiert daher für einen dynamischen Eigentumsbegriff, der die vielfältigen Bindungen reflektiert, in denen der einzelne Eigentümer steht. Erwerb von Eigentum geschieht nicht durch einen abstrakten Rechtsakt, sondern durch einen realen Prozeß, an dem das Individuum, die Nächsten, die Gesellschaft, die Vorgeborenen, die Nachgeborenen, die Gemeinschaft der Lebewesen und das Ganze der Natur beteiligt sind. Der Rechtsakt «Eigentumserwerb» ist quasi nur eine Momentaufnahme, die nicht mit der komplexen Realität gleichgesetzt werden darf.

Sieht man das Eigentumsverhältnis von diesem Ganzen her, so erinnert es an die vorindustriellen Lehnsverhältnisse, in denen ein Stück Land sowohl dem Bauern, dem Ritter, dem Fürsten und dem Kaiser gehörte. Es gehörte jedem auf seine Weise, so daß konkurrierende Ansprüche im Grunde nicht auftraten. Über eine solche Sozialbindung hinaus würde nun die Naturbindung verlangen, daß nicht nur die soziale, sondern auch die ökologische Vorgeschichte des (Land-)Eigentums für dessen Wert maßgeblich ist. Die «Aneignung» natürlicher Umwelt kann daher nicht mehr ihre Verfügbarkeit als Sache einschließen. Ökologiepflichtigkeit bedeutet demnach die Herausnahme unumschränkter Verfügbarkeit und Nutzbarkeit der Natur aus dem *Begriff* des Eigentums.

Inwieweit Natur genutzt werden darf, bestimmt sich somit nicht aus dem Eigentum, sondern aus den Lebensinteressen des Menschen und der Natur. Diese Interessen können teilweise identisch sein und teilweise in Konflikt zueinander stehen. Entscheidend ist, daß die Konfliktlösung nicht einseitig von der Verfassung her vorprogrammiert wird, wie das mit dem Primat des individuellen Eigentums bisher geschieht, sondern auf ökozentrischer, d. h. gleichberechtigter Grundlage im jeweiligen Einzelfall ausgetragen wird. Deswegen ist die Aufnahme eines Existenzrechts der Natur im Zusammenhang mit der Eigentumsgarantie und Gewerbefreiheit so (ge)wichtig: Sie würde die Gewichte neu verteilen. Es gibt weder ein «natürliches» verfassungsmäßiges Recht der Wirtschaft, die natürlichen Ressourcen frei zu nutzen, noch gibt es eine Rechtsgarantie der Natur, vom Zugriff des Menschen verschont zu werden.

Wenn die Eigentumsposition der Verfassung ihre dominierende Stellung in dieser Weise verliert, kann auch das Übermaßverbot, das für die Güterabwägung im Einzelfall letztlich den Ausschlag gibt, nicht mehr einseitig Partei nehmen. Es hätte die Rechtsposition der Grundrechtsträger und der natürlichen Umwelt gleichermaßen zu wahren.

Wie sich dadurch der Gesamtcharakter gesellschaftlichen Handelns verändert, wird im abschließenden Teil über den ökologischen Rechtsstaat geschildert. Hier ist nur wichtig zu erkennen, daß die Verfassung als Ordnungsrahmen der Gesellschaft und des Staates im ökozentrischen Sinne verändert werden kann. Denn Verfassungsänderungen sind ja ausschließlich eine Frage des politischen Willens, d. h. eine Frage der Einsicht und der gesellschaftlichen Kräfteverhältnisse.

d. Ökozentrische Gesetze

Wir haben schon festgestellt, daß die Verfassungsänderung, also die Neuformulierung von Verfassungsartikeln, nur *eine* Form des Verfassungswandels ist. Als offenes, dynamisches System unterliegt die Verfassung demselben Wandel wie andere gesellschaftliche Systeme auch. Ihr Inhalt wird also davon mitbestimmt, wie er von der Gesellschaft und auf anderen Ebenen der Rechtsordnung – in einfachen Gesetzen, in der Rechtsprechung, in der rechtswissenschaftlichen Literatur usw. – verstanden wird. Zum Verfassungswandel gehören deshalb auch die Diskussionen im Zusammenhang mit der Änderung einzelner Gesetze und ebenso die Aufnahme solcher Diskussionen in der Öffentlichkeit. Die Ergebnisse solcher Meinungsbildungsprozesse werden sich früher oder später in veränderten Gesetzes- und Verfassungstexten widerspiegeln. Umgekehrt können Gesetzesformulierungen aber auch selbst breite öffentliche Diskussionen auslösen oder befördern.

Für beide Formen des sich derzeit vollziehenden Verfassungswandels lassen sich viele Beispiele und Indizien finden, in Deutschland wie in anderen Ländern.

Es gibt allerdings bisher keine rechtsvergleichenden Untersuchungen darüber, inwieweit die Gesetzgebungen der Staaten den Übergang von der Anthropozentrik zur Ökozentrik schon vollzogen haben. Ein solcher Rechtsvergleich sähe sich auch vor ungeheure Schwierigkeiten gestellt. Die Rechtssysteme sind sehr unterschiedlich gebildet, was an den unterschiedlichen politischen Strukturen der Staaten, ihren unterschiedlichen Rechtstraditionen und an den Unterschieden zwischen geschriebenen Rechtstexten und ihrer Bedeutung für die Rechtsprechung und Verwaltungspraxis liegt. Für den speziellen Bereich des Umweltrechts gibt es ebenfalls keine umfassenden international vergleichenden Untersuchungen. Dazu ist das Umweltrecht noch zuwenig ausgeformt. Nur für besondere Aspekte und einzelne Gebiete des Umweltrechts existieren solche Vergleiche.[35] So sind nur grobe Hinweise darauf möglich, wie sehr sich einzelne Länder in Richtung eines ökozentrischen Rechts entwickelt haben. Innerhalb Europas gelten die Umweltrechtssysteme in Deutschland, Schweden und den Niederlanden als am weitesten entwickelt. Außerhalb Europas waren zunächst die USA tonangebend. Im Laufe der achtziger Jahre sind Kanada, Australien und Neuseeland als umweltpolitisch besonders fortschrittlich hervorgetreten. Fast so etwas wie ein Modellstaat ist Neuseeland geworden mit seiner ersten (und noch einzigen) Anti-Atomgesetzgebung und seinem ökozentrisch angelegten Umweltgesetz von 1991.[36]

Die Verfassung der Vereinigten Staaten kennt keinen besonderen Umweltschutzartikel. Auf Bundesebene und in den 50 Einzelstaaten hat sich aber eine weitverzweigte Umweltgesetzgebung entwickelt mit zum Teil weitreichenden Eingriffsbefugnissen der Behörden, vor allem der Environmental Protection Agency, und mit einer umfangreichen Rechtsprechung. Der National Environmental Policy Act (Gesetz über die nationale Umweltpolitik) von 1969 erlegt jedem Einzelnen eine Verantwortung für die Qualität der Umwelt auf (§ 109 [c]) und räumt BürgerInnen und Verbänden Klagemöglichkeiten ein, die über europäische Gewohnheiten hinausgehen. Einzelne BürgerInnen können z. B. Klagen *(citizen suits)* gegen jeden erheben, der Umweltschutzgesetze verletzt, und gegen Behörden vorgehen, wenn diese ihren Pflichten nicht nachkommen. Den weitaus größten Anteil der Gerichtsverfahren machen Rechtsstreite aus, bei denen das Fehlen oder die mangelnde Qualität von Umweltverträglichkeitsprüfungen gerügt wird. Dabei ging es bisher häufig um Großvorhaben wie Fernstraßenbau, Stadtsanierungen, Bau von Staudämmen u. ä.

Wegen der grundsätzlich bestehenden Möglichkeit, daß auch Verbände klagen können, sind die von Umweltverbänden geführten Rechtsprozesse besonders bedeutsam. Denn nur sie können Umweltschutzinteressen vertreten, die über die oft egoistischen Motive von Einzelklägern hinausreichen. Allerdings müssen auch Verbände ein besonders geschütztes rechtliches Interesse nachweisen, um die Hürde der Klagebefugnis zu überwinden.

Der einflußreiche Sierra Club hat mit seinen vielen Klagen im Namen betroffener Tiere, Pflanzen oder Landschaften (Rechts-)Geschichte gemacht. Weltweit bekannt wurde vor allem der Rechtsstreit gegen den touristischen Ausbau des Mineral King Valley am Rande der Sierra Nevada in Kalifornien.

Ende der sechziger Jahre war das bis dahin unberührte Tal vom Forest Service zu einem Ski- und Erholungsgebiet ausersehen worden. Nach einer öffentlichen Ausschreibung erhielt Walt Disney Enterprises den Zuschlag für die Errichtung eines gigantischen Komplexes von Motels, Parkplätzen, Autokinos, Hallenbädern, Skiliften, einer Zahnradbahn auf die Berggipfel usw. Gegen diese Micky-Maus-World mit «Natur zum Anfassen» wehrten sich die Naturschützer zunächst vergeblich. Alle Eingaben und Appelle blieben ohne Erfolg. Vor dem zuständigen Distriktgericht konnte der klagende Sierra Club dann das Projekt jedoch zunächst stoppen. Das Disney-Unternehmen ging in die Berufung und legte dar, daß der Sierra Club von dem Projekt nicht in seinen Rechten betroffen sei und lediglich allgemeine Naturschutzinteressen vertrete. So sahen es auch die Richter des Berufungsgerichts. Sie hoben das Urteil der ersten Instanz auf. In dritter Instanz hatte schließlich 1972 der Supreme Court, der oberste Gerichtshof der Vereinigten Staaten, zu entscheiden.

Der kalifornische Rechtsprofessor Christopher Stone fand diesen Fall exemplarisch für die Situation des Umweltrechts und verfaßte seine Streitschrift *Should Trees Have Standing?*, mit der er den Ausgang des Verfahrens vor dem Supreme Court beeinflussen wollte. Unter großem Zeitdruck, aber mit juristischer Präzision, wies Stone nach, daß die Rechtsordnung Interessen der bedrohten Natur beharrlich ignoriere und daher Verfahrensmittel bereitzustellen seien, um der Natur ausreichendes Gehör zu verschaffen. So entstand die Idee, der natürlichen Umwelt eigene subjektive Rechte zuzuerkennen. Die Idee war ebenso einfach wie verblüffend, weil sie das Problem vom Kopf auf die Füße stellte. Anstatt die vom Menschen definierten Interessen an der Natur in Verwaltungs- und Gerichtsverfahren einzubringen, müßte die Natur in die Lage versetzt werden, ihre Interessen, ihr Existenzrecht selbst geltend zu machen. Menschen sollten die Natur durch sich sprechen lassen. Der Sierra Club, so argumentierte Stone, handle in Wirklichkeit nicht für sich, sondern als Sprecher für das in seiner Existenz bedrohte unberührte Gebirgstal.

Der Supreme Court wies die Revisionsklage des Sierra Club gegen den US-Innenminister mit vier gegen drei Richterstimmen zurück. Der Kläger habe eine eigene Rechtsverletzung nicht darlegen können und sei deswegen nicht klagebefugt. Den Bulldozern war damit grünes Licht gegeben. Die drei überstimmten Richter legten ihre abweichende Meinung im Anhang der Urteilsbegründung nieder. Bleibenden Ruhm in der amerikanischen Justizgeschichte sicherte sich vor allem Richter Douglas, der energisch für die Rechtsauffassung Christopher Stones eintrat. Seine Stellungnahme liest sich wie ein flammendes Plädoyer für die Rechte der Natur: «Die gegenwärtige engagierte Besorgnis der Öffentlichkeit um den Schutz des ökologischen Gleichgewichts der Natur sollte dazu führen, den Umweltobjekten eine Klagebefugnis zu verleihen, aufgrund derer sie ihren eigenen rechtlichen Schutz einklagen könnten. Insofern wäre der vorliegende Rechtsstreit im Rubrum zutreffender mit Mineral King gegen (...) bezeichnet.» Im weiteren berief sich Richter Douglas ausdrücklich auf die «Land-Ethik», die der Philosoph Aldo Leopold 1949 in seinem Buch *A Sand Country Almanac* entwickelt hatte und die in den achtziger Jahren dann als Grundlage der ökozentrischen Ethik überall auf der Welt rezipiert wurde.

Die amerikanische Öffentlichkeit schenkte dem Mineral-King-Prozeß und dem mutigen Richter große Beachtung. Und dies brachte schließlich die Wende. Walt Disney Enterprises wollte nicht als Schänder der Natur, als häßlicher Großkonzern, der mit Planierraupen ein Naturschutzgebiet niedermacht, in die Schlagzeilen geraten. Man zog sich zurück, das Projekt wurde nicht durchgeführt. Bis heute blieb das Mineral King Valley still und unberührt.

In einem Nachwort zur deutschen Ausgabe seiner Schrift schildert Christopher Stone aus der Distanz von 15 Jahren die Auswirkungen des damaligen Rechtsstreits. Es kam in der Folgezeit zu zahlreichen Klagen im Namen von betroffenen Teilen der Natur, u. a. Klagen eines Flusses, eines Sumpfgebietes, eines Baches, eines Nationalmonuments (Death Valley), eines Stücks Gemeindeland, einer seltenen Vogelart sowie eines nicht benannten Baumes. Stone schildert einige Prozesse, die zwar nicht zu eigenen Rechten, aber doch zu einer Klagebefugnis von «Naturobjekten» geführt haben. Die Wirkungen reichen jedoch tiefer. Für Stone «unterliegt es keinem Zweifel, daß diese und weitere ähnliche Rechtsfälle insgesamt die Herausbildung eines nicht-anthropozentrischen Bewußtseins in der öffentlichen Auseinandersetzung gefördert haben»[37].

Viele wichtige neue Umweltgesetze in den USA sehen ausdrücklich die Möglichkeit von Bürgerklagen vor, in denen auf den Nachweis persönlicher Rechtsbetroffenheit ganz verzichtet wird. Andere Gesetze haben die Befugnisse staatlicher Behörden zur Verfolgung privater Umweltsünder erheblich erweitert. Dies geschah meist durch Public-Trust-Konzepte, bei denen öffentlichen Stellen eine besondere Obhut eingeräumt wurde, für Landschaften zu handeln, die nicht Privateigentum sind. Ein wesentlicher Fortschritt ist auch eine Anzahl von Gesetzen zur Regulierung von Umweltschäden, nach denen nicht der wirtschaftliche Schaden der Eigentümer, sondern unmittelbar die «den natürlichen Ressourcen zugefügten Schäden» kompensiert werden. Dabei treten «öffentliche Treuhänder» für betroffene Landschaftsteile, Flüsse, Seen oder Küstengewässer auf.

Nichts zeigt die Wirkungen der provozierenden Eigenrechte-Idee hingegen so deutlich wie die enormen Veränderungen, die sich im Denken von Theologen, Philosophen, Juristen und Sozialwissenschaftlern seither ergeben haben. Gerade in den USA füllt die Literatur zu einem veränderten Verhältnis Mensch/Gesellschaft–Natur inzwischen Bibliotheken. Christopher Stones eher unscheinbare, pragmatische Schrift hatte als Auslöser großen Anteil daran.

Roderick Nash, Professor an der University of Wisconsin und einer der profiliertesten Ökophilosophen, beschreibt in seiner «Geschichte der Umweltethik» mit dem Titel *The Rights of Nature* (1989) die enormen Fortschritte der letzten 20 Jahre. Mit seiner These, daß das «Undenkbare» zum Selbstverständlichen wird, wenn es den Nerv der Zeit trifft, hat Stone recht behalten, meint Roderick Nash an verschiedenen Stellen seines Buches.[38]

Gerade die Kontroverse in der Öffentlichkeit und in der Wissenschaft um die Frage, ob die Eigenrechte-Idee ein Rückfall in vor-ökologische juristische Denkkategorien oder umgekehrt ein Fortschritt ganzheitlichen Denkens bedeutet, hat stimulierend gewirkt. Sind Rechte reduktionistische oder notwendige Hebel zur ökologischen Politik? Sind die Rechte der Natur künstlich und überflüssig, oder entsprechen sie gesellschaftlich vorhandener Intuition? Die Ökologie-Diskussion in den Vereinigten Staaten – und verspätet in Deutschland – hat sich intensiv mit dem Problem beschäftigt, ob wir für die natürliche Umwelt «mitdenken» können. In ihrer ersten Phase brachte sie Polarisierung hervor: Wer sich in wissenschaftlich-rationalistischer Form dem Problem näherte, überging dessen spirituelle und transzendierende Dimension und hatte größte Schwierigkeiten, ein nicht-anthropozentrisches Denkmodell zu akzeptieren. Und wer aus der Ganzheitserfahrung des New Age oder der Deep Ecology kommend mit trockener Juristerei konfrontiert wurde, dem erschien das Recht per se als Ausgeburt patriarchalisch-mechanistisch-dualistischen Denkens, das jeder ökologischen Perspektive im Wege stehe. In der zweiten Phase der Auseinandersetzung wurde die Eigenrechte-Idee immer mehr als nützliches Instrument der Transformation akzeptiert, und das Interesse verlagerte sich auf die tieferen Bewußtseinsebenen, die ein Mitdenken für die natürliche Mitwelt möglich machen.

Ähnlich wie Roderick Nash zeigt Holmes Rolston III, Philosophieprofessor an der Colorado State University, in seiner Darstellung der *Environmental Ethics* (1988), wie sehr die anfänglich juristische und akademisch-ethische Debatte unter zunehmendem Einfluß der Naturwissenschaften, der Evolutionsbiologie und der Anthropologie zu einer umfassenden Auseinandersetzung um die Grundlagen westlichen Denkens führte.[39]

Christopher Stone hat die Rechtsentwicklung in den USA und die Rezeption der Eigenrechte-Idee zum Anlaß genommen, Bilanz zu ziehen und nach den Entwicklungsmöglichkeiten einer neuen Ethik im Recht zu fragen. In seinem 1987 erschienenen Buch *Earth and Other Ethics* stellt er rückblickend fest, daß sich die ursprüngliche Rechtsfrage zu einer philosophischen und spirituellen Frage ausgewachsen habe. Die wirklich «großen» Fragen lägen außerhalb akademischer und rechtlicher Philosophie, die mehr im Denken *innerhalb* eines bestimmten Bewußtseinsmodus zu Hause sei und wenig dazu beitragen könne, einen neuen Bewußtseinsmodus zu integrieren.[40] Stone beklagt auch die größer gewordene Kluft zwischen dem alten Bewußtseinsmodus, wie er sich in den politischen und rechtlichen Handlungsinstrumenten noch ausdrücke, und dem neuen nicht-anthropozentrischen Bewußtseinsmodus, der gesellschaftlich vorhanden, doch noch nicht politisch verwirklicht sei. Um diese Kluft zu schließen, schlägt er einen «moralischen Pluralismus» vor, der über Gesetze in politische Wirklichkeit umgesetzt werden könne. Der Gesetzgeber könne teilweise traditionell anthropozentrisch verfahren, etwa im Bereich des technischen Sicherheitsrechts (Arbeitsplatzsicherheit, Gebäudesicherheit). Je mehr indessen die Biosphäre von menschlichen Aktivitäten betroffen sei, desto dringlicher werde die Hinzunahme nicht-anthropozentrischer Ethik. Stone weist der Intuition und Spriritualität eine wichtige Rolle für normative Systeme zu. Aber, so stellt er am Ende fest, Moral- und Rechtsphilosophie seien dafür nicht ausgerüstet: «Wir sind an einen Punkt gelangt, an dem es nur noch weitergeht, wenn über die Ziele und Begrenzungen von Moral hinausgedacht wird. Dies sind Fragen, die von jedem angegangen werden müssen, der ein Interesse an normativem Denken hat (...). Es handelt sich um eine Herausforderung, die eine gemeinsame Anstrengung aller verdient, der Ethiker, der Ökonomen, der Biologen, der Ästheten und eines jeden, der sich jemals an einem Fluß einfach nur gewundert hat.»[41]

Im Vergleich zu den Vereinigten Staaten sind ökozentrische Ansätze in der deutschen Rechtspraxis weniger ausgeprägt. Dies hängt mit der anderen Tradition kontinentaleuropäischer Rechtssysteme zusammen, die stärker als das angloamerikanische Common Law an (meist römisch-rechtliche) Dogmen und Gesetzestexte gebunden ist. Der argumentative und rechtstechnische Aufwand, der nötig ist, einschneidende

Rechtsänderungen herbeizuführen, ist in Europa daher oft größer als in den eher pragmatischen Vereinigten Staaten. Auf der anderen Seite ist der politische Einfluß der Ökologiebewegung in Deutschland und anderen europäischen Ländern größer als im viel dezentraler organisierten Nordamerika, wo Ökologie meist «vor Ort» betrieben wird. Über die Grünen und deren Ausstrahlung auf andere Parteien sind deshalb ökozentrische Konzepte in Deutschland und anderen zentral organisierten Staaten stärker in politische Programme und Parlamentsdiskussionen gelangt.

Ein Element des allgemeinen Verfassungswandels ist die ökozentrische Erweiterung der Verfassung selbst. Ein anderes Element ist die Überwindung der Anthropozentrik in der Gesetzgebung. In den einfachen Gesetzen spiegeln sich die Methoden wider, mit deren Hilfe der Staat gesellschaftliches Handeln beeinflussen will. Umgekehrt zeigt sich in den Entwürfen zu einzelnen Gesetzen, wie sich die Gesellschaft bzw. einzelne Strömungen in ihr die staatliche Einflußnahme vorstellen. Der jeweilige Stand der Umweltgesetzgebung ist deshalb ein wichtiges «Bewußtseins-Barometer» der Gesellschaft.

Aus den verschiedenen Bereichen des Umweltrechts ragt derjenige heraus, in dem die Gesellschaft ihr Naturbild besonders authentisch formuliert. Das ist der Bereich des Tier- und des Naturschutzes. Tierschutzgesetze sollen Tiere vor grausamer Behandlung durch den Menschen schützen. Naturschutzgesetze dienen dazu, Landschaften und Ökosysteme gegen schrankenlose Zerstörung in Schutz zu nehmen. Beide Rechtsgebiete – obwohl historisch die ältesten – spielen im Gesamtgefüge des Umweltrechts keine allzu große Rolle. Sie werden überlagert von einem üppig wuchernden Gestrüpp an Gesetzen, die sich teilweise gegenseitig im Wege stehen und insgesamt weniger die Natur als das Expansionsinteresse des Menschen schützen. Dennoch ist das Bild, das sich Mensch und Gesellschaft vom «Tierschutz» und «Naturschutz» machen, bestimmend für das Verhältnis der Gesellschaft zur Natur insgesamt.[42]

Das *Tierschutzrecht* gilt weithin als der Bereich, in dem die Anthropozentrik im Recht noch am ehesten durchbrochen scheint. Meyer-Abich bezeichnet das deutsche Tierschutzgesetz von 1972 gar als «wahre Pionierleistung für die nicht-anthropozentrische Wahrnehmung der natürlichen Mitwelt»[43].

Der Grund für eine solche Annahme kann bei genauerem Hinsehen allerdings genausogut als Beleg für das Gegenteil genommen werden.

Das Tierschutzgesetz ist von dem Leitbild des sogenannten «ethischen Tierschutzes» geprägt, der das Tier als Teil der Schöpfung begreift. In seiner Neufassung von 1987 spricht das Gesetz sogar ausdrücklich vom «Mitgeschöpf». Und auch die Abschaffung der Sach-Eigenschaft des Tieres durch die Einfügung des § 103a in das Bürgerliche Gesetzbuch im Jahre 1990 ist bemerkenswert. Unbestreitbar hat sich die Rechtsstellung des Tieres im Laufe der letzten zwei Jahrzehnte verbessert.

Aber durchbrochen ist die Anthropozentrik deswegen noch nicht. Dagegen spricht eine ganze Reihe von Umständen. Zum einen wird nicht das Tier schlechthin geschützt, sondern nur das Wirbeltier, wegen seiner relativ engen Verwandtschaft mit dem Menschen. Die Grenze des Tierschutzes ist von unserem Mitleidsgefühl bestimmt. Hund und Katze haben das Glück dazuzugehören, auch Schwein und Huhn, bei der Ratte wird es komplizierter und noch schwieriger bei der Schlange. Schmerz und Leiden des Fisches lassen uns schon kälter, und bei Quallen ist es dann aus, von Kleinstlebewesen ganz zu schweigen.[44]

Zum anderen wird auch das Wirbeltier nicht als solches geschützt, sondern nur, soweit es uns dient. Es dient als Nahrungsquelle, Kleidungslieferant, Transportmittel, Arbeitskraft und Hausgenosse. Die Reichweite des Schutzes richtet sich nach diesen Funktionen. Deswegen kommen die Lieblinge Hund und Katze besser weg als Schwein und Huhn oder gar die Ratte, die höchstens als Laborratte noch gewissen Schutz erfährt. Das Tierschutzgesetz stuft den Schutz fein säuberlich nach den unterschiedlichen Gebrauchsformen ab. Geregelt werden die Modalitäten der Haltung und des Getötetwerdens, aber nicht, inwieweit das Tier überhaupt gebraucht werden darf. Das Verfügungsrecht über Tiere – ob kommerziell oder für den privaten Gebrauch – gilt uneingeschränkt, es wird vom Gesetz einfach vorausgesetzt.

Tierschützer haben seit langem darauf hingewiesen, daß es nicht nur um Tierversuche, Schlachtfabriken und Kleinkäfighaltung geht, so schlimm diese Formen der Mißachtung der Kreatur auch sind. Es geht grundsätzlich um unser Verhältnis zur Kreatur. Der Schritt vom ausbeuterischen zum partnerschaftlichen Verhältnis ist nicht damit getan, Mindestgrößen für Hühnerkäfige vorzuschreiben. Erst in der Anerkennung einer eigenen Würde des Tieres wäre ein solcher Schritt erkennbar. Tierschützer fordern deshalb die Rechtssubjektivität für Tiere, zumindest aber ihren vollen rechtlichen Schutz als Mitgeschöpf. Die zaghaften Gesetzesänderungen der letzten Zeit kamen «doch wieder nur dem Menschen zugute und nicht dem Tier», kritisierte der Präsident des Deutschen Tierschutzbundes, der Münchner Rechtsanwalt Andreas Grasmüller. Und der Vorsitzende des Bundesverbandes der Tierversuchsgegner, Eisenhart von Loeper, kritisierte den neuen § 103a BGB als halbherzig: «Das bringt zwar atmosphärische Verbesserungen, aber in den zentralen Bereichen wird das Tierelend konserviert oder sogar verschlimmert. Was heißt es schon, daß der Mensch eine besondere Verantwortung für das Tier hat – wenn Tiere patentierbar sind? Wenn in der Gentechnik das Erbgut von Tieren vergewaltigt wird – wo ist da die besondere Fürsorge des Menschen für das Tier? Effektiver wäre es gewesen, das Tier nicht nur zum Mitgeschöpf zu erklären, sondern ihm eigene Rechte zu verleihen!»

Dennoch: Obwohl und gerade weil das Tierschutzrecht mit seiner ethisch sensibler gewordenen Sprache das anthropozentrische Verwertungsinteresse noch immer so unverhohlen ausdrückt, wird es dem Ansturm ökozentrischer Lebensinteressen nicht mehr lange widerstehen können. Zu kraß ist der Gegensatz zwischen der Rechtskonstruktion und einer das Tier einschließenden Ethik, die im individuellen Bewußtsein vieler Menschen längst eingebaut ist.

Daß wir über das bloße Verstandeswissen um unsere Untrennbarkeit zur übrigen Natur hinausgelangt sind, zeigt auch die Diskussion um die *Grundlagen des Naturschutzes*. Mehr noch als im Tierschutz ist unser Gefühl, einer einzigen Schöpfung anzugehören, angesprochen, wenn wir danach fragen, wieviel wir für den Schutz der Natur übrig haben. Lange Zeit war das Bild des Naturschutzes vom Idyll geprägt: ein Naturschutzgebiet hier, ein paar Fang- und Pflückverbote dort. Als «Blümchen- und Vogelschutz» fristete der Naturschutz buchstäblich ein Mauerblümchendasein. Seinen Grund hatte das nicht nur im Wachstumswahn der Industriegsellschaft. Auch die Ökologiebewegung hatte sich kaum als Lobby des Naturschutzes verstanden. Ihr war der große Kampf gegen Atomkraft in vieler Hinsicht wichtiger als kleinkariertes Gerangel um Feuchtwiesen. «Opas Naturschutz» blieb lange Zeit etwas für ehrwürdige Heimatvereine und altbackene Naturfreunde.

Dies hat sich jedoch gründlich geändert. Vielleicht bedurfte es in Deutschland der großen Naturkatastrophen – Waldsterben, Flußsterben, Nordseesterben –, um zu erkennen, daß die kleinen Naturunglücke – Flurbereinigung, Monokulturen, Artenschwund – nur Auswirkungen der großen Katastrophe sind. Seit in erdrückender Deutlichkeit unser gesamtes Konsumverhalten als Quelle der Naturzerstörung erkannt wurde, hat es der Naturschutz leichter. Nicht in der Raum- und

Ordnungspolitik – die Naturschutzbehörden klagen nach wie vor über ihre Machtlosigkeit gegenüber industriellen Planungsinteressen –, aber doch im Bewußtsein der Bevölkerung. Heute wird jede Ausdehnung von Bauflächen und jeder Bau eines Golf- oder Freizeitparks erbittert bekämpft. Wohlstand und Arbeitsplätze gelten nicht mehr als schlagendes Argument gegen Landschaftsverbrauch. Vor allem im ländlichen Raum, und der macht immer noch den größten Teil Deutschlands aus, ist Naturschutz eines der wichtigsten politischen Themen.

Das gestiegene Interesse am Naturschutz hat in Bund und Ländern ständig Gesetzesänderungen hervorgerufen. Naturschutznovellen werden in jeder laufenden Legislaturperiode eingebracht, und immer grundsätzlicher werden Leitziele und Prinzipien formuliert. Das Bundesnaturschutzgesetz von 1987 beschränkt den Naturschutz nicht mehr auf einzelne, besonders schutzwürdige Gebiete, sondern erfaßt die gesamte Fläche einschließlich besiedelter Räume. Auch sachlich wird Naturschutz umfassend geregelt. Natur und Landschaft umschließt nicht nur Vegetation, Tierwelt, Boden, Wasser, Klima, sondern auch das komplexe Wirkungsgefüge zwischen ihnen («Naturhaushalt»). Ein wesentliches Merkmal des modernen Naturschutzes ist die Aufgabe, Vorhandenes nicht nur zu schützen, sondern zu pflegen und zu entwickeln. In einem Land, das unberührte Naturräume praktisch verloren hat und nur noch «zweite Natur» kennt, kommt dieser aktiven Aufgabe besondere Bedeutung zu. Gesetzlich gefordert wird die Sanierung und Wiederherstellung natürlicher Räume, im Grunde also ein Ausgleich zwischen Nutzungsinteressen des Menschen und Lebensinteressen der Natur.

Allerdings löst das Bundesnaturschutzgesetz (BNatSchG) die selbstgemachten Versprechungen in keiner Weise ein. Es fehlt nicht nur an Vorschriften für einen wirksamen Vollzug. Die ganze Idee des Naturschutzes wird durch Ausnahmeregelungen und Relativierungen an vielen Stellen des Gesetzes so sehr durchlöchert, daß kaum noch etwas von ihr übrigbleibt. So werden zum Beispiel in §8 Eingriffe in Natur und Landschaften als erhebliche oder nachhaltige Beeinträchtigung von Naturhaushalt oder Landschaftsbild beschrieben und eine Pflicht zur größtmöglichen Vermeidung von Eingriffen auferlegt. Der gesamte Bereich der land-, forst- und fischereiwirtschaftlichen Nutzung gilt aber nicht als «Eingriff», wenn sie nur «ordnungsgemäß» betrieben wird (§8, Absatz 7 BNatSchG). Agrarindustrielle Intensivnutzung mit Chemikalieneinsatz ist ordnungsgemäß und damit kein Eingriff! Im

Rechtssinne gehen Eingriffe in erster Linie von Fachplanungen aus, also Straßenbau, Wasserbau, Flurbereinigung, Industrieansiedlungen und Mülldeponien. Sie werden vom Gesetz erlaubt, wenn sie unvermeidbar sind und durch einzelne Maßnahmen «ausgeglichen» werden. Nun ist der Ökosystem-Forschung bekannt, daß Wirkungszusammenhänge äußerst komplex sind und Wirkungen nicht auf den Ort des «Eingriffs» beschränkt bleiben. Und selbst, wenn man «künstlich» versucht, Eingriffe auf bestimmte Einflüsse reduziert zu sehen, kann es nicht gelingen, dafür «Ausgleich» zu schaffen. Wenn z. B. die vor Jahren fertiggestellte Nordtrasse der Autobahn Hamburg–Berlin – nach eigener Lesart der Planer – acht wertvolle Ökosysteme, 87 Knicks und einen Naturpark durchschnitten und dabei viele Tier- und Pflanzenarten aufs äußerste gefährdet hat, dann waren die grün gestrichenen Wildschutzzäune am Rande der Autobahn sicher keine ausreichende «Ausgleichsmaßnahme». Die Erfahrung, daß «Eingriffe» und «Ausgleiche» den Köpfen von Planungsbürokraten entspringen und nichts mit der Wirklichkeit zu tun haben, machen Naturschutzbehörden und beteiligte Verbände tagtäglich.

Ähnlich absurd ist die Festlegung, wann ein Eingriff als «vermeidbar» gilt und deshalb nach § 8, Absatz 2 zu unterlassen ist. Nach der Gesetzeslogik ist ein Eingriff unvermeidbar, wenn an seiner Durchführung ein öffentliches Interesse besteht. Letztlich entscheidet nämlich der Grundsatz der Verhältnismäßigkeit, den wir als sogenanntes Übermaßverbot schon kennengelernt haben. Da nun jede öffentlich betriebene Planung der grundrechtlich abgesicherten Daseinsvorsorge dient und auf der anderen Seite die Belange der Natur rechtlich nichts weiter sind als beliebige Manövriermasse, kommt der Naturschutz notwendig zu kurz. Im Klartext heißt dies, daß er nicht zu viel kosten darf; wird er zu teuer, ist der Eingriff eben «unvermeidbar».

Die verquere Logik der Naturschutzgesetzgebung wird von den Naturschutz- und Umweltverbänden heftig kritisiert. Sie ist beispielhaft für die Ohnmacht des Naturschutzes und die Unfähigkeit des Staates, ökosystemische Wirklichkeit in Gesetzessprache zu übersetzen. Im Mittelpunkt der Kritik steht deshalb nicht zufällig der Systemfehler der Anthropozentrik. § 1 BNatSchG, der Ziele des Naturschutzes und der Landschaftspflege in strikt anthropozentrischer Weise beschreibt, stellt die Weichen, und alle weiteren Vorschriften folgen diesen Zielen: Sie setzen ein im Prinzip unbeschränktes Nutzungsrecht des Menschen voraus und regeln nur einzelne Modalitäten. Im Effekt bleibt der nichtmenschlichen Natur stets gerade soviel, wie der Mensch, nachdem er satt ist, noch übrigläßt.

Seit Jahren werden nun ein neues Bundesnaturschutzgesetz und eine Reihe neuer Landesgesetze beraten. Und deutlich ist auch das Bemühen der Regierung, ihren Entwürfen den Geruch anthropozentrischer Verengung zu nehmen. Meist geschieht dies mit Selbstbesinnung auf eine Verantwortungsethik. Formulierungen wie «Verantwortung des Menschen für die natürliche Umwelt» oder «Verantwortung für die Schöpfung» und das Herausstreichen einiger allzu peinlicher Klauseln wie das Landwirtschaftsprivileg sollen signalisieren, daß Naturschutz einen höheren Stellenwert bekommt. Das eigentliche Problem lassen solche Entwürfe aber unberührt.

Den Durchbruch zur Ökozentrik scheuen die Gesetzesmacher vor allem deswegen, weil ihnen die Risiken zu hoch sind, denen Wirtschaftswachstum und abendländische Tradition dann ausgesetzt wären. Statt dessen wird um Verständnis für das «Realistische» und «Vernünftige» geworben.

In einer Anhörung des Arbeitskreises für Umweltrecht und des Bundesumweltministeriums zur «Anthropozentrik und Ökozentrik» im Naturschutzrecht (April 1988) gaben sich die meisten Sachverständigen mit Zwischenlösungen zufrieden. Die von dem Religionsphilosophen Gotthard M. Teutsch, dem Staatsrechtler Peter Saladin und mir vorgestellten ökozentrischen Ansätze[45] fanden bei den Regierungsvertretern und den meisten Rechtsprofessoren wenig Anklang. Ihnen war die Machbarkeit solcher weitreichenden Modelle suspekt. Der ehemalige Präsident des Bundesgesundheitsamtes, Professor Georges Fülgraff, meinte: «Ein ökozentrisch begründeter Naturschutz wäre zwar moralisch stark – daran besteht kein Zweifel –, aber er bliebe politisch schwach, da er sich in der Auseinandersetzung mit anthropozentrisch begründeten Interessen nur schwer durchsetzen könnte.» Fülgraff und der Kieler Rechtsprofessor Albert von Mutius waren sich einig, daß ein «weiter» oder «kritischer» Anthropozentrismus eher durchsetzungsfähig sei, da die ideellen Grundlagen im abendländischen Prozeß der Säkularisierung vielfach gebrochen seien.[46]

Genau darum geht es allerdings! Wollen wir heute auf dem Höhepunkt der ökologischen Krise tatsächlich aus der Not eine Tugend machen? Soll das anthropozentrische Weltbild, das immerhin die Krise verursacht hat, noch einmal aufgemöbelt werden, nur weil es das (noch) beherrschende ist? Oder muß nicht gerade die Ökozentrik auf allen

Ebenen der Gesellschaft vorangetrieben werden, weil nur sie eine Lösungsstrategie verspricht? Wie radikal ist radikal genug, um den selbstmörderischen Kurs der Menschheit zu beenden?

Den Kritikern der Ökozentrik ist freilich zuzugeben, daß noch viel Arbeit zu leisten ist, um ökozentrisches Denken zur Leitmaxime der Gesellschaft zu machen. Das gilt einmal für die praktische Verankerung in Gesetzen und Entscheidungsverfahren. Und es gilt für die ethischen und spirituellen Dimensionen, die ökozentrisches Denken überhaupt erst ermöglichen. Entscheidend ist aber, daß es bei dieser «Arbeit» nicht (allein) um politische Aufklärung geht, die kühl rationalem Abwägen voll begreiflich wäre, sondern um einen real sich vollziehenden Prozeß, der *alle* Bewußtseinsebenen des Menschen einschließt. Unser Bewußtsein *hat* sich bereits entscheidend verändert, und bald wird es sich seine neuen ökozentrischen Ausdrucksformen geschaffen haben.

Ein konkretes Beispiel für ein ökozentrisches Naturschutzgesetz haben die Grünen in Niedersachsen Ende 1988 vorgelegt. Das «Gesetz zur Änderung des Niedersächsischen Naturschutzgesetzes» stellt das Prinzip der Gleichrangigkeit von Interessen des Menschen und denen der Natur auf. In allen seinen Regelungen ist der außermenschlichen Natur die Rechtsposition eingeräumt, die sie braucht, um sich gegen menschliche Selbstbezogenheit wehren zu können. Das Gesetz sieht Abwägungsregelungen und Verfahrensvorschriften, wie die Interessenvertretung der Natur durch treuhänderisch handelnde Umweltverbände, vor, die zu völlig gewandelten Planungsentscheidungen führen würden. Es müßte nur verabschiedet und angewendet werden. Daß es bisher nicht dazu kam, hat allein politische Gründe. Immerhin würde der Staat zum ersten Mal in seiner Geschichte die eigenen materialistischen Grundlagen in Frage stellen. Gerade das macht diesen ersten ökologischen Gesetzentwurf so bedeutend. Sein § 1 lautet:

> *Absatz 1:* Als Ziele des Naturschutzes und der Landschaftspflege gelten über § 1 des Bundesnaturschutzgesetzes (...) hinaus:
> *Absatz 2:* Natur und Landschaft sind um ihrer selbst willen so zu schützen, zu pflegen und zu entwickeln, daß
> 1. die Leistungsfähigkeit des Naturhaushalts,
> 2. der Bestand, die Qualität und ökologische Funktion und die Regenerationsfähigkeit der Naturgüter,
> 3. die freilebende Tier- und Pflanzenwelt in ihrer historisch gewachsenen Vielfalt und

4. die Eigenart, Vielfalt und Schönheit von Natur nachhaltig gesichert sind.

Absatz 3: Die sich aus Absatz 2 ergebenden Schutzziele sind gegen die Anforderungen der Allgemeinheit in der Weise abzuwägen, daß der Eigenwert der außermenschlichen Natur und die daraus folgenden Rechte in treuhänderischer Form wahrgenommen werden können.

Die Begründung allein zu diesem § 1 ist so bezeichnend, daß sie es verdient, hier wiedergegeben zu werden:

Die Handlungsdimensionen des gesamten Umwelt- und Naturschutzrechts sind auf einen anthropozentrischen Interessenschutz bezogen. Die Natur ist damit allein in ihrer Funktion geschützt, die sie für den Menschen hat. Dieses Leitbild drückt sich in § 1, Absatz 1 BNatSchG teils explizit («Nutzungsfähigkeit der Naturgüter», «Voraussetzung für seine Erholung»), teils versteckt aus (u. a. «Lebensgrundlagen des Menschen»). Durch Auslegung im Sinne einer ethischen Verantwortung («Lebensgrundlagen . . .») ließe sich die instrumentelle Zwecksetzung des Naturschutzes zwar teilweise verdecken. Der Gesamtwortlaut des § 1, Absatz 1 geht jedoch in eine andere Richtung. Schon die Zielkonflikte (Nr. 1, 3 und 4 einerseits, Nr. 2 und «Erholung» andererseits) verhindern eine Interpretation, nach der (auch) ein Schutz der Natur an sich bezweckt sein könnte.

Die anthropozentrische Zielsetzung des § 1, Absatz 1 ist für die Vorschriften des BNatSchG und ihre Auslegung bestimmend. Entsprechend sind die in § 2 aufgeführten Grundsätze so anzuwenden, daß die (materiellen und immateriellen) Nutzungsmöglichkeiten von Natur und Landschaft erhalten bleiben. Alle aufgrund des Gesetzes vorzunehmenden Abwägungen zwischen unterschiedlichen Nutzungsinteressen sind hiervon beeinflußt (vgl. § 1, Absatz 2).

Die Nichtanerkennung eines unabhängig von instrumenteller Wertsetzung bestehenden Eigenwertes der Natur schwächt die Durchsetzungskraft naturschützerischer Ziele entscheidend ab.

Dies zeigt sich bereits im Abwägungsgebot des § 1, Absatz 2. Werden schon die – zum Teil ohnehin kontradiktorischen – Ziele des Absatz 1 als Anforderungen der Allgemeinheit bezeichnet, so erfolgt die Aufbereitung des abwägungserheblichen Materials auf einem niedrigeren Niveau: Nicht genuiner Naturschutz und menschliche Nutzungsinteressen stehen sich gegenüber, sondern lediglich unterschiedlich geartete Nutzungsinteressen. Die Möglichkeit, Natur und Landschaft dauerhaft vor zerstörerischen Eingriffen zu bewahren, scheidet damit im Grunde schon per definitionem aus. Die Einschätzung wird dadurch bestätigt, daß verschiedentlich vorgeschlagen wurde, die Abwägungsklausel in einem Punkt zu ändern: außergewöhnliche Biotope sollen vor Eingriffen vollständig bewahrt bleiben. Der Regelfall ist also der, daß Eingriffe in Natur und Landschaft im Prinzip zulässig sind und lediglich die Modalitäten staatlicher Aufsicht unterliegen.

So selbstverständlich es ist, daß menschliche Daseinsbewältigung immer mit «Eingriffen» in die Natur verbunden ist, so bedeutsam ist aber auch die Logik, die hinter der juristischen Konstruktion steht: Anders als bei den Eingriffen in die Freiheitssphäre der Mitmenschen steht der natürlichen Mitwelt kein eigenes Schutzinstrument gegen Eingriffe zur Verfügung. Ihr Schutz ist immer nur derivativ, d. h. davon abhängig, daß der Mensch seine Nutzungsinteressen nicht exzessiv durchsetzt. Das anthropozentrisch konzipierte Recht kennt kein juristisches Korrektiv und muß darauf vertrauen, daß der Mensch seine Eingriffsrechte aufgrund freiwilliger Selbstbescheidung nicht voll ausnutzt. Die bisherigen Erfahrungen mit dem umweltbezogenen Recht sprechen nicht dafür, daß dieses Vertrauen ausreicht.

Die Landwirtschaftsklausel (§1, Absatz 3 NNatSchG) ist nicht nur in ihrer jetzigen Formulierung völlig unsinnig – der Begriff «ordnungsgemäß» deckt selbst chemisch-technische Intensivnutzung ab –, sondern schon durch ihre Existenz verringert sie die Möglichkeiten dauerhaften Natur- und Landschaftsschutzes. Es kann kein Zweifel bestehen, daß jede noch so schonend betriebene Form landwirtschaftlicher Nutzung in Natur und Landschaft eingreift. Ob ein Eingriff im Sinne des §7 NNatSchG vorliegt, kann sich daher nur nach Art und Intensität landwirtschaftlicher Nutzung bestimmen. Wenn dennoch für einen gesamten Bereich wirtschaftlicher Bodennutzung eine Zielkonformität mit dem Naturschutz vermutet wird, trägt die Behörde die Beweislast für die Unvereinbarkeit beider Ziele. Durch Streichen der Landwirtschaftsklausel würde diese Beweislastregel entfallen, nicht allerdings die gesetzgeberisch angelegte Grundvorstellung, daß landwirtschaftliche und alle anderen Formen der Naturnutzung im Prinzip naturverträglich sind. Da alle naturschützenden Maßnahmen dem Menschen dienen sollen und nicht der Natur an sich, wird die Spannungslage zwischen Naturnutzung und Naturschonung zu wenig wahrgenommen. Tatsächlich aber hat die technologische Entwicklung längst dazu geführt, daß der Mensch zur Bedrohung für die Natur wurde. Dennoch verweigert er ihr einen eigenen Schutzanspruch.

Die Wirkungsweise dieses fehlenden Schutzanspruches zeigt sich – neben vielen anderen Vorschriften (Landschaftsplanung §§5–6) sowie bei der Verbindung des Naturschutzrechts mit dem Bau- und Planungsrecht – insbesondere bei der Eingriffsregelung des §7. Bei der Frage, ob überhaupt ein Eingriff vorliegt, entscheidet zunächst die Unmittelbarkeit (Lorz, NatSchR, 1985; §8, Anm. 3), Erheblichkeit oder Nachhaltigkeit (Absatz 1). Hier ist schon zweifelhaft, ob die Anforderungen an das Vorliegen eines dieser Merkmale nicht höhere sind als im Fall einer ökologischen Gesamtbetrachtung: Entscheidend ist bisher stets die (auch langfristige) Nutzbarkeit der natürlichen Ressourcen. Nach diesem Kriterium können viele Eingriffe nur schwer oder gar nicht erfaßt werden. Wie viele gefällte Bäume sind «erheblich»? Ab wann beeinträchtigt die Umgestaltung von Pflanzen- und Tiergemeinschaften die Leistungsfähigkeit des Naturhaushalts? Die Interpretation der «Leistungsfähigkeit des Naturhaushalts» wird dem anthropozentrischen Duktus des Gesetzes entsprechend bisher im wesentlichen nach der Nutzbarkeit für den Menschen beurteilt.

Gravierender aber ist die Feststellung der Vermeidbarkeit von Eingriffen (§8

NNatSchG). Die behördliche Entscheidung, ob Beeinträchtigungen vermeidbar sind, richtet sich nicht nur nach dem jeweiligen Stand von Wissenschaft und Technik, sondern letztlich nach dem Grundsatz der Verhältnismäßigkeit der Mittel. Da die Vermeidung oftmals nur mit hohem finanziellem Mehraufwand, mit zeitlichem Verzug der Planung oder durch Verzicht auf den Eingriff zu erreichen ist, kommt es zum Konflikt zwischen dem «öffentlichen Interesse an der Durchführung des Eingriffs» und «Erhaltung von Naturhaushalt oder Landschaftsbild». Entscheidend ist hierbei, daß der «Nachteil» für Naturhaushalt oder Landschaftsbild nach dem gleichen «öffentlichen Interesse» beurteilt wird wie das «öffentliche Interesse» an der Durchführung eines Projekts. Daß das öffentliche Interesse faktisch in aller Regel für die Durchführung des Eingriffs spricht, hat mit den gesellschaftlichen Machtverhältnissen zu tun, ist aber nur die eine Seite des Problems. Die andere, juristische Seite ist die, daß unsere Rechtsordnung die Interessen an Eigentum, Prosperität, freier Entfaltung der Persönlichkeit und Inanspruchnahme natürlicher Ressourcen gegenüber altruistischen Naturschutzinteressen klar begünstigt. Nur erstere sind grundrechtlich garantiert und gerichtlich durchsetzbar.

Vor diesem Hintergrund muß der Schluß gezogen werden, daß im anthropozentrischen Recht nur das als «Nachteil» gilt, was die Nutzbarkeit, Erholungsfunktion und Ästhetik von Natur und Landschaft mindert. Ob die Natur selbst einen Nachteil erleidet, ist unerheblich.

Schon dem Selbsterhaltungsinteresse des Menschen wird die anthropozentrische Wertsetzung nicht gerecht. Dieses Interesse wird nicht ausreichend repräsentiert. Wenn bei der Güterabwägung ausschließlich die ökonomischen, ressourcenorientierten und gesundheitlichen Interessen der Allgemeinheit gewichtet werden, ist der Blick dafür verstellt, daß wir in einem einzigen Ökosystem «Mensch–Natur» leben.

Das nach dem ökologischen Erkenntnisstand dringend benötigte vernetzte Denken wird nicht gefördert, sondern behindert, wenn juristisch stets nur zählt, was wir von der Natur und ihrem Schutz haben. Auch die Appelle an das «wohlverstandene» und langfristige Lebensinteresse der Menschen bleiben wirkungslos, solange das Recht seiner Konstruktion nach die egoistisch-kurzfristigen Interessen privilegiert. Das Recht kann ein Ökosystem-Denken nur dadurch begünstigen, daß es die anthropozentrischen Instrumentarien abbaut und durch Kategorien für einen eigenständigen Schutz der natürlichen Mitwelt ersetzt.

Wenn nach den tatsächlichen Auswirkungen des anthropozentrischen Leitbildes und der daraus entwickelten Rechtsinstitute gefragt wird, lassen sich natürlich keine exakten Angaben machen. Berücksichtigt man aber, daß wegen der ausschließlichen Konzentration auf die Funktion der Natur für den Menschen keine Entscheidungskategorien für all die vielen Aspekte des «scheinbar Unnützen», d. h. des in ihrem Eigenwert nicht Erkannten, zur Verfügung stehen, dann läßt sich erahnen, wie weitreichend die Folgen dieser ökologischen Blindheit sein müssen. Das Recht ist an dieser Blindheit sicher nicht «schuld», hat aber einen eigenen Anteil an deren Fortbestand. Bedeutsam ist immerhin, daß trotz eines überwiegend noch als unverdächtig empfundenen anthropozentrischen Naturschutzrechts bisher so gut wie nichts für den Naturschutz erreicht wurde.

Zum Begrifflichen:

Ein verbreitetes Mißverständnis liegt darin, daß es zur anthropozentrischen Sichtweise keine Alternative gäbe. Der Grund dafür besteht in einer Vermischung von Sein und Sollen. So selbstverständlich es ist, daß stets der Mensch entscheidet und die Rechtsordnung stets nur das Zusammenleben der Menschen regelt, so selbstverständlich sollte auch sein, daß der Mensch in seiner Rechtsordnung alternative Bewertungsmaßstäbe zur Verfügung hat. Er kann die Bewertungsmaßstäbe entweder ausschließlich am Menschen oder (auch) am Ökosystem Mensch–Natur orientieren. Rein ontologisch kann sich der Mensch als vollkommen in die Natur eingebundenes Wesen definieren und von dorther das Bewertungsproblem lösen. Nach diesem Verständnis würde sich die Alternative Anthropozentrik Ökozentrik nicht stellen, und die oft geäußerte These, wonach der Schutz der Umwelt «um unseretwillen» oder «um ihrer selbst willen» im Grunde ein Scheingegensatz sei, wäre in der Tat zutreffend. Dieses Verständnis entspricht aber nicht der Realität. Der (westliche) Mensch hat sich von der Natur getrennt. Es wäre deshalb falsch, die Realität der fundamentalen Entfremdung von Kultur und Natur und der Dichotomie von Mensch und Natur dadurch zu vernebeln, daß lediglich vom «wohlverstandenen» Interesse geredet wird, welches den Nachweltschutz ebenso wie die Verantwortung gegenüber der Schöpfung Gottes einschließen könne. Solche Appelle bleiben folgenlos, solange sie nicht mit der Forderung nach konkreten Änderungen gesellschaftlicher Normsysteme, insbesondere des Rechts, verbunden sind.

Das wesentliche Ergebnis der unter dem Eindruck der ökologischen Krise in den letzten 15 Jahren herausgearbeiteten Umweltethik liegt gerade darin, den Unterschied zwischen einer anthropozentrischen und einer nicht-anthropozentrischen (= pathozentrischen, biozentrischen oder ökozentrischen) Ethik aufgezeigt zu haben. Erst diese Unterscheidung hat den Blick darauf eröffnet, wie spezifisch und eng begrenzt die bisherigen Bewertungsstandards in bezug auf das ökologische Ganze sind. Wie immer die Entwicklungsmöglichkeiten und die Notwendigkeit einer ökozentrischen Umweltethik beurteilt werden mögen: Es sollte Einigkeit darüber bestehen, daß die Forderungen nach Anerkennung eines Eigenwertes der Natur, nach Schutz der natürlichen Mitwelt nur auf dem Boden einer nicht-anthropozentrischen Ethik Sinn machen. Im Kontext einer anthropozentrischen Ethik können solche Forderungen nichts bewirken.

Klarzustellen ist auch, daß etwa die Eigenwert-These und die Eigenrechte-These einander nicht ausschließen, sondern in einem gedanklichen Zusammenhang stehen. Die hierzu interessierende Frage kann nur sein, ob die Forderung nach einer Rechtssubjektivität der Natur den Prozeß einer ökozentrischen Ausbildung von Bewertungsmaßstäben beschleunigen hilft, oder ob es weniger einschneidende Möglichkeiten gibt, ökozentrische Leitbilder in das Recht hineinzutragen.

Zum Verhältnis anthropozentrischer und ökozentrischer Leitbilder:

Ausmaß und Intensität der ökologischen Krise machen es nötig, die geistigen und weltanschaulichen Grundlagen der herrschenden gesellschaftlichen Normsysteme zu überdenken. (Das Umweltproblem ist ein Inweltproblem.) Die reale Möglichkeit menschlicher Selbstvernichtung legt insbesondere nahe, nach der Tragfähigkeit eines Denkens zu fragen, das seine Einbindung in eine «göttliche» oder «natürliche» Ordnung ersatzlos aufgegeben hat. Im kartesianisch geprägten Naturwissenschaftsbegriff ist die Natur unabhängig vom Menschen beobachtet und bewertet worden, was zu dem noch heute überwiegend akzeptierten Dualismus von Mensch und Natur geführt hat. Nachdem neuere Physik und Ökologie nun aber den Einblick in die Wechselbezüglichkeit von Subjekt und Objekt eröffnet haben, ergibt sich erkenntnistheoretisch und in der Folge auch ethisch die Möglichkeit, die anthropozentrische Sicht zu erweitern. Das reale Wissen, Teil eines ökologischen Ganzen zu sein, kann die Bewertungsmaßstäbe derart verändern helfen, daß nicht mehr ausschließlich utilitaristische Nutzungsinteressen (der heutigen und künftigen Generationen) verfolgt werden, sondern von einem Eigenwert der natürlichen Mitwelt ausgegangen wird.

Entscheidendes Kriterium:

Wenn nicht alles täuscht, werden die gesellschaftlichen Handlungsinstrumente in der Zukunft von der ökologischen Ethik bestimmt sein, d. h. davon, welche normativen Schlußfolgerungen die Gesellschaft aus der Ökologie als Leitwissenschaft zieht. Es wäre deshalb verfehlt, wenn sich der Gesetzgeber gesellschaftlichen Entwicklungstendenzen verschließen würde, die bereits heute den Rahmen herkömmlicher anthropozentrischer Sichtweisen sprengen.

Wie einschneidend die Korrekturen im Rechtssystem insgesamt ausfallen müssen, läßt sich erst ermessen, wenn die Diskrepanz zwischen dem herkömmlichen Rechtsinstrumentarium und ökologischen Zielsetzungen vollends sichtbar geworden ist. Kurzsichtig wäre es daher auch, etwa die Forderung nach der Rechtssubjektivität der natürlichen Mitwelt insgesamt zurückzuweisen, weil ihre Verwirklichung einen zu großen juristischen und politischen Aufwand erfordere. Da die anthropozentrische Wertsetzung im Recht (nicht nur im BNatSchG) wesentlich dazu beigetragen hat, daß der Umweltschutz so wenig greift, muß auch gefragt werden, ob nicht das Grundrechtsmonopol des Menschen mitverantwortlich ist für die ständige Diskriminierung der natürlichen Mitwelt. Insofern bleibt die Forderung nach eigenen Rechten für die natürliche Mitwelt so lange aktuell, wie keine weniger einschneidenden Korrekturen mit gleichem Wirkungsgrad gefunden sind. Entscheidendes Kriterium muß sein, die Rechtsordnung so weit zu«neutralisieren», daß es keine Privilegierung umweltzerstörenden Handelns mehr gibt.

Als rechtliche Konsequenz ergibt sich aus den ins Ökozentrische erweiterten Leitbildern die vorgeschlagene Ergänzung des § 1 in diesem Gesetzentwurf.

Wenn unterstellt werden kann, daß die Anerkennung des Eigenwertes der Natur nicht Programmsatz bleibt, sondern tragende Grundlage aller Vorschriften des Gesetzes und ihrer Auslegung wird, sind die erforderlichen Änderungen bei den Vorschriften über Landschaftsplanung, Eingriffsregelung oder Biotopschutz eher marginaler Art. Die Rechtswirkungen würden sich durch den qualitativen Bedeutungszuwachs des Natur- und Landschaftschutzes bei Abwägungsentscheidungen entfalten.

Verfahrensrechtlich ist vor allem eine Neufassung des § 60 bzw. die Einfügung eines § 60a geboten. Da die Natur nicht für sich selbst sprechen kann, muß sie ihren Eigenwert bzw. die sich daraus ergebenden Rechte durch mitwirkungsberechtigte und klagebefugte Verbände geltend machen. Die Verbandsbeteiligung bekommt dadurch ihre eigentliche Legitimation. Sie ist nicht (nur) als demokratisch legitimierte Mitwirkung der Öffentlichkeit aufzufassen, sondern als Instrument treuhänderischer Interessenwahrnehmung.

Mit Anerkennung eines Eigenwertes der natürlichen Mitwelt wird den Nutzungsinteressen des Menschen ein im Prinzip gleichrangiges Regulativ gegenübergestellt. Damit entfällt die nach bisherigem Recht vorausgesetzte Zweifelsregel zugunsten des Eingriffsverursachers. Während bei der Abwägungsentscheidung bzw. Güterabwägung im Rahmen des Verhältnismäßigkeitsgrundsatzes bisher die grundrechtsgesicherten Nutzungs- und Prosperitätsinteressen gegenüber bloßen Belangen des Naturschutzes klar dominieren, könnte eine ökozentrische Wertsetzung den Rang altruistischer Naturschutzinteressen entscheidend anheben.

Inwieweit sich der Vollzug des NatSchG durch ökozentrische Erweiterungen verbessern läßt, ist im einzelnen naturgemäß nicht vorauszusagen. Auszugehen ist aber davon, daß mit der Neuakzentuierung der Rechtsvorschriften entsprechende Bewußtseinsveränderungen einhergehen. Schon die Anerkennung eines Eigenwertes kann initiierend wirken, zumal dann, wenn inhaltlich oder auch der Form nach das Gebot der Rücksichtnahme auf die Lebensinteressen der natürlichen Mitwelt postuliert wird. Noch schwerer würde der Inhalt dieses Eigenwertes wiegen, wenn mit ihm das Recht der natürlichen Mitwelt auf Nichtschädigung (positiv: das Recht auf Leben, Weiterleben, «Wohlbefinden», Zusammenleben) verbunden ist. Daß auch ein solches Recht keinen absoluten Schutz vor Nichtschädigung bietet, ist eine juristische Selbstverständlichkeit. Auch Rechte des Menschen, selbst als Grundrechte, gelten nicht absolut, sondern immer nur im Rahmen der (Grund-)Rechtsausübung anderer. Der Sache nach findet bei jeder Kollision von Rechten eine Güterabwägung statt.

Das Motiv der Anerkennung eines Eigenwertes bzw. Eigenrechtes liegt darin, der Natur eine echte Güterabwägung zugute kommen zu lassen und nicht, wie bisher, eine verkürzte Güterabwägung, bei der allein die menschlichen Nutzungsinteressen auf dem Spiel stehen. Wenn juristisch eine prinzipielle Gleichrangigkeit von Interessen des Menschen und der natürlichen Mitwelt angenommen wird, kann es keinen Vorrang entweder der Natur oder des Menschen geben. Die Zulässigkeit eines Eingriffs richtet sich vielmehr nach dessen Erforderlichkeit und Intensität. Als Abwägungsregel gilt dann: Je erheblicher und nachhaltiger der geplante Eingriff, desto höhere Anforderungen sind an das den Eingriff rechtfertigende Interesse zu stellen. Primäre Lebensinteressen des Menschen wie Ernährung oder Selbstschutz wiegen dabei schwerer, sekundäre Interessen wie Kostenersparnis, Genuß oder Gewinnstreben wiegen geringer. Ob danach z. B. ein Autobahnbau unter dem Gesichtspunkt von Flächenverbrauch und Zerschneidung von Ökosystemen einerseits und Verbesserung des Straßenverkehrs andererseits gerechtfertigt werden kann, erscheint höchst zweifelhaft.

Die bloße Tatsache, daß mit Anerkennung eines Eigenwertes der Natur die Transparenz von Abwägungsentscheidungen erhöht würde, wäre ein erheblicher Fortschritt. Die Wahrscheinlichkeit ist groß, daß dadurch auch andere Entscheidungen zustande kommen. Die gegenteilige anthropozentrische Position, wonach mit dem Schutz der Natur «an sich» und «um ihrer selbst willen» mangels Operationalisierbarkeit nichts zu gewinnen sei, verkennt den Impetus, der hinter der Forderung nach Eigenwert und Eigenrechten steht. Wenn angesichts des heutigen Diskussionsstandes der Gesetzgeber diese Forderung aufgreift und zum gesetzlichen Auftrag macht, wird der dahinterstehende Impetus fortwirken und auch die Rechtsanwendung bestimmen.

Im ökozentrischen Sinne noch konsequenter sind die Vorschläge aus der rechtswissenschaftlichen Literatur, das bisherige Grundrechtsmonopol des Menschen durch Verankerung von Rechten der natürlichen Mitwelt zu durchbrechen. Auf diese Weise könnte in der Tat erreicht werden, daß sich die tendenziell naturzerstörend wirkende Rechtsordnung zu neutralisieren beginnt.[47]

Die hier erwähnte «Neutralisierung» der Rechtsordnung ist der alles entscheidende Gedanke. Wenn sich die anthropozentrisch-reduktionistischen Instrumente bis zu einem gewissen Grade zurückgebildet haben, schlägt der Charakter des Rechts um. Das Recht integriert den Naturzusammenhang des Menschen, macht ihn bewußt, weil jede Rechtsausübung dann nur über einen Ausgleich sozialer *und* ökologischer Interessen möglich ist. In bezug auf seine tendenzielle Naturausbeutung beginnt sich die Rechtsordnung daher zu neutralisieren.

Ein wesentliches Merkmal dieser höheren Entwicklungsstufe ist, daß es in ihr kein eigentliches Umweltrecht mehr gibt. Es ist durch die Veränderung des Gesamtcharakters des Rechts überflüssig geworden.

Wir können verschiedene Phasen, die das Recht in bezug auf den Umweltschutz historisch durchlaufen hat und noch durchlaufen wird, in einem siebenstufigen Modell nachzeichnen. Anhand eines solchen Modells läßt sich auch ablesen, wo einzelne Länder in ihrer Rechtsentwicklung derzeit stehen und welches die Merkmale eines künftigen ökologischen Ordnungsrahmens sind.

e. Die Entwicklungsstufen der Öko-Politik

Jedes staatlich organisierte Gemeinwesen verfolgt eine Politik, die sich in irgendeiner Weise auf den Umgang mit der natürlichen Umwelt auswirkt. Von einer Umweltpolitik sprechen wir zwar erst seit etwas über zwei Jahrzehnten, aber Formen einer umweltbezogenen Politik gab es in der griechischen Polis ebenso wie im modernen Rechtsstaat. Die Unterschiede liegen allein darin, wie solche Formen in das Gesamtgefüge staatlicher Politik eingebettet sind. Idealtypisch lassen sich zwei Extreme denken: Entweder wird die Notwendigkeit gezielt umweltschützender Politik ganz geleugnet, so daß die Handlungsinstrumente des Staates auf die Organisation von individuellen Interessen beschränkt bleiben. Oder eine spezifische Umweltschutzpolitik wird als überflüssig angesehen, weil sie in die Politik als Organisation individueller und kollektiver Interessen voll integriert ist. In beiden Extremen gibt es also keine eigenständige Umweltpolitik (und dementsprechend kein eigentliches Umweltrecht). Der Schutz der natürlichen Umwelt (oder sein Fehlen) ergibt sich als eine rein tatsächliche Folge staatlicher Politik. Zwischen den Extremen lassen sich verschiedene Entwicklungsstufen ausmachen, in denen mit mehr oder weniger gezielt eingesetzten Instrumenten versucht wird, den Umgang mit natürlichen Ressourcen bzw. der nichtmenschlichen Natur zu beeinflussen. Wie diese Instrumente beschaffen sind und wie sie sich zu den sonstigen Instrumenten, besonders der Wirtschaftsförderung, verhalten, richtet sich nach den jeweiligen Gesamtzielen der Politik. Hierbei können entweder kurzfristige Ziele wirtschaftlicher Expansion oder langfristige Ziele menschlicher Existenzsicherung im Vordergrund stehen (s. Tabelle Seite 236).

In diesem Sieben-Stufen-Modell finden sich die Hauptmerkmale der jeweiligen staatlichen Politik. Es gibt eine enge Verbindung zwischen – bewußt oder unbewußt – verfolgten Interessen und deren Niederschlag in politischen und rechtlichen Instrumenten. Solange das zugrundeliegende Menschenbild das eines individuellen Ego ist, richtet sich das Hauptmerkmal auf den Schutz egoistischer Nutzungsinteressen (in bezug auf Gesellschaft und Natur). Dementsprechend kreisen alle Rechtsbeziehungen um den Schutz und Ausbau von Privateigentum. In dem Maße, wie sich das Menschenbild verändert, man könnte auch sagen, wie sich der Mensch seiner selbst bewußt wird, bezieht der Interessenschutz kollektive und schließlich ökologische Interessenlagen mit ein. Politik und Recht entwickeln dabei neue Handlungsbereiche, die zu-

Vom Umweltschutz zur Ökologie. Die 7 Entwicklungsstufen der Umweltpolitik

seit der Antike	19. Jahrh.	1970	1980	Gegenwart	→	Zukunft
1. umweltignorierende Politik	2. Ressourcenbewirtschaftung	3. Umweltschutz	4. Vorsorge (als Planungsziel)	5. Vorsorge (als Rechtsgebot)	6. Umweltplanung	7. Öko-Politik
Interessen: egozentrisch – individuell	egozentrisch – kollektiv	anthropozentrisch – kurz- u. mittelfristig	anthropozentrisch (tendenziell) langfristig			ökozentrisch
Politik: Schutz privater Nutzungsinteressen	Schutz auch öffentlicher Nutzungsinteressen	Gefahrenabwehr, Gesundheitsschutz	vorbeugender Umweltschutz	Raumplanung, Umweltverträglichkeitsprüfung	Vorrang der Umweltpolitik	integrierte Wirtschafts- und Umweltpolitik
Recht: Privateigentum	0 Öffentl. Recht	Umweltrecht	Vorsorgeprinzip	Planungsrecht	«Beweislastumkehr»	Ökologisches Recht
Merkmal: nicht umweltspezifisch, ökologie-[illegible]	tendenzielle Verschärfung der Konflikte zwischen Wirtschafts- und Umweltschutzinteressen					nicht umweltspezifisch, aber ökologisch

nehmend den Freiheitsbereich des Einzelnen begrenzen. Durch das Hinzutreten von Umweltschutz wird besonders der Konflikt zwischen ökonomischer Freiheit und ökologischer Rücksichtnahme immer mehr verschärft. Dieser Konflikt ist heute zum alles beherrschenden politischen Thema geworden. Er kann nicht mehr auf der Grundlage anthropozentrisch konzipierten Interessenausgleiches gelöst werden – so sehr das anthropozentrische Paradigma auch gedehnt oder verdrängt werden mag. Erst der sich seiner Abhängigkeit von der übrigen Natur bewußt gewordene Mensch hat ein «Selbstmodell» zur Verfügung, das nicht mehr auf den tödlichen Wettlauf zwischen Ökonomie und Ökologie angewiesen ist. Im ökozentrischen Paradigma sind die rivalisierenden Instrumente der Wirtschafts- und Umweltpolitik so miteinander integriert, daß Konfliktlagen zwar nicht verschwinden, aber tatsächlich gelöst werden können. Ihr Bezugsrahmen hat sich nämlich geändert: Wirtschaften geschieht nicht mehr gegen die Natur, sondern mit ihr.

Wenn wir uns im folgenden die einzelnen Entwicklungsstufen näher ansehen und besonders die Rolle des Rechts betrachten, sind zwei Dinge für das Verständnis wichtig. Zum einen: Das Recht folgt den jeweils vorherrschenden Anschauungen über das Verhältnis zwischen Mensch/Gesellschaft und Natur, kann also nicht selbst dieses Verhältnis bestimmen. Was es aber leisten kann, ist, sich dieses Verhältnis bewußt zu machen und zu zeigen, welche Auswirkungen es für den gesellschaftlichen Interessenausgleich hat. Insofern sind individuelle, politische und rechtliche Bewußtseinszustände eng miteinander verknüpft. Wenn wir uns vor Augen halten, daß die – noch nicht verwirklichte – 7. Stufe der ökologischen Politik (vorläufiger) Endpunkt eines Evolutionsprozesses ist, dessen einzelne Stufen wir großenteils schon durchlaufen haben, dann haben wir eine «Vision», ein Bild davon, wie sich unser individuelles Selbst gesellschaftlich organisiert. Dabei wird deutlich, daß diese Vision kein intellektuelles Luftschloß ist, sondern nächster Schritt der bisherigen Entwicklung und Konsequenz unserer heute schon vorhandenen Erfahrung. Wir müssen nur noch Denkbarrieren einreißen, die uns bisher vielleicht gehindert haben, die Stufe der ökologischen Politik zu beschreiten.

Der andere Gesichtspunkt betrifft das Verhältnis der einzelnen Stufen zueinander. Sie treten in der Wirklichkeit nicht zeitlich klar aufeinanderfolgend auf, sondern – je nach Land und Rechtssystem – unter Umständen auch gleichzeitig. Jedes Rechtssystem folgt eigenen Besonderheiten, und keines wird exakt den Merkmalen eines bestimmten Stadiums entsprechen. Wichtig ist, die sieben Grundmuster der Entwicklungsstadien zu erkennen.[48] Im einzelnen stellen sie sich folgendermaßen dar:

1. Umweltignorierende Politik
Im ersten Stadium fehlt es an einer identifizierbaren Eigenständigkeit von umweltbezogenen Normen. Das Recht steht vollständig im Kontext traditioneller Verhaltensnormen. Im Kern regelt es die vorhandenen Privatinteressen. Natürliche Ressourcen, besonders Boden und Wasser, sind nach den Nutzungsinteressen der Eigentümer normiert. Rechtlich faßbar sind nur die konkurrierenden Interessen von Landeigentümern und -besitzern. Eine Ausnahme stellen Umweltgüter in staatlichem Besitz dar. Insoweit ist auch das Allgemeininteresse an der Erhaltung und/oder Nutzbarkeit von Umweltgütern rechtlich berührt. In einem solchen System können Entscheidungsprozesse durchaus umweltbewußt und ökologisch sensibel verlaufen. Allerdings gibt es kein Gesetz, das irgend jemanden dazu verpflichten würde.

2. Ressourcenbewirtschaftung
Das zweite Stadium besteht in der rechtlichen Reaktion auf die Notwendigkeit einer Bewirtschaftung natürlicher Ressourcen. Hier kann die Verknüpfung privater und öffentlicher Sektoren erforderlich sein, um eine größere Effizienz der Ressourcennutzung zu erzielen. Als Allgemeininteresse gilt das, was zur Nutzung bestimmter Umweltgüter nötig ist, z. B. Land zur Erschließung von Siedlungsräumen und landwirtschaftlichen Flächen, Wasser für die öffentliche Versorgung oder Entwässerung, sonstige Ressourcen für Energiegewinnung und industrielle Nutzung. Erreicht wird dies durch eine Gesetzgebung, die solche Nutzungsmöglichkeiten erleichtert, indem sie bestimmte Eigentumsübertragungen, Lizenzvergaben, Entwicklungsprogramme oder Subventionen vorsieht. Typischerweise werden bestimmte Zwecke für begrenzte Zeiträume verfolgt. Umweltschützende und ökologische Perspektiven fehlen, sie sind rechtlich nicht relevant.

3. Umweltschutz
In der dritten Phase reagiert das Recht auf entstandene oder absehbare Umweltschäden. Einzelne Bereiche der Umwelt sind herausgenommen, um sie vor übermäßiger Nutzung zu bewahren. Bestimmte Flächen stehen überdies unter gesetzlicher Aufsicht, um Tiere und Pflan-

zen mit ihrer natürlichen Umgebung zu schützen. Zu diesem Naturschutzaspekt kommt der andere Aspekt der Abwehr oder Begrenzung von Umweltbelastungen. Dieser Bereich ist in größerem Maße konfliktbeladen und erfordert direkte Eingriffsmöglichkeiten. Normalerweise wird wiederum nur ein Ziel, etwa die Verringerung von Luftverschmutzung, verfolgt, aber in Konflikt zu ihm stehen ökonomische, soziale und andere Ziele. Für die weitere Entwicklung ist dieses Stadium sehr bedeutsam, da die Gesetzgebung versucht, konkurrierende und eventuell gegenläufige Zielperspektiven zu verwirklichen. Das Allgemeininteresse erfordert gleichermaßen die Nutzung und den Schutz der natürlichen Ressourcen. Ist ein Ziel den anderen gegenüber vorrangig? Wie werden Spannungslagen gelöst? Solange die Gesetzgebung die Nutzbarkeit fördert, wird die Naturausbeutung dem Umweltschutz vorgehen. Grund dafür ist, daß die Ressourcen- und Umweltschutzgesetzgebung im Kontext einer Rechtsordnung steht, die auf Verfügbarkeit und Verwertbarkeit von Umweltgütern hin angelegt ist. Um effektiv zu sein, muß das umweltschützende Recht daher besonders klar und eindeutig in seinen Zielsetzungen und Regelungen sein. Gerade hierin aber wird es oftmals kritisiert. Es sei zu einseitig und nehme zu wenig Rücksicht auf sonst noch bestehende Bedürfnisse. Ein Vorwurf, der umgekehrt freilich der Gesamtrechtsordnung zu machen wäre: Sie schreibt das Prinzip der Freiheit der Naturausbeutung fest und läßt der Umwelt keinen eigenen Raum. Der Ausweg aus diesem Dilemma wird in dem «vernünftigen» Ausgleich zwischen Wirtschafts- und Umweltschutzzielen gesucht. Gelingen kann dieser Ausgleich jedoch nur, wenn das Recht insgesamt so konstruiert ist, daß Zielkonflikte tendenziell vermieden werden.

4. Vorsorge als Planungsziel

Die Lösung in diesem vierten Stadium wird darin gesehen, umweltschützende Maßnahmen bereits dann zu ermöglichen, wenn Umweltschäden noch nicht entstanden oder konkret absehbar sind. Im Prinzip wären solche Vorsorgemaßnahmen für private und öffentliche Entscheidungsprozesse vorzuschreiben. Wahrscheinlich aber ist, daß sie nur bei Vorhaben Beachtung finden, die öffentlich kontrollierbar sind. Eine weitere Schwierigkeit kommt hinzu: Alle Vorsorgeregelungen, ob sie nun Sicherheitszonen, Freiräume, zeitlich vorverlagerte Gefahrenabwehr schaffen sollen oder als reine Planungsnormen begriffen werden, tragen die Gefahr mangelnder Konkretheit und damit eingeschränkter Durchsetzbarkeit in sich. Ohne rechtlich gesicherte Entscheidungsspielräume aber kann sich das «weiche» Vorsorgeprinzip gegenüber dem «harten» Recht auf Ressourcennutzung nicht behaupten. Das Recht kann die Antizipation von Interessenkonflikten daher nur herbeiführen, wenn die zur Vorsorge eingesetzten Mittel durchschlagskräftig sind.

5. Vorsorge als Rechtsgebot

Es liegt somit nahe, Umweltvorsorge bei allen Aktivitäten mit Auswirkungen auf die Umwelt verbindlich vorzuschreiben, auch wenn Art und Ausmaß der erforderlichen Vorsorge unklar sind. Wiederum kann dies nicht für Entscheidungen im privaten Sektor erreicht werden, da ein Grundstückseigentümer kaum zu zwingen ist, gegen Negativeffekte vorzusorgen, die er im einzelnen gar nicht kennt. Dies gilt im Prinzip auch für den öffentlichen Sektor. Allerdings besteht hier der Interessenkonflikt zwischen «Umweltschützern» (z. B. Kontrollorganen) und «Umweltnutzern», so daß die Durchsetzungschancen der Vorsorge hier größer sind. Wesentlicher Ausdruck einer Gesetzgebung zur obligatorischen Vorsorge ist die Umweltverträglichkeitsprüfung. Ihrer Idee nach soll sie sicherstellen, daß alle umweltrelevanten Vorhaben, auf die der Staat Einfluß nehmen kann, einer ökologischen Folgeneinschätzung unterzogen werden, bevor über das Ob und Wie ihrer Durchführung entschieden wird. Damit eröffnet sich die prinzipielle Möglichkeit, wirtschaftliche Verwertungsinteressen in einem relativ frühen Stadium mit Umweltschutzinteressen in Beziehung zu setzen. Eine solche Möglichkeit ist sicher nicht gering zu schätzen, bedeutet aber noch nicht den Durchbruch zu einer ökologischen Planungsentscheidung. Selbst bei umfassenden Normierungen kann die Umweltverträglichkeitsprüfung als solche nicht mehr leisten als die Berücksichtigung von wie auch immer bewerteten Umweltschutzinteressen. Die Entscheidung selbst ist nach wie vor in ein Rechtssystem eingebunden, das die Inanspruchnahme von Umweltgütern privilegiert.

6. Umweltplanung

In einem sechsten Stadium wird der Versuch unternommen, die rechtlich abgesicherten Nutzungsgarantien so zurückzudrängen, daß die umweltschonenden Aspekte der Planung und Genehmigung von Projekten in den Vordergrund treten. So kommt es zu einem rechtlich durchsetzbaren System der Umweltplanung. Es erstreckt sich im wesentlichen auf die Raumplanung und die von ihr erfaßten Ressourcen. Bei der Umweltplanung sind Umweltbelange nicht nur – wie bei der Umweltverträglichkeitsprüfung – obligatorisch, sondern mit Vorrang zu berücksichtigen. Dies heißt nicht, daß wirtschaftliche, technische, soziale und andere Belange ohne Bedeutung wären. In Umkehrung zum ressourcenregulierenden Instrumentarium hat hier aber die Erhaltung und Pflege von Ökosystemen Priorität gegenüber ihrer Nutzbarkeit für rein menschliche Zwecke. Ermöglicht wird dies durch eine größere Unabhängigkeit der staatlichen Planungsträger von Wirtschaft und Industrie. In dem Maße, wie sich die Handlungsmöglichkeiten der Umweltplanung vergrößern, offenbart sich der umweltschützende Charakter des Rechtssystems.

7. Öko-Politik

Unter der Annahme, daß die Akzentsetzung zugunsten der Umwelt mit der notwendigen Lobby versehen ist, birgt die Umweltplanung die Gefahr zunehmender sozialer Konflikte in sich. Ihre Tendenz, Nutzungs- und Expansionsinteressen gegenüber reinen Umweltschutzinteressen zurückzustellen, würde ein neues Ungleichgewicht zwischen Bewahrung und Nutzung der Umwelt provozieren. Zur Korrektur potentieller Schieflagen wird daher ein System nachhaltiger Entwicklung im Sinne einer ökologischen Gesamtplanung erarbeitet. Dieses System – englisch *ecodevelopment* oder *sustainable development* genannt – umfaßt mehr als die Regulierung von Eigenrechten, mehr als Flächennutzung, mehr als die Regulierung von Eigentumsrechten, mehr als Umweltschutz, mehr als Umweltverträglichkeitsprüfung und mehr als Umweltplanung. Es ist integriert, weil es all diese Elemente einschließt, und es ist ökologisch, weil es die Umwelt sowohl als für den Menschen nutzbare Ressource wie auch als unabhängig vom Menschen erhaltenswerten Lebensraum betrachtet. Bei der Integration von Nutzungs- und Erhaltungsinteressen gibt es keine Prioritätensetzung, sondern den Ausgleich aller im Ökosystem Mensch–Natur vorhandenen Lebensinteressen. Die Konflikte sind damit nicht aufgehoben, ihre Bewältigung aber orientiert sich am Prinzip der Nachhaltigkeit *(sustainability)*, das sowohl spezifisch menschliche als auch nichtmenschliche Interessenlagen berücksichtigt.

Das Recht gibt in diesem letzten Stadium seine umweltpolitischen Präferenzen auf. Das Umweltrecht verliert seinen speziellen Charakter zugunsten einer ökologisch orientierten Gesamtordnung. Ethisches

Merkmal dieser Neuorientierung ist der Übergang von der anthropozentrischen zur nicht-anthropozentrischen, d. h. ökozentrischen Wertsetzung. Rechtlich-instrumentelles Merkmal ist die Anerkennung einer eigenen Würde und Rechtssubjektivität der natürlichen Mitwelt. Die Wechselwirkungen von Rechtspositionen der Menschen und solchen seiner natürlichen Mitwelt bestimmen die Handlungsspielräume dieses neuen Rechtssystems. Wie im ersten Stadium wahrt das Recht auch im letzten Stadium eine umweltpolitische Neutralität. Der Bezugsrahmen hat sich jedoch vollständig verändert. Werden die Konflikte zwischen Nutzungs- und Umweltschutzinteressen im ersten Stadium schlicht unterdrückt und in den nachfolgenden Stadien tendenziell verstärkt, so werden sie durch das Integrationssystem institutionalisiert und damit abgeschwächt. Analog dem sozialen Rechtsstaat ist der ökologisch orientierte Staat auf den Ausgleich von Gegensätzen und Ungleichgewichten hin konzipiert, weshalb ein solcher Staat als ökologischer Rechtsstaat bezeichnet werden kann.

Das hier entwickelte siebenstufige Evolutionsmodell des umweltbezogenen Rechts – auch vorstellbar als Spirale mit genau übereinanderliegenden Endpunkten – dient der Klassifizierung von Rechtssystemen. Im Vergleich bewegen sich die meisten heutigen Rechtssysteme in den mittleren Stadien, wobei noch keines über die Stufe 5 hinausgelangt ist. Bezieht man die Entwicklung der jüngsten Zeit mit ein, dann lassen sich besonders in den Niederlanden, in Deutschland und den USA Hinweise dafür finden, daß der Umweltpolitik ein gewisser Vorrang eingeräumt werden soll (z. B. bei der Regelung der Beweislasten im Haftungsrecht). Auch die Diskussionen um die Ökozentrik in Deutschland und den USA zeigen an, daß die Stufen 6 und 7 dort nicht mehr Utopie sind.

Auf der Suche nach einem Modell, an dem sich andere Staaten orientieren könnten, wird man sich am ehesten für das Beispiel *Neuseelands* entscheiden. Neuseeland hat traditionell den Ruf eines umweltpolitisch besonders fortschrittlichen Landes. Natürlich ist Neuseeland durch eine Reihe von Umständen privilegiert. Fernab von den Industrie- und Ballungszentren dieser Welt, ist die Doppelinsel im Südpazifik von vielen Umweltproblemen verschont geblieben. Geringe Bevölkerungsdichte, weniger Industrialisierung, mildes Seeklima und üppige Vegetation machen es leichter, über zukunftsorientierte Politik nachzudenken.

Andererseits unterscheidet sich die Bevölkerungs- und Wirtschaftsstruktur Neuseelands nicht grundsätzlich von der in den übrigen 23 westlichen Industriestaaten, die in der Organisation für wirtschaftliche Zusammenarbeit und Entwicklung (OECD) zusammengeschlossen sind und ihre Umweltpolitiken miteinander abstimmen. Gerade im Umweltrecht findet auf Expertenebene ein ständiger internationaler Austausch statt. Über diesen Austausch gelangen Ideen und Modelle einzelner Länder rasch in Umlauf. In Neuseeland, einem wenig bevölkerten Staat mit zentralem Regierungssystem, setzen sich allerdings neue Ideen schneller durch als in den hochindustrialisierten Großstaaten. Ein Beispiel dafür ist die Gesetzgebung zum Verbot jeglichen Umgangs mit Atomenergie. Die Friedensbewegung hatte in den Jahren 1983/84 die damalige Labour-Opposition auf ein Anti-Atomprogramm festgelegt und daraufhin die Labour Party im Wahlkampf unterstützt. So kam es 1984 zum Regierungswechsel, und die neue Regierung sah sich trotz heftiger Widerstände der Wirtschaftslobby, die sich um ihre Handelsbeziehungen mit England und den Vereinigten Staaten sorgte, gezwungen, Atomenergie in allen ihren Erscheinungsformen durch Gesetz zu verbieten.

Für das Umweltkonzept der neuseeländischen Politik ist außerdem der Einfluß der Maori-Tradition bedeutsam. Die Maori waren 800 Jahre vor den Europäern nach Aotearoa («Land der langen weißen Wolke») gekommen. Und obwohl ihre naturnahe Lebensweise durch die europäische Besiedlung der letzten 150 Jahre gründlich zerstört wurde, haben sich einige ihrer kulturellen Eigenheiten erhalten. Dazu gehört das Verständnis, daß man Land nicht im Rechtssinne besitzen kann. Der Mensch gehört zum Land und nicht das Land zum Menschen.

Im 1840 geschlossenen Vertrag von Waitangi, durch den die englische Krone staatliche Souveränität über Neuseeland erlangte, ist den Maori die Wahrung ihrer traditionellen Landrechte zugesichert worden. Dadurch hat auch heute noch, und besonders in letzter Zeit, das ganzheitliche Naturverständnis der Maori politische Bedeutung. Als 1985 eine Gesamtreform der Umweltpolitik und des Umweltrechts in Gang gesetzt wurde, drängte die Maori- und Ökologiebewegung darauf, die «spirituellen Werte» des Waitangi-Vertrages und die «intrinsischen Werte von Ökosystemen» *(intrinsic values of ecosystems)* in den Gesetzen zu verankern.

1986 wurde der Environment Act beschlossen, mit dem die Verwaltung auf ein integriertes Umweltmanagement verpflichtet wird. Eines der wesentlichen Ziele ist dabei die Integration von Entwicklung *(development)* und Erhaltung *(conservation)*, so daß es nicht mehr zu einem unverbundenen Nebeneinander von Wirtschafts- und Umweltpolitik kommt. Der Environment Act enthält eine umfassende Definition des Umweltbegriffs, zu dem «Ökosysteme mit ihren konstituierenden Elementen» gehören, und schreibt vor, daß das Umweltmanagement sich nach folgenden Gesichtspunkten richtet:

- den intrinsischen Werten von Ökosystemen;
- anderen Werten, die von Personen und Gruppen der Qualität der Umwelt zugeschrieben werden;
- den Prinzipien des Vertrages von Waitangi;
- der Dauerhaftigkeit der natürlichen und physikalischen Ressourcen und
- den Bedürfnissen der künftigen Generationen.

Ein Jahr später wurde der Conservation Act verabschiedet, wonach der Naturschutz auf der Grundlage der Wahrung der «intrinsischen Werte von Ökosystemen» betrieben wird. Mit dem Environment Act 1986 und dem Conservation Act 1987 wurde das Fundament für eine ökozentrische Gesetzgebung und Verwaltung gelegt. Der Eigenwert der außermenschlichen Natur ist gesetzlich festgeschrieben.[49]

Die eigentlichen Schwierigkeiten beginnen allerdings da, wo die neuen Leitziele umgesetzt werden. In vier Jahren mühevoller Kleinarbeit versuchte die Labour-Regierung, die vielen Planungs- und Umweltgesetze in einem einzigen Gesetz zusammenzufassen und Verfahren vorzuschreiben, nach denen ökonomische und ökologische Interessen ausgeglichen werden können. Alle öffentlichen und privaten Aktivitäten mit Auswirkung auf die natürliche Umwelt sollten einer Umweltverträglichkeitsprüfung unterzogen werden, die *nicht*, wie in vielen Ländern sonst üblich, Alibifunktion für eine ökologische Gesamtbetrachtung hat, sondern nach genau festgelegten Kriterien über das Ob und Wie von Projekten entscheidet. In den verschiedenen Entwürfen zu einem Allgemeinen Umweltgesetz (mit dem etwas irreführenden Namen Resource Management Act) standen das Prinzip der Nachhaltigkeit *(sustainability)* und des Eigenwertes der Natur im Mittelpunkt. Je deutlicher sich aber zeigte, welche weitreichenden Folgen dies haben würde, desto größer wurde der Widerstand dagegen. Die Wirtschaft und ihre Lobby in Parlament und Ministerien machten gegen das federführende Umweltministerium mobil. Hinzu kam eine schwere wirtschaftliche Rezession, für die die Labour-Regierung verantwortlich gemacht wurde.

Wenige Wochen vor den Wahlen im Oktober 1990 versuchte die Labour-Regierung, ihren anspruchsvollen Gesetzesentwurf über die parlamentarischen Hürden zu retten. Der konservativen National-Oppositionspartei gelang es aber mit Geschäftsordnungsanträgen, die Beschlußfassung gerade noch rechtzeitig zu verhindern. Das Parlament löste sich auf, und aus den Wahlen ging die National Party als großer Sieger hervor. Danach wurden weitere Entwürfe produziert. Das «heiße Eisen» Ökozentrik war aber nicht vom Tisch. Eine unabhängige Kommission kam 1991 zu dem Schluß, daß an den Prinzipien der Nachhaltigkeit und des Eigenwertes festgehalten werden solle, und so konnte auch die Regierung nicht mehr verhindern, daß sie im schließlich verabschiedeten Gesetz enthalten sind.

Der Grundsatz der Nachhaltigkeit ist in vielen neueren Umweltrechtssystemen gebräuchlich. Er besagt, daß natürliche Ressourcen nur in dem Umfang in Anspruch genommen und bewirtschaftet werden dürfen, daß ihre dauerhafte Erhaltung und Nutzbarkeit auch durch künftige Generationen gewährleistet ist. Die UN-Kommission für Umwelt und Entwicklung forderte in ihrem 1987 erschienenen Bericht *Unsere gemeinsame Zukunft*, nationale und internationale Politik nach dem Grundsatz der «nachhaltigen Entwicklung» *(sustainable development)* auszurichten. Danach ist den Bedürfnissen heutiger Generationen so zu entsprechen, daß künftige Generationen nicht darin beschränkt sind, ihre eigenen Bedürfnisse zu befriedigen. Der sogenannte Brundtland-Bericht (nach der Kommissionsvorsitzenden, der norwegischen Ministerpräsidentin Gro Brundtland) ist so etwas wie eine Leitlinie für das internationale Umweltrecht geworden, er repräsentiert bis zu einem gewissen Grad international vorhandenen Konsens. Was allerdings «Grundsatz der nachhaltigen Entwicklung» genau bedeutet, darüber herrscht keineswegs Klarheit.

Der Brundtland-Bericht stellt verschiedene Ziele auf, die der Verwirklichung dieses Grundsatzes dienen sollen. Dazu gehören ein verändertes Verständnis von Wachstum, die Stabilisierung der Weltbevölkerung, der Übergang zu erneuerbaren Energiequellen, die Entwicklung einer Philosophie für technologische Risiken und die Verbindung von ökonomischen und ökologischen Zielen. Was aber heißt dies im einzelnen? Wie verhalten sich z. B. die Entwicklung der Weltbevölkerung und die Chancen eines Umstiegs auf erneuerbare Energiequellen zum Wachstumsbegriff? Ist die Vorstellung von einem kontrollierten, qualitativen Wachstum nicht blanke Illusion angesichts der rapide wachsenden Versorgungskrise in der Dritten Welt und in Osteuropa? Wer hängt denn etwa *nicht* am Tropf des ökonomischen Wachstums? Wenn Ökonomie ein ökologisches Fundament bekommen soll, muß tiefer gegraben werden. Man muß die kulturhistorischen Antriebskräfte des Industrialismus bloßlegen, wie wir es im zweiten Teil des Buches getan haben.

Die zerstörerischen Antriebskräfte haben auch in der Reformdiskussion Neuseelands von Anfang an eine Rolle gespielt. In vielen Regierungspapieren und Anhörungen wurde nach Möglichkeiten gesucht, den anthropozentrischen Reduktionismus zu überwinden. Das neue Umweltgesetz sollte ganzheitlich-ökozentrisch werden. Die Entwürfe waren deshalb darauf angelegt, das Prinzip der Nachhaltigkeit mit der Anerkennung des Eigenwertes der natürlichen Umwelt zu verbinden. Unter «sustainable management» versteht der Resource Management Act von 1991 ein System, in dem «jede ökonomische Aktivität im physikalischen und ökologischen Sinne tragfähig» sein muß. Das Gesetz sieht dazu nicht nur umfassende Umweltverträglichkeitsprüfungen vor, sondern eine inhaltliche Bewertung anhand der Eigenwerte von Ökosystemen. Als Eigenwerte gelten «diejenigen Aspekte von Ökosystemen, die aus ihrem eigenen Recht Werte besitzen». Die zu berücksichtigenden Eigenwerte von Ökosystemen sind danach:

1. Die biologische und genetische Vielfalt;
2. die grundlegenden Eigenschaften, die die Integrität, Form, Funktion und Regenerationskraft des Ökosystems ausmachen, und
3. Mauri.

Das Wort *mauri*, der Maori-Sprache entnommen, hat keine direkte Entsprechung im Englischen oder einer der anderen westlichen Sprachen. Es wurde aber bewußt aufgenommen, um die «Lebenskraft» *(life force)* oder das «Lebensprinzip» *(life principle)* als rechtlich geschützten Eigenwert der Natur anzusprechen. Hier drückt ein Gesetz zum ersten Mal positiv aus, um was es bei allen menschlichen Aktivitäten im Grunde gehen müßte, nämlich um die Achtung und Erhaltung von Leben in allen seinen Erscheinungsformen. Es ist sicherlich bezeichnend, daß westliche Sprachen für solch ein elementares Anliegen keine genaue Bezeichnung zur Verfügung haben. Das Mauri-Konzept ist Teil des neuseeländischen Rechts- und Verwaltungssystems. Es muß bei allen Planungsverfahren beachtet werden. Um dies sicherzustellen, wurde sogar ein eigener Gerichtshof geschaffen, das Waitangi-Tribunal. Seine Entscheidungen müssen von den herkömmlichen Gerichten, dem High Court und dem Court of Appeal, berücksichtigt werden.

Wie die Rücksichtnahme auf die Eigenwerte von Ökosystemen in der Praxis funktioniert, zeigt das folgende Beispiel.[50] Im Jahre 1982 wurde ein Wasserkraftwerk am Oberlauf des Wanganui-Flusses in Betrieb genommen. Um wirkungsvoll Strom produzieren zu können, waren insgesamt sechs Quellflüsse so umgeleitet worden, daß sie einen künstlichen Stausee speisten, an dem das Kraftwerk dann errichtet wurde. Nach seiner Inbetriebnahme zeigte sich aber bald, daß der Wanganui immer weniger Wasser führte. Durch die Veränderungen und Begradigungen des Zuflußsystems wurde dem Wanganui 50% seines Wassers entzogen. Die verbleibenden Wassermengen reichten nicht mehr aus, um die Region am Unterlauf des Flusses ausreichend zu versorgen. Bodenverkarstung, Pflanzensterben, Gefährdungen von Tierarten und Erosion waren die Folge.

Als 1988 die Aufsichtsbehörden über die Fortdauer der Betriebsgenehmigung zu entscheiden hatten, war klar, daß es so nicht mehr weitergehen konnte. Entweder mußte mit Hilfe technischer Lösungen mehr Wasser in den Wanganui gepumpt werden, oder das Zustromgebiet mußte in seinen ursprünglichen Zustand zurückgebildet werden. Genau dies forderten die Maori und Umweltschutzgruppen! Sie verlangten die Wiederherstellung der natürlichen Flußläufe. Selbst wenn die Wassermengen auf das frühere Maß gebracht werden könnten, sei doch das Quellgebiet des Wanganui in seinem Eigenwert mißachtet. Es enthalte seine eigene Vielfalt und Regenerationsfähigkeit, dazu *mauri* wie alle lebendigen Systeme.

Die Regierung setzte ein besonderes Schiedsgericht über die Frage ein, ob eine Verdoppelung der Wasserzulaufmengen ausreichend sei oder ob das ursprüngliche Ökosystem – mit riesigem finanziellem Mehraufwand – wiederhergestellt werden müsse. Bei einer herkömmlichen Kosten-Nutzen-Rechnung hätte kein Gericht der Welt diese zweite Alternative in Betracht gezogen. Aus anthropozentrischer Sicht wäre die Funktionsfähigkeit des Wanganui-Flußsystems nämlich auch ohne den ursprünglichen Zustand herzustellen gewesen. Und einen besonderen Naturschutzwert – etwa als Erholungs- oder Artenschutzgebiet – besaß die Region der Quellflüsse nicht. Wie ließe sich da ein Millionenaufwand für ein bißchen «unnütze» Natur rechtfertigen? Die Eigenwert-Argumentation verschob die Gewichte: Jetzt standen sich das «nationale Interesse an der Erzeugung von Elektrizität» und «das Interesse des Quellgebietes auf natürliche Flußläufe» unvermittelt gegenüber. Und vor der alarmierten Öffentlichkeit mochte das Schiedsgericht nicht einseitig erscheinen. Es verfügte die Fortsetzung des Kraftwerkbetriebes mit der Auflage an die Electricorp, die natürlichen Flußläufe wiederherzustellen. Das wollte sich der Elektrokonzern nicht gefallen lassen. Und so zieht sich der Streit noch heute durch die Gerichtsinstanzen. Das ökologische Niveau dieses Streites ist jedoch in jedem Fall wesentlich höher, als es bei anthropozentrischen Wertsetzungen je hätte sein können.

Durch Fälle solcher Art erhält der Umgang der Gesellschaft mit der Natur eine neue Dynamik. Neuseeland kann den großen Industrieländern vielleicht lebenswichtige Rettungswege zeigen.

Wir haben gesehen, wie radikal sich das Recht als staatliches Steuerungsinstrument für gesellschaftliches Verhalten zu verändern beginnt. Sein gesamtes Fundament, der Schutz des individuellen Ego, ist brüchig geworden. Vorstellungen über «subjektive Rechte», «Werte», ja selbst darüber, wer Subjekt und wer Objekt ist, sind über den Haufen geworfen. Das ökozentrische Paradigma, das den Menschen als naturbedingtes Wesen begreift, verfestigt sich zum neuen Fundament.

So bedeutsam der Wandel des Rechts für eine ökologische Perspektive und damit für eine Überlebensstrategie auch ist, er macht nicht selbst die Überlebensstrategie aus. Der rechtliche Wandel ist zunächst nur äußeres Erscheinungsbild eines sich vollziehenden grundlegenden Bewußtseinswandels. Ob er mehr ist als nur Erscheinungsbild, ob er einen völlig neuen Umgang mit der Natur einleitet, hängt von zwei entscheidenden Bedingungen ab.

Die eine Bedingung ist, daß der Wandel im Rechtsdenken in seiner Tiefe tatsächlich bemerkt wird. Gesellschaft und Staat werden sich nur verändern, wenn sie sich des Wandels eines ihrer wichtigsten Handlungsinstrumente in vollem Umfang bewußt werden. Und dies heißt nicht weniger, als den *paradigmatischen* Charakter des Übergangs von der Anthropozentrik zur Ökozentrik zu erkennen.

Die andere Bedingung ist, das ökozentrische Recht vollzugsfähig zu gestalten. Erst in dem Maße, wie der Eigenwert der Natur in den Abwägungs- und Entscheidungsverfahren konkret eingefordert wird, kann sich das Herrschaftsverhältnis in ein partnerschaftliches verwandeln.

Der ersten Bedingung werden wir uns im folgenden Kapitel zuwenden, der zweiten im abschließenden vierten Teil. Zunächst: Welches sind die Dimensionen des ökozentrischen Paradigmas? Worin zeigt es sich im einzelnen? Aufzudecken ist das faszinierende Zusammenspiel von philosophischen und psychologischen Strömungen des neuen Denkens.

7. Die ökozentrische Wende

Der Mensch ist Teil eines von uns «All» genannten Ganzen, ein Teil, der seine räumlichen und zeitlichen Grenzen hat. Er erfährt sich selbst, seine Gedanken und Gefühle als etwas von allem anderen Getrenntes – sozusagen eine optische Täuschung seines Bewußtseins. Diese Täuschung bedeutet für uns eine Art Gefängnis, sperrt uns ab von allem außer unseren persönlichen Wünschen und der Zuneigung zu ein paar wenigen uns Nahestehenden.
Unser Bestreben muß es sein, aus diesem Gefängnis auszubrechen, indem wir den Kreis unseres Miterlebens und Mitfühlens erweitern, auf daß er alle Lebewesen und die gesamte Natur in ihrer Schönheit einschließe.

ALBERT EINSTEIN

a. Abschied von der Anthropozentrik

Das ökozentrische Paradigma mit all seinen erkenntnistheoretischen, ethischen, theologischen und psychologischen Momenten ist der Gegenentwurf zur Anthropozentrik. Zwischen beiden Paradigmen kann es keinen Kompromiß geben, so sehr auch Zwischen- und Übergangsformen in der Wirklichkeit vorkommen mögen. Den Grundwiderspruch zwischen anthropozentrischem und ökozentrischem Denken müssen wir deshalb immer vor Augen haben.

Zu den Schwierigkeiten der Auseinandersetzung gehört es nun aber, daß die fundamentale Gegensätzlichkeit oft geleugnet wird. Es gibt heute wohl niemanden mehr, der die *Notwendigkeit* einer Neuordnung unseres Verhältnisses zur Natur bestreitet. Eine andere Frage ist jedoch die nach den *Möglichkeiten* einer Neuordnung. Und hier scheiden sich die Geister. Eine sehr verbreitete und nicht immer klar erkennbare Auffassung ist die, daß unsere Möglichkeiten auf das beschränkt seien, was unter den Bedingungen heutiger Gesellschaftswirklichkeit konkret durchsetzbar ist. Danach bestimmt der gesellschaftliche Status quo, genauer der Glaube an dessen prinzipielle Unveränderbarkeit, den Ausgangs- *und* Endpunkt der Suche nach den Möglichkeiten. Der Vorteil einer solchen – oft unbewußten – Selbstbescheidung ist ihre vermeintliche Realitätsnähe. Eine Position wird um so leichter akzeptiert, je «realistischer» sie erscheint. Vor dem Hintergrund eines insgesamt auf Naturausbeutung angelegten Gesellschaftssystems klingen daher z. B. Forderungen nach «umweltfreundlicherer» Technologie oder «sanfter» Chemie fast schon revolutionär. Derartige Forderungen durchzusetzen, erfordert bereits großes politisches Geschick und Durchhaltevermögen. Eine Position, die über einzelne systemimmanente Verbesserungsvorschläge hinausgeht und den gesamtgesellschaftlichen Entwurf in Frage stellt, erscheint demgegenüber weniger realistisch und damit oft nur noch als «Ideal» akzeptabel. Wer eine grundsätzliche Neuordnung im Umgang mit der Natur fordert, riskiert, als politisch naiv belächelt zu werden.

Wir sind eben Kinder unserer Zeit, und so kommt es, daß vielen eine andere als die gesellschaftlich vorherrschende Realität gar nicht erst in den Sinn kommt.

Im Aufeinanderprallen von anthropozentrischem und ökozentrischem Paradigma haben wir es jedoch mit zwei unterschiedlichen Realitäten zu tun. Die ökozentrische Sichtweise ist eine grundlegend andere, sie folgt einer anderen Vorstellung von Realität. Der Physiker, Molekularbiologe und Kognitionswissenschaftler Jeremy Hayward zieht daher den Begriff «Überzeugungskontext» dem Begriff «Paradigma» vor, weil er persönlicher ist und auf die subjektive Wahrnehmung hinweist.[51] Im ökozentrischen Überzeugungskontext wird die Realität von «Mensch» und «Natur» sowie die Beziehung zwischen ihnen anders wahrgenommen als im anthropozentrisch geprägten Überzeugungskontext.

Wenn wir also im folgenden dem ökozentrischen Denken in den Bereichen der Philosophie und Ethik, der Religion und Spiritualität sowie der Bewußtseinsforschung nachgehen, dann wollen wir damit zeigen, daß es diese neue Realität tatsächlich gibt und daß sie zwingend ist, zugleich aber auch, daß diese Realität eigentlich «neu» nur so lange ist, wie wir auf der Realität des anthropozentrischen Überzeugungskontextes beharren. Mit anderen Worten: Ökozentrik und Anthropozentrik stehen sich paradigmatisch, aber nicht als unüberbrückbare Gegensätze gegenüber. Die grundlegende These ist, daß die vielen Versuche, das Verhältnis zwischen Mensch/Gesellschaft und Natur zu einem freundlicheren zu gestalten, auf anthropozentrischer Grundlage zu nichts führen – wie sehr sie auch mit schmückenden Attributen («erweitert», «geläutert», «aufgeklärt» etc.) versehen werden –, daß aber die Qualität dieser Versuche umschlägt, wenn die Möglichkeit und Notwendigkeit einer ökozentrischen Grundlage nicht mehr prinzipiell geleugnet wird. Insofern liegt das ökozentrische Denken in der Logik eines anthropozentrischen Denkens, wenn es den dualistischen Gegensatz zwischen Mensch und Natur konsequent zu überwinden sucht.

Zur Kennzeichnung des ökozentrischen Paradigmas wollen wir noch einen Schritt weiter gehen. Wenn wir uns die historisch gewachsene Anthropozentrik und ihre Bedeutung für unser Verhältnis zur Natur bewußt gemacht und verarbeitet haben, dann erscheinen viele Erklärungsversuche zum Begriff «Natur» in einem völlig veränderten Licht. Was von Naturwissenschaftlern und Philosophen zur Rolle des Menschen in der Natur gesagt wurde, wird erst vor dem Hintergrund ihres jeweiligen Bewußtseinsmodus verständlich. Solange der anthropozentrisch-dualistische Bewußtseinsmodus herrschte, konnte sich immer mehr das Bild einer vom Menschen getrennten, «zweiten» Natur durchsetzen, die losgelöst vom Menschen meßbar und von ihm beherrschbar erschien. Aus diesem Grunde hat sich auch nicht das ganzheitliche Naturbild der Bibel durchgesetzt (etwa Genesis 2,15: «Und Gott, der Herr, nahm den Menschen und setzte ihn in einen Garten Eden, daß er ihn bebaue und bewahre»), sondern die einseitige Sicht des «Macht euch die Erde untertan!» (Genesis 1,28).

Wir können uns nicht darauf beschränken, die bösen Folgen des operationalistischen Naturbegriffs bei Descartes und Bacon immer wieder neu zu beschwören. Der Mensch-Natur-Dualismus reicht nämlich bis in die aktuelle Ökologiediskussion. Gerade in Deutschland – mehr übrigens als im englischsprachigen Raum – geisterte lange Zeit die Vorstellung von einer Natur, die man nur recht verstehen müsse, um ihre Gesetze dann auf den Menschen zu übertragen.

Mit «Biologismus» und «ökologischem Naturalismus» bezeichnen etwa Ludwig Trepl in seiner *Geschichte der Ökologie* (1987) und Mechthild Oechsle in ihrer Untersuchung zum *Ökologischen Naturalismus* (1988) eine Tradition der deutschen Ökologiebewegung, die von einer statischen Naturvorstellung ausgeht. Kreisläufe und Regenerationsprozesse in der Natur werden danach zum Anlaß genommen, eine Umweltethik zu konstruieren, die eine Unterordnung des Menschen unter die Natur verlangt. Die Gegenüberstellung von reiner Natur und sündhaft gewordenen Menschen geht zuweilen so weit, daß der Mensch überhaupt als «Fehlkonstruktion der Natur» verdammt wird, wie es schon der Spötter Schopenhauer tat. Der Wissenschaftspublizist Theo Löbsack spricht vom Menschen als einem «Fehlschlag der Natur»[52], Herbert Gruhl vom Menschen als aus der normalen Ordnung der Natur herausgefallenem Wesen[53] und Arthur Koestler vom «Irrläufer der Evolution», von «biologischer Mißgeburt»[54]. Mit Recht sehen Trepl und Oechsle solche Äußerungen, so aufrüttelnd sie sein mögen, als Ausdruck einer ahistorischen Naturauffassung, die jeden Erkenntnisfortschritt im Grunde ausschließt. Damit wird auch politisches Handeln fast unmöglich. Eher abschreckend ist daher auch das Beispiel der US-amerikanischen Organisation «Earth First!», deren rigoroses Eintreten für eine Unterwerfung unter die Natur bisweilen misanthropische, ja terroristische Züge hatte.[55]

In gewisser Weise ist die Überhöhung der Natur nur die Kehrseite der Überschätzung des Menschen. Dies wird freilich noch immer leicht übersehen, weil sie den herrschenden Denkgewohnheiten von Dualismus und Anthropozentrik so sehr entspricht. Wie zäh solche Denkgewohnheiten sind, zeigen die Versuche, anthropozentrische Interessen weniger vordergründig zu sehen. Wenn Ethiker, Politiker und Juristen heute davon sprechen, daß es eine Verantwortung für die «Schöpfung» und für «künftige Generationen» gibt, daß «richtig verstandener Umweltschutz» auch die Interessen von Tieren und Pflanzen mitberücksichtigen könne, dann vernebeln sie das eigentliche Problem. Es geht nämlich nicht einfach um mehr Verantwortung oder um eine bessere Moral, sondern um ein anderes Paradigma, das ein anderes Erkennen und Bewerten umfaßt. Wir müssen die anthropozentrische Brille durch die ökozentrische ersetzen, um zu erkennen, daß wir uns im Ganzen der Natur befinden und nicht in ihrer Mitte.

Was also ist falsch an der Anthropozentrik? Warum ist sie das entscheidende Hindernis auf dem Weg zur ökologischen Rettung? Der Antwort auf diese Fragen könnte man schier unbegrenzten Raum widmen. Tatsächlich enthalten alle Bücher und Abhandlungen, die jemals über das Verhältnis des Menschen zu Gott, zur Natur oder zu sich selbst geschrieben wurden, eine Antwort darauf. Sie reflektieren eine bestimmte Sicht, auch wenn sie nicht immer als anthropozentrisch oder nicht-anthropozentrisch gekennzeichnet wird. Wir wollen hier nur die Hauptargumente gegen die Anthropozentrik zusammenfassen, um dann den ökozentrischen Gegenentwurf darzustellen.

Es gibt zumindest vier Einwände gegen die anthropozentrische Orientierung. Der *erste* ist *empirischer Art.* Wo immer anthropozentrische Annahmen zugrunde gelegt wurden, um die Realität zu erklären, haben sie sich als falsch erwiesen. Sie sind empirisch unzutreffend und daher verhängnisvoll für die weitere Entwicklung unseres Verständnisses von der Welt. Wir leben *nicht* im Zentrum des Universums, wir sind biologisch *nicht* von allen anderen Lebewesen getrennt, wir sind noch *nicht* einmal psychologisch, sozial oder kulturell von den Tieren grundverschieden, wir sind *nicht* der Endpunkt der Evolution usw. Die besonders enge Verwandtschaft mit Tieren ist von der modernen Evolutions- und Verhaltensforschung so klar herausgearbeitet worden, daß die «menschliche Einzigartigkeit offensichtlich nur in graduellen Unterschieden besteht», wie Peter Farb feststellte[56]. Und bevor wir uns wieder auf diese graduellen Unterschiede zurückziehen, sollten wir daran denken, daß solche Unterschiede in zweierlei Hinsicht bestehen: In manchem sind Menschen höher entwickelt und besser ausgestattet als Tiere, in manchem ist es umgekehrt. Jeder Versuch, aus solchen Unterschieden eine überlegene Stellung des Menschen abzuleiten, wäre unsinnig. John Rodman betont, daß eine Betrachtung, die in den Tieren den Status einer minderen Form des (menschlichen) Lebens sieht, ebenso unsinnig ist, «wie Frauen für unvollständige Männer ohne Penis zu halten oder Menschen für unvollständige Meeresbewohner ohne Feinsensorium, die deshalb von Delphinen gerettet werden müßten». Solche Irreführungen kommen nur durch das Unvermögen zustande, andere Lebewesen «in ihrer eigenen Existenz, ihrem eigenen Charakter, ihren Möglichkeiten, ihrer eigenen Form von Größe, ihrer eigenen Vollständigkeit, ihrer eigenen Erhabenheit zu respektieren»[57].

Der *zweite* Einwand ist, daß sich anthropozentrische Einstellungen *in der Praxis* verheerend ausgewirkt haben. Dies wurde zum ersten Mal von Rachel Carson in ihrem 1962 erschienenen Buch *Der stumme Frühling* aufgedeckt. Ihre Beschreibung biologischer Verwüstungen durch Chemikalien faßt sie am Ende als Dokument anthropozentrischen Unverstandes zusammen: «Die ‹Kontrolle von Natur› ist eine Phrase der Arroganz, die im Neandertaler-Zeitalter von Biologie und Philosophie entstanden ist, als man glaubte, die Natur sei für die Bequemlichkeit des Menschen da.» Einige Jahre später fand der Historiker Lynn White mit einem berühmt gewordenen Vortrag die Erklärung in einem anthropozentrischen Grundmuster, wie es vor allem in herrschenden Dogmen christlicher Religion wiederzufinden sei.[58] Später legte White in einem weit weniger bekannten Artikel dar, daß die Lösung der ökologischen Krise keineswegs von unserem «guten» Willen oder «klügerer» Anthropozentrik abhängt, sondern davon, ob der Mensch-Natur-Dualismus «nicht nur in unserem Verstand, sondern auch in unseren Gefühlen» vollständig überwunden wird.[59] Wir haben in den vorangegangenen Teilen dieses Buches gesehen, daß in der Tat alle Versuche, über Politik und Recht eine ökologische Wende herbeizuführen, fehlschlagen *mußten*, weil sie das anthropozentrische Grundmuster beibehielten und reproduzierten. Ohne die ökozentrische Wende ist auch keine ökologische möglich.

Drittens ist die anthropozentrische Ethik noch nicht einmal *logisch* stimmig. Es ist nämlich unmöglich, auf rationaler Basis zu entscheiden, warum menschliches Leben moralisch von Bedeutung sein soll, nichtmenschliches dagegen nicht. In der anthropozentrischen Moralphilosophie und Ethik werden Kriterien aufgestellt, nach denen sich das Erfordernis von Rücksichtnahmen richten soll. Geläufige Beispiele sind der Verstand, das Bewußtsein, der freie Wille, die Fähigkeit zur symbolischen Kommunikation (Sprache) oder die Fähigkeit, gegenseitig Pflichten zu übernehmen. Würde man solche Kriterien ernst nehmen, wären nicht nur nichtmenschliche Entitäten, sondern auch ganze Gruppen von Menschen aus der ethischen Verantwortung herausgenommen: Geisteskranke, Babies, Ungeborene, Greise und Menschen in vorübergehendem oder dauerndem Koma. Daß nicht nur diese Gruppen, sondern neuerdings auch «höhere» Tiere aus Gründen des Mitgefühls in die ethische Verantwortung einbezogen sind, beweist nur die Unschlüssigkeit rationaler Erklärungsversuche. Würde man dagegen nach Merkmalen suchen, die für alle Formen menschlichen Lebens gelten (z. B. lebendig zu sein), dann wäre auch nichtmenschliches Leben großenteils einzubeziehen. Bekanntlich gibt es kein sicheres Kriterium, das den Menschen von allen anderen Lebewesen unterscheidet. Anthropozentrische Erweiterungen wie Mitgefühl oder Verantwortung vor Gott und der Schöpfung helfen auch nicht weiter, weil sie Projektionen sind, die sich rationaler Begründung entziehen. Anthropozentrische Wertsetzungen bieten also nicht, wie immer wieder behauptet wird, eine Gewähr dafür, daß sie von allen Menschen geteilt werden können. Was ethisch verbindlich ist, kann nicht allein rational ermessen werden.

Der *vierte* Einwand richtet sich gegen *das statische Selbstmodell vom Menschen*, das der Anthropozentrik zugrunde liegt. Es beruht auf der Annahme, daß der Mensch, so wie er ist, nun einmal anthropozentrisch verfaßt sei. Die Möglichkeit, aus der Anthropozentrik auszubrechen, wird also prinzipiell geleugnet. Diese Haltung ist (noch) so verbreitet, daß sie von vielen bei sich selbst überhaupt nicht bemerkt wird. Wer aber meint, daß die anthropozentrische Sichtweise letztlich unüberwindbar sei, weil sie notwendigerweise eine menschliche Sichtweise bleibe, akzeptiert nur ein *bestimmtes* Selbstmodell, nämlich das des isolierten, hautverkapselten Ich. In einem anderen Selbstmodell erscheint die Anthropozentrik keineswegs als alternativlos: Es schließt die Möglichkeit einer Bewußtseinsveränderung ein, die den Menschen als Teil der Natur versteht und die ethischen Schlußfolgerungen nicht mehr an einen Sonderstatus des Menschen knüpft. Verantwortung für das Ganze ist danach immer auch eine Verantwortung für sich selbst. Umgekehrt formuliert: Verantwortung nur sich selbst und nicht auch dem Ganzen gegenüber wäre nur eine «halbe» Verantwortung – sie wäre blind gegenüber der naturgebundenen Existenz des Menschen.

Das reduzierte Selbstmodell der Anthropozentrik ist ein schwaches, triviales und tautologisches Konstrukt. Es ist schwach, weil es die Möglichkeit einer Alternative gar nicht erst zuläßt. Es ist trivial, weil es Offensichtliches behauptet. Und es ist tautologisch, weil es sich per definitionem für wahr hält. Daß ich z. B. ein Mann mit weißer Hautfarbe bin, ist eine Wahrheit; sie macht mich deswegen aber nicht gleich zum Sexisten oder Rassisten. Ich kann als Mann aktiver Feminist oder als Weißer ein Anwalt ethnischer Minderheiten sein, ohne auch physisch in die Haut einer Frau bzw. eines Nicht-Europäers zu schlüpfen. Einzig mein Bewußtseinsstand vermittelt mir, inwieweit ich mich mit Angehörigen eines anderen Geschlechts oder einer anderen Rasse identifiziere. Genauso ist es nicht zwingend, aus der Tatsache meines Menschseins zu folgern, daß ich meine Interessen *gegen* die natürliche Umwelt durchzusetzen hätte. Ich kann sie genausogut zusammen mit ihr umsetzen, was voraussetzt, daß ich schützenswerte Interessen nichtmenschlichen Lebens überhaupt erkenne. Einzig mein Bewußtseinsstand vermittelt mir, inwieweit ich mich mit der natürlichen Umwelt identifiziere.[60]

Worum es im Grunde also geht, ist die Fähigkeit, sich gegenüber der nichtmenschlichen Natur zu sensibilisieren. Wir sollten uns vor allem selbst befragen: Sind die Augenblicke des Glücks, in denen wir uns eins fühlen mit der uns umgebenden Natur, nicht Erinnerungen und Vorbote dieser Ganzheitserfahrung? Befinden wir uns etwa nicht auf der Suche nach dem Frieden mit der Natur, der schließlich nichts anderes ist als der Friede mit uns selbst? Eine wirkliche Öffnung zur Welt wird uns nicht zur Anthropozentrik (zurück-)führen, sondern von ihr weg. Die rationalen und emotionalen Einwände gegen die Anthropozentrik sind so unüberhörbar geworden, daß der Schritt nach vorn heute leichter fällt als der Schritt zurück. Die Zeugnisse ganzheitlich-ökologischen Bewußtseins sind so überreich, daß wir allen Grund haben, uns zu wundern, warum es noch nicht kollektiv, d. h. in Gesellschaft und Staat wirksam geworden ist.

Die Kluft zwischen individuellem und kollektivem Bewußtsein schließt sich aber mit zunehmendem Tempo! Das ist die Botschaft der folgenden Kapitel. Wir müssen dazu die Entwicklungen in der Philosophie, Religion und Politik im Zusammenhang sehen. Ihr sichtbarster Teil ist die neue Umweltethik. Aber auch sie ist nur die Spitze des Eisbergs, weil jedem ethischen Wandel eine Bewußtseinsveränderung vorausgegangen ist, die alle Bereiche menschlicher Existenz umfaßt. Arne Naess, Begründer der Deep-Ecology-Bewegung, geht sogar noch einen Schritt weiter. Für ihn ist nicht die Ethik das Entscheidende, sondern die «Selbst-Verwirklichung» als individuelles und kollektives Geschehen: «Vom Blickwinkel der Ökophilosophie aus geht es um folgendes: Wir brauchen eine Umweltethik, aber wenn Menschen das Gefühl haben, daß sie selbstlos ihre Interessen aufgeben oder sogar opfern, um Liebe für die Natur zu zeigen, dann ist das wahrscheinlich langfristig eine trügerische Grundlage für Ökologie. Eine offenere Form der Identifikation mag ihnen zu der Erkenntnis verhelfen, daß Umweltschutz durch wahre Selbstliebe, die Liebe zu einem weiteren und tieferen Selbst, ihrem eigenen Interesse dient.»[61] Gegenüber einem Ethos des Verzichts, der in allen anthropozentrischen Umweltschutzideen mitschwingt, ist die positive Identifikation sicher die bessere Ausgangsbasis. Die ökozentrische Umweltethik wird jedenfalls von allen ihren Vertretern als befreiend erlebt. Sie befreit die Natur und den Menschen. Ganz so wie der Zen-Buddhist und Taoist Alan Watts es ausdrückt, daß nämlich Öffnung für die nichtmenschliche Natur uns dazu führt, «all die merkwürdig abstrakten und hochtrabenden Verrichtungen der Menschen als natürliche Wunder des gleichen Ranges (zu erkennen) wie die großartigen Schnäbel der Tukane und Nashornvögel, die fabelhaften Schweife von Paradiesvögeln, die edlen Hälse der Giraffen und die lebensfrohen vielfarbigen Hinterteile der Paviane. Erkannt somit als etwas, was weder verachtenswert ist noch besonderes Verdienst, löst sich die Wichtigtuerei des Menschen in mildem Lächeln auf.»[62]

b. Ökologie und Ethik

Stichworte wie «ökologische Ethik» und «Umweltethik» können nur mühsam andeuten, worum es bei der Auseinandersetzung um das Verhältnis des Menschen zur Natur primär geht. Seit zwei Jahrzehnten – parallel zur Entdeckung der Umweltkrise – wird mit zunehmendem Eifer darum gestritten, welche erkenntnistheoretischen, weltanschaulichen und ethischen Gesichtspunkte für unser ökologisches Zeitalter bestimmend sind. Mit Ethik im Sinne altehrwürdiger Moral- und Sittenlehre hat dieser Streit kaum noch zu tun. Die klassische Trennung zwischen Sein und Sollen ist durchbrochen: Wer heute naturwissenschaftliche Ökologie betreibt, folgt bestimmten Normorientierungen, wie umgekehrt bestimmte naturwissenschaftliche Ergebnisse immer mit herangezogen werden, wenn über «richtiges» Umweltverhalten gesprochen wird. Vielleicht ist die wechselseitige Durchdringung naturwissenschaftlicher und philosophischer Welterfahrung überhaupt das entscheidende Merkmal unserer Zeit.[63]

Im Grunde ist mit der Ökologie als Wissenschaft von den Wirkungsbeziehungen in der Natur eine Lawine losgetreten worden, die nicht mehr aufzuhalten ist. In der *Enzyklopädie – Philosophie und Wissenschaftstheorie* (1980) beschreibt Bernd-Olaf Küppers unter dem Stichwort «Ökologie», wie Ökosysteme funktionieren: Ihre Stabilität und Variabilität erhalten Ökosysteme dadurch, daß sie bestimmten Schwankungen unterliegen, die entweder von innen oder von außen an sie herangetragen werden. Werden solche Eingriffe oder Störungen vom Ökosystem ausgeglichen, muß eine Population nicht um ihren Bestand fürchten. Sind die Störungen allerdings zu stark, dann werden die Lebensgrundlagen gefährdet und der betreffenden Population droht der Absturz. Die Einhaltung bestimmter Maßrelationen ist also entscheidend für das ökologische Gleichgewicht und damit für das Überleben einzelner Populationen. Küppers fährt dann fort: «Die Bedrohung ökologischer Gleichgewichte durch den Menschen besteht nun darin, daß die Ökosysteme nicht mehr nur kleinen Störungen für kurze Zeit ausgesetzt sind, sondern auch großen Schwankungen, die den Systemen von außen aufgezwungen werden. In diesem Falle werden die Instabilitäten nicht mehr aus dem System selbst heraus erzeugt und selektiv verstärkt. Nicht mehr das System als Ganzes entscheidet über die Bewertung solcher Schwankungen, sondern der Mensch als untergeordneter Bestandteil des Systems. Der evolutionsimmanente ‹Wertungsstab› der Natur wird durch den Wertmaßstab des Menschen ersetzt.»[64] Die ganze Kunst des Menschen müßte also darin bestehen, seine Kultur mit seiner Natur in Einklang zu bringen. Wie aber kann dies geschehen in einer dualistisch verfaßten Welt, die jede Verbindung zwischen Kultur und Natur aufgegeben hat? Ist nicht schon deswegen jede Versöhnung ausgeschlossen? Die Antwort darauf ist, wie gesagt, daß wir eine Lawine losgetreten haben, die unaufhaltsam ihren Weg nimmt.

Das ökologische Thema hat alles verändert. Unsere selbst gewonnene Erkenntnis, daß alles mit allem zusammenhängt, zwingt uns zu neuartigen Schlüssen. Und dazu gehört auch der Schluß, daß Ökologie und Ethik nicht mehr so sorgsam voneinander getrennt werden können, wie wir es von der Trennung zwischen Sein und Sollen gewohnt waren.

Genau aus diesem Grunde ist aber auch größte Vorsicht geboten! Öko-Ethik hat Hochkonjunktur, ist Wachstumsbranche in einer Industriegesellschaft, in der sich viele tummeln. Nur selten werden die Grundannahmen einer ökologischen Ethik so offengelegt, daß den Beteiligten klar wird, worauf sie sich einlassen. Wenn aber die Grundannahmen verdeckt werden, besteht die Gefahr von Mißverständnissen. Auffällig ist, daß selbst in Kreisen von Managern und Wachstumspolitikern viel über die neue Ethik gesprochen wird. Dies mag zum guten Ton der «aufgeklärten» Marktwirtschaft gehören und muß kein schlechtes Zeichen sein. Wenn aber allzu rasch Einvernehmen über die Notwendigkeit einer neuen Ethik herzustellen ist, dann regt sich der Verdacht, daß sie mit einer bloßen Moralphilosophie gleichgesetzt wird, die nichts kostet und nichts bewirkt. Als Appell an unser Gewissen bliebe eine ökologische Ethik aber nicht nur wirkungslos, sie würde sogar zur Befestigung der Krise beitragen, die sie doch überwinden soll. Wir können uns nicht für eine neue Ethik entscheiden wie für ein neues Kleidungsstück. Sie entsteht vielmehr aus veränderten Einstellungen. Sind sie nicht vorhanden, kann es auch keine neue Ethik geben.

Auf der anderen Seite liegt aber auch eine Gefahr darin, den Seins-Aspekt zu überhöhen und völlig darauf zu setzen, daß eine veränderte Sicht der Wirklichkeit ausreiche. Ökologie verändert unsere Sicht der Wirklichkeit, sie kann aber nicht selbst die neuen Wertbegriffe und Wertvorstellungen liefern. Aus dem «Bootstrap-Ansatz» der Naturwissenschaft z. B. läßt sich nicht gleich auf eine neue Ethik im Umgang mit der Natur schließen.[65] Daher setzen sich Versuche, Ökologie zum unmittelbaren Bezugspunkt einer Ethik zu machen, leicht dem Vorwurf «naturalistischer Kurzschlüsse» aus. Ein Beispiel für einen solchen Versuch ist die von Manon Maren-Grisebach entwickelte *Philosophie der Grünen* (1982). Die Verfasserin schildert die Ökologie als ein sicheres, ethisches und politisches Fundament:

> Ökologie als Grundlage fürs Handeln, für die Politik. Und da es eine wissenschaftliche Grundlage ist, exakt beweisbar, nachprüfbar, also genau den Ansprüchen der abendländischen, rationalen Wissenschaftlichkeit genügend, dürfte sich niemand drum herumdrücken. (...) Wäre Ökologie doch nur eine subjektive Marotte, käme sie doch nicht aus der Materie selbst, wie herrlich frei wären wir in unseren Entscheidungen! Aber Ökologie ist zwingend. Ihren Einsichten können wir uns bei Strafe des Untergangs nicht entziehen. Hierin sind wir unfrei, denn es handelt sich um über uns hinausgreifende, mit uns selber schaltende Gesetze des Seins.
> Daher hat die Partei der Grünen mit ihrem Grundsatz ökologisch ein so sicheres Fundament. Das ist nicht Glauben, Überzeugung, Gesellschaftsentwurf, sondern Wissen. Zusammengehörigkeit aller Vorgänge auf der Erde. Und je mehr wir in den Weltraum eindringen, werden auch die Teile des Universums zwingend. Die große Vernetzung. Sie wird seit neuestem beschrieben, beschworen, bewiesen, von Biologen, Anthropologen, Philosophen, Physikern, Verhaltensforschern: Alle gewinnen plötzlich Einblick in die weltweiten Verkettungen. Und wie gesagt, nicht von ungefähr.[66]

Die «Gesetze des Seins» mögen heute anders zu verstehen sein als im vor-ökologischen Zeitalter. Sie sind aber keineswegs zwingend, geschweige denn gesellschaftlich direkt umsetzbar. Es gibt zwei Gründe, weshalb sich eine Ableitung ökologischer Politik aus naturwissenschaftlicher Ökologie verbietet. Der erste Grund ist die reale Aufspaltung der Ökologie in eine naturwissenschaftliche Disziplin und eine wissenschaftliche Methode. Als biologische Wissenschaft ist Ökologie seit ihren vielversprechenden Anfängen mehr und mehr vom reduktionistischen «mainstream» der Naturwissenschaft verschluckt worden. «Tatsächlich ist die Ökologie pervertiert worden», meint Edward Goldsmith, «pervertiert, um sie für das wissenschaftliche Establishment akzeptabel zu machen und ebenso für die Politiker und Industrialisten, die sie fördern.»[67] Die wissenschaftliche Grundlage, auf die sich Maren-Grisebach beruft, ist ein durchaus unsicheres Gelände! Zum einen spielen Ökologen im Wissenschaftsbetrieb und erst recht in der Politikberatung eine verschwindend geringe Rolle. Zum anderen: Selbst wenn Ökologie Leitwissenschaft wäre und dabei «exakt beweisbar, nachprüfbar, also genau den Ansprüchen der abendländischen Wissenschaftlichkeit genügend», würde ihr Wirkungsgrad begrenzt bleiben. Solange sie nämlich die etablierte Form der Wissenschaftlichkeit mit ihrem Mythos der Wertneutralität nicht in Frage stellt, wird Ökologie die Diktatur des Szientismus nicht ablösen können. Sie wird deshalb auch keine Einsichten vermitteln, die über den naturwissenschaftlichen Reduktionismus entscheidend hinausgehen.

Der zweite Grund ist erkenntnistheoretischer Art. Wir können schlechterdings keine «Gesetze des Seins» aufdecken, die sich als naturgesetzliche Notwendigkeiten gesellschaftlich exekutieren ließen. Ganz abgesehen von den damit verbundenen politischen Risiken – das Schlagwort vom «Öko-Faschismus» deutet es an –, haben wir keine Möglichkeit, wissenschaftliche Wahrheiten als allgemeinverbindliche Wahrheiten darzustellen. Denn jede Wahrheit, auch die wissenschaftliche, beruht auf bestimmten Grundannahmen, die es unmöglich machen, ein objektives Bild der Natur zu erhalten. Was «Natur» objektiv ist, entzieht sich unserer Kenntnis. Nach wie vor gilt Kants Unterscheidung zwischen der Erscheinung von Dingen und den Dingen an sich und genauso Descartes' Unterscheidung zwischen *res cogitans* (das «denkende Ding») und *res extensa* (das «ausgedehnte Ding»). Mit Kant geht auch die moderne Naturwissenschaft davon aus, daß wir Natur nicht als Ding an sich erfassen, sondern als den «Inbegriff aller Dinge, sofern sie Gegenstände unserer Sinne, mithin auch der Erfahrung sein können» oder als «das Ganze aller Erscheinungen» (Vorrede zu *Metaphysische Anschauungen der Naturwissenschaft*). Es ist sicher nicht Descartes oder Kant anzulasten, daß ihre (sinnvollen) Unterscheidungen im Dualismus zu (unsinnigen) Trennungen wurden und daß die wissenschaftliche Beobachtung der *res extensa* zur absoluten Wahrheit erklärt wurde.

Wir würden das ganzheitlich-ökologische Paradigma in der modernen Naturwissenschaft gründlich mißverstehen, wenn wir es als völlige Abkehr von Kants subjektivem Erkenntnisbegriff auffassen würden. Natürlich stehen Fritjof Capra, Rupert Sheldrake und David Bohm genauso auf den Schultern Kants wie vor ihnen Einstein, Bohr und Heisenberg.[68] Die moderne Naturwissenschaft geht nun einen ganz wesentlichen Schritt weiter, indem sie aus der «Not» eine «Tugend» macht. Was in der klassisch-dualistischen Naturwissenschaft schamhaft unterdrückt wurde, daß nämlich jedes Erkennen in einem Netzwerk von Beziehungen steht, wird in der modernen Naturwissenschaft zur Grundbedingung des Erkennens überhaupt. Wir können weder von uns als Menschen noch von der Natur abstrahieren. Seit den Prinzipien der Quantenmechanik breitet sich unaufhaltsam die Gewißheit aus, daß sinnvolle Aussagen über die *res extensa* nur noch mit einem nicht-dualistischen Bewußtseinsmodus gemacht werden können. Die Vorstellung des reinen Beobachtens wird abgelöst von der Vorstellung des Teilnehmens oder Gewahrseins.[69] Der methodische Weg dazu ist nicht zufällig eng verwandt mit mystischer Welterfahrung östlicher und westlicher Provenienz. Entscheidend aber ist, daß die ganzheitliche *Methode* den Fortschritt ausmacht, den die Ökologie vermittelt, und nicht deren Gehalt als Wissenschaft des exakt Meßbaren.

Wenn daher die Philosophin Maren-Grisebach – wie vor und nach ihr auch andere Ökophilosophen – unmittelbar an die Ökologie anknüpft, besteht zumindest die Gefahr von Mißverständnissen. Erkenntnisse der Ökologie «beweisen» als solche nicht die neue Wirklichkeit in der Natur, sondern zunächst nur die veränderten Methoden der Erkenntnis. Es kommt darauf an, wie solche Erkenntnisse gewonnen und gedeutet werden, damit sie zu Einsichten werden können.

Es gibt somit nur eine einzige Möglichkeit, Ökologie und Ethik zu einer Synthese zu verbinden: Ökologie darf sich nicht länger mit der Selbstbeschränkung einer naturwissenschaftlichen Teildisziplin zufriedengeben. Ihre Bedeutung liegt nur zum Teil im Faktensammeln, zum größeren Teil muß sie als ganzheitliche Methode wissenschaftlichen Erkennens verstanden werden. Sie eröffnet genau den Zugang zur Wissenschaft, den diese in der Abwendung vom ursprünglichen Gedanken der Universitas verloren hat. Wenn es je eines Beweises bedurfte, daß der Reduktionismus der Wissenschaften wirklichem Erkenntnisfortschritt zuwiderläuft, dann ist er durch die Umweltkrise erbracht worden. Sie ist der direkte Niederschlag eines verstümmelten Forschergeistes, der die Natur mit Zahlen zu erklären glaubte. Bezeichnenderweise geriet nun dieser Forschergeist gerade in dem Augenblick in die öffentliche Kritik, als er sich anschickte, die Natur nach seinen Wünschen neu zu schaffen: Die Gentechnologie hat überall auf der Welt den Ruf nach der Verantwortung der Wissenschaft laut werden lassen. Und wenn heute soviel von der ethischen Verantwortung der Wissenschaft die Rede ist, steht zugleich der Ruf nach der ökologischen Ethik dahinter. Nicht zufällig hat Hans Jonas sein «Prinzip Verantwortung» als Ethik der Wissenschaft *und* Gesellschaft formuliert. Was uns freilich noch fehlt, ist eine methodische Verbindung zwischen Ethik und Erkenntnis.

Der hier zugrunde gelegte Rahmen der Politischen Ökologie stellt eine solche methodische Verbindung dar. In der Politischen Ökologie ist es unmöglich, den wertenden Aspekten der Erkenntnis auszuweichen. Die Motive der Erkenntnis und ihre Einordnung als «Erhaltungswissen» (K. M. Meyer-Abich) lassen sich von den gefundenen Daten nicht mehr völlig trennen. Analytisch-empirische und normativ-therapeutische Aspekte bedingen einander. Für die Möglichkeit einer ökologischen Ethik bedeutet dies, daß sich ihre Konturen im normalen Verlauf so verstandener Wissenschaft immer deutlicher herausschälen.

Wir können die gesamte Diskussion der Ökozentrik von verschiedenen Blickwinkeln aus betrachten, immer werden wir das Bild einer grundsätzlichen Abkehr von der Anthropozentrik erhalten. Es erscheint lediglich in unterschiedlichen Ausschnitten. Aus naturwissenschaftlicher Sicht fällt das neue Systembild des Lebens auf, indem sich der Mensch nicht mehr isoliert von der Natur begreifen läßt. Aus ethisch-philosophischer Sicht zeigt sich die ständige Ausweitung von Verantwortungsebenen auf alle Formen des Lebens. Aus theologischer Sicht ist der Mensch Teil eines einheitlichen Schöpfungsprozesses, in dem weder er an der Spitze noch Gott außerhalb der Schöpfung steht. Aus psychologischer Sicht steht die Entwicklung zum transpersonalen Bewußtsein im Vordergrund. Und aus der (Über-)Sicht der Politischen Ökologie schließlich lassen sich all diese Erscheinungsformen als Ausdruck eines neuen ökozentrischen Paradigmas deuten, nach dem sich gesellschaftliche Wirklichkeit neu gestaltet.

Wenn wir im folgenden die ethische Seite besonders behandeln, dann wegen ihrer hervorragenden Bedeutung für Recht und Politik. Wir können die ethische Diskussion aber nicht isoliert von der wissenschaftlichen, kulturellen und gesellschaftlichen Entwicklung verfolgen. So unterschiedliche Bereiche wie Quantenphysik, christliche Mystik, östlicher Taoismus, transpersonale Psychologie und der Öko-Feminismus spielen in der zeitgenössischen Ethik eine große Rolle. Auch darin mögen wir erkennen, wie wenig ethische Reflexionen eine Angelegenheit bloßen Philosophierens und bloßer Moral sind.

c. Der Durchbruch zur Ökozentrik

Die Frage, um deren Klärung sich eine ständig wachsende Zahl von Ethikern und Ökophilosophen seit zwanzig Jahren bemüht, ist im Grunde einfach: Können wir uns auf das Wohl des Menschen und seiner Interessen an seiner Umwelt beschränken, oder müssen wir die Umwelt als Natur und um ihrer selbst willen schützen? Die Antworten darauf fallen unterschiedlich aus, teilweise wird auch nicht eine solche alternative Fragestellung akzeptiert, sondern deren dialektische Verbindung gesucht: Wir sind Teil der Natur – indem wir sie schützen, schützen wir uns selbst. So verschieden die Begründungsversuche insgesamt auch angelegt sind, so eindeutig ist die Entwicklung zur Ökozentrik hin.

Um sie darzustellen, seien einige Bemerkungen vorausgeschickt. Sie betreffen den Umfang der umweltethischen Literatur, ihre Verteilung auf unterschiedliche Regionen und die Art ihrer Klassifizierung.

Zunächst muß man sich die riesige Menge umweltethischer Bücher und Aufsätze vor Augen halten: Im Jahre 1981 verzeichnete eine einschlägige Bibliographie für den englischsprachigen Raum mehr als 3200 Titel,[70] eine 1985 erschienene Bibliographie kam auf über 4000 Titel,[71] und nimmt man die seither erschienene Literatur hinzu, so kommt man auf rund 6000 englischsprachige Veröffentlichungen, darunter mehr als 300 Bücher.[72] Erheblich bescheidener nimmt sich die Zahl der deutschsprachigen Publikationen aus. Die Diskussion setzte erst Ende der siebziger Jahre ein, trotz vereinzelter wichtiger Bücher, die, wie Carl Amerys *Ende der Vorsehung* (1972), schon früher erschienen waren. Auch ist hier zunächst nur aus christlicher Sicht nach einer Verantwortung für die Schöpfung gefragt worden. Erst zu Beginn der achtziger Jahre mit den Büchern von Hans Jonas (1979), Klaus Michael Meyer-Abich (1986) und Dieter Birnbacher (1980) wuchs das allgemeine Interesse an umweltethischen Fragen. Heute liegen rund 500 einschlägige Titel in deutscher Sprache vor.

Die Erscheinungsorte der gesamten Literatur lassen darauf schließen, daß die Zentren ökophilosophischen Denkens in Nordamerika und Australien liegen. Dort gibt es an vielen Universitäten Lehrstühle für Naturphilosophie und Umweltethik, die nicht selten mit größeren Instituten und Umweltforschungszentren verbunden sind. Allein in den USA erscheinen zehn einschlägige Fachzeitschriften. Die wegen ihrer Vorreiterrolle wichtigsten Zeitschriften sind in den USA *Environmental Ethics*, in Kanada *The Trumpeter* und in England *The Ecologist.*

Vor allem die seit 1979 erschienenen Ausgaben der *Environmental Ethics* vermitteln einen guten Überblick über einzelne Schwerpunkte und Trends der umweltethischen Debatte.

Nach inhaltlicher Gewichtung bestehen ebenfalls deutliche Unterschiede zwischen dem deutschsprachigen und englischsprachigen Raum. In Deutschland überwiegt eine von der Theologie herkommende Argumentation, die eine Verantwortung des Menschen gegenüber der Schöpfung betont. Die Kirchen und ihr nahestehende Religionswissenschaftler haben sich sehr darum bemüht, nicht nur moderne Schöpfungstheologie zu betreiben, sondern auch aktiv in die politische Diskussion einzugreifen. Kirchliche Akademien haben sich bei der Durchführung von Seminaren und Fachtagungen über Grundfragen des Umweltschutzes besonders hervorgetan, und Theologen wie Kirchenvertreter sprechen sich fortlaufend für eine Überwindung anthropozentrischer Wertsetzung aus. Ein anderes Merkmal der Diskussion in Deutschland ist die Zuspitzung auf die Alternative Anthropozentrik-Ökozentrik und ein vor allem in politischen Parteien unternommener Versuch, den klassischen Anthropozentrismus durch Formen einer Verantwortungsethik abzumildern. Auffällig ist auch, wie sehr die umweltethische Debatte – vor allem durch den Einfluß der Grünen – in den politischen Raum gedrungen ist. Ökozentrische Ansätze werden heute, zum Teil über die Parteigrenzen hinweg, in einem weiten gesellschaftlichen Raum – etwa in der Bürgerinitiativbewegung – vertreten.

In den angloamerikanischen Ländern ist das Bild bunter und vielschichtiger. Theologisch vorgetragene Argumente sind dort weit weniger vorhanden. Dies mag daran liegen, daß die Kirchen dort nicht mit der Autorität von ein, zwei großen Amtskirchen sprechen und der Einfluß christlichen Denkens in den multikulturellen Gesellschaften Nordamerikas, Australiens und Neuseelands ohnehin geringer ist. Religiöse Motive und spirituelle Traditionen spielen aber dennoch eine große Rolle. Die Traditionen der Urbewohner, vor allem der Indianer, gehören zum festen Bestandteil der Umweltethik. Hinzu kommt der enorme Einfluß, den asiatische Kulturen und Philosophien auf die westliche Ökologiebewegung haben. Die amerikanische Westküste ist der Verbindung von östlichem und westlichem Denken schon aus geographischen Gründen zugetan. Die Intellektuellen- und Künstlerszene ist von Taoismus und Zen-Buddhismus ebenso berührt wie viele Naturwissenschaftler und Naturphilosophen. Querverbindungen zur östlichen Philosophie, zur Spiritualität insgesamt und zur Quantenphysik sind geradezu typisch für umweltethisches Denken in Nordamerika. Roderick Nash kommt in seinem Buch über die dortige Geschichte der Umweltethik zu folgendem Schluß:

> Man ist versucht, die außergewöhnliche Ausbreitung der (biozentrischen) Ethik, wie sie von radikalen Umweltschützern betrieben wird, für einen beispiellosen Vorgang in der amerikanischen Geistesgeschichte zu halten. Aus dem gleichen Grunde könnte man auch leicht vermuten, daß ihre Chancen auf Veränderung traditioneller Einstellungen und Institutionen gering oder gleich null sind. Die Geschichte lehrt jedoch etwas anderes. Es gibt Gründe anzunehmen, daß die Umweltethik die logische Fortführung der mächtigen Freiheitstraditionen ist, die so alt sind wie die Republik selbst. Zur amerikanischen Vergangenheit gehört eine sehr deutlich sichtbare Befreiungsbewegung mit interessanten Parallelen zur heutigen Umweltbewegung. Wenn die Abschaffung der Sklaverei die Grenzen des amerikanischen Liberalismus Mitte des 19. Jahrhunderts aufzeigte, dann stellen Biozentrik und Umweltethik möglicherweise den tiefen Einschnitt in das liberale Denken am Ende des 20. Jahrhunderts dar.[73]

Holmes Rolston III charakterisiert in seinem Lehrbuch *Environmental Ethics* (1988) den heutigen Stand der Umweltethik so: «Umweltethik verbindet die Beschreibung dessen, was ist (abgeleitet aus Wissenschaft, Metaphysik und Einschätzung von vorhandenen oder nicht vorhandenen Eigenwerten), und dessen, was sein sollte (richtiges und falsches menschliches Verhalten). Es war niemals eindeutiger als jetzt, daß sie mit einer bestimmten Weltsicht verbunden ist. (...) Umweltethik ist radikal und revolutionär.»[74]

Wenn Philosophen wie Nash und Rolston mit ihrem so ausgeprägten Sinn für systematische, historisch korrekte Begriffsbildungen den Ausdruck «Umweltethik» gleichbedeutend mit bio- oder ökozentrischer Ethik verwenden und zugleich deren revolutionären Gehalt betonen, dann besagt dies viel über die geistesgeschichtliche Entwicklung in den USA. Anthropozentrische Ethikkonzepte spielen dort so gut wie keine Rolle mehr. Ein anderer führender amerikanischer Ökophilosoph, J. Baird Callicott von der University of Wisconsin, meinte schon 1985, daß es um eine Alternative Anthropozentrik–Ökozentrik gar nicht mehr gehe. Anthropozentrische Modelle hätten keine Entwicklungschancen mehr. Nötig sei vielmehr eine schlüssige Theorie der Eigenwerte: «Das zentrale und heikle Problem der Umweltethik ist das Problem einer adäquaten Theorie des Eigenwertes für nichtmenschliche Entitäten und die Natur insgesamt.»[75] Eine solche Theorie läßt sich nur auf dem Boden nicht-anthropozentrischer Wertsetzungen denken.

Zum fortentwickelten Stand der angloamerikanischen Diskussion gehört es auch, daß die Theoriebildung keineswegs auf akademische Fachkreise beschränkt ist. Umweltethik – heute ein Hauptgebiet der systematischen Philosophie – macht nur einen Teil der umweltethischen Debatte aus, vielleicht noch nicht einmal den wichtigsten. Mindestens so bedeutsam sind die Beiträge der ökofeministischen Literatur, die vielen ethnologischen und anthropologischen Untersuchungen zum Verhältnis Mensch und Natur, die Beiträge der Psychologie und schließlich der politische Flügel der Deep-Ecology-Bewegung. Die nationalen Grünen Parteien Englands, Australiens, Neuseelands und neuerdings auch der USA sind alle von den Strömungen ökozentrischen Denkens geprägt. Jonathan Porritt und David Winner charakterisieren sie deshalb als «dunkelgrün» im Gegensatz z. B. zu den deutschen Grünen, die zu sehr mit sich selbst beschäftigt waren, um ein klar ökozentrisches Profil zu entwickeln.[76]

Um die einzelnen Ansätze einer Umweltethik zu beschreiben, gibt es verschiedene Möglichkeiten der Einteilung. Nach einer verbreiteten, auf den amerikanischen Moralphilosophen William Frankena (1979) zurückgehenden Form der Einteilung gilt als «moralisch relevant», was einen eigenen, unabhängigen Wert hat. Auf etwas, das Eigenwert besitzt, nehmen wir um seiner selbst willen Rücksicht. Durch Ausweitung dessen, was als Eigenwert angesehen werden soll, ergeben sich so immer ausgedehntere Bereiche ethischer Rücksichtnahme. Klaus Michael Meyer-Abich unterscheidet acht Formen oder Stufen von Rücksichtnahme, die als Rücksicht nur auf sich selbst beginnt und sich dann auf vier weitere Stufen sozialer Verbände (Familie, Volk, heute lebende Generation, Menschheit insgesamt) erstreckt. Mit der Rücksicht auf die Menschheit insgesamt und alle bewußt empfindenden Lebewesen wird auf der sechsten Stufe die anthropozentrische Ethik ausgeweitet. Auf der siebenten Stufe findet sich die Rücksicht auf alles Lebendige im Sinne der Ehrfurcht vor dem Leben (nach Albert Schweitzer). Meyer-Abich vertritt eine achte Stufe der Rücksicht auf alles Lebendige und die natürliche Mitwelt insgesamt.[77]

Eine andere, heute überwiegend so vorgenommene Aufteilung ergibt sich, wenn auf das entscheidende Kriterium abgehoben wird, nach dem sich die Zuerkennung als Eigenwert richtet: Ethische Ansätze unterscheiden sich darin, ob a) der Mensch, b) alles sensitive Leben, c) alles Leben oder d) die gesamte Natur im Zentrum der Beurteilung stehen. Die vier Ansätze sind demnach anthropozentrisch, pathozentrisch, biozentrisch und physiozentrisch oder holistisch. Wir stellen sie hier nacheinander vor.

Die *anthropozentrische Umweltethik* sieht den Menschen als alleinigen Bezugspunkt, so daß der Wert der übrigen außermenschlichen Natur rein instrumentell aufgefaßt wird. Umwelt erscheint danach als Ort von Ressourcen, von Erholung und Erbauung, d. h. ausschließlich als Lebensgrundlage des Menschen. Das Interesse an der Umwelt muß sich jedoch nicht wie im klassischen Anthropozentrismus darauf beschränken, den unmittelbaren Bedarf zu befriedigen oder lediglich geschickte Ressourcenpflege zu betreiben. Das Interesse kann auch langfristiger angelegt sein und etwa die Lebensinteressen künftiger Generationen einschließen.[78] Von daher ist z. B. auch eine globale Klimapolitik möglich. Die anthropozentrische Umweltethik müßte sicherstellen, daß Klimaveränderungen, die unmittelbar auf die Gesundheit und das Wohlergehen des Menschen zurückschlagen, vermieden werden. Sie hat dazu jedoch nur begrenzte Möglichkeiten. Wegen ihrer Wertbegrenzung auf den Menschen versteht sie entsprechend dem historischen Humanismus (Kant) die Sonderstellung des Menschen absolut, d. h. der Natur gegenüberstehend und übergeordnet. Eine ökosystemische Betrachtung der Biosphäre ist damit aus strukturellen Gründen ausgeschlossen: Die wissenschaftlichen und ethischen Handlungsmaßstäbe ergeben sich allein aus der (vermeintlichen) Sonderstellung des Menschen.[79]

Die *pathozentrische Umweltethik* geht auf den englischen Juristen und Philosophen Jeremy Bentham (1748–1832) zurück, der die Schmerz- und Leidensfähigkeit zum wesentlichen Kriterium machte. Die Menge der in ihren Interessen zu berücksichtigenden Lebewesen erweiterte er von den Menschen auf die schmerz- und leidensfähige Kreatur, praktisch also auf die Tiere. Hierin grenzte sich Bentham von Kant ab, der den Grund und das Ausmaß moralischer Pflichten auf den vernunftbegabten Menschen beschränkte. Eine Verpflichtung gegenüber Tieren ergab sich nach Kant nur als Reflex der Verpflichtungen von Menschen untereinander. Bentham durchbrach die «Ratiozentrik» Kants[80], blieb aber als Utilitarist dem Glück der größten Zahl verhaftet. Tierversuche lassen sich danach immer rechtfertigen, wenn sie vielen

Menschen zu neuen Medikamenten, verbesserter Ernährung etc. verhelfen. Diesem anthropozentrischen Nützlichkeitsdenken setzte in unserem Jahrhundert der Rechtsphilosoph Leonard Nelson (1924) das Prinzip der Gleichheit entgegen. Den Tieren sprach er Personeneigenschaft und Rechtssubjektivität zu, um ihren Interessen im Ausgleich mit den Interessen der Menschen größeres Gewicht zu geben.

Politisch erfolgreich wurde das Prinzip der Gleichheit dann durch die Animal-Rights-Bewegung, deren ethische Grundlage der Australier Peter Singer (1975) lieferte. Für Singer ist es ein entscheidender Unterschied, ob man einen Stein die Straße entlangkickt oder eine Maus. Nur die Maus leidet. Wo aber liegt genau die Grenze? «Irgendwo zwischen einer Garnele (einem Krustentier) und einer Auster (einer Muschel)», antwortet Singer. In Singers Ethik zeigen sich die Möglichkeiten und zugleich Grenzen des pathozentrischen Ansatzes. Durch das Kriterium des Mit-Empfindens und Mit-Leidens wird eine leicht faßliche und damit politisch gut durchsetzbare Ethik begründet, die zudem ihren traditionellen Charakter als Ethik des Menschen nur für den Menschen aufgibt. Singer spricht allen empfindungsfähigen Lebewesen gleiche Interessen zu (nämlich nicht gequält oder getötet zu werden), muß aber zugleich alle anderen Lebewesen von seiner Empfindungsethik ausschließen. So sieht er das Leben einer Pflanze als ohne bewußte Erlebnisse und daher als «völlig leer»[81]. Ja, er riskiert sogar – logisch konsequent – den Ausschluß schwerstbehinderter Menschen. In seinem Hauptwerk *Praktische Ethik* (1984) findet sich der gewagte Satz: «Die Tötung eines behinderten Säuglings ist nicht moralisch gleichbedeutend mit der Tötung einer Person. Sehr oft ist sie überhaupt kein Unrecht.»[82] Auch wenn Singer sehr hohe Anforderungen an die Rechtfertigung einer aktiven Euthanasie,[83] also Tötung eines «unwerten» Lebens, stellt, so zeigt doch die bizarre Verquickung von Tierschutz und Euthanasie das Dilemma der pathozentrischen Ethik: Sie will mehr Menschlichkeit, mehr Empfinden für die Kreatur und kann doch die genau entgegengesetzte Wirkung nicht verhindern. Der Grund liegt in einer anthropozentrischen Perspektive, die Interessen nur solchen Lebewesen zugesteht, deren Leidensfähigkeit dem (Durchschnitts-)Menschen noch erfahrbar ist.

Die *biozentrische Umweltethik* erkennt einen Eigenwert in allem, was lebt. Nicht Menschsein bestimmt die ethische Rücksichtnahme und auch nicht die Leidensfähigkeit, weil die Grenzen zwischen voller Empfindungsfähigkeit über geringere Sensibilität bis zur möglichen Gefühlslosigkeit fließend sind. Auch scheinbar schmerzunfähige Lebewesen haben Lebenswillen und deshalb ein Interesse an Erhaltung und Entfaltung ihres Lebens. In vollendetster Form wurde die biozentrische Ethik von Albert Schweitzer vertreten, der in seiner Ehrfurcht vor dem Leben («Ich bin Leben, das leben will, inmitten von Leben, das leben will.») jedes Töten und Schmerzzufügen als sittlich nicht gerechtfertigt sah. Schweitzer verwarf alle Unterschiede zwischen verschiedenen Stufen des Lebens. Die praktische Unmöglichkeit, alles Leben gleichermaßen zu respektieren, sah er als dauernde Herausforderung an uns, wachsam und problembewußt zu bleiben: «Nie dürfen wir abgestumpft werden. In der Wahrheit sind wir, wenn wir die Konflikte immer tiefer erleben. Das gute Gewissen ist eine Erfindung des Teufels.»[84]

Die meisten biozentrischen Ansätze sind pragmatischer und lassen Abstufungen zwischen verschiedenen Lebensformen zu. Das Prinzip der gleichen Berücksichtigung des Interesses aller Lebewesen bleibt aber erhalten. Der Amerikaner Tom Regan legt deshalb einen «Selbstwert der Natur» zugrunde, der in Lebewesen enthalten sei, sofern sie «Subjekte eines Lebens sind»[85]. Regan verbindet mit einem Subjekt die Vorstellung interessen- und zielgesteuerten Verhaltens und will sich von der Pathozentrik nur darin unterscheiden, daß unser Unvermögen, solches Verhalten zu erkennen, kein Grund für ethische Ausgrenzung sei. Dies führt ihn allerdings dazu, auch in einem Stein ein Subjekt und damit einen Selbstwert zu erkennen. Daß er ihn dennoch nicht für achtenswert hält und auch sonst unterschiedliche Stufen der Achtung gelten läßt, kann er nicht eigentlich begründen.[86] Konsequenter sind die biozentrischen Ansätze bei Kenneth Goodpaster und Paul W. Taylor. Goodpaster definiert Leben nicht aus der Erfahrungsperspektive menschlichen Lebens, sondern streng wissenschaftlich. Lebendige Systeme sind «homöostatische reizreagierende Prozesse». Ausgangspunkt moralischen Handelns ist deshalb die Anerkennung biologischer Tatsachen, d. h. der «Respekt vor sich selbst erhaltenden Organisationen und Vervollständigung im Angesicht des Druckes in Richtung hoher Entropie»[87]. Für den Begriff des Interesses seien subjektive Kategorien wie Empfindung oder Bewußtsein unerheblich. Goodpaster folgert deshalb: «Angesichts des offensichtlichen Strebens, sich zu behaupten und zu erhalten, ist es sehr schwer, den Gedanken abzutun, daß Bäume (und Pflanzen insgesamt) Interesse haben, am Leben zu bleiben.»[88] Das gleiche gesteht er auch größeren Einheiten, z. B. Ökosystemen, zu.

In Paul W. Taylors vielbeachtetem Buch *Respect for Nature* (1986) drückt sich die lebenszentrierte Ethik am eindeutigsten aus. Er will wie Goodpaster jegliche Andeutung einer moralischen Überlegenheit menschlichen Lebens vermeiden, aber ebenso den zwangsläufig menschlichen Zugang zur bewußten Wertschätzung des Lebens erhalten. Zentral ist deshalb die Achtung oder Ehrfurcht vor der Natur. Sie ist nur möglich auf der Grundlage einer letztlich nicht beweisbaren Einstellung, eines *belief systems.* Taylor geht es um die Anerkennung ökologischer Realitäten, also der Existenz einer aufeinander angewiesenen Lebensgemeinschaft. In dieser hat jedes Glied Aufgaben, ohne deren Erfüllung das Ganze nicht «funktioniert». Jeder Organismus ist aber nicht nur Glied eines Ganzen, sondern auch eine zweckbestimmte Lebenseinheit für sich und daher mit eigenem Wert. Hieraus ergibt sich das «Recht», in die Natur einzugreifen. Die ethische Aufgabe sieht Taylor darin, Konflikte unter Achtung dieser beiden Eigenschaften (als Glied des Ganzen *und* autonomes Wesen) zu lösen. Dazu schlägt er fünf Vorrang-Prinzipien vor, nach denen zu entscheiden ist, wie weit den menschlichen Interessen stattgegeben werden soll:

1. Das Prinzip der Selbstverteidigung erlaubt die Handlungen, die zur Erhaltung des eigenen Lebens absolut notwendig sind.
2. Das Prinzip der Proportionalität besagt, daß im Konfliktfall die existentiellen Interessen vor den anderen Interessen Vorrang haben.
3. Das Prinzip des kleinsten Übels gebietet, den geringstmöglichen Schaden zu verursachen.
4. Das Prinzip der verteilenden Gerechtigkeit besagt, daß konkurrierende Interessen auch gleichmäßig behandelt werden müssen.
5. Das Prinzip der wiedergutmachenden Gerechtigkeit verlangt einen Ausgleich für begangene Schädigungen der Natur.[89]

Interessanterweise sind diese Prinzipien den gängigen Normregeln, vor allem im Verfassungsrecht, durchaus vertraut. Durch die biozentrische Umweltethik werden sie aber auf eine höhere Stufe gehoben: Da Leben in der Natur eigenen Wert hat, ist die Lösung von Konflikten nur noch unter Einschluß aller Lebensinteressen und nicht mehr allein nach Maßgabe der Lebensinteressen des Menschen möglich.

Die *holistische Umweltethik* geht von der Einheit der Natur aus und unterscheidet nicht prinzipiell zwischen belebten und unbelebten Formen der Natur. Sie wird deshalb auch physiozentrische Umweltethik genannt. Ihr Ausgangspunkt ist keine bestimmte Kategorie (Mensch oder Leben), aus der Zweck und Ausmaß ethischen Handelns extrapoliert werden, sondern – umgekehrt – bildet die Realität des Ganzen die wesentliche Ausgangserfahrung. Die Ethik wird nicht vom Menschen her, sondern vom ökologischen Ganzen her entwickelt. Damit sind freilich recht schwierige philosophische und psychologische Fragen aufgeworfen.

Die Ausgangspunkte zur Behandlung dieser Fragen sind in der holistischen Umweltethik durchaus unterschiedlich. Otfried Höffe[90] und Klaus Michael Meyer-Abich[91] gehen von den Unzulänglichkeiten der bisherigen umweltethischen Ansätze aus und plädieren für eine Erweiterung des menschlichen Verantwortungskreises. Der Mensch wird in seinen unterschiedlichen «Umwelten» bis hin zu seiner Stellung im Ganzen der Natur gesehen, in der eine Unterscheidung zwischen belebter und unbelebter Natur keinen Sinn mehr macht. Die verlangte Rücksichtnahme auf «alles» bedeutet dabei nicht, alles – vom Mitmenschen bis zum Sandkorn – in jeweils gleicher Weise zu berücksichtigen; sie verbietet nur, den Bereich des Anorganischen einfach unberücksichtigt zu lassen. Der amerikanische Ökologe Aldo Leopold entwickelte seine berühmte, 1949 erschienene *Land-Ethik* weniger rational analysierend als intuitiv spontan. Er begann in den zwanziger Jahren, seine Naturbeobachtungen als Forstbeamter in Arizona und New Mexico zu Papier zu bringen, bis er in den vierziger Jahren gar nicht mehr anders konnte, als die gesamte Erde als lebendigen Organismus zu beschreiben. Sein ethischer Entwurf mußte deshalb von der Verantwortung gegenüber diesem lebendigen Organismus ausgehen.[92] Als «goldene Regel» ethischen Handelns formulierte er dann den viel zitierten Satz: «Ein Handeln ist richtig, wenn es dazu beiträgt, die Integrität, Stabilität und Schönheit der biotischen Gemeinschaft zu bewahren. Es ist falsch, wenn es zu etwas anderem tendiert.»[93]

Ist Albert Schweitzers «Ehrfurcht vor dem Leben» die Hauptinspiration für die biozentrische Ethik geworden, so wurde Aldo Leopolds «Land-Ethik» die Hauptinspiration für die holistische Ethik. Der Unterschied zwischen Schweitzer und Leopold liegt in der Blickrichtung: Schweitzer ging es (in christlicher Tradition) um das individuelle Leben, Leopold (in ökologischer Tradition) um Lebenszusammenhänge. Den Erfolg seiner Schriften erlebte Leopold nicht mehr; sie blieben bis Ende der sechziger Jahre nahezu unbekannt. Er selbst war auch pessimistisch: «Es brauchte neunzehn Jahrhunderte, um die Menschen auf einen anständigen Umgang miteinander festzulegen, und der Prozeß ist erst zur Hälfte abgeschlossen; es mag genauso lange dauern, einen Verhaltenskodex für den anständigen Umgang des Menschen mit dem Land zu entwickeln.»[94] Die Geschichte ist voller Ironie, und so brauchte es nur wenige Jahre, bis – angesichts des ökologischen Kollaps – die Notwendigkeit eines solchen Verhaltenskodex erkannt wurde. Alle heutigen Entwürfe, soweit sie nicht-anthropozentrisch sind, tragen den Grundgedanken von Leopolds «Land-Ethik» in sich.

Ein Großteil dieser Entwürfe leitet sich vom gewandelten Bild der Naturwissenschaften ab. Im Unterschied zur deutschen holistischen Tradition, die eher naturphilosophisch und theologisch ist,[95] knüpft der angloamerikanische Holismus direkter an die Erkenntnisse der Ökologie an. Ein Anknüpfungspunkt ist dabei die 1979 von dem Chemiker James Lovelock und der Mikrobiologin Lynn Margulis entwickelte Gaia-Hypothese.[96] Danach läßt sich die Art und Weise, wie die Biosphäre die chemische Zusammensetzung der Luft, die Temperatur auf der Erdoberfläche und viele andere planetarische Prozesse steuert, sinnvoll nur noch deuten, wenn man die Erde als einen einzigen lebenden Organismus betrachtet. Ein anderer Anknüpfungspunkt ist die veränderte Definition des Lebendigen. Nach der neueren Systembiologie läßt sich die Lebendigkeit eines Lebewesens nicht an einzelnen Merkmalen wie Stoffaustausch mit der Umwelt, Fortpflanzung und dergleichen erkennen, sondern an der Art seiner Organisation. Ein Lebewesen ist ein System mit der Fähigkeit zur Selbstorganisation und Selbsterzeugung. Die Neurobiologen Humberto R. Maturana und Francisco J. Varela verwenden hierfür den Begriff *Autopoiese* (griech.: *autos* = selbst; *poiein* = machen).[97] Den Unterschied zwischen einem lebendigen System und einem mechanischen System kann man erkennen, wenn man Bestandteile von ihnen verletzt bzw. entfernt. Nur ein lebendiges System kann sich dann noch (bis zu einem gewissen Grad) regenerieren, d. h. sich selbst erneuern. Wenn daher die Autopoiese ein System zu einem lebendigen macht, müssen über Einzellebewesen hinaus auch Biotope, Ökosysteme, ja die gesamte Biosphäre als lebendige Systeme angesprochen werden. Der australische Philosoph Warwick Fox hält deshalb die Unterscheidung zwischen biozentrischer und holistischer Umweltethik für überholt. Er ordnet beide Ansätze als «autopoietische Ethiken» ein.[98]

Ein weiterer Anknüpfungspunkt ist die moderne Physik. Nach der Quantentheorie, besonders in ihrer Ausformung durch Niels Bohrs

Komplementaritätsprinzip[99] und David Bohms Theorie der impliziten Ordnung (1985), ist es nicht mehr möglich, Geist und Materie sowie Subjekt und Objekt als voneinander getrennt zu betrachten. Sie müssen vielmehr als Aspekte einer zugrundeliegenden Totalität verstanden werden. Holistische Ethikansätze nehmen diese Entwicklung der theoretischen Physik daher oft als Beleg eines grundlegenden Wandels naturwissenschaftlicher Erkenntnis, der sich zwangsläufig auf unser Verhältnis zur Natur auswirke. Die amerikanischen Philosophen J. Baird Callicott und Michael Zimmerman z. B. stützen ihre jeweiligen Konzepte auf das nicht-dualistische Paradigma der Naturwissenschaft.[100] Und nicht zufällig weisen beide, wie auch viele andere Vertreter der holistischen Umweltethik, auf die Parallelen zur asiatischen Philosophie hin. Der Taoismus mit seiner Komplementarität des Yin-und-Yang-Prinzips ist ein verbreitetes Modell, um das Verhältnis zwischen Mensch und Natur, zwischen Subjekt und Objekt als nicht-dualistisch zu deuten.

Die Beschäftigung mit den verschiedenen umweltethischen Ansätzen läßt eine Entwicklung erkennen, die Kenneth Goodpaster 1979 als Entwicklung «from egoism to environmentalism» geschildert hat und die sich heute als eine Entwicklung von der Anthropozentrik zur Ökozentrik darstellt. Historisch ist die Entwicklung natürlich keineswegs so verlaufen, daß man von barbarischen Anfängen eines ungezügelten Egoismus eine ständig ansteigende Linie über die Mitmenschlichkeit und Mitgeschöpflichkeit bis zur Rücksichtnahme gegenüber «allem» ziehen könnte. Und es ist auch nicht so, daß in der Menschheitsentwicklung die jeweils größere Dimension immer erst dann angestrebt wurde, wenn die vorausgehende erreicht und umgesetzt war, sondern der Prozeß vollzog sich mit Umwegen und Phasenverschiebungen. Selbst heute können wir noch nicht sagen, daß die Stufe der anthropozentrischen Mitmenschlichkeit wirklich erreicht sei.

Dennoch ist die Entwicklung zu höheren ethischen Stufen, die zugleich höhere Stufen des Bewußtseins widerspiegeln, deutlich erkennbar. Wenn wir die einzelnen Bereiche der Rücksichtnahme in ihrer Entwicklung aufschlüsseln und die verschiedenen ethischen Ansätze diesen Bereichen zuordnen, ergibt sich folgendes Bild:

Die graphische Darstellung zeigt die zunehmende Öffnung des ethischen Blickwinkels. Die Menschen insgesamt und unabhängig von ihrer Zugehörigkeit zu einem Volk oder einer Rasse in diesen Blickwinkel aufzunehmen, bedeutete einen ungeheueren Fortschritt, der sich seit

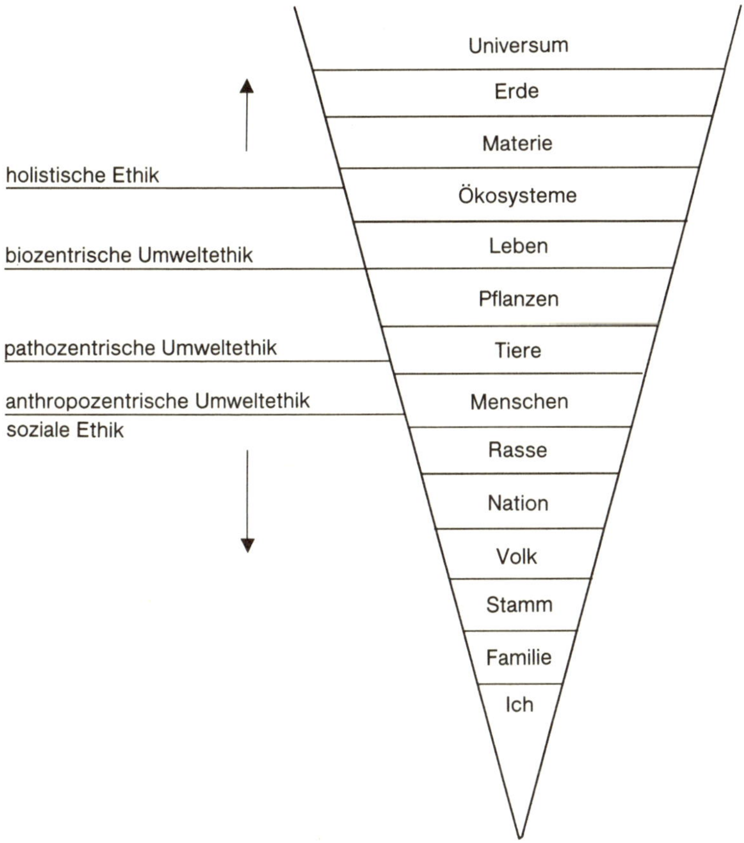

dem 18./19. Jahrhundert vollzog. Er war ein Erfolg des freiheitlichen Humanismus der Aufklärung. Um wieviel größer aber ist die Herausforderung, die darin liegt, daß die Menschen heute nicht mehr (nur) ihre Existenzrechte *untereinander* streitig machen, sondern (auch) das Existenzrecht der *Natur*? Die nichtmenschliche Umwelt überhaupt als ethisch relevant anzusehen, war schon ein Schritt in ethisches Neuland. Denn schon mit der anthropozentrischen Umweltethik veränderte die herkömmliche soziale Ethik ihren Charakter: Sie wurde zur «menschlichen Binnenethik»[101]. Vollends revolutionär aber ist ein ethisches Denken, das auch Außermenschliches einschließt. Schon wenn empfin-

dungsfähigen Lebewesen ein Eigenwert zuerkannt wird, gerät die exklusive, herausgehobene Stellung des Menschen ins Wanken. Man könnte daher die pathozentrische Umweltethik für einen Angriff auf die Anthropozentrik halten.[102] Zutreffender dürfte ihre Zuordnung zum (erweiterten) anthropozentrischen Denken sein, weil das Kriterium der Empfindungsfähigkeit allzu unmittelbar der menschlichen Gefühlsausstattung entnommen ist. Dennoch sind die Schleusen geöffnet worden, als die Ethik begann, über Eigenwerte in der nichtmenschlichen Natur nachzudenken. Mit den ersten Vorstößen zur biozentrischen Umweltethik strömte dann unaufhaltsam das Wasser herein, und mittlerweile sind die Fluten ökozentrischen Denkens so sehr über die Umweltethik hereingebrochen, daß sie anthropozentrische Wertsetzungen kaum noch weiterverfolgt.

In seiner Analyse zur umweltethischen Entwicklung der letzten zehn Jahre kommt Warwick Fox, ähnlich wie vor ihm schon J. Baird Callicott und Tom Regan, zu dem Schluß, daß es heute nur noch darum geht, wie weit die nichtmenschliche Welt Eigenwert besitzt, d. h. wie eine nichtanthropozentrische Eigenwerttheorie beschaffen ist.[103] Fox beschränkt seine Analyse auf die in englischer Sprache erschienene Literatur, wodurch ein Großteil der deutschen Veröffentlichungen unberücksichtigt bleibt. Wenn wir sie miteinbeziehen, wird man sagen können, daß anthropozentrische und pathozentrische Entwürfe durchaus noch eine Rolle spielen, daß aber insgesamt eine Polarisierung zwischen diesen und den bio- bzw. physiozentrischen Entwürfen stattgefunden hat. Die Unterschiede zwischen den beiden letzteren sind aus den schon genannten Gründen immer mehr eingeebnet worden, sie können deshalb als Formen der ökozentrischen Umweltethik zusammengefaßt werden. Der Streit dreht sich also um die Alternative Anthropozentrik oder Ökozentrik.

Wir finden diese Alternative in vielfältigen Formen ausgedrückt. Die erste Typologie dieser Art nahm der Literaturkritiker Leo Marx im Jahr 1970 in der Zeitschrift *Science* vor. Als Schicksalsfrage der Menschheit sah er an, ob sie den «Umweltschutz-Blickwinkel» beibehält, in dem «die Natur als Welt unabhängig von der Menschheit und ihrem Wohle erscheint» oder ob sie der «ökologischen Perspektive» den Vorzug gibt, in der «der Mensch (einschließlich seiner Werke und seiner von ihm geschaffenen Umwelt) als vollständig und unentrinnbar in das Gewebe natürlicher Prozesse eingebettet ist». Und er fügte gleich hinzu, daß diese zweite Alternative, obgleich überlebensnotwendig, es schwer haben werde, «weil sie viele der Grundannahmen unserer Kultur in Frage stellt»[104]. Donald Worster schildert in seiner Geschichte ökologischer Ideen diese Alternative als jahrhundertlange Auseinandersetzung zwischen einer «imperialen», «pragmatisch-utilitaristischen» und einer «arkadischen», «organischen» Moralität.[105] Der Kulturhistoriker Theodore Roszak stellt die «anthropozentrische Technik der effektiveren Manipulation, des aufgeklärten Selbstinteresses, der langfristigen Ressourcenplanung» der «Begegnung mit den Naturgeheimnissen nach ihren eigenen Bedingungen» gegenüber.[106] Jeremy Rifkin zeigt am Beispiel der Gentechnologie den paradigmatischen Kampf zwischen «technologischem Wissen» und «emphatischem Wissen», das er als Wissen über Kooperationsmöglichkeiten mit der Gemeinschaft des Lebens kennzeichnet.[107] Im gleichen Sinne unterscheidet Klaus Michael Meyer-Abich zwischen «Zerstörungswissen» und «Erhaltungswissen».[108] Der Umwelttheoretiker Timothy O'Riordan verwendet die Begriffsalternative «technozentrisch» und «ökozentrisch»,[109] ähnlich der Philosoph Alan Drengson, wenn er vom «technokratischen Paradigma» und vom «person-planetarischen Paradigma» spricht.[110] John Meeker verbindet den «anthropozentrischen Umweltschutz» mit dem historischen Humanismus, den «nicht-anthropozentrisch ganzheitlichen Zugang» dagegen mit einer «neuen Naturphilosophie», deren Wurzeln teilweise in westlich ganzheitlichen Philosophien und teilweise in der neuen Physik und neuen Psychologie liegen.[111] Diese Zuordnung wird von vielen Ethikern und Philosophen ähnlich vorgenommen.[112]

Auffällig ist auch, daß sich im englischen Sprachgebrauch immer mehr die Unterscheidung zwischen *shallow ecology* (seichte Ökologie) und *deep ecology* (tiefe Ökologie) durchsetzt.[113] Sie geht auf den norwegischen Philosophen Arne Naess zurück, der damit die metaphysische Ebene der Ethik, also Gefühl und Bewußtsein, einschließen wollte. Die ökozentrische Ethik – wie die Umweltethik überhaupt – hat zu dieser sehr wesentlichen Ebene keinen direkten Zugang. Sie leugnet zwar nicht, daß ethisches Empfinden und Beurteilen im emotionalen Bereich entsteht und erst dann rational verarbeitet wird. Als Ethik ist sie aber vor allem an objektivierbarem Bewußtsein interessiert. Ein wichtiger Unterschied zu anthropozentrischen Ansätzen ist allerdings, daß die Ökozentrik den Gefühlsbereich mit Rationalität verbinden will und gerade *nicht* die Auffassung der Anthropozentrik teilt, richtiges Umweltverhalten allein mit rationalen Kategorien erklären zu können.

d. Die veränderte Einstellung zur Natur

Unter den ethischen Modellen, die die Anthropozentrik überwinden wollen, ragt Hans Jonas' *Prinzip der Verantwortung* (1979) insofern heraus, als Jonas weder auf Ökologie noch auf Mystik, Spiritualität oder Religion zurückgreift, sondern ganz auf rationale Analyse setzt. Er hält sich strikt an die philosophische Tradition, nach der Ethik ausschließlich der Begründung und Formulierung von Normen dient: «Die neue Ethik muß ihre Theorie finden, auf der Gebote und Verbote, ein System von ‹Du sollst› und ‹Du sollst nicht› gegründet werden kann.»[114] Jonas' «Versuch einer Ethik für die technologische Zivilisation», wie der Untertitel seines Buches lautet, zielt nicht auf eine Ethik des Überlebens, sondern auf eine Theorie der technisch-industriellen Zivilisation. Er stellt zwar fest, «daß wir in einer apokalyptischen Situation leben, das heißt, im Bevorstand einer universalen Katastrophe, wenn wir den jetzigen Dingen freien Lauf lassen», fügt dann aber hinzu: «Die Gefahr geht aus von der Überdimensionierung der naturwissenschaftlich-technisch-industriellen Zivilisation.»[115] Diese Überdimensionierung will Jonas auf ein erträgliches Maß zurückschrauben, indem er von den Entscheidungsträgern verlangt, auch diejenigen Wirkungen in ihre Überlegungen einzubeziehen, die weit in der Zukunft liegen. Das ethische Mittel dazu ist ein «sittliches Eigenrecht der Natur»: «Es ist zumindest nicht mehr sinnlos, zu fragen, ob der Zustand der außermenschlichen Natur, die Biosphäre als Ganzes oder in ihren Teilen, die jetzt unserer Macht unterworfen ist, eben damit ein menschliches Treugut geworden ist und so etwas wie einen moralischen Anspruch an uns hat – nicht um unseretwillen, sondern auch um ihrer selbst willen und aus eigenem Recht.»[116] Woraus sich dieses Eigenrecht ethisch und metaphysisch ableitet, begründet Jonas nicht. Er formuliert nur die Aufgabe einer umfassenden nicht-anthropozentrischen Ethik. In seiner Dankesrede zum Friedenspreis des Deutschen Buchhandels 1987 betonte er deren «quasi kosmische Dimension, über alles Zwischenmenschliche hinaus», meinte aber auch, daß der Mensch wohl nur aus Katastrophen lernen werde. Ein Allheilmittel für unsere Krankheit gebe es nicht, nur die Aussicht auf ein bißchen Hoffnung, daß wir doch noch rechtzeitig zur Vernunft kommen.[117]

Diese Bescheidenheit, die sich auch in dem rein appellativen Charakter seiner Verantwortungsethik ausdrückt, ist auf die ungeteilte Sympathie der offiziellen Politik gestoßen. Jonas' «Prinzip Verantwortung» steht als Programmsatz in jeder politischen Sonntagsrede. Soweit aber konkrete Inhalte mit ihm verbunden sind, werden sie stillschweigend übergangen. Auseinandersetzungen mit dem geforderten Eigenrecht der Natur, dem Kernstück der Ethik der Verantwortung, sind selten. Die Manager der praktischen Umweltpolitik halten die Anerkennung von Eigenwert und Eigenrecht für überflüssig: «Die Konsequenzen, zu denen Jonas' Ethik der Verantwortung in der Praxis der Umweltpolitik führt, können auch ohne den Begründungstext einer neuen Ethik im Rahmen der herkömmlichen Moral, die zweifellos anthropozentrisch ist, gewonnen werden.»[118] Wäre Hans Jonas den psychologischen und philosophischen Tiefenschichten und den konkret-politischen Konsequenzen der ökozentrischen Ethik nachgegangen, wäre ihm die öffentliche Anerkennung womöglich versagt geblieben. Ökozentrische Ethik ist nämlich keine Ethik zur Aufrechterhaltung der technisch-industriellen Zivilisation, sondern eine Ethik zu deren Transformation!

Bezeichnenderweise ist Jonas' Verantwortungsethik im angloamerikanischen Raum weit weniger aufgenommen worden als die radikale Philosophie seines Lehrers Martin Heidegger, der in der deutschen Diskussion noch immer so etwas wie eine Persona non grata ist. Ihm wird seine persönliche Verstrickung ins nationalsozialistische Deutschland so sehr angelastet, daß die Bedeutung seines philosophischen Werkes für die Gegenwartsprobleme zu wenig gewürdigt wird. Thomas Rentsch weist in seiner kritischen Einführung in das Heideggersche Denken auf diese Seite hin: «Es gibt Probleme der Ökologie und Gentechnologie, die Heidegger fünfzig Jahre vor ihrer öffentlichen Diskussion vorausgesehen und bereits artikuliert hat.»[119] Außerhalb Deutschlands, vor allem in Frankreich und den Vereinigten Staaten, ist Heideggers umfassende Technik- und Wissenschaftskritik weit mehr verarbeitet worden (z. B. von Michel Foucault und Herbert Marcuse). Der amerikanische Humanökologe Paul Shepard, der die dunkle Seite der deutschen Vergangenheit aus eigener Anschauung kennt, überschreibt einen Aufsatz mit dem Titel *Wenn dir etwas an der Natur liegt, kannst du die Deutschen nicht mehr hassen* und spielt damit auf Heideggers Beitrag zum tieferen Verständnis der Beziehung zur Natur an.[120] In Heideggers Transzendentalphilosophie, die den Menschen als teilnehmendes Wesen eines über sich selbst hinausweisenden Kosmos begreift, finden sich viele ganzheitliche Denker wieder. Vor allem Michael Zimmerman von der Tulane University in New Orleans hat Heideggers Kritik am dualistischen Denken für die Umweltethik nutzbar gemacht.[121] Grundlegend ist dabei das «Schema Subjekt–Objekt», das Heidegger für ein tiefgreifendes «Mißverständnis» des Lebens mit sich selbst hält. Er schreibt dazu: «Dieses konstruktive, durch die Hartnäkkigkeit einer verhärteten Tradition fast unausrottbare Vorhaben verbaut grundsätzlich und für immer den Zugang zu dem, was als faktisches Leben (Dasein) angezeigt ist. Keine Modifikation dieses Schemas vermag seine Unangemessenheit zu beseitigen.»[122]

In der gleichen Tradition hat Ernst Bloch den Dualismus von Mensch als Subjekt und der Natur als Objekt scharf angegriffen. Zur Überwindung der Entfremdung zwischen Mensch und Natur postuliert Bloch die «Humanisierung der Natur» und zugleich «Naturalisierung des Menschen»[123].

Humanisierung verlangt danach die Überwindung des beherrschenden Verhältnisses des Menschen zur Natur, während Naturalisierung den Prozeß beschreibt, bei dem die Natur durch Überwindung ihrer Selbstverschlossenheit an den Menschen gewissermaßen heranrückt. Natürlich finden beide Prozesse allein im Kopf des Menschen statt. Das macht sie aber nicht zu einem anthropozentrischen Vorgang. Bloch ging es wesentlich um transzendierendes Denken. Konsequent weiterverfolgt, könnten nun die beiden Prozesse so weit aufeinanderzulaufen, daß am Ende eine Identität von Mensch und Natur entsteht. Eine solche Identität wäre allerdings ein Rückfall in eine vor-dualistische Zeit, ein Idyll, das es höchstens in Beschreibungen über nichtzivilisierte Naturvölker noch gibt. Im dualistischen und nach-dualistischen Zeitalter kommt es darauf an, Subjekt und Objekt stets auseinanderzuhalten. Denn nur dann bleibt die Dynamik zwischen ihnen erhalten.

Das Wesen der Subjekt-Objekt-Beziehung läßt sich mit Theodor W. Adorno so beschreiben: «Weder sind sie (d.h. Subjekt und Objekt) letzte Zweiheit, noch verbirgt hinter ihnen sich letzte Einheit. Sie konstituieren ebenso sich durch einander, wie sie vermöge solcher Konstitutionen auseinander treten. Würde der Dualismus von Subjekt und Objekt als Prinzip zugrunde gelegt, so wäre er, gleich dem Identitätsprinzip, dem er sich weigert, abermals total, monistisch; absolute Zweiheit wäre Einheit.»[124] Adorno spricht deswegen von einer «reziproken» Durchdringung von Subjekt und Objekt. Im gleichen Sinne verwendet Bloch die Kategorien Inwendiges (Mensch) und Auswendiges (Natur).[125] Kern der Subjekt-Objekt-Beziehung ist also die Dialektik von Zweiheit und Einheit. *Der Mensch ist weder von der Natur getrennt noch identisch mit ihr.* Auf der ersten Umweltkonferenz der Vereinten

Nationen 1972 in Stockholm wurde dieser doppelte Aspekt des Menschseins bereits diskutiert. Die damals verabschiedete und noch heute gültige *Deklaration über die Umwelt des Menschen* enthält in ihrem ersten Artikel die Feststellung: «Der Mensch ist sowohl Geschöpf als auch Gestalter seiner Umwelt.» Damit ist die Doppelnatur des Menschen und zugleich ein Umweltbegriff angedeutet, der den Menschen nicht mehr ausschließt. Für Politik und Recht ergibt sich daraus unter anderem die Aufgabe, einen ganzheitlichen Umweltbegriff zu entwickeln.[126]

Die Dialektik der Subjekt-Objekt-Beziehung ist der Schlüssel für ein Naturverständnis, in dem der Mensch nicht ständig Gefahr läuft, seinen Naturzusammenhang zu «vergessen». Sie liegt deshalb auch der ökozentrischen Ethik zugrunde. Wenn der Eigenwert der Natur anerkannt wird, erscheint der Mensch auch weiterhin als Subjekt in bezug auf die Natur, zugleich aber auch die Natur als Subjekt in bezug auf den Menschen. Zentrale Aussage der ökozentrischen Ethik ist daher, die Subjekt-Objekt-Beziehung zwischen Mensch und Natur nicht mehr als Einbahnstraße aufzufassen (die sich als Sackgasse herausgestellt hat), sondern als Durchgangsstraße mit Gegenverkehr. Die eigenen Interessen und Rechte korrespondieren mit den Interessen und Rechten aller anderen «Verkehrsteilnehmer».

So abenteuerlich der Gedanke der Subjekt-Objekt-Dialektik im dualistischen Zeitalter auch anmuten mag, neu ist er sicher nicht und nur demjenigen fremd, der seine Bindung (lat.: *religio*) an das Ganze völlig verloren hat. Der transzendente menschliche Geist ist so alt wie das Menschengeschlecht, er ist Teil unseres kulturellen Erbes. Zum christlichen Erbe gehört eben nicht nur der anthropozentrische Dualismus, sondern auch die Mystik des Augustinus, Meister Eckart und Franz von Assisi. Zum philosophischen Erbe des Westens gehören nicht nur Descartes, Bacon, Newton, Bentham und Kant, sondern genauso Voltaire, Leibniz, Goethe, Schelling und Hegel. Und es gibt keinen Grund, nicht auch die östliche Philosophie zum Erbe der Menschheit zu rechnen. Nirgendwo ist die dialektische Beziehung der Gegensätze schöner und klarer empfunden als im chinesischen Taoismus. Im Taoismus ist die Einheit von Subjekt und Objekt (als die feminine Erfahrung) genauso wesentlich wie das Bewußtsein ihrer Getrenntheit (als die maskuline Erfahrung). Die Harmonie zwischen beiden Aspekten entsteht dabei nicht durch Verwischen der Unterschiede, sondern durch einen Weg, der die Getrenntheit als Vorbedingung für ihre Beziehung und Vereinigung anerkennt.[127] In westlich-ethische Kategorien übersetzt, muß die außermenschliche Natur in ihrem Eigenwert zunächst anerkannt werden, um das Bewußtsein einer Einheit entwickeln, genauer gesagt, wiederentdecken zu können.

Der taoistische Weg hat den Evolutionstheoretiker Pierre Teilhard de Chardin nachhaltig beeinflußt. Sein Werk schlägt eine Brücke zwischen östlicher Ganzheitsphilosophie und westlicher Naturwissenschaft. Teilhard erfuhr die Einheit der Natur zunächst intuitiv – wie so viele epochemachende Denker –, und er erkannte seine Lebensaufgabe darin, den Dualismus von Geist und Materie, von Subjekt und Objekt zu überwinden. Sie sind für ihn «nicht mehr zwei Dinge, sondern zwei Zustände, zwei Gesichter des einen kosmischen Stoffes», somit weder dualistisch noch identisch. Um dies zu erkennen, müsse jede Einseitigkeit vermieden werden: «Zwischen Materialisten und Spiritualisten, zwischen Deterministen und Finalisten (der Evolutionstheorie) dauert der Streit der Wissenschaft immer noch fort. (. . .) Einerseits sprechen die Materialisten hartnäckig von den Objekten, als ob diese nur aus äußeren Vorgängen bestünden, aus Übergängen von einem Zustand in den anderen. Andererseits wollen die Spiritualisten um keinen Preis aus einer Art Introspektion heraustreten, die die Wesen nur als in sich geschlossen betrachtet in ihrem ‹immanenten› Wirken. (. . .) Meine Überzeugung ist, daß die beiden Auffassungsweisen nach einer Vereinigung verlangen und daß sie sich bald in einer Art von Phänomenologie oder verallgemeinerten Physik vereinigen werden, wo man die Innenansicht der Dinge ebenso beachten wird wie die Außenseite der Welt. Anders scheint es mir unmöglich, für das kosmische Phänomen in seiner Gänze eine ausreichende und zusammenhängende Erklärung zu finden, wonach die Wissenschaft doch streben muß.»[128]

Heute ist die Einheit der Wissenschaft noch ein fernes Ziel. Aber die von Teilhard geforderte Aufhebung des Dualismus vollzieht sich in immer stärkerem Maße. Die Zusammenschau von *Physik und Transzendenz*[129] ist längst kein naturwissenschaftliches Tabu mehr. Und was über die Affinität von chinesischem Taoismus und moderner Naturwissenschaft gesagt wurde[130], ließe sich in ähnlicher Form über den Buddhismus[131] und die indische Vedanta-Philosophie[132], ja insgesamt über das Verhältnis von Mystik (Religion) und Wissenschaft sagen. Wir können heute endgültig Abschied nehmen von der Vorstellung, Mystik und Wissenschaft lägen in einem unversöhnlichen Kampf miteinander. Tatsächlich hat der Mythos den Logos, so sehr sich dieser auch dagegen gewehrt haben mag, immer beeinflußt: Der Mythos handelt vom letztlich Unbegründbaren und damit von einer Wirklichkeit, ohne die auch Wissenschaft nicht existieren kann. Nur im dualistischen Bewußtsein konnte der Logos jede Verbindung zum Mythos leugnen. Deshalb hat er triumphiert und die Vorstellung genährt, die Wirklichkeit sei nur über ihn erfahrbar. Im nicht-dualistischen Bewußtsein wird die Trennung zwischen Mythos und Logos durchbrochen, ihre Verbindung bewußt erlebt, aber nicht in trivialem Sinne. Die Weltanschauungen der Physiker und der Mystiker sind nicht identisch, noch nicht einmal ähnlich. In den Worten Ken Wilbers: «Physik und Mystik sind (. . .) auch keineswegs zwei unterschiedliche Wege zur selben Wirklichkeit, sondern unterschiedliche Wege zu zwei ganz verschiedenen Ebenen der Wirklichkeit, wobei der letztere den ersten transzendiert, jedoch einbezieht.»[133] Das Neue der modernen Naturwissenschaft liegt darin, daß sie den verschiedenen Ebenen der Wirklichkeit zugänglicher wird und nicht mehr so tut, als sei der westliche Logos das allein maßgebende Instrument zur Erfahrung der Wirklichkeit.

Die ökozentrische Ethik wird nur verständlich vor dem Hintergrund auch dieses Paradigmawechsels. Sie stellt den Versuch dar, die Wirklichkeit in nicht-dualistischer Weise zu erfassen und daraus das Verhältnis zwischen Mensch und Natur abzuleiten. Ihr geht es dabei nicht um einen platten Holismus, der jede Unterscheidung zwischen Mensch und Natur verwischt. Wie wir schon gesehen haben, schließt die Überwindung des Subjekt-Objekt-Dualismus keineswegs die Möglichkeit aus, daß der Mensch handelndes Subjekt bleibt. In der dialektischen Beziehung zwischen Subjekt und Objekt ist die Subjektstellung des Menschen sogar notwendig vorausgesetzt, nur folgt daraus nicht, daß die außermenschliche Natur reines Objekt bleiben müsse und nicht auch Subjekt sein könne. Die Begründung dafür ist die Doppelstellung des Menschen: Er ist getrenntes Kulturwesen und verbundenes Naturwesen zugleich. Seine Naturzugehörigkeit macht er sich durch die Anerkennung des Eigenwertes der außermenschlichen Natur bewußt.

Gegen die Möglichkeit, das Ganze der Natur in die Ethik einzubeziehen, wird häufig eingewendet, daß damit die Sonderstellung des Menschen geleugnet werde. Und in der Tat geben manche Begründungsversuche einer holistischen Ethik berechtigten Anlaß zu dieser Kritik. So läßt sich aus der Gaia-Hypothese, die Welt als einheitlichen lebendigen Organismus zu betrachten, nicht unmittelbar eine Gaia-zentrierte Ethik ableiten.[134] Wenn es ausschließlich um das Wohlergehen Gaias, der

Erde, geht, dürften nicht nur alle Einzellebewesen und Gattungen, von denen nach Lynn Margulis 99,9% im erdgeschichtlichen Verlauf schon ausgestorben sind,[135] keinen Eigenwert beanspruchen, sondern auch der Mensch hätte keinen Anspruch auf Überleben. Gaia hätte sicher kein Interesse daran, ausgerechnet die Menschen mit einem solchen Privileg auszustatten. Zwar weist die Gaia-Hypothese nachdrücklich auf die Verbundenheit aller Teile der Biosphäre hin und besonders darauf, daß das Ganze mehr ist als die Summe ihrer Teile, sie stellt aber kaum mehr als eine Metapher für das Ganze dar, wie das chinesische «Tao», das buddhistische «Dharma», das hinduistische «Brahman», der christliche Gott oder eben die griechische Göttin der Erde, Gaia. Als Ethik ließe die Gaia-Hypothese keinen eigenen Raum für die Teile, insbesondere für den Menschen.

Solch ein Vorwurf wäre einer ökozentrischen Ethik, die an der Subjektstellung des Menschen festhält, nicht zu machen, und zwar unabhängig davon, ob der belebten oder der Natur insgesamt Eigenwert zugemessen wird. Wenn dennoch gelegentlich behauptet wird, «Prototyp einer nicht-anthropozentrischen Ethik» seien die «verschiedenen Konzepte eines ökologischen Naturalismus, in denen der Mensch sich den Gesetzen zu unterwerfen hat»[136], dann wird Unterschiedliches in einen Topf geworfen. Die Ökozentrik hat das Beziehungsgefüge Mensch–Natur in ihrem Mittelpunkt und nicht die Natur «an sich». Sie begeht also nicht etwa einen «naturalistischen Fehlschluß». Auf der anderen Seite gibt es auch das Bedenken, die nicht-anthropozentrische Ethik sei «beständig in Gefahr, in einen Anthropozentrismus überzugehen», wenn sie allem einen Eigenwert zubillige und daher zur Beliebigkeit ethischen Handelns führen könne.[137] Diese Gefahr ist – wie bei jeder Ethik – sicher in der Praxis nicht auszuschließen, das ökozentrische Modell besteht aber gerade darin, daß weder der Mensch «vergessen» wird, wie im Fall eines ökologischen Naturalismus, noch die Natur, wie im Fall anthropozentrischer Ethik. Der wechselseitige Bezug von Eigenwert des Menschen und Eigenwert der Natur ist etwas ganz anderes als ein ethisches Modell, in dem nur der Mensch Eigenwert besitzt. Entsprechend findet der Interessenausgleich auf einem höheren Niveau statt. Die Aufgabe aller Umweltethiken besteht darin, die Sonderstellung des Menschen, die er aus welchen Gründen auch immer hat, nicht zum Anlaß für eine Höherwertigkeit oder einen Herrschaftsanspruch gegenüber der Natur zu nehmen. Dieser Gefahr läßt sich nur mit einer Ethik begegnen, die den Eigenwert der Natur anerkennt. Die Besonderheit der menschlichen Gattung im Verhältnis zur übrigen Natur wird dabei nicht in Frage gestellt.

Aus evolutionstheoretischer Sicht läßt sich nicht von vornherein auf eine Sonderstellung des Menschen schließen. Sicher aber stellt die neuere Evolutionslehre, die Darwins mechanisches Modell der Anpassung von Organismen an ihre Umwelt hinter sich gelassen hat, ein wichtiges Argument für eine ökozentrische Ethik dar. Wenn die Evolution ein Muster erkennen läßt, das in einem progressiven Anwachsen der Komplexität, Koordination und gegenseitigen Abhängigkeit besteht,[138] dann ist «individuelles Überleben nicht ohne einen Common sense möglich», wie Gregory Bateson es ausdrückte.[139] Ein Organismus, der nur an das eigene Überleben denkt, wird unweigerlich seine Umwelt zerstören und damit sich selbst. Ethisch ist damit ein Verhalten gefordert, das auf die natürliche Mitwelt Rücksicht nimmt. Unter dem evolutionstheoretischen Aspekt entwickelte deshalb der Sozialökologe Murray Bookchin eine Theorie, die von einem stetigen Anwachsen der Komplexität und damit auch des menschlichen Bewußtseins ausgeht.[140] Von der neueren Evolutionstheorie inspiriert sind auch die ethischen Entwürfe von Henryk Skolimowski (1981), David Griffin (1972 und 1985), Charles Birch und John B. Cobb (1981). Sie alle sehen die Überlebenschance des Menschen darin, den kreativen Charakter der Natur zu erkennen und dank des hochentwickelten Bewußtseins mit der außermenschlichen Natur zu kooperieren, anstatt sich gegen sie durchsetzen zu wollen. Natur wird also nicht als Ansammlung nützlicher und weniger nützlicher Ressourcen verstanden, sondern als organisches Ganzes, deren Teile oder besser integrale Momente die einzelnen Lebensformen sind. Daraus ergibt sich die Forderung, den Eigenwert der Natur und ihrer Erscheinungsformen anzuerkennen, und zwar durchaus auch im Sinne hierarchischer Abstufungen. Entscheidend ist dabei nur, daß solche Abstufungen nicht mit anthropozentrischer Willkür vorgenommen werden, sondern gemäß der Komplexität der verschiedenen Lebensformen. Hochkomplexe Ökosysteme wären danach schutzwürdiger als einfacher strukturierte, obwohl natürlich die genauen Abstufungen schwer zu treffen sind.

Die evolutionsbestimmte Ethik läßt sich auf die «Prozeß-Philosophie» von Alfred N. Whitehead (1861–1947) zurückführen, die von manchen als eines der tiefgründigsten und weitreichendsten Systeme seit Platon angesehen wird. Sie hatte auf die sog. Frankfurter Schule (z.B. Adorno) ebenso nachhaltigen Einfluß wie auf das Denken Herbert

Marcuses, Gregory Batesons, David Bohms und Ilya Prigogines. Die Prozeß-Philosophie geht von der Nicht-Dualität aus, erklärt aber sehr eingehend, wie aus der Nicht-Dualität dualistische Phänomene hervorgehen. Whitehead sieht die Natur im Gegensatz zum mechanischen Naturbegriff als organisches Ganzes, in dem es keine isoliert existierenden Dinge oder Objekte gibt. Dies sei auch unmittelbarer menschlicher Erfahrung zugänglich. In Raum und Zeit stelle sich jedoch genauso die Vielfalt und Mannigfaltigkeit der Natur dar. Whitehead faßt nun beide Aspekte als das Schöpferische, das Kreative der Natur zusammen. Nur wenn wir beide Aspekte, die Einheit und Vielfalt, zusammen wahrnehmen, werden wir der Kreativität der Natur und damit uns selbst gerecht.[141] Der dynamische Naturbegriff Whiteheads spielt insbesondere in der Systemtheorie Ilya Prigogines[142] und in der Evolutionsbiologie Rupert Sheldrakes[143] eine große Rolle. Die ökozentrische Ethik knüpft nicht selten unmittelbar an ihn an.[144]

Wie läßt sich nun die Stellung des Menschen evolutionstheoretisch genauer bestimmen? Dem heutigen Stand der Evolutionsforschung entspricht wohl die Auffassung, daß sich die Evolution nicht in einer geschlossenen Welt vollzieht, in der alles gegeben ist, sondern in einem offenen Prozeß, an dem alle, also auch der Mensch, partizipieren. Der Mensch erfährt sich nicht länger nur als Beobachter der Natur, vielmehr als aktiver Teilnehmer. Mit den Worten Prigogines: «Wir gelangen zu einem Dialog mit einer offenen Welt, bei deren Konstruktion wir selbst eine Rolle spielen.»

Aber wie erfolgreich spielen wir diese Rolle? In der 4 Milliarden Jahre alten Geschichte des Lebens auf der Erde sind die 40 000 Jahre des Homo sapiens sapiens eine verschwindend kurze Zeitspanne, und wenig deutet darauf hin, daß der Mensch diese Spanne noch wesentlich verlängern kann. Warum sollte ausgerechnet er einen bedeutenden Beitrag zur Evolution leisten? Und doch: Wir können davon ausgehen, daß der Mensch nachhaltiger als jede andere Spezies auf das Evolutionsgeschehen Einfluß genommen hat, möglicherweise sogar die Dynamik ungeheuer beschleunigte. Der Preis dafür *kann* der beschleunigte eigene Untergang sein. Immerhin liegt die ökologische Selbstvernichtung durchaus im Rahmen der Evolution. Es kann aber auch sein, daß diese Dynamik ein Hinweis auf besondere Fähigkeiten ist, über die nur der Mensch verfügt. Wenn wir die Umweltkrise als Inweltkrise – und das heißt *Bewußtseins*krise – des Menschen deuten, dann ist darin auch die Möglichkeit eines Bewußtseinsfortschritts enthalten. Ken Wilber deutet diese Möglichkeit mit seinem Buch *Halbzeit der Evolution* (1984) an, in dem er den heutigen Menschen in der Übergangsphase vom «animalischen zum kosmischen Bewußtsein» sieht. Tatsächlich kommt es für eine erfolgreiche Überlebensstrategie darauf an, den immer komplexeren Strukturen der Umwelt mit entsprechend höherer «Eigenkomplexität» zu begegnen. Niklas Luhmann (1988) zeigt in seiner systemtheoretischen Untersuchung zur Anpassungsfähigkeit der Gesellschaft, daß die Gesellschaft solche überlebensnotwendige Eigenkomplexität durch entsprechende «Koordinierung» ihrer Funktionssysteme (Politik, Recht, Wirtschaft etc.) entwickeln muß. Über die Inhalte solcher Koordinierung gibt Luhmann keine Auskunft. Sicher aber scheint zu sein, daß dies ohne ein ökologisches Bewußtsein nicht möglich ist.

Aus diesem Grunde könnten die Ergebnisse der modernen Evolutionsforschung sehr bedeutsam sein, die auf einen sich vollziehenden Bewußtseinssprung hindeuten. Vier herausragende Sprünge der Evolution kennt man heute:

1. Von der ursprünglichen Einheit des Seins zur manifesten *Energie*;
2. von der Energie zur Kondensation von *Materie*;
3. von unbelebter Materie zu *belebter Materie*;
4. von lebenden Strukturen zum *Bewußtsein* und bis hin zum selbstreflexiven Bewußtsein (beim Menschen).

Wir werden uns mit der Bewußtseinsforschung im übernächsten Abschnitt noch beschäftigen. Hier im ethischen Kontext ist bezeichnend, daß die ökozentrische Ethik, soweit sie auf die Evolutionstheorie Bezug nimmt, die Stellung des Menschen oft so beschreibt: Im Menschen hat sich die Natur ihr Bewußtsein geschaffen. Dies würde dem Menschen in der Tat eine herausgehobene Stellung zuweisen, aber eben nicht in der Art einer auf sich selbst bezogenen Anthropozentrik, sondern im Sinne einer Verantwortung für die Natur (und somit auch für sich selbst).

Teilhard de Chardin sah dies so: «Der Mensch ist nicht, wie er so lange geglaubt hat, fester Weltmittelpunkt, sondern Achse und Spitze der Entwicklung.»[145] Nach Klaus Michael Meyer-Abich ist der Mensch Teil der Natur, und zwar derjenige, in dem die Natur Bewußtsein erlangt hat. «Wir nehmen dadurch am Leben teil, daß die Natur in uns zur Sprache und so zu sich kommt.»[146] Daß die Natur im Menschen zur

Sprache kommt, ist eine in der Evolutionsethik und in der christlichen Schöpfungsethik gleichermaßen verbreitete Vorstellung. Der Biologe Charles Birch und der Prozeßtheologe John B. Cobb (1981) z. B. begründen die herausgehobene Stellung des Menschen sowohl evolutionsgeschichtlich als auch mit dem Auftrag Gottes an die Menschen, die Schöpfung zu bewahren. Meyer-Abich argumentiert in erster Linie mit dem naturgeschichtlichen Zusammenhang, in dem der Mensch mit seiner natürlichen Mitwelt steht, er weist jedoch auch auf die Möglichkeit hin, den Menschen als Werkzeug Gottes bei der Verwirklichung seiner Schöpfung zu begreifen.[147] Gehen Evolutionstheorie und Schöpfungsglaube aber tatsächlich so zusammen, daß beide das gleiche meinen oder wenigstens die gleichen ethischen Schlußfolgerungen zulassen? Gibt es an diesem Punkt so etwas wie eine Versöhnung von Naturwissenschaft und Religion?

Die Frage läßt sich von zwei Seiten her beantworten. Von evolutionstheoretischer Seite gibt es keinen zwingenden Grund, die Existenz Gottes vorauszusetzen. Sie läßt sich weder beweisen noch widerlegen. Allerdings wird das Gedankengebäude der Evolutionstheorie in keiner Weise eingeengt, wenn man das evolutionsimmanente Bewußtsein, den innewohnenden «Geist», mit der Vorstellung von Gott assoziiert. Nur wäre Gott dann nicht außerhalb der Schöpfung, sondern in ihr. Wie Erich Jantsch sagt: «Gott ist nicht der Schöpfer, sondern der Geist des Universums.»[148]

Von religiöser Seite ist die Akzeptanz der Evolutionstheorie weniger eindeutig. Die östlichen, weniger theistisch geprägten Religionen haben solche Schwierigkeit nicht. Das Tao z. B., die Quelle allen Seins, ist sogar definiert als «Weg der Schöpfung» und damit als in der Schöpfung enthalten. Das Tao ist überhaupt nur begreifbar in einem Prozeß kontinuierlichen Fließens und Wandelns, wie er sich in der Evolution abspielt. Im Buddhismus wohnt jedem Menschen die «Buddha-Natur» als eigentlicher, göttlicher Wesenskern inne. Auch dort ist Gott nicht außerhalb der Natur als Ganzem. Dagegen ist in der christlichen Theologie der «Ort» Gottes umstritten. Ein Großteil der modernen Schöpfungstheologie vertritt zwar eine nicht-anthropozentrische ökologische Ethik,[149] behält aber die Vorstellung von einem Schöpfungsgott bei, der die Welt entweder aus einem Urchaos oder aus dem Nichts erschaffen hat. Anders die «Ökologische Schöpfungslehre» von Jürgen Moltmann, der *Gott in der Schöpfung* (1987) und damit keinerlei Widerspruch zur Evolution als offenem Prozeß sieht. Auch die feministische

Theologie sieht Gott nicht als das «ganz Andere», sondern als schöpferische Kraft, die sich in der Schöpfung/Evolution manifestiert.[150] Der Schweizer Theologe Christian Link erkennt in der Transparenz der Natur, wie sie von der modernen Evolutionstheorie nahegelegt wird, sogar einen bisher «übersehenen Gottesbeweis»[151].

Mir scheint der Erfolg, den die Kirche mit der modernen Schöpfungstheologie in der Ökologiebewegung heute hat, sehr eng damit zusammenzuhängen, daß sie von der traditionellen Gottesvorstellung immer mehr abrückt. Für ökologisches Bewußtsein ist die Erfahrung von Einheit in der Tat nur schwer mit der Idee eines über allem schwebenden «altväterlichen» Gottes in Einklang zu bringen. Die religiöse Erfahrung ist damit aber keineswegs in Frage gestellt. Ganz im Gegenteil werden Spiritualität und Religiosität – freilich nicht nur in christlicher Form – von sehr vielen in der grünen Bewegung als Hauptmotiv für politisches Handeln genannt.[152] Für die Kirche andererseits ist die Öffnung zur Ökologie und zur Spiritualität vermutlich der Schlüssel für eine grundlegende Erneuerung des Christentums.[153] Ohne Spiritualität kommen, wie wir gesehen haben, weder christliche Schöpfungsethik noch evolutionsbestimmte Ethik aus. Auch wenn damit keine Konvergenz zwischen Religion und Naturwissenschaft verbunden ist, so könnte es doch sein, daß beide – ihrer jeweils eigenen Logik folgend – zur gleichen tiefsten Quelle menschlicher Erfahrung vorstoßen. Der Geophysiker Bob Samples hat hierfür eine Definition gefunden, die für eine religiös oder wissenschaftlich motivierte Umweltethik wohl gleichermaßen akzeptabel ist: «Spiritualität ist jene Eigenschaft des Seins, die das Verbundensein alles Lebenden und Nichtlebenden in einer evolutionären Einheit zum Ausdruck bringt.»[154]

Wir können damit festhalten, daß die Einheit von Mensch und Natur ein Wesensmerkmal der ökozentrischen Ethik ist, ob sie nun eher religiös oder eher wissenschaftlich begründet wird. Voraussetzung ist allerdings, als «religiös» die Urbedeutung einer Bindung an das Göttliche, Universale zu begreifen und nicht die spezielle Bedeutung einer Bindung an einen außerhalb der Schöpfung stehenden Gott. Wir haben außerdem gesehen, daß mit dieser Einheit nicht die Vorstellung verbunden ist, der Mensch sei mit der Natur identisch. Der Mensch *hat* sich von der Natur entfernt, ist von ihr verschieden, seitdem er Bewußtsein und Kultur entwickelt hat. Ethisch betrachtet, darf deshalb weder der Eigenwert der außermenschlichen Natur noch der Eigenwert des Menschen übersehen werden. Wenn daher die ökozentrische Ethik die Anerkennung des Eigenwertes der außermenschlichen Natur fordert, propagiert sie nicht einen folgenlosen Holismus, in dem alle gleich sind und jede Bewertung unmöglich wird. Sie verlangt vielmehr, daß der Eigenwert des Menschen zum Eigenwert der Natur in Beziehung gesetzt wird. In der Umsetzung einer solchen Ethik erleben wir menschliches Handeln nicht mehr wie in der anthropozentrischen Ethik als Handeln in rein sozialen Konfliktfeldern, sondern als Handeln in sozialen *und* ökologischen Konfliktfeldern. Wir verantworten uns nicht mehr ausschließlich vor uns selbst oder vor den uns nachfolgenden Generationen, sondern verantworten uns auch vor unserer natürlichen Mitwelt. Mit dieser zusätzlichen Verantwortung halsen wir uns in gewisser Hinsicht neue Probleme auf. Denn wie ließe sich unsere High-Tech-Gesellschaft, die uns in vielem so bequem ist, noch rechtfertigen, wenn sie permanent die Lebensrechte der Natur mißachtet? Wie ließe sich ein weiteres Stück Autobahn noch rechtfertigen, wenn ihm Populationen und Kleinlebewesen millionenfach zum Opfer fallen? Wie läßt sich fabrikmäßige Produktion von Fleisch noch rechtfertigen, wenn dadurch die Würde des Tieres mißachtet wird?

Mit solchen Fragen werden aber nicht automatisch neue Antworten erschlossen, sondern zunächst nur neue Ansätze zu ihrer Beantwortung. Es geht nicht um den absoluten Schutz der Natur, sondern um ein Bewußtwerden unserer tiefen Verbundenheit mit ihr. Wenn wir daher von Eigenwert und Würde der natürlichen Mitwelt sprechen, meinen wir ein Gegenüber, zu dem wir eine Beziehung haben. Wir erkennen eine ganz eigenständige Form des Daseins, die es uns wesentlich schwerer fallen läßt, eigene Bedürfnisse blind durchzusetzen. Wir nehmen einen Dialog mit der Natur auf. Über diesen Dialog kommt die Natur zur Sprache. Entsprechend erfüllt sich unsere Bestimmung als bewußt gewordener Teil der Natur.

Spätestens hier werden sich anthropozentrische Gewohnheiten in uns regen und zum Widerspruch aufrufen: Es geht ja immer noch um den Menschen! Der Dialog ist doch nur ein Selbstgespräch! Schließlich ist der Mensch der Schöpfer der ökozentrischen Ethik, und er allein bestimmt ihre Folgen. In der Tat, diese Feststellung trifft zu, sie ist eine logische Wahrheit, denn immer, wenn wir von einer Weltanschauung sprechen, unterstellen wir, daß es Menschen sind, die sie haben, und niemand sonst. Alle Gefühle, Einstellungen und Werte sind immer nur die Gefühle, Einstellungen und Werte von Menschen. Aber müssen sie deshalb jegliches Außermenschliche verdrängen?

Für die Akzeptanz der ökozentrischen Ethik ist entscheidend, daß sie unsere Gefühle und Einstellungen anspricht und sich dennoch nicht von der Ebene rationalen Argumentierens verabschiedet. Beides muß sich nicht ausschließen. Überzeugend ist etwas, was uns nachvollziehbar erscheint, und dies wird nicht allein von logischer Schlüssigkeit bestimmt, sondern genauso – und mitunter sogar ausschließlich – davon, ob es in unser Weltbild paßt. Gerade ethisches Argumentieren ist keine exakte Beweisführung, sondern der Versuch, etwas auszusagen, was in Übereinstimmung mit vorhandenen Wertüberzeugungen steht. Jede rationale Diskussion um die richtige Ethik hat daher ihre Grenzen. Trotzdem muß sie natürlich, soweit es geht, geführt werden. Wenn also gefühlsmäßige oder logische Widerstände gegen die Ökozentrik bestehen, müssen wir uns fragen, ob sie nicht von einem Zirkelschluß herrühren, dem wir immer wieder verfallen, wenn wir an einer bestimmten Gewohnheit hängen. Diese Gewohnheit könnte darin bestehen, daß wir Ethik immer nur in der Form der Rücksichtnahme gegenüber Mitmenschen kennengelernt haben und uns deshalb intuitiv weigern, ein ethisches System anzunehmen, in dem plötzlich auch der Natur zugute kommen soll, was bisher allein dem Menschen zugute kam.

Innere Widerstände lassen sich wohl nur in einzelnen Schritten ablegen. Beispielsweise können wir die Erfahrungsebene, die uns bis jetzt zur Verfügung stand, *vergleichen* mit der neuen, ökozentrischen Erfahrungsebene. Was macht den Unterschied zwischen beiden Ebenen aus? Zur Klärung dieser Frage ist es sinnvoll, drei verschiedene Aspekte der ökozentrischen Ethik auseinanderzuhalten, nämlich 1. ihren Wahrheitsgehalt, 2. ihre praktische Bedeutung und 3. ihre psychologische Erklärung.

Zu 1: Der Inhalt der ökozentrischen Ethik besteht in einer Wertüberzeugung, einem *belief system*, das sich nicht auf Tatsachen gründet, sondern auf die Deutung von Tatsachen. Die Deutung aber nimmt für sich in Anspruch, daß sie wissenschaftlich haltbar und nachvollziehbar ist. Die empirischen Tatsachen, soweit sie wissenschaftlich vermittelbar sind, legen keineswegs nahe, die außermenschliche Natur so wahrzunehmen und zu bewerten, daß Mensch und Natur strikt getrennt erscheinen.

Zu 2: Sind wir unvermeidlich auf eine anthropozentrische Sicht angewiesen? Wir sind es nicht. Eine anthropozentrische Sicht sieht menschliche Interessen ausschließlich oder tendenziell dem Wohl der natürlichen Mitwelt übergeordnet. So wie es aber möglich ist, daß Menschen um Unparteilichkeit unter sich selbst und in bezug auf andere Menschen bemüht sind, ist es auch möglich, um Unparteilichkeit zwischen sich und anderen Formen des Lebens und der übrigen Mitwelt bemüht zu sein. Daß Unparteilichkeit und Moral eine exklusiv menschliche Angelegenheit sind, bedeutet nicht eine Bevorzugung von Menschen, nur weil sie Menschen sind. Die praktische Bedeutung der ökozentrischen Ethik liegt darin, daß sie den verschiedenen Formen des Lebens bzw. der natürlichen Mitwelt insgesamt den gleichen Wert zubilligt wie den Menschen. Dadurch wird vom Menschen Ehrfurcht, Respekt oder Achtung in ähnlicher Weise erwartet, wie bisher nur gegenüber anderen Menschen üblich. Diese moralische Haltung ist allein auf den Menschen beschränkt, sie ist deswegen aber keine anthropozentrische Haltung. Sie wirkt im Gegenteil der Neigung entgegen, das menschliche Wohl, nur weil es menschliches Wohl ist, höher anzusiedeln als das Wohl anderer Lebewesen oder der natürlichen Mitwelt insgesamt.

Zu 3: Wenn wir erklären wollen, wie der Mensch zu einer ökozentrischen Haltung gelangt, müssen wir psychologische Faktoren einbeziehen. Woraus bestimmen sich menschliche Einstellungen und Bedürfnisse? In bezug auf Mitmenschen sind sie durch Wertschätzung, Freundschaft und Liebe (bzw. deren Nichtvorhandensein) bestimmt. Diese Begriffe sind Beziehungsbegriffe. Aber Freundschaft und Liebe sind nur möglich, wenn die Freunde und Geliebten auch außerhalb der Beziehung als liebenswert gelten. Wir schätzen und lieben sie (auch) um ihrer selbst willen. Diese Dialektik von «in Beziehung zu uns» und «unabhängig von der Beziehung zu uns» leitet unsere Einstellungen und Bedürfnisse; eine egoistische Einstellung ist damit unvereinbar. Das gleiche gilt für die Beziehung zu Gott oder zu Tieren, Pflanzen und zur Natur. Sie stehen in Beziehung zu uns und sind unabhängig von der Beziehung zu uns. In dem Maße wie wir anerkennen, daß die außermenschliche Natur Würde und Eigenwert besitzt, erkennen wir auch an, daß sie unabhängig von unseren Bedürfnissen Achtung und Liebe verdient. Wir achten und lieben sie (auch) um ihrer selbst willen. Psychologisch haben wir damit den Schritt zur ökozentrischen Ethik vollzogen. Die anthropozentrische Ethik würde demgegenüber – ähnlich dem Egoismus im Zwischenmenschlichen – darauf beharren, daß wir nur um unser selbst willen der außermenschlichen Natur Respekt, Ehrfurcht, Achtung oder Liebe entgegenbringen. Anthropozentrik ist, psychologisch betrachtet, Ausdruck kollektiv-egoistischer Eigenliebe.

Wir können auch sagen, daß die anthropozentrische Ethik eine Ausdrucksform ist, die psychologisch dem Habenwollen entspricht, während die ökozentrische Ethik ihre Erfahrung im Sein hat. Um von der Sucht des Habenwollens loszulassen, müssen wir uns «arm» und «leer» machen, wie es die Mystiker oft ausdrücken. Die reinigende innere Leere ist die Erfahrung des Nicht-Habenwollens, des einfachen Seins. Die Fähigkeit zum Sein führt zu einer anderen Form des Tätigseins. Sie ist keine triebhafte Geschäftigkeit mehr, sondern ein aktives Anteilnehmen, ein bewußter Umgang mit sich selbst und der Umwelt. Erich Fromm hat dies mit treffenden Sätzen beschrieben. «Es bedeutet, sich selbst zu erneuern, zu wachsen, sich zu verströmen, zu lieben, das Gefängnis des isolierten Ichs zu transzendieren, zu interessieren, zu lauschen, zu geben. Keine dieser Erfahrungen ist jedoch vollständig in Worten wiederzugeben. Worte sind Gefäße, die wir mit Erlebnissen füllen, doch diese quellen über das Gefäß hinaus.»[155] Ein vom Sein bestimmter Umgang mit der Natur ist von Demut und Achtsamkeit erfüllt und nicht von Hochmut und Unachtsamkeit. Natürlich setzt die Akzeptanz der ökozentrischen Ethik die Existenzweise des Seins nicht voraus. Es ist aber wichtig darauf hinzuweisen, welche psychologische Entwicklung mit der Überwindung der anthropozentrischen Ethik verbunden ist.

Bis hierhin haben wir gesehen, wie verschieden die anthropozentrische Erfahrensebene von der ökozentrischen ist. Wir haben auch gesehen, daß die ökozentrische Sicht tatsächlich angestrebt werden kann. Aber sollte sie es auch?

Eine ökozentrische Ethik ist schließlich nur sinnvoll, wenn sie Handlungskriterien bereitstellt, mit denen auftretende Konflikte besser, d.h. ökologiegerechter gelöst werden können. Wenn alles Leben, Ökosysteme und die Natur insgesamt mit Eigenwert ausgestattet ist, kann dann noch zwischen einzelnen Lebensformen unterschieden werden? Gibt es überhaupt noch Kriterien, um Güterabwägungen vorzunehmen?

Vor allem zwei Einwände werden gegen die Praktikabilität der ökozentrischen Ethik oftmals erhoben: Der eine Einwand betrifft die Abstufung zwischen einzelnen Lebewesen. Wenn alle ihren Eigenwert haben, ist dann nicht das Töten einer Mücke oder Abreißen einer Blume genauso moralisch verwerflich wie das Töten eines Menschen? Und wo bleibt das Lebensrecht der Pockenerreger? Der zweite Einwand geht in gewisser Hinsicht noch weiter. Wenn alles Leben und womöglich auch die unbelebte Natur Eigenwert besitzen soll, gibt es keine Handlungskriterien mehr oder nur noch beliebige, so daß die ökozentrische Ethik jederzeit in eine anthropozentrische «umkippen» kann.

Beiden Einwänden sind wir in verschiedenen Formen schon begegnet. Sie stellen für viele ethisch sensible Menschen aber ein großes Hindernis dar, das sie von jeder ganzheitlichen Ethik abhält. Deshalb soll den Einwänden hier noch einmal nachgegangen werden. Die Antwort ist im Grunde sehr einfach: Jede Umweltethik hat das Ziel, den Belangen der (außermenschlichen) Natur größeres Gewicht zu geben. Die ökozentrische Umweltethik besagt zunächst, daß wir uns das systembedingte Übergewicht menschlicher Interessen bewußt machen, wie es allen anthropozentrischen Ansätzen eigen ist. Sie besagt weiter, daß dieses Übergewicht nur dann auf ein ökologieverträgliches Maß gesenkt werden kann, wenn der Natur eine prinzipiell gleichgewichtige Eigenwertigkeit zugemessen wird. Dadurch werden die Weichen für jede Güterabwägung grundlegend anders gestellt. Es gibt nicht mehr nur die Interessen *an* der Natur, sondern zusätzlich die Interessen der Natur *selbst.* Daß wir unsere menschlichen Interessen relativ genau definieren können, schließt die Möglichkeit eigener, von uns unabhängiger Interessen der Natur nicht aus. Sie bestehen in ihrer allgemeinsten Form in dem Interesse, «in Ruhe gelassen zu werden» und sich der jeweiligen eigenen Bestimmung gemäß verhalten und entwickeln zu können. Von daher ist es das «gute Recht» der Mücke, Blut zu saugen, und das des Steines, an seinem Ort zu bleiben.

Erst im Konflikt zwischen Interessen kommt es zu Güterabwägungen. Im persönlichen Bereich geschieht dies meist intuitiv, wobei eine persönliche Ethik des Respektes und der Achtsamkeit auch hier ihre große Bedeutung hat. Im gesellschaftlichen Bereich sind solche Güterabwägungen eher rational und um so umfassender anzustellen, je mehr die menschlichen Interessen in Konflikt mit den Selbsterhaltungsinteressen der Natur geraten. Bedeutet nun die Jagd auf Hasen oder der Bau einer Autobahn die vielfache Verletzung von Lebensrechten? Ja, aber dies ist keine Besonderheit der ökozentrischen Ethik. Auch im zwischenmenschlichen Bereich treten die Interessen einzelner gegenüber den Interessen anderer – je nach der Situation – dauernd zurück. Sogar das Menschenrecht auf Leben bietet keinen absoluten Schutz. Beispielsweise bedeutet das Töten in Notwehr die Verletzung des höchsten Menschenrechtes und ist trotzdem gerechtfertigt, wenn es keine andere Möglichkeit zur Rettung des eigenen Lebens gibt. Der Angreifer hat keineswegs seine Rechte verwirkt, wenn er einem anderen dessen Rechte streitig macht. Unser ganzes Moral- und Rechtssystem beruht auf dem Gedanken eines fairen, an Werten orientierten Ausgleichs. Es macht nämlich einen fundamentalen Unterschied, ob eine Gesellschaft die Würde und das Leben von «Rechtsbrechern» achtet, oder ob sie das nicht tut. Dies ist der Unterschied zwischen Rechtsstaat und Barbarei. Genauso macht es einen fundamentalen Unterschied, ob eine Gesellschaft die Würde und das Leben der Natur achtet oder nicht.

Wenn sie es tut, wird sie ein anderes Verhältnis zu Fleischfabriken, Landschaftszerstörung und zu den Nutzungsmöglichkeiten von Landeigentum entwickeln. Denn sie erlegt sich die Verpflichtung auf, die grundsätzliche Gleichgewichtigkeit zwischen Mensch und Natur zu wahren. Ob und inwieweit Eingriffe in die Natur erlaubt sind, richtet sich nach bestimmten Interessenprioritäten – wie etwa von Paul W. Taylor beschrieben[156] – und nicht exklusiv nach den jeweiligen menschlichen Bedürfnissen. Eine generelle Abwägungsregel lautet: Je erheblicher und nachhaltiger der geplante Eingriff, desto höhere Anforderungen sind an das den Eingriff rechtfertigende Interesse zu stellen. Dabei wiegen primäre Lebensinteressen des Menschen wie Ernährung oder Selbstschutz schwerer als sekundäre Interessen wie Kostenersparnis, Genuß und Bequemlichkeit.[157] Am Beispiel der Ernährung zeigt sich, daß die Nahrungsbeschaffung ein solches Primärinteresse ist, ihre Methode aber in den Bereich der Sekundärinteressen übergeht. Können danach die hormongesteuerte Aufzucht und das fabrikmäßige Abschlachten von Tieren noch mit ökonomischen Erwägungen gerechtfertigt werden? Sicher nicht. Und könnten in einem so stark zersiedelten Raum wie Deutschland noch weiterer Straßenbau oder andere Formen des Zubetonierens mit Verkehrsverbesserung bzw. Wirtschaftszuwachs gerechtfertigt werden, wenn dabei Ökosysteme zerschnitten und Lebensräume verkleinert werden? Wohl kaum. Wie schließlich ließen sich Intensivlandwirtschaft, Monokulturen, Chemikalienproduktion oder Gentechnologie, die geradezu darauf abzielen, die Vielfalt des nichtmenschlichen Lebens einzuschränken, überhaupt noch rechtfertigen?

Wir sehen an solchen Fragestellungen, daß solche skurrilen Überzeichnungen wie der Hinweis auf das Lebensrecht der Eintagsfliege oder das Recht des AIDS-Virus auf freie Entfaltung seiner Persönlichkeit vom eigentlichen Problem ablenken. Es geht nicht um eine Personifizierung der Natur, wie der ökozentrischen Ethik mit ihrem Eintreten für Eigenwürde, Eigenwert und Eigenrechte mitunter unterstellt wird.

Und auch eine genaue Abstufung des Eigenwertes innerhalb der Natur – vom Sandkorn bis zum Menschenaffen – ist nicht Bedingung, um eine ökozentrische Ethik praktikabel zu machen. Ihr Hauptanliegen ist das Bewußtmachen ökologischer Zusammenhänge und der Notwendigkeit, menschliches Wohlergehen auch am Wohlergehen der Natur zu messen. Dadurch wird eine Dynamik in Gang gesetzt, die eine ökologische Gesellschaft überhaupt erst ermöglicht.

Es gibt innerhalb der ökozentrischen Ethik verschiedene Ansätze, den Eigenwert der Natur näher zu definieren und auch Abstufungen vorzunehmen. Wir haben auf verschiedene Möglichkeiten bereits hingewiesen.[158] Wenn wir genauer bestimmen wollen, wie sich menschliche Interessen zu nichtmenschlichen Interessen verhalten und wie sie sich innerhalb der jeweiligen Sphäre noch differenzieren lassen, können wir ein Modell heranziehen, das von dem neuseeländischen Philosophen Graeme Scott (1986) entwickelt wurde.[159] Das Modell dient der Lösung ökologischer Konflikte zwischen Menschen und der Natur. Es beruht auf der Annahme, daß alle belebten und unbelebten Teile der Natur ihren Eigenwert haben, aber dennoch Unterschiede zwischen ihnen bestehen, die den Grad der Schutzwürdigkeit bestimmen. Diese Unterschiede ergeben sich aus der unterschiedlichen Bedeutung einzelner Lebewesen, Lebensgemeinschaften oder Ökosysteme für die Stabilität und Vielfalt der gesamten Biosphäre. Scott geht also davon aus, daß die Natur gewissermaßen eine eigene Werteskala hat, die sich nicht nach den instrumentellen Werten der Menschen richtet. Am oberen Ende der Skala stehen komplexe Ökosysteme wie die Atmosphäre, die Ozeane und die tropischen Regenwälder. Darunter finden sich regional begrenztere Ökosysteme, bestimmte Landschaften (Flüsse, Gebirge), weiter unten kleinere Lebensgemeinschaften, dann einzelne Tiere und Pflanzen und schließlich unbelebte Objekte.

Scotts wesentlicher Punkt ist, daß der ökologische Wert der Aspekte der Natur auf einer gegenüber ihrem spezifisch menschlichen Wert getrennten Skala abgebildet wird. In einer Kombination von ökologischem und menschlichem Wert läßt sich dann ermitteln, ob und inwieweit in die Natur verändernd eingegriffen werden darf. «Jeder Aspekt unveränderter Natur – ein Organismus, eine Gattung, ein natürliches System oder ein natürlicher Prozeß – kann auf zwei Wertskalen angegeben werden. Sein Ort auf der menschlichen Wertskala gibt die Vorteile oder Nachteile an, die seine weitere Existenz in unverändertem

Zustand für die Menschen hat. Sein Ort auf der ökologischen Wertskala zeigt, welchen Beitrag seine fortdauernde Existenz für die Fortdauer der wechselseitigen Prozesse des Lebens auf der Erde hat ... Menschlicher Mißbrauch der Umwelt – vor allem durch Ressourcennutzung und Abfallentsorgung – ist das Produkt von Übernutzung der Skala menschlicher Werte und der Unternutzung der Skala ökologischer Werte.»[160]

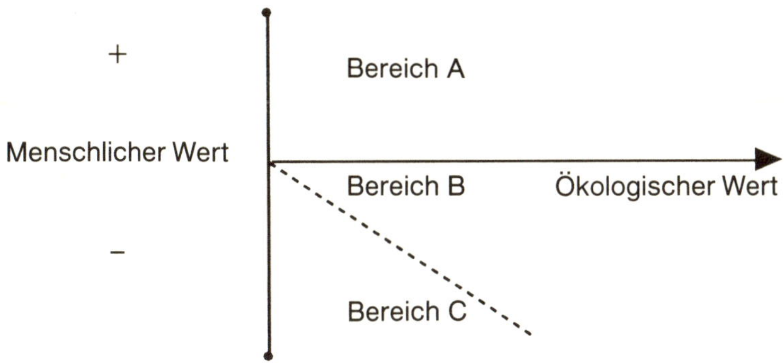

Der Bereich A repräsentiert eine Zone, in der die unveränderte Natur sowohl für Menschen als auch für das ökologische Ganze vorteilhaft ist. Störendes Eingreifen in einzelne Aspekte wäre nach menschlichen und ökologischen Maßstäben unakzeptabel. Unterhalb der x-Achse stehen menschliche und natürliche Zwecke in einem Konflikt zueinander. Im Bereich B ist menschliches Eingreifen von relativ hohem Nachteil für die Natur und von begrenztem Vorteil für Menschen. Im Bereich C ist ein Eingreifen tendenziell akzeptabel, weil es von hohem Vorteil für Menschen, aber nur relativ geringem Nachteil für das ökologische Gefüge ist. Im Bereich B sollten Veränderungen natürlicher Aspekte oder Prozesse als ökologisch nicht vertretbar angesehen werden, unabhängig von ihrem menschlichen Nutzen. Menschliches Eingreifen kann jedoch ausnahmsweise gerechtfertigt sein, vorausgesetzt, die Gesellschaft hält sich an zwei *Bedingungen*: 1. Die ökologischen Konsequenzen eines Eingreifens sind im wesentlichen vorhersehbar; 2. die Gesellschaft übernimmt die Verantwortung für einen Ausgleich der negativen Effekte, d.h. sie hält die hervorgerufene ökologische Instabilität in Grenzen.

Einige Beispiele können die Handhabung des Modells veranschaulichen:

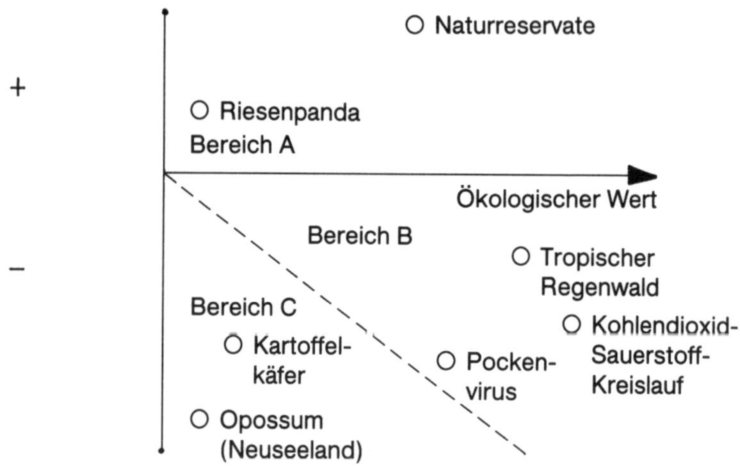

Naturreservate stehen hier als Beispiel für naturbelassene Flächen, die wegen ihres Erholungswertes, ästhetischen Wertes usw. für Menschen große Bedeutung haben, speziell in Ballungsräumen. Zugleich stellt die in ihnen vorkommende Vielfalt des Lebens einen hohen, wenn auch nicht notwendigerweise extrem hohen ökologischen Wert dar.

Der *Riesenpanda* ist eine bedrohte Tierart mit begrenzter ökologischer Bedeutung, aber einigem kulturellem Wert. Sein Verschwinden würde nicht einen einschneidenden ökologischen Verlust bedeuten, wohl aber eine Verarmung menschlichen Erlebens.

Der *Kartoffelkäfer* steht für eine Spezies, die dem Menschen ausgesprochen schädlich erscheint, andererseits aber ökologisch vielleicht bedeutender ist (z. B. Nahrungsgrundlage für Vögel) als der Riesenpanda. Der Konflikt mag hier zugunsten des Bekämpfens gelöst werden (unter dem Gesichtspunkt des schonendsten Eingriffs, z. B. nicht durch Insektizide).

Das *Opossum* ist ein possierliches Beuteltier, das aber nicht an jedem Ort gleichermaßen wertvoll ist. Es wurde vor 50 Jahren von Australien nach Neuseeland eingeführt und hat dort durch seine starke Vermehrung inzwischen weite Landstriche verwüstet. Erheblich betroffen sind nicht nur Garten- und Gemüseanbau, sondern viele einheimische Baumarten Neuseelands. Die Bekämpfung scheint unter (fast) allen Gesichtspunkten geboten.

Der *Pockenvirus* ist das Beispiel für einen Krankheitserreger. Offensichtlich bedeutet seine Fortexistenz eine Bedrohung für Menschen. Seine ökologische Bedeutung dagegen mag jedoch signifikant sein unter dem Gesichtspunkt, daß er eine Überpopulationsentwicklung zu kontrollieren hilft, nämlich die der Menschen, die sich global zerstörerisch ausgewirkt hat. Daher gehört er in den Bereich B (elementarer Konflikt). Seine Bekämpfung ist deshalb nur gerechtfertigt, wenn wir eine moralische Verpflichtung akzeptieren, das Bevölkerungswachstum in der Abwesenheit solcher tödlichen Krankheitserreger nachhaltig einzudämmen (die Seite 297 erwähnte *2. Bedingung*).

Der *tropische Regenwald* bildet das Beispiel für einen scharfen Konflikt zwischen menschlichen und ökologischen Werten. Seine ökologische Bedeutung ist sehr groß. Das Regenwaldsystem bildet die Lunge der Erde, reguliert ihre Klimastabilität und beherbergt ein riesiges Genreservoir. Seine Erhaltung bedeutet aber ein großes Opfer der Menschen in der Dritten Welt. Die hohe Bodenfruchtbarkeit für Ackerbau und der Exportwert der Tropenhölzer macht das Abholzen oftmals zur einzigen Hoffnung auf Überleben. Da die ökologischen Konsequenzen des weiteren Verschwindens von Regenwäldern nicht vorhersehbar (wenngleich zu erahnen) sind, läßt sich jeder weitere Eingriff unter keinen Umständen rechtfertigen (vgl. oben *1. Bedingung*). Die Pflicht zum Ausgleich *(2. Bedingung)* besteht infolgedessen dann zwar nicht in bezug auf das ökologische Gleichgewicht, wohl aber in bezug auf die betroffenen Menschen und die Regenwald-Staaten, die das Opfer zum Wohle aller auf sich nehmen.

Der *Kohlendioxid-Sauerstoff-Kreislauf* steht für die großen biochemischen Kreisläufe der Erdatmosphäre. In der Aufrechterhaltung dieser Kreisläufe spiegeln sich die tiefsten Konflikte zwischen menschlichen und ökologischen Werten. Der Kohlendioxidzyklus ist vielleicht der wichtigste abgrenzbare Mechanismus, durch den das Leben auf der Erde ermöglicht wird. Die geringe Konzentration von Kohlendioxid in der Atmosphäre (bis vor kurzem 270 Teile pro Million) übt einen kontrollierenden Einfluß auf eine Reihe von geochemischen und geophysikalischen Prozessen aus, z. B. auf die Temperaturstabilität in der Atmosphäre und dadurch auch auf die globalen Wetterbedingungen mitsamt ihren Folgen für terrestrische Ökosysteme und Bodenformationen.

Am weltweiten Kohlendioxidkreislauf ist die Menschheit inzwischen mit etwa 20 Prozent beteiligt. Die Industriekultur basiert auf der Nutzung fossiler Energieträger und setzt dadurch jährlich 10 bis 20 Milliarden Tonnen Kohlendioxid frei. Sie werden nicht in den biologischen Kreislauf rückgeführt, sondern an die Atmosphäre abgegeben. Der Anteil von Kohlendioxiden dort hat sich mittlerweile auf 340 Teile pro Million erhöht. Bei gleichbleibendem Trend wird er sich in 50 Jahren verdoppelt haben. Nach Klima-Modellrechnungen könnte dies einen durchschnittlichen Temperaturanstieg von 5 bis 15 Grad Celsius an den Polen und von 1,5 bis 3 Grad im weltweiten Mittel bewirken. Jüngste Untersuchungen haben allerdings ergeben, daß die Klimaentwicklung wesentlich komplizierter verlaufen könnte. Wie immer sich der Treibhauseffekt im einzelnen darstellt, sicher ist, daß er existiert und daß keine verläßlichen Angaben über seine Auswirkungen gemacht werden können.

Wenn jedoch weder die ökologischen Konsequenzen genügend vorhersehbar sind noch die Möglichkeit zu Ausgleichsmaßnahmen besteht, um die natürliche Stabilität des Kohlenwasserstoffkreislaufs wiederherzustellen, dann bleibt nur die moralische Verpflichtung zum sofortigen völligen Verzicht auf fossile Energieträger. Menschliche Werte, zu denen Sicherung des Wohlstandes, der Arbeitsplätze und dergleichen gehören, können die ökologischen Werte nicht aufwiegen oder gar übertreffen. Hier zeigt sich vielleicht am deutlichsten, daß die ökozentrische Ethik mit ihrer doppelten Wertskala zu Konsequenzen führt, die nach der «einseitigen» anthropozentrischen Umweltethik kaum zu ziehen wären. Der in der Industriekultur produzierte Ausstoß von Kohlendioxid ist die schwerwiegende Verletzung eines ethischen Gebots, die sich durch keine noch so begründete Sorge um menschliches Wohlergehen rechtfertigen läßt.

Die gewählten Beispiele vermitteln einen Eindruck von den Konfliktlagen, die sich aus der Sicht der ökozentrischen Ethik ergeben. Natürlich bieten sie nur ein grobes Bild, und in der Praxis können sich die Konfliktlagen um einiges komplizierter darstellen. Insgesamt aber bedeutet das hier vorgestellte Bewertungsmodell eine Verfeinerung der ökozentrischen Ethik, die den Eigenwert der Natur berücksichtigt, über die Biozentrik hinausgeht, aber dennoch einen extremen Holismus vermeidet, der keinerlei Differenzierung mehr zuläßt. Ein ideales Bewertungsmodell, ein Patentrezept ist es allerdings nicht. Es birgt nach wie vor Schwierigkeiten, die mit der Relation von menschlichen Werten und Eigenwerten der Natur zusammenhängen.

Eine dieser Schwierigkeiten ist die Bestimmung der ökologischen Bedeutung einzelner Teile oder Aspekte. Unser Wissen um ökologische

Zusammenhänge ist viel zu begrenzt, um «jedem Ding» seinen Platz im ökologischen Ganzen zuzuweisen. Dies ist nur in Annäherungen möglich. Die praktische Bedeutung der ökologischen Wertskala liegt daher vor allem in der Sensibilisierung für ökologische Zusammenhänge. In Kursen und Workshops an der University of Auckland hat sich dies immer wieder gezeigt. Studenten der Planungs- und Rechtswissenschaft haben nach einer gewissen Eingewöhnungsphase, zu der das Vertrautmachen mit ökologischen und ethischen Prinzipien gehört, großes Geschick entwickelt, zwischen genuin menschlichen und genuin ökologischen Interessen zu unterscheiden und dennoch beide im Zusammenhang zu sehen. Die Diskussionen um die Festlegung einzelner Aspekte der Natur und ihrer Zuordnung zu spezifisch menschlichen Interessen waren außerordentlich fruchtbar und erhellend. So zeigt sich, daß wir offenbar in der Lage sind, intuitiv zu erfassen, dieser Intuition zu vertrauen und die intuitive Bewertung im rationalen Diskurs zu vertreten. Wie groß z. B. der ökologische Wert einheimischer Tier- und Pflanzenarten ist, läßt sich rational kaum bis ins Detail ermitteln, intuitiv aber oft sehr zielsicher und durchaus mit Nuancen erfassen. Unbestreitbar ist dabei ein sensibler täglicher Umgang mit der Natur ein ungeheurer Erfahrungsschatz, gegenüber dem akademisch verbildete Planungsbürokraten wenig Einfühlsames zu bieten haben. Aber auch ohne solchen Erfahrungsschatz bieten Modelle wie das hier geschilderte reichlichen Anschauungsunterricht für die Einübung in ökozentrische Planungsentscheidungen.

So fundamental für eine ökologische, überlebensfähige Gesellschaft die Bedeutung der ökozentrischen Ethik auch ist, wir dürfen nicht vergessen, daß sie nicht einfach verordnet werden kann, sondern erfahren und ständig weiterentwickelt werden muß. Der anthropozentrische Bewußtseinsmodus ist zählebig, der dualistische ebenso, und beide spielen uns ständig Streiche. Die ökozentrische Ethik setzt uns aber einen sicheren Rahmen, den wir immer mehr ausfüllen können.

Eine praktische Lösung für die Schwierigkeit, ökozentrisches Denken anzustreben, aber noch keine völlige Sicherheit darin erreicht zu haben, bietet Christopher Stone mit seinem Buch *Earth and Other Ethics* (1987) an. Stone tritt dort für einen «moralischen Pluralismus» ein, der dem Gesetzgeber und allen Entscheidungsträgern erleichtern soll, in neue ethische Räume vorzustoßen. Gesellschaftliche Normen, Gesetze zumal, verlangten nicht unbedingt das apodiktische Bekenntnis zu einem bestimmten ethischen System. Es gebe z. B. Konfliktlagen, die sich ganz im Sinne der bisherigen anthropozentrischen Ethik lösen ließen. So läßt sich etwa der Entschluß, den Riesenpanda vor dem Aussterben zu bewahren, ausreichend mit unserem Interesse begründen, diesen tapsigen Teddybären in China und in unseren Zoos bewundern zu können. Geld für Rettungsprogramme scheint in genügender Menge vorhanden zu sein. Was dem Panda zugute kommt, wird vermutlich einer seltenen Lurchart nicht zuteil werden: unsere uneingeschränkte Sympathie. Zwölf der 19 in Deutschland vorkommenden Lurcharten sind gefährdet. Da ein Lurch uns aber nicht so zu rühren vermag wie ein Panda, stehen seine Chancen fürs Überleben schlechter. Von den unscheinbaren Insekten ganz zu schweigen. Um Artenschutz wirkungsvoll werden zu lassen, muß Ökosystemschutz betrieben werden, und der läßt sich nach anthropozentrischer Optik nur sehr begrenzt verwirklichen. Stone verzichtet deshalb auch nicht auf die Forderung nach ökozentrischer Öffnung. Für rein soziale Konflikte läßt er utilitaristische Lösungen genügen, für einige Umweltschutzaspekte die anthropozentrische Ethik, für ökologische Probleme insgesamt sei dagegen die ökozentrische Ethik notwendig. Welche Ethik heranzuziehen sei, solle sich nach den jeweiligen Problemlagen, sogenannten Konflikt-«Ebenen», entscheiden.[161]

Stone ist sich durchaus bewußt, daß zwischen den ethischen Modellen paradigmatische Unterschiede liegen können und daß auch die Wahl, welches Modell jeweils zugrunde zu legen ist, von nicht weiter hinterfragbaren Grundeinstellungen abhängen mag. Er hält aber den Wechsel von einer zur anderen «Ebene» für möglich. Ich möchte dies zumindest für die «Wahl» zwischen anthropozentrischer und ökozentrischer Grundeinstellung bezweifeln. So pragmatisch, wie von Stone geschildert, lassen sich die Ebenen nicht wechseln. Was geschieht etwa, wenn unterschiedliche Modelle zu unterschiedlichen praktischen Imperativen führen? Wenn z. B. unsere Flüsse von Chemikalien saubergehalten werden sollen, dann kann der Grund dafür sein, in den Flüssen wieder baden und die Fische wieder unbedenklich essen zu wollen. Die gesetzliche Regelung würde dann Höchstwerte für die Einleitung von Abwässern vorsehen, die für die Gesundheit erträglich sind. Besteht das Interesse an sauberen Flüssen indessen darin, daß auch solche Fische nicht gefährdet werden, die keine Speisefische sind, und Kleinstlebewesen nicht gefährdet werden, deren Fehlen unseren Bade- und Essensgenuß nicht trüben würde, dann müßte die gesetzliche Regelung wesentlich strenger ausfallen. Wie sauber ist sauber genug? Nach ökozentrischer Ethik kommt dem Eigenwert der Flußbewohner und des gesamten betroffenen Ökosystems, also auch der angrenzenden Gebiete, volle Bedeutung zu. Der geforderte Ökosystemschutz würde vermutlich ein völliges Einleitungsverbot nach sich ziehen, jedenfalls aber eine wesentlich umfassendere Umweltverträglichkeitsprüfung, als sie nach der bisherigen Anthropozentrik zu fordern wäre. Wir sehen an diesem Beispiel, daß die gesetzlichen Umweltstandards stets von den zugrunde gelegten Interessen abhängen: Ökozentrisch formulierte Interessen führen zu wesentlich strengeren Umweltstandards.

Die Entscheidung zwischen dem einen oder anderen ethischen Imperativ kann bis zu einem gewissen Grad nach rationalen Kriterien getroffen werden. Auch eine geläuterte anthropozentrische Werthaltung kann dabei durchaus zu strengeren Umweltstandards führen. Es gibt aber einen sehr bedeutsamen Sprung, den der Gesetzgeber ohne Aufgabe seiner anthropozentrischen Werthaltung nicht mehr mitmachen kann. Die Natur «einfach so» zu schützen, weil sie da ist und weil sie ein menschenunabhängiges Recht hat, in Ruhe gelassen zu werden, erfordert einen paradigmatischen Sprung, die Fähigkeit, von sich als «Art-Egoisten» absehen zu können. Die Bereitschaft, über sich selbst hinauszudenken und nicht alles daran zu messen, ob es mir bzw. der Gesellschaft nützt, setzt guten Willen, aber auch tiefere Einsicht in Lebenszusammenhänge voraus. Diese Einsicht ist letztlich eine Frage der Metaphysik.

Es kann deshalb nicht überraschen, daß Christopher Stones Konzept des moralischen Pluralismus auf die Kritik derer stieß, die ökozentrische Ethik nicht nur für eine Frage der besseren rationalen Argumente halten, sondern für den Ausdruck einer grundlegend gewandelten Einstellung zur Natur. J. Baird Callicott greift ein von Stone konstruiertes Beispiel auf, bei dem eine Senatorin im amerikanischen Parlament über verschiedene Gesetzesvorlagen abstimmt und dabei mal Jeremy Benthams Utilitarismus folgt, mal Kants kategorischem Imperativ, mal Schweitzers Ehrfurcht vor dem Leben und mal Leopolds «Land-Ethik». Callicott stellt sich vor, daß die Senatorin am Vormittag ihrer anthropozentrischen Einstellung folgte und dann nach dem Mittagessen zur ökozentrischen Ethik überwechselte. «Dies bedeutet», schreibt Callicott, «daß sie während des Lunch fröhlich aus der atomistischen, mechanistischen und dualistischen Sicht von Natur und menschlicher Natur (...) aussteigt und in die organische, aufs Innere bezogene, ganzheitliche Sicht der Natur und der menschlichen Natur (...) einsteigt –

eine Weltanschauung, in der Menschen keine privatisierten, genußliebenden Egozentriker sind, sondern integrierte Erdbewohner und Bürger sozialer und biotischer Gemeinschaften. Dann, als sie das Capitol verläßt, erinnert sie sich, daß sie ihrem Sohn versprochen hat, ihm bei einem Schulaufsatz zu helfen. Ermüdet von den öffentlichen Angelegenheiten, um die sie sich den ganzen Tag gekümmert hat, kommt sie auf die Kantsche Lehre zurück, bedenkt, daß ein Versprechen ein Versprechen ist, und daß (wie Stone es zumindest schildert) man keine Kosten-Nutzen-Analyse wie bei der Berechnung von Abfallprogrammen zugrunde legen sollte, wenn es um Familienangelegenheiten geht. In Anwendung der preußischen Auffassung von strengen kategorischen, apodiktischen Imperativen, begründet in der Metaphysik der Vernunft, arbeitet sie dann bis in die tiefe Nacht an dem Aufsatz ihres Sohnes: ‹Wie ich meine Sommerferien verbracht habe›.»[162]

Callicott wirft Stone einen allzu unbekümmerten moralischen Pluralismus vor («happy-go-lucky moral pluralism»), der wenig realitätsnah sei. Demgegenüber erinnert er an eine Stelle aus Stones erstem Buch, *Umwelt vor Gericht*, in dem dieser die Vision eines neuen Mythos beschreibt: «Die Zeit wird kommen, in der diese Gedanken und die ersten Veränderungen des Rechts in einer radikal neuen Theorie oder in einem Mythos von den Beziehungen des Menschen zur restlichen Natur – gefühlt und verstanden – zusammengefaßt werden können. ‹Mythos› meine ich dabei nicht in einer abwertenden Wortbedeutung, sondern in dem Sinn, wie in verschiedenen Phasen der geschichtlichen Entwicklung unsere sozialen Beziehungen verstanden und integriert wurden unter Berufung auf ‹Mythen‹ – wir seien Mitunterzeichner eines Gesellschaftsvertrages; der Papst sei Stellvertreter Gottes auf Erden; alle Menschen seien gleich. (...) Was fehlt, ist ein Mythos, der unseren wachsenden Wissensstand auf dem Gebiet der Geophysik, der Biologie und des Kosmos insgesamt erfaßt. Es erscheint mir in diesem Zusammenhang nicht zu abwegig, daß wir die Erde als einen einzigen Organismus ansehen, innerhalb dessen die Menschheit ein funktionaler Geist ist – vielleicht ist sie der Geist. Die Menschheit unterscheidet sich von der übrigen Natur aber etwa in der Weise, wie sich das menschliche Gehirn von der Lunge unterscheidet.»[163]

Mit dieser Vision hat Stone recht behalten. Wenige Jahre nach der Veröffentlichung der amerikanischen Originalausgabe des genannten Buches (1974) erschien James Lovelocks Werk über die Gaia-Hypothese (1979). Sie entsprach einem verbreiteten Gefühl, daß wir Teil eines größeren lebendigen Systems sind. Die Gaia-Hypothese hat eine neue Perspektive eröffnet, die wissenschaftlich und ethisch fruchtbar wurde. Auch wenn sich die ökozentrische Ethik nicht aus ihr ableiten läßt, ist sie doch von ihr inspiriert worden.[164] Genauso hat die moderne Evolutionstheorie dem Menschen eine Rolle zugewiesen, die es zumindest nahelegt, uns als bewußt gewordenen Teil der Natur zu begreifen. Wie anders können wir ethisch dann noch handeln als im dauernden Dialog mit der Natur?

Daß dieser Dialog weder ein anthropozentrisches Selbstgespräch ist noch ein dualistisches Zwiegespräch, haben wir hier zu zeigen versucht. Wenn wir die Erkenntnisse der modernen Naturwissenschaft wie auch die spirituellen Traditionen des Ostens und des Westens richtig deuten, dann laufen sie darauf hinaus, daß die Wirklichkeit nur nicht-dualistisch erfahren werden kann.[165] Damit wird uns nicht etwa eine alles nivellierende Ganzheitsperspektive abverlangt, mit der wir im Meer der Natur untergehen, sondern im Gegenteil ein genaueres Hinsehen. Wenn wir den Eigenwert der Natur nicht als Aufforderung zum Einssein mit allem mißverstehen, dann weist er uns einen sehr eindeutigen Weg. Mit dem Eigenwert der nichtmenschlichen Natur erkennen wir eine prinzipielle Gleichgewichtigkeit von menschlicher und nichtmenschlicher Natur an. Wer darauf verzichten möchte, verzichtet auch darauf, den Menschen als Maß aller Dinge zu ersetzen durch das *Beziehungsgefüge* zwischen ihm und der natürlichen Mitwelt als neuem Maßstab. Um diese Beziehung geht es der Ökozentrik. Sie ist eben keine Natur-Zentrik. Ebensowenig ist sie eine Mensch-Zentrik, weil es ihr nicht um den von der Natur getrennten Menschen geht.

Das Prinzip der Gleichgewichtigkeit von Mensch und nicht-menschlicher Natur ist die Grundlage der neuen Ethik und damit die Grundlage einer ökologischen Politik. Als solche läßt es sich in unsere gesellschaftlichen Normen umsetzen. Dieses Prinzip läßt sich in vielfältiger Form ausdrücken, vor allem in unserer Rechtsordnung.

Was das Prinzip dagegen nicht leistet, ist eine Garantie, daß wir es auch richtig anwenden. Die Ethik ist zunächst die Lehre des Sollens, sie weist den äußeren Weg. Ob wir diesen Weg zu gehen bereit sind, hängt letztlich nicht vom Wegweiser ab, sondern von uns selbst. Wir müssen also einen *inneren* Weg gegangen sein, einen Weg des Bewußtwerdens, bevor wir uns auf den neuen *äußeren* Weg machen. Die ökozentrische Ethik nimmt für sich in Anspruch, daß sie dieses Bewußtsein reflektiert. Sie ist kein akademisches Kunstprodukt, sondern Abbild einer gewandelten Vorstellung vom Verhältnis zwischen Mensch und Natur. Die alte anthropozentrische Ethik läßt sich mit dem neuen Systembild des Lebens nicht vereinbaren. Sie gehört dem vorökologischen Zeitalter an.

Da die ökozentrische Ethik aber nur ein Aspekt des sich vollziehenden Paradigmawechsels ist, können wir sie nicht isoliert betrachten. Sie ist eine äußere Erscheinungsform fundamentaler Veränderungen des Denkens und Fühlens. Sie beschreibt das, was im politischen Raum üblicherweise mit der Forderung nach «Umdenken» bezeichnet wird. Was aber genau soll da umgedacht werden? Während wir uns bisher eher mit der äußeren (gesellschaftlichen) Seite des Umdenkens befaßt haben, wenden wir uns jetzt der inneren (persönlichen) Seite zu. Beide Seiten sind eng miteinander verknüpft. Die Psychologin Thea Bauriedl hat gezeigt, wie unmittelbar «die inneren Normen, die Denkzwänge und die Einschränkungen der Phantasie» unsere Vorstellung von gesellschaftlicher Realität bestimmen.[166] Wir müssen uns also über die Tiefenschichten ökologischen Denkens klar sein, wenn wir die «Sprengwirkung» der ökozentrischen Ethik erfassen wollen. Das ganzheitlich-ökologische Denken ist nicht nur Forderung, sondern gelebte persönliche Erfahrung. Insbesondere diese Erfahrung, die neue Sicht der Wirklichkeit, steht im Mittelpunkt der Deep-Ecology-Bewegung, des Öko-Feminismus und der neueren Psychologie. Diese Strömungen haben wesentlich zur Profilierung des ökozentrischen Denkens beigetragen.

e. Deep Ecology: Die veränderte Einstellung zu uns selbst

1972 hielt Arne Naess, ein norwegischer Philosoph, auf einer Konferenz in Bukarest einen Vortrag über «Das Seichte und das Tiefe». Darin zeigte er auf, daß sich die damals gerade erst entstehende Umweltbewegung aller Voraussicht nach in zwei Lager spalten werde. In dem einen Lager stünden die Umweltschützer mit einer anthropozentrischen Weltanschauung. Ihr politischer Einfluß werde lange Zeit bestimmend sein und die Regierungen in eine Phase der Reformpolitik treiben. Im anderen Lager werde sich zunehmend eine Gruppe von Menschen finden, deren Denken weniger vom Menschen her als von einer Verbundenheit mit der Natur her bestimmt ist. Ihre politische Identität werde eine Weile diffus bleiben, und zwar so lange, bis sie ihr eigenes ethisches Profil entwickelt habe. Das damit entstehende Deep-Ecology-Bewußtsein, also ein tiefökologisches, werde schließlich zu einer neuen Stufe der gesellschaftlichen Entwicklung führen.

Das Konferenzpapier existierte nur in einem einzigen Exemplar. Es sollte als Teil eines Buches veröffentlicht werden; dazu ist es aber wegen der Zensur in Rumänien nicht gekommen. So ging es schließlich verloren. Arne Naess schrieb dann aus der Erinnerung eine Zusammenfassung, die in der Zeitschrift *Inquiry* erschien.[167] Zwölf Jahre später meinte George Sessions, Philosophieprofessor am kalifornischen Sierra College, daß Naess damals die Geburtsstunde einer «religiösen und philosophischen Revolution erster Ordnung» beschrieben habe.[168]

Ironischerweise ging es Arne Naess damals wie heute weder um Religion noch um Philosophie, noch nicht einmal um Revolution. Das Anliegen von Deep Ecology[169] ist die Transformation, die sich auf persönlicher und gesellschaftlicher Ebene vollzieht. Deep Ecology ist so etwas wie der Hefesatz für eine fundamentale Veränderung persönlicher, spiritueller, religiöser, ethischer und politischer Einstellungen. Der von Bill Devall und George Sessions herausgegebene Kommentar über die Grundprinzipien von Deep Ecology (1985) vermittelt einen Eindruck davon. Auf dem Buchumschlag wird der Dichter Gary Snyder zitiert: «Deep Ecology rüttelt am Gefängnis westlicher Grundvorstellungen, und doch erscheint sie beinahe wie gesunder Menschenverstand.»

In die Rezeption durch die Literatur sind die ethischen Aspekte von Deep Ecology als ökozentrische Ethik eingegangen, die religiösen Aspekte als ökologische Schöpfungslehre und die politischen Aspekte als «tiefgrüne» oder ökologische Konzepte grüner Gruppen und anderer politischer Querdenker. Natürlich handelte es sich dabei nicht um eine Übernahme von Deep-Ecology-«Ideen», sondern um einen synchron verlaufenden Prozeß. Deep Ecology will das zugrundeliegende Muster beschreiben. Naess und andere verwenden zunehmend noch einen weiteren Begriff, «Ökosophie», der den Zusammenhang von äußerer Form und innerem Weg weiter verdeutlicht. Diese Wortschöpfung (aus griech. *oikos* und *sophia*, also Weisheit des Haushaltens) will darauf hinweisen, daß ökologische Weisheit keine Angelegenheit bloßen Wissens ist, sondern der Zustand einer harmonischen Beziehung mit der Natur. Zugleich erinnert sie daran, daß ökologische Erfahrung nichts eigentlich Neues ist, sondern «mindestens so alt wie die Menschheit und möglicherweise so alt wie das Leben selbst»[170]. Ökosophie versteht sich wesentlich als Gegenentwurf zur gewohnten Trennung von Theorie und Praxis. Denn oft werden ökologische Modelle abgehoben diskutiert und persönliche Erfahrungen (praktischer Umgang mit Natur, Selbsterfahrung etc.) zuwenig berücksichtigt.

Deep Ecology und Ökosophie, so können wir sagen, beschreiben die verschiedenen Ebenen ökozentrischen Denkens und Handelns. Sie sind deshalb nicht einfach eine neue Philosophie oder eine neue politische Strömung oder eine spirituelle Bewegung. Niemand würde sich zu Deep Ecology «bekennen» wie zu einer wissenschaftlichen oder geistigen Lehre. Es geht vielmehr darum, ein Bewußtsein dafür zu schaffen, wie eng philosophische, psychologische, politische Einstellungen miteinander zusammenhängen und wie sehr sie geprägt werden von einem «Gefühl» oder «Paradigma» und nicht von rationalisierender Wissenschaft. Ein wesentlicher Beitrag von Deep Ecology zur Ökozentrik-Diskussion liegt sicher darin, die Rhetorik akademischer Ethik beiseite lassend, auf die Bedeutung unseres Gefühls zu pochen. Was Deep Ecology für viele Berufsphilosophen und -ethiker höchst angreifbar macht, ist zugleich auch ihre Stärke. Sie spricht etwas an, was wohl jeder empfindet, wenn um ökologische Politik gerungen wird: Es geht allen rationalen Auseinandersetzungen zum Trotz um eine radikale Neueinstellung zum Leben und zu uns selbst. Wir müssen uns als ganzheitliche Wesen (wieder-)entdecken und dürfen nicht so tun, als könne über ökologische Politik so verhandelt werden wie über Konjunkturdaten und Wirtschaftssubventionen.

Warwick Fox, ein Schüler von Arne Naess, hat darauf hingewiesen, daß die «Selbst-Verwirklichung» Ausgangspunkt für beide Aspekte der Ökozentrik ist, für den philosophisch-ethischen Aspekt der «Eigenwert-Richtung» und den psychologischen Aspekt der «Identifikations-Richtung». Beide Richtungen seien gleichermaßen bedeutsam, und es sei unsinnig, die ethische Seite der Deep Ecology von der psychologischen Seite trennen zu wollen. Es sei nur so, daß die psychologische Seite von den Eigenwert-Theorien tendenziell vernachlässigt würde und deshalb verstärkt dem nachgegangen werden müsse, was es bedeute, sich mit der Natur zu identifizieren.[171]

Naess gibt ein anschauliches Beispiel aus eigener Erfahrung, um zu zeigen, worin für ihn der «Prozeß der Identifikation» besteht: «Mein Standardbeispiel handelt von einem nichtmenschlichen Wesen, das ich vor vierzig Jahren traf. Ich schaute mir durch ein altmodisches Mikroskop die dramatische Begegnung zweier Tropfen unterschiedlicher Chemikalien an. Da sprang von einem Lemming, der auf dem Tisch spazierenging, ein Floh herunter und landete mitten in den sauren Chemikalien. Ihn zu retten war unmöglich. Es dauerte mehrere Minuten, bis der Floh starb. Seine Bewegungen waren entsetzlich ausdrucksvoll. Ich spürte, natürlich, schmerzhaftes Mitleid und Mitgefühl. Aber das Mitgefühl war *nicht* wesentlich. *Wesentlich* war der Prozeß der Identifikation: daß ich mich selbst in dem Floh sah. Wenn ich von dem Floh entfremdet gewesen wäre, nicht intuitiv etwas gesehen hätte, was mir selbst ähnelt, dann hätte mich der Todeskampf gleichgültig gelassen. Also muß Identifikation vorhanden sein, damit Mitgefühl entstehen kann, und, unter Menschen, Solidarität.»[172] Dieses Beispiel mag den Vorgang der Identifikation veranschaulichen, es kann allerdings nicht den Grund dafür angeben.

Zunächst: Mitgefühl ist Dreh- und Angelpunkt einer pathozentrischen (also anthropozentrischen) Ethik, auch wenn es so «verfeinert» werden kann, daß mit Hilfe einer technischen Krücke (Mikroskop) nun auch einer Kreatur Mitgefühl entgegengebracht wird, deren Todeskampf uns sonst vielleicht gleichgültig gelassen hätte. Warum empfinden wir nun Mitgefühl mit unserer Hauskatze und vielleicht noch mit einem Floh, sofern sein Leiden uns ins Auge springt, aber kaum noch mit Fischen, die wir angeln, oder mit Pflanzen, die uns umgeben? Die Antwort ist, daß Mitgefühl zutiefst subjektiv ist. Einem Albert Schweitzer war jede Form des Lebens echtes Mitgefühl wert, dagegen reicht es bei einem mitteleuropäischen Durchschnittsbürger vielleicht nur bis zu den Tieren im Zoo. Offenbar hängt der Umfang des Mitfühlenkönnens von unserem Bewußtseinsgrad ab. Und das Niveau einer Umweltethik hängt davon ab, an welchen Grad des Bewußtseins sie anknüpft. Hier liegt psychologisch der wesentliche Unterschied zwischen den anthropozentrischen und den ökozentrischen Ansätzen!

Die Anthropozentrik sieht von vornherein den Menschen als ichbestimmtes, vernunftgeleitetes Wesen, dem Fühlen suspekter ist als rationales Denken. Sie macht aus der «Not» emotionaler Verkümmerung die «Tugend» rationalen Kalküls. Sie steht damit – so sehr sie auch an geläuterte Einsicht appellieren mag – in der Tradition westlicher Aufklärung, die das Individuum und die Vernunft höher bewertet als Verbundenheit und Gefühl. Nimmt dieser Ansatz nun Mitgefühl auf, wie in der pathozentrischen Umweltethik (griech.: *pathein* = fühlen, leiden), dann reicht es gerade so weit, wie das vorgestellte Vernunftwesen Mitgefühl mit «höheren» Tieren zu fühlen und wohl auch noch mit Tieren insgesamt. Dagegen mutet es «unvernünftig» an, sich noch mit Pflanzen oder gar Landschaften mitfühlend zu identifizieren. Da sträubt sich nicht nur der Verstand, sondern womöglich schon das Gefühl. Ganz anders der ökozentrische Ansatz. Er geht von einem anderen Menschenbild aus. Die Ökozentrik sieht den Menschen als integriertes Wesen, d. h. gefühlsmäßig und nicht nur rational mit größeren Einheiten verbunden. Die Kritik gegen diese ganzheitliche Vorstellung vom Menschen trägt gern vor, daß sie idealistisch oder romantisierend sei. Welches der zugrunde gelegten Menschenbilder ist also realistischer? Die Antwort darauf würde viel zur Klärung der angemessenen Ethik beitragen. Allerdings müssen wir uns darüber im klaren sein, daß die Antwort nicht mit empirischen Beweisführungen gefunden werden kann. Sie ist entscheidend vom jeweiligen «Überzeugungskontext» (J. Hayward) bestimmt. Wenn ich den wissenschaftlich-dualistisch denkenden Menschen zum Maßstab der Erkenntnis nehme, werde ich ein anderes Bild vom Menschen erhalten, als wenn ich gerade die Einseitigkeit dieses Maßstabes kritisiere. So kreisen Diskussionen um das rechte Menschenbild ständig um unauflösbare Paradigmen. Realistischer ist schlicht das, was uns plausibler erscheint. Mehr kann im rationalen Diskurs nicht herausgefunden werden.

Für unseren Zusammenhang ist wichtig, die unterschiedlichen Anknüpfungsebenen zu erkennen. Ökozentrisches Denken folgt einer anderen Vorstellung vom Menschen und seinem Bewußtsein. Worin also besteht dieses Bewußtsein und womit identifiziert es sich?

Naess geht in seiner Darstellung davon aus, daß sich unser Bewußtsein in umfassender Weise aus individualpsychologischen und sozialen, aber auch aus kollektivpsychologischen und evolutionsgeschichtlichen Erfahrungen bildet. Dementsprechend bildet sich die Selbst-Bewußtheit zwar nur im menschlichen Geist, aber nicht völlig getrennt von kollektiven und naturgeschichtlichen Vorgängen. Als junger Mann gehörte Naess zum Wiener Kreis im Umfeld von Freud, wo er nicht nur als «neuer Komet am psychologischen Firmament» auffiel, sondern wie Jung, Adler, Reich und Rank auch als Kritiker von Freuds individualistischem Verständnis der Psyche. Er wandte sich der Gestaltpsychologie, später der Transpersonalen Psychologie zu und arbeitete in Berkeley eng mit dem brillanten Psychologen und Lerntheoretiker E. C. Tolman zusammen. In der Konsequenz des umfassenden Begriffs der menschlichen Psyche liegt es, daß die Verwirklichung des Selbst auch die nichtmenschliche Welt einschließt. Naess beschreibt dies so:

> Traditionell entwickelt sich Reife des Selbst in drei Phasen – vom Ego zum sozialen Selbst und vom sozialen Selbst zum metaphysischen Selbst. Dieses Konzept der Entwicklung vernachlässigt weitgehend die Natur. (. . .) Die Gesellschaft und menschliche Beziehungen sind wichtig, aber unser Selbst ist in seinen wesentlichen Beziehungen noch reicher. Diese Beziehungen sind nicht nur Beziehungen, die wir mit Menschen und der menschlichen Gemeinschaft haben, sondern auch mit der größeren Gemeinschaft aller lebendigen Wesen.[173]

Diese Selbst-Verwirklichung (mit Bindestrich) hat mit der Selbstverwirklichung altbackener Individualpsychologie so gut wie nichts zu tun! Sie ist das Gegenteil einer Selbstverwirklichung, die ihr Ziel in der Stärkung des Ich sieht, also nur das ichhafte Selbstbewußtsein kennt. Naess legt nicht dieses individuelle, von der übrigen Welt getrennte Selbst zugrunde, sondern eine «organische Ganzheit», wie er sein Selbstmodell nennt.[174] Vorbild war ihm dabei die Philosophie von Baruch Spinoza, dem «großen Berichtiger des kartesianischen Dualismus» (Hans Jonas).

In der Psychologie tauchte der Gedanke einer Transzendenz des Selbst Ende der sechziger Jahre auf (Grof, Maslow, Stutich). Im Unterschied zu vielen Vertretern der Transpersonalen Psychologie geht Naess aber noch einen entscheidenden Schritt weiter. So schildert Ken Wilber seine Theorie des transzendierenden Bewußtseins, als werde die Evolution im menschlichen Bewußtsein «komplett».[175] An anderer Stelle spricht Wilber von nichtmenschlichen Strukturen als «niederen Ebenen des Seins», von «Ebenen, die untermenschlich (subhuman) sind».[176] Solche hierarchische Vorstellung liegt Naess fern. Für ihn schließt die Möglichkeit einer Transzendenz des Bewußtseins die gesamte Evolution ein. Der Mensch hat daran seinen Anteil, andere Lebensformen aber möglicherweise auch (wir wissen es nicht).[177] Für das menschliche Bewußtsein ist deshalb die Möglichkeit einer Identifikation mit allem gegeben, frei von anthropozentrischen Überlegenheitsgefühlen.

Naess' Begriff des Selbst läßt sich auf die Formel bringen: Je weiter und tiefer wir uns mit «anderen» identifizieren, desto mehr verwirklichen wir unser Selbst. Es gibt also keine auf das Menschliche beschränkte Grenze. Diese Möglichkeit war von den älteren Vertretern der Transpersonalen Psychologie noch nicht voll in Betracht gezogen worden. Als Anthony Stutich, Stanislav Grof und Abraham Maslow über einen Namen für die neue Psychologie nachdachten und Ausdrücke wie «transhumane», «metapersonale», schließlich «transpersonale» Psychologie erwogen, ging es ihnen darum, das Selbst jenseits der individuellen Person zu beschreiben.[178] Sie bezogen dieses Jenseits aber vorzugsweise auf den zwischenmenschlichen Bereich. Maslow beschrieb das transpersonale Selbst in dieser Weise: «Identifikation und Liebe (...) bedeuten Transzendenz des selbstsüchtigen Selbst. Es schließt einen weiteren Kreis von Identifikationen ein, d. h. mit mehr und mehr Menschen bis hin zur Grenze der Identifikation mit allen Menschen. Dies kann auch als das mehr und mehr in sich schließende Selbst bezeichnet werden. Die Grenze liegt hier in der Identifikation mit der Menschheit insgesamt.»[179] Andere haben dagegen dieses «mehr und mehr in sich schließende Selbst» konsequent auf nicht-menschliche Bereiche ausgedehnt. Frances Vaughan schreibt z. B.: «In ihrem persönlichen Wachstum stellen Individuen immer wieder fest, daß die Entwicklung offenbar von Abhängigkeit über Unabhängigkeit zur wechselseitigen Abhängigkeit führt. Das Selbst als ein Ökosystem existierend in einem größeren Ökosystem wahrzunehmen, kann daher den Übergang erleichtern von einem Denken über das Selbst als einer getrennten, unabhängigen Einheit zur Anerkennung seiner vollständigen Wechselbezüglichkeit in der Ganzheit. (...) Diese Sicht des Selbst lehnt die Auffassung ab, daß wir nur als entfremdete, isolierte Individuen in einer feindlichen oder bestenfalls indifferenten Umwelt existieren.»[180]

Wenn man die Entwicklung der Transpersonalen Psychologie der letzten Jahre verfolgt, wie sie z. B. durch einzelne Beiträge des *Journal of Transpersonal Psychology* dokumentiert wird, dann scheint sich der Umbruch von einer ursprünglich anthropozentrischen zur ökozentrischen Auffassung des Selbst tatsächlich zu vollziehen. Man kann sicherlich von einer Ökologisierung der Psychologie sprechen.

Legen wir Naess' «ökologisches Selbst»[181] zugrunde, so findet der Mensch sein Selbst durch das, womit er sich identifiziert. Wir können nun fragen, wie sich der Prozeß der Identifikation mit anderen, vor allem den nichtmenschlichen Bereichen entwickelt. Wie kommt es zur Erfahrung von Verbundenheit? Ich denke, daß es verschiedene Zugänge gibt, Verbundenheit und Identifikation mit der Natur zu erfahren. In einem trivialen Sinne ist das ganz selbstverständlich, weil jeder Mensch seinem eigenen Weg der Selbsterfahrung folgt. Es lassen sich aber auch verschiedene Zugänge aufzeigen, die ihre besonderen Merkmale haben und die auf unterschiedlichen Wegen zum selben Ziel führen. Ich nenne sie den intuitiven (1), den philosophischen (2) und den wissenschaftlichen Zugang (3).

Zu 1: Der intuitive Zugang ist jedem vertraut. Wenn wir an «andere» denken, mit denen wir uns identifizieren, meinen wir zunächst die Menschen unserer Umgebung, mit denen wir Freundschaften oder Liebesbeziehungen pflegen. Also Familie, Geliebte, Freunde. Aber auch gewisse Hausgenossen können dazu gehören: Haustiere, unser alter Teddybär oder andere Erinnerungsstücke, an denen wir besonders hängen. Wir können uns mit all diesen Dingen identifizieren. Auch mein Fußballklub, meine Männer- oder Frauengruppe oder meine Heimat, mein (Vater-)Land sind Entitäten, mit denen ich mich verbunden fühlen kann. Sie alle sind ein Teil von «uns». Was wir kennen und schätzen gelernt haben, bleibt uns wertvoll, nicht weil wir uns gewisse Vorteile davon versprechen, sondern einfach weil es da ist. In unserem normalen Lebensbereich kämen wir gar nicht auf die Idee, Dinge, mit denen wir uns identifizieren, nach ihrem Nutzen zu befragen. Aus diesem Grunde können auch Tiere, Pflanzen, Landschaften, der Himmel und die Sterne, schließlich die ganze Natur und der Kosmos prinzipiell Objekte vollkommener Identifizierung und Verbundenheit sein. Ihren Nutzen für unser Leben mögen wir zwar in vielen Fällen noch beschreiben können. So sehr wir aber nach Begriffen suchen, die den Grund für unsere Verbundenheit mit ihnen benennen könnten – z. B. Vertrautheit, Erhabenheit, Schönheit –, es bleibt immer ein Rest, den wir nicht in Sprache fassen können. Ein Gedicht, ein Kunstwerk oder ein Musikstück könnte vielleicht die Funktion übernehmen, etwas von dem auszudrükken, was wir empfinden.

Die Erfahrung tiefer Verbundenheit mit der Natur ist eine spirituelle Erfahrung. Dadurch wird sie aber nicht gleich «mystisch» oder «übersinnlich». Liebe selbst ist schließlich eine spirituelle Erfahrung und doch ganz natürlich und real. Was uns hindern könnte, Liebe nicht nur zwischen Menschen zu spüren, sondern auch in bezug auf andere Lebewesen und die gesamte Natur, ist nur unser (aus Gewohnheit übernommenes) Selbstmodell. Immerhin liegt der Schlüssel dafür, das ichbestimmte Selbstmodell zu öffnen, in der Hand eines jeden einzelnen. «In der Liebe zu einem bestimmten Menschen liebt der wahre Liebende die ganze Welt.»[182]

Zu 2: Ein anderer Zugang zu umfassender Identifikation erschließt sich aus philosophischer Einstellung oder auch religiöser Überzeugung. Nicht jede Form von Religiosität würde automatisch zur Identifizierung mit allem Lebendigen führen, obwohl es in allen Religionen solche spirituellen Traditionen gibt (in der christlichen etwa die Mystik Meister Eckarts). Im Kern geht es um die Erkenntnis, daß Dinge *sind*. Zugrunde liegt also eine ontologische Kategorie. Die Frage nach dem Sein und den Dingen an sich kann (muß nicht) dazu führen, die Existenz von Dingen *an sich* anzuerkennen anstatt weiter zu fragen, wie die Existenz beschaffen ist. Es ist nicht leicht in Worte zu fassen, wovon hier die Rede ist. Ich will mich auf den Hinweis beschränken, daß diese Existenzerfahrung über Meditation erreicht wird, etwa im Zen-Buddhismus. Wenn die Sprache Martin Heideggers nicht so schwer zugänglich wäre, könnte dieses Sein auch der westlichen Philosophie wohl wesentlich näher gebracht werden.[183] Auf der anderen Seite ist es eine sehr erstaunliche Tatsache, daß viele Menschen intuitiv verstehen, was damit gemeint ist: Dinge *sind*. Die Natur oder Umwelt muß nicht unbedingt vor dem Hintergrund unseres alles kategorisierenden Ich-Bewußtseins erfahren werden. Sie sind uns ganz unmittelbar zugänglich! Der Zustand bloßen Seins – über Meditationsübungen oder intuitiv erfahren – gehört zur Selbsterfahrung vieler Menschen unserer Zeit. Für sie macht es letztlich keinen Sinn, nach Begründungen zu fragen, warum und inwieweit die Natur erhalten werden muß. Offenbar *sind* die Dinge in der Natur. Das ist mehr als Nicht-Sein, und das genügt, um sie als gültig anzuerkennen. Aus dieser philosophisch-spirituellen Haltung heraus ist es ganz selbstverständlich, sich mit allem in der Natur zu identifizieren. Es ist deshalb selbstverständlich, weil sich die Trennung von Individuen verliert. Von dem indischen spirituellen Meister Sathya Sai Baba stammt das hierzu passende Bild: «Du kannst dir Individuen als verschiedene Glühbirnen vorstellen. Sie unterscheiden sich in ihrer Wattstärke, im Alter, in der Farbe, in der Form und in der Bezeichnung. Die eine hat ein schillerndes Licht, die andere leuchtet weiß. Im Äußerlichen sind sie alle verschieden, aber der Strom ist bei allen derselbe. Dieser Strom bist du! Du bist nicht die Birne, die anders aussieht als eine andere. Du bist der Strom, der eine Strom in allen Glühbirnen.»

Zu 3: Ein wissenschaftlicher Zugang zur Identifikation gilt in unserer Kultur als verläßlicher. Wenn etwas wissenschaftlich bewiesen wird, trägt es das Qualitätsmerkmal objektivierbarer Wahrheit. Nun läßt sich jedoch die Möglichkeit zur Identifikation mit allem, was ist, nicht beweisen (genausowenig wie das Gegenteil). Aus wissenschaftlichen Forschungen lassen sich lediglich Schlüsse ziehen, die das eine oder andere plausibel erscheinen lassen. Unter dieser Voraussetzung eröffnet sich ein Zugang daraus, daß die Wissenschaft immer mehr den Nachweis eines einheitlichen Evolutionsprozesses erbringt, dem die Welt als Ganzes unterworfen ist.

Die Gaia-Hypothese vermittelt eine sehr plastische Anschauung vom Zusammenhang aller Formen des Lebens in einem einzigen lebendigen System.[184] Wenn wir uns als Teil eines lebendigen planetarischen Wesens verstehen, erscheint die Identifikation mit allen anderen Teilen geradezu als eine Form der Selbstliebe! Ähnlich eng ist die Verbindung vor dem Hintergrund morphogenetischer Resonanz, die auf ein kollektives *Gedächtnis der Natur* (Rupert Sheldrake, 1990) hindeutet. Wenn alle Formen des Lebens sich gegenseitig darin unterstützen, Lernerfahrungen zu sammeln, dann wäre die Identifikation mit allen anderen Formen des Lebens ein Akt der Selbst-Identifikation. Und selbst wenn James Lovelocks Gaia-Hypothese und Rupert Sheldrakes Theorie morphogenetischer Resonanz nicht vom «mainstream» der Naturwissenschaften übernommen werden sollten, bliebe noch mehr als genug von der Vorstellung eines einheitlichen Evolutionsgeschehens erhalten.

Ein wesentliches Merkmal der heutigen Evolutionstheorie ist, daß sich die physikalische und biologische Evolution des Universums immer komplexer und differenzierter entwickelt hat. Die Evolution ist ein offener, dynamischer Prozeß, der ständig neue Differenzierungen hervorbringt. Dieser Prozeß läßt sich in das Bild eines sich immer mehr verzweigenden Baumes übertragen, wie es von Evolutionstheoretikern für die Entwicklung des Lebens auch tatsächlich oft verwendet wird.[185] Der zugrundeliegende Sachverhalt ist, daß die einzelnen Arten nicht einfach in neue Arten übergehen, sondern neue Arten sich abspalten von älteren, die zusammen mit den neuen weiterexistieren. Zu solchen «Verknospungen» kommt es immer dann, wenn Populationen einer Art in ihrer Fortpflanzung auf irgendeine Weise isoliert werden (z. B. durch räumliche Streuung oder durch seltenere Brutzeiten) und dann genetische Veränderungen bis zu einem Punkt durchlaufen, an dem es nicht mehr möglich ist, sich mit einzelnen Vertretern einer anderen Population (derselben Art) fortzupflanzen. Sie sind «degeneriert», während unterwegs auf diesem Prozeß einzelne Vertreter sich genetisch so modifizieren, daß sie erfolgreich eine «Knospe» bilden, die zu einem neuen Zweig heranwächst. Aus dem ursprünglichen Samen des «Evolutionsbaumes» – dem Ursprung des Lebens oder gar des Universums – bildet sich somit ein Trieb, der sich verzweigt und Blätter bildet. Aus dem ursprünglichen Trieb wird der Stamm, aus den Zweigen werden Äste und so fort.

Als einzelner Mensch können wir uns nun in der Form eines Blattes am Baum des Lebens sehen. Die Blätter unseres kleinen Zweiges machen die Familie aus, benachbarte Blätter anderer Zweige sind die Freunde, die Blätter eines kleineren Astes das eigene Volk und alle Blätter des Hauptastes die Menschheit. Entsprechend sind alle anderen Lebewesen Blätter und miteinander verbunden durch Zweige, Äste und Stamm. Im Bewußtwerden dieser Verbundenheit können wir uns nach und nach mit allen Blättern des Baumes identifizieren. Keines ist den anderen «überlegen». Wenn wir nun als Menschheit unseren eigenen Ast, an dem wir alle hängen, nicht absterben lassen wollen, dann muß unser anthropozentrisches «Ast-Bewußtsein» zum ökozentrischen «Baum-Bewußtsein» werden. Wenn wir wollen, daß unser Ast erhalten bleibt, *müssen* wir wollen, daß der *ganze* Baum – mit allen seinen Ästen und Zweigen – weiter wachsen kann. Es ist nun mal eine biologische Tatsache, daß es eine Sonderlösung für einzelne Äste nicht geben kann.

Die geschilderten drei Formen eines Zugangs zur Identifikation mit nichtmenschlicher Natur mögen für den einzelnen unterschiedlich attraktiv klingen. Um mehr als einen ersten Einstieg geht es aber auch nicht. Tatsächlich lassen sich die drei Zugangsweisen nicht völlig voneinander trennen. Auch die intuitive Zugangsweise hat natürlich philosophische Aspekte. Ohne bewußte Reflexion darüber, was es bedeutet, sich mit etwas zu identifizieren, bildet sich kein Selbst-Bewußtsein heraus. Diese Reflexion ist ihrer Natur nach philosophisch. Auf der anderen Seite ist eine wissenschaftliche Rezeption der Zusammenhänge des Lebens, wenn sie zu einer umfassenderen Identifikation führen soll, ohne persönliche Einstellungen nicht möglich. Worauf es ankommt, ist zu sehen, daß die Erfahrung von Verbundenheit auf vielfältige Weise gemacht werden kann. Es ist, als ob wir ständig mit der Nase auf das gleiche Problem gestoßen werden: Die Vorstellung von einem Selbst, das an dem eigenen Ich haltmacht («Ich hier drinnen und die übrige Welt dort draußen»), erscheint künstlich hergeholt, entspricht nicht unserem Selbstgefühl. Wir wissen und spüren, daß wir «Leben inmitten von Leben» (A. Schweitzer) sind. Das althergebrachte Modell des hautverkapselten Selbst hat mit der heute erfahrenen Lebenswirklichkeit nichts mehr zu tun.

Oder doch? Unsere Lebenswirklichkeit ist ja nicht nur diese. Es gibt auch eine andere. Und im Alltag scheint es *nur* diese andere zu geben. Wir leben in einer Gesellschaft von Egos. Und sind wir nicht ständig darum bemüht, unser Ego zu entwickeln? Um das Ich gegen andere abzusichern, unterziehen wir uns fortlaufend ganz erheblichen Anstrengungen, mit allen nur denkbaren Tricks. Die Jagd nach Anerkennung, Liebe, persönlicher Bestätigung und Erfolgserlebnissen. Die Abwehr von Kritik gehört dazu, die Suche nach Macht und Besitz, die Zugehörigkeit zu den «richtigen» Gruppen (Sportverein, Partei, Religion usw.), Wohnen im «richtigen» Viertel, Bekanntschaft mit den «richtigen» Leuten, Tragen der «richtigen» Kleidung, Lesen der «richtigen» Bücher ... Die Liste ist endlos. Und alles sind Versuche, sich zu «unterscheiden», damit wir sagen können: «Das bin ich.» Überflüssig zu betonen, daß solche Ich-Besessenheit Begleiterscheinung eines ausbeuterischen Bewußtseinsmodus ist, mit dem wir unsere Umwelt zugrunde gerichtet haben.

Wenn wir aus diesem Dilemma – hohes Ideal, erbärmliche Praxis – herauswollen, kann es nur eine einzige Lösung geben: Wir benötigen allesamt, jeder für sich, ein anderes Selbst-Bewußtsein. Wir müssen uns unserer Verbundenheit mit der lebendigen Natur er-*innern* und von dorther unser Selbst entwickeln. Um einen geringeren Preis ist die Lösung aus der ökologischen Krise nicht zu haben.

Tieferes Nachdenken, besser, Nachspüren darüber, was unser Selbst ausmacht und womit es sich identifiziert, ist sicher notwendiger als jemals zuvor in der Menschheitsgeschichte. Die Philosophie hat sich von Anfang an damit abgemüht. Genauso die Psychologie. Vielleicht müssen beide noch viel stärker zusammenwirken, um sich aus dem Gefängnis zu befreien, in das sie die Vorstellung vom Ich-behafteten Selbst gebracht hat.

Deep Ecology steht letztlich für den Versuch, die Grenzen zwischen Philosophie (Ethik) und Psychologie (Bewußtsein) einzureißen. Während sich Philosophen allzusehr auf Moral beschränkt haben, ohne deren psychologische Grundlagen zu klären, haben sich Psychologen allzusehr auf die Erklärung der menschlichen Psyche beschränkt, ohne zur Gesellschaftsveränderung beizutragen. Die Deep-Ecology-Bewegung will diese Lücken schließen helfen.

Am deutlichsten kommt die Verbindung beider Disziplinen bei Warwick Fox zum Ausdruck, der in seiner Bestandsaufnahme der einschlägigen philosophischen und psychologischen Literatur feststellt, daß es eine «Ökologisierung Transpersonaler Psychologie» gibt und umgekehrt eine «Psychologisierung der Ökophilosophie».[186] Fox benennt diese aufeinander zugehenden Entwicklungen mit einem neuen Ausdruck: «Transpersonale Ökologie». Er ist der Meinung, das «Tiefe» in

Deep Ecology sei immer deutlicher als das Transpersonale des Selbst zu erkennen. Den wesentlichen Beitrag von Deep Ecology sieht er daher in dem ökozentrischen Selbstmodell, das das individualistische Selbstmodell früherer Psychologie hinter sich lasse und das transpersonale Selbstmodell der neuen Psychologie konsequent weiterführe.[187] Das Adjektiv «tief» solle deshalb durch das Adjektiv «transpersonal» ersetzt werden.

Ob Deep Ecology, Ökosophie oder Transpersonale Ökologie – die Begriffe stehen für ein von Philosophen, Psychologen und Sozialwissenschaftlern breit vorgetragenes Bemühen, die bewußtseinsmäßigen Grundlagen der ökozentrischen Ethik zu verdeutlichen. Spätestens an ihrer Kritik und Weiterentwicklung des psychologischen Begriffs vom Selbst wird deutlich, wie radikal sich ökozentrisches Denken vom anthropozentrischen Denken und dessen ethisch-politischen Handlungskriterien unterscheidet. Die Preisgabe anthropozentrischer Umweltethik erfordert mehr als neue ethische Programmsätze. Die ökozentrische Ethik ist deswegen auch mehr als bloße Ethik. Wer sich ihr anschließt, gibt zu erkennen, daß ein neues Bewußtsein tatsächlich existiert. Sie einzufordern, heißt deshalb, dieses neue Bewußtsein zur Kenntnis zu nehmen und politisch entsprechend zu handeln.

Die Politikwissenschaftler Sandra und Lewis Hinchman haben die Einflußmöglichkeiten politischer Strömungen auf grundlegenden gesellschaftlichen Wandel untersucht und kommen zu dem Ergebnis, daß die Deep-Ecology-Bewegung, obwohl zahlenmäßig klein, die politisch einflußreichste geworden ist. Sie ist, wie sie sagen, die «Vorreitergruppe» einer ökologischen Neuorientierung.

> Die sogenannten Deep Ecologists («Tiefökologen») . . . bilden, erstens, die interessanteste Subkultur, weil sie es als notwendig ansehen, die fundamentalen theoretischen Grundlagen der modernen Gesellschaft zu kritisieren. Anstatt bloß eine Erweiterung allgemein akzeptierter moralischer Theorien zu fordern (wie z. B., daß den Bedürfnissen künftiger Generationen mehr Aufmerksamkeit entgegengebracht wird), haben Deep Ecologists nach Wegen gesucht, Gesellschaft und Politik in größeren Zusammenhängen zu betrachten. Zweitens weisen soziologische Untersuchungen nach, daß eine erhebliche Zahl von Bürgern in Industrieländern die große Schwäche und die Widersprüche im vorherrschenden sozialen Paradigma spüren, die die Deep Ecologists beklagen. Sie tragen eine zusammenhän-

gende und leistungsfähige politische Philosophie vor, die schließlich Millionen umweltsensibler Menschen mobilisieren könnte, die bis jetzt kein klares Bewußtsein darüber haben, in welche Richtung die Gesellschaft sich entwickeln sollte.[188]

f. Gibt es eine «Außenwelt»?

Zur Kennzeichnung der Beziehungsstruktur von «Mensch» und «Natur» haben wir im vorigen Abschnitt die Bedeutung des «ökozentrischen Selbst» dargestellt und darauf hingewiesen, daß eine Identifikation mit der nichtmenschlichen Natur tatsächlich möglich und für viele auch ganz selbstverständlich ist. Daß solche Identifikationen keine Privatsache sind, sondern gelebte gesellschaftliche Wirklichkeit, kann man beispielhaft bei heutigen Stammesvölkern und Eingeborenenkulturen studieren, soweit sie von westlicher Zivilisation noch verschont geblieben sind.[189] Im folgenden wollen wir uns einem weiteren Aspekt des ökozentrischen Bewußtseins zuwenden: Wir haben gesehen, daß in unserer Kultur eine reduzierte Vorstellung vom Selbst vorherrscht und dadurch immer wieder ein Bild reproduziert wird, das die nichtmenschliche Natur als das ganz andere, das von uns Getrennte erscheinen läßt. Die Korrektur dieser Vorstellung vom Selbst ist deshalb ein wesentliches Element ökozentrischen Denkens. Ein zusätzliches, aber strukturverwandtes Element ist unsere Wahrnehmung der Umwelt.

Ist es nicht so, daß zumindest eine unüberbrückbare Barriere zwischen uns und der Welt immer bleiben wird, nämlich die, daß wir nur ein *Abbild* dieser Welt in uns erzeugen und gar nicht wissen können, wie die Welt *wirklich* ist? «Gibt» es den Regenbogen überhaupt, oder ist er nur ein Bild auf unserer Netzhaut? Ist nicht jeder Versuch, so etwas wie Identifikation mit der Natur entstehen zu lassen, wegen der Barriere exklusiv menschlicher Wahrnehmung von vornherein zum Scheitern verurteilt? Oder kann es sein, daß Wahrnehmung keine Einbahnstraße ist, sondern ein wechselseitiger Prozeß zwischen «Subjekt» und «Objekt»? Für unseren Zusammenhang haben solche Fragen durchaus Bedeutung. Wenn nämlich Wahrnehmung und Erkennen ausschließlich Vorgänge der «Innenwelt» des Menschen sind ohne innere Verflechtung mit der «Außenwelt», könnte dies eine gewisse Bestätigung dafür sein, daß unser Bewußtsein niemals aus der Haut des Ich schlüpfen kann. Dies ließe sich als Beleg für eine unentrinnbare Anthropozentrik nehmen. Wenn dagegen Wahrnehmung und Erkennen Prozesse sind, an denen zwei Bezugsgrößen (in mir «drinnen» und «außerhalb» von mir) gleichermaßen beteiligt sind, dann könnte daraus ein Hinweis für die Angemessenheit eines ökozentrischen Bewußtseins folgen.

Obwohl ich nicht denke, daß die biologischen Bedingungen der Wahrnehmung *unmittelbar* etwas zu tun haben mit der Alternative Anthropozentrik – Ökozentrik, bei der es wesentlich um Einstellungen und Bewertungen geht,[190] scheint es mir doch lohnend, auf neuere Ergebnisse der Wahrnehmungsforschung hinzuweisen. Sie sind aufregend genug und könnten zumindest indirekt dazu beitragen, das anthropozentrische Fundament weiter zu erschüttern.

Noch einmal sei daran erinnert, daß wir uns auf dem Boden einer Naturwissenschaft befinden, die uns fortwährend das Staunen lehrt. Und damit sind nicht nur die Sensationen der Quantenphysik, der Evolutionstheorie und der allgemeinen Systemtheorie gemeint. Das Denken über die Natur hat sich in weiten Teilen der Naturwissenschaft vom kartesianischen Weltbild verabschiedet. Drei charakteristische Merkmale des (gar nicht mehr so) neuen Denkens über die Natur wollen wir hier noch einmal in Erinnerung rufen:

1. Im Gegensatz zur materialistischen oder rationalistischen Auffassung, für die «Natur» immer ein prinzipiell vom Menschen getrenntes Objekt war, gibt es heute die Vorstellung von der *Einheit der Natur*. Der Mensch wird als Teil dieser Einheit gedacht. Carl Friedrich von Weizsäcker drückt den Zusammenhang in der Einleitung zu seinem Buch *Die Einheit der Natur* (1971) so aus: «Die Einheit der Natur ist, wenn sie in der Einheit der Physik verstanden wird, die Einheit der Erfahrung. Dieser Begriff der Einheit der vom Menschen erfahrenen Natur setzt den Dualismus von Subjekt und Objekt, von Mensch und Natur voraus. Man könnte nach einer höheren Einheit fragen, der Einheit des Menschen mit der Natur. Als eine Vorstudie zur Frage nach dieser Einheit habe ich früher, unter dem Aspekt der Geschichtlichkeit des Menschen und der Natur, ihre gegenseitige Abhängigkeit studiert. Die Natur ist älter als der Mensch, und der Mensch ist älter als die Naturwissenschaft. So müssen wir die Naturwissenschaft mit all ihren Begriffen von der Natur als Werk des Menschen, den Menschen aber mit all seinem Erkenntnisvermögen als Kind der Natur begreifen. Diese Forderungen schließen sich im Kreis, und bildlich gesagt wäre der Mittelpunkt dieses Kreises, also

das was den Kreis überhaupt ermöglicht, die gesuchte Einheit von Mensch und Natur.»[191]

2. Die Natur wird nicht statisch, sondern als ein *evolutionärer Prozeß* aufgefaßt. Das Universum wird als ein sich entwickelndes und sich ständig änderndes System beschrieben, in dem sich komplexe Strukturen aus einfacheren entwickeln. Das evolutionäre Bild der Natur ist (genausowenig wie das mechanistische Bild) die Fixierung auf eine immer gültige Tatsache. Es ist aber schwer vorstellbar, wie man sich von diesem Bild auf andere Weise als dadurch lösen könnte, daß man es durch ein künftiges Bild ersetzt. Das Evolutionsbild ist wie das mechanistische ein Weltbild und damit nur durch ein weiteres Weltbild ersetzbar.
3. Die Beschreibung der Natur wird von einem *Systemdenken* bestimmt. Systeme werden als integrierte Ganzheiten verstanden, die sich nicht auf kleinere Einheiten reduzieren lassen. Natur erscheint daher nicht als durch einzelne Teile «aufgebaut», sondern als Verbindung miteinander in Beziehung stehender Systeme. Die Natur ist insgesamt ein sich selbst organisierendes System mit selbst organisierenden und fremdorganisierten Teilsystemen. Selbstorganisatorische Systeme werden durch «dissipative Strukturen» (Prigogine) gebildet, die auch in ihrer einfachsten Form als chemische Strukturen bestimmte Merkmale aufweisen – Selbsterneuerung, Anpassung, Evolution. Eine in gewisser Hinsicht weitergehende Definition für selbstorganisatorische Systeme ist der Begriff der «autopoietischen Systeme» (Maturana, Varela): Leben ist nicht durch Stoffaustausch mit der Umwelt, Fortpflanzung und dergleichen gekennzeichnet, sondern durch seine autopoietische Organisation, d. h. eine Einheit, die sich selbst organisiert und steuert. Lebewesen sind daher autonome Systeme (die mit anderen Systemen in ständiger Wechselbeziehung stehen).

Insgesamt haben wir es also mit einem Einheits-, Evolutions- und Systemcharakter der Natur zu tun. Vor diesem Hintergrund wollen wir uns nun dem Phänomen der Wahrnehmung nähern. Grundsätzlich nehmen wir überhaupt nur wahr, wovon wir *glauben*, daß es vorhanden ist. Und wir nehmen es nur so wahr, wie es unserer *Überzeugung* nach ist. Wir handeln deshalb auch nicht gemäß der unmittelbaren Wahrnehmung der Welt, sondern eher gemäß unserer Anschauung, die wir gerade von der Welt haben. Nehmen wir das Beispiel eines müden Wanderers, der nach einer Sitzgelegenheit sucht, um sich auszuruhen. Er sieht einen Stuhl vor sich, wir wollen aber annehmen, daß er noch nie zuvor einen Stuhl gesehen hat, sondern nur Sitzkissen kennt. Um sich nun auf den Stuhl zu setzen, reicht es nicht aus, ihn einfach nur wahrzunehmen. Der Stuhl erscheint dem, der keine Vorstellung von ihm hat, zunächst nur als ein Gestell mit vier Beinen. Erst durch seine Erfahrung mit Sitzkissen kann der Wanderer darauf kommen, daß es sich bei dem Gestell um eine passende Sitzgelegenheit handeln könnte. So kann er seine Wahrnehmung zu einem sinnvollen Bild verarbeiten und sich auf den Stuhl setzen. Künftig wird er dann jeden Stuhl sogleich mit «Sitzgelegenheit» assoziieren.

Ungleich komplizierter wird es, wenn wir daran denken, wie wir allgemein unsere Umwelt wahrnehmen. Wir sind es gewohnt, zwischen dem Ich und der Außenwelt zu unterscheiden. Und ganz dieser Gewohnheit entspricht das kartesianische Weltbild der Natur. In diesem Weltbild wird die Natur aus der Sicht eines außerhalb von ihr stehenden Beobachters vermessen und gedeutet. Je mehr dies getan wird, desto eher vermittelt sich der Eindruck einer nach eigenen Naturgesetzen funktionierenden Außenwelt. Sie wird gewissermaßen zur Bühne, auf der wir unser Leben inszenieren. Was aber nun, wenn ein neues Weltbild entsteht? Das neue Bild der Natur ist ein ganzheitliches, organisches, systemisches, in dem der Beobachter «Mensch» keinen sicheren Standort mehr hat. Steht er noch außerhalb der Natur oder nun innerhalb oder beides zugleich? Ein verwirrendes Durcheinander. Wie lange können wir unsere gewohnte Einteilung von Ich und Außenwelt noch aufrechterhalten? Es ist keineswegs sicher, wie sich das entstehende neue Bild der Natur auf unsere Denkgewohnheiten im einzelnen auswirken wird. Sicher aber können wir sagen, daß unsere heutige Wahrnehmung der Natur als Außenwelt («Umwelt») nur eine von mehreren möglichen Annahmen ist. Verschiedene Stammeskulturen haben noch nicht einmal einen Begriff für das, was wir mit Umwelt bezeichnen.

Wir müssen die unterschiedlichen naturwissenschaftlichen Paradigmen berücksichtigen, wenn wir jetzt die Theorien zur Wahrnehmung betrachten. Die bislang herrschende Vorstellung in der Wahrnehmungsforschung geht von der Grundannahme aus, daß wir von einer realen Außenwelt ein – mehr oder weniger genaues – inneres Abbild schaffen. Dies geschieht, wie wir in dem Stuhl-Beispiel festgestellt haben, durch zwei unterschiedliche Vorgänge. Zunächst werden Daten von der Außenwelt aufgenommen: Als Lichtwellen treffen sie auf die

Netzhaut des Auges, als Luftwellen setzen sie das Trommelfell des Ohres in Schwingungen, als chemische Verbindungen regen sie die Geschmacksnerven der Zunge an usw. Diese Daten werden dann mit früheren Erfahrungen oder ererbten Strukturen gewissermaßen verglichen, bis sie einen Sinn ergeben: Ein Baum, eine Sinfonie, ein süßes Getränk usw. In dieser Weise wird die «Außenwelt» von der «Innenwelt» abgebildet oder repräsentiert.

Die über Jahrhunderte hinweg gültige Repräsentationstheorie hat die experimentelle Psychologie des 20. Jahrhunderts in zwei Lager geteilt. Zunächst interessierte sie sich nur für menschliches Verhalten, ohne auf Begriffe wie Geist, Bewußtsein und deren Inhalt zurückzugreifen. Die Behavioristen (Pawlow, Skinner) legten ein Reiz-Reaktions-Schema zugrunde, das einen eigenständigen Beitrag des Bewußtseins, z. B. Vorwegnahme und Planung, absichtlich unberücksichtigt ließ. Genau diesem Aspekt wandte sich nach dem Siegeszug des Behaviorismus die kognitive Psychologie zu. Seit den fünfziger Jahren wuchs das Interesse an den Bewußtseinsvorgängen, die das Bild der Außenwelt im einzelnen ermöglichen. Als eine Art Gegenreaktion zur Betonung der informationsgebenden Außenwelt wurde nun die Innenwelt betont. Vordenker der Kognitionswissenschaften wie Jerry E. Fodor (1975) und Noam Chomsky (1981) wiesen auf die besondere Bedeutung der sprachlichen Intelligenz hin, und so war der Schritt von der Informationsverarbeitung durch *natürliche* Intelligenz zur Informationsverarbeitung durch *künstliche* Intelligenz (KI) nicht mehr weit. Die gesamte Computer- und KI-Forschung macht im Grunde nichts anderes, als den Gedanken, das Gehirn verarbeite Informationen der Außenwelt, auf Computersysteme zu übertragen.

Dieser Gedanke, so vertraut er uns heute scheinen mag, ist aber nur die Kehrseite des anderen Gedankens, die Außenwelt sei eine vollkommen determinierte reale Welt. Beide beruhen sie auf der Annahme einer Trennung von Innenwelt (Gehirn/Computer) und Außenwelt. Stimmt es aber, daß die Welt, wie wir sie erfahren, vom Erkennenden unabhängig ist?

Systemorientierte Ansätze der Kognitionswissenschaften lehnen diese Annahme ab. Sie halten sie für den Ausdruck einer dualistischen Sicht, die der Wirklichkeit nicht standhält. Der Kognitionspsychologe James Gibson hat sich über dreißig Jahre hinweg der visuellen Wahrnehmung bei Tieren gewidmet. Schon 1950 war er zu der Auffassung gelangt, daß das Bild einer Rezeption der Umwelt durch die Netzhaut und anschließender Informationsverarbeitung durch kognitive Prozesse zu simpel sei.[192] Die besondere Charakteristik der Umwelt, in der die Wahrnehmung stattfindet, werde dadurch zu sehr vernachlässigt. Gibson fand heraus, daß ein Bild auf der Netzhaut für die visuelle Wahrnehmung nicht immer nötig ist. Nicht alle Tiere haben z. B. Augen und nehmen doch in ähnlicher Weise visuell wahr wie «Sehende». Dies führte Gibson dazu, die Analyse der Wahrnehmung bei der «wahrzunehmenden Umwelt» zu beginnen und nicht bei den anatomischen und physiologischen Eigenschaften des individuellen Organismus. Durch diesen Perspektivenwechsel gelangte Gibson zu dem Schluß, daß Umwelt und individueller Organismus gleichermaßen nötig sind, um den Vorgang der Wahrnehmung zu erklären. So sind z. B. die von einem Objekt ausgehenden Lichtstrahlen vom Standort des Erkennenden abhängig, ebenso aber von der übrigen Umwelt und auch vom Objekt selbst. Das Objekt hat Lichtanordnungen, die sich in der Bewegung verändern, und andere, die stets gleichbleiben. Es gibt also beides: das vom Beobachter abhängige Licht und das von ihm unabhängige Licht. Beide Komponenten sind für ein vollständiges Wahrnehmungsbild erforderlich. «Die Nichtveränderungen bestimmen die Aufmachung (*layout*) und bieten Information darüber; die Veränderungen bestimmen die Bewegung und bieten eine andere Art von Information, über die Bewegung selbst.»[193]

Daraus schließt Gibson, daß bei jeder Wahrnehmung Bewegung im Spiel ist, und zwar selbst in dem kurzen «Augenblick» einer «Momentaufnahme» von einem leblosen Objekt. «Der Akt der Informationsaufnahme (...) ist ein kontinuierlicher Vorgang, eine Aktivität, die andauernd und ununterbrochen ist.»[194] Wahrnehmung müsse daher als aktive Teilnahme in einem Prozeß aufgefaßt werden. Nach Gibson ist der Wahrnehmende kein passiver Rezipient, sondern aktiv Beteiligter in einem Prozeß, an dem auch die Umwelt selbst beteiligt ist.

In ähnlicher Weise erklärt er übrigens das Umweltverhalten von Tieren, das er mehrere Jahrzehnte studiert hat. Tiere folgen nicht einfach blind ihrem Instinkt, sondern agieren und reagieren im Wechselspiel mit ihrer Umwelt. Die oft verblüffenden Beispiele für Orientierungen und das Ausnutzen ökologischer Nischen lassen sich mit komplexen Interaktionen viel schlüssiger erklären als mit Reiz-Reaktion-Modellen oder mit einseitiger Instinktsteuerung.[195] Gegen solche Vereinfachungen spricht wohl auch die längst zur Gewißheit gewordene Annahme, daß Tiere Sprache und Bewußtsein haben.[196]

Für die menschliche Sprachentwicklung vertritt die Linguistik die Auffassung, daß Sprache nicht als Attribut des individuellen Organismus anzusehen ist, sondern als Begleiterscheinung von Interaktionsprozessen, die Menschen untereinander und mit Bezug zu ihrer Umwelt durchlaufen. Und weil diese Prozesse so vielschichtig sind, ist Sprache so vielschichtig (Wort-, Gesten-, Körpersprache) und mit ihr die Bedeutung von Begriffen. Es hängt z. B. immer von der Situation ab, ob ein Kartoffelsack als Behälter von Kartoffeln oder als willkommene Sitzgelegenheit «angesprochen» wird. Dasselbe Wort ruft zuweilen ganz unterschiedliche Assoziationen hervor. Der Linguist George Lakoff schließt aus den komplexen Strukturen, die mit Sprach- und Denkprozessen verbunden sind, daß Vorstellungen von individueller Kognition aufgegeben werden müßten. Statt dessen müsse von einem einheitlichen Interaktionsmuster Mensch–Umwelt ausgegangen werden.[197]

Auf einen interessanten Aspekt machte in diesem Zusammenhang die Mikrobiologin Barbara McClintock aufmerksam. Bei ihren Untersuchungen zu Zellstrukturen bei Pflanzen, so erklärte sie in einem Interview mit E. F. Keller, habe sie immer wieder festgestellt, wie entscheidend die persönliche Einstellung sei. Üblicherweise werde das «Objekt» zur Bestätigung oder Widerlegung einer vorgefaßten Ansicht untersucht. Im Grunde liege das Ergebnis damit schon fest. Zuviel wissenschaftliche Forschung werde dadurch entwertet, daß die Forscher ihre Antworten schon vor dem Experiment im Kopf hätten und bereits wüßten, was ihnen «das Material» zu sagen habe. Statt nach bestimmten Antworten zu suchen, sei es methodisch richtiger, «das Material zu einem sprechen zu lassen». E. F. Keller schildert, zu welchen Einsichten Barbara McClintock gekommen ist:

> Um hören zu können, was das Material einem zu sagen hat (Material – in ihrem Fall sind es Getreidepflanzen), muß man ein «Gefühl für den Organismus haben». Damit meint sie das Verstehen, wie es wächst, das Verstehen ihrer Bestandteile, das Verstehen, wenn etwas mit ihr nicht in Ordnung ist. Eine Pflanze, erklärt sie, ist kein Stück Plastik, sondern etwas, das wächst, das fortlaufend seiner Umwelt ausgesetzt ist und fortlaufend die Merkmale ihres Wachstums zeigt. Um angemessen beschreiben zu können, was man sieht, muß man jede einzelne Pflanze «kennen». Dazu muß man sie von Anfang an beobachten, denn keine zwei Pflanzen sind genau gleich. Jede ist verschieden, und man muß die Unterschiede kennen. Die Forscher muß

> ein «Gefühl für den Organismus» in ihr Labor begleiten. (...) Bei ihren mikroskopischen Studien der Neurospora-Chromosomen (die so klein sind, daß andere nicht in der Lage waren, sie zu entdecken) fand McClintock, daß die Chromosomen «größer und größer» wurden, je mehr sie mit ihnen arbeitete, bis sie schließlich «nicht mehr außerhalb» stand. «Ich war dort unten – ich war Teil des Systems.» Als «Teil des Systems» wurden selbst die inneren Teile der Chromosomen sichtbar. «Ich habe mich tatsächlich so gefühlt, als sei ich dort unten und als wären sie meine Freunde.»[198]

Dies ist ein Beispiel für direkte Wahrnehmung, ohne daß ein kognitives Verständnis im Wege stand. Zugleich ist es ein Beispiel dafür, wie verändert die Sichtweise und die daraus resultierenden Folgen sind, wenn eine Art Kommunikation mit anderen Lebewesen unterstellt wird. Die Welt, wie wir sie erfahren, ist offenbar nicht unabhängig vom Erkennenden.

Die bekanntesten Vertreter der systemischen Analyse der Wahrnehmung sind die Neurobiologen Humberto Maturana und Francisco Varela. Ihre Theorie des Erkennens bedeutet eine radikale Abkehr vom Gedanken einer Repräsentation der Welt «da draußen». Grundlegend ist dabei das schon mehrfach erwähnte Prinzip der Selbstorganisation (Autopoiese). Eine solche autonome Einheit stellt nach Varelas Auffassung auch das Nervensystem eines Organismus dar. Es ist ein geschlossenes System, das seine inneren Zustände so wechselt, daß seine Kohärenz (innerer Zusammenhang) und seine Balance gewahrt bleiben. Das Gehirn wird also nicht etwa als ein Input-Output-System betrachtet, bei dem Signale aus der Umwelt empfangen (Input), verarbeitet und bestimmte Bilder erzeugt werden (Output). Die Konsequenzen formulierte Varela in einem Interview so: «Das Gehirn konstruiert Ordnungen – oder Wirklichkeiten, wenn Sie so wollen, wenn man Wirklichkeit als eine Ansammlung von Regelmäßigkeiten versteht. Es existiert weder ein Abbild von einer Welt, die unabhängig ist von dem, was wir tun, noch wird willkürlich und blind etwas konstruiert. Vielmehr verfügt der Mensch mit seinem Nervensystem über ein Instrument, dessen einzige Aufgabe es ist, Ordnungen zu erzeugen, jede Art von Regelmäßigkeiten, wenn sie sich nur bewähren. Das ist dann nicht beliebig, aber es gibt ein großes Spektrum von Möglichkeiten, und wir können sie allesamt erkunden.»[199]

An anderer Stelle verdeutlicht Varela diesen Gedanken anhand des

Huhn-Ei-Streites: «Was war zuerst, die Welt oder das Bild? (...) Die *Huhn*-Position: Die Welt da draußen hat feste Gesetze, sie geht dem auf das kognitive System geworfenen Bilde voraus, dessen Aufgabe darin besteht, das Bild angemessen zu erfassen (sei es in Symbolen oder in globalen Zuständen). Das klingt sehr vernünftig, und wir haben große Schwierigkeiten, uns vorzustellen, daß es auch anders sein könnte. Meist denken wir, die einzig mögliche Alternative liege in der Ei-Position. Die *Ei*-Position: Das kognitive System schafft sich seine Welt selbst, und deren scheinbare Festigkeit spiegelt nur die internen Gesetze des Organismus wider. Mit der These des Inszenierens (d. h. Hervorbringen von Wirklichkeiten) könnten wir diese beiden Positionen hinter uns lassen, indem wir erkennen (was jeder Bauer weiß), daß Ei und Huhn *einander definieren.* Ähnlich ist der Prozeß des Lebens für die Gestaltung unserer Welt verantwortlich, aber seine Ursprünge sind so weit entrückt, daß sie als fertig und endgültig erscheint. Daß wir sie als etwas Äußeres auffassen, sollte uns nicht zu dem objektivistischen Gedanken verleiten, das Wesen des Erkennens liege darin, die Welt zu repräsentieren.»[200] Erkennender und Erkanntes, Subjekt und Objekt konstituieren sich also wechselseitig. Wie in der bekannten Zeichnung von M. C. Escher, in der sich zwei Hände gegenseitig zeichnen und niemand sagen kann, welche Hand die «wirkliche» Hand ist.

Die moderne Kognitionsforschung führt weg von einem linearen Input-Output-Denken und hin zu Begriffen wie «Prozesse», «Kohärenzen», «Felder», «gegenseitige Abhängigkeit». Damit wird es immer problematischer, in Kategorien von Reiz und Reaktion, Ursache und Wirkung zu denken. Stimmig sind solche Kategorien nur noch, wenn man eine Trennung von Innenwelt und Außenwelt unterstellt. Welchen «Beweis» hält man aber für diese Trennung in Händen außer dem, daß sie in unserer Vorstellung noch herumgeistert? Sie entspricht der Tradition dualistischen Denkens, läßt sich wissenschaftlich aber kaum untermauern. Anstatt eine autonome Welt «da draußen» anzunehmen, die in einer autonomen Welt «hier drinnen» wie auch immer repräsentiert wird, macht es viel mehr Sinn, die Gegensätzlichkeit einfach fallenzulassen und von einer einzigen Wirklichkeit auszugehen. Geist und Natur, Bewußtsein und Materie sind dann keine Gegensätze mehr, sondern «verschiedene Aspekte derselben Wirklichkeit».[201]

Über den Bereich der Wahrnehmungsforschung hinaus steht die gesamte Neurologie in einem Umbruch. Kaum eine Wissenschaft hat in den vergangenen zehn Jahren so viele spektakuläre Entdeckungen gemacht wie die Gehirnforschung. Die verwirrende Fülle neu zutage geförderter Fakten läßt sich kaum mehr in einheitlichen Theorien und Modellen unterbringen. Es gibt allerdings einige Erkenntnisbereiche, die zum gesicherten Stand der Gehirnforschung gehören. Einer davon ist die Funktionsweise der beiden Hirnhemisphären.

Die beiden Hemisphären des Großhirns nehmen unterschiedliche Aufgaben wahr. In einem hoch differenzierten System der Arbeitsteilung hat die linke Hemisphäre u. a. verbale, zeitlich gliedernde, rechnende, logische, analytische und beurteilende Funktionen, während die rechte Hemisphäre u. a. non-verbale, visuell-räumliche, gleichzeitige, bildhafte, ganzheitliche, intuitive Funktionen erfüllt. «Links» sitzt die analysierende Intelligenz, «rechts» das ganzheitliche Erfassen. Einigkeit besteht heute auch darüber, daß beide Hemisphären nicht getrennt voneinander agieren, sondern auf komplexe Weise interagieren. Wie raffiniert dieses Zusammenspiel im einzelnen ist, zeigen z. B. die Arbeiten von Michael S. Gazzaniga (1985), Jerre Levy (1989) und Robert F. Ornstein (1989). Je besser dieses Zusammenspiel im individuellen Organismus funktioniert, desto schöpferischer und kreativer werden die Denkleistungen.

Nun leben wir in einer Kultur, die der Nutzung unseres schöpferischen Potentials nicht gerade förderlich ist. Sozialprestige genießen die linkshirnigen (männlichen) Fähigkeiten; sie machen sich weitaus besser «bezahlt» als rechtshirnige (weibliche) Fähigkeiten. Unser gesamtes Erziehungssystem scheint darauf angelegt, diese Einseitigkeit hervorzubringen. Wie alarmierend die Konsequenzen sind, hat der Lernpsychologe und Rechtswissenschaftler Gerhard Huhn anhand der Lehrpläne von staatlichen Schulen untersucht. Die Lehrpläne – erst recht natürlich die Curricula in Hochschulen – gleichen einem Trainingsprogramm für Linkshirnige. Sogar bei einem so kreativen Unterrichtsfach wie «Textiles Gestalten» stellte Huhn einen Anteil linkshirnig orientierter Lerninhalte von rund 70% gegenüber 30% «rechtshirnigen Inhalten» fest.[202] Den Anforderungen einer ausgewogenen Entwicklung des schöpferischen Potentials werden offenbar nur Alternativschulen (Steiner, Freinet, Montessori) gerecht. In seiner juristischen Analyse legt Huhn überzeugend dar, daß die heutige einseitige schulische Erziehung eklatant gegen das Grundrecht auf freie Entfaltung der Persönlichkeit (Artikel 2, Absatz 1 Grundgesetz) verstößt. Jedenfalls ergibt sich dies zwingend, wenn man das Persönlichkeitsrecht im Lichte der neueren Gehirnforschung interpretiert. Zur Entfaltung der Persönlichkeit gehört dann nicht nur die soziale Kommunikationsmöglichkeit des Menschen, sondern auch seine «innere Kommunikation»[203], d. h. die ausgewogene Kommunikation zwischen der «linken» und der «rechten» Hemisphäre.

Die Blockierung des schöpferischen Potentials unserer Kinder mag für die Betroffenen nicht unbedingt ein Unglück bedeuten. Ihre linkshirnig erworbenen Fähigkeiten entsprechen immerhin den Erwartungen des Arbeitsmarktes. Und tröstlich (wie bezeichnend) sind vielleicht die vielen Beispiele von schulischen «Versagern», die später berühmte Genies wurden. Gesamtgesellschaftlich gesehen bedeutet die Blockierung dagegen eine Katastrophe. Wenn wir uns selbst fortwährend daran hindern, aus dem reichen Fundus unserer Phantasie und Intuition zu schöpfen, wie sollen wir dann das integrierende, ganzheitliche Denken entwickeln, das wir zur Lösung der ökologischen Krise brauchen? Sogar der «Kronzeuge» rational-empirischer Wissenschaft, Albert Einstein, meinte: «Was wirklich zählt, ist Intuition.» Und Carl Sagan resümiert seine geschichtliche Darstellung der menschlichen Intelligenz: «Ich glaube, die bedeutendsten kreativen Errungenschaften unserer und aller anderen Kulturen – juristische und ethische Systeme, bildende Kunst und Musik, Wissenschaft und Technologie – wurden nur durch die Zusammenarbeit von rechter und linker Hirnhemisphäre ermöglicht. Diese kreativen Akte, wenn sie auch nur selten und von wenigen vollzogen wurden, haben uns und die Welt verändert.»[204]

Diesen Höhepunkten der Kulturgeschichte steht freilich die generelle Vorherrschaft linkshirnigen Denkens gegenüber. Noch heute gilt Rationalität mehr als Intuition, ja, überwiegend wird noch nicht einmal akzeptiert, daß beides, obwohl unterscheidbar, aufs engste zusammengehört. Es hat Jahrhunderte gebraucht, bis ein öffentliches Bewußtsein darüber entstand, daß die Unterdrückung von Intuition und Gefühl Methode hat. Sie ist eine Begleiterscheinung des Patriarchats. Erst die feministische Bewegung hat aufgedeckt, wie alles durchdringend die Macht des Patriarchats ist. Dem Zitat von Carl Sagan läßt sich deshalb ein Zitat von der Ökofeministin Ynestra King gegenüberstellen, das nicht weniger zutrifft: «Der Imperialismus der weißen, männlichen, westlichen Kultur ist zerstörerischer für andere Völker und Kulturen gewesen als jede andere imperialistische Macht der Weltgeschichte, er hat uns an den Rand der ökologischen Katastrophe gebracht.»[205]

Der Öko-Feminismus hat nicht nur allgemein darauf hingewiesen, daß die Mechanismen zur Unterdrückung der Natur die gleichen sind wie die Mechanismen zur Unterdrückung der Frau,[206] sondern auch Wesentliches zum Verständnis ökozentrischen Denkens beigetragen. Die umweltethische Diskussion selbst wird oft linkshirnlastig geführt. So kritisierte Marti Kheel: «Was in einem Großteil der Literatur zur Umweltethik und Ethik überhaupt fehlt, ist das Eingeständnis, daß wir ethische Fragen noch nicht einmal stellen dürfen, bevor wir nicht klar zugeben, daß wir fühlen und uns Sorgen machen. (...) Die Betonung von Gefühl und Emotion bedeutet (dabei) keine Absage an die Vernunft.»[207] Äußerungen wie diese machen darauf aufmerksam, daß unser Verhältnis zur Natur nur sehr begrenzt mit Hilfe rationaler Sprache beschrieben und neu umrissen werden kann. Der eigentliche Kern bleibt darunter verborgen. Die Abstraktheit vieler Begriffe – auch solche wie Ökozentrik und Eigenwert gehören dazu – beschwört beständig die Gefahr, daß sie wie Etiketten benutzt werden und ihr Kontext unbeachtet bleibt. Öko-feministische Beiträge betonen deshalb immer wieder, wie wichtig es ist, den prozeßhaften Charakter ökozentrischen Denkens nicht aus den Augen zu verlieren.[208] Es kann nicht einfach dank der besseren «Argumente» übernommen und ausgeführt werden. Ihm liegt ein bestimmter Überzeugungskontext (Paradigma) zugrunde, der sich aus rationalen *und* emotionalen Erfahrungen speist. Vor dem Hintergrund unserer linkshirnlastigen Kultur muß gerade dieses Bewußtsein ständig wachgehalten werden.

Wenn wir die Erkenntnisse der neueren Wahrnehmungsforschung und Gehirnforschung insgesamt überblicken, dann weisen sie in eine Richtung, die sich vom Dualismus abkehrt. Eine Dichotomie von «Innenwelt» und «Außenwelt» gibt es nicht und genausowenig eine Dichotomie von linker und rechter Gehirnhälfte. In beiden Fällen beschreiben Begriffe wie «Interaktionsmuster» und «gegenseitige Abhängigkeit» den Sachverhalt genauer. Wir können aber noch einen Schritt weiter gehen: Es ist kein Zufall, daß die bisher herrschende Vorstellung von Wahrnehmung die einer Repräsentation der «Außenwelt» durch die «Innenwelt» war. Und ebenso ist es kein Zufall, daß unsere Kultur bisher die Funktionen der linken Hirnhemisphäre privilegierte. Das zugrundeliegende Problem ist jeweils das gleiche: Die Wirklichkeit wird nicht polar, sondern dualistisch wahrgenommen. Die dualistische Tradition übersieht jedoch, daß hinter jeder Polarität die Einheit steht, und neigt dazu, dem einen Pol mehr Gewicht zu verleihen als dem anderen. So wird das anfängliche Ich zum Ego und das linkshemisphärische Unterscheidungsvermögen zur Diktatur der Unterschiede.

Die polare Betrachtung ist eine andere. Sie begreift die auftretenden Pole nicht als konkurrierende Gegensätze. Polar sehen, heißt, bei jeder Betrachtung gleichzeitig auch den Gegenpol sehen. Die Beziehung der Pole ist deshalb wichtiger als ihre Verschiedenheit. In der polaren oder ganzheitlich-ökologischen Sichtweise erscheint die Welt der Gegensätze - Ich und Du, Innen und Außen, Inland und Ausland, Mensch und Natur, Frau und Mann, Gut und Böse usw. - nicht als konkurrierende Welt, sondern als Welt der Komplementarität: Die jeweiligen Aspekte bedingen einander.

Es ist überaus bezeichnend, daß die neuere Wahrnehmungs- und Gehirnforschung Erkenntnisse liefert, die eine nicht-dualistische Auffassung von den Vorgängen nahelegt, welche sich im Gehirn und in bezug auf die Umwelt abspielen, und zwar bezeichnend in zweierlei Hinsicht: Zunächst können wir hier an das anknüpfen, was wir im vorigen Abschnitt zum Selbst und zur Identifikation gesagt haben. Unser Gefühl, daß das Selbst nicht an der eigenen Haut endet und über die Identifikation mit der sozialen und natürlichen Umwelt entwickelt wird, läßt sich durch die Erkenntnisse der Neurobiologie bestätigen. Unser Gehirn ist offenbar nicht so beschaffen, daß es für die Welt «da draußen» nur ein Abbild übrig hätte. Es ist eher so, daß die Welt ein Teil von uns ist und wir ein Teil von ihr. Wir können Wahrnehmungsvorgänge deshalb als ein wechselseitiges Geschehen zwischen Individuum und Umwelt, als einen Prozeß mit aktiven Teilnehmern also, auffassen. Identifikationen werden dadurch sehr erleichtert.

Darüber hinaus ist bezeichnend, daß Neurobiologie, Neurophysiologie und mit ihnen die Naturwissenschaft insgesamt einen Weg beschreiten, der dualistische Deutungsmöglichkeiten kaum noch zuläßt. Es ist der gleiche Weg, der im gesellschaftlichen Raum von der feministischen Bewegung und, ihr zum Teil nachfolgend, von der Friedens- und Ökologiebewegung beschritten wurde. Politisches Anliegen dieser drei Strömungen ist es, die Kluft zwischen Frau und Mann, Freund und Feind und Mensch und Umwelt zu überwinden. Es wäre Ausdruck dualistischer Gewohnheit, wenn man von einem Pol zum anderen hätte hüpfen wollen, also etwa «Frauen sind die besseren Menschen», «Liebe deine Feinde mehr als deine Freunde» und «Zurück zur Natur». Und solche Polsprünge und Übertreibungen hat es natürlich gegeben. Im Grunde aber - und immer deutlicher erkennbar - geht es darum, sich im jeweils anderen Pol wiederzuerkennen. Der Mann entdeckt seine Anima in sich, die Frau ihren Animus in sich, die Menschen erkennen sich in

Feinden wieder (die dadurch Mitmenschen werden), und sie erkennen sich in der Umwelt wieder (die dadurch Mitwelt wird). In unseren Köpfen verwandeln sich alte Gegensätze zu Polen, die zwar in Spannung zueinander stehen, aber aufhören, sich gegenseitig zu bekriegen.

Der Bewußtseinswandel signalisiert weit mehr als bloßen Theorienfortschritt (in der Wissenschaft) und grüne Ideen (in der Gesellschaft). Er ist *die* Reaktion auf die ökologische Krise, die letztlich das Ergebnis einseitiger Wahrnehmungen und Wertungen ist. Und weil der Bewußtseinswandel so umfassend ist, läßt er sich kaum in ein griffiges Parteiprogramm pressen. Das heißt aber keineswegs, daß er politisch beliebig und damit folgenlos bleibt. Er hat schon längst die politische Kultur verändert und wird es in dem Maße weiter tun, wie allgemein begriffen wird, daß die Korrektur einseitiger Wahrnehmungen und Wertungen im ökozentrischen Denken liegt. Als ökozentrische Ethik wird dieses Denken konkret, d. h. politisch durchsetzbar.

So politisch revolutionierend die ökozentrische Wende auch ist, in ihrem Kern müßte sie uns längst vertraut sein: Das Individuum ist ein integrierter Teil der Natur.

Das ökozentrische Bewußtsein sticht allein dadurch hervor, daß wir in einer Kultur leben, die das Selbst zu einem Ego und die Selbst-Verwirklichung zu einem Ego-Trip hat verkümmern lassen. Nur so läßt sich erklären, daß wir in bezug auf die Natur anthropozentrisch gedacht und dies noch nicht einmal bemerkt haben. Und wäre nicht die Antithese der Ökozentrik aufgestellt worden, würden wir es noch nicht einmal heute bemerken. Ökozentrisches Bewußtsein wurde erst durch die ökologische Krise möglich und ist nichts anderes als die Antithese zur Anthropozentrik. Nach Hegels dialektischem Dreischritt werden beide in der Synthese «aufgehoben». Die These des «Ich» und die Antithese des «Du» verschwinden in der Synthese des «Wir» und sind trotzdem in ihr enthalten. Ähnlich können wir annehmen, daß die These der Anthropozentrik und die Antithese der Ökozentrik eines Tages in der Synthese aufgehoben werden, die beide miteinander vereinen. Das wäre jedoch erst der übernächste Schritt: eine Synthese, die wir den Zustand des Höheren Selbst nennen können. Ein Zustand also, der die Kategorien «Mensch» und «Natur» nicht mehr braucht, um ökologisches Handeln zu definieren.

So weit sind wir aber noch nicht. Für unsere Zeit kommt es darauf an, den zweiten Schritt zu tun. Dieser Schritt führt uns aus der alten Logik der Natur- und Selbstzerstörung heraus. Die neue Logik sieht menschliches Handeln nicht mehr auf sich allein, sondern auch auf die Natur bezogen. Es gibt also eine sowohl ethisch als auch naturwissenschaftlich begründbare Verantwortung gegenüber der Natur.

Vierter Teil

Die neue Ordnung

8. Perspektiven einer ökologischen Politik

Der echte Revolutionär rebelliert
nicht gegen Mißbräuche,
sondern gegen Bräuche.
José Ortega y Gasset

Sowenig wie der untergegangene Kommunismus läßt sich der Kapitalismus «von oben» reformieren. In einem System, das nach Geschichte und Struktur auf Zerstörung aller Lebenszusammenhänge ausgerichtet ist, kann es keine Besserung durch Reform geben. Und jeder, der an die Reformfähigkeit der Megamaschine glaubt, gibt sich Illusionen hin. Die zahlreichen Reformen und Reförmchen als Antworten auf die ökologische Krise haben alles mögliche bewiesen, nur nicht die Absicht, am System etwas ändern zu wollen.

Das System abschaffen also? Das scheidet als Möglichkeit genauso aus. Wir haben es nicht mit korrupten Regierungen zu tun, die durch Revolution ausgetauscht werden könnten. Nichts würde sich ändern. Dem Tiger ist es völlig egal, wer ihn reitet. Nicht der Reiter, vielmehr der Tiger ist unser Problem. Wir haben ihn mit der Flasche großgezogen und dürfen uns nicht wundern, daß er erwachsen wurde. Bleibt nur, den Tiger zu zähmen, was übersetzt bedeutet, uns selber zu zähmen.

Am Anfang steht also nicht die äußere Aktion, sondern die innere Umkehr. In Umkehrung von Marx' Feuerbach-These: Es kommt darauf an, die Welt zu interpretieren, ehe wir sie verändern. Die Zerstörungsmechanismen mögen im Äußeren liegen (Industriegesellschaft, Staat, Recht usw.), dort manifestieren sie sich jedoch nur. Ihre Antriebe sind so tief in unserer Kultur verwurzelt, daß wir sie längst internalisiert haben. Wir selbst, jeder einzelne, führen dem Motor, der die Maschine antreibt, immer wieder die nötigen Brennstoffe und Schmiermittel zu. Wir konsumieren unverdrossen und verbrauchen unverschämt viel Energie. Die Konsumgüter werden zwar immer grüner, deswegen aber nicht weniger – im Gegenteil. Auch nehmen wir der Chemie-Industrie ihre bunten Werbeanzeigen mit lieblichen Flußläufen und wogenden Weizenfeldern vielleicht nicht ab, wir finanzieren diese Anzeigen dennoch kräftig mit.

Wir haben über dieses Dilemma – gute Absichten/schlechte Gewohnheiten – im ganzen Buch geredet. Es ist schließlich *das* Thema des ökozentrischen Denkens. Eine ganzheitliche ökologische Ethik wird unsere Gewohnheiten nicht ändern, wenn sie nicht zuvor in unser Selbst eingebaut worden ist. Und ein ökologisches Selbst wird die Gesellschaft nicht ändern, wenn es darauf verzichtet, seine Ethik zu formulieren und politisch durchzusetzen. Es war die große Schwäche aller bisherigen Umweltethik, bloß Moral zu predigen; sie blieb unverbindlich, weil sie nicht wirklich gelebt wurde. Es war die große Schwäche der Ökologiebewegung, sich weitgehend mit sich selbst beschäftigt zu haben. Sie hat wenig erreicht, weil sie keine eigene, sondern höchstens kontraproduktive Strategien hatte. Die einen haben ihre «ökologische Nische» in der Konsumgesellschaft gefunden (mit Alternativschulen, Gesundheitsläden und spiritueller Selbsterfahrung), aus der sie nicht herauswollen. Andere haben sich parteipolitisch organisiert und sind doch kaum mehr geworden als die «dienstbaren Geister» (R. Bahro) des Systems, das sie eigentlich verändern wollten. Es nützt einfach nichts, die relativen Erfolge der grünen Bewegung herauszustellen, wenn – wie geschehen – die Systemfrage nicht mehr gestellt wird. Auf eine kurze Formel gebracht: *Die Spirituellen sind zu wenig politisch und die Politischen zu wenig spirituell.*

Die Lösung dieses Dilemmas besteht sicher nicht im «großen Wurf». Es gibt kein geschlossenes Konstrukt, das alle Bedingungen einer individuellen und kollektiven Erneuerung erfüllen könnte. Was aber alle diejenigen gemeinsam haben, die sich im weitesten Sinne der Ökologiebewegung zugehörig fühlen, ist ein tiefsitzendes Unbehagen gegenüber dem Materialismus, der unsere Herzen und Köpfe befallen hat wie eine lähmende Krankheit und uns nicht weiter denken läßt, als die Begleiterscheinungen dieser Lähmung erträglicher zu machen. Wenn wir uns heilen wollen, müssen wir zuerst nach den Ursachen der Krankheit fragen. Zu den Ursachen ist die Ökologiebewegung in ihrer großen Mehrheit noch gar nicht gelangt. Meist wird das Wehklagen über den Materialismus mit resignierendem Schulterzucken kommentiert. Politisches wird darin kaum vermutet. Es gibt aber eine direkte Linie, die von der ökologischen Krise zurück in die Grundfesten abendländischer Kultur führt. Sie beginnt nicht erst beim Industriesystem, nicht erst beim kapitalistischen Prinzip, nicht erst bei der mechanistischen Naturwissenschaft, nicht erst beim Christentum, sondern hat ihren Ursprung in einer Ego-Struktur des Bewußtseins, die sich die Welt in lauter Dualismen eingeteilt hat. Wir haben die Welt in zwei Hälften auseinandergenommen und wissen nicht, wie wir sie wieder «heil» bekommen. Hier liegt die Ursache der Krankheit. Alles weitere sind nur ihre Symptome.

Aus diesem Grunde haben diejenigen «recht», die den Schlüssel für die Heilung in ihrer Selbstheilung sehen. Sie beschäftigen sich mit den Ursachen. Aber «recht» haben auch diejenigen, die sich im täglichen Kampf gegen die fortschreitende Zerstörung unserer Umwelt wehren. Sie beschäftigen sich mit den Symptomen. Der Arzt, der die blutenden Wunden behandelt, ist nicht weniger wichtig als der Heiler, der zu den Ursachen der Wunden vorstößt.

Die richtige Therapie hängt aber, wenn sie mehr sein will als Symptombehandlung, von der richtigen Diagnose ab. Die Diagnose ist, daß wir als einzelne Menschen unter einer verkümmerten Egozentrik leiden und als Gesellschaft unter einer verkümmerten Anthropozentrik. Beide sind Erscheinungen derselben ich-reduzierten Bewußtseinsstruktur. Wenn nun diese Diagnose richtig ist, dann liegt in ihr auch schon die Therapie! Eine gute, d. h. bewußt gewordene Diagnose macht eine eigenständige Therapie im Grunde überflüssig.

Doch genügt es nicht, die Diagnose zu stellen. Um sie bewußt zu machen, müssen wir sie verinnerlichen, d. h. die Krankheit als Krankheit annehmen. Der einzelne Mensch hat dazu sein eigenes Bewußtsein zur Verfügung. Wer krank ist, kann sich mit seiner Krankheit auseinandersetzen und sich dadurch ihre Ursachen bewußt machen.[1] Damit sich die Gesellschaft mit ihrer Krankheit auseinandersetzt, muß aber mehr geschehen, als daß sich einzelne darum kümmern. Gesellschaftliches Bewußtsein muß erst hergestellt werden – über einzelne, über Gruppen und über Medien. Damit auch diejenigen die Krankheit erkennen, auf deren Einschätzung es besonders ankommt – die Entscheidungsträger in Industrie, Wissenschaft und Politik –, ist wiederum noch mehr nötig als Aufklärungsarbeit. Unser gesellschaftliches Problem ist ja, daß es ein einheitliches Bewußtsein über die Ursachen und Lösungen der ökologischen Krise nicht gibt und vielleicht auch nicht geben wird. In einer pluralistisch-demokratischen Gesellschaftsordnung gibt es (bestenfalls!) den Wettbewerb der Meinungen und nur einen Kernbestand an Konsens (z. B. die Verfassungsordnung mit ihren Grundrechten). Ein einheitliches Bewußtsein wird man noch für Krankheiten wie AIDS herstellen können, aber nicht für eine so fundamentale Krankheit wie den Kapitalismus. Daß der Kapitalismus eine tödliche Krankheit ist, wird ja noch nicht einmal von einem relevanten Teil der Bevölkerung so gesehen.

Dennoch geht es um nichts weniger, nein, um viel mehr als den Kapitalismus. Er selbst ist nur ein Symptom. Um an die Ursachen zu kommen, muß ihm das Wasser abgegraben werden. Das Wasser speist sich aus vielen Quellen, z. B. aus dem verfassungsmäßig geschützten Eigentum. Wird nicht spätestens hier die ökozentrische Wende zur Illusion? Mit unserer Kritik am Staat und seinen Institutionen (Verfassung, Recht usw.), die selbst Begleiterscheinungen des kapitalistischen Prinzips sind, befinden wir uns in einer paradoxen Lage: Auf der einen Seite haben wir die Ursachenkette der ökologischen Krise bis in ihre weltanschaulichen Grundlagen zurückverfolgt und die Rolle von Staat, Politik und Recht als die von Mittätern beschrieben.[2] Auf der anderen Seite erwarten wir, daß diese Institutionen die ökozentrische Ethik aufnehmen, um die Grundbedingungen ihrer eigenen Existenz und der ihrer Brotgeber zu verändern. Bisher hat das parlamentarisch-demokratische System zuverlässig verhindert, daß die wirklich lebenswichtigen Dinge auf den Tisch kommen. Wie soll da ausgerechnet ein so radikaler Vorschlag wie eine ökozentrische Kehrtwendung eine Chance haben?

Die schlichte, wenig befriedigende Antwort darauf ist, daß wir keine andere Möglichkeit haben. Der Staat und seine Institutionen gehören zur Realität der Lage, in die wir geraten sind. Wir müssen in jedem Fall mit ihnen rechnen. So oder so. Die «Lösung» aus dem Paradoxon kann deshalb nur aus der Tatsache folgen, daß der Staat eben nicht autonom ist, sondern verwoben mit seinen gesellschaftlichen Bedingungen. Diese ändern sich laufend und mit ihnen – wenn auch verzögert – seine Institutionen. Die allein interessierende Frage ist, auf welchen Bühnen sich der Wandel abspielt. Soll Ethik weiterhin etwas für Philosophen und Sonntagsredner bleiben? Soll ökozentrisches Bewußtsein auch in Zukunft nur in Seminaren und geschlossenen Zirkeln gepflegt werden? Spiritualität im Privaten und Rationalität in der Wissenschaft, während Parteien und Parlamente Realpolitik machen? Nein, das komplette Stück muß auf allen Bühnen gleichzeitig gespielt werden, wenn auch in unterschiedlichen Inszenierungen und Besetzungen.

Das Stück heißt «Die ökologische Alternative» oder wie immer die Bezeichnungen lauten mögen für eine Sichtweise, die auf das Ganze achtet und nicht nur darauf, wie die nächsten Tarifrunden laufen sollen, woher unsere Wachstumsraten kommen und was dergleichen Einzelprobleme mehr sind. Nur wenn das ganze Stück auf allen Bühnen und bei jeder Gelegenheit gespielt wird, kann sich das gesellschaftliche Bewußtsein über unsere Krankheit und ihre mögliche Heilung einstellen.

Es geht wohlgemerkt nicht darum, alle anderen Veranstaltungen abzublasen. Natürlich bleiben Arbeitsplätze, soziale Gerechtigkeit, Ausgleich mit der Dritten Welt usw. auf der Tagesordnung. Es geht vielmehr darum zu erkennen, daß wir uns keinen Millimeter vom Abgrund wegbewegen, solange wir die Vernetzung aller Probleme nicht begreifen und deren inneren Ursachen nicht nachgehen.

Um uns vom Abgrund wegzubewegen, brauchen wir «Spezialisten fürs Allgemeine». Es gibt bisher fast nur Spezialisten fürs Spezielle. Sie sind auch weiterhin nötig. Wenn es sich dagegen ums Allgemeine dreht, fehlen die Experten. Entweder wird das Allgemeine doch nicht so allgemein gefaßt und auf bestimmte Ausschnitte des Lebens beschränkt (Seelsorger, Philosophen), oder es versuchen sich Dilettanten daran (neunmalkluge Weltverbesserer, Schwätzer). Für eine Spezialisierung aufs Allgemeine ist niemand ausgebildet, und Menschen solcher Qualität sind bedauerlicherweise äußerst rar. Wir brauchen solche Menschen dringend, damit wir permanent daran erinnert werden, wie vernetzt all unsere Lebenszusammenhänge sind und wo die Hauptfelder für Problemlösungen liegen.

Vermutlich haben wir keine Zeit, darauf zu warten, bis sich unsere sozialen Institutionen – vor allem Schulen und Universitäten – endlich den Grundfragen widmen. Sie sind überwiegend Brutstätten linkshirniger Spezialisten und werden es auch noch eine Weile bleiben. Natürlich gibt es interdisziplinäre, ganzheitlich orientierte Lehr- und Forschungseinrichtungen; ökologische Institute gehören dazu, Zukunftswerkstätten, Alternativschulen und Stätten der Erwachsenenbildung. Aber sie machen nur einen geringen Anteil aus und ziehen oft nur diejenigen an, die schon «bekehrt» sind.

Im politischen Raum sind es vor allem Bürgerinitiativen, die quer zu Parteien und Planungsbürokraten liegen und deshalb so erfolgreich sind. Ihr Einfluß hat seit den siebziger Jahren ständig zugenommen und jeder Vereinnahmung widerstanden. Ihre Erfolge zeigen am deutlichsten, wie sich die politische Kultur verändert hat. Die scheinbare Schwäche, sich auf bestimmte lokale Probleme zu konzentrieren und deswegen als Lobbygruppe verharmlost zu werden, macht in Wahrheit die Stärke der Bürgerinitiativen aus. Sie sind unabhängig, haben große Unterstützung in der örtlichen Bevölkerung, sind oft miteinander vernetzt und zwingen die Parteien beständig in die Defensive. Vor allem aber zeigen sie, daß einzelne Probleme stellvertretend für Grundprobleme der Gesellschaft stehen. Streitpunkte wie die Errichtung einer

Müllverbrennungsanlage, einer Industrieansiedlung, eines Freizeitparks oder Golfplatzes haben sich oft genug zur Grundsatzdebatte über gesellschaftliche Werte und Ziele ausgewachsen. Ökonomische und ökologische Interessen stehen sich unvermittelt gegenüber. Für viele Menschen sind Bürgerinitiativen deshalb *der* Selbsterfahrungssport unserer politischen Kultur geworden. Wer sich den Monumenten der Industriegesellschaft nicht mit Stimmzetteln, sondern aktiv handelnd entgegenstellt, bekommt ein Gespür dafür, daß Umweltzerstörung nicht Begleiterscheinung, sondern Quintessenz des Industriesystems ist.

Das Grundproblem ist immer dasselbe: Für sich betrachtet, erscheint ein Projekt unter vielen ökonomischen Gesichtspunkten vernünftig und nur unter einem einzigen ökologischen Gesichtspunkt problematisch. Investitionen, Steuereinnahmen, Arbeitsplätze, «Lebensqualität» usw. hier, ein Stückchen Natureinbuße oder Umweltverschmutzung da. Aus der Froschperspektive scheint dies keine allzu beunruhigende Angelegenheit. Aus der Vogelperspektive stellt es sich anders dar. Das jeweilige Mini-Projekt ist nämlich Teil eines gigantischen Projekts «Wohlstand und Wachstum». Der einzelne Golfplatz im Dorf wird zum Bestandteil eines Flickenteppichs von Golfplätzen im Land, das Stückchen Umgehungsstraße wird zum Bestandteil eines wildverzweigten Betonnetzes und das einzelne (Katalysator-)Auto zum Bestandteil eines giftigen Ungeheuers. Die drei Einzelstückchen stehen logistisch untereinander in Verbindung und ergeben schließlich zusammen mit allen anderen Stückchen ein komplettes Mosaik von Flächenverbrauch und Umweltverschmutzung. Nimmt man zur räumlichen noch die zeitliche Perspektive hinzu, so wird der winzige Golfplatz Bestandteil des Mechanismus, der zukünftiges Leben unmöglich macht. Wer diese ökologische Vogelperspektive der ökonomischen Froschperspektive des staatlichen Apparates mit seinen Gesetzen, Behörden und Zuständigkeitsbereichen entgegenhält, fällt in der Regel durch die Maschen des Apparates. Im konkreten Entscheidungsverfahren geht es immer nur um den Einzelfall. Auf eine Gesamtbetrachtung ist der Apparat nicht eingerichtet. Bisher scheinen nur Bürgerinitiativen zu wissen, was es heißt, global zu denken und lokal zu handeln.

Der Protest gegen die (räumliche wie zeitliche) Eindimensionalität ist jedoch Ausdruck eines allgemeinen Wertwandels. Gemeint ist der Übergang vom materialistischen zum post-materialistischen Wertsystem, wie es im Soziologendeutsch heißt. Die materialistische Wertstruktur bestand aus Werten wie egoistischer Individualismus, Naturfeindlichkeit, materielles Wachstum, Großtechnologien, große Arbeits- und Wohneinheiten, hierarchische Ordnungen, Spezialisierung und Arbeitsteilung usw. Die post-materialistische Wertstruktur besteht aus Werten wie Kooperation, Leben mit der Natur, materielle Genügsamkeit, verbunden mit psycho-spirituellem Wachstum, dezentrale ökologisch angepaßte Technologien, überschaubare Lebens- und Arbeitszusammenhänge, vernetzte Systeme ohne große Hierarchien u. ä. Wesentlich an diesem Wertwandel ist, daß ein Mensch nicht – wie früher noch angenommen – «post-materialistisch» wird, weil er alle wichtigen materiellen Bedürfnisse befriedigt hat, sondern weil er mit dem Lebensstil des Materialismus unzufrieden ist. Er entspricht schlicht nicht seinen Bedürfnissen.[3] Insofern trifft es genauer, statt von einem post-materialistischen von einem anti-materialistischen oder positiv ausgedrückt von einem ganzheitlichen Wertsystem zu sprechen.[4]

Die wirtschaftlichen und politischen Entscheidungszentren sind von diesem Wertwandel bisher weitgehend unangetastet geblieben. Ihrer eigenen Logik folgend, können sie auch kein Interesse haben, am Abbruch des Unternehmens «Wohlstand und Wachstum» mitzuwirken. Es stellt sich jedoch die Frage, ob die Logik stets die gleiche bleiben muß, oder ob sie so verändert werden kann, daß staatliche Instanzen und Wirtschaft ihr notwendig nachfolgen. Aus sich heraus werden es weder Staat noch Wirtschaft tun. Was aber, wenn der Wertwandel sich eine Ausdrucksform verschafft, die sich in einer bestimmten Ethik mit bestimmten politischen und rechtlichen Wertungen artikuliert? Wie kann z. B. die Vernetzung der Probleme (einschließlich der «vogelperspektivischen» Sicht) so dargestellt werden, daß sie in konkreten Entscheidungsverfahren nicht ständig «vergessen» wird? Wenn es gelingt, ökologische Zusammenhänge und die Bewertungskriterien für politische Entscheidungen entsprechend zu verändern, dann wird die Logik in der Tat eine andere. Es geht dann nicht mehr um das Unternehmen «Wohlstand und Wachstum», das alle Geschäftsbedingungen selbst bestimmt, sondern um ein neues Aushandeln dieser Bedingungen. Um zu dem bereits gebrauchten Bild zurückzukehren: Die staatlichen Bühnen würden gezwungen, ihr Programm zu ändern und endlich auch mal das komplette Stück aufzuführen.

Wie ich meine, müssen sich dazu zwei Voraussetzungen erfüllen: Die eine ist die Erkenntnis, daß alle unsere Probleme miteinander vernetzt sind und durch das herkömmliche Wertesystem ständig reproduziert und verstärkt werden. Die zweite Voraussetzung ist, das neue Wertesy-

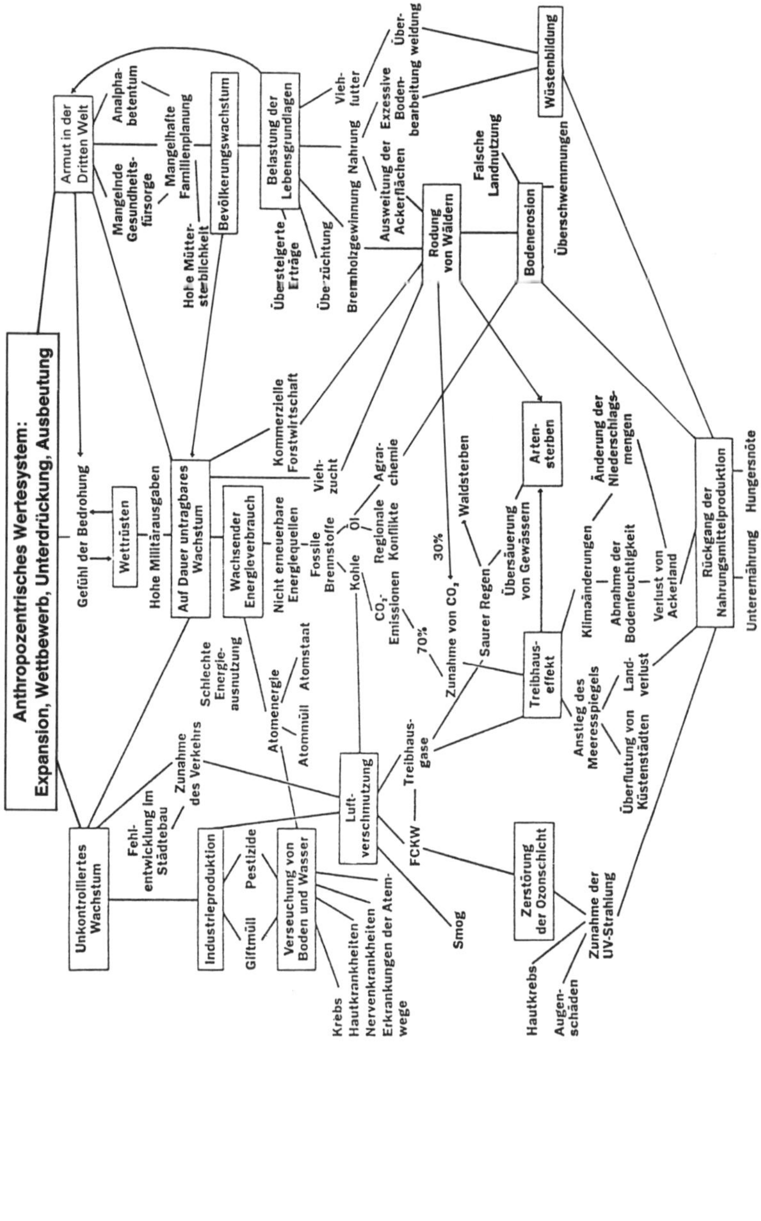

Anthropozentrisches Wertesystem:
Expansion, Wettbewerb, Unterdrückung, Ausbeutung
Armut in der Dritten Welt
Analphabetentum
Mangelnde Gesundheitsfürsorge
Mangelhafte Familienplanung
Hohe Müttersterblichkeit
Bevölkerungswachstum
Belastung der Lebensgrundlagen
Viehfutter
Nahrung
Brennholzgewinnung
Übersteigerte Erträge
Überzüchtung
Ausweitung der Ackerflächen
Exzessive Bodenbearbeitung
Überweidung
Wüstenbildung
Falsche Landnutzung
Rodung von Wäldern
Bodenerosion
Überschwemmungen
Gefühl der Bedrohung
Wettrüsten
Hohe Militärausgaben
Auf Dauer untragbares Wachstum
Kommerzielle Forstwirtschaft
Viehzucht
Wachsender Energieverbrauch
Nicht erneuerbare Energiequellen
Fossile Brennstoffe
Kohle
Öl
Agrarchemie
Regionale Konflikte
CO_2-Emissionen
70%
30%
Zunahme von CO_2
Waldsterben
Saurer Regen
Übersäuerung von Gewässern
Artensterben
Änderung der Niederschlagsmengen
Klimaänderungen
Abnahme der Bodenfeuchtigkeit
Verlust von Ackerland
Rückgang der Nahrungsmittelproduktion
Unterernährung
Hungersnöte
Schlechte Energieausnutzung
Atomenergie
Atomstaat
Atommüll
Treibhauseffekt
Anstieg des Meeresspiegels
Landverlust
Überflutung von Küstenstädten
Treibhausgase
Zunahme des Verkehrs
Fehlentwicklung im Städtebau
Unkontrolliertes Wachstum
Industrieproduktion
Pestizide
Giftmüll
Verseuchung von Boden und Wasser
Luftverschmutzung
FCKW
Smog
Zerstörung der Ozonschicht
Zunahme der UV-Strahlung
Hautkrebs
Augenschäden
Krebs
Hautkrankheiten
Nervenkrankheiten
Erkrankungen der Atemwege

stem politisch zu propagieren und in die Verfassung (im weitesten Sinne) zu integrieren.

Zu beiden Voraussetzungen einige Erläuterungen: Das Umweltmagazin *Natur* brachte zu Beginn der neunziger Jahre eine Ausgabe zum «Jahrzehnt der Entscheidung» heraus. Darin ist eine Karte von der Vernetzung der Weltprobleme enthalten. Diese Karte beruht auf einem State of the World Report des renommierten Worldwatch Institute in Washington und wurde von Fritjof Capra vom Elmwood Institute in Berkeley/Kalifornien angefertigt.[5] In leicht abgewandelter Form ist sie hier als Schaubild dargestellt (Seite 344).

Es kommt nicht auf jedes Detail an. Einige Problembereiche lassen sich graphisch auch nicht so darstellen, daß ihre Verknüpfung zu allen anderen deutlich erkennbar ist. Beispielsweise ist die «Fehlentwicklung im Städtebau» ein Problem nicht nur der industriellen Länder, sondern genauso der Metropolen der Dritten Welt, die noch zusätzliche Belastungen wie überproportionale Landflucht, Armut und Bevölkerungszuwachs zu verkraften haben. Zu berücksichtigen ist auch, daß in Wahrheit das Beziehungsgeflecht der großen Umweltprobleme noch um einiges dichter ist als hier dargestellt. Das Schaubild ist aber auch so kompliziert genug, um einen Eindruck von der Vernetzung zu vermitteln. Die Zusammenhänge sind so komplex, daß der Mensch nicht an einem Teil des Netzes rütteln kann, ohne alle anderen Teile in Schwingungen zu versetzen. Wer z. B. mit seinem Auto zum Arbeitsplatz fährt, bringt schon einige Teilsysteme (Energieverbrauch, CO_2-Emissionen) in Schwingung, die ihrerseits andere Teilsysteme (Industrieproduktion, Abfall, Luftverschmutzung) beeinflussen und schließlich größere Systeme erreichen (Wachstum, Kapital- und Energiekonzentration in der Ersten Welt zu Lasten der Armut und Bevölkerungsexplosion in der Dritten Welt, Treibhauseffekt usw.). Am Arbeitsplatz angekommen, verwandelt sich der Autofahrer zum Mitproduzenten von Konsumgütern. In dieser Rolle trägt er nicht nur zum Güterangebot und zum individuellen und volkswirtschaftlichen Einkommen bei, sondern im gegebenen System von Distribution und Profit insgesamt zur Erhöhung der «Grundlast» des ganzen Netzes. Auf der anderen Seite läßt sich auch keine Investitionsentscheidung denken, die ohne Auswirkung auf ganze Systeme wäre. Das private Konsumverhalten, die Frage, wofür ich Geld ausgebe, hat allemal Großraum- und Langzeiteffekte. Erst recht natürlich größere Investitionen in Wirtschaft und Staat.

Die Problemvernetzung ist der eine Aspekt, der im Schaubild anklingt. Der andere Aspekt ist eine gewisse Hierarchie innerhalb der Vernetzung. Einige Probleme sind offensichtlich größer und drängender als andere. Eine Schlüsselrolle kommt dem wirtschaftlichen Wildwuchs und der ungestümen Industrieproduktion zu, die ständig Kettenreaktionen von Zivilisationsschäden (Umweltverschmutzung, Krankheiten), Klimaschäden (Ozonabbau, Treibhauseffekt) und Schäden in der Dritten Welt (Armut, Belastung der Lebensgrundlagen) nach sich ziehen. Aber auch diese Krisenschwerpunkte sind nicht die eigentliche Ursache. Alle großen ökonomischen, sozialen und ökologischen Probleme haben ihren Ausgangspunkt im Wertesystem des «weißen Mannes» (mit Betonung auf beiden Aspekten). Das egoistisch-anthropozentrische Wertesystem liegt ganz oben auf der Problemskala. Es reproduziert ständig eine Haltung, die materielles Wachstum über persönliches Wachstum stellt. Expansion über Selbstbescheidung, Wettbewerb über Zusammenarbeit, Unterdrückung über Harmonie. Diese Einstellung besteht gegenüber Mitmenschen und gegenüber der Natur.

Das so geartete Wertesystem liegt unserer Gesellschaftsordnung noch immer zugrunde, und das, obwohl es von vielen längst nicht mehr geteilt wird. Der endgültige Abschied von diesem System hat bisher fast nur im Privaten stattgefunden. Die Lebenseinstellungen und -gewohnheiten vieler haben sich geändert, aber die Öffentlichkeit nimmt davon nur in bestimmter Weise Notiz. Die vielen Beispiele von bescheidenerem Konsum, umweltbewußtem Verbraucherverhalten, selbstversorgenden Gemeinschaften, veränderten Arbeitsformen, veränderten Formen des Zusammenlebens, neuer Väterlichkeit, neuer Mütterlichkeit, neuer Spiritualität usw. werden zwar als Symptome eines grundlegenden Wertwandels gedeutet, doch nicht so sehr als gesellschaftlicher Wertwandel selbst. Dies zeigt sich u. a. an den Etiketten «alternativ», «grün», «ökologisch», «neue Innerlichkeit», mit denen verändertes Verhalten umschrieben wird. Offenbar ist es alternativ, d. h. gesellschaftlich nicht dominierend und daher nicht gesellschaftsbestimmend. Bestenfalls kann von zwei Kulturen innerhalb der Industriekultur gesprochen werden. Wenn es bisher nicht zu einer echten Konkurrenz gekommen ist mit der Chance der Ablösung der alten Kultur durch die neue, dann hat das wahrscheinlich den Grund, daß der Wertwandel noch nicht als politische Herausforderung des Systems begriffen wird. Trotz oder besser wegen der Grünen. Durch die Grünen – verstärkt durch ihre eigene Widersprüchlichkeit und Selbstbehinderung – ist der grundlegende Wandel vorerst domestiziert worden. Kenntlich gemacht und mit einem Etikett versehen, kann der Wertwandel politisch verharmlost und vom System locker weggesteckt werden. Regierung und Parlamente beschäftigen sich heute mehr denn je mit Umweltproblemen, aber nach ihren eigenen Spielregeln und weitgehend ungestört vom «Spielverderber».

Um die Regeln zu ändern, muß eine neue Karte ins Spiel gebracht werden, die da zunächst nicht hineingehört und trotzdem nicht übersehen werden kann. Genau dies ist mit der ökozentrischen «Trumpfkarte» geschehen! Sie greift die Grundannahmen des Systems, die, bildlich gesprochen, aus anthropozentrischen Spielkarten bestehen, direkt an und bringt dadurch alles durcheinander. Die ökozentrische Karte ist jetzt im Spiel. Und die Diskussionen, die sich im gesellschaftlichen und staatlichen Raum entwickelt haben, zeigen an, daß die Provokation verstanden wurde. Alle Gegner der Ökozentrik sagen übereinstimmend, daß man mit ihr nicht spielen kann. Die Begründungen dazu weichen gar nicht so sehr voneinander ab. Ob nun Anthropozentrik als unausweichliche Realität des Menschseins geltend gemacht wird, ob Ökozentrik als Scheinalternative oder politisch undurchführbar bezeichnet wird oder ob darauf verwiesen wird, daß sich erst die Gesellschaft ändern müsse, bevor sich politisch-rechtlich etwas ändere: Immer laufen die Begründungen darauf hinaus, das die ökozentrische Ethik als Fremdkörper empfunden wird, der in die abendländische Kultur nicht paßt. Interessanterweise ist die ökozentrische Ethik ja nicht von den Grünen besonders propagiert worden; sie sind sich darüber immer noch uneins. Vertreter und kleinere Gruppen in anderen Parteien und außerhalb von ihnen haben sich genauso für ökozentrische Wertbestimmungen eingesetzt. Das ist in Deutschland im übrigen nicht anders als in anderen Ländern. Wir befinden uns, wie festgestellt, erst in einem Diskussionsstadium, in dem über Bedeutung und Tiefe dieses Paradigmawechsels heftig gestritten wird.[6] Eine parteilich geschlossene Lobby kann es bei einer so fundamentalen Frage daher kaum geben.

Die ökozentrische Ethik ist wie jede Ethik kein politisches Programm, das innerhalb bestimmter Zeitabschnitte verwirklicht werden könnte. Sie ist viel grundlegender, auch grundlegender als jede andere Ethik, die es in der Geschichte gegeben hat. Sie drückt einen anderen Bewußtseinsmodus aus als den, der die Logik der Selbstzerstörung geformt hat. Aus diesem Grunde ist sie tiefer und einschneidender als jede weltanschauliche Grundlage oder Ideologie, die sich jemals in Gesellschaft und Politik zu Wort gemeldet hat. Und weil sie so tief und einschneidend ist, sickert sie auf unterschiedlichste Weise in die Herzen und Köpfe ein. Das schließt aber nicht aus, daß sie eingefordert und zur Grundlage aller Entscheidungen, auch aller politischen Entscheidungen gemacht werden könnte. Als politisches Postulat verlangt sie die Anerkennung des Eigenwertes der nichtmenschlichen Natur mit den sich daraus ergebenden Konsequenzen.

Die elementarste Ebene, auf der sich Handlungsmaximen der Gesellschaft artikulieren, ist die Verfassung. Nun ist die Verfassung zwar keine direkt staatliche Institution, sondern eine noch davor liegende Normordnung, welche die institutionelle Gestalt des Staates festlegt. Trotzdem gehört sie natürlich historisch wie funktionell zur Binnenausstattung des Industriesystems. Der Historiker Crawford B. Macpherson (1977) etwa hat gezeigt, daß Marktmechanismus und kapitalistische Moral früher da waren als Verfassungen und diese nur zu ihrer Absicherung dienten.[7] Verfassungen, ob als Text formuliert oder ungeschrieben, sind also Teil des Systems und keineswegs «außen vor». Insofern stellt sich ähnlich wie beim Staat die Frage, ob die Verfassung überhaupt der geeignete Ort für Systemveränderung ist. Sie ist es natürlich ebenso wie alle anderen Orte, an denen sich Systemveränderung manifestiert. Warum sollte schließlich ausgerechnet die Verfassungsebene als selbstbezeichnete höchste Normebene des Industriesystems ausgespart bleiben? Notwendig ist nur, die Grenzen solcher Bemühungen im Auge zu behalten. Verfassungstexte sind nur ein formales Problem. Wichtiger als der Text ist der Kontext, d. h. der Geist, in dem er geschrieben und verändert wird.

Jeder Versuch, eine radikal politische Strategie an den Institutionen der Gesellschaft völlig vorbei entwickeln zu wollen, wäre zum Scheitern verurteilt. Die Institutionen gehören zur gesellschaftlichen Wirklichkeit. Wenn sie bisher nach der Logik von Expansion und Ausbeutung funktioniert haben, muß dies ja nicht ausschließen, daß sie in einer veränderten Logik auch verändert funktionieren. Fraglich kann nur sein, ob nicht vergebliche Liebesmüh darin steckt, eine ökozentrische Wertorientierung *mit Hilfe* dieser Institutionen durchsetzen zu wollen. Ich würde darin kein Dogma sehen. Es gibt gute Gründe, eine Haltung der großen Verweigerung einzunehmen und zu versuchen, staatliche Autorität durch Anarchismus zu unterlaufen. Die gesellschaftliche Entwicklung wird auch dadurch vorangetrieben, was nichts anderes heißt, als daß sich die Institutionen in welcher Form auch immer mitentwickeln. Genauso gibt es gute Gründe, staatliche Ebenen als real existierende Ausdrucksformen der Gesellschaft zu nutzen und z. B. Ungerechtigkeit mit Rechtsmitteln anzugreifen und politischen Streit in die Parteien und Parlamente zu tragen. Geschichtlich hat sich wohl weder das eine noch das andere als *allein* erfolgversprechend empfohlen.

Die Realität ist indessen die, daß sich gesellschaftliche Veränderungen sowohl unabhängig als auch abhängig von staatlichen Instanzen vollziehen. Das öffnet den Blick auf das jeweils Opportune. Wenn der neue Wein in alten Schläuchen fließt, kann es sein, daß er die alten Schläuche zum Platzen bringt. Vielleicht ist es da klüger, wir sorgen rechtzeitig für neue Schläuche. Neu werden die Schläuche dadurch, daß sich Staat und Recht nicht mehr von der Ökonomie unterjochen lassen, sondern wenigstens bereit sind, sich unter die Herrschaft der Ökologie zu stellen.

Die Verfassungsebene ist eine der bevorzugten Bühnen, auf denen Ziele und Werte verhandelt werden. Das heißt freilich nicht, daß sie die zentrale Bühne wäre. Ob die Wirtschaft zu zügeln ist, entscheidet sich zunächst woanders: in den Verteilungskämpfen um Profite, in den Kämpfen um Arbeitsplätze, vor allem aber in der Einschätzung von Arbeit. Ist der Job auch dann noch akzeptabel, wenn er als logistischer Teil eines Wirtschaftssystems erkannt wird, das seinem ganzen Charakter nach selbstmörderisch ist? Wenn wir nicht so lange warten wollen, bis auch der letzte «Arbeitnehmer» feststellt, daß er sich beharrlich den Teppich unter seinen Füßen wegzieht, muß sich *heute* die Einstellung zur Arbeit ändern.[8]

Die normativen Grundstrukturen der Gesellschaft entwickeln sich aus unserer Einstellung zur Arbeit: Gehört Arbeit zur Selbst-Verwirklichung oder wird sie weiterhin als Entfremdung zu sich selbst und zur Natur akzeptiert? Wenn die ökozentrische Alternative hier übersehen wird, kann sie natürlich nicht ausgerechnet auf der Verfassungsebene auftauchen, wo gesellschaftliche Wirklichkeit nur reflektiert wird. Wir haben allerdings auch immer wieder betont, daß es einen Dualismus von Staat und Gesellschaft nicht gibt und daß die Verfassung ein sehr weit gefaßtes System ist, dessen Teil schließlich die Gesellschaft und ihr Bewußtsein selbst sind.[9] Wenn daher die Wirtschaft gezügelt werden soll, reichen weder soziale Revolten noch juristische Normen *für sich genommen* aus. In den rechtlichen und staatlichen Instanzen drücken sich aber mehr als anderswo die Kriterien aus, nach denen sich der

Wirtschaftsprozeß vollziehen soll. Daß sie von der ökozentrischen Ethik allmählich verändert werden, haben wir schon dargestellt. Was dies konkret bedeutet und welche weiteren Auswirkungen vom Durchbruch zur Ökozentrik zu erwarten sind, werden wir in den folgenden Kapiteln sehen.

9. Der ökologische Rechtsstaat

Das Bewußtsein ist die Grundlage des Seins, und nicht umgekehrt, wie die Marxisten behaupten. Deswegen liegt die Rettung der Menschheit nirgendwo anders als im menschlichen Herzen, in der menschlichen Fähigkeit zu denken und in menschlicher Verantwortung.

VÁCLAV HAVEL (1990)

Denn Recht muß doch Recht bleiben, und dem werden alle frommen Herzen zufallen.

Psalm 94, 15

Wenn wir im folgenden das Modell eines ökologischen Rechtsstaates näher beschreiben, ist es gut, zu Beginn klarzustellen, was das Modell *nicht* ist. Es ist nicht die Vision einer neuen Gesellschaftsordnung. Es ist weniger als das. Die Vision einer dezentralen Gesellschaft mit überschaubaren Lebenszusammenhängen und lokal angepaßter Technologie *muß* sich entwickeln, damit wir überhaupt noch eine Überlebenschance haben. Die Vision dieser neuen Gesellschaft wurde in vielen Entwürfen und Modellen beschrieben, auf die wir hier nicht weiter eingehen.[10] Damit die Vision aber Aussicht hat, Wirklichkeit zu werden, sind eine Reihe von Voraussetzungen nötig. Die dringlichste: Die Grundlast des Industriesystems senken! Alle technischen Lösungen des Umweltschutzes reichen nicht aus, um die Menge des Energie- und Materialeinsatzes zu verringern. Die Dynamik des ständig mehr produzierenden und aufbrauchenden Industriesystems wird erst dadurch gebrochen, daß die Produktionsmengen verringert und die Nutzung nicht erneuerbarer Ressourcen drastisch erschwert werden. Der Markt, wie ökologisch er auch immer umschrieben werden mag, kann dies gewiß nicht selbst bewerkstelligen. Das verbietet seine innere Logik. Nötig ist also ein Mechanismus, der den Markt in eine ökologieverträgliche Logik zwingt.

In einem solchen Mechanismus spielt das Konsumverhalten der Gesellschaft bis hin zum massiven «Konsumboykott» eine wichtige Rolle. Eine wichtige Rolle spielt aber auch der Staat, der über seine Politik und Gesetze ständig auf das Marktgeschehen Einfluß nimmt. Das Problem ist, daß der Staat bisher nicht in der Lage war, eine ökologische Politik zu verfolgen, weil er selbst am Tropf des Industriesystems hängt. Erlaubt ist ihm gerade so viel, daß die Prosperität des Wirtschaftssystems nicht gestört wird. (In der augenblicklichen Situation Deutschlands wird der Prosperität alles andere rigoros untergeordnet.) Um den Staat daher in die Lage zu versetzen, daß er eine aktive Rolle im Mechanismus der ökologischen Umkehr spielen kann, muß er selbst in eine andere Logik gezwungen werden. Seine Binnenstruktur, die – wie wir gesehen haben – bisher vollständig ökonomisch aufgeladen ist, muß derart verändert werden, daß er gar nicht anders kann als nach der ökologischen Logik zu handeln. Darum geht es bei dem Modell eines ökologischen Rechtsstaates.

Scharf abgrenzen müssen wir ein solches Modell aber auch von den Modellen, die zur Zeit unter den Schlagwörtern «Umweltstaat» oder «Naturstaat» diskutiert werden. Diese Diskussion wird von Staatstheoretikern und Juristen bestimmt, die eine Vorliebe eben für Staatstheorie und nicht für Gesellschaftstheorie haben. Jeder Jurist wird darin ausgebildet, gesellschaftliche Veränderungen so zu deuten, daß sie in die Staats- und Rechtsstrukturen hineinpassen. Die Strukturen selbst werden als im wesentlichen unveränderbar empfunden. Für den Juristen stellt sich das Ökologieproblem daher als reines Organisationsproblem dar. Seine Aufgabe sieht er in der «Erhaltung der individuellen Freiheiten und Staatsstrukturen», wie der Staatsrechtler Michael Kloepfer sie im Zusammenhang mit der «Entwicklung zu einem Umweltstaat» beschreibt.[11] Die «individuellen Freiheiten» und «Staatsstrukturen» neu definieren zu helfen, fällt anscheinend nicht in den Aufgabenbereich von Juristen. Entsprechend spielt sich die Diskussion um den Umweltstaat bisher auch nur unter dem alternativen Aspekt «Mehr Staat oder mehr Markt» ab: Brauchen wir mehr staatliche Sanktionen oder mehr marktwirtschaftliche Anreize oder beides?[12] In solchen Alternativen zu denken, ist so, als ob wir nur die Wahl hätten, das sinkende Schiff über einen geordneten Abzug in Rettungsbooten zu verlassen oder einfach über Bord zu springen! Die Alternative kann nicht der ordnende Staat oder der selbstregulierende Markt sein, sondern derselbe Staat-Markt-Mechanismus oder ein anderer.

Das Pferd vom Schwanz her aufzuzäumen hat in der Staatstheorie Tradition. Sie sah ihre Aufgabe stets darin, den bürgerlichen Staat – das gleiche gilt für die sozialistische Variante – so zu beschreiben und gegebenenfalls weiterzuentwickeln, daß neu auftauchende Gesellschaftsprobleme in die bestehende Struktur eingegliedert werden können. Nicht die gesellschaftlichen Wandlungen bestimmen die Staatsstruktur, sondern, umgekehrt, die vorgegebene Staatsstruktur bestimmt den Grad der Akzeptanz dieser Wandlungen.[13] Ein Beispiel dafür ist der Ausbau des Wohlfahrts- und Sozialstaates in der westeuropäischen Nachkriegsentwicklung. Die Staatstheorie hat sich lange dagegen gewehrt, eine besondere soziale Verantwortung des Staates anzuerkennen. Der wurde als marktkonformer Staat vorausgesetzt, so daß eine sozialstaatliche Komponente als «interventionistisch» und «strukturfremd» erschien.[14] Jürgen Habermas hat diese Fixierung auf Strukturen nicht nur als bloße Übergangsschwierigkeit gedeutet, sondern als eine Funktion des gesamten rechtlich-administrativen Systems, das der Sozialstaatlichkeit auf Dauer entgegensteht: «Die rechtlich-administrativen Mittel der Umsetzung sozialstaatlicher Probleme stellen kein passives, gleichsam eigenschaftsloses Medium dar. (...) Dem sozialstaatlichen Projekt als solchem wohnt der Widerspruch zwischen Ziel und Methode inne.»[15]

Der gleiche Widerspruch wird sich auch für das ökologiestaatliche Projekt herausstellen, wenn es dem rechtlich-administrativen System und seinen Dienern (Politiker, Beamte, Juristen) überlassen wird. Wie sehr die Entwicklung in dieser Weise schon vorangeschritten ist, läßt sich an der Diskussion zum Umweltstaat ablesen. So wie der Sozialstaat als Antwort auf die soziale Frage formuliert und gewissermaßen abgehakt wurde, soll nun offenbar der Umweltstaat als Antwort auf die ökologische Frage gelten. So sieht es jedenfalls der Verfassungsrechtler Hasso Hofmann: «Wie der Rechtsstaat wegen gewisser Konsequenzen einer freiheitlichen Ordnung des Sozialstaatskorrektivs bedurfte, so muß am Ende die im Industriestaat forcierte Umweltbelastung und -zerstörung umweltstaatlich aufgefangen werden. Das wird – ähnlich wie im Spannungsverhältnis von Rechts- und Sozialstaatlichkeit – nicht ohne strukturelle Verschiebungen und Brechungen abgehen, wenn der Schritt überhaupt gelingt.»[16] Hofmann ist vorsichtig genug, «Verschiebungen und Brechungen» für möglich zu halten. Aber seine Reformvorschläge sind so moderat (Erwähnung des Umweltschutzes bei den Staatsaufgaben), daß große Verwerfungen – jedenfalls des Staates – nicht befürchtet werden müssen. Ihm schwebt offenbar das Bild eines Industriestaates vor, der dynamisch und fortschrittsgewiß das soziale Problem gelöst hat und nun auch das ökologische Problem lösen wird.

Wenn hier vom ökologischen Rechtsstaat gesprochen wird, geht es nicht darum, den Staat mit einem weiteren Präfix zu versehen, sondern den Charakter des Industriestaates selbst zu verändern. Mit ein paar Verfassungsartikeln läßt sich das allerdings nicht bewerkstelligen. Wir haben schon in Kapitel 6 gesehen, wie weit der Bogen gespannt werden muß: Um den Staat aus der ökonomischen Verklammerung zu befreien, in der er sich historisch bisher immer befunden hat, muß sein Handlungsrahmen insgesamt verändert werden.

Dieser Handlungsrahmen besteht zunächst aus der Verfassung selbst, die mit Hilfe der ökozentrischen Wertsetzung in wesentlichen Teilen revidiert werden sollte. Das Wechselspiel zwischen den Grundrechten und ihrer Beschränkung durch die Eigenrechte der Natur steht dabei im Mittelpunkt. In den Handlungsrahmen gehört außerdem eine ökozentrisch ausgerichtete Gesetzgebung, die ein fortlaufender Prozeß ist und deswegen in jedem einzelnen Gesetzesvorhaben neu formuliert werden muß. Und dazu gehört schließlich eine Verwaltungsorganisation mit Verfahrensregelungen, die solche ökozentrischen Gesetze auch tatsächlich umsetzt. Bei diesen Verfahren spielt die Beteiligung der Öffentlichkeit eine entscheidende Rolle. Umweltverbände – aber auch staatliche Instanzen – müssen in die Lage versetzt werden, aktiv für die betroffene Natur sprechen und handeln zu können. Es darf kein einziges Projekt ohne Rücksicht auf den Eigenwert der Natur und dessen Geltendmachung durch bestimmte Institutionen mehr durchgeführt werden. Nicht nur Bau- und Planungsvorhaben sind damit gemeint, sondern genauso der Bereich der Produktion. Produkte stehen am Anfang der Kette von Konsumgütern, die eine Reihe von Energie-, Transport-, Umwelt- und Entsorgungsproblemen mit sich bringen. Es hätte schließlich wenig Sinn, für saubere Schornsteine und weniger Landschaftszerstörung zu sorgen, wenn die eigentliche Quelle des Problems, ein ungezügelter Ausstoß von Produkten – vom Auto bis zur Plastikflasche –, nicht verschlossen wird.

a. Theoretische Grundlagen

Zuvor sind jedoch einige grundsätzliche Fragen zu klären, die das Recht als gesellschaftliche Institution betreffen. Die Rechtsordnung ist wie die Staatsordnung insgesamt in eine innere Logik gebunden, die sich ständig neu hervorbringt und verstärkt. Diese Erkenntnis verdanken wir neueren sozialwissenschaftlichen Untersuchungen, die von der Systemtheorie ausgehen. Aus systemtheoretischer Sicht ist das Recht ein gesellschaftliches Subsystem, das sich durch bestimmte Mittel der Kommunikation von anderen Subsystemen, z. B. dem der Wirtschaft, unterscheidet. In der Wirtschaft wird primär über Geld kommuniziert, im Recht über Bewertungen (Was ist rechtmäßig / rechtswidrig?). Das Rechtssystem ist wie das Wirtschaftssystem autonom, wenn auch nur relativ. Zum Systemcharakter des Rechts gehört damit die Festlegung, wie es sich gegenüber anderen Systemen abgrenzt und nach welchen Instrumenten es operiert. Wir müssen mit anderen Worten danach fragen, wie sich das Recht selbst sieht und wie es «von außen» beurteilt wird.

Dieser doppelte Blickwinkel erlaubt uns, das Rechtssystem von innen wie von außen zu beurteilen. Es gibt nämlich bestimmte historische Belastungen im Recht, die es erschweren, die Struktur des Rechts von einer anthropozentrischen zu einer ökozentrischen zu verändern. Figuren wie «individuelle Freiheit» und «subjektive Rechte» sind historisch gewachsen und nicht darauf vorbereitet, neue Figuren wie «Eigenwert» und «Eigenrechte» aufzunehmen. Wie verhält sich das Recht also zu einer veränderten Ethik? Hat Recht überhaupt etwas mit Ethik zu tun? Dies ist der innere Blickwinkel. Der äußere Blickwinkel betrifft die Rolle, die das Recht mit seinen besonderen Argumentationsmustern – z. B. der Abwägung kollidierender Rechte – in ökologischer Hinsicht spielt. Ist nicht das ökologische Ganzheitsdenken etwas ganz anderes als juristisches Bewertungsdenken? Wie können «Rechte», die miteinander konkurrieren und gegeneinander abgewogen werden, ausgerechnet ganzheitliches Denken fördern, um das es bei der Ökozentrik geht? Grundsätzliche Fragen also, die wir beantworten müssen, bevor über die konkreten Folgen eines ökozentrischen Rechts nachgedacht werden kann.

Die Kritik am reduzierten Freiheitsbegriff

Ein Grundproblem von Recht und Rechtswissenschaft ist ihre Selbstabschottung gegenüber anderen gesellschaftlichen Systemen. Diese Selbstabschottung hat der Rechtstheoretiker Rudolf Wiethölter als eine Erbkrankheit diagnostiziert, unter der jeder Fortschritt des Rechts leide. Schon 1968 beschrieb er als die Erbkrankheit der Rechtswissenschaft «die Pflege der Autonomie der Persönlichkeit jenseits von allen modernen geistes- und naturwissenschaftlichen Erkenntnissen»[17]. Heute, nach 25 Jahren, läßt sich nur feststellen, daß zu der damals viel beklagten sozialen Ignoranz noch die ökologische Ignoranz hinzugekommen ist. Gerade die naturwissenschaftlichen und ethischen Aspekte der Ökologie sind für Juristen äußerst ungewohnt. Schließlich kommen diese Aspekte in der juristischen Ausbildung kaum vor. Das Interesse daran ist zwar in den letzten Jahren gewachsen. Daß aber z. B. Recht und Ethik zwei grundsätzlich verschiedene Materien seien, ist eine immer noch gern präsentierte Kathederweisheit.

Natürlich folgt das Recht unbedenklich bestimmten ethischen Vorstellungen, insbesondere der anthropozentrischen Ethik. Daß solche Bindungen bestehen, will es aber nicht wahrhaben. Richter halten – von Ausnahmen abgesehen – Moral und Recht strikt auseinander. Deswegen mag z. B. ein Spekulant, der sein Mietshaus trotz großer Wohnungsnot leerstehen läßt, oder ein Grundstücksbesitzer, der seinen Wald nach Herzenslust abholzt, unmoralisch handeln, rechtswidrig ist ihr Verhalten indessen nicht. Dafür verstößt gegen das Recht, wer in das leerstehende Mietshaus einzieht oder sich an einen Baum kettet, um ihn vor dem Fällen zu schützen, obwohl er keineswegs unmoralisch handelt. Die große Mehrheit der Bevölkerung findet es heute selbstverständlich, daß Tiere und Pflanzen ein Recht auf Leben haben. Juristisch wird ein solches Recht aber nicht anerkannt. Es ist eben nur ein moralisches Recht.

Ethik, Moral und Recht sind im Laufe der letzten 2000 Jahre immer mehr auseinandergedriftet. Dieser Prozeß verlief parallel zur Individualisierung und erreichte seinen Höhepunkt in der Rechtslehre Kants. Als Philosoph der Freiheit und der bürgerlichen Gesellschaft entwickelte Kant jede Rechtsvorstellung aus der individuellen Freiheit. Aber er entwickelte sie so, daß Recht den äußeren Freiraum bildet, innerhalb dessen sich das Individuum verwirklicht. Der kategorische Imperativ («Handle so, daß die Maxime deines Willens jederzeit zugleich als Prinzip einer allgemeinen Gesetzgebung gelten könnte.») füllt diesen Innenraum aus, aber eben nur als moralisches Gebot. Das Recht mischt sich da nicht ein, sondern tritt erst hinzu, wenn die individuelle Freiheit des einen mit der des anderen in Konflikt gerät. So kommt es in Kants *Metaphysik der Sitten* (1797) zur klassischen Definition des Rechts: «Das Recht ist Inbegriff der Bedingungen, unter denen die Willkür des einen mit der Willkür des anderen nach einem allgemeinen Gesetz der Freiheit vereinigt werden kann.» Recht kann sich so von jeder Bindung an Sittlichkeit und Moral abkoppeln und fortan ein Eigenleben führen, während Moral zur Privatangelegenheit wird.

Diese Abkoppelung ist vor dem Hintergrund des aufstrebenden Bürgertums zu sehen, das seinen Freiraum nach «oben» gegen Monarchie und Adel, nach «unten» gegen das nachdrängende Proletariat abzusichern suchte. Um Eigentum bilden und verteidigen zu können, mußte es von jeder moralischen Verpflichtung gelöst werden. Einmal erworbenes Eigentum konnte unumschränkt genutzt werden, egal, wodurch und mit wessen Hilfe es gebildet wurde und egal welche Belastungen sein Gebrauch für andere brachte. Der § 903 des Bürgerlichen Gesetzbuchs definiert Eigentum deshalb auch so: «Der Eigentümer einer Sache kann, soweit nicht das Gesetz oder Rechte Dritter entgegenstehen, mit der Sache nach Belieben verfahren und andere von jeder Einwirkung ausschließen.» Kants Rechtstheorie hat die völlige Trennung von subjektivem Recht und sozialer Verantwortlichkeit nicht bezweckt, aber doch wesentlich erleichtert. Der Liberalismus als politische Theorie des Bürgertums konnte so zur Triebfeder eines radikalen Individualismus werden. Die noch heute gültige Theorie der subjektiven Rechte sieht den Rechtsinhaber gewissermaßen als Einzelkämpfer umgeben von Konkurrenten, die ihm Freiheit und Besitz abspenstig machen wollen. Für das Recht drücken sich soziale Beziehungen nur in der Form konkurrierender Individuen aus.

Ein solches Rechtsverständnis ist natürlich maßgeschneidert für die kapitalistische Gesellschaftsordnung. Das heißt aber nicht, daß das Rechtssystem unflexibel wäre. Als System tritt es mit anderen Systemen bis zu einem gewissen Grad in Resonanz und kann sich daher auch einem veränderten Gesellschaftssystem anpassen. Worauf es jedoch ankommt, ist, das Beharrungsvermögen gewisser Theoreme zu erkennen. Die Theorie der subjektiven Rechte setzt z. B. dem Rechtsschutz gegenüber Umweltbelastungen enge Grenzen. Klagen kann nur, wer in eigenen subjektiven Rechten (Gesundheit oder Eigentum) verletzt ist. Die betroffene Natur kann sich nicht selbst, sondern nur mittelbar so weit wehren, wie individuelle Gesundheits- und Eigentumsrechte «zufällig» gerade reichen. Eine weitere Folge der Theorie der subjektiven Rechte ist, daß sie das Verständnis der Eigenrechte der Natur enorm erschwert. Sie ist individualistisch konzipiert und sieht die Idee der Eigenrechte stets durch diese Brille. Daher das Beharren vieler Kritiker auf eine dezidierte Festlegung, wer denn alles Eigenrechte bekommen soll: der Fluß, die Maus, der Floh, die Bakterien? Man könnte hierauf mit der innewohnenden Logik der subjektiven Rechte antworten und tatsächlich einzelne Naturobjekte aufzählen. Aus pragmatischen Gründen mag dies mitunter auch sinnvoll sein. Eine Reihe von Prozessen sind im Namen einzelner Tiere, Tierarten, Flüsse oder Landschaftsteile geführt worden. Grundlegend aber ist der Gedanke, die Eigenrechte gerade nicht individualistisch zu begreifen. Die Eigenrechte sind die Rechte der Natur in ihrer komplexen Vernetztheit, die nur als Ganzes geschützt werden können. Rechte einzelner natürlicher Entitäten sind damit nicht ausgeschlossen. Ein Baum hat sein eigenes Lebensrecht. Nur ist dieser Baum Teil einer Lebensgemeinschaft an einem bestimmten Ort, Teil eines bestimmten Ökosystems. Rechte der Natur sollen nicht dazu dienen, Tiere gegen Pflanzen, Hunde gegen Katzen oder Berge gegen Flüsse auszuspielen.[18]

Hier tritt der paradigmatische Unterschied zwischen herkömmlicher Rechtstheorie und ökologischer Rechtstheorie offen zutage. Im liberalen Rechtsverständnis, das allen westlichen Rechtssystemen zugrunde liegt, erscheint jede Ausdehnung von subjektiven Rechten, also Rechtsansprüchen, auf Gruppen und Kollektive zunächst als systemwidrig. Die «soziale Frage» des 19. Jahrhunderts bildete die erste Herausforderung. Das Proletariat konnte dem Bürgertum dadurch soziale Rechtspositionen abtrotzen, daß es diese im Kollektiv vertrat. So bildete sich ein kollektives Arbeitsrecht, mit dem die Teilhabe der Arbeiterklasse wesentlich verbessert, allerdings auch kanalisiert wurde. Und so konnte sich der liberale Rechtsstaat zum sozialen Rechtsstaat weiterentwickeln. Das Prinzip der individualistischen Freiheitsrechte blieb allerdings stets erhalten. Bis heute gibt es eine breite rechtswissenschaftliche Auseinandersetzung um das rechte Grundrechts- bzw. Menschenrechtsverständnis. Sind die Grundrechte liberale Abwehrrechte oder soziale bzw. demokratische Teilhaberrechte mit kollektiven Elementen? Die vorläufig herrschende Meinung ist die, daß sie ein bißchen von allem sind, hauptsächlich jedoch individuelle Abwehransprüche.

Inzwischen ist aber eine neue Diskussion über die traditionelle Menschenrechtstheorie hereingebrochen. Diesmal kam der Angriff von außen. Seit Anfang der achtziger Jahre fordern juristische Vertreter der Dritten Welt die Anerkennung kollektiver Menschenrechte, damit die Völker der Dritten Welt ihren Anspruch auf Teilhabe am Reichtum der Welt und auf eigene (nicht fremdgesteuerte) Entwicklung gegenüber den Industriestaaten durchsetzen können. Von Menschenrechten der «dritten Generation» ist die Rede, nach der liberalen ersten und der sozialen zweiten Generation.[19]

Das individualistische Paradigma läßt sich schon angesichts dieser

Entwicklung kaum mehr lange halten. Aber erst die ökologische Herausforderung wird den entscheidenden Durchbruch bewirken. Denn bisher ging es um rein soziale Beziehungen. Es hat durchaus seine guten Gründe, Menschenrechte (zumindest auch) als Sicherung des individuellen Freiraumes zu begreifen. Die Freiheit des einzelnen Menschen ist ständig bedroht – in einem Land mehr als in einem anderen, zu manchen Zeiten mehr als zu anderen. Die Bedrohung geht jedoch stets von anderen Menschen bzw. Gruppen und Regierungen aus. Wo gibt es aber eine Bedrohung menschlicher Freiheit durch die Natur? Was im sozialen Kontext des Menschen noch Sinn macht, wird in seinem ökologischen Kontext unsinnig. Die frühere Bedrohung des Menschen durch die Natur hat sich längst ins Gegenteil verkehrt. Die ganze Konstruktion von subjektivem Recht, Anspruch und Eigentum[20] wird absurd, wenn man sich vor Augen führt, wie sie sich auf die Ausbeutung der Natur ausgewirkt hat. Wenn die Konstruktion noch weiterhin mit liberaler Freiheitsideologie gestützt wird, bricht entweder die Natur oder die Konstruktion zusammen. Vermutlich beides. Es ergibt jedenfalls keinen Sinn, die Theorie der Eigenrechte der Natur mit der Elle der Theorie der subjektiven Rechte zu messen. Sie würden völlig mißverstanden. Wie wir gezeigt haben,[21] müssen die individuellen Freiheitsrechte des Menschen von vornherein als durch die Rechte bzw. den Eigenwert der nichtmenschlichen Natur begrenzt aufgefaßt werden. Das zugrundeliegende Menschenbild ist daher nicht das eines auf einsamer Scholle, von allem getrennt existierenden Individuums, sondern das eines Menschen, der sich seiner Zugehörigkeit zur Natur bewußt ist.

Die Überwindung des Rechtspositivismus

Bis hierhin haben wir die individualistische Tradition des Rechts unter dem Aspekt eines reduzierten Begriffs von individueller Freiheit und subjektivem Recht verfolgt. Ein anderer, damit zusammenhängender Aspekt ist der Rechtspositivismus. Der «ewige» Kampf zwischen Rechtspositivismus und Naturrecht hat mit den Entscheidungsgrundlagen für einen ökologischen Rechtsstaat viel zu tun.

Mit dem fortlaufenden Auseinanderdriften von Ethik, Moral und Recht ging die Entwicklung zum Positivismus einher. Allerdings war diese Entwicklung nicht gradlinig und ist auch keineswegs jemals so verlaufen, daß Naturrechtsvorstellungen völlig aufgegeben worden wären.[22] Natur hat zu allen Zeiten im Recht eine Rolle gespielt. Die Frage war immer nur, ob sich das Recht in irgendeiner Form aus übergeordneten Werten (Gott, Gesetze der Natur oder Gesetze der Geschichte) herleiten oder ob es allein von den jeweils Regierenden gebildet werden sollte. Über das rechte Verhältnis zwischen höheren Werten und gesellschaftlichen Bedürfnissen wird seit der Antike gestritten. Die griechische Stoa gründete ihre Rechtsauffassung im Gegensatz zu Platon und Aristoteles nicht auf den Staat, sondern auf ein einheitliches Naturgesetz der Welt, an dem auch der Mensch Teil hat. Oberstes Gebot war, nach der Natur zu leben. Auch ins römische Recht spielte dieser Gedanke hinein, vor allem bei Ulpian, der ein Naturrecht begründete, das für Menschen und Tiere gleichermaßen gelten sollte. Durch die Christianisierung wurde dann Gott zur maßgebenden Instanz. Thomas von Aquin unterschied später zwischen einem staatlichen Vernunftsrecht und einem christlichen Naturrecht. So kam es zum Streit zwischen weltlicher und kirchlicher Autorität. Den ersten Versuch zu einer vernunftrechtlichen Begründung des Naturrechts unternahm Hugo Grotius. Für seinen Entwurf eines Völkerrechts (1625) brauchte er eine überall auf der Welt und in der Geschichte akzeptable Grundlage. Er fand sie in einer geschickten Auswahl klassischer Naturrechtstexte und meinte, sie entsprächen eben der Natur des Menschen. Grotius wußte natürlich: «Jedes Volk hält für Naturrecht, was es gelernt hat.» Und Goethes Faust präzisierte: «Was Ihr den Geist der Zeiten heißt, das ist im Grund der Herren eigner Geist.»

Die rationale Naturrechtsbewegung des 17. und 18. Jahrhunderts, an der auch Hegel seinen Anteil hatte, versuchte, dem immer stärker um sich greifenden Positivismus der Aufklärung allgemeine sittliche Grundlagen entgegenzuhalten. Die Idee der Menschenrechte entstammt diesem Bemühen. Aber mehr als diese Idee sowie ein allgemeines Plädoyer für ethisches Handeln und für Gerechtigkeit hat sich im heutigen positiven Recht nicht erhalten. Das Naturrecht blitzte kurz nach dem Zweiten Weltkrieg noch einmal auf, hat seither aber – jedenfalls unter dieser Bezeichnung – das Feld geräumt. Ernst Hirsch resümiert daher mit folgender Feststellung: «Ein dem positiven Recht vorgegebenes immanentes System von Rechtsnormen läßt sich nicht erweisen. Die im Laufe einer 2500jährigen Geschichte des Naturrechtsgedankens als vorbildlich behaupteten ‹vorpositiven› Normen beruhen auf Dogmen und sind von solcher Allgemeinheit, daß sie sog. Leerformeln darstellen, die als solche nur politisch brauchbar und vielseitig manipulierbar sind. Deshalb ist der Naturrechtsgedanke ein Kampfmittel der um die Macht ringenden Gruppen, mit dem diese ihr Streben nach Änderung oder Erhaltung einer bestehenden Ordnung durch ideologische Berufung auf ‹das› Naturrecht zu legitimieren suchen. Es gibt in der abendländischen Geschichte kaum ein politisches Regime und kaum einen die wesentlichen Lebensgüter betreffenden Rechtssatz, deren Verbindlichkeit nicht mit einem naturrechtlichen Argument angegriffen oder verteidigt worden wäre.»[23]

Dem läßt sich nur zustimmen. Das Problem ist eben, daß der Naturrechts*gedanke* offenbar nicht aus der Welt zu bringen ist. Er existiert fort und feiert beständig neue Urständ. 1953 z. B. ließ sich der Bundesgerichtshof in einem Gutachten zur Gleichberechtigung von Mann und Frau von ihm leiten. Auszüge: «Was die Menschen- und Personenwürde angeht, so sind Mann und Frau völlig gleich; und das muß streng in allem Recht zum Ausdruck kommen. Streng verschieden sind sie aber nicht nur im eigentlich Biologisch-Geschlechtlichen, sondern auch in ihrer seinsmäßigen, schöpfungsmäßigen Zueinanderordnung zu sich und dem Kind in der Ordnung der Familie, die von Gott gestiftet und daher für den menschlichen Gesetzgeber undurchbrechbar ist. (...) Der Mann sichert, vorwiegend nach außen gewandt, Bestand, Entwicklung und Zukunft der Familie; er vertritt sie nach außen; in diesem Sinne ist er ihr ‹Haupt›. Die Frau widmet sich, vorwiegend nach innen gewandt, der inneren Ordnung und dem inneren Aufbau der Familie. An dieser fundamentalen Verschiedenheit kann das Recht nicht doktrinär vorübergehen.»[24] Aussagen einer hohen Priesterschaft. Sie klingen wie aus einer früheren Zeit. Bei der Berufung auf Gott oder die natürliche Ordnung («Lebensschutz») begegnen sie uns hingegen auch heute wieder. Denken wir nur an die Abtreibungsdiskussion.

Naturrecht gilt als verpönt, wird aber immer wieder vorausgesetzt, wenn auch heute meist nur stillschweigend. Vor diesem Hintergrund ist die Annahme, nur zwischen Menschen könnten Rechtsbeziehungen bestehen, selbstverständlich auch nur eine nicht weiter begründbare Annahme. Genauso wie die Gegenthese, daß die nichtmenschliche Natur sehr wohl Rechte haben könne. Die Natur des Menschen und die Natur des Rechts sind immer das, wofür wir sie halten.

Was also tun? Die liberale Rechtstheorie hat sich, wie wir zugeben müssen, in eine gefährliche Ecke manövriert. Sie läßt nur das positive Recht gelten, kann aber weder erklären noch verhindern, daß gewisse vorgegebene (und natürlich veränderliche) Annahmen dem Recht immer untergeschoben werden. Wäre es da nicht konsequenter, den dauernd verdrängten Schatten bewußt zu machen?

Das beste Buch zum Naturrecht hat ein Nicht-Jurist geschrieben. Ernst Bloch hat in seinem *Naturrecht und menschliche Würde* (1961, 1977) gezeigt, daß es nur zwei Möglichkeiten gibt. Entweder ist Naturrecht konservativ und legitimiert das Bestehende, oder es ist fordernd und verlangt die Änderung. Bloch fand scharfsichtig heraus, daß Naturrechtsüberlegungen immer nur jenen verdächtig sind, denen das vorhandene positive Recht viel zu unverdächtig ist.[25] Deswegen hat sich die bürgerliche Rechtstheorie z. B. auch so vehement gegen die linke Kritik am Begriff des Eigentums gewehrt. Sie hielt und hält Privateigentum – mit all seinen Zugriffsmöglichkeiten auf Mensch und Natur – für eine natürliche Form menschlicher Freiheit und schottet sich damit gegen andere Vorstellungen über Eigentum ab, die sie allesamt als «ideologisch» (neudeutsch für naturrechtlich) abtut. Daß der Splitter im eigenen Auge ausgerechnet jetzt nach dem Sieg der Marktwirtschaft über die Planwirtschaft bemerkt wird, ist nicht unbedingt zu erwarten, es sei denn vielleicht, daß er als Pyrrhussieg erkannt wird. Die metaphysische Ebene des Eigentums ist jedenfalls diejenige, die von der ökozentrischen Ethik direkt ins Bewußtsein gerückt wird.

Aus ökozentrischer Sicht geht es wesentlich um die Selbstreflexion des Rechts. Dieses Anliegen folgt Ernst Bloch, dem Philosophen des aufrechten Gangs, der mit seiner Analyse des Naturrechts ein glänzendes Plädoyer dafür geschrieben hat, sich selbst gegenüber ehrlich zu sein. In dem gegenseitigen Ausspielen von Positivismus und Naturrecht wird die Selbstreflexion des Rechts und seiner Jünger beharrlich vermieden. Niklas Luhmann hat in seiner systemtheoretischen Analyse diesen Sachverhalt beschrieben und einen Lösungsansatz angeboten. Er fragt zunächst danach, wie der Beobachter beobachtet. Dazu beruft er sich übrigens u. a. auf die Erkenntnistheorie Humberto R. Maturanas, von der er meint, sie werde die rechtstheoretische Diskussion radikal verändern.[26] Es falle auf, so argumentiert Luhmann, daß Naturrechtler und Positivisten um ihre jeweilige Achse kreisen. Der Naturrechtler gibt die Anweisung: Beobachte die Natur, wenn du das Recht beurteilen willst. Der Positivist sagt dagegen: Beobachte das Recht, wenn du das Recht beurteilen willst. So beschäftigt sich jeder nur mit sich selbst – und verfehlt den eigentlichen Kern. Man könnte sagen, daß der eine einen naturalistischen und der andere einen positivistischen Fehlschluß begeht. Wenn sich aber nun «Beobachter zum Beobachten des Beobachtens zirkulär zusammenschließen»,[27] also den Vorgang des Beobachtens selbst zum Gegenstand des Interesses machen, wird das *ganze* System transparent. Es wird deutlich, von welchen Grundannahmen beide, der Naturrechtler und der Positivist, ausgehen und welches ihr, unter Umständen, gemeinsames Anliegen ist. Was mit dieser systemischen Betrachtungsweise gemeint ist, pflegte der Jesuit und Zen-Meister Hugo Enomiya-Lassalle in schlichter Klarheit auszudrücken, wenn er sagte, wir müßten «durch die Dinge hindurchschauen», um zu erkennen, was überhaupt «los ist». Luhmann kommt zu dem Schluß, daß der Begriff des positiven Rechts nur Sinn machte, solange er zur Abgrenzung des Begriffs des Naturrechts diente. Da keiner der beiden den anderen hat überwinden können, sei es sinnvoller, beide als Aspekte eines einheitlichen Systems zu begreifen und zu fragen, nicht ob, sondern wie die «Hinweise auf die Natur oder auf Werte» in das System integriert werden können.

In seiner Untersuchung zur *Ökologischen Kommunikation* (1988) äußert sich Luhmann skeptisch, ob die Gesellschaft jemals in der Lage sein werde, ihre Funktionssysteme (Politik, Recht, Wirtschaft, Wissenschaft usw.) so zu verändern, wie es nötig wäre, um die ökologische Krise zu bewältigen. Die Funktionssysteme oder der Protest gegen sie erzeugten entweder zuviel oder zuwenig «Resonanz», und ein System, das zum richtigen Maß an Resonanz mit allen anderen Systemen in der Lage sei, gäbe es (noch?) nicht. Unter dem Aspekt eines dringend benötigten Bewußtseinswandels macht Luhmann eine neue Ethik, die Umweltethik, als Kulminationspunkt aus. Er ist sich aber nicht sicher, ob sie genügend Anschubenergie besitzt. Für möglich hält er es jedoch unter der Voraussetzung, daß eine solche Ethik – im Gegensatz zu allen bisherigen Ethiken und Funktionssystemen – es schafft, mit der Paradoxie, das Unergründbare zu begründen, auf überzeugende Weise fertig zu werden.[28]

Es wird nicht überraschen, daß wir die ökozentrische Ethik, wie sie hier entwickelt wurde, in der Tat für das geeignete System mit genügender Anschubenergie halten. Es erfüllt alle Bedingungen, die an ein System gestellt werden, um – jenseits von Positivismus und Naturrecht – als Grundlage einer ökologischen Umkehr zu dienen. Zunächst geht die ökozentrische Ethik über herkömmliche (Umwelt-)Ethikansätze hinaus, weil sie nicht in Moralphilosophie («... und daher müssen wir ...») steckenbleibt, sondern erfahrbarer Wirklichkeit entspricht. Hiermit ist nicht nur die subjektive Erfahrbarkeit gemeint, nämlich sich als Teil der Natur und doch von ihr unterschieden zu verstehen. Auch die wissenschaftliche Erfahrbarkeit (methodisch durch die integrierende Sichtweise der Politischen Ökologie) spricht für die ökozentrische Ethik. Sie kann überdies in allen Lebenszusammenhängen und Funktionssystemen erfahren und praktiziert werden. Auf der anderen Seite ist die ökozentrische Ethik aber auch reflexiv: Sie sieht den Menschen als ein in den Naturzusammenhang integriertes Wesen, weiß aber, daß sich der Mensch auch als naturgetrenntes Wesen verstehen kann. Letztlich begründbar ist das eine genausowenig wie das andere. Die Analyse der Umweltkrise als In-Weltkrise hat indessen gezeigt, daß das ich-reduzierte (ethisch: anthropozentrische) Selbstmodell vom Menschen tiefste Ursache der Krise ist und daher ersetzt werden muß. Das ganzheitliche Selbstmodell ist kein Kunstprodukt, sondern, wie wir gesehen haben, subjektiv und objektiv (im Sinne wissenschaftlicher Plausibilität) erfahrbar. Die ökozentrische Ethik ist darüber hinaus ein dynamisches System, d. h. offen für fortdauernde Selbstkorrekturen und Transformationen (in Richtung eines höheren Bewußtseins). Sie ist aber auch ein geschlossenes System, das rational beschrieben und in bestimmten Handlungskategorien (Eigenwert und Eigenrecht der Natur) ausgedrückt werden kann.

Strukturell ist die ökozentrische Wertorientierung eine Hinwendung zum Naturrechtsgedanken. Von manchen Autoren wird in diesem Zusammenhang auch auf ein naturrechtliches Verständnis hingewiesen.[29] Ich glaube aber nicht, daß solch ein Rückgriff nötig und angesichts der unfruchtbaren Rivalität zwischen Positivismus und Naturrecht hilfreich ist. Anstatt von einer Rückbesinnung auf Naturphilosophie läßt sich eher von einem Übergang zu einer Wertphilosophie sprechen. Ein durch Wertphilosophie gebundenes Recht hängt sich nicht an vorgegebene Naturgesetze, sondern an eine selbstgesetzte Umweltethik. Der Unterschied zwischen beiden ist, daß der Wahrheitsanspruch dort absolut und hier relativ formuliert wird. Im klassischen Naturrecht wurde der Wahrheitsanspruch absolut und damit unausweichlich als Dogma gesetzt. Das machte die Wertbindung stets zu einem nützlichen Instrument der jeweils Mächtigen. Im Rahmen der «Selbstbestimmtheit des Rechts» (Luhmann) dagegen kann es kein unumstößliches Dogma geben. Die selbstgesetzte Wertorientierung an der Ökozentrik verlangt die dauernde Beobachtung und Rückversicherung. Solange sie sich als «gut», d. h. der Wirklichkeitserfahrung von ökologischen Zusammenhängen angemessen, erweist, kann sie Wahrheit beanspruchen.

Dieser Wahrheitsbegriff entspricht dem heute in der Wissenschaft herrschenden. In der Philosophie wurde er zuerst von William James (1842–1910) geprägt. James verabschiedete das Ideal Platons, die Einheit des Guten und Wahren. Statt dessen sah er pragmatisch das Gute vor allem als das Nützliche: «Lassen Sie mich jetzt nur so viel sagen, daß die Wahrheit eine Art des Guten und nicht, wie man gewöhnlich annimmt, eine davon verschiedene, dem Guten koordinierte Kategorie ist. Wahr heißt alles, was sich auf dem Gebiete der intellektuellen Überzeugung aus bestimmten Gründen als gut erweist. Wenn wahre Gedanken (...) nichts enthielten, was für das Leben gut ist, oder wenn Kenntnis dieser wahren Gedanken positiv schädlich und falsche Urteile die einzig nützlichen wären, dann hätte die allgemein geltende Ansicht, daß die Wahrheit göttlich und köstlich und daß ihr nachzustreben Pflicht ist, sich niemals zu einem Dogma entwickeln können.»[30]

Wir können damit als Zwischenergebnis festhalten, daß die ökozentrische Ethik die auseinandergeratenen Ebenen der Ethik und des Rechts wieder zusammenbringt. Mit diesem neuen Bezugspunkt verläßt das Recht zugleich die Ebene des Beliebigen, auf die es durch den Positivismus einerseits und das Naturrecht andererseits geraten war. Auf der ökozentrischen Grundlage wird sich das Recht und mit ihm die Verfassung und das staatliche Handeln radikal verändern. Der bisherige Primat der Ökonomie wird auf diese Weise vom Primat der Ökologie abgelöst.

Die Dialektik von Politik und Recht

Nach dieser Betrachtung des Rechtssystems von innen wenden wir uns der Betrachtung von außen zu. Wir wechseln also von der juristischen Ebene auf die ökologische. Von der Ökologiebewegung her gesehen ist die Verrechtlichung von Ökologie aus prinzipiellen Gründen eine zwiespältige Angelegenheit. Die bisherigen Erfahrungen mit dem Konzept des staatlichen Umweltschutzes sind ja nicht dazu angetan, Vertrauen in den Rechtsstaat und seine Möglichkeiten zu hegen. Mit Hilfe von Gerichten konnten einzelne Großbauprojekte, Atom- und Müllanlagen, Verkehrsplanungen und dergleichen höchstens verzögert oder modifiziert werden. Ein ökologischer Umbau der Industriegesellschaft ist dagegen nicht über die Justiz zu erreichen. Genausowenig sind Umweltpolitik und Umweltrecht jemals ein Stolperstein für technischen

Fortschritt und ökonomisches Wachstum gewesen. Eine neue Perspektive hat sich erst eröffnet, seit die theoretischen Grundlagen des staatlichen Umweltschutzes und die Alternative der Ökozentrik öffentlich diskutiert werden. Mitte der achtziger Jahre also tauchte die Frage auf, ob eine ökozentrisch formulierte Ethik den Staat und das Recht in ihrem Charakter verändern kann oder ob beide wesensmäßig mit dem Industriesystem verbunden bleiben. Die Meinungen darüber sind geteilt. Es läßt sich aber feststellen, daß sich die anfangs gegensätzlichen Standpunkte einander angenähert haben.

Die traditionelle linke Kritik hält dem Rechtssystem entgegen, daß es soziale Konflikte prinzipiell nicht lösen kann, sondern sie nur vernebelt. Durch die Verrechtlichung sozialer Probleme und Konfliktfelder werde gesellschaftliche Auseinandersetzung zugunsten der Aufrechterhaltung des Systems verhindert. Über die kritische Rechtstheorie bzw. *critical legal theory* (in den Vereinigten Staaten) entwickelte sich in den siebziger Jahren eine speziellere Kritik an den Kategorien, derer sich das Recht bedient: Welche politische Funktion erfüllen «Rechte»? Warum ist das subjektive Recht (der Anspruch) stets an die einzelne Person geknüpft? In den Vordergrund trat die Frage, warum sich Einzelinteressen im juristischen Prozeß durchsetzen und Allgemeininteressen vernachlässigt werden.

In der umweltethischen Diskussion sind die rechtlichen Probleme und die ethischen Fragen eine Zeitlang nebeneinander hergelaufen, ohne daß beide Problemkreise miteinander in Beziehung gebracht worden wären. Die von Christopher Stone vorgetragene Idee der Eigenrechte wurde zwar sofort von Juristen kritisiert – meist aus rechtsdogmatischen Bedenken –, von der nicht-anthropozentrischen Ethik aber zunächst gebilligt. Dies änderte sich erst Anfang der achtziger Jahre, als nämlich die Umweltethik in den Vereinigten Staaten ein klareres Profil gewonnen hatte. Vor dem Hintergrund einer ökologischen Ethik, die von Begriffen wie System, Vernetzung, Wechselbezüglichkeit und Komplementarität ausging, erschienen nun «Rechte» merkwürdig statisch. Eigenrechte der Natur muteten wie eine Fortsetzung des mechanischen Rechtsdenkens an, das die Welt in Einzelteile und Entweder-Oders zerlegt. So entstand eine Kontroverse «Werte oder Rechte» *(values versus rights)*.

Tonangebend war dabei der Öko-Feminismus. Die feministische Bewegung hatte seit jeher das Rechtssystem als Herrschaftsinstrument des Patriarchats kritisiert. Die feministische Rechtswissenschaft traf sich mit der kritischen Rechtstheorie darin, daß Rechte nur die Dichotomien verewigten, die der Liberalismus predigte: Individuum – Gemeinschaft, privat – öffentlich, Freiheit – Verantwortung usw.[31] Rechte seien individualistisch und dienten der Absicherung des (kapitalistischen bzw. männlichen) Status quo.[32] Vor allem Catherine MacKinnon und Carol Gilligan entwickelten eine feministische Rechtstheorie, die auf eine Fundamentalkritik an Rechten als «herr»schaftliches Steuerungsinstrument hinausläuft.[33] In der öko-feministischen Literatur wurde die Kritik sogar noch verschärft. Wenn die Konstruktion des Rechts schon die Diskriminierung der Frau ständig fortsetze, dann könne sie nicht ausgerechnet für ein menschlicheres Verhältnis zur Natur tauglich sein. Mit der Forderung nach Rechten für die Natur gelange man *Vom Regen in die Traufe* (Karin Keller, 1986). Ökofeministinnen wie Carolyn Merchant (1980) und Marti Kheel (1985) sahen einen unüberbrückbaren Gegensatz zwischen *rights* bzw. *natural rights* und einer nicht-anthropozentrischen Ethik. Die Geschichte des Naturrechts zeige, daß es stets nur um Formen männlicher Machtausübung gegangen sei. Die Idee von Rechten, so heißt es, ist: androzentrisch (d. h. männlich zentriert), hierarchisch, dualistisch, atomistisch und abstrakt: *androzentrisch*, weil das Bild vom Menschen auf männlicher Erfahrung beruht, welche die weibliche Erfahrung ausschließt (und damit geringer schätzt); *hierarchisch*, weil die männliche Erfahrung höher bewertet wird und – in bezug auf die Natur – Menschen höher bewertet werden; *dualistisch* wegen der prinzipiellen Trennung von Menschen und Natur; *atomistisch*, weil das Bild von Menschen (als isolierte Egos) der atomistischen Wahrnehmung der klassischen Naturwissenschaft entspricht; und *abstrakt*, weil Konflikte über Rechte in rationalistischer, unpersönlicher Weise ausgetragen werden, wodurch das Gefühl und die besonderen Umstände der beteiligten Menschen notwendig zu kurz kommen.

Diese Kritik ist sicherlich berechtigt und wird auch von denen geteilt, die sich nicht speziell dem Öko-Feminismus zurechnen.[34] Niemand kann ernsthaft daran zweifeln, daß Rechte und die mit ihnen verbundene Rechtstradition unmittelbar mit der Geschichte und der Weltanschauung des Industriesystems verbunden sind. Scheiden sie deshalb für eine ökozentrische Transformation aber aus? Bevor wir darauf antworten, sei daran erinnert, daß es hier um die Kritik geht, die vom Standpunkt der nicht-anthropozentrischen Ethik-Modelle vorgebracht wird. Davon zu unterscheiden ist die Kritik an Eigenwert und Eigenrechten vom Standpunkt der anthropozentrischen Ethik aus. Diese Kritik wurde in den vorausgegangenen Kapiteln behandelt und, wie ich hoffe, widerlegt. Soweit im übrigen Juristen Zweifel an der Übertragbarkeit der Rechtssubjektivität auf die Natur geäußert haben, sind diese rechtsdogmatischen Bedenken immer mehr aus der Diskussion verschwunden. Rechtstechnisch ist die Übertragung ohne große Schwierigkeiten möglich, zumal sich die Rechtsordnung stets pragmatisch verhalten hat, wenn es darum ging, Menschen, Tieren oder toten Gegenständen (d. h. «juristische Personen») Rechtssubjektivität zuzuerkennen.[35]

Die Frage ist also, ob die Idee der Eigenrechte in die überlebte Rechtstradition gehört, oder ob sie eine neuartige Idee mit neuartigen Konsequenzen ist. Die angemessene (und für Juristen typische) Antwort lautet: Es kommt darauf an. Entscheidend ist, in welchem Kontext die Eigenrechte entwickelt und umgesetzt werden. Wie jede Idee hat auch diese ihre eigene Geschichte. Historisch standen Rechte stets im anthropozentrischen Kontext, und zwar auch dann, wenn sie gelegentlich nichtmenschlichen Entitäten zuerkannt wurden. Soweit dies in früheren Zeiten geschah, nämlich in bezug auf Tiere, war damit nicht eine Abkehr von der abendländischen Anthropozentrik verbunden. Die Geschichte des Tierschutzes zeigt, daß sich die Haltung des Menschen und der Gesellschaft zum Tier zwischen extremen Polen bewegte: zwischen Versachlichung und Vergötterung, zwischen Verachtung und Liebe, zwischen Nutzdenken und Idealisierung. Ob Tiere als Sache galten oder als Träger von Rechten, sagt aber über die Wertschätzung von Tieren wenig aus. Beispielsweise wurden sie im römischen Recht als «Sache» qualifiziert, was aus heutiger Sicht wie eine Degradierung erscheint. In damaliger Zeit bedeutete diese Rechtsentwicklung aber einen Fortschritt, weil Tiere zuvor völlig außerhalb des Schutzbereichs der Rechtsordnung gestanden hatten. Umgekehrt haben die mittelalterlichen Tierprozesse, in denen Tiere Rechtspersönlichkeit besaßen, gerade nichts mit einem Schutz der Tiere, sondern eher mit einem Schutz christlicher Dogmen zu tun. In der Phase der Frühchristianisierung hatte sich die Kirche gegen «heidnische» Tierkulte zur Wehr gesetzt und tendierte zu einer Ab- und Entwertung des Tieres. Dadurch wurde eine negative bis verächtliche Einstellung des Menschen zum Tier erzeugt, die historisch lange nachwirkte.[36] Die kirchlichen Tierprozesse des Mittelalters waren denn auch Strafprozesse, die regelmäßig zu grausamen Exekutionen, schlimmster Tierquälerei oder zumindest Verbannung verurteilter Tiere führten. Die Rechtssubjektivität der Betroffenen war in Wirklichkeit eine Personifizierung zu höchst anthropozentrischen Zwecken. Dies reichte bis zu so skurrilen Fällen wie einem Prozeß im Jahre 1379 gegen ein Schwein, das einen Jungen gebissen hatte. Das «arme Schwein» wurde zum Tode durch Erhängen am Galgen verurteilt und für die Exekution in Menschenkleidung gesteckt. Im Berner Maikäferprozeß von 1479 wurden Engerlinge vor ein bischöfliches Gericht geladen, weil sie «in der Erde heimlich schleichend» große Schäden angerichtet hatten.[37] Es wurde ihnen ein Pflichtverteidiger zugeordnet, der aber auch nicht verhindern konnte, daß die angeklagten Engerlinge dazu verurteilt wurden, das Erdreich zu verlassen, und für den Fall der Zuwiderhandlung mit der Verfluchung (Malediktion) zu rechnen hatten. Noch um 1800 wurde in England ein Kutschpferd, durch dessen Ungeschick ein Reisender umgekommen war, zum Tode verurteilt. Das Pferd wurde dann allerdings begnadigt, weil die Eigentümerin bei der Urteilsverkündung in Ohnmacht gefallen war, und statt dessen mit lebenslanger Degradierung zum Ackergaul bestraft. Das Tier mag diese Degradierung vielleicht als Beförderung empfunden haben, vielleicht war ihm der Prozeß auch völlig egal. Jedenfalls blieb es ganz in der Verfügungsgewalt von Menschen, ob mit oder ohne Rechte.

Der Kontext der Eigenrechte-Idee ist ein völlig anderer. Er bildete sich überhaupt erst, nachdem die ökologische Krise in das allgemeine Bewußtsein gerückt und die anthropozentrische Tradition als ihre wesentliche Ursache erkannt war. Eigenrechte sind deshalb nur auf dem Boden einer ökozentrischen Ethik zu verstehen. Dies wurde nicht von Anfang an so gesehen. Obwohl es Christopher Stone und ihm nahestehenden Juristen von Anfang an um eine neue Ethik ging, die mit den Eigenrechten in das Rechtssystem transportiert werden sollte, blieb deren Sprengwirkung eine Zeitlang im verborgenen. Juristen stürzten sich auf rechtsdogmatische Probleme, ohne das dahinterstehende neue Paradigma wahrzunehmen. Und Öko-Ethiker ließen sich von den Eigen-«Rechten» irritieren, ohne deren systemverändernden Charakter wahrzunehmen. Diese beiderseitige «Kurzsichtigkeit» ist durchaus verständlich. Denn bis vor etwa zehn Jahren ist die juristische Diskussion mit der ethischen Debatte nicht verknüpft gewesen. In der Einleitung zur fünfzehn Jahre später erschienenen deutschen Übersetzung von Stones Buch habe ich darauf hingewiesen, daß jede Idee ihre Zeit braucht, um fruchtbar werden zu können. Inzwischen hatte sich nämlich der Kontext der anfänglich pragmatischen Eigenrechte-Diskussion grundlegend gewandelt.

Heute ist die fundamentale Bedeutung einer konsequent ökozentrischen Begründung der Eigenrechte klar erkannt. Michael Zimmerman weist darauf hin, daß die Eigenrechte-Idee gewissermaßen im Getriebe der alten Rechtsmühlen hängenbleiben müsse, solange sie sich unreflektiert an die atomistische und anthropozentrische Naturrechtstradition anhänge. Ganz anders dagegen, «wenn sie sich in eine tiefgreifende Kritik an den metaphysischen und epistemologischen Grundannahmen der patriarchalischen Kultur transformiert. Diese androzentrischen und anthropozentrischen Grundannahmen machen uns vor der Tatsache blind, daß Menschen nicht radikal verschieden von der Natur sind, sondern Manifestationen von ihr.»[38] Nur innerhalb des ökozentrischen Paradigmas kann die Eigenrechte-Idee zünden. Dann allerdings verändert sie den Steuerungsapparat des Industriesystems direkt und viel nachhaltiger, als ökozentrische Ethik für sich genommen es könnte. Die politische ebenso wie die rechtliche Diskussion über die Eigenrechte hat auch deutlich gezeigt, daß ihr radikales Anliegen heute von vielen verstanden wird.

Diese Eigenrechte haben mit der individualistischen Tradition subjektiver Rechte nichts gemein. Und ebensowenig stehen sie in der Tradition des Naturrechts. Sie sind der politisch-rechtliche Arm der ökozentrischen Ethik, die wiederum einem völlig anderen Paradigma folgt als sämtliche ethischen und rechtlichen Konzepte vor ihr. Nur aus diesem Grunde rechtfertigt sich der Versuch, den ökologischen Rechtsstaat zu propagieren.

Die Geschichte des Feminismus ist ein sehr gutes Beispiel dafür, daß eine große gesellschaftliche Bewegung dann Erfolg hat, wenn sie auf Transformation abzielt. Elizabeth Schneider, Rechtsprofessorin an der New York University, zeigt in ihrer Studie zur Dialektik von Rechten und Politik, worauf die politischen Erfolge der Frauenbewegung zurückzuführen sind. Anders als frühere große Bewegungen wie Reformation, Aufklärung oder Marxismus, die wesentlich männlich dominiert waren, gibt es in der Frauenbewegung die Einheit von Praxis und Theorie. Feministinnen handeln und argumentieren stark aus persönlich-praktischer Überzeugung. Theoretischen Kopfgeburten wird ein gesundes Mißtrauen entgegengebracht, vor allem dann, wenn sie mit der persönlichen Erfahrung nicht übereinstimmen. Wie z. B. Simone de Beauvoir hervorhob, ist feministische Theorie durch den dialektischen Prozeß bestimmt. Am Anfang steht die konkrete, tägliche, «triviale» Erfahrung des Lebens, und erst daraus erwächst politische Aktion. Das Persönliche ist das Politische – diese Formel wurde nicht zufällig zum

Motto der grünen Bewegung, die mehr als die traditionelle Linke von Weiblichkeit geprägt ist. Die Frauenbewegung hat sich gewohnte «männliche» Einteilungen wie privat / öffentlich, wir / die anderen, wir hier unten / die da oben usw. nicht zu eigen gemacht und gerade dadurch ihre politischen Erfolge errungen.

Elizabeth Schneider legt dar, daß zu dieser Einstellung auch gehört, repressive Institutionen wie das Recht nicht zu ignorieren, sondern *umzufunktionieren.* «Rechtlicher Diskurs und Politik können als wechselseitig verbunden verstanden werden. Rechte zu beanspruchen kann aus einer politischen Vision hervorgehen, und Rechte einzufordern kann eine Form von politischem Statement sein. (...) Eine dialektische Perspektive sieht Rechte und Politik als Teil eines dynamischen, komplexen und größeren Prozesses, der durch die Möglichkeit charakterisiert ist, daß rechtliche Diskurse die politische Entwicklung und Vision entweder fördern oder unterlaufen können. Eine dialektische Sicht von Rechten bringt die konstruktiven transformierenden und problematischen Aspekte von Rechten zum Ausdruck.»[39] Ähnlich betont der Verfassungsjurist Ed Sparer: «Genauso wie Rechte Instrumente zur Legitimierung von Unterdrückung sind, stellen sie auch Absicherung von menschlichen Werten dar. (...) Sooft sie auch benutzt werden, um soziale Veränderung zu verhindern, sie gehören zu den grundlegenden Mitteln der sozialen Veränderung.»[40] Schneider zeigt an vielen Beispielen aus der Geschichte der Frauenbewegung, daß politische und soziale Rechte nicht nur erkämpft worden sind, sondern dadurch auch ihre Natur verändert wurde. Durch die weibliche Stimme, die der vormals allein männlichen Stimme hinzugefügt wurde, seien Auseinandersetzungen um Rechte persönlicher, rücksichtsvoller und komplizierter geworden. Der statische, abstrakte Charakter von Rechtspositionen wurde aufgelockert.[41] Solche Beobachtungen werden von anderen rechtssoziologischen Untersuchungen bestätigt.[42] Der gestiegene Anteil von Frauen in juristischen Berufen, der im Länderdurchschnitt heute zwischen 30 und 40 % liegt, trägt sicher auch zu einer «Feminisierung» der Rechtsordnung bei. Beispielsweise nahmen Schlichtungs- und Vermittlungsverfahren *(mediation),* die Rechtsstreite überflüssig machen sollen, unter dem Einfluß von Juristinnen stark zu. Und aus eigener Erfahrung wird jeder Jurist bestätigen, daß rechtliche Diskussionen im Beisein von Frauen viel von ihrem abstrakten Charakter verlieren, den sie oft haben, wenn Männer unter sich sind.

Die feministische Sicht von «Rechten» und «Werten» ist eine andere als die gewohnt liberal-männliche. In Texten von Juristinnen wie Öko-Feministinnen ist immer wieder zu lesen, daß diese Begriffe einen *prozeßhaften* Charakter haben. Sie sollen zum Reflektieren und gegenseitigen Austausch anregen, anstatt feste Positionen zu markieren. Rechte und Werte, so beschreibt es Karen Warren, sind nur Begriffe für eine «Collage oder ein Mosaik, ein Gewebe von Stimmen, die aus gefühlten Erfahrungen hervorgehen»[43]. Zur Illustrierung wird deshalb auch vorgeschlagen, mit der Vorstellung von Eigenrechten der Natur Beschreibungen zu verbinden, die in nichtwestlichen Kulturen zum Eigenwert der Natur gebräuchlich sind. In der polynesischen Rechtstradition z. B. nehmen Konzepte wie *tapu* (Heiligkeit), *mana* (Lebenskraft) und *mauri* (Lebensenergie) die Stelle von Eigenrechten und Eigenwert der Natur ein.[44] Deshalb hat die neuseeländische Gesetzgebung auch Wert darauf gelegt, zum Begriff des Eigenwertes «Lebenskraft» bzw. «Lebensenergie» hinzuzurechnen, die durch menschliche Eingriffe nicht verletzt werden dürfe.[45]

Die Schwierigkeit, den Gehalt des Eigenwertes ins Juristische zu übertragen, hängt mit der spezifisch liberalen Tradition zusammen, welche die Vorstellung sowohl von «Werten» als auch von «Rechten» geprägt hat. Der Rechtsbegriff ist allerdings nicht auf Individuen begrenzt. Wenn ein Unternehmer Rechte geltend macht, wird zwar eine «juristische Person» fingiert, die Vorstellung erstreckt sich aber auf den dahinterstehenden Verband von Personen und Sachen. Noch deutlicher wird dies bei den Rechten eines Staates nach dem Völkerrecht. Rechtsträger ist der Sache nach das Staatsvolk, also die Gesamtheit von Menschen in einem bestimmten Gebiet. Es sind nur praktische Gründe, die den Staat als alleiniges Rechtssubjekt auftreten lassen. Wenn der Staat als juristische Person nicht existiert, läßt sich immer noch mit guten Gründen von Rechten eines Volkes sprechen. Jeder versteht z. B., was gemeint ist, wenn von den Rechten des kurdischen oder palästinensischen Volkes die Rede ist. Dennoch ist nicht zu bestreiten, daß hinter den Begriffen «Eigenwert» und «Eigenrecht» mehr steckt als hinter dem Recht eines Unternehmens oder Staates. Darum geht es aber auch gerade. Anstatt zu versuchen, die Rechte der Natur in das Korsett liberaler Rechtstheorie zu zwängen, ist es die Aufgabe der Rechtstheorie, die ökozentrische Ethik juristisch zu verarbeiten. «Wir brauchen nicht eine weitere liberale Theorie von Rechten», fordert der Philosoph J. Baird Callicott, «wir müssen vielmehr die metaphysischen Grundlagen des Eigenwertes von andern Gattungen bloßlegen, die mit der Erklärung von Rechten in ihrem Namen ausgedrückt wird.»[46]

Der Gehalt der Eigenrechte kann sich letztlich erst im Zuge ihrer Verankerung und Anwendung im Rechtssystem entwickeln. Es ist allerdings wichtig, ihren ökozentrischen Kontext nie aus den Augen zu verlieren. So gesehen sind Begriffe wie «Eigenrecht» und «Eigenwert» nur Metaphern für ein grundlegend neu empfundenes Verhältnis zur Natur. Die Idee der Eigenrechte bzw. des Eigenwertes sind keine juristischen Konstrukte, die sich nahtlos in die gewohnte Rechtstradition einfügen, sondern umgekehrt Begriffe der ökozentrischen Ethik, die den Charakter der Rechtsordnung verändern helfen. In dem Maße, wie ihr begrifflicher Inhalt in Verfassung, Gesetzgebung und Entscheidungsverfahren festgelegt wird, läßt sich die ökozentrische Ethik gesellschaftlich um- und durchsetzen. Hierdurch erhält der ökologische Rechtsstaat seinen wahren Sinn.

b. Praktische Gestaltung

Die Leitidee der ökozentrischen Ethik läßt sich in einer Reihe von Grundsätzen ausdrücken, an denen sich die gesamte Rechtsordnung orientiert. Durch die Verwirklichung dieser Grundsätze bekommt der ökologische Rechtsstaat Konturen:

1. Die Rechtsordnung hat Menschen-Rechte und Natur-Rechte gleichermaßen zu verwirklichen. Daraus folgt, daß menschlichen und natürlichen Interessen grundsätzlich das gleiche Gewicht zukommt.
2. Die Bewertung aller potentiellen Konflikte zwischen menschlichen und natürlichen Interessen muß sich daran orientieren, daß Mensch und Natur nicht getrennt sind, sondern eine dialektische Einheit bilden, die keinen Vorrang menschlicher Interessen ohne Rücksicht auf natürliche Interessen zuläßt.
3. Der Eigenwert der Natur verlangt, daß der Mensch sich – auch – als Anwalt oder Treuhänder der Natur verstehen muß. Daraus folgt, daß der Eigenwert der Natur die Festlegung erlaubter Eingriffe bestimmt (z. B. durch Grenzwerte, die sich an Ökosystemen und nicht nur an menschlichen Gesundheitskriterien orientieren). Weiter folgt daraus, daß die Interessen der Natur in allen relevanten Entscheidungsverfahren repräsentiert werden (z. B. durch Naturanwaltschaften und Verbandsbeteiligung).
4. Der Eigenwert der Natur verlangt nach Wissen. Das Wissen über

ökologische Zusammenhänge in Ökosystemen und deren Vernetzung mit anderen Ökosystemen (zu denen auch der Mensch gehört) muß durch Rechtsnormen verstärkt und zugänglich gemacht werden.

5. Die Entscheidung über die Zulässigkeit von Planungen, Projekten und Produkten muß sich nach tatsächlich verfügbarem Wissen (und nicht lediglich nach dem «Stand der Wissenschaft») richten. Daraus folgt, daß nicht interessengebundene Forschung gefördert wird und kritischen «Außenseiter»-Meinungen entsprechendes Gewicht beizumessen ist.
6. Die stets vorhandenen Wissenslücken dürfen nicht zu Lasten der Natur gehen. Wer daher Risiken (durch Projekte, Planungen oder Produkte) schafft, trägt die Beweislast dafür, daß die Risiken nach dem ethischen Maßstab des Eigenwertes der Natur verantwortbar sind.
7. Da die Natur in ihrem Existenzrecht weitgehend eingeschränkt, d. h. geschädigt ist, muß eine Inventarisierung vorgenommen werden, aus der hervorgeht, welche Notmaßnahmen getroffen werden müssen, um die Regenerationskraft der Natur bzw. einzelner Ökosysteme wiederherzustellen.

Diese Grundsätze lassen sich in abgewandelter Form und mit anderen Akzenten formulieren.[47] Wesentlich ist, daß sie als Ausformungen der ökozentrischen Ethik erkannt und anerkannt werden. Daher spielt es z. B. keine entscheidende Rolle, ob Eigenrechte auch so tituliert werden, solange ihr Gehalt in die Grundsätze einfließt. Wir haben im Abschnitt «Menschenrechte – Mitweltrechte»[48] gesehen, wie vielfältig die Möglichkeiten sind, diesen Gehalt in einer revidierten Verfassung auszudrücken. Es geht rechtlich immer um denselben Punkt: Die Ausübung aller Grund- und Menschenrechte steht unter dem Vorbehalt einer Wahrung der Existenzrechte der Natur. Sie bilden eine immanente Grundrechtsschranke, wie der juristische Fachausdruck lautet.

Die Ökologiepflichtigkeit des Eigentums

Politisch und wirtschaftlich wirkt sich diese Schranke vor allem bei der Eigentumsgarantie aus. Eigentum kann nicht mehr als das Recht freier Verfügung über die Natur verstanden werden. Dieses Recht wurde bisher nur durch die – gleichlautenden – Rechte anderer Menschen begrenzt (sog. Sozialpflichtigkeit und Sozialbindung des Eigentums). Aus der Sicht der bisher ausgeschlossenen Natur ist ein solcher Grundrechtsausgleich sozusagen ein Vertrag zu Lasten Dritter (der im Privatrecht unzulässig ist). Um sie in den Grundrechtsausgleich einzubeziehen, braucht sie rechtlichen Status. Dies wird mit der oben dargestellten Ökologiepflichtigkeit des Eigentums ausgedrückt.[49]

Dieser Mechanismus würde eine völlig andere Bewertung marktwirtschaftlicher Freiheiten nach sich ziehen. Die wichtigste Konsequenz liegt darin, daß nicht mehr produziert werden darf, was marktverträglich ist, sondern, was ökologieverträglich ist. In Teilen kann beides identisch sein. Soweit dies nicht der Fall ist, also bei umweltbelastenden Aktivitäten und Produkten, sind Umweltverträglichkeitsprüfungen durchzuführen.

Umweltverträglichkeitsprüfungen sind heute überall auf der Welt üblich. Sie sind jedoch nach dem anthropozentrischen Konzept des Umweltschutzes ausgerichtet. Eine ökozentrische Umweltverträglichkeitsprüfung ließe sich ohne weiteres konzipieren.[50] Sie ist allein eine Frage des politischen Willens. Im übrigen läßt sie sich auf andere Bereiche als auf jene bestimmten Projekte ausdehnen, für die sie bisher nur vorgesehen ist. Es gibt keinen vernünftigen Grund, warum die Umweltverträglichkeitsprüfung nicht auf alle Bereiche öffentlicher und privater Planungen, auf Produkte und auf sämtliche Gesetzesvorhaben ausgedehnt werden könnte. Ob z. B. ein Gesetz überhaupt nötig ist, und wie es entworfen werden soll, braucht sich nicht, wie bisher, danach zu richten, wie stark die wirtschaftliche Lobby dafür oder dagegen auftritt. Solche Selbstüberprüfung des Gesetzgebers ist bei entsprechender Öffentlichkeitsbeteiligung (durch Umweltverbände, unabhängige Forschungseinrichtungen und gesellschaftliche Gruppen) und durch Beratungsgremien (z. B. Ökologie-Beiräte) ohne weiteres möglich.

Der ökologische Rechtsstaat ist kein Staat der Planwirtschaft durch die Hintertür. Daß der Markt nicht das Maß wirtschaftlicher Freiheit setzt, bedeutet nicht, den Markt durch den Staat zu ersetzen. Auch die soziale Marktwirtschaft ist – theoretisch – ein System, in dem der Staat auf die Wirtschaft Einfluß nimmt. Das tut er durch sozialorientierte Politik und entsprechende Gesetzgebung. Was den Staat dazu verpflichtet, ist seine Eigenschaft als sozialer Rechtsstaat. Die Verpflichtung des ökologischen Rechtsstaates besteht darin, eine ökologieorientierte Politik mit entsprechender Gesetzgebung zu verfolgen. Das macht ihn keineswegs zum Staat der Planwirtschaft. Er muß nur die Prinzipien klar vorgeben, nach denen sich Wirtschaft und Gesellschaft ökologisch entwickeln können. Nehmen wir als ein Beispiel den Produktionsbereich: Was sind *umweltverträgliche* Produkte, und wie kann erreicht werden, daß nur noch solche Produkte auf den Markt (und damit in die Umwelt) gelangen?

Die Gesetzgebung, die sich auf den Schutz von gefährlichen Stoffen und Produkten bezieht, gehört rechtssystematisch zum Gefahrstoffrecht. Das Gefahrstoffrecht erfaßt in einer kaum überschaubaren Vielzahl von Gesetzen und Verwaltungsvorschriften solche Produkte, die potentiell gesundheits- und umweltgefährdend sind. Dazu gehören praktisch alle chemiebehandelten Produkte, also etwa Lebensmittel, Kosmetika, Arzneimittel, Pestizide, Düngemittel, Futtermittel, Waschmittel, Benzin, Öl usw. Ebenso lassen sich gentechnische Produkte und Erzeugnisse dazu rechnen. Wie in Deutschland gibt es in allen Industrieländern im wesentlichen gleichstrukturierte Chemikaliengesetze. Gentechnikgesetze gibt es bisher nur innerhalb der Europäischen Gemeinschaft und auch dort nur in wenigen Ländern. Die anderen behelfen sich mit Richtlinien. Die Grundstruktur ist immer dieselbe: Alle Gesetze sind vom Prinzip der Vermarktungsfreiheit und einem stets unterstellten Nutzen chemischer bzw. gentechnischer Produkte durchzogen. Damit sind Beschränkungen und Verbote von vornherein die Ausnahme. Nur bei bestimmten positiv festgestellten Gefahren, die wiederum wesentlich auf Risiken für Menschen beschränkt sind, kann eingeschritten werden. So gehen Kenntnislücken immer zu Lasten der Verbraucher, der Allgemeinheit und der natürlichen Umwelt. Warum nun sollte der Staat (bzw. die Allgemeinheit) diese ökologische Zeitbombe entschärfen und nicht die Industrie, die sie entwickelt hat? Abgesehen davon hätten staatliche Behörden auch gar nicht die technischen, personellen und finanziellen Mittel, die nötig wären, um die Bombe zu entschärfen. Testprogramme erfordern einen gewaltigen Aufwand, vor allem, wenn sie die Auswirkungen auf ganze Ökosysteme einbeziehen sollen.

Es liegt nahe, denjenigen haftbar zu machen, der Risiken schafft. Ein allgemeiner Grundsatz, der in Ansätzen auch im Umwelthaftungsrecht verwirklicht ist. Wer Schäden verursacht, zahlt. Nur lassen sich ökologische Schäden nicht so einfach reparieren wie ein Auto. In den meisten Fällen sind ökologische Schäden irreparabel. Es bleibt also nichts anderes übrig, als sie gar nicht erst entstehen zu lassen. Das ist aber nur dann möglich, wenn Risiken erkannt und minimiert sind, *bevor* Stoffe und Produkte in die Umwelt gelangen.

Bisher geschieht das nicht. Damit in dieser Hinsicht etwas geschehen kann, ist ein ganzes Bündel von Maßnahmen nötig: Oberstes Gebot ist, den Gesamteinsatz von Chemikalien zu senken, damit die auf Ökosysteme drückende Grundlast nicht noch weiter erhöht wird. Dazu muß der Hersteller verpflichtet werden, Produkte nur noch mit Stoffen herzustellen, die die geringste Umweltbelastung mit sich bringen (Vorrang «sanfter» Ersatzstoffe und naturnaher Stoffe). Für die verwendeten Stoffe muß die Beweislast umgekehrt, d. h. eine neue Regel aufgestellt werden, daß verbleibende Zweifel an deren Umweltverträglichkeit zu Lasten des Produzenten gehen und nicht zu Lasten der Allgemeinheit. Weiter ist erforderlich, Umweltverträglichkeit wörtlich zu nehmen, d. h. die Risiken im Hinblick auf Ökosysteme zugrunde zu legen und nicht nur im Hinblick auf die menschliche Gesundheit, die ein viel zu unsicherer Maßstab für Umweltverträglichkeit ist.[51] Dazu genügt es nicht, den einzelnen Stoff im Labor zu testen. Abzuschätzen ist auch das Zusammenwirken mehrerer Stoffe (synergetische Wirkungen) einschließlich ihrer Langzeitwirkungen in Ökosystemen. Da es auch bei größtem wissenschaftlichem Aufwand nicht möglich ist, Risiken exakt zu bestimmen, müssen Vorkehrungen zur Akzeptanz von Risiken getroffen werden. Welche Art von Risiken akzeptabel ist, darf nicht exklusiv vom Hersteller entschieden werden, sondern nur gesamtgesellschaftlich (z. B. über pluralistisch besetzte Chemiebeiräte). Zu diesem demokratischen Aspekt der Entscheidungsfindung kommt der ethische. Die Risikoakzeptanz kann nicht nach dem Maßstab der Industriegesellschaft ausgerichtet werden, sondern muß sich an der ökologiegerechten Gesellschaft orientieren, d. h. am ökozentrischen Wertmaßstab. – Dies sind nur einige einer Vielzahl von Maßnahmen, die notwendig sind, um den Hersteller in die Verantwortung zu nehmen. Von den genannten könnte aber nicht eine einzige Maßnahme durchgesetzt werden, ohne daß eine grundsätzliche ökozentrische Kurskorrektur vorgenommen wird!

Der Grund dafür ist folgender: Im noch geltenden anthropozentrischen Umweltbegriff sind nur die ersichtlichen Risiken für Menschen von rechtlicher Bedeutung. Um den entscheidenden Schritt zum Einschluß von Umweltrisiken zu gehen, braucht die nichtmenschliche Natur einen Schutzanspruch, der dem des Menschen entspricht. Ein solcher Anspruch besteht aber nur, wenn er durch eine Rechtsposition (Eigenrecht bzw. Eigenwert) abgesichert ist. Fehlt sie, bekommt die Eigentums- und Produktionsfreiheit automatisch ein Übergewicht: Sie verlangt nur Rücksichtnahmen auf die Rechtsposition anderer, so daß mehr als menschlicher Gesundheitsschutz letztlich nicht zu bekommen ist. Die Rechtsdogmatik zur Einschränkbarkeit von Grundrechten sichert dieses Übergewicht ab: Verfassungsprinzipien wie der Bestandsschutz des Eigentums und der Grundsatz der Verhältnismäßigkeit lassen nur die Gewichtung von konkurrierenden Grundrechten zu, also nur den Interessenausgleich zwischen Menschen. Dies ist der Grund, warum sich der Produzent immer erfolgreich wehren kann, wenn die erwähnten Maßnahmen von ihm verlangt werden. Sie wären ein verfassungswidriger Eingriff in seine Gewerbefreiheit.[52]

Die Ökologiepflichtigkeit des Eigentums würde die Produzentenfreiheit von vornherein einschränken, so daß alle nachfolgenden Abwägungsvorgänge den Schutzanspruch der Natur zu berücksichtigen hätten. Der Produzent selbst hätte dafür zu sorgen, daß seine Produkte umweltverträglich sind, und nicht ein «eingreifender» Staat. Die Rolle des Staates ist also nicht die eines Zentralverwaltungsorgans für die Wirtschaft, sondern immer noch beschränkt auf die Vorgabe von Rahmenbedingungen. Die allerdings sind wesentlich strenger gefaßt als bisher. Der ökologische Rechtsstaat setzt den Rahmen durch die neue Ordnung der Grundrechte und durch die neue Ordnung der Wirtschaftspolitik.

Eigentums- und Wirtschaftsverfassung sind zwei Seiten derselben Medaille. Die Leitlinien der Wirtschaftspolitik werden durch die Kompetenzregelungen der Verfassung festgelegt. Im deutschen Grundgesetz spielt Artikel 109, Absatz 2 eine zentrale Rolle, der den Staat auf das Ziel eines «gesamtwirtschaftlichen Gleichgewichts» verpflichtet. Dieser Artikel wird allgemein als Ausdruck der Industriestaatlichkeit gedeutet, dessen Kernstück die Förderung wirtschaftlichen Wachstums ist. Um die Industriestaatlichkeit in «Ökologiestaatlichkeit» zu verwandeln, muß der Artikel entsprechend «entschärft» werden. Eine mögliche Formulierung wäre die Verpflichtung auf das Ziel eines «ökologischen Gleichgewichts» oder auf das Prinzip der «Nachhaltigkeit» oder «Tragfähigkeit».[53]

Mit diesen Hinweisen auf die Eigentums- und Wirtschaftsverfassung soll verdeutlicht werden, daß Gesetze allein den ökologischen Wandel nicht bewirken können. Ihr Wirkungsgrad hängt von den grundlegenden Verfassungsstrukturen ab. Das Beispiel einer neuen Gesetzgebung für umweltverträgliche Produkte zeigt, wie eng verzahnt Einzelmaßnahmen mit der Gesamtfunktion von Staat und Verfassung sind. Das heißt jedoch nicht, daß wir auf die große Verfassungsrevision zu warten hätten, bevor sich etwas ändert. Die Entwicklung zum ökologischen Rechtsstaat wird auch durch Entwicklungen in einzelnen Gesetzgebungsbereichen vorangetrieben. Die Ansatzpunkte dafür sind praktisch unbegrenzt. Natürlich ist die Einführung eines zur Zeit diskutierten Öko-Steuersystems nicht minder wichtig als etwa die Förderung von Recycling und Abfallvermeidung oder die Umkehr zu umweltverträglichen Produkten. Vordringlich ist nur, die Vernetzung aller Bereiche zu sehen und zu erkennen, wie entscheidend sie von der ökozentrischen Leitidee abhängen. Sonst tauchen sofort Blockierungen auf, und Neuansätze bleiben schon in ihren Anfängen stecken. Im Beispiel der produktbezogenen Gesetzgebung sind unter dieser Voraussetzung schon wesentliche Verbesserungen möglich, die ohne Grundgesetzänderungen auskommen. Die gesetzlichen Schutzziele könnten ökozentrisch formuliert werden,[54] so daß eine völlige Neubewertung von Umweltrisiken bei Produkten in Gang gesetzt wird. Außerdem läßt sich das gesamte System zur Ermittlung und Beurteilung von Risiken so verändern, daß Risiken sowohl wissenschaftlich (als Umweltverträglichkeitsprüfung) als auch politisch (als Sozialverträglichkeitsprüfung) beurteilt werden. Dies ist durch Verfahren möglich, bei denen Wissenschaftler die Aufgabe der Risikoermittlung haben und gesellschaftliche Gruppen die Aufgabe der Risikobewertung. Durch Gesetze könnten solche Verfahren eingeführt und die neuen Bewertungskriterien festgesetzt werden.[55] Andere Beispiele für ökozentrische Gesetze (im Naturschutzrecht und allgemeinen Umweltrecht) wurden im Kapitel 6 vorgestellt.[56] Durch jedes einzelne Beispiel erhält der ökologische Rechtsstaat bereits Konturen, weil er mit der Festlegung auf die Eigenrechte bzw. auf den Eigenwert der Natur bestimmte Programmaussagen macht. Ist die Dynamik einmal in Gang gesetzt, wird sie kaum wieder umzukehren sein.

Eine Treuhand für die Natur

Ein wesentlicher Bestandteil des ökologischen Rechtsstaates ist das neue Verständnis von der Rolle der Öffentlichkeit. Nichtstaatliche Gruppen und Verbände, etwa Verbraucher- und Umweltorganisationen, wirkten schon bisher an staatlichen Entscheidungen mit. Dies ist ein Trend, der seit Jahren immer mehr zunimmt. Es geht dabei aber nicht nur um die Demokratisierung der Entscheidungsverfahren, sondern auch um deren Ökologisierung. Zur Quantität der Mitsprache muß also die Qualität hinzukommen. Denn was würde sich ändern, wenn gesellschaftliche Mitsprache auf allen möglichen Ebenen verwirklicht wäre und doch nicht mehr herauskommt als ein bunter Strauß von Meinungen? Eine Garantie für bessere Entscheidungen ist das Mehr an Mitsprache jedenfalls nicht, sondern nur deren Vorbedingung und deswegen in einer Demokratie unverzichtbar.

Wir können indessen nicht die Augen davor verschließen, daß Demokratie aus der Sicht der betroffenen Natur bisher buchstäblich «Volksherrschaft» war, also Herrschaft des Volkes über die Natur. Was für uns demokratisch ist, kann für die Natur schlimmste Diktatur bedeuten (und in der Konsequenz auf uns selbst zurückfallen!). Dementsprechend kann der Wille der Mehrheit ein erbarmungsloses Schwert sein, mit dem wir uns selbst den Kopf abschlagen. Demokratie ist immer *auch* die Diktatur der Mehrheit. Sie ist andererseits ebenso Instrument der Kontrolle von Herrschaft, noch dazu das einzige, von dem wir wissen, daß es in der Geschichte halbwegs funktioniert hat. Unsere Schicksalsfrage heute ist, wie wir uns vor uns selbst in Schutz nehmen, ohne das demokratische Prinzip zu gefährden. Es geht ums Überleben, und ich für mein Teil wäre nicht bereit, das parlamentarische Demokratiesystem «mitzutragen», wenn es den kollektiven Selbstmord beschließt. Auf der anderen Seite wäre ich aber auch nicht bereit, einem ökologischen Rat der Weisen alle Entscheidungsgewalt zu übertragen. Vorstellungen von einem herausgehobenen «Oberhaus» oder «Ökologischen Rat», wie sie Rudolf Bahro in die Diskussion brachte,[57] sind gefährlich, solange ihre demokratische Kontrolle nicht gewährleistet ist. Mit dem Fortschreiten der ökologischen Krise werden sich die sozialen Verteilungskämpfe innerhalb der Staaten und im Verhältnis Nord-Süd ungeheuer verschärfen. Wenn es dann keine funktionierende demokratische Kontrolle von Notstandsregierungen und dergleichen gibt, herrscht nur noch das Gesetz des Stärkeren. Was also tun? Offenbar gilt es, die Diktatur der Mehrheit ebenso zu verhindern wie die Diktatur von «Eliten».

Richtig an Bahros Überlegungen zu den «Institutionen der Rettung» ist der Gedanke, ökologisches Wissen und ökozentrische Wahrheit so effektiv wie möglich einzubringen. Dies kann aber nur über demokratische Entscheidungsverfahren geschehen. Grundsätzlich gibt es zwei

Wege, der Natur institutionell Stimme und Gewicht zu verleihen: Der eine Weg führt durch das parlamentarische Regierungssystem, der andere durch den demokratischen Willensbildungsprozeß und über die Gesellschaft. Beide Wege können zugleich beschritten werden.

Im parlamentarischen Regierungssystem sind Änderungen bei der Organisation in Gesetzgebung und Regierung möglich. Neben den beiden Gesetzgebungskammern des Bundes – Bundestag und Bundesrat – könnte eine dritte Kammer eingerichtet werden: der «Ökologische Rat». Dieser wäre ähnlich wie der Bundesrat am Gesetzgebungsverfahren beteiligt. So wie der Bundesrat Zustimmungs-, Veto- und andere Mitwirkungsrechte bei Gesetzesvorlagen besitzt, die die Bundesländer betreffen, kann der Ökologische Rat entsprechende Rechte bei Gesetzgebungsvorhaben geltend machen, die ökologische Belange betreffen. Einen solchen Vorschlag hat vor kurzem das Kuratorium für einen demokratisch verfaßten Bund deutscher Länder gemacht. Sein Verfassungsentwurf sieht die Einführung eines entsprechenden Artikels 53b vor.[58] Die Zusammensetzung des Ökologischen Rates muß größtmöglichen Sachverstand vereinen. Die Mitglieder nehmen ihr Mandat daher nicht unmittelbar als gewählte Volksvertreter wahr, sondern als «Naturvertreter». Sie sind nicht dem Volk oder bestimmten gesellschaftlichen Gruppen verpflichtet, sondern allein der ökozentrischen Ethik.

Innerhalb der Regierungsorganisation muß dem Umweltminister eine wesentlich stärkere Stellung eingeräumt werden. Seine Stimme darf nicht, wie bisher, im Chor der Kabinettsmitglieder untergehen. So wie der Finanzminister mit seinem großen politischen Gewicht und dem Vetorecht gegenüber «über- und außerplanmäßigen Ausgaben» (Artikel 112 des Grundgesetzes) weitgehend bestimmt, was läuft und was nicht, muß der Umweltminister ein Vetorecht bei ökologisch bedeutsamen Vorhaben bekommen.[59] Nur dadurch kann die Regierung in die ökologische Verantwortung genommen werden.

Der zweite Weg betrifft den gesellschaftlichen Willensbildungsprozeß. Gruppen, Verbände und Medien sollten sich nicht nur als Instrumente demokratischer Kontrolle verstehen, sondern auch als «Anwälte der Natur». Die Natur ist im demokratischen Prozeß bisher nicht mit einer eigenen Stimme vertreten. Damit sie ihren Eigenwert, d. h. ihr Recht auf Existenz und Entwicklungsmöglichkeit im demokratischen Entscheidungsprozeß, behaupten kann, ist sie auf die menschliche Stimme angewiesen. Sie kommt nur durch uns zur Sprache. Im anthropozentrischen Bewußtseinsmodus wird dies beharrlich und zwangsläufig unterdrückt. Es macht einen fundamentalen Unterschied, ob sich ein Umweltverband als Vertreter nicht näher definierter Umweltinteressen versteht oder bewußt als Interessenvertreter nichtmenschlicher Natur. Im ersten Fall geht er im Gemenge von Lobbyisten und anthropozentrischen Interessenjägern unter, im zweiten Fall bekommt seine Stimme wirkliches Gewicht. So wie die Stimme der Nordseerobben Gewicht bekam, als sie durch Anwälte vertreten wurden. Die Aufgabe des ökologischen Rechtsstaates besteht darin, den Verbänden ein solches Mandat zuzusprechen. (Die Medien können dies von sich aus tun.) Mit diesem Mandat besteht ein wesentlich weiter reichender Anspruch auf Beteiligung an Entscheidungsverfahren, als dies bisher möglich war. So ausgestattete Institutionen – ob als Naturanwaltschaft, Ombudsmann, ökologische Beiräte oder Umweltverbände – unterscheiden sich von anderen Institutionen dadurch, daß sie sich nicht allein demokratisch legitimieren, sondern auch ökologisch. Ihre Stellung ist dadurch herausgehoben, vergleichbar der Stellung von Wirtschaftsverbänden und Standesorganisationen.

Dieses neue Verständnis von Interessenvertretung ist in den letzten Jahren immer mehr gewachsen und wird auch von der Rechtsordnung nicht mehr ignoriert.[60] In den USA, Kanada, Australien und Neuseeland gibt es Umweltadvokaturen (Environmental Defenders Offices), die sich als Sachwalter der Natur verstehen.[61] In den deutschsprachigen Ländern sind Umweltanwaltschaften und besondere Vertretungsorgane für die Natur im Gespräch. Soweit staatliche Stellen solche Funktionen übernehmen sollen, gelten die Institutionen des Wehrbeauftragten, des Ombudsmanns oder des Tierschutzbeauftragten, den es im Bundesland Hessen gibt, als mögliche Vorbilder.[62] Gegen staatliche Institutionen spricht nicht von vornherein die Furcht vor Vereinnahmung und Bürokratisierung. Grundsätzlich gilt für das System der staatlichen Eigenorganisation nichts anderes als für das System gesellschaftlicher Willensbildung. Entscheidend ist immer, mit welcher rechtlichen, finanziellen und personellen Kompetenz solche Vertretungsorgane ausgestattet werden. Wenn der Zweck eines Bewußtwerdens über die eigenen Interessen der nichtmenschlichen Natur erreicht werden soll, ist allerdings eine breite Umgestaltung von Entscheidungsverfahren nötig. Und die findet in erster Linie im gesellschaftlichen Raum statt. Die ökologieorientierten Kräfte sollten sich daher nicht darauf verlassen, daß der Staat von selbst ergrünt. Der ökologische Rechtsstaat ist ein gesamtgesellschaftliches Projekt.

Die Interessenvertretung der Natur ist dort am effektivsten, wo Umweltverträglichkeitsprüfungen durchgeführt werden, im Prinzip also bei allen Entscheidungsverfahren mit Auswirkungen auf die Umwelt. Die bisher noch schwach ausgebildete Beteiligung von Umweltverbänden wäre wesentlich besser zu begründen, wenn sie sich nicht nur demokratisch, sondern auch ökologisch ableiten würde.[63] Mit dieser zusätzlichen Legitimation ist zugleich das Kriterium geschaffen, nach dem sich die Beteiligungsfähigkeit von Verbänden richtet. Ein Verband kann, ähnlich wie die schon bestehende Verbandsanerkennung, nach § 29, Absatz 2 des Bundesnaturschutzgesetzes anerkannt werden, wenn ihn seine satzungsmäßigen Ziele und seine bisherige Tätigkeit als geeignet ausweisen. Dazu gehört auch, daß der Verband Personen abwehren und Mitglieder ausschließen kann, die seinen Zweck unterlaufen. Bei einer so wesentlichen Vertretungsbefugnis ist die Gefahr einer Unterwanderung natürlich groß; regelmäßige Kontrollen sind deshalb unerläßlich.

Damit aber die Vertreter der Natur ihre Aufgaben wirkungsvoll erfüllen können, müssen ihnen umfangreiche Hilfen und Rechte beigegeben werden. Hier erfüllt sich eine der Hauptaufgaben des ökologischen Rechtsstaates. Wenn das Gleichgewicht von menschlichen und natürlichen Interessen in Verfassung und Gesetzen vorgegeben ist, muß es sich in den praktischen Verfahren bewähren. Dies ist nur möglich, wenn der Finanz- und Informationsvorsprung wirtschaftlicher Interessenträger wenigstens zu einem Teil ausgeglichen wird. Die Interessenträger der Natur brauchen daher staatliche Unterstützung. Natürlich gehört erstens Geld dazu. Denn hinter einem Engagement für Naturschutz steht traditionell keine finanzstarke Lobby; die muß sich die Gesellschaft über den Staat erst schaffen. Zweitens gehört der Zugang zu Informationen dazu, also das Akteneinsichtsrecht gegenüber Behörden.[64] Entscheidend ist dabei, wieweit das Informationsrecht gegenüber der Wirtschaft reicht. Die alte Trennung zwischen privatem und öffentlichem Bereich macht bei Umweltangelegenheiten, die stets die Allgemeinheit betreffen, sicher keinen Sinn mehr. Der rechtliche Schutz von Betriebsgeheimnissen kann schließlich nicht dazu dienen, daß Unternehmen Informationen zurückhalten, die lebenswichtig sein können. Und dies entscheidet sich oft schon im Vorfeld der Produktion. Wenn erst mal Millionen für gentechnologische Forschung ausgegeben sind, scheitern Versuche, die Produktion noch zu verhindern, an der geschaffenen wirtschaftlichen Realität. Deshalb ist der Konflikt zwischen Geheimnisschutz und Umweltschutz gerade vor dem Hintergrund eines durchsetzungsfähigen Eigenrechts der Natur anders zu lösen als nach dem klassischen Modell von Grundrechtskollisionen. Ein wirtschaftliches Geheimhaltungsinteresse ist nur dann berechtigt, wenn das Unternehmen *nachweist*, daß die zur Verfügung gestellten Informationen ausreichen, um potentielle Umweltrisiken beurteilen zu können. Das Informationsrecht der natürlichen Umwelt reicht weiter als das Informationsrecht der Allgemeinheit. Dies folgt zwingend aus dem Unterschied zwischen dem Interesse der Umwelt und dem (anthropozentrischen) Interesse an der Umwelt. Ein dritter Bereich, für den der ökologische Rechtsstaat sorgen muß, ist, die Rechtsstellung der Verbände zu stärken. Hier muß sich zeigen, wie ernst es dem Rechtsstaat mit seiner ökozentrischen Wertentscheidung ist. Wenn nicht die Natur – über ihre Vertreter – selbst klagen kann, wäre sie von vornherein diskriminiert. Sie braucht eine ebenso umfassende Verbandsklage, wie Wirtschafts- und andere Verbände sie für sich in Anspruch nehmen. Bisher gibt es sie allerdings nur in stark eingeschränkter Form.[65]

Die Verbandsklage eröffnet die Möglichkeit einer objektiven Rechtskontrolle. Mit ihr kann die Einhaltung von Gesetzen überprüft werden, ohne daß einzelne Kläger in ihren subjektiven Rechten betroffen sein müssen. Damit ist schon angedeutet, wie wichtig dieses Instrument für den Vollzug des Umweltrechts ist. Weil Umweltschutzinteressen automatisch Allgemeininteressen sind, war es bisher kaum möglich, Umweltgesetze einzuklagen. Ohne Kläger kein Richter. Abhilfe würde die Verbandsklage schaffen. Sie ist auch seit jeher der Hauptstreitpunkt im Umweltrecht. Nie aber hat sie die Ecke verlassen können, in die sie das System des individuellen Rechtsschutzes hineingestellt hat. Sie paßt einfach nicht ins System. Nur im Anwendungsbereich einiger Landesnaturschutzgesetze, demnächst wohl auch im Bundesnaturschutzgesetz, ist die Verbandsklage zugelassen. Aber selbst dort hat sie fast nichts ausrichten vermocht. An den Fingern einer Hand lassen sich die Fälle abzählen, die zu einer objektiven Rechtskontrolle führten. Die Gerichte fürchten nämlich nichts mehr, als mit der Verbandsklage eine Schleuse zu öffnen, die eine Prozeßflut auslösen könnte.

Die Fronten sind verhärtet. In dem jahrzehntelangen Streit um die Verbandsklage rennen die einen gegen das System des Individualrechtsschutzes an und die anderen verteidigen es erbittert, als hänge davon das Überleben des Rechtsstaates ab. Dabei geht es im Grunde gar nicht um mehr Prozesse, sondern um mehr Mitsprache. Die Umweltverbände treibt nicht die Lust an Prozessen, sondern die Wut über die Ohnmacht der Natur. Es würde deshalb einen wichtigen Durchbruch bedeuten, wenn sich die Verbände (Greenpeace, Friends of the Earth, die Naturschutzverbände usw.) konsequent als Treuhänder der Interessen der Natur verstehen würden. Sie tun das zum Teil ohnehin, nur müßten sie auch um rechtliche Anerkennung ihrer Treuhandschaft kämpfen. Die Rechtsordnung könnte das ohne großen dogmatischen Aufwand tun, denn im Privatrecht gibt es die Treuhandschaft (zwischen Menschen) seit langem. Wenn auf der anderen Seite klargestellt würde, daß es nicht so sehr um die Verbandsklage geht, sondern um eine wirksame Mitsprache in Verwaltungsverfahren, würden sich die Fronten vermutlich auflockern. – Die Verbandsklage bleibt ein wichtiges Element zur Durchsetzung der Interessen der Natur. Noch wichtiger aber ist die wirkliche Verbands*beteiligung*.

In der Treuhandschaft oder Vormundschaft geht es darum, daß Rechte und Interessen für jemanden wahrgenommen werden, der – aus welchen Gründen auch immer – dazu nicht in der Lage ist. Damit ist sie für die Situation, um die es hier geht, wie zugeschnitten. Treuhandgeber ist die nichtmenschliche Natur, Treuhänder der sie vertretende Verband, und Gegenstand ist die Wahrnehmung von Rechten bzw. Interessen der Natur, soweit sie im jeweiligen Verwaltungsverfahren betroffen sind. Würde man das Treuhandmodell anthropozentrisch verstehen, wäre nicht zu erklären, wie ein menschlicher Verband dazu kommt, Allgemeininteressen wahrzunehmen. Die Interessen von Treuhandgeber und Treuhänder wären identisch, was dem Treuhandgedanken gerade widerspricht.[66] Mit diesem im Grunde sehr einfachen Modell könnten die menschlichen und natürlichen Interessen für sämtliche Entscheidungsverfahren, also z. B. auch bei der Umweltverträglichkeitsprüfung, auseinandergehalten werden.

Da die Interessen der Natur im Modell der Treuhand eigenständige rechtliche Qualität haben, praktisch also Rechte darstellen, ergibt sich von selbst, daß sie volles Gewicht haben und deswegen auch eingeklagt werden können. Dies muß aber nicht zu einer neuen Flut von Natur-Klagen führen. Klagemöglichkeiten könnten auf einzelne Aspekte beschränkt bleiben, z. B. auf die Frage, ob im Verfahren das Recht auf rechtliches Gehör beachtet wurde.[67] Solche «Präklusionen», d. h. der Ausschluß von Einwendungen nach bestimmten Verfahrensabschnitten, sind im Umweltrecht üblich. Eine spätere Klagebeschränkung ist daher durchaus akzeptabel, vorausgesetzt, die Rechte der Natur sind im

Verfahren ausreichend berücksichtigt worden. Wenn die Beteiligung von Verbänden als Treuhandschaft und in allen staatlichen Entscheidungsverfahren mit Auswirkung auf die natürliche Umwelt gesichert ist, spielt der Zugang zu den Gerichten keine so große Rolle mehr. Die Interessen der Natur wären da repräsentiert worden, wo die Entscheidungen fallen.

Den Kahn am Ufer vertäuen

Die Interessen der Natur treuhänderisch wahrzunehmen, heißt natürlich nicht, sie prinzipiell abzutrennen. Es geht nicht um Trennung, sondern um ökozentrische «Dialektik», also Auseinanderhalten und Zusammenfügen. Beide Elemente gehören zusammen, aber eben nur, nachdem die Interessen als eigenständig erkannt und gewichtet worden sind. Denn die Umweltstandards sind wesentlich schärfer und in ihrem Charakter anders als die anthropozentrischen «Umweltstandards» (= Gesundheitsstandards), die es in allen bisherigen Gesetzen gibt. Zu einem großen Teil lassen sich die ökozentrischen Standards wissenschaftlich ermitteln. In der Ökosystemforschung und Ökotoxikologie können über Empfindlichkeiten in Ökosystemen zum Teil klare Aussagen gemacht werden. Die Crux war bisher nur, daß sie für das Recht unerheblich waren. Im anthropozentrischen Maßstab kommt es nur auf menschenbezogene Risiken an. Wenn die Umweltstandards dagegen ökozentrisch festgelegt werden, bekommt die Ökosystemforschung erst ihre eigentliche Bedeutung. Sie würde einen enormen Aufschwung erleben und alle Naturwissenschaften beeinflussen, die nach den Wirkungszusammenhängen in der Natur fragen.

Wissenschaftliche Rationalität ist aber nur *ein* Aspekt, auf den sich die ökozentrischen Standards gründen. Ein wesentlicher verbleibender Aspekt ist der Eigen*wert*, und der läßt sich, ähnlich wie der «Wert» des Menschen, nicht wissenschaftlich oder wirtschaftlich erfassen. Wir haben in der Darstellung der ökozentrischen Ethik verschiedene Methoden dargestellt, wie der Eigenwert ermittelt und zu den Interessen des Menschen bzw. der Gesellschaft in Beziehung gesetzt werden kann;[68] rationale Wertentscheidungen können also durchaus getroffen werden, wenn sie der ökozentrischen Ethik folgen. Es bleibt aber ein «Rest». Und dieser Rest – seiner Natur nach spirituell – ist von großer Bedeutung. Wir können ihn mit vielen Begriffen umschreiben, nie werden wir ihn voll erfassen. Ihn zu vergessen wäre aber verhängnisvoll. Wenn wir kein Gefühl dafür besitzen, daß die Natur ein Recht hat, einfach da und für niemanden nutze zu sein außer für sich selbst, dann haben wir wohl auch den Sinn für das wahrhaft Menschliche verloren.

Die Vorstellung vom Eigenwert der Natur betrifft einen wesentlichen Aspekt menschlicher Selbst-Erfahrung. Indem wir die Natur in ihrem Da-Sein und So-Sein akzeptieren lernen, lernen wir uns selbst kennen. Unser Selbst ist mehr als das, was uns von anderen Menschen und anderen biologischen Organismen unterscheidet. Der individuelle Aspekt des Selbst gehört zur eigenen Identität. Aber zu dieser Identität gehört auch, daß wir uns als Teil eines größeren Ganzen erkennen. Dies ist die andere Seite des Selbst. Wenn diese Seite so sehr in Vergessenheit geraten ist, daß sie nur noch als persönliche Erfahrung gilt, die mit der gesellschaftlichen Wirklichkeit nicht unmittelbar zu tun hat, dann besagt dies viel, wenn nicht alles, über unser gesellschaftliches Wertsystem. Eine Ethik, die ausschließlich rational sein und alles in die Schablonen rationaler Wertesysteme pressen will, verfehlt den entscheidenden Punkt: Unser Problem ist nicht der Mangel an Moralphilosophie, sondern der Mangel an Selbst-Erfahrung. Die ökozentrische Ethik beschreibt Selbst-Erfahrung als persönlichen *und* gesellschaftlichen Vorgang. Das macht sie so besonders. Und das macht die These vom Eigenwert der Natur so politisch, buchstäblich systemverändernd.

Eine Gesellschaft, die den Eigenwert und die Eigenrechte der Natur anerkennt, wird sich grundlegend anders entwickeln als eine Gesellschaft, die das nicht tut. Und ein Staat, der sich als ökologischer Rechtsstaat an der Anerkennung des Eigenwertes der Natur orientiert, wird einen grundlegend anderen Charakter haben als ein Staat, der meint, darauf verzichten zu können.

Gut und schön, wird mancher jetzt vielleicht denken, aber wir haben nicht mehr die Zeit für so grundlegende Veränderungen. Unsere Probleme müssen wir heute lösen und nicht erst dann, wenn sich Grundsätzliches geändert hat. Schließlich steht das Haus ja schon in Flammen. Vielleicht macht diese berechtigte Ungeduld unseren Zeitgeist aus. Typisch für diese Art von Zeitgeist war der Leitartikel in der *Zeit* zum fünften Jahrestag der Katastrophe von Tschernobyl: «Wenn es richtig ist, daß die kommenden Jahrzehnte darüber entscheiden werden, ob die Menschheit in Würde und Freiheit überleben kann, dann bleibt leider keine Zeit für die Einübung neuer oder alter Religionen. Dann bleibt keine Zeit, utopische Weltentwürfe zu testen. Wir müssen und können statt dessen mit den Mitteln der modernen Industrie und Wissenschaft gegen die ihnen innewohnenden Destruktivkräfte ankämpfen.»[69] Keine Zeit also? Aber offenbar Zeit genug, um an die Selbstreinigungskräfte des Industriesystems zu glauben! Keine Zeit für Utopien? Als ob es je eine größere Utopie gegeben hätte als die der «modernen Industrie und Wissenschaft». Sie ist das eindrucksvollste Beispiel für den Versuch (und das Scheitern), die Natur beherrschen zu wollen. Wieviel naiven Fortschrittsglauben braucht es, um die Mittel der modernen Industrie und Wissenschaft für geeignet zu halten, die «innewohnenden Destruktivkräfte» zu stoppen? Der Kahn, in dem wir alle sitzen, treibt immer schneller dem Wasserfall zu. Soll es da genügen, das Ruder herumzureißen? Oder müssen wir nicht «den Kahn am Ufer vertäuen» (Rudolf Bahro), damit er nicht in die Tiefe stürzt? Wer geht da großzügiger mit der Zeit um, die uns noch verbleibt? Derjenige, der am Ruder herumfummelt, oder derjenige, der den Rettungsanker wirft? Nur das letztere wäre Systemveränderung. Für weniger als das ist unsere Situation schlicht zu gefährlich.

Den Rettungsanker zu werfen, mag Zeit erfordern. Jede Sekunde, die dafür eingesetzt wird, ist aber gut investierte Zeit. Und wer weiß denn, wieviel Sekunden uns noch bleiben? Unser Zeitproblem ist doch nur ein Problem unserer Trägheit. Das meinte jedenfalls der holländische Futurologe Fred L. Polak, als er davon sprach, daß der größte Mangel unserer Zeit der Zeitmangel ist.[70] Wir weigern uns, zur Kenntnis zu nehmen, woher unser Problem kommt, weil wir fürchten, daß die Lösung Systemveränderung bedeutet. Wer das Problem auch jetzt noch nicht zur Kenntnis nimmt, dem ist vielleicht nicht zu helfen. Wer das Problem aber verstanden hat, wird auch keine Furcht vor Systemveränderung haben. Sie vollzieht sich bereits, und es liegt an uns, sie so voranzutreiben, daß sie noch *rechtzeitig* wirkt.

10. Eine Politik für die Erde

> *Eine der erfreulichsten Entwicklungen der jüngsten Zeit ist das auf der ganzen Erde zunehmende Bewußtsein von der Bedeutung der Natur für das menschliche Leben. Das hat mit Religion nichts zu tun. Sich um den Planeten zu kümmern ist dasselbe, wie sich um das eigene Haus zu kümmern.*
>
> DALAI LAMA (1990)

In den Machtzentren unserer Welt wird heute viel von den «Menschheitsproblemen» und den «globalen Krisen» gesprochen. Das ist gut so. Und trotzdem klingt es verdächtig, wenn Washington, Bonn und Tokio von gemeinsamen Anstrengungen zur Erhaltung der Lebensbedingungen auf der Erde reden. Warum erst jetzt, nachdem Ozonloch und Treibhauseffekt entdeckt wurden? Und wessen Lebensbedingungen sind denn gemeint? Der reiche Norden hat offensichtlich eine andere Vorstellung von den «Menschheitsproblemen» als der arme Süden. Von dort aus betrachtet, sind die drängendsten Menschheitsprobleme der Hunger, die Seuchen und die Armut. Und sie gibt es schon eine ganze Weile länger als das Klimaproblem. In den Etats der reichen Industrieländer haben sich diese Probleme bisher als lächerlich unbedeutende «Entwicklungshilfe» niedergeschlagen. Als wirkliches Menschheitsproblem erscheint ihnen nur, daß die Energievorräte immer knapper werden, daß es in der Dritten Welt zu viele Menschen gibt, daß die tropischen Regenwälder vernichtet werden und daß «unser» Klima sich verschlechtert. Alles Effekte, die vor allem den reichen Norden und *seine* Lebensbedingungen treffen. Doch unser größtes Problem ist weder der Treibhauseffekt noch Hunger und Armut. Das größte Problem ist die bestehende kapitalistische Weltordnung, die unsere globalen Menschheitsprobleme hervorgerufen hat und allein darüber bestimmen will, wie sie zu lösen sind.

Seit der Ost-West-Gegensatz politisch und militärisch verschwunden ist, verschärft sich der Nord-Süd-Gegensatz. Das westliche Konsummodell steht jetzt konkurrenzlos da. So kann es sich der Welt als alternativlos präsentieren. Für den Süden bedeutet dies, sich noch bedingungsloser seinen Gesetzen zu unterwerfen. Die einzig verbleibende Hoffnung der unterdrückten Menschen und Regionen dieser Welt ist die

Einsicht, daß ihre Not als die Not aller Menschen erkannt wird. Die Hoffnung also, daß der reiche Norden eine *Schicksalsgemeinschaft mit dem Süden* anerkennt. Das aber verlangt nicht weniger als die Veränderung des eigenen ausbeuterischen Systems.

Die neue Ordnung, die wir brauchen, hat eine nationale und eine internationale Komponente. National geht es um die ökologische Neuorientierung der Gesellschaft und ihrer Handlungsinstrumente. Staat und Wirtschaft müssen der Logik folgen, wie wir sie hier beschrieben haben. International geht es darum, die Handlungsinstrumente so zu verändern, daß eine globale Zusammenarbeit tatsächlich möglich wird. Die Aufteilung der Welt in 180 Nationalstaaten, die, ihrem eigenen Antrieb folgend, den Wettbewerb untereinander schüren, verhindert eine globale Politik. Was bisher nur als «Außen»politik verstanden wird, muß als Weltinnenpolitik begriffen werden. Sonst wäre sie von vornherein zum Scheitern verurteilt.

Am Anfang einer solchen Weltinnenpolitik steht deshalb nicht das Motto: «Global denken, global handeln», sondern immer noch: «Global denken, *lokal* handeln». Augenblicklich betreiben die Regierungen ihre internationale Politik so, als ob die Lösungen der Menschheitsprobleme *ausschließlich* eine Angelegenheit internationaler Zusammenarbeit seien. Damit wird aber nur von ihrer Ursache abgelenkt. Die Menschheitsprobleme sind nicht außerhalb der jeweiligen Landesgrenzen entstanden, sondern innerhalb von ihnen. Von dorther müssen sie also zuerst gesehen werden. Für die USA, Europa und Japan ergibt sich dabei das ernüchternde Bild, daß sie die Verursacher und Antreiber der sozialen und ökologischen Weltprobleme sind. Sie sind es, die in ihren eigenen Grenzen ihr Haus zuallererst in Ordnung bringen müßten.

An dem Tatbestand gibt es nichts zu zweifeln. Wenn 1,1 Milliarden Menschen hungern, 500 Millionen chronisch unterernährt sind, jedes Jahr 20 Millionen an den Folgen des Hungers sterben, dann liegt die Ursache nicht an irgendwelchen Naturkatastrophen, sondern an der Zerstörung ihrer Lebensgrundlagen, die letztlich auf das Konto der Wohlstandsgesellschaft geht. Wenn 2 Milliarden Menschen in absoluter Armut leben, dann ist das nicht selbstverschuldetes Schicksal, sondern logische Folge einer Wirtschaftsordnung, die Reichtum an wenige bindet (einschließlich der Regierungseliten in der Dritten Welt) und Armut auf viele verteilt. Wenn die tropischen Regenwälder verschwinden, dann liegt das nicht an der Dummheit der Menschen in der Dritten Welt, sondern an ihrer verzweifelten Lage, in die sie die Habgier der

Multis und der Wohlstandsgesellschaft getrieben hat. Wenn die Metropolen der Dritten Welt in Dreck und Gestank ersticken, dann ist das nicht eine Randerscheinung importierten Wohlstands, sondern das Elend exportierter westlicher Kultur. Wenn Millionen Tonnen gefährlicher Chemikalien, die in den Herstellungsländern verboten sind, in die Dritte Welt verfrachtet werden, dann nur, weil man ihren Export nicht verbieten will und weil verhindert wird, daß Importe kontrolliert werden. Der kapitalistische Norden allein zerstört mit FCKW die Ozonschicht. Er allein verschwendet die Energien, produziert das Treibhausklima und rottet überall auf der Welt Tier- und Pflanzenarten aus. Es gibt keinen einzigen der weltweiten sozialen und ökologischen Problemströme, der seine Quellen nicht in den reichen Metropolen des Nordens hätte. Das Ziel jeder ökologischen Politik – national wie international – muß es deshalb sein, diese Quellen zu verstopfen. Alles andere wäre ein Reparieren am Symptom.

Vom Ziel zu unterscheiden sind die Mittel. Die Staaten sind die Mittel. Die Staaten müssen bei sich anfangen und gleichzeitig das Kunststück fertigbringen, daß andere Staaten dem eigenen Beispiel folgen. Der Umbau *einer* ökologischen Gesellschaft in den eigenen Landesgrenzen bringt nichts, wenn andere Länder bereit sind, die verschreckten Unternehmen oder ihre Produkte bei sich aufzunehmen. Nationale Alleingänge führen nur zum Export sozialer und ökologischer Probleme. Wenn Deutschland allein bleibt, weichen die Unternehmen ins europäische Umfeld aus. Wenn Europa allein bleibt, weichen sie nach Übersee aus. Wenn Europa, USA und Japan unter sich bleiben, weichen sie in die Dritte Welt aus. Es geht also nicht ohne internationale Zusammenarbeit.

Bisher funktioniert die internationale Zusammenarbeit eher in negativer Hinsicht. Sie ist das Komplott der reichen Länder, die ihre Interessen durch harmlos klingende Institutionen wie IWF (Internationaler Währungsfonds), Weltbank und GATT (Allgemeines Zoll- und Handelsabkommen) absichern. Diese Institutionen haben bisher nichts unternommen, um den Grundwiderspruch zwischen reichem Norden und armem Süden zu lösen. Die ungleichen Handelsbeziehungen garantieren den Industrieländern niedrige Rohstoffpreise und zwingen die unterentwickelt gehaltenen Länder dazu, Fertigwaren zu überhöhten Preisen abzunehmen. Über den kapitalistischen Weltmarkt kommt es zu einer kontinuierlichen Entwertung der menschlichen Arbeitskraft und der natürlichen Ressourcen in den unterentwickelten Ländern. Die Folge ist eine ständige Verschärfung sozialer und ökologischer Probleme. Dringend erforderlich ist deshalb die *Umgestaltung der Weltwirtschaftsordnung.*

Die Forderung nach der neuen Weltwirtschaftsordnung besteht schon lange. Sie ist durch viele Resolutionen, Deklarationen und Konferenzbeschlüsse der Vereinten Nationen in den siebziger Jahren zum internationalen Programm erhoben worden. Die Kernforderungen für die neue internationale Wirtschaftsordnung lassen sich folgendermaßen zusammenfassen:

- Anerkennung der «permanent sovereignty over natural resources», die das Recht auf Enteignung und Nationalisierung ausländischen Investitionsvermögens einschließt;
- Zugang zu den Märkten der Industriestaaten durch Einräumung von Vorzugsbedingungen im internationalen Handel,
- Verbesserung der Rohstoffpreise,
- Lösung der Verschuldungskrise,
- Anerkennung aller Ressourcen außerhalb einzelstaatlicher Hoheitsbereiche als «Gemeinsames Erbe der Menschheit»,
- Kontrolle multinationaler Unternehmen,
- Institutionelle Reform der Vereinten Nationen mit dem Ziel, die UNO mit der Stimmenmehrheit der Entwicklungsländer zum Forum aller Fragen der wirtschaftlichen Zusammenarbeit zu machen.[71]

Diese Forderungen stehen bisher aber nur auf dem Papier. Politisch sind sie zudem weitgehend überholt durch die Aktivitäten des IWF, der Weltbank und des GATT. Sie regeln die Verschuldungsfrage und die Bedingungen des Welthandels. Und sie tun das ganz im Sinne der einseitigen kapitalistischen Weltordnung. Der IWF sorgt dafür, daß Schuldnerländer harte Bedingungen erfüllen, wenn sie neue Kredite brauchen. Sie müssen ihre Produktion und Landwirtschaft auf die Herstellung von Exportgütern umstellen, ihre eigenen Staatshaushalte drastisch einschränken und freie Marktwirtschaft garantieren. Die Entwicklung einer selbstversorgenden, arbeitsintensiven Wirtschaft wird dadurch im Keim erstickt. Gleichzeitig setzt sich die Verelendung der Menschen in den Schuldnerländern fort, weil sie heimische Nahrungsmittel und Konsumgüter nicht mehr bezahlen können. Die Weltbank setzt auf die Förderung der großen Projekte. Kredite gab sie für Staudämme, kapitalintensive Agrarprojekte und großangelegten Abbau von

Naturressourcen. Die arbeitsintensiven, wirkungsvollen Projekte zur Selbsthilfe überließ sie anderen (finanzschwachen) Entwicklungsinstitutionen. So sichert die Weltbank nicht nur den Kapitalfluß zugunsten der Industriestaaten, sondern trägt auch noch zur weiteren Plünderung kostbarer Ressourcen bei. Das GATT schließlich hat an sich die Aufgabe, den Welthandel zu liberalisieren, damit die armen Länder Zugang zu den Märkten der reichen Länder erhalten. GATT ist aber zum Spielball der großen Drei (USA, Europa, Japan) geworden, die mehr an ihren konkurrierenden Märkten interessiert sind als an einem fairen Zugang des Restes der Welt. Die EG machte besondere Schwierigkeiten, weil sie noch immer den Export landwirtschaftlicher Produkte subventioniert und den Agrarimport beschränkt. Und während die GATT-Teilnehmer schon wegen dieser Frage nicht weiterkommen, müssen sie sich mit einem weiteren Milliardengeschäft der Industriestaaten herumschlagen. Es geht um eine weltweite Patentschutzregelung für geistiges Eigentum und für Investitionen, der Sache nach um Patente für genmanipulierte Tiere und Pflanzen. Wenn die gentechnologischen Konzerne ihre Patente sichern, gewinnen sie die Kontrolle über einen der lukrativsten Märkte der Zukunft. Für die Länder mit der größten biologischen Vielfalt, die Länder der Dritten Welt, bedeutet das ein weiteres Drehen an der Daumenschraube. Wo z. B. heute chemiegetränktes Ackerland unfruchtbar wird, muß morgen teures, gentechnisch hergestelltes Saatgut eingekauft werden. Die eigene Landwirtschaft gerät vollends in die Abhängigkeit der ausländischen Multis.

Von einer neuen Weltwirtschaftsordnung sind wir heute weiter entfernt als noch vor zehn Jahren. Und nichts wird sich von diesem Traum erfüllen, solange die Bedingungen internationaler Zusammenarbeit so einseitig von der kapitalistischen Weltordnung diktiert werden. Doch so paradox es klingt: Je aussichtsloser die Hoffnungen auf eine gerechte Umverteilung des materiellen Reichtums sind, desto größer werden die Chancen für grundlegenden Wandel. Die ökologische Krise, deren eine Erscheinungsform die Verelendung der Dritten Welt ist, macht es zunehmend unmöglich, kapitalistische Selbstzweckinteressen zu verfolgen. Das Prinzip der heutigen Weltwirtschaft muß unweigerlich daran zerbrechen, daß es keine beliebig ausbeutbaren Menschen und Ressourcen gibt. Das System der Erde ist nur begrenzt belastungsfähig. Und wenn die Dynamik industrieller Expansion ungebrochen bleibt, wird es schon sehr bald keine Ressourcenreservoirs (in der Dritten Welt) mehr geben, die noch ausgebeutet werden könnten.

Ein kleiner, aber wichtiger Hoffnungsschimmer kommt deshalb daher, daß die Interessenvertreter der Ersten Welt eine Lösung des Dritte-Welt-Problems um der eigenen Selbsterhaltung willen brauchen. Die Menschen der Dritten Welt könnten umgekehrt eine Haltung einnehmen, wie sie eine Aboriginal-Frau in Australien ausdrückte: «Wenn du gekommen bist, um mir zu helfen, dann geh wieder nach Hause. Aber wenn du eingesehen hast, daß mein Überlebenskampf auch ein Teil deines Überlebenskampfes ist, dann können wir vielleicht zusammenarbeiten.»

Den nötigen Ausgangspunkt für jeden Versuch einer Weltinnenpolitik hat Mostafa Tolba, Direktor des Umweltprogramms der Vereinten Nationen, 1989 in einer Rede vor der UN-Vollversammlung formuliert: «Die Umweltkrise verlangt nicht weniger als eine *Revolution in der Behandlung internationaler Angelegenheiten*, welche die Notwendigkeit globaler Partnerschaft und neuer Finanzierungsmöglichkeiten anerkennt, die uns allen helfen wird, insbesondere den Entwicklungsländern, die Umweltzerstörung zu überwinden, die den Frieden und die Stabilität der internationalen Gemeinschaft bedroht.» Massive Verteilungskämpfe und Kriege um Naturressourcen finden schon heute statt und werden an Zahl und Intensität mit Sicherheit zunehmen. Der Golfkrieg war nur ein kleiner Vorgeschmack davon. Tolba und andere führende Umweltexperten wie Lester Brown, Direktor des Worldwatch Institute, Paul R. Ehrlich (USA), David Suzuki (Kanada) oder Edward Goldsmith (England) geben der Menschheit noch gerade zehn Jahre, um den Zerstörungsprozeß umzukehren. Am Ende dieses Jahrzehnts werden wir wissen, ob es dazu gekommen ist.

Überall auf der Welt gibt es Überlegungen und Entwürfe einer sinnvollen globalen Strategie. Meist sind es unabhängige Forschungsinstitute und nicht-regierungsabhängige Organisationen (Non-Government Organizations – NGOs), die solche Strategien entwerfen. Eine davon ist der Club of Rome, der sich seit seiner Gründung im Jahr 1968 zu einer weltweiten Einrichtung entwickelt hat und heute 19 regionale Arbeitszentren rund um den Erdball unterhält.[72] Dem Club of Rome angeschlossen ist das Pacific Institute of Resource Management (PIRM), das seit 1984 in Australien und Neuseeland mit 150 Wissenschaftlern arbeitet. Es koordiniert gleichzeitig ein Netzwerk von zahlreichen NGOs, die Global Association for Environmental Action. Kürzlich führte es das «Projekt für globale Sicherheit» durch, bei dem alle international vorhandenen Analysen unabhängiger Forschungseinrichtungen studiert und ausgewertet wurden. Unterstützt wurde das PIRM-Institut dabei u. a. vom Umweltprogramm der Vereinten Nationen, der UNESCO und dem Global Network on Responsibilities to Future Generations and their Environment der Universität von Malta. Als Ergebnis dieser Untersuchungen legte das Institut im Jahr 1990 die Studie *Reversing Global Decline* vor. Darin werden die Prinzipien und Schwerpunkte einer Umweltaußenpolitik bzw. Weltinnenpolitik dargestellt, wie sie von jedem einzelnen Staat, vor allem natürlich von den Industriestaaten, verfolgt werden sollte. Die Studie repräsentiert einen breiten Konsens von NGOs und unabhängigen Instituten in vielen Ländern der Erde. Es ist deswegen aufschlußreich, die Hauptpunkte hier zusammenzufassen.

Die Analyse geht davon aus, daß nicht mehr als zehn Jahre Zeit bleiben, um die Dynamik der fortgeschrittenen globalen Umweltzerstörung umzukehren. Die großen Industriestaaten als die Verursacher der globalen Krise werden als weitgehend unfähig zur Entwicklung einer Lösungsstrategie kritisiert. Wenn diese Aufgabe ihnen überlassen bliebe, werde sich zu wenig in zu langer Zeit ändern. Auf der anderen Seite sei eine rechtzeitige Änderung aber auch nicht ohne die Staaten möglich. Nötig sei daher eine Strategie, bei der gesellschaftliche Gruppen und unabhängige Fachleute in umfassender Weise mit staatlichen Stellen zusammenarbeiten.

Erste Priorität habe ein *koordiniertes Programm aller Staaten* mit dem Ziel,

1. die Entscheidungsbefugnisse der Vereinten Nationen zu stärken (Umweltrat mit noch weitreichenderen Befugnissen als der Sicherheitsrat);
2. die Werte und Prinzipien einer globalen Politik festzulegen;
3. das Verhältnis von Völkerrecht und nationalstaatlicher Souveränität neu zu definieren und
4. die bestehenden Initiativen zur Hilfe für die Dritte Welt, zum Klimaschutz, zur Erhaltung der tropischen Regenwälder, zur Bevölkerungsentwicklung, zur militärischen Abrüstung und zur Umverteilung von Geldern drastisch zu stärken.

Die Studie rechnet vor, daß bei einer jährlichen Einsparung der Rüstungsausgaben von 10 Prozent bis zum Jahr 2000 rund 5 Billionen US-Dollar zur Verfügung stünden und von einem Fonds der Vereinten Nationen verwaltet werden könnten.[73] Die Summe würde ausreichen, um Hunger und Armut entscheidend zu bekämpfen, die zerstörten Wälder wieder aufzuforsten und wesentliche Infrastrukturmaßnahmen durchzuführen, damit die Abhängigkeit der Länder der Dritten Welt vom internationalen Großkapital beendet wird. Die dringendsten Probleme der Menschheit ließen sich schon damit lösen. Weiter schlägt die Studie vor, durch Erhebung einer speziellen Umweltsteuer nach dem Verursacherprinzip ein Geldvolumen aufzubringen, das in einen «Erd-Fonds» fließt.

Der Plan hierzu wurde vor kurzem von UNEP und einem Kreis von NGOs im Umfeld der Friends of the Earth vorgelegt. Er sieht vor, daß die Staaten mit höchstem Energieverbrauch und größtem Anteil am Treibhauseffekt unmittelbar dafür bezahlen, daß Regenwälder gerettet und Ressourcen geschont werden. Über den «Erd-Fonds» käme es wenigstens ansatzweise zu einer Korrektur des Nord-Süd-Gefälles.

Dreh- und Angelpunkt des Vier-Punkte-Programms ist die *ökozentrische Perspektive.* Die Weltprobleme lassen sich nicht mehr aus der Perspektive menschlicher Ressourceninteressen erfassen, sondern nur aus der «globalen, ganzheitlichen» Sicht, die allen Formen des Lebens gleichen Respekt entgegenbringt und den Eigenwert der Ökosysteme anerkennt.[74] Durch diesen Perspektivenwechsel bekommt das Programm sein besonderes Profil. Die politischen Leitideen sind «eine selbsterhaltende Wirtschaft durch Entwicklung qualitativer Werte statt quantitativen Wachstums» und das Prinzip der «Nachhaltigkeit» *(sustainability).* Die institutionellen Leitideen sind das Konzept der Treuhandschaft über einzelne Regionen der Erde und ein neu konzipiertes Völkerrecht, das die Bedeutung der nationalstaatlichen Souveränität auf ein erträgliches Maß herunterschraubt. Diese Leitideen werden wir im folgenden näher erläutern.

Das Prinzip der Nachhaltigkeit ist für die Regierungen der meisten Industriestaaten immer bedeutender geworden, seit es 1987 vom Bericht der UN-Kommission für Umwelt und Entwicklung, dem Brundtland-Bericht, als Strategie einer neuen globalen Ordnung empfohlen wurde. Die Definition des Brundtland-Berichts für «nachhaltige Entwicklung» läßt aber mehrere Deutungsmöglichkeiten offen. So bleibt etwa das Verhältnis zur Anthropozentrik und zum ökonomischen Wachstum ungeklärt. Als Folge davon tendieren die Regierungen zu einem pragmatischen Verständnis, um es ihren anthropozentrisch-kapitalistischen Gewohnheiten anzupassen. Der englische Politikwissenschaftler Timothy O'Riordan bezeichnet dies als die «technozentrische» Variante im Gegensatz zur «ökozentrischen» mit einem völlig veränderten Wertsystem. Das Ziel einer ökozentrisch verstandenen dauerhaften Gesellschaftsform *(sustainable society)* ist die dezentral organisierte Gesellschaft mit selbstversorgenden Gemeinschaften.[75]

In seiner Darstellung grünpolitischer Theorie bezeichnet der britische Politologe Andrew Dobson die Ökozentrik als Grundlage der *sustainable society*, womit er eine Strategie umschreibt, die auf Transformation der Idee des Staates abzielt.[76] Ein kanadisches Wissenschaftlerteam, das den unterschiedlichen Vorstellungen zur *sustainable society* nachging, kam vor kurzem zu dem Ergebnis, daß das Prinzip der Nachhaltigkeit sinnvoll nur auf die ökozentrische Ethik gegründet werden kann. Nur dadurch könne die kapitalistische Gesellschaftsordnung in eine ökologische verwandelt werden.[77] Im gleichen Sinne schildert die PIRM-Studie die ökozentrische Nachhaltigkeit als *den* Gegenentwurf zum anthropozentrischen Paradigma, dessen Werte sich auf die folgenden gründe: Menschliche Selbstbezogenheit, Expansion von materieller Produktion, Wettbewerb, Herrschaft der Fitesten, Ausbeutung für kurzfristigen Gewinn.

Zu den institutionellen Leitideen, an denen sich die Weltinnenpolitik ausrichten muß, gehört die Reform der Vereinten Nationen. Die Ohnmacht der UNO und die Zersplitterung ihrer Kompetenzen ist nur allzu offensichtlich. Kaum jemand traut der UNO die Rolle zu, die sie eigentlich übernehmen müßte, um wesentliche Ziele der Völkergemeinschaft durchzusetzen. Es fehlt ihr an Entscheidungsbefugnissen, an Geld und an Vollzugsmöglichkeit für ihre Beschlüsse. Und dennoch ist sie – wie die Existenz von Staaten – Teil der Realität, mit der wir zu rechnen haben. Die UNO hat, wie insgesamt das Völkerrecht, eine wichtige Funktion, weil sie Bewußtsein und Gewissen der Völker widerspiegelt. Ohne sie wäre der Schutz der Menschenrechte noch viel weniger gesichert, als er es heute ist. Und natürlich wären ohne das Gewaltverbot und die Feuerwehr des Sicherheitsrates Kriege noch viel weniger zu verhindern. Die Welt braucht eine einheitliche Stimme, mit der sie sprechen kann. Das gilt besonders in Krisenzeiten. Völker der Dritten Welt, die Menschenrechtsorganisationen und die Umweltorganisationen haben seit Jahren dafür gekämpft, die Rolle der UNO zu stärken. Ihr Anliegen stand auch auf der Tagesordnung der Umweltkonferenz im Juni 1992 in Rio de Janeiro.

Bei der Strukturreform der UNO geht es darum, den politischen Umdenkungprozeß zu beschleunigen und dafür zu sorgen, daß die Ideen, die seit Jahr und Tag auch innerhalb der UNO diskutiert werden, zu durchsetzbaren Beschlüssen werden. Mit der gegebenen Stimmenmehrheit der Länder der Dritten Welt könnte die Generalversammlung weit mehr tun, als nur Empfehlungen an die Staaten auszusprechen. In wesentlichen Bereichen fehlt ihr aber die Kompetenz für rechtsverbindliche Beschlüsse. So bleiben wertvolle Ansätze für ökologische Politik entweder als Resolution oder als Ideenpapier in der Bürokratie hängen. Im November 1989 z. B. verabschiedete die Generalversammlung eine Resolution, die Antarktis als Naturpark zu erklären und unter den besonderen Schutz einer unabhängigen Behörde zu stellen. Andere Vorstöße betrafen die Ausdehnung des völkerrechtlichen Konzepts des «Gemeinsamen Erbes der Menschheit» auf Teile der Biosphäre oder die Einrichtung von UN-Behörden, als Sachwalter für die Natur zu handeln, oder ein völliges Exportverbot von Chemikalien, deren Verwendung im Herstellerland verboten ist. Von den vielen Dringlichkeitsanträgen, die beim Umweltgipfel 1992 verhandelt wurden, zielten einige auf die Einrichtung von UN-Agenturen, die treuhänderisch für außerhalb staatlicher Hoheit liegender Bereiche der Erde handeln. Weitere Anträge betrafen die Ausdehnung der UN-Charta auf die gemeinsame Verantwortung der Menschheit für die globale Biosphäre. Nach der Vorstellung der NGOs, wie sie in der Studie des PIRM-Instituts wiedergegeben ist, müssen UNEP und weitere UN-Agenturen direkte Eingriffsbefugnisse bekommen, um die großen Industriestaaten daran zu hindern, die Erde weiter unter sich aufzuteilen.

Die bisher schwache Position der Vereinten Nationen berührt das grundsätzliche Problem des internationalen Rechts: Globale Politik wird durch die gegenwärtige Struktur des Völkerrechts fast schon im Keim erstickt. Die Souveränität der Staaten hängt dem neuen Weltbewußtsein wie ein Mühlstein an. Nach innen setzen die Staaten ökonomisches Wachstum durch, und nach außen verteidigen sie es gegen die Konkurrenz der anderen. Ein Teufelskreis, an dem sich alle Völker beteiligen, ob sie es wollen oder nicht.

Aber genauso, wie die ökozentrische Logik die innere Funktion des Staates zu verändern beginnt, greift sie auch in dessen äußere Funktion ein. Die Theorie des Völkerrechts ist parallel zur ökologischen Krise immer mehr verändert worden. Die alte Lehre des Völkerrechts von den Rechtsbeziehungen zwischen souveränen Staaten wird nur noch in Lehrbüchern verbreitet. Fast alle Fachleute sind sich darüber einig, daß die Souveränitätslehre nicht mehr zur Realität einer zusammenwachsenden Welt paßt, die mehr gemeinsame Probleme hat als einzelstaatliche Sonderprobleme. Für das internationale Recht stellt sich daher heute die Frage, ob es die Verschmelzungsprozesse hindert, oder ob es etwas zu ihrer Steuerung beitragen kann. Die Grenzen des Völkerrechts als friedensstiftendes Instrument müssen freilich immer gesehen werden. Kein wirtschaftliches oder staatliches Machtgebilde hat sich jemals um völkerrechtliche Prinzipien geschert, wenn es seine Interessen mit ökonomischer oder militärischer Gewalt durchsetzen wollte. Dennoch gilt für das internationale Recht das gleiche wie für das Recht insgesamt sowie für Staaten und überstaatliche Zusammenschlüsse (wie die Europäische Gemeinschaft oder die Vereinten Nationen): Es spiegelt den Bewußtseinsgrad von Menschen und Völkern wider. Insofern ist die Erkenntnis bedeutsam, daß die klassische Souveränitätslehre im Völkerrecht sich aufzulösen beginnt. An seine Stelle tritt ein Denken, das die Einheit der Erde betont. Ausgangspunkt ist *nicht mehr die staatszentrierte Weltsicht*, nach der die Prinzipien des internationalen Rechts auszurichten sind, *sondern umgekehrt die ökozentrische Weltsicht.*

Die wichtigste Aufgabe des internationalen Rechts wird heute darin gesehen, diesen Perspektivenwechsel für Völker und Staaten *bewußt*zumachen. Typisch ist die Standardbeschreibung, wie sie der Völkerrechtler S. Bhatt von der Universität Delhi gibt:

> Internationales Recht und Ökologie vermitteln eine ganzheitliche Sicht der Beziehung zwischen lebendigen Organismen und ihrer Anpassung an die Umwelt. Wissenschaftlich betrachtet ist die Erde eine ökologische Einheit. In einer ganzheitlichen Sicht erscheint die gegenwärtige Weltzivilisation nach internationalem Recht als eine wechselseitig voneinander abhängige, einzige Einheit, vor allem nach den Fortschritten der modernen Wissenschaft und nach dem Auftreten der nuklearen Waffen. Eine stabile Weltordnung verlangt eine ganzheitliche Sicht des internationalen Rechts, das sich als Recht für die gesamte Biosphäre versteht, von dem alles Leben auf der Erde abhängt.[78]

Der Perspektivenwechsel läßt sich auch an den vielen neuen Bezeichnungen für das «Völkerrecht» ablesen, mit denen versucht wird, das neue Selbstverständnis zu beschreiben. Während im deutschen Sprachgebrauch noch üblich ist, die ökologische Perspektive so auszudrücken, daß dem Völkerrecht als Präfix einfach das Wort «Umwelt» vorangestellt wird («Umweltvölkerrecht») oder vom «Internationalen Umweltrecht» gesprochen wird, versucht der englische Sprachgebrauch, Anbindungen an Nationen und Staaten ganz loszuwerden. Dort werden häufig Ausdrücke wie «Transnational Law», «International Ecological Law» oder «Ecological Law» benutzt, um auf den veränderten Charakter als globales Recht hinzuweisen.[79]

Hinter dem Perspektivenwechsel des internationalen Rechts verbirgt sich der allgemeine Bewußtseinswandel. Aber das Recht kann doch mehr leisten, als den Bewußtseinswandel nur zu reflektieren. Es kann ihn auch seinerseits weiter beschleunigen. Diese Auffassung wird von vielen Theoretikern und Praktikern geteilt.[80] Sie entspricht auch der geschichtlichen Erfahrung. Es lohnt sich daher, auf die *Entwicklung neuer ökozentrischer Völkerrechtsprinzipien* hinzuweisen und darauf aufmerksam zu machen, wie hochpolitisch sie sind. Einmal ins Bewußtsein getreten, werden auch Regierungen und ihre juristischen Berater nicht mehr daran vorbei können, in ökozentrischen Bahnen zu denken und zu handeln.

Die ökozentrische Alternative wächst immer mehr in den politischen Raum. Seit Jahren drängen Umweltorganisationen und Juristen darauf, einer Weltinnenpolitik das entsprechende juristische Fundament zu geben. Leitend ist dabei der Gedanke, daß die größten Bereiche der Erde nicht nationalstaatlicher Hoheit unterstehen und somit grundsätzlich der Herrschaft von Staaten entzogen sind. Dies gilt für rund 70 % der Erdoberfläche und den Teil der Atmosphäre, der außerhalb der staatlichen Lufträume liegt. Wenn diese Bereiche aus *eigenem* Recht geschützt würden, wären sie vom Zugriff der Staaten befreit. Die Erde bzw. einzelne ihrer Bereiche hätten dem plündernden Ungetüm des Industrialismus erstmals etwas juristisch Erhebliches entgegenzusetzen. Wenn sich das Völkerrecht nicht mehr als eine Staaten-Satzung zur Aufteilung der Erdressourcen versteht, sondern erstmals als wirkliches Schutzrecht für die Erde, könnte es eine ganz neue Dynamik in Gang setzen. Das Recht der Staaten würde sich zum Recht der Erde wandeln.

Die rechtsdogmatischen Überlegungen dazu lassen sich auf eine längst bekannte Figur des Völkerrechts stützen, nämlich auf das *«Gemeinsame Erbe der Menschheit» (common heritage of mankind).* Obwohl seine genaue rechtliche Bedeutung bis heute umstritten ist, besagt dieses Prinzip immerhin so viel, daß etwas, das als gemeinsames Erbe der Menschheit gilt, nicht einseitig in Besitz genommen werden darf. So wurde durch den Mondvertrag 1979 der Mond und seine natürlichen Ressourcen zum «Gemeinsamen Erbe der Menschheit» erklärt, genauso der Meeresboden der Ozeane durch das UN-Seerechtsübereinkommen von 1982. Außerdem wird in verschiedenen UN-Resolutionen verlangt, die Antarktis zum «Gemeinsamen Erbe der Menschheit» zu erklären. Mit Ausnahme des Mondvertrages, durch den sich die Raumfahrt-Großmächte gegenseitig kontrollieren wollten, kamen die Vorstöße stets von den Staaten der Dritten Welt. Die großen Industriestaaten haben sich meist dagegen gewehrt, weil sie ihrer Raubgier keinen unnötigen Riegel vorschieben wollen. Die USA halten z. B. die Neuregelung über den Meeresboden für eine «unnötige politische und wirtschaftliche Beschränkung» und weigern sich daher, das Seerechtsübereinkommen zu ratifizieren. Ihre Technologie zur Förderung der Bodenschätze ist inzwischen so weit entwickelt, daß sich der Tiefseebergbau lohnt. Wegen der Aussicht auf die Bodenschätze waren die USA auch immer an der vordersten Front der Gegner eines Schutzabkommens für die Antarktis. Während die übrigen Mitglieder des «Antarktis-Club» nach und nach mehr Einsicht zeigten und im Sommer 1991 schon so weit waren, den Bergbau dort auf Dauer zu verbieten, schlugen die USA in letzter Minute noch einen Kompromiß heraus. Nach einer Schonfrist von 50 Jahren, so sieht es der neue Antarktis-Vertrag vor, können interessierte Staaten wieder zugreifen, wenn genügend andere mitmachen. In dem Gerangel um die letzten verbleibenden Ressourcen der Erde würde die Ausdehnung des Prinzips des «Gemeinsamen Erbes der Menschheit» ein gutes Stück weiterhelfen. Zur Lösung des Problems reicht aber selbst diese Ausdehnung noch nicht aus. Denn ähnlich wie ein Grundrecht *auf* Umwelt signalisiert die Vorstellung eines Erbes der *Menschheit* eine Art Besitzanspruch *auf* Natur. Die anthropozentrischen Eierschalen hat dieses Prinzip also noch nicht abgelegt.

Hier helfen ökozentrische Juristen weiter. In völkerrechtlichen Arbeiten findet sich heute eine zunehmende Tendenz, den «commons» (also den Bereichen außerhalb der Staaten) einen eigenständigen Schutzanspruch zuzugestehen. Die «commons» sollen im internationalen Recht einen Eigenwert erhalten, der sie in die Lage versetzt, als eigenes Rechtssubjekt aufzutreten. Dadurch wären sie nicht mehr der Spielball von Staaten, den bisher einzigen Akteuren des Völkerrechts, sondern deren «Mitspieler». Repräsentiert wären sie durch die Menschheit in der Gestalt von Vertretungsorganen, etwa UN-Behörden, die als Treuhänder der «commons» handeln. Die Rolle der Menschheit wechselt also von der eines «Erbberechtigten» zu der eines bloßen Sachwalters oder Treuhänders. Damit wäre das gemeinsame Erbe «der Menschheit» als *«Gemeinsames Erbe des Lebens auf der Erde»* neu zu definieren.[81] Daß uns die Erde nicht «gehört», sondern allenfalls anvertraut ist, um sie zu bewahren, entspricht heute verbreiteter Auffassung. Die überlebten Traditionen der Staatslehre und des Völkerrechts haben das nur noch nicht zur Kenntnis genommen. Um so wirkungsvoller sind gedankliche Ansätze, die das gewandelte Verständnis aufgreifen und in politisch-rechtliche Sprache übersetzen.

Die unumschränkte Souveränität der Staaten wird durch den ökozentrischen Ansatz direkt angegriffen. Wenn die «commons» als Treuhandgut der Menschheit verstanden werden, sind sie völkerrechtlich dem Zugriff der (Industrie-)Staaten entzogen. Denn als eigenständiges Rechtssubjekt genießen sie den gleichen Schutz wie die Staaten selbst. Die Meere, die Antarktis und die Atmosphäre wären keine rechtsfreien Räume mehr, sondern geschütztes Gut, deren Nutzung und Schädigung als Eingriffe in ihre «Souveränität» aufzufassen wären. In der Bürokratie der Vereinten Nationen und vielen international arbeitenden Organisationen sind diese Gedanken durchaus nicht mehr fremd. Sie spielen z. B. eine Rolle bei der Vorbereitung einer «Erdcharta», die die wesentlichen Prinzipien des Verhaltens von Staaten festlegen soll. Nachdem der Brundtland-Bericht dazu einige Vorschläge gemacht hatte, rief 1989 die Haager Erklärung zum Schutz der Erdatmosphäre dazu auf, eine neue Institution zu schaffen, die Maßnahmen gegenüber den Staaten einseitig festlegen kann und nur der Gerichtsbarkeit durch den Weltgerichtshof unterliegt. Im gleichen Jahr forderte die *Weltversammlung aller nationalen Vereinigungen der Vereinten Nationen*, eine Art Welt-Bürgerinitiative, dazu auf, den Eigenwert der «commons» anzuerkennen und insbesondere der Antarktis einen entsprechenden Rechtsstatus zu verleihen. NGOs wie Greenpeace unterstützen in ihren Kampagnen zum «Weltpark Antarktis» diesen Vorstoß. Auf dem UN-Umwelt-Gipfel 1992 und danach werden NGOs in besonderen Konferenzen und Workshops die ökologische Alternative darstellen. Es werden noch kostbare Jahre verrinnen, ehe ein globales Umweltabkommen, eine neue Erdcharta, eine einheitliche Klimapolitik und Grundprinzipien für den Schutz der gesamten Biosphäre festgeschrieben werden. Aber sicher ist immerhin, daß die «Globalisierung» politischer Strategien zu ihrer Ökologisierung führen wird.

Einer der großen Vordenker der neuen Ordnung, Ervin Laszlo, beschreibt die unmittelbar vor uns liegende Zukunft als die Zeit der Dezentralisierung der Nationalstaaten, der Neubildung regionaler Wirtschaftsgemeinschaften und der Harmonisierung des Umweltschutzes auf der Grundlage des Prinzips der Treuhandschaft.

> Das Prinzip der Treuhandschaft müßte sowohl innerhalb wie jenseits der lokalen und regionalen Gemeinschaften Gültigkeit haben. (...) Man darf nicht zulassen, daß auch nur eine dieser Regionen durch nationale und großindustrielle Kurzsichtigkeit oder Gier irreparablen Schaden erleidet. Wenn das neue Zeitalter sich das Prinzip der Treuhandschaft zu eigen macht, daß der Mensch Sachwalter der Natur ist, dann muß es auch diese Treuhandschaft akzeptieren, ob es sich um die Natur innerhalb oder außerhalb der bewohnten Gegenden handelt. Wenn die Menschen keine Besitzrechte über die Natur beanspruchen, könnten alle Rohstoffquellen als ein kollektives Erbe angesehen werden, das zum kollektiven Wohl der Menschen wie auch der anderen Spezies genutzt werden kann.[82]

Ervin Laszlo ist wie andere Zukunftsforscher davon überzeugt, daß wir am Beginn eines grundlegenden, weltweiten kulturellen Wandels stehen. Es ist eine kulturelle Evolution, die nicht «von oben» erzwungen wird, sondern einer fundamental neuen Weltsicht folgt, die in sozialen Bewegungen, in Wissenschaft, Kunst, Religion und Erziehung hervorbricht. Die Männer und Frauen in verantwortungsvollen Führungspositionen sind nur Teil dieser kulturellen Evolution – allerdings ihr problematischer Teil. Wirtschaft, Staat und Recht bilden starke autopoietische Systeme, weil sie die Bastionen des Industrialismus sind. Aber selbst diese Bastionen beginnen sich aufzulösen. Sie verlieren ihre Basis in einer Gesellschaft, die sich anderen Werten zuwendet. Laszlo kommentiert den Wertwandel so:

> Neue Ideen und Werte treten zutage, und wenn sie erst zu erkennen sind, könnte sich herausstellen, daß einige davon weitreichende und nachhaltige Wirkungen haben werden. Wenn es sich dabei um Ideen und Werte handelt, die historisch angepaßte und menschendienliche Tendenzen und Bewegungen unterstützen, dann könnten sie sich in der Gesellschaft ausbreiten und dem Prozeß der kulturellen Wandlung wertvolle Anstöße geben. Die harte Hand der Diktatoren ist nicht erforderlich. Wenn es uns gelänge, die Hauptwirkkräfte des

> kulturellen Wandels zu mobilisieren, dann würde ihre Suche nach brauchbaren Alternativen das soziale Bewußtsein durchdringen und zu einer Verwandlung der herrschenden Kultur führen.[83]

Dieser Prozeß ist jedoch kein naturgesetzlicher, sondern ein politischer, und das bedeutet, ein *streitbarer Prozeß*. Das anthropozentrische Paradigma verflüchtigt sich nicht von selbst. Das ökozentrische Paradigma breitet sich nicht einfach wie eine übermächtige Systemlogik aus, dank der sämtliche gesellschaftlichen Konflikte verschwinden. Die gesellschaftlichen Konflikte werden sich im Gegenteil noch dramatisch verschärfen, weil der politische Gehalt des ökozentrischen Denkens erst vor kurzer Zeit ins öffentliche Bewußtsein gerückt ist. Wir stehen erst am Anfang der Auseinandersetzung. Der französische Gesellschaftstheoretiker Alain Touraine prognostizierte Mitte der siebziger Jahre «die Heraufkunft eines neuen Typs von Gesellschaft durch das Erscheinen einer neuen Erkenntnisweise, einer neuen Vorstellung von der Natur»[84]. Er warnte aber auch davor, sich auf eine natürliche Gesetzmäßigkeit zu verlassen. Es gehört nämlich zu den Grunderfahrungen der Geschichte, daß neue Ideen und Werte von den (noch) herrschenden Eliten verharmlost und vereinnahmt werden. Kaum eine Zeiterscheinung wird so sehr von den Werbeagenturen, Industriebossen und Krisenmanagern ausgenutzt wie unser neues «Umweltbewußtsein». Und während wir noch von anderen Werten und grünen Hoffnungen träumen, haben die technokratischen Eliten längst neue Formen von Herrschaft und Ausbeutung entwickelt: Technologischer Umweltschutz, Gentechnik und ökologischer Imperialismus sind nur einige Stichworte dazu.[85]

Die Ökologiebewegung trägt für diese Entwicklung eine große Mitverantwortung. Was ökologische Politik bedeutet und worin sie ihren eigentlichen Kern hat, ist immer noch zu wenigen bewußt. Dabei ist der Kampf für die Natur politisch ein Kampf für den Eigenwert der Natur. *Erst mit der ökozentrischen Ethik hat die ökologische Politik ihre theoretische Grundlage gefunden.* Denn erst von dorther wird klar, worin sich eine menschen- und naturgemäße Gesellschaft von der menschen- und naturzerstörenden Gesellschaft unterscheidet: Es ist der Unterschied zwischen einer lebensbejahenden und einer selbstmörderischen Gesellschaft.

Die Auseinandersetzungen darum, wie wir mit der Natur umgehen, werden künftig *jeden* Konflikt bestimmen, dem wir als einzelne, als Gesellschaft und als Erdbevölkerung ausgesetzt sind. An der Schwelle zum neuen Jahrtausend sind die sozialen von den ökologischen Problemen nicht mehr zu trennen. Die ökologische Krise ist so umfassend, daß nicht einmal der harmloseste Job, die unscheinbarste Freizeitbeschäftigung und die persönlichste Beziehung von ihr unberührt sind. Immer geht es darum, wie wir uns selbst und unsere Welt sehen: Betrachten wir uns als Einzelkämpfer inmitten einer mehr oder weniger feindlichen Umwelt oder als menschliche Wesen, die im Verbund mit unserer (sozialen und natürlichen) Mitwelt stehen?

Wie eng die sozialen und ökologischen Konflikte miteinander verwoben sind, läßt sich besonders in der Dritten Welt beobachten. Dort ist der Kampf ums Überleben *immer* ein Kampf gegen soziale und ökologische Ausbeutung. Deswegen hat sich der politische Widerstand gegen die eigenen korrupten Regierungen und das internationale Kapital gerade in letzter Zeit dramatisch verstärkt. Allein in ländlichen Bürgerinitiativen der Dritten Welt sind mehr als 100 Millionen Menschen organisiert, um Großbauprojekte zu verhindern und Selbsthilfeeinrichtungen aufzubauen.[86] Aktiv sind *nicht* in erster Linie die Studenten und Bildungsbürger, sondern Bauern und Dorfbewohner, Arbeiter und Mütter. Sie erleben ihr Elend als unmittelbare Folge industriellen und agroindustriellen Wachstums. Die Menschen lassen es sich nicht länger gefallen, daß ihnen ihre Natur weggenommen und dafür «westliche Kultur» vorgesetzt wird. Was bedeutet das für uns im reichen Norden? Uns geht der Aufstand in der Dritten Welt in vieler Hinsicht unmittelbar an. Sehr bald schon könnte er sich zu einem weltweiten Aufstand gegen materielle Unterdrückung und Naturzerstörung ausweiten. Kriege um die verbleibenden Reste an Natur werden immer wahrscheinlicher. Und nur eine Frage der Zeit ist es, bis wir in unserer Überflußgesellschaft merken, wie arm wir tatsächlich sind und wie sehr unsere Existenzbedingungen von ökonomischer Abrüstung abhängig sind. Dann sind Volksaufstände und Bürgerkriege hier genauso denkbar wie dort. Vor allem aber müssen wir verstehen lernen, daß der Überlebenskampf in der Dritten Welt ein Überlebenskampf der Menschheit ist. Wenn die Yanomani im Amazonasgebiet und die Dayak-Stämme auf Borneo um ihren Lebensraum Regenwald kämpfen, dann tun sie es auch für uns. Wenn die Frauen und Bauern in Afrika Projekte selbst organisieren wollen, damit sie ihre naturnahe Lebensweise wiedergewinnen, dann kommt dies auch uns zugute. Wenn wir hier unsere verschwenderische Lebensweise verändern, dann nützen wir den Menschen dort.

In der heutigen Welt gibt es für niemanden mehr die Flucht ins private Glück. Unser einzelnes Überleben hängt davon ab, ob wir das Überleben aller Menschen und der gesamten Natur wollen. Die Bewohner dieser Erde – Menschen, Tiere, Pflanzen – sind buchstäblich eine Schicksalsgemeinschaft.

11. Das Manifest der neuen Ordnung

Das in diesem Buch Ausgeführte läßt sich nicht leicht auf einen kurzen Nenner bringen. Auch die «neue Ordnung» ist kaum mehr als eine Metapher für eine Überlebensstrategie, deren Inhalte wir erst mühsam erarbeiten müssen. Und doch gibt es eine einfache Antwort auf die Frage, was wir zu tun haben: Wir müssen in unserem Alltag, und wo immer einzelne Verantwortung tragen, eine zusätzliche Verantwortung akzeptieren. Wenn Eltern im Namen ihrer Kinder handeln, Unternehmer und Angestellte im Namen ihrer Firma, Ärzte im Namen ihrer Patienten, Anwälte im Namen ihrer Mandanten, Journalisten im Namen ihrer Leser bzw. Hörer, Regierende und Richter im Namen des Volkes usw., dann sollte jeder einzelne sich aufgerufen fühlen, *auch* im Namen aller Menschen (heutiger und künftiger Generationen) und des Lebens schlechthin, kurz der lebendigen Natur zu handeln.

Wenn wir erkennen, daß Natur keine tote Materie ist, nicht das Andere dort draußen, sondern ein lebendiges Ganzes, dann können wir auch erkennen, daß ein Teil in uns danach ruft, gehört zu werden. Dieser Teil ist es, der uns erlaubt, auch in seinem Namen zu handeln.

«Im Namen der Natur» zu leben bedeutet deshalb, unser wahres Selbst zu entdecken. Und dieses Selbst wird sich eine andere Ordnung schaffen als die bisherige der Naturzerstörung, die eine Ordnung eben der Selbstzerstörung war. Die neue Ordnung wird kommen, wenn wir es wollen, genauer, wenn wir zur Kenntnis nehmen, welche tiefgreifenden Veränderungen sich in der Welt derzeit vollziehen. Das Manifest der neuen Ordnung will diese Veränderungen bewußtmachen und in eine konkrete Handlungsstrategie übersetzen:

I. Wir stehen am Beginn einer globalen Revolution.

1. Die globale Revolution ist *unumgänglich*,
   - weil wir heute wissen, daß die seit Jahrhunderten andauernde, exponentiell vorangetriebene Plünderung der Welt und ihrer Ressourcen ein Ausmaß erreicht hat, das ein Überleben der Menschheit und vieler anderer Gattungen immer unwahrscheinlicher werden läßt;
   - weil wir wissen, daß alle bisher eingesetzten Mittel zur Sicherung unserer Überlebenschancen völlig unzulänglich waren, und
   - weil wir wissen, daß die Ursachen für das Versagen der bisher eingesetzten Mittel zu tief liegen, als daß sie von Regierungen und Politikern mit ihrer Fixierung auf kurzfristige Ziele erkannt und behoben werden könnten.
2. Die globale Revolution ist *möglich*,
   - weil wir heute wissen, daß die Ursachen unserer Überlebenskrise in einer eurozentrischen, anthropozentrischen, mechanistischen und materialistischen Weltsicht liegen, deren Interesse an menschlicher Arbeit und an der Natur auf materielle Verwertbarkeit beschränkt ist und so zu einer Entfremdung von uns selbst, von unseren Mitmenschen und von der Welt, in der wir leben, geführt hat;
   - weil wir wissen, daß diese Ursachen von immer mehr Menschen erkannt werden, die eine andere Vorstellung von menschlicher Arbeit, von der Natur und von den Zusammenhängen in der Welt haben, und
   - weil wir wissen, daß diese anderen Vorstellungen in eine ökologische Ethik münden, die über Länder- und Kulturgrenzen hinweg zu einem anderen Umgang der Menschen untereinander und mit der Natur führt.
3. Die globale Revolution *hat begonnen*,
   - weil Menschen in vielen Ländern der Erde dabei sind, die ökologische Ethik politisch einzufordern und Kriterien aufzustellen, nach denen die ausbeuterischen Industriegesellschaften in solidarische, ökologiegerechte Gesellschaften umgewandelt werden können;
   - weil die Gegensätze zwischen reichen und armen Ländern, zwischen heutigen und künftigen Generationen und zwischen Mensch und Natur so unüberbrückbar geworden sind, daß sie

selbst nach dem Urteil der politisch und wirtschaftlich Herrschenden nur noch mit grundlegenden Veränderungen unseres Lebensstils gelöst werden können, und
- weil es bereits einen weltweit wachsenden Konsens gibt, die Überlebenskrise in Verantwortung gegenüber den Armen, den künftigen Generationen und der Natur um ihrer selbst willen bestehen zu wollen.

II. Die globale Revolution wird zu einer neuen Ordnung führen.

1. Die alte Ordnung – national wie international – ist gekennzeichnet durch Expansion, Wettbewerb, Unterdrückung und Ausbeutung. Zu ihren Folgen gehören Umweltzerstörung, Klimaveränderung, Überbevölkerung, Hunger, Superindustrialismus und Massenarbeitslosigkeit. Das Wertesystem der alten Ordnung verrät eine menschen- und naturverachtende Grundhaltung.
2. Die neue Ordnung ist gekennzeichnet durch die Fähigkeit zur Begrenzung, Zusammenarbeit, Rücksichtnahme und Solidarität. Ihr Wertesystem beruht auf einer Grundhaltung, die das Leben in all seinen Erscheinungsformen achtet und respektiert.
3. Die neue Ordnung achtet das Recht aller Menschen, frei von sozialer Not und Unterdrückung zu leben, und respektiert das Recht aller nichtmenschlichen Lebensformen, sich um ihrer selbst willen zu entwickeln. Sie widersetzt sich allen politischen und wirtschaftlichen Systemen, die diese Rechte mißachten.

III. Die neue Ordnung ist ihrer Natur nach global.

1. In einer vernetzten Welt, deren Probleme länder- und kulturübergreifend sind, kann es keine Problemlösungen geben, die auf nationale Grenzen beschränkt sind. Die Vielfalt der Kulturen und Lebensformen kann nur dadurch gewahrt und entwickelt werden, daß wir uns unserer globalen Verantwortung bewußt werden.
2. Das heißt aber nicht, daß es nur die internationale Ebene der neuen Ordnung gäbe und nationale Eigeninitiativen unmöglich oder nicht sinnvoll wären. Globale Verantwortung heißt vielmehr, die internationale Ebene (von «oben» nach «unten») und die nationale Ebene der Kommunen, Regionen und Staaten (von «unten» nach «oben») im Zusammenhang zu sehen. Die neue Ordnung muß daher beide Ebenen gleichermaßen prägen.

3. Die Globalität der neuen Ordnung verlangt einen Grundkonsens, der überall auf der Welt geteilt wird, aber auch Flexibilität, um die regionalen und kulturellen Unterschiede genügend berücksichtigen zu können.

IV. Die Leitidee der neuen Ordnung ist die ökologische Ethik.

1. Das Wissen und die Reflexion über ökologische Zusammenhänge läßt es nicht mehr zu, die einzelnen Bereiche menschlicher und gesellschaftlicher Aktivität getrennt voneinander zu betrachten. Alles steht mit allem in Verbindung. Daher bedeuten Solidarität und Verantwortung im gesellschaftlichen Raum zugleich auch Solidarität mit der Natur und Verantwortung für die Zukunft des Lebens auf dieser Erde. Die ökologische Ethik schließt die soziale Ethik mit ein.
2. Die Freiheit des Menschen kann sich nur entwickeln im Bewußtsein der Verbundenheit mit den Mitmenschen und der natürlichen Mitwelt. Grundprinzip der ökologischen Ethik ist daher die Anerkennung und Achtung des eigenen Wertes aller Formen des Lebens. Dieses Grundprinzip verlangt eine Veränderung der gewohnten anthropozentrischen Wertmaßstäbe. Die Freiheit des Menschen ist über den Freiheitsanspruch der Mitmenschen hinaus durch den Eigenwert der natürlichen Mitwelt begrenzt.
3. Die fundamentalen Normen sozialen Zusammenlebens, die Grund- und Menschenrechte, sind so zu fassen, daß sie der ökologischen Einbindung des Menschen gerecht werden. Die Grund- und Menschenrechte beinhalten daher nicht nur die Rücksichtnahme auf die Belange der Mitmenschen, sondern auch die Rücksichtnahme auf die Belange der natürlichen Mitwelt.

V. Die nationale Ebene der neuen Ordnung ist der ökologische Rechtsstaat.

1. Freiheit und Gerechtigkeit sind die bestimmenden Ziele des modernen Rechtsstaates. Der soziale Rechtsstaat erkennt eine Verpflichtung von Gesellschaft und Staat auf sozialen Ausgleich an. Der ökologische Rechtsstaat erkennt weitergehend eine Verpflichtung von Gesellschaft und Staat auf Wahrung des ökologischen Gleichgewichts an.
2. Um den ökologischen Rechtsstaat zu entwickeln, müssen Grundrechte und Staatsorganisation geändert werden, so daß die Belange

der natürlichen Mitwelt in gleicher Weise berücksichtigt werden wie die Belange einzelner Menschen und gesellschaftlicher Gruppen.

3. Grundfreiheiten wie das Persönlichkeitsrecht, die Forschungsfreiheit und die Eigentumsgarantie sind über ihre Sozialbindung hinaus durch ihre Ökologiebindung begrenzt. Eine Freiheitsausübung zu Lasten der natürlichen Mitwelt ist dadurch nicht mehr zulässig, und ein Recht auf freie Nutzung der natürlichen Mitwelt und ihrer Ressourcen gibt es nicht mehr. Eine weitere Konsequenz ist, daß der Nachweis der Sozial- und Ökologieverträglichkeit technisch bedingter Risiken von demjenigen zu erbringen ist, der im Begriff ist, solche Risiken entstehen zu lassen.

VI. Die internationale Ebene der neuen Ordnung ist die globale Partnerschaft.

1. Jeder Mensch ist Bürger eines Staates und Bewohner dieser Erde zugleich. Hieraus ergibt sich die Notwendigkeit zur Solidarität und Verantwortung über die Staatsgrenzen hinweg. Jeder Mensch ist aber nicht nur Teil einer Gemeinschaft der Völker, sondern ebenso Teil einer Gemeinschaft allen Lebens dieser Erde. Solidarität heißt daher nicht nur Solidarität unter Menschen, sondern auch mit der Natur. Verantwortung heißt nicht nur Verantwortung für die Menschen, sondern auch für das Leben insgesamt. Diese Zusammenhänge beinhaltet die Idee der globalen Partnerschaft.
2. Globale Partnerschaft ist nur möglich in praktizierter Solidarität und tatsächlich wahrgenommener Verantwortung. Die BürgerInnen und Regierungen der Industrieländer müssen daher erkennen, daß der Schlüssel zur Lösung der Weltprobleme bei ihnen liegt, d. h. in der Fehlentwicklung der Industrieländer und nicht in der Unterentwicklung der übrigen Länder. Solidarität und Verantwortung bedeuten daher in erster Linie, die eigene Fehlentwicklung durch eine Veränderung der eigenen energie- und rohstoffintensiven Produktions- und Lebensweise zu korrigieren. Zur Korrektur eigener Fehlentwicklung gehören ferner der ökologische Lastenausgleich der Industrieländer für die Regionen mit tropischen Regenwäldern und internationale Handelsbedingungen, die den nichtindustrialisierten Ländern ihre eigene, nachhaltige Entwicklung erlauben.
3. Die gemeinsame Verantwortung aller Menschen und Regierungen liegt in der Bewahrung des Lebens und der biologischen Vielfalt der

Erde. Die Biosphäre gehört nicht den Staaten und nicht den Menschen; sie ist von ihnen als geliehenes Treugut in einer Weise zu verwalten, daß ökologische Kreisläufe nicht unterbrochen und ökologische Systeme nicht zerstört werden. Aufgabe des internationalen Rechts ist daher, Hindernisse zu beseitigen, die sich aus der staatlichen Aufteilung der Welt ergeben, indem es überstaatliche Einrichtungen schafft, die als Treuhandverwaltung der Menschheit für die Biosphäre handeln. Ziel ist eine planetarische Rechtsordnung, die das Zusammenleben freier Völker ebenso regelt wie die treuhänderische Verwaltung der Biosphäre.

VII. Die neue Ordnung ist kein statisches Gebilde, sondern ein dynamischer Prozeß,

an dem sich jeder Mensch in seinem persönlichen Verantwortungsbereich beteiligen kann. Zugleich ist sie Ausdruck einer Politik für das (Über-)Leben. Die neue Ordnung ist letztlich die Vision einer wahrhaft menschlichen, planetarischen Gesellschaft.

Danksagung

Es ist unmöglich, sich mit ökologischen Problemen auseinanderzusetzen, ohne dabei selbst ökologisches Bewußtsein zu entwickeln. In meinem Fall hieß dies zu erkennen, wie wenig die eigenen Ideen wirklich eigene sind. Beim Schreiben fiel mir auf, wie nachhaltig meine Ansichten durch andere inspiriert wurden und deren Ansichten wiederum durch andere. Ich habe daher meine eigene Rolle mehr und mehr als die eines Mittlers verstanden, der etwas von dem weitergibt, was ein unsichtbares Netzwerk von Menschen zusammengetragen hat. Ich selbst habe nur einen Teil der Menschen, die an diesem Netzwerk mitgewirkt haben, kennengelernt. Zu danken habe ich daher nicht nur diesen, sondern den zahllosen «Geschwistern im Geiste»: entfernten und näheren Verbündeten, Kritikern und Fürsprechern, darunter vielen, denen vielleicht nicht bewußt ist, wie sehr sie mir geholfen haben.

Der Dank an viele wird hoffentlich nicht dadurch gemindert, daß ich einige namentlich erwähne. Ich hätte das Buch nicht schreiben können ohne die Gemeinsamkeit mit Karin Meyer-Bosselmann, die etwas von dem verkörpert, was zum ökologischen Bewußtsein gehört, nämlich liebende Anteilnahme, engagiertes Tun und spirituelles Wachsen. Gelernt habe ich besonders durch die Begegnungen mit Ernst Bloch, Rudi Dutschke und Robert Jungk, die – jeder auf seine Weise – ihre Träume gelebt und gesellschaftlich umgesetzt haben. Dankbar bin ich Mu Se Chung, der mir den Taoismus in Theorie und Praxis nahegebracht hat, und Sacinandana Swami, der mir den Weg zur Vedanta-Philosophie öffnete. Ray Galvin, Theologe und Umweltethiker, war mir wichtiger Freund und Gesprächspartner. Das gleiche gilt für Grover Foley, Bob Mann, John Morton und – mehr als ich hier ausdrücken kann – Prue Taylor.

Wertvolle Gespräche und Anregungen habe ich zu verdanken: Edmund Brandt, Fritjof Capra, Warwick Fox, Edward Goldsmith, Johannes Heinrichs, Hazel Henderson, Grant Hewison, Gerhard Huhn, Trevor King, Jörg Leimbacher, Nadine McDonnell, Klaus Michael Meyer-Abich, Lewis Mumford, Rupert Sheldrake, Christopher Stone und Jean Williams. Sie alle haben ihr anhaltendes Interesse an dem Projekt gezeigt. Rudolf Bahro, Hubertus Baumeister, Hanfried Blume und Gerhard Rosenberg danke ich für ihre stetige Ermutigung und das Lesen einzelner Manuskriptteile. Darüber hinaus haben mich viele, deren Namen in meinem Kopf fest notiert sind, mit Papieren, Ideen und Hinweisen versorgt. Meinen Freund(inn)en Stefan und Regina Hage, Wolfgang Nethe, Marielott und Siegfried Vogelsang, Shona Roberts, Fery Poursoltan und Jörg Schulze danke ich für ihre Liebe in einer gewiß nicht leichten Zeit und meinem Sohn Johannes dafür, daß er mich immer wieder vom Schreibtisch weg in schönere Wirklichkeiten zurückgeholt hat.

Der University of Auckland habe ich für ein Forschungsstipendium zu danken, weiter der Law Faculty dieser Universität und dem Institut für Umweltrecht in Bremen für ihre vielfältigen Hilfen. Jock Brookfield und Grant Hammond bin ich für mancherlei Privilegien in meiner Lehrtätigkeit dankbar. Bei der Erstellung der endgültigen Manuskriptfassung halfen mir Hanneke Lustig, Brent Thomson und Robyn Valentine.

Anmerkungen und Quellen

Erster Teil: Die neue Sicht der Wirklichkeit

1 G. Anders (1980), S. 295 f.
2 Dazu H. Binswanger (1985).
3 E. P. Odum (1980), Bd. 1, S. XIV.
4 A. G. Tansley (1935).
5 So noch C. Amery (1978), S. 39.
6 Vgl. dazu K. M. Meyer-Abich (1988), S. 78 ff.
7 M. Born (1978), S. 179 ff.
8 H. Marcuse (1967), S. 161.
9 L. Trepl (1987), S. 18 ff.
10 R. Bahro (1989), S. 72.
11 K. M. Meyer-Abich (1988), S. 58.
12 J. Hayward (1990), S. 18.
13 Siehe dazu H.-P. Dürr (1988).
14 R. Bahro (1989), S. 101 ff.
15 F. Engels (1876), S. 453.
16 F. Capra (1982), S. 10.
17 Siehe H. Jonas (1979) und K. M. Meyer-Abich (1988).
18 Siehe Kapitel 7, Abschnitt b.
19 G. Böhme / J. Grebe (1980), S. 245 ff.
20 E. Durkheim (1895, Neuausgabe 1984).
21 Etwa F. E. Emery / E. L. Trist (1973), M. Lange (1981) und J. Musil (1988).
22 H. M. Enzensberger (1973), S. 1 ff.
23 Ch. F. Doran u. a. (1974) und P. C. Mayer-Tasch (1985).
24 H. Strohm (1979).
25 J. Passmore (1983), S. 15.
26 F. J. Varela (1989), S. 103.
27 H.-P. Dürr (1989), S. 35.
28 Beide Begriffspaare übernehme ich von P. C. Mayer-Tasch (1985), S. 22 ff., jedoch über den Anwendungsbereich der Politikwissenschaft hinaus.

29 K. R. Popper (1989), S. 381, 384.
30 K. R. Popper (1959), S. 22, 31 f., 46; dt. (1966), S. XXI f., 6 f., 20.
31 W. Heisenberg, zitiert nach F. Capra (1975), S. 53.
32 W. Heisenberg (1941), S. 265.
33 W. Heisenberg (1989), S. 175.
34 Th. S. Kuhn (1970), S. 1, 21; dt. (1977), S. 357, 381.
35 Th. S. Kuhn (1962), S. 161 ff.; dt. (1967), S. 211 ff.
36 Ph. Goldberg (1988), S. 48 ff.
37 Arbeitskreis für Umweltrecht (1988), S. 46.
38 G. F. W. Hegel (1808).

Zweiter Teil: Das Ende des Industriesystems

1 Nach G. Haaf (1985), S. 342 ff.
2 P. R. Ehrlich u. a. (1975), E. P. Odum / J. Reichholf (1980), R. Margalef (1968).
3 R. Sieferle (1988), S. 307, 315.
4 A. Gouldie (1982).
5 H. Liebmann (1973), S. 102.
6 G. Heine (1986), S. 116, 118.
7 J. G. Frazer (1977), S. 161.
8 Vgl. G. Meister u. a. (1984), S. 47.
9 Allgemein dazu F. J. Brüggemeier / Th. Rommelspacher (1989), S. 14 ff.
10 G. Heine (1989), S. 116 ff.
11 H. Mensching (1986), S. 15, 21.
12 R. J. Braidwood / B. Howe (1960).
13 BUND (1988), S. 82 bzw. 230.
14 Ch. Leipert (1989), S. 133 ff.
15 Vgl. etwa W. Bayer / E. Stratmann-Mertens (1991), S. 13 ff.
16 Dazu auch K. Biedenkopf (1991), S. 83 ff.
17 Vgl. *Report* (1989).
18 Etwa U. Linse (1986), S. 8.
19 L. Mumford (1977), S. 524.
20 R. Bahro (1989), S. 137.
21 K. Boulding (1966).
22 E. Laszlo (1989).
23 B. Rüster / B. Simma (1975).
24 *Reports of International Arbitral Awards*, Bd. 3, S. 1905 ff.
25 L. Fröhler / F. Zehetner (1979–1981).
26 Abgedruckt in *Umwelt- und Planungsrecht* 1987, S. 245 ff.
27 O. Kolbassow (1985), S. 21 f.
28 V. Prittwitz (1984), S. 156 ff., 199 ff.
29 Siehe S. 114 f.

30 G. Landauer (1977), S. 53; siehe allgemein dazu R. Cantzen (1987).
31 Näheres dazu bei M. Jänicke (1987).
32 Einen Überblick zum Ländervergleich vermitteln M. Bothe / L. Gündling (1990) und M. Kloepfer (1989), S. 339 ff.
33 Ch. Schrader (1991), S. 50 ff.
34 Vgl. M. Kloepfer (1989), S. 10.
35 K. M. Meyer-Abich (1986), S. 20.
36 G. Hartkopf (1988), S. 209, 211 bzw. 217.
37 G. Hartkopf / E. Bohne (1983), S. 18 ff. und 58 ff.
38 A.a.O., S. 228.
39 A.a.O., S. 63 f. bzw. 68.
40 Zu den einzelnen Gebieten des Umweltrechts siehe M. Kloepfer (1989), S. 16 ff und 386–839.
41 K. Bosselmann (1981), A. Roßnagel (1984).
42 K. Bosselmann / W. Linden (1989), S. 103 ff.
43 Vgl. M. Kloepfer (1989), S. 709.
44 G. Böhme (1991).
45 Zur Kritik K. Bosselmann (1985), S. 95 ff.
46 A. Lorz (1979), S. 181 f.
47 Nähere Angaben zur Besetzung von Sachverständigengremien bei G. Winter (1986), S. 15 ff.
48 Dazu K.-H. Ladeur (1986), S. 271 ff.
49 K. Bosselmann (1985), S. 15.
50 R. Elsner (1983), S. 223 ff.
51 M. Kloepfer (1989), S. 255 f.
52 K. Bosselmann (1980, 1981).
53 R. Stober (1989), S. 87.
54 R. Stober selbst widmet dem Umweltrecht rund 100 Seiten seines über 1300seitigen Handbuchs (1989).
55 M. Jänicke (1987).
56 M. Kloepfer (1989 a).
57 K. Töpfer (1989), S. 413 f.
58 P. Russell (1984), S. 167.

Dritter Teil: Das System schlägt um

1 In *Neue Zeitschrift für Verwaltungsrecht* (1988), S. 1058 ff.
2 *Der Spiegel* Nr. 37/1988.
3 *Die Zeit* v. 26. 8. 1988.
4 *Die Zeit* v. 11. 11. 1988.
5 H. v. Lersner (1988, 1991). Siehe auch O. Kimminich (1988), S. 114 ff.
6 In *Chancen – Zeitschrift für Gesellschaft und Politik*, März 1989, S. 69.

7 K. M. Meyer-Abich (1990), S. 188 ff.
8 P. Häberle (1975), S. 295.
9 J. Leimbacher (1988), S. 481.
10 O. Kolbassow (1983).
11 So J. Lebedinskij u. a. (1989), S. 7.
12 A.a.O., S. 79 ff.
13 K. Stern (1988), S. 5.
14 D. Murswiek (1988), S. 17.
15 Dazu H. Däubler-Gmelin / W. Adlerstein (1986).
16 Dokumentiert in *Verankerung* (1988); vgl. dazu N. Müller-Bromley (1990), S. 108 ff.
17 Gemeinsame Erklärung (1989), S. 37 f.
18 G. Bateson (1987), S. 28.
19 K. Marx (1981), S. 285; zum Naturbegriff bei Marx siehe A. Schmidt (1962).
20 H. Marcuse (1973), S. 84; ähnlich M. Horkheimer / Th. Adorno (1971), S. 42 ff. und 51.
21 P. Saladin (1987), S. 277 f.
22 J. Leimbacher (1988), S. 199.
23 A.a.O., S. 199.
24 Siehe P. Berger / Th. Luckmann (1982), S. 50 f.
25 Etwa A. Gorz (1984), A. Giddens / J. Turner (1987) und N. Luhmann (1988).
26 K. M. Meyer-Abich (1989), S. 265.
27 O. Schily (1989), S. 18.
28 Ch. Stone (1987), S. 27 f.
29 E. Schneider (1986), S. 652.
30 H. Holzhey (1987), S. 213.
31 M. Kloepfer (1989), S. 51.
32 A.a.O., S. 609 mit weiteren Nachweisen.
33 Vgl. W. Hoppe / M. Beckmann (1989), S. 57.
34 K. M. Meyer-Abich (1990), S. 141.
35 Etwa M. Bothe / L. Gündling (1990) und K. Bosselmann (1987).
36 Vgl. M. Kloepfer (1989), S. 350.
37 Ch. Stone (1987), S. 110.
38 R. Nash (1989), S. 8, 85, 115 f., 128 f.
39 H. Rolston III (1988).
40 Ch. Stone (1987 a), S. 256.
41 A.a.O., S. 260.
42 K. Bosselmann (1987 a), S. 1 ff.
43 K. M. Meyer-Abich (1986), S. 59.
44 In diese Gesetzeslogik gehört es, daß es einen Schutz der Pflanzen vergleichbar dem Tierschutz überhaupt nicht gibt.
45 Arbeitskreis für Umweltrecht (1988), S. 95 ff., 108 ff.
46 A.a.O., S. 21 f. bzw. 20.

47 Niedersächsischer Landtag (1988), S. 24 ff.
48 Vgl. zum folgenden K. Bosselmann (1988 a), S. 350 ff.
49 Vgl. dazu a.a.O., S. 354 ff.
50 Siehe dazu P. Horsley (1990).
51 J. Hayward (1990).
52 Th. Löbsack (1974).
53 H. Gruhl (1986), S. 58, 60.
54 A. Koestler (1978), passim.
55 Vgl. die Debatte in *Environmental Ethics* 4, 1982, S. 291 ff., und 5, 1983, S. 94 ff.; zurückgehend auf E. Abbey (1975).
56 P. Farb (1978), S. 15.
57 J. Rodman (1977), S. 94.
58 L. White (1967), S. 1203 ff.; siehe auch C. Amery (1972) und E. Drewermann (1983).
59 L. White (1973), S. 62.
60 Dazu Kapitel 7, Abschnitt e.
61 A. Naess (1987), S. 38.
62 A. Watts (1970), S. 123.
63 Dazu H.-P. Dürr / W. Zimmerli (1989).
64 B.-O. Küppers (1980), S. 1070 f.
65 Dazu F. Capra (1989), S. 97 ff.
66 M. Maren-Grisebach (1982), S. 32.
67 E. Goldsmith (1988), S. 65. Ausführlich dazu E. Goldsmith (1992).
68 Vgl. J. Heinrichs (1988); dazu K. Wilber (1986), S. 43 f., und D. Bohm (1990), S. 82 ff.
69 Siehe G. Bateson (1987), M. Berman (1984) sowie Kapitel 7, Abschnitt f.
70 Ch. Magel (1981).
71 S. Kellert / J. Berry (1985).
72 Empfehlenswert die kommentierte Bibliographie von D. E. Davis (1989).
73 R. Nash (1989), S. 199 f.
74 H. Rolston III (1988), S. XII.
75 J. B. Callicott (1985 a); ähnlich schon T. Regan (1981).
76 J. Porritt / D. Winner (1988), S. 206 ff., 233 ff.
77 K. M. Meyer-Abich (1986), S. 23.
78 Sog. «intergenerationeller Utilitarismus»; siehe dazu D. Birnbacher (1988), S. 101 ff., sowie E. Brown Weiss (1989), S. 5 ff.
79 Im Gegensatz zur herrschenden Praxis wird die anthropozentrische Umweltethik in der Literatur immer weniger vertreten, so von D. Birnbacher (1980, 1988), J. Passmore (1980), E. Partridge (1982), H. McCloskey (1983), G. Patzik (1983), R. Watson (1983), A. Auer (1984, 1988), M. Krupp (1985), R. Löw (1988).
80 B. Grünewald (1988), S. 105.
81 P. Singer (1982), S. 128.
82 A.a.O., S. 188.

83 Siehe dazu K. Dörner (1989).
84 A. Schweitzer (1974), S. 388.
85 T. Regan (1982), S. 203 bzw. 135.
86 Zur Kritik vgl. E. Johnson (1984), S. 341 ff.
87 K. Goodpaster (1978), S. 323.
88 A.a.O., S. 319.
89 P. W. Taylor (1986), S. 193 ff.
90 O. Höffe (1981), S. 146 ff.
91 K. M. Meyer-Abich (1986), S. 93 ff., sowie (1990), S. 83 ff.
92 Seine Vorläufer waren Henry Thoreau, William M. Wheeler, John Muir und Peter Ouspensky; vgl. R. Nash (1989), S. 66 f.
93 A. Leopold (1949), S. 224 f.
94 A. Leopold (1947), S. 53.
95 Siehe K. M. Meyer-Abich (1989 a), S. 313 ff.
96 J. Lovelock (1979); L. E. Joseph (1990), S. 200 ff.
97 H. R. Maturana / F. J. Varela (1980); J. Hayward (1990), S. 144 f.
98 W. Fox (1990 a), S. 169 ff.
99 Dazu H. Folse (1985).
100 J. B. Callicott (1985), S. 271 ff.; M. E. Zimmerman (1988), S. 3 ff.
101 G. M. Teutsch (1985), S. 35.
102 So etwa K. M. Meyer-Abich (1986), S. 59.
103 W. Fox (1990 a), S. 161 f.
104 L. Marx (1970), S. 945.
105 D. Worster (1977), S. 378 bzw. 257.
106 Th. Roszak (1972), S. 403 f.
107 J. Rifkin (1983), S. 252.
108 K. M. Meyer-Abich (1988), S. 78.
109 T. O'Riordan (1981), S. 1.
110 A. Drengson (1980), passim.
111 J. Meeker (1981), S. 254 f.
112 Vgl. z. B. G. M. Teutsch (1985), S. 8 f., 46 ff.
113 Dazu im einzelnen W. Fox (1990 a), S. 35 ff.
114 H. Jonas (1979), S. 56.
115 A.a.O., S. 251.
116 A.a.O., S. 29.
117 *Frankfurter Rundschau* v. 12. 10. 1987, S. 12.
118 J. Reiche / G. Fülgraff (1987), S. 246.
119 Th. Rentsch (1989), S. 196.
120 P. Shepard (1988), S. 206.
121 M. E. Zimmerman (1983, 1990).
122 M. Heidegger (1987), § 17.
123 E. Bloch (1977, Bd. 14), S. 298 ff., sowie (1977, Bd. 5), S. 802 ff.; zu Blochs Naturbegriff vgl. I. Zühlsdorff (1984), S. 211 ff.

124 Th. Adorno (1975), S. 151.
125 E. Bloch (1977, Ergänzungsband), S. 388; ferner (1977, Bd. 8).
126 Ein entsprechender Definitionsvorschlag für das internationale Umweltrecht findet sich bei M. Kloepfer / K. Bosselmann (1985), S. 158.
127 Das *I Ging*, das «Buch der Wandlungen», ist die genaue Beschreibung dieses Weges.
128 P. Teilhard de Chardin (1959), S. 42.
129 H.-P. Dürr (1988), mit Beiträgen führender Physiker unseres Jahrhunderts über ihre Sicht der Subjekt-Objekt-Problematik.
130 Siehe etwa F. Capra (1975) und A. Stikker (1988).
131 J. Hayward (1990), S. 61 ff.
132 E. Schrödinger (1988), S. 189 ff., A. Bharati (1989), S. 193 ff.
133 K. Wilber (1986), S. 160.
134 Zu solchen Versuchen siehe A. Weston (1987), S. 217 ff.
135 D. Sagan / L. Margulis (1983), S. 166.
136 J. Reiche / G. Fülgraff (1987), S. 242.
137 F. v. Ketelhodt (1990), S. 63.
138 Siehe dazu E. Jantsch (1982).
139 G. Bateson (1987), S. 322 f.
140 M. Bookchin (1985).
141 Siehe A. N. Whiteheads Hauptwerk *Prozeß und Realität* (1979); vgl. dazu E. Wolf-Gazo (1989), S. 299 ff.
142 I. Prigogine / I. Stengers (1986).
143 R. Sheldrake (1990 a), S. 78 ff.
144 R. Nash (1989), S. 59 f.; S. Armstrong-Buck (1986), S. 241 ff.
145 P. Teilhard de Chardin (1959), S. 23.
146 K. M. Meyer-Abich (1986), S. 99.
147 A.a.O., S. 102 f.
148 E. Jantsch (1980), S. 308.
149 Darunter die Schriften Karl Barths, Günther Altners, Gerhard Liedtkes, Dorothee Sölles und anderer; siehe dazu K. Bayertz (1988) und G. Altner (1989).
150 Vgl. D. Sölle (1985), S. 26 ff.; S. Grossmann (1989), S. 213 ff.
151 Ch. Link (1989), S. 195.
152 Siehe z. B. P. Kelly (1988), S. 23 ff.; allgemein dazu R. Schwendter (1988), S. 215 ff., und J. Porritt / D. Winner (1988), S. 239 ff.
153 Hierzu etwa H. Mynarek (1986, 1989) und Ch. Oeyen (1986), S. 107 ff.
154 B. Samples (1986), S. 208.
155 E. Fromm (1990), S. 90.
156 Siehe S. 271.
157 Vgl. Arbeitskreis für Umweltrecht (1988), S. 100.
158 Siehe S. 233 f. und 271.
159 G. Scott (1986), S. 169 ff.
160 A.a.O., S. 188.

161 Vgl. Ch. Stone (1987 a), S. 205 ff.
162 J. B. Callicott (1990), S. 115.
163 Ch. Stone (1987), S. 77 f.
164 A. Weston (1987), S. 217 ff.
165 Von naturwissenschaftlichen Reflexionen herkommend etwa J. B. Callicott (1985, 1986) und M. E. Zimmerman (1988); zu religiösen Motiven siehe die Beiträge in *Environmental Ethics* 8, 1986, sowie die Sammlung von J. B. Callicott / R. T. Ames (1989) und Kapitel 4 bei R. Nash (1989).
166 Th. Bauriedl (1986), S. 98 und 108.
167 A. Naess (1973), S. 95 ff.
168 Zitiert nach A. Chase (1987), S. 168.
169 Ich ziehe die englische Schreibweise des Begriffs vor, weil er im Deutschen nicht einheitlich, sondern mal mit «Tiefe Ökologie», mal mit «Ganzheitliche Ökologie» oder auch einfach mit «Ökologie» übersetzt wird.
170 A. Drengson (1990), S. 101.
171 W. Fox (1990), S. 99. Ausführlich dazu W. Fox (1990 a), S. 149 ff. und 197 ff.
172 A. Naess (1989), S. 35.
173 A.a.O., S. 34.
174 Vgl. B. Devall / G. Sessions (1985), S. 67.
175 K. Wilber (1983), S. 100.
176 K. Wilber (1981), S. 72; allgemein dazu K. Wilber (1987).
177 Über Bewußtsein bei außermenschlichen Lebensformen siehe J. Eccles (1989), S. 79 ff.
178 Siehe A. Stutich (1976), S. 16.
179 A. Maslow (1971), S. 272; gelegentlich erwähnt er dort allerdings auch eine Ausdehnung auf «andere Arten, die Natur und den Kosmos» (S. 279).
180 F. Vaughan (1985), S. 20.
181 A. Naess (1989), S. 35.
182 E. Fromm (1990), S. 104.
183 Über ein Buch des Zen-Meisters D. T. Suzuki soll Heidegger einmal gesagt haben: «Wenn ich diesen Mann richtig verstehe, ist es das, was ich in all meinen Schriften zu sagen versucht habe.» Zitiert nach D. Coe (1983), S. 176. Vgl. dazu H.-P. Hempel (1987).
184 Siehe dazu A. Weston (1987), J. Lovelock (1988), P. Bunyard / E. Goldsmith (1989), L. Joseph (1990), A. S. Miller (1991) und E. Goldsmith (1992).
185 Siehe z. B. R. Dawkins (1987), Kapitel «The One True Tree of Life», und H. R. Maturana / F. J. Varela (1987), S. 116.
186 W. Fox (1990 a), S. 204.
187 A.a.O., S. 310 ff.
188 L. und S. Hinchman (1989), S. 202; ähnlich R. E. Goodin (1991).
189 Siehe dazu die Beiträge in P. Stüben (1988).
190 Siehe S. 251 ff.
191 C. F. v. Weizsäcker (1979), S. 13 f. Vgl. dazu A. Gierer (1991), S. 263 ff.

192 J. Gibson (1950).
193 J. Gibson (1979), S. 73.
194 A.a.O., S. 240.
195 J. Gibson (1966, 1979); dazu auch T. Lombardo (1987).
196 Vgl. J. Eccles (1989), S. 79 ff.; ferner D. Griffin (1985).
197 G. Lakoff (1987), S. 216.
198 E. F. Keller (1983), S. 141.
199 Zitiert nach *esotera* 2, 1990, S. 22; ausführlich dazu H. R. Maturana / F. J. Varela (1987), S. 145 ff.
200 F. J. Varela (1989), S. 102 f.
201 C. F. v. Weizsäcker (1979), S. 315.
202 G. Huhn (1990), S. 113.
203 A.a.O., S. 64 ff.
204 C. Sagan (1978), S. 199.
205 Y. King (1984), S. 14.
206 Die Frage, ob das androzentrische (männlich zentrierte) oder das anthropozentrische Weltbild die tiefste Wurzel der Krise ist, gleicht m. E. der Ei-Henne-Situation: Beide Erscheinungen bedingen sich gegenseitig. Vgl. dazu M. E. Zimmerman (1987), S. 23 ff., und R. Bahro (1989), S. 1 ff.
207 M. Kheel (1985), S. 144.
208 Siehe z. B. K. Warren (1990), S. 138 ff.

Vierter Teil:

1 Siehe dazu Th. Dethlefsen / R. Dahlke (1990), S. 360 ff.
2 Siehe Zweiter Teil, Kapitel 4 und 5.
3 Dazu A. Bechmann (1984), S. 193 f.
4 F. Capra (1989), S. 447 f.
5 *Natur* 1, 1990, S. 36 f.
6 Siehe S. 174.
7 Siehe auch S. 114 und 130 ff.
8 Siehe dazu A. Gorz (1984).
9 Siehe z. B. S. 191.
10 Wichtige Titel: E. F. Schumacher (1982), E. Callenbach (1983), R. Lutz (1987) und R. Jungk (1989).
11 M. Kloepfer (1989 a), S. 68 ff.
12 Vgl. die unterschiedlichen Modelle bei M. Kloepfer (1989 a), S. 68 ff.
13 Grundlegend dazu die Habilitationsschrift von J. Habermas (1968), bes. S. 257 ff.
14 C. Offe (1972), S. 38.
15 J. Habermas (1985), S. 7 f.
16 H. Hofmann (1989), S. 37.

17 R. Wiethölter (1968), S. 74 f.
18 J. Leimbacher (1988), S. 104 f.
19 E. Klein (1988), S. 63 ff.
20 Siehe dazu M. Rehbinder (1988), S. 102 ff.
21 Siehe S. 205 ff.
22 Vgl. den Überblick bei M. Rehbinder (1988), S. 156 ff.
23 E. Hirsch (1966), S. 49.
24 Entscheidungen des Bundesgerichtshofs in Zivilsachen, Bd. 11, (1953), Anhang S. 65.
25 E. Bloch (1977, Bd. 6), S. 11.
26 N. Luhmann (1988 a), S. 19.
27 A.a.O., S. 20.
28 N. Luhmann (1988), S. 264 f.
29 Z. B. von B. Sitter (1984), S. 9 ff., G. M. Teutsch (1985), S. 74 f., L. und S. Hinchman (1989), S. 201 ff.
30 Zitiert nach H. Gadamer (1970), S. 253.
31 E. Sparer (1984), S. 516 f.
32 Siehe dazu die Aufsatzsammlungen in *Texas Law Review* 62, 1984, und *Stanford Law Review* 36, 1984; sowie F. Olsen (1984), S. 387 ff.
33 Vgl. E. Schneider (1986), S. 597 f.
34 Etwa M. E. Zimmerman (1985), S. 43 ff., und J. B. Callicott (1986 a), S. 138 ff.
35 Zu den rechtsdogmatischen Fragen siehe J. Leimbacher (1988), S. 59 ff., Ch. Stone (1987), S. 31 ff., und K. Bosselmann (1986), S. 8 ff.
36 Siehe dazu G. Erbel (1986), S. 1243, mit weiteren Nachweisen.
37 G. Arzt (1987), S. 1.
38 M. E. Zimmerman (1987), S. 46.
39 E. Schneider (1986), S. 610.
40 E. Sparer (1984), S. 555.
41 Siehe E. Schneider (1986), S. 618 ff.
42 Siehe etwa die Arbeiten von C. Gilligan (1982) und C. Menkel-Meadow (1985).
43 K. Warren (1990), S. 139.
44 Siehe K. Bosselmann (1988 b), S. 143 f. und 150 ff.; ferner N. McDonnell (1989), S. 38 ff.
45 Siehe S. 246.
46 J. B. Callicott (1986), S. 145.
47 Siehe dazu J. Leimbacher (1988), S. 281 ff.
48 Siehe S. 202 ff.
49 Siehe S. 210 ff.
50 Dazu U. Schüklenk (1988), S. 8 ff., und K. Bosselmann (1989 a), S. 231 ff.; zum Verfahren der ökologischen Folgenbewertung vgl. H.-L. Dreißigacker / W. Bückmann (1991).
51 Siehe S. 152 f. und 164 f.
52 M. Kloepfer (1989), S. 53.

53 Dieses Prinzip – englisch *sustainability* – steht für eine Wirtschafts- und Gesellschaftsordnung, die ihre Wachstumsorientierung grundlegend verändert. Vgl. dazu A. Dobson (1990), S. 73 ff., Ch. Leipert (1989), S. 36 ff.; siehe auch in diesem Buch S. 396 f.
54 Dazu K. Bosselmann (1987), S. 495 ff., und K. Bosselmann / W. Linden (1989), S. 132 f.
55 Siehe K. Bosselmann (1990), S. 530 f.
56 Siehe S. 227 ff.; weitere Beispiele zum materiellen Recht bei K. Bosselmann (1986), S. 14 ff.
57 R. Bahro (1989), S. 490 ff.
58 Kuratorium (1991), S. 121.
59 Vgl. a.a.O., S. 45.
60 Vgl. J. Leimbacher (1988), S. 399 ff.
61 Vgl. K. Bosselmann (1988 a), S. 366 f.
62 H. v. Lersner (1988), S. 991 f., (1990), S. 64 ff.; J. Weber (1991), S. 86.
63 K. Bosselmann (1989 a), S. 231 ff.
64 Siehe dazu G. Winter (1990).
65 Siehe S. 199 f.; ferner J. Bizer u. a. (1990).
66 Für ein anthropozentrisches Treuhandmodell: E. Gassner (1984), S. 34 ff., für ein ökozentrisches K. Bosselmann (1986), S. 3 ff.
67 Hierzu B. Sitter (1987), S. 285.
68 Vgl. S. 296.
69 *Die Zeit* v. 3. 5. 1991, S. 1.
70 F. L. Polak (1970).
71 Vgl. A. Verdross / B. Simma (1984), S. 313 f.
72 Club of Rome (1990).
73 Pacific Institute of Resource Management (1990), S. 38.
74 A.a.O., S. 10 f.
75 T. O'Riordan (1981), S. 1 bzw. 307.
76 A. Dobson (1990), S. 85.
77 J. Robinson u. a. (1990), S. 38; vgl. außerdem A. Miller (1991), S. 77 ff.
78 S. Bhatt (1985), S. 10.
79 Vgl. z. B. J. Schneider (1979), A. Springer (1983), S. 31 ff., und A. Kiss / D. Skelton (1991), S. 1 ff.
80 Siehe etwa Ch. Stone (1988), S. 65 f., D. Hunter (1988), S. 317.
81 P. W. Taylor (1992), S. 250; K. Bosselmann / P. W. Taylor (1992).
82 E. Laszlo (1989), S. 76 f.
83 A.a.O., S. 130.
84 A. Touraine (1976), S. 223.
85 J. Ditfurth (1991) liefert dazu eine aktuelle Bestandsaufnahme.
86 Worldwatch Institute (1989), S. 256 ff.

Literaturverzeichnis

Abbey, Edward: *The Monkey Wrench Gang*, Philadelphia 1975.

Adorno, Theodor W.: *Negative Dialektik*, Frankfurt/M. 1975.

Altner, Günther (Hrsg.): *Ökologische Theologie: Perspektiven zur Orientierung*, Stuttgart 1989.

Amery, Carl: *Das Ende der Vorsehung*, München 1972.

–, *Natur als Politik*, Reinbek 1978.

Anders, Günther, *Die Antiquiertheit des Menschen*, Bd. 2, München 1980.

Andreas-Grisebach, Manon: *Eine Ethik für die Natur*, München 1991.

Arbeitskreis für Umweltrecht (Hrsg.): *Neue Leitbilder im Naturschutzrecht?*, Berlin 1988.

Armstrong-Buck, Susan: «Whitehead's Metaphysical System as a Foundation for Environmental Ethics», in: *Environmental Ethics* 8, 1986, S. 241 ff.

Arzt, Günter: *Einführung in die Rechtswissenschaft*, Basel 1987.

Auer, Alfons: *Umweltethik*, Düsseldorf 1984.

–, «Anthropozentrik oder Physiozentrik? Vom Wert eines Interpretaments», in: Bayertz, Kurt (Hrsg.): *Ökologische Ethik*, München 1988, S. 31 ff.

Bahro, Rudolf: *Die Logik der Rettung*, Stuttgart 1989.

–, *Rückkehr. Die In-Weltkrise als Ursprung der Weltzerstörung*, Berlin 1991.

Bateson, Gregory: *Geist und Natur*, Frankfurt/M. 1987.

Bauriedl, Thea: *Die Wiederkehr des Verdrängten. Psychoanalyse, Politik und der Einzelne*, München 1986.

Bayer, Wolfgang / Stratmann-Mertens, Eckhard: «Ökologisierung der Wirtschaftspolitik», in: Stratmann-Mertens, Eckhard / Hickel, Rudolf / Priewe, Jan (Hrsg.): *Wachstum – Abschied von einem Dogma*, Frankfurt/M. 1991, S. 13 ff.

Bayertz, Kurt (Hrsg.): *Ökologische Ethik*, München 1988.

Bechmann, Arnim: *Lebenwollen. Anleitung für eine neue Umweltpolitik*, Köln 1984.

Bender, Bernd / Sparwasser, Reinhard: *Umweltrecht. Grundzüge des öffentlichen Umweltschutzrechts*, Heidelberg 1990, 2. Aufl.

Bennett, John W.: *The Ecological Transition*, New York 1976.

Berger, Peter / Luckmann, Thomas: *Die gesellschaftliche Konstruktion der Wirklichkeit*, Frankfurt/M. 1982.

Berman, Morris: *Die Wiederverzauberung der Welt*, München 1984.

Bharati, Agehananda: «Holistische Ansätze im indischen Denken über Geist und Natur», in: Dürr, Hans-Peter / Zimmerli, Walther Chr. (Hrsg.): *Geist und Natur*, Bern 1989, S. 193 ff.

Bhatt, S.: *Environment Protection and International Law*, New Delhi 1985.

Biedenkopf, Kurt: *Die neue Sicht der Dinge*, München 1985.

–, «Für eine ökologische Reform der Marktwirtschaft», in: Stratmann-Mertens, Eckhard / Hickel, Rudolf / Priewe, Jan (Hrsg.): *Wachstum – Abschied von einem Dogma*, Frankfurt/M. 1991, S. 83 ff.

Bilsky, L. J. (Hrsg.): *Historical Ecology*, Port Washington/NY 1980.

Binswanger, Hans Christoph: *Geld und Magie*, Stuttgart 1985.

Birch, Charles / Cobb, John B.: *The Liberation of Life*, Cambridge 1981.

Birnbacher, Dieter (Hrsg.): *Ökologie und Ethik*, Stuttgart 1980.

–, *Verantwortung für zukünftige Generationen*, Stuttgart 1988.

Bizer, Johann / Ormond, Thomas / Riedel, Ulrike: *Die Verbandsklage im Naturschutzrecht*, Taunusstein 1990.

Black, Elk: *The Sacred Pipe*, Harmondsworth/Middlesex 1971.

Bloch, Ernst: *Das Prinzip Hoffnung*, Frankfurt/M. 1977 (Gesamtausgabe Bd. 5).

–, *Naturrecht und menschliche Würde*, Frankfurt/M. 1977 (Gesamtausgabe Bd. 6).

–, *Subjekt-Objekt, Erläuterungen zu Hegel*, Frankfurt/M. 1977 (Gesamtausgabe Bd. 8).

–, *Atheismus im Christentum*, Frankfurt/M. 1977 (Gesamtausgabe Bd. 14).

–, *Tendenz – Latenz – Utopie*, Frankfurt/M. 1977 (Ergänzungsband zur Gesamtausgabe).

Bohm, David: *Die implizite Ordnung*, München 1987.

–, «A New Theory of the Relationship of Mind and Matter», in: Philosophical Psychology 17, 1990, S. 82 ff.

Böhme, Gernot: *Natürliche Natur. Über Natur im Zeitalter ihrer technischen Reproduzierbarkeit*, Frankfurt/M. 1991.

– / Grebe, Joachim: «Soziale Naturwissenschaft», in: Böhme, Gernot: *Alternativen der Wissenschaft*, Frankfurt/M. 1980, S. 245 ff.

Bookchin, Murray: *The Ecology of Freedom*, Palo Alto/Calif. 1982 (dt.: *Die Ökologie der Freiheit*, Weinheim 1985).

Born, Max: «Die Zerstörung der Ethik durch die Naturwissenschaften», in: Kreuzer, Helmut (Hrsg.): *Literarische und naturwissenschaftliche Intelligenz*, Stuttgart 1978, S. 179 ff.

Bosselmann, Klaus: «Grundrechtsschutz und Reform des atomrechtlichen Genehmigungsverfahrens», in: *Kritische Justiz*, 1980, S. 389 ff.

–, «Rechtsschutz? Nein, danke», in: *Kritische Justiz*, 1981, S. 402 ff.

–, «Wendezeit im Umweltrecht», in: *Kritische Justiz*, 1985, S. 345 ff.

–, «Eigene Rechte für die Natur?», in: *Kritische Justiz*, 1986, S. 1 ff.

–, *Recht der Gefahrstoffe*, Berlin 1987.

–, «Die Natur im Umweltrecht», in: *Natur und Recht* 1987 (a), S. 1 ff.

–, «Vom Umweltrecht zum ökologischen Recht», Einführung zu: Stone, Christopher: *Umwelt vor Gericht,* München 1987 (b).
–, «Was ist warum am geltenden Recht verkehrt?», in: Arbeitskreis für Umweltrecht: *Neue Leitbilder im Naturschutzrecht*, Berlin 1988, S. 95 ff.
–, «Reform oder Transformation? Perspektiven einer strukturellen Veränderung von Umweltverwaltung und Umweltrecht», in: *Jahrbuch des Umwelt- und Technikrechts*, 1988 (a), S. 349 ff.
–, «Das Maß des Menschen und die Rechte der Natur», in: Stüben, Peter (Hrsg.): *Die neuen «Wilden»*, Gießen 1988 (b), S. 132 ff.
– / Linden, Wolfgang: *Stoffprüfung im Chemikalienrecht*, Taunusstein 1989.
–, «The (Changing) Role of Public Participation in Environmental Impact Assessment», in: Paschen, Herbert (Hrsg.): *The Role of Environmental Impact Assessment in the Decisionmaking Process*, Berlin 1989 (a), S. 231 ff.
–, «Risiken von Umweltchemikalien», in: Kuhlmann, Albert (Hrsg.): *1. Weltkongreß für Sicherheitswissenschaft*, Köln 1990, S. 514 ff.
– / Taylor, Prudence: «Governing the GlobalCommons: The Ecocentric Approach to International Law», in: Future Generations Journal 1, 1992.
Bothe, Michael / Gündling, Lothar: *Neue Tendenzen des Umweltrechts im internationalen Vergleich*, Berlin 1990.
Boulding, Kenneth: «The Economics of the Coming Spaceship Earth», in: Jarret, Henry (Hrsg.): *Environmental Quality in a Growing Society*, Baltimore 1966.
Braidwood, Robert J. / Howe, Bruce: *Prehistoric Investigations in Iraqui Kurdistan*, Chicago 1960.
Breuer, Rüdiger: «Umweltschutzrecht», in: Ingo v. Münch (Hrsg.): *Besonderes Verwaltungsrecht,* Berlin 1985, 7. Aufl., S. 535 ff.
Brown Weiss, Edith: *In Fairness to Future Generations*, New York 1989.
Brüggemeier, Franz Josef / Rommelspacher, Thomas (Hrsg.): *Besiegte Natur. Geschichte der Umwelt im 19. und 20. Jahrhundert*, München 1989, 2. Aufl.
Bund für Umwelt und Naturschutz Deutschland (BUND): Umweltbilanz. *Die ökologische Lage der Bundesrepublik*, Hamburg 1988.
Bunyard, Peter / Goldsmith, Edward (Hrsg.): *Gaia and Evolution*, Camelford/Cornwall 1989.
Callenbach, Ernest: *Ein Weg nach Ökotopia*, Berlin 1983.
Callicott, J. Baird: «Intrinsic Value, Quantum Theory and Environmental Ethics», in: *Environmental Ethics 7*, 1985, S. 257 ff.
–, «The Case for Animal Rights» in: *Environmental Ethics* 7, 1985 (a), S. 365 ff.
–, «The Metaphysical Implications of Ecology», in: *Environmental Ethics* 8, 1986, S. 301 ff.
–, «On the Intrinsic Value of Nonhuman Species», in: Norton, Bryan G. (Hrsg.): *The Preservation of Species*, Princeton/New Jersey 1986 (a), S. 138 ff.
– / Ames, Roger T.: *Nature in Asian Traditions of Thought*, New York 1989.
–, «The Case against Moral Pluralism», in: *Environmental Ethics* 12, 1990, S. 99 ff.
Cantzen, Rolf: *Weniger Staat – mehr Gesellschaft*, Frankfurt/M. 1987.

Capra, Fritjof: *The Tao of Physics*, Berkeley/Calif. 1975 (dt.: *Das Tao der Physik*, Bern 1984).
–, *The Turning Point*, Berkeley/Calif. 1982 (dt.: *Wendezeit*, Bern 1989, 17. Aufl.).
Carson, Rachel: *Der stumme Frühling*, München 1962.
Chase, Alston: «The Great, Green Deep-Ecology Revolution», in: *Rolling Stone* 23, 1987, S. 168 ff.
Chenoweth, Richard E. / Gobster, Paul H.: «The Nature and Ecology of Aesthetic Experiences in the Landscape», in: *Landscape Journal* 9, 1990, S. 1 ff.
Chomsky, Noam: *Sprache und Verantwortung*, Frankfurt/M. 1981.
Club of Rome (Hrsg.): *Die Herausforderung des Wachstums*, Bern 1990, 2. Aufl.
Coe, David K., Zen und Sophia: «From Discursive to Meditative Thinking», in: *Philosophy Today* 27, 1983, S. 169 ff.
Commoner, Barry: *The Closing Circle*, New York 1966 (dt.: *Wachstumswahn und Umweltkrise*, München 1971).
Cornelsen, Dirk: *Anwälte der Natur. Die Umweltverbände Deutschlands*, München 1991.
Daecke, Sigurd Martin: «Grüne Religion?» in Müller, Helmut A. (Hrsg.): *Die Gegenwart der Zukunft,* Bern 1991, S. 165 ff.
Dahl, Jürgen: *Der unbegreifliche Garten und seine Verwüstung. Über Ökologie und Ökologie hinaus*, Stuttgart 1984.
Däubler-Gmelin, Herta / Adlerstein, Wolfgang (Hrsg.): *Menschengerecht*, Heidelberg 1986.
Davis, Donald E.: *Ecophilosophy. A Field Guide to the Literature*, San Pedro/Calif. 1989.
Dawkins, Richard: *The Blind Watchmaker,* New York 1986 (dt.: *Der blinde Uhrmacher. Ein neues Plädoyer für den Darwinismus*, München 1987).
Dethlefsen, Thorwald / Dahlke, Rüdiger: *Krankheit als Weg*, München 1990, 3. Aufl.
Detweiler, R., u. a. (Hrsg.): *Environmental Decay in its Historical Context*, Glenview/London 1973.
Devall, Bill / Sessions, George: *Deep Ecology*, Layton/Utah 1985.
Ditfurth, Jutta: *Lebe wild und gefährlich. Radikalökologische Perspektiven*, Köln 1991.
Dobson, Andrew: *Green Political Thought. An Introduction*, London 1990.
Doran, Charles F. / Hinz, Manfred O. / Mayer-Tasch, Peter C.: *Umweltschutz – Politik des peripheren Eingriffs*, Darmstadt 1974.
Dörner, Klaus: *Tödliches Mitleid*, Gütersloh 1989.
Dreißigacker, Hans-Ludwig / Bückmann, Walter: *Ökologische Folgenbewertung*, Köln 1991.
Drengson, Alan R.: «Shifting Paradigms: From the Technocentric to the Person-Planetary», in: *Environmental Ethics* 2, 1980, S. 221 ff.
–, «In Praise of Ecosophy», in: *The Trumpeter* 7, 1990, S. 101 ff.
Drewermann, Eugen: *Der tödliche Fortschritt*, Regensburg 1983, 3. Aufl.

Durkheim, Emile: *Die Regeln der soziologischen Methode*, Frankfurt/M. 1984 (Neuausgabe).
Dürr, Hans-Peter (Hrsg.): *Physik und Transzendenz*, Bern 1988.
–, «Wissenschaft und Wirklichkeit», in: ders. / Zimmerli, Walther Ch. (Hrsg.): *Geist und Natur*, Bern 1989, S. 28 ff.
Ebersberger, Ludwig: *Der Mensch und seine Zukunft*, Freiburg/Brsg. 1990.
Eccles, John C.: «Der Ursprung des Geistes, des Bewußtseins und des Selbstbewußtseins im Rahmen der zerebralen Evolution», in: Dürr, Hans-Peter / Zimmerli, Walther Ch. (Hrsg.): *Geist und Natur*, Bern 1989, S. 79 ff.
Ehrlich, Paul R. / Ehrlich, Anna H. / Holdren J. P.: *Humanökologie*, Berlin 1975.
Elsner, Rudolf: «Die Bedeutung der Änderung der technischen Anleitung zur Reinhaltung der Luft für den Schutz von Pflanzen und Tieren», in: *Natur und Recht* 1983, S. 223 ff.
Emery, Frederick E. / Trist, Eric L.: *Towards a Social Ecology*, London 1972.
Engels, Friedrich: *Dialektik der Natur*, Berlin 1973 (Marx / Engels, Werke, Bd. 20).
Enzensberger, Hans Magnus (Hrsg.) in: *Kursbuch* 33, 1973, S. 1 ff.
Erbel, Günther: «Rechtsschutz für Tiere», in: *Deutsches Verwaltungsblatt* 1986, S. 1235 ff.
Falk, Richard: *The End of World Order*, London 1983.
Farb, Peter: *Humankind*, St. Albans/Hertfordshire 1978.
Ferguson, Marilyn: *Die sanfte Verschwörung*, Basel 1979.
Fodor, Jerry E.: *The Language of Thoughts*, Cambridge/Mass. 1975.
Folse, Henry: *The Philosophy of Niels Bohr*, Amsterdam 1985.
Fox, Warwick: «On the Interpretation of Naess's Central Term ‹Self-Realization›», in: *The Trumpeter* 7, 1990, S. 98 ff.
–, *Toward a Transpersonal Ecology*, Boston 1990 (a).
Frankena, William K.: «Ethics and Environment», in: Goodpaster, Kenneth / Sayre, Kenneth M. (Hrsg.): *Ethics and the Problems of the 21st Century*, Notre-Dame/Ind. 1979.
Frazer, James G.: *The Golden Bough*, 1890 (dt.: *Der Goldene Zweig*, Berlin 1977 (Ullstein Tb 3373/74).
Freesoul, J. R.: *Breath of the Invisible*, Wheaton/Ill. 1986.
Frohberg, Günther / Leidig, Guido (Hrsg.): *Der Mensch als Maß der Raumordnung?*, Frankfurt/M. 1989.
Fröhler, Ludwig / Zehetner, Franz: *Rechtsschutzprobleme bei grenzüberschreitenden Umweltbeeinträchtigungen*, 3 Bde., Linz 1979–81.
Fromm, Erich: *Haben oder Sein? Die seelischen Grundlagen einer neuen Gesellschaft*, Stuttgart 1990, 16. Aufl.
Gadamer, Hans G.: *Philosophisches Lesebuch*, Bd. 3, Frankfurt/M. 1970.
Galtung, Johan: *Self-Reliance. Beiträge zu einer alternativen Entwicklungsstrategie*, München 1983.
Garaudy, Roger: *Die Freiheit als philosophische und historische Kategorie*, Berlin 1959.

Gassner, Erich: *Treuhandklage von Natur und Landschaft. Eine rechtsdogmatische Untersuchung zur Verbandsklage*, Berlin 1984.
Gazzaniga, Michael S.: *The Social Brain*, New York 1985 (dt.: *Das erkennende Gehirn*, Paderborn 1989).
Gemeinsame Erklärung des Rates der Evangelischen Kirche in Deutschland und der Deutschen Bischofskonferenz: *Gott ist ein Freund des Lebens*, Gütersloh 1989.
Gibson, James J.: *The Perception of the Visual World*, Boston 1950.
–, *The Senses Considered as Perceptual Systems*, Boston 1966 (dt.: *Die Sinne und der Prozeß der Wahrnehmung*, Bern 1973).
–, *The Ecological Approach to Visual Perceptions*, Boston 1979 (dt.: *Wahrnehmung und Umwelt. Der ökologische Ansatz in der visuellen Wahrnehmung*, München 1982).
Giddens Anthony / Turner, Jonathan (Hrsg.): *Social Theory Today*, Stanford/Calif. 1987.
Gierer, Alfred: *Die gedachte Natur*, München 1991.
Gilligan, Carol: *In a Different Voice*, Cambridge/Mass. 1982.
Global 2000. Der Bericht an den Präsidenten, dt. Ausgabe herausgegeben von Reinhard Kaiser, Frankfurt/M. 1981, 22. Aufl.
Goldberg, Philip: *Die Kraft der Intuition*, Bern 1988.
Goldsmith, Edward: «Gaia. Some Implications for Theoretical Ecology», in: *The Ecologist* 18, 1988, S. 64ff.
–, *The Way. An Ecological World View*, London 1992.
Goodin, Robert E.: «A Green Theory of Value», in: Mulvaney, D. J. (Hrsg.): *The Humanities and the Australian Environment*, Canberra 1991.
Goodpaster, Kenneth: «On Being Morally Considerable», in: *Journal of Philosophy* 75, 1978, S. 308ff.
Gorz, André: *Abschied vom Proletariat*, Reinbek 1984.
–, *Kritik der ökonomischen Vernunft. Sinnfragen am Ende der Arbeitergesellschaft*, Berlin 1988.
Gouldie, A.: *The Human Impact*, Cambridge/Mass. 1982.
Gray, David B.: *Ecological Beliefs and Behaviours. Assessment and Change*, Westport/Conn. 1985.
Griffin, David: «Whitehead's Contribution to a Theology of Nature» in: *Bucknell Review* 20, 1972, S. 3ff.
Griffin, John: Wie Tiere denken, München 1985.
Grof, Stanislav: *Topographie des Unbewußten*, Stuttgart 1978.
–, *Alte Weisheit und modernes Denken. Spirituelle Traditionen in Ost und West im Dialog mit der neuen Wissenschaft*, München 1986.
–, *Die Chance der Menschheit. Bewußtseinsentwicklung – der Ausweg aus der globalen Krise*, München 1988.
Grossmann, Sigrid: «Schöpfer und Schöpfung in der feministischen Theologie», in: Altner, Günther (Hrsg.): *Ökologische Theologie*, Stuttgart 1989, S. 213ff.
Gruhl, Herbert: *Das irdische Gleichgewicht*, München 1986.

Gruen, Arno: *Der Wahnsinn der Normalität,* München 1989.
Grünewald, Bernward: «Natur und praktische Vernunft», in: Ingensiep, Werner / Jax, Kurt (Hrsg.): *Mensch, Umwelt und Philosophie,* Bonn 1988.
Haaf, Günter: *Rettet die Natur,* Gütersloh 1985.
Häberle, Peter: «Die offene Gesellschaft der Verfassungsinterpreten», in: *Juristenzeitung* 1975, S. 297 ff.
Habermas, Jürgen: *Strukturwandel der Öffentlichkeit,* Neuwied 1968, 3. Aufl. (Neuausgabe Frankfurt/M. 1990).
–, *Erkenntnis und Interesse,* Frankfurt/M. 1973.
–, *Der Diskurs der Moderne,* Frankfurt/M. 1985.
Hardesty, D. L.: *Ecological Anthropology,* New York 1977.
Harman, Willis W.: *An Incomplete Guide to the Future,* San Francisco 1976 (dt.: *Gangbare Wege in die Zukunft,* Darmstadt 1978).
Hartkopf, Günther: «Möglichkeiten und Grenzen reglementierender Umweltpolitik», in: *Zeitschrift für Umweltpolitik* 3, 1988, S. 209 ff.
– / Bohne, Eberhard: *Umweltpolitik. Grundlagen, Analysen und Perspektiven,* Bd. 1, Opladen 1983.
Hawley, Amos: *Human Ecology. A Theoretical Essay,* Chicago 1986.
Hayward, Jeremy: *Die Erforschung der Innenwelt,* Bern 1990.
Hegel, Georg F. W.: «Brief an Niethammer vom 28. 10. 1808», in: *Briefe von und an Hegel.* 1785–1812, Bd. 1, hrsgg. v. Johannes Hoffmeister, Hamburg 1952.
Heidegger, Martin: *Zur Bestimmung der Philosophie,* Frankfurt/M. 1987 (Gesamtausgabe Bd. 56/57).
Heine, Günter: «Ökologie und Recht in historischer Sicht», in: Lübbe, Hermann / Ströker, Elisabeth (Hrsg.): *Ökologische Probleme im kulturellen Wandel,* München 1986, S. 116 ff.
–, «Ökologie und Recht. Zur historischen Entwicklung normativen Umweltschutzes», in: *Goldammer's Archiv für Strafrecht,* 1989, S. 116 ff.
Heinrichs, Johannes: *Ganzheitlich und naturgemäß. Skizze einer philosophischen Öko-Logik,* Hennef-Wiederschall 1988.
Heisenberg, Werner: «Die Goethe'sche und die Newton'sche Farbenlehre im Lichte der modernen Physik», in: *Geist der Zeit. Wesen und Gestalt der Völker,* Neue Folge 19, 1941, S. 261 ff.
–, *Ordnung der Wirklichkeit,* München 1989.
Hempel, Hans-Peter: *Heidegger und Zen,* Frankfurt/M. 1987.
Henderson, Hazel: *Das Ende der Ökonomie,* München 1985.
–, *Die neue Ökonomie,* München 1989.
Hinchman, Lewis u. Sandra K.: «‹Deep Ecology› and the Revival of Natural Right», in: *Western Political Quarterly* 1989, S. 201 ff.
Hirsch, Ernst: *Das Recht im sozialen Ordnungsgefüge,* Berlin 1966.
Höffe, Otfried: *Umweltschutz als Staatsaufgabe,* Frankfurt/M. 1981.
Hofmann, Hasso: «Die Aufgaben des modernen Staates und der Umweltschutz», in: Kloepfer, Michael (Hrsg.): *Umweltstaat,* Berlin 1989, S. 1 ff.

Holzhey, Helmut: «Der Gedanke eines ‹Rechts der Natur› als Resultat radikaler Kritik des Naturrechtsdenkens», in: ders. / Kohler, Georg (Hrsg.): *Verrechtlichung und Verantwortung*, Bern 1987, S. 207 ff.

Hoppe, Werner / Beckmann, Martin: *Umweltrecht*, München 1989.

Horkheimer, Max / Adorno, Theodor W.: *Dialektik der Aufklärung*, Frankfurt/M. 1971.

Horsley, Peter: *The Wanganui River*, Palmerston North/Neuseeland 1990.

Huhn, Gerhard: *Kreativität und Schule*, Berlin 1990.

Hunter, David: «An Ecological Perspective of Property», in: *Harvard Environmental Law Review* 12, 1988, S. 311 ff.

Ipsen, Knut: *Völkerrecht*, München 1990.

Jantsch, Erich: *The Self-Organizing Universe*, New York 1980 (dt.: *Die Selbstorganisation des Universums*, München 1982).

Jänicke, Martin: *Staatsversagen*, München 1987 (2. Aufl.).

–, «Erfolgsbedingungen von Umweltpolitiken im internationalen Vergleich», in: Müller, Helmut A. (Hrsg.): *Die Gegenwart der Zukunft*, Bern 1991, S. 252 ff.

Johnson, Edward: «Animal Liberation Versus the Land Ethic», in: *Environmental Ethics* 3, 1981, S. 265 ff.

–, «Treating the Dirt», in: Regan, Tom (Hrsg.): *Earthbound*, Philadelphia 1984.

Jonas, Hans: *Das Prinzip Verantwortung*, Frankfurt/M. 1979.

Joseph, Lawrence E.: *Gaia. The Growth of an Idea*, New York 1990.

Jungk, Robert: *Der Atom-Staat*, München 1977.

– (Hrsg.): *Katalog der Hoffnung*, Frankfurt/M. 1989.

Keller, E. F.: «Women, Science, and Popular Mythodology», in: Rotschild, S. (Hrsg.): *Machina ex dea*, Oxford 1983.

Keller, Karin: «Vom Regen in die Traufe: Natur als Rechtssubjekt», in: *Kritische Justiz* 1986, S. 338 ff.

Kellert, Stephen R. / Berry, Jocye K.: *A Bibliography of Human-Animal Relations*, Washington 1985.

Kelly, Petra: «Religiöse Erfahrung und politisches Engagement», in: Hesse, Gunter / Wiebe, Hans-Hermann (Hrsg.): *Die Grünen und die Religion*, Frankfurt/M. 1988, S. 23 ff.

Ketelhodt, Friederike von: *Philosophische Begründungen des Schutzes von Tieren, der Natur und unseren Nachkommen und dessen Fassung in Gesetzen*, München 1990 (phil. Diss.).

Kheel, Marti: «The Liberation of Nature. A Circular Affair», in: *Environmental Ethics* 7, 1985, S. 135 ff.

Kimminich, Otto: *Umweltschutz – Prüfstein der Rechtsstaatlichkeit*, Linz 1988.

King, Michael: *Te Ao Hurihuri. The Word Moves On*, Auckland 1975.

King, Ynestra: «The Eco-Feminist Imperative», in: Caldecott, L. / Leland, S. (Hrsg.): *Reclaim the Earth*, London 1984.

Kiss, Alexandre / Skelton, Dinah: *International Environmental Law*, New York 1991.

Klein, Eckart: «Human Rights of the Third Generation», in: Stark, Christian (Hrsg.): *Rights, Institutions and Impact of International Law according to the German Basic Law*, Baden-Baden 1988, S. 63 ff.
Kloepfer, Michael: *Umweltrecht*, München 1989.
– (Hrsg.): *Umweltstaat*, Berlin 1989 (a).
– / Bosselmann, Klaus: *Zentralbegriffe des Umweltchemikalienrechts*, Berlin 1985.
Kolbassow, Oleg: *Ecology. Political Institutions and Legislation*, Moskau 1983.
–, *Umweltschutz nach Völkerrecht*, Moskau 1985.
Koestler, Arthur: *Der Mensch – Irrläufer der Evolution*, Bern 1978.
Krupp, Manfred: «Von der Ausbeutung zum Frieden mit der Natur», in: Neumann, Franz (Hrsg.): *Politische Ethik*, Baden-Baden 1985, S. 226 ff.
Kuhn, Thomas S.: *The Structure of Scientific Revolutions*, Chicago 1962 (dt.: *Die Struktur wissenschaftlicher Revolutionen*, Frankfurt/M. 1967).
–, *Die Entstehung des Neuen*, Frankfurt/M. 1977.
Küppers, Bernd-Olaf: «Ökologie», in: Mittelstraß, Jürgen (Hrsg.): *Enzyklopädie – Philosophie und Wissenschaftstheorie*, Bd. 1, Mannheim 1980, S. 1068 ff.
Kuratorium für einen demokratisch verfaßten Bund deutscher Länder (Hrsg.): *Vom Grundgesetz zur deutschen Verfassung. Denkschrift und Verfassungsentwurf*, Köln 1991.
Ladeur, Karl-Heinz: «Alternativen zum Konzept der ‹Grenzwerte› im Umweltrecht», in: Winter, Gerd (Hrsg.): *Grenzwerte*, Düsseldorf 1986, S. 263 ff.
Lakoff, George: *Women Fire and Dangerous Things. What Categories Reveal About Mind*, Chicago 1987.
Landauer, Gustav: *Beginnen. Aufsätze über Sozialismus*, Wetzlar 1977.
Lange, Martin: *Social Ecology*, Gloucester 1981.
Laszlo, Ervin: *Design for Destiny*, New York 1989 (dt.: *Global denken*, Rosenheim 1989).
Lebedinskij, Juri / Potrawnij, Iwan / Krasnajanskij, Boris E., *Umweltschutz in der Sowjetunion*, Hamburg 1989.
Leff, Herbert L.: *Experience, Environment, and Human Potentials*, New York 1978.
Leidig, Guido: *Ökologisch-ökonomische Rechtswissenschaft*, Frankfurt/M. 1984.
Leipert, Christian: *Die heimlichen Kosten des Fortschritts*, Frankfurt/M. 1989.
Leimbacher, Jörg: *Die Rechte der Natur*, Basel 1988.
Leopold, Aldo: «The Ecological Conscience», in: *Bulletin of the Garden Club of America*, Sept. 1947, S. 45 ff.
–, *A Sand County Almanac*, New York 1949.
Lersner, Heinrich von: «Gibt es eigene Rechte der Natur?», in: *Neue Zeitschrift für Verwaltungsrecht* 1988, S. 988 ff.
–, «Bemerkungen zu den Eigenrechten der Natur», in: *Jahrbuch des Umwelt- und Technikrechts*, 1990, S. 55 ff.
–, *Die ökologische Wende*, Berlin 1991.
Levy, Jerre: «Hirnhälften: Die Kooperation im Kopf», in: *Psychologie heute* 4, 1989, S. 30 ff.

Liebmann, Hans: *Ein Planet wird unbewohnbar*, München 1973.
Link, Christian: «Die Transparenz der Natur für das Geheimnis der Schöpfung», in: Altner, Günther (Hrsg.): *Ökologische Theologie*, Stuttgart 1989, S. 166 ff.
Linse, Ulrich: *Ökopax und Anarchie*, München 1986.
Löbsack, Theo: *Versuch und Irrtum – Der Mensch: Fehlschlag der Natur*, Gütersloh 1974.
Lombardo, T. J.: *The Reciprocity of Perceiver and Environment*, Hillsdale/New Jersey 1987.
Lorz, Albert: *Tierschutzgesetz-Kommentar*, München 1979, 2. Aufl.
Lovelock, James: *Gaia. A New Look on Earth*, Oxford 1979 (dt.: *Unsere Erde wird überleben. Gaia: Eine optimistische Ökologie*, München 1982).
–, *The Age of Gaia*, Oxford 1988 (dt.: *Das Gaia-Prinzip. Die Biographie unseres Planeten*, München 1991).
Löw, Reinhard: «Philosophische Begründung des Naturschutzes», in: *Scheidewege* 18, 1988/89, S. 149 ff.
Luhmann, Niklas: *Ökologische Kommunikation*, Opladen 1988, 2. Aufl.
–, «Positivität als Selbstbestimmtheit des Rechts», in: *Rechtstheorie* 19, 1988 (a), S. 11 ff.
Lutz, Rüdiger: *Ökopolis*, München 1989.
Macpherson, Crawford B.: *Demokratietheorie*, München 1977.
Magel, Charles R.: *A Bibliography of Animal Rights and Related Matters*, Washington 1981.
Marcuse, Herbert: *Der eindimensionale Mensch*, Neuwied 1967.
–, *Konterrevolution und Revolte*, Frankfurt/M. 1973.
Maren-Grisebach, Manon: *Philosophie der Grünen*, München 1982.
Margalef, Ramón: *Perspectives in Ecological Theory*, Chicago 1968.
Marx, Karl: «Zur Judenfrage», in: Kluge, Arnold / Marx, Karl (Hrsg.): *Deutsch-Französische Jahrbücher*, Leizpig 1981, S. 266 ff.
Marx, Leo: «American Institutions and Ecological Ideals», in: *Science* 170, 1970, S. 945 ff.
Maslow, Abraham: *The Farther Reaches of Human Nature*, New York 1971.
Maturana, Humberto R. / Varela, Francisco J.: *Autopoiesis and Cognition. The Realization of the Living*, Boston 1980.
–, *Der Baum der Erkenntnis*, Bern 1987.
Mayer-Tasch, Peter C.: *Aus dem Wörterbuch der Politischen Ökologie*, München 1985.
McCloskey, Henry John: *Ecological Ethics and Politics*, Totowa/New Jersey 1983.
McDonnell, Nadine: *Do Trees Need Standing?*, Auckland 1989 (unveröffentl.).
McKim, Robert H.: *Experiences in Visual Thinking*, Monterey/Calif. 1972, 2. Aufl.
Meeker, John: «Toward a New Natural Philosophy», in: Schultz, Robert C. / Hughes, J. Donald (Hrsg.): *Ecological Consciousness, Essays from Earthday X Colloquium*, Washington 1981, S. 254 ff.

Menkel-Meadow, Carrie: «Portia in a Different Voice», in: *Berkeley Women's Law Journal* 39, 1985.
Meister, Georg / Schütze, Christian / Sperber, Georg: *Zur Lage des Waldes*, Hamburg 1984.
Mensching, Horst: «Ökosystem-Zerstörung in vorindustrieller Zeit», in: Lübbe, Hermann / Ströker, Elisabeth (Hrsg.): *Ökologische Probleme im historischen Wandel*, München 1986, S. 15 ff.
Merchant, Carolyn: *The Death of Nature. Women, Ecology, and the Scientific Revolution*, San Francisco 1980.
Meyer-Abich, Klaus Michael (Hrsg.): *Frieden mit der Natur*, Freiburg/Brsg. 1979.
–, *Wege zum Frieden mit der Natur*, München 1986.
–, *Wissenschaft für die Zukunft*, München 1988.
–, «Eigentum auch der Natur verpflichtet?», in: Hamm-Brücher, Hildegard / Schreiber, Norbert (Hrsg.): *Die aufgeklärte Republik*, Gütersloh 1989, S. 255 ff.
–, «Der Holismus im 20. Jahrhundert», in: Böhme, Gernot (Hrsg.): *Klassiker der Naturphilosophie*, München 1989 (a).
–, *Aufstand für die Natur*, München 1990.
Mill, John Stuart: *Utilitarism*, hrsgg. v. M. Warnock, New York 1962.
Miller, Alan S. *Gaia Connections. An Introduction to Ecology, Ecoethics, and Economics*, Savage/Maryland 1991.
Moltmann, Jürgen: *Gott in der Schöpfung*, München 1987.
Müller, Helmut A. (Hrsg.): *Die Gegenwart der Zukunft*, Bern 1991.
Müller-Bromley, Nicolai: *Staatszielbestimmung Umweltschutz im Grundgesetz?*, Berlin 1990.
Mumford, Lewis: *The Myth of the Machine*, 2 Bde., New York 1964–66 (dt.: *Der Mythos der Maschine*, Frankfurt/M. 1977).
–, *Hoffnung oder Barbarei. Die Verwandlungen des Menschen*, Frankfurt/M. 1981.
Murswiek, Dietrich: «Umweltschutz – Staatszielbestimmung oder Grundsatznorm?», in: *Zeitschrift für Rechtspolitik* 1, 1988, S. 14 ff.
Musil, Jiri: «Der Status der Sozialökologie», in: *Kölner Zeitschrift für Soziologie und Sozialpsychologie*, Sonderheft 2 («Soziologische Stadtforschung»), 1988, S. 18 ff.
Mynarek, Hubertus: *Ökologische Religion. Ein neues Verständnis der Natur*, München 1986.
–, *Religiös ohne Gott? Aufbruch zu einer neuen Spiritualität*, München 1989.
Naess, Arne: «The Shallow and the Deep», in: *Inquiry* 16, 1973, S. 95 ff.
–, «Self-Realization», in: *The Trumpeter* 4, 1987, S. 35 ff. (dt.: «Selbst-Verwirklichung», in: Seed, John /Macy, Joanna / Fleming, Pat / Naess, Arne: *Denken wie ein Berg*, Freiburg/Brsg. 1989, S. 33 ff.).
Nash, Roderick: *The Rights of Nature. A History of Environmental Ethics*, Madison 1989.
Nelson, Leonard: *System der philosophischen Rechtslehre und Politik*, Leipzig 1920.

Niedersächsischer Landtag: *Drucksache* 11/2919 vom 31. 8. 1988.

Oechsle, Mechthild: *Der ökologische Naturalismus. Zum Verhältnis von Natur und Gesellschaft im ökologischen Diskurs*, Frankfurt/M. 1988.

Odum, Eugene P.: *Grundlagen der Ökologie*, 2 Bde., Stuttgart 1980.

– / Reichholf, Josef: *Ökologie*, München 1980.

Offe, Claus: *Strukturprobleme des kapitalistischen Staates*, Frankfurt/M. 1972.

Olsen, Frances: «Statutory Rape. A Feminist Critique of Rights Analysis», in: *Texas Law Review* 63, 1984, S. 387 f.

O'Riordan, Timothy: *Environmentalism*, London 1981, 2. Aufl.

Ornstein, Robert F.: *Multimind*, Paderborn 1989.

Oeyen, Christian: «Plädoyer für eine Reform des Christentums», in: Schliep, Holger (Hrsg.): *Zurück zur Natur-Religion?*, Freiburg/Brsg. 1986, S. 107 ff.

Pacific Institute of Resource Management (Hrsg.): *Reversing Global Decline*, Wellington 1990.

Partridge, Ernest: «Are We Ready for an Ecological Morality?», in: *Environmental Ethics* 4, 1982, S. 175 ff.

Passmore, John: «Removing the Rubbish», in: *Encounter* 4, 1974, S. 11 ff. (dt.: «Den Unrat beseitigen. Überlegungen zur ökologischen Mode», in: Birnbacher, Dieter [Hrsg.]: *Ökologie und Ethik*, Stuttgart 1980, S. 207 ff.).

–, «Political Ecology. Responsibility and Environmental Power», in: *The Age Monthly Review* 2, 1983, S. 15 ff.

Patzig, Günther: *Ökologische Ethik – innerhalb der Grenzen bloßer Vernunft*, Göttingen 1983.

Pestalozzi, Hans A.: *Die sanfte Verblödung*, Frankfurt/M. 1985.

Peters, Heinz-Joachim / Schenk, Karlheinz / Schlabach, Erhard: *Umweltverwaltungsrecht*, Heidelberg 1990.

Pigou, Arthur C.: *Wealth and Welfare*, London 1912.

Polak, Fred L.: *The Image of the Future*, San Francisco 1973.

Popper, Karl R.: *The Logic of Scientific Discovery*, London 1959 (dt.: *Logik der Forschung*, Tübingen 1966).

–, «Gedankenskizzen über das, was wichtig ist», in: Dürr, Hans-Peter / Zimmerli, Walther Ch. (Hrsg.): *Geist und Natur*, Bern 1989, S. 381 ff.

Porritt, Jonathan / Winner, David: *The Coming of the Greens*, London 1988.

Prigogine, Ilya / Stengers, Isabelle: *Dialog mit der Natur. Neue Wege naturwissenschaftlichen Denkens*, München 1986.

Prittwitz, Volker: *Umweltaußenpolitik*, Frankfurt/M. 1984.

Prümm, Hans Paul: *Umweltschutzrecht. Eine systematische Einführung*, Frankfurt/M. 1989.

Regan, Tom: «Animal Rights, Human Wrongs», in: *Environmental Ethics* 2, 1980, S. 99 ff.

–, «The Nature and Possibility of an Environmental Ethic», in: *Environmental Ethics* 3, 1981, S. 34 ff.

–, *All that Dwell Therein. Animal Rights and Environmental Ethics*, Berkeley/Calif. 1982.

–, «Kant's Theory Concerning the Moral Status of Animals», in: *Philosophy* 51, 1986, S. 471.

Rehbinder, Eckard: «Umweltrecht», in: *Rabels Zeitschrift* 40, 1976, S. 363 ff.

–, «Allgemeines Umweltrecht», in: Salzwedel, Jürgen (Hrsg.): *Grundzüge des Umweltrechts*, Berlin 1982, S. 81 ff.

Rehbinder, Manfred: *Einführung in die Rechtswissenschaft*, Berlin 1988.

Reiche, Jochen / Fülgraff, Georges: «Eigenrechte der Natur und praktische Umweltpolitik», in: *Zeitschrift für Umweltpolitik* 3, 1987, S. 231 ff.

Remmert, Hermann: *Naturschutz*, Berlin 1989.

Rentsch, Thomas: *Martin Heidegger. Das Sein und der Tod*, München 1989.

Report of the International Meeting on More Effective Development Indicators, Caracas 31. 7.–3. 8. 1989.

Rieseberg, Hans: *Verbrauchte Welt*, Frankfurt/M. 1988.

Rifkin, Jeremy: *Algeny: A New Word – A New World*, Harmondsworth/NY 1983.

Robinson, John / Francis, George / Legge, Russell / Lerner, Sally: «Defining a Sustainable Society», in: *Alternatives* 17/2, 1990, S. 36 ff.

Rodman, John: «The Liberation of Nature?», in: *Inquiry* 20, 1977, S. 83 ff.

Rolston III, Holmes: *Environmental Ethics*, Philadelphia 1988.

Roßnagel, Alexander: *Radioaktiver Zerfall der Grundrechte?*, München 1984.

Roszak, Theodore: *Where the Wasteland Ends. Politics and Transcendence in Postindustrial Society*, New York 1972.

Russell, Peter: *Die erwachende Erde*, München 1984.

Rüster, Bernd / Simma, Bruno: *International Protection of the Environment. Treaties and Related Documents*, New York 1975 (mit laufenden Ergänzungen).

Sagan, Carl: *Die Drachen von Eden. Das Wunder der menschlichen Intelligenz*, München 1978.

Sagan, Dorion / Margulis, Lynn: «The Gaian Perspective of Ecology», in: *The Ecologist* 13, 1983, S. 161 ff.

Saladin, Peter: «Menschenrechte und Menschenpflichten», in: Böckenförde, Ernst-Wolfgang / Spaemann, Robert (Hrsg.): *Menschenrechte und Menschenwürde*, Stuttgart 1987.

Salleh, Ariel Kay: «Deeper than Deep Ecology. The Ecofeminist Connection», in: *Environmental Ethics* 6, 1984, S. 339 ff.

Salzwedel, Jürgen (Hrsg.): *Grundzüge des Umweltrechts*, Berlin 1982.

Samples, Bob: *Der Geist von Mutter Erde*, München 1986.

Schily, Otto: «Und nun eine ‹Ökologie› des Rechts?», in: *Kommune* 8, 1989, S. 18.

Schmidt, Alfred: *Der Begriff der Natur in der Lehre von Marx*, Frankfurt/M. 1962.

Schmidt, Reiner: *Einführung in das Umweltrecht*, München 1982, 2. Aufl.

Schneider, Elizabeth: «The Dialectics of Rights and Politics», in: *New York University Law Review* 61, 1986, S. 589 ff.

Schneider, Jan: *World Public Order of the Environment. Toward an International Ecological Law and Organization*, Toronto 1979.
Schrader, Christian: «Zum Entwurf eines Umweltgesetzbuches», in: *Informationsdienst Umweltrecht*, 1991, S. 50ff.
Schrödinger, Erwin: «Die vedântische Grundansicht», in: Dürr, Hans-Peter (Hrsg.): *Physik und Transzendenz*, Bern 1988, S. 189ff.
Schüklenk, Udo: «Umweltethik, Umweltpolitik und Naturphilosophie. Ein Thema für die Umweltverträglichkeitsprüfung?», in: *uvp-Report* 2, 1988, S. 8ff.
Schumacher, Ernst F.: *Small is beautiful*, Reinbek 1982.
Schweitzer, Albert: *Kultur und Ethik*, Kap. 21, München 1974 (Gesammelte Werke, Bd. 2).
Schwendter, Rolf: «Grüne und Religion», in: Hesse, Gunter / Wiebe, Hans-Hermann (Hrsg.): *Die Grünen und die Religion*, Frankfurt/M. 1988, S. 215ff.
Scott, Graeme: «An Ethic for Nature», in: Howell, John (Hrsg.): *Environment and Ethics. A New Zealand Contribution*, University of Canterbury/Neuseeland 1986, S. 169ff.
Seed, John / Macy, Joanna / Fleming, Pat / Naess, Arne: *Denken wie ein Berg*, Freiburg/Brsg. 1989.
Sheldrake, Rupert: *A New Science of Life*, London 1981 (dt.: *Das schöpferische Universum*, München 1983).
–, *The Presence of the Past*, London 1989 (dt.: *Das Gedächtnis der Natur*, Bern 1990.).
–, *The Rebirth of Nature*, London 1990 (a) (dt.: *Die Wiedergeburt der Natur*, Bern 1991).
Shepard, Paul: «If You Care about Nature You Can't Go on Hating the Germans like this», in: Tobias, Michael (Hrsg.): *Deep Ecology*, o. O. 1988, S. 206ff.
Sieferle, Rolf P.: «Perspektiven einer historischen Umweltforschung», in: ders. (Hrsg.): *Fortschritte der Naturzerstörung*, Frankfurt/M. 1988, S. 307ff.
Simon, Julian: *The Resourceful Earth*, Oxford 1984.
Singer, Peter: *Animal Rights*, New York 1975 (dt.: *Befreiung der Tiere*, München 1980).
–, *Praktische Ethik*, Stuttgart 1984.
Sitter, Beat: *Plädoyer für das Naturrechtsdenken. Zur Anerkennung von Eigenrechten der Natur*, Basel 1984.
–, «Wie läßt sich ökologische Gerechtigkeit denken?», in: *Zeitschrift für evangelische Ethik* 31, 1987, S. 271ff.
Skolimowski, Henryk: *Eco-Philosophy. Designing New Tactics for Living*, London 1981 (dt.: *Öko-Philosophie. Ökologische Humanisierung für eine Neuorientierung des Lebens*, Karlsruhe 1988).
Sloterdijk, Peter: *Kritik der zynischen Vernunft*, Frankfurt/M. 1983.
Sölle, Dorothee: *Lieben und arbeiten*, Stuttgart 1985.
Sparer, Ed: «Fundamental Human Rights, Legal Entitlements, and the Social Struggle», in: *Stanford Law Review* 36, 1984, S. 509ff.

Spiegler, Martin: *Umweltbewußtsein und Umweltrecht. Über den Zusammenhang von Bewußtsein und Rechtsstrukturen*, Baden-Baden 1990.

Springer, Allen: *The International Law of Pollution*, Westport/Conn. 1983.

Steiger, Heinhard: «Begriff und Gestaltungsebenen des Umweltrechts», in: Salzwedel, Jürgen (Hrsg.): *Grundzüge des Umweltrechts*, Berlin 1982, S. 1 ff.

– / Kimminich, Otto: *Umweltschutzrecht und -verwaltung in der Deutschen Bundesrepublik*, London 1976.

Stern, Klaus: «Zur Aufnahme eines Umweltstaatszieles in das Grundgesetz», in: *Nordrhein-Westfälische Verwaltungsblätter* 1988, S. 1 ff.

Stikker, Alfred: *Tao, Teilhard und das westliche Denken*, Bern 1988.

Stober, Rolf: *Handbuch des Wirtschaftsverwaltungs- und Umweltrechts*, Frankfurt/M. 1988.

Stone, Christopher: *Should Trees Have Standing?*, Los Altos/Calif. 1974 (dt.: *Umwelt vor Gericht*, München 1987).

–, *Earth and Other Ethics. The Case for Moral Pluralism*, New York 1987 (a).

–, «The Law as a Force in Shaping Cultural Norms Relating to War and the Environment», in: Westing, A. H. (Hrsg.): *Cultural Norms, War and the Environment*, Oxford 1988, S. 64 ff.

Storm, Peter Christoph: *Umweltrecht. Einführung in ein neues Rechtsgebiet*, Berlin 1988, 3. Aufl.

Stratmann-Mertens, Eckhard / Hickel, Rudolf / Priewe, Jan (Hrsg.): *Wachstum – Abschied von einem Dogma*, Frankfurt/M. 1991.

Stüben, Peter E. (Hrsg.): *Die neuen «Wilden»*, Gießen 1988.

Stutich, Anthony J.: «The Emergence of the Transpersonal Orientation», in: *The Journal of Transpersonal Ecology* 8, 1976, S. 5 ff.

Talbot, J. F. / Kaplan S.: «Perspectives on Wilderness», in: *Journal of Environmental Psychology* 6, 1986, S. 177 ff.

Tansley, Arthur G.: *Introduction to Plant Ecology*, London 1935.

Taylor, Paul W.: *Respect for Nature*, Princeton 1986.

Taylor, Prudence: *International Law and the Greenhouse Effect. Danger or Opportunity*, London 1992.

Teilhard de Chardin, Pierre: *Der Mensch im Kosmos*, München 1959.

Teutsch, Gotthard M.: *Lexikon der Umweltethik*, Göttingen 1985.

Töpfer, Klaus: «Grundgesetz und Schutz der natürlichen Umwelt», in: *Umwelt*, Sept. 1989, S. 413 ff.

Touraine, Alain: *Jenseits der Krise. Wider das politische Defizit der Ökologie*, Frankfurt/M. 1976.

Toynbee, Arnold: *Der Gang der Weltgeschichte*, 2 Bde., München 1979 (Neuausgabe).

Trepl, Ludwig: *Geschichte der Ökologie*, Frankfurt/M. 1987.

Tribe, Laurence H.: «Ways Not to Think about Plastic Trees», in: *Yale Law Journal* 83, 1974, S. 1315 ff. (dt.: «Was spricht gegen Plastikbäume?», in: Birnbacher, Dieter [Hrsg.]: *Ökologie und Recht*, Stuttgart 1980, S. 20 ff.)

Varela, Francisco J.: «Über die Natur und die Natur der Erkenntnis», in: Dürr, Hans-Peter / Zimmerli, Walther, Ch. (Hrsg.): *Geist und Natur*, Bern 1989, S. 90 ff.
Vaughan, Frances: «Discovering Transpersonal Identity», in: *Journal of Humanistic Psychology* 25, 1985, S. 13 ff.
Verankerung des Umweltschutzes im Grundgesetz (Bundestagsanhörung am 14. 10. 1987), *Zur Sache* Bd. 2, Bonn 1988.
Verdross, Alfred / Simma, Bruno: *Universelles Völkerrecht. Theorie und Praxis*, Berlin 1984, 3. Aufl.
Vietta, Silvio: *Heideggers Kritik am Nationalsozialismus und an der Technik*, Tübingen 1989.
Warren, Karen J.: «The Power and the Promise of Ecological Feminism», in: *Environmental Ethics* 12, 1990, S. 125 ff.
Watson, Richard A.: «A Critique of Anti-Anthropocentric Biocentrism», in: *Environmental Ethics* 5, 1983, S. 245 ff.
Watts, Alan: *Nature, Man and Woman*, New York 1970 (dt.: *Im Einklang mit der Natur*, München 1986).
Weber, Jörg: *Die Erde ist nicht untertan: Grundrechte für Tiere und Umwelt*, Frankfurt/M. 1990.
–, «Rechtsstaat und die Rechte der Natur», in: *Informationsdienst Umweltrecht* 1991, S. 81 ff.
Weizsäcker, Carl Friedrich von: *Die Einheit der Natur*, München 1979, 5. Aufl.
Weizsäcker, Ernst Ulrich von: *Erdpolitik. Ökologische Realpolitik an der Schwelle zum Jahrhundert der Umwelt*, Darmstadt 1989.
Weston, Anthony: «Forms of Gaia Ethics», in: *Environmental Ethics* 9, 1987, S. 217 ff.
White, Lynn, jr.: «The Historical Roots of Our Ecological Crisis», in: *Science* 155, 1967, S. 1203 ff.
–, «Continuing the Conversation», in: Barbour, Ian G. (Hrsg.): *Western Man and Environmental Ethics*, Reading/Mass. 1973.
Whitehead, Alfred N.: *Prozeß und Realität*, Frankfurt/M. 1979.
Wiethölter, Rudolf: *Rechtswissenschaft*, Frankfurt/M. 1968.
Wilber, Ken: «Odyssey. A Personal Inquiry into Humanistic and Transpersonal Psychology», in: *Jounal of Humanistic Psychology* 22, 1981, S. 72 ff.
–, *Eye to Eye. The Quest for the New Paradigm*, New York 1983.
–, *Halbzeit der Evolution*, Bern 1986.
– (Hrsg.): *Das holographische Weltbild*, Bern 1986 (a).
–, «Physik, Mystik und das holographische Paradigma», in: ders. (Hrsg.): *Das holographische Weltbild*, Bern 1986 (b), S. 150 ff.
Winter, Gerd (Hrsg.): *Grenzwerte. Interdisziplinäre Untersuchungen zu einer Rechtsfigur des Umwelt-, Arbeits- und Lebensmittelschutzes*, Düsseldorf 1986.
– (Hrsg.): *Öffentlichkeit von Umweltinformationen*, Baden-Baden 1990.
Wolf-Gazo, Ernest: «Alfred North Whitehead», in: Böhme, Gernot (Hrsg.): *Klassiker der Naturphilosophie*, München 1989, S. 299 ff.

Worldwatch Institute Report: *Zur Lage der Welt,* Frankfurt/M. (jährlich seit 1984).
Worster, Donald: *Nature's Economy,* San Francisco 1977.
Zdenek, Marilee: *Die Entdeckung des rechten Gehirns,* Berlin 1988.
Zimmerman, Michael E.: «Toward a Heidegger Ethos for Radical Environmentalism!», in: *Environmental Ethics* 5, 1983, S. 9 ff.
–, «The Crisis of Natural Rights and the Search for a Non-Anthropocentric Basis for Moral Behaviour», in: *The Journal of Value Theory* 19, 1985, S. 43 ff.
–, «Feminism, Deep Ecology, and Environmental Ethics», in: *Environmental Ethics* 9, 1987, S. 21 ff.
–, «Quantum Theory, Intrinsic Value and Pantheism», in *Environmental Ethics* 10, 1988, S. 3 ff.
–, *Heidegger's Confrontation with Modernity. Technology Politics, Art,* Bloomington/Indiana 1990.
Zühlsdorff, Irmhild: *Die gesellschaftlichen und politischen Implikationen des Naturbegriffs von Ernst Bloch,* Hannover 1984 (phil. Diss.).

Personen- und Sachregister